新世纪土木工程专业系列教材

"十三五"江苏省高等学校重点教材(编号:2018—1—141)

国家级精品课程教材

土木工程施工

(第3版)

郭正兴　主　编

郭正兴　李金根

李维滨　陆惠民　编　著

刘家彬　武　雷

杨宗放　主　审

东南大学出版社

·南京·

内容提要

本书按照高等院校"土木工程施工"课程教学大纲的基本要求编写,分施工技术和施工组织两大部分。内容包括:土方工程、桩基础工程、模板工程、钢筋工程、混凝土工程、预应力工程、结构安装工程、砌体与脚手架工程、防水工程、装饰工程、施工组织概论、流水施工原理、网络计划技术、施工组织设计等,并附有习题与思考题。为适应现代化施工的需要,本书在系统讲述土木工程各工种工程施工的基本理论和方法的同时,还介绍了基坑支护、新型模板体系和钢筋连接、预应力、结构安装和钢结构施工以及脚手架等方面的新技术。

全书参照最新施工规范及相应的行业规程编写。

本书适宜作为工科院校土建类专业本科生教材,也可作为专科学校、职大、夜大、自学考试教学用书,并可供土建相关工程技术人员参考。

本书配有助学图片和视频短片二维码。

图书在版编目(CIP)数据

土木工程施工/郭正兴主编. —3版. —南京:东南
大学出版社,2020.12(2023.2重印)
新世纪土木工程专业系列教材
ISBN 978-7-5641-9384-3

Ⅰ.①土… Ⅱ.①郭… Ⅲ.①土木工程-工程
施工-高等学校-教材 Ⅳ.①TU7

中国版本图书馆 CIP 数据核字(2020)第 269173 号

东南大学出版社出版发行

(南京四牌楼 2 号 邮编 210096)

出版人:江建中

江苏省新华书店经销 南京京新印刷有限公司印刷

开本:787mm×1092mm 1/16 印张:28.5 字数:712 千字

2007 年 9 月第 1 版 2023 年 2 月第 3 版第 25 次印刷

ISBN 978-7-5641-9384-3

印数:117001~122000 册 定价:58.00 元

(凡因印装质量问题,请直接与营销部调换。电话:025-83791830)

新世纪土木工程专业系列教材编委会

序

东南大学是教育部直属重点高等学校,在20世纪90年代后期,作为主持单位开展了国家级"20世纪土建类专业人才培养方案及教学内容体系改革的研究与实践"课题的研究,提出了由土木工程专业指导委员会采纳的"土木工程专业人才培养的知识结构和能力结构"的建议。在此基础上,根据土木工程专业指导委员会提出的"土木工程专业本科(四年制)培养方案",修订了土木工程专业教学计划,确立了新的课程体系,明确了教学内容,开展了教学实践,组织了教材编写。这一改革成果,获得了2000年教学成果国家级二等奖。

这套新世纪土木工程专业系列教材的编写和出版是教学改革的继续和深化,编写的宗旨是:根据土木工程专业知识结构中关于学科和专业基础知识、专业知识以及相邻学科知识的要求,实现课程体系的整体优化;拓宽专业口径,实现学科和专业基础课程的通用化;将专业课程作为一种载体,使学生获得工程训练和能力的培养。

新世纪土木工程专业系列教材具有下列特色:

1. 符合新世纪对土木工程专业的要求

土木工程专业毕业生应能在房屋建筑、隧道与地下建筑、公路与城市道路、铁道工程、交通工程、桥梁、矿山建筑等的设计、施工、管理、研究、教育、投资和开发部门从事技术或管理工作,这是新世纪对土木工程专业的要求。面对如此宽广的领域,只能从终身教育观念出发,把对学生未来发展起重要作用的基础知识作为优先选择的内容。因此,本系列的专业基础课教材,既打通了工程类各学科基础,又打通了力学、土木工程、交通运输工程、水利工程等大类学科基础,以基本原理为主,实现了通用化、综合化。例如工程结构设计原理教材,既整合了建筑结构和桥梁结构等内容,又将混凝土、钢、砌体等不同材料结构有机地综合在一起。

2. 专业课程教材分为建筑工程类、交通土建类、地下工程类三个系列

由于各校原有基础和条件的不同,按土木工程要求开设专业课程的困难较大。本系列专业课教材从实际出发,与设课群组相结合,将专业课程教材分为建筑工程类、交通土建类、地下工程类三个系列。每一系列包括有工程项目的规划、选型或选线设计、结构设计、施工、检测或试验等专业课系列,使自然科学、工程技术、管理、人文学科乃至艺术交叉综合,并强调了工程综合训练。不同课群组可以交叉选课。专业系列课程十分强调贯彻理论联系实际的教学原则,融知识和能力为一体,避免成为职业的界定,而主要成为能力培养的载体。

3. 教材内容具有现代性,用整合方法大力精减

对本系列教材的内容,本编委会特别要求不仅具有原理性、基础性,还要求具有现代性,纳入最新知识及发展趋向。例如,现代施工技术教材包括了当代最先进的施工技术。

在土木工程专业教学计划中,专业基础课(平台课)及专业课的学时较少。对此,除了少而精的方法外,本系列教材通过整合的方法有效地进行了精减。整合的面较宽,包括了土木工程各领域共性内容的整合,不同材料在结构、施工等教材中的整合,还包括课堂教学内容与实践环节的整合,可以认为其整合力度在国内是最大的。这样做,不只是为了精减学时,更主要的是可淡化细节了解,强化学习概念和综合思维,有助于知识与能力的协调发展。

4. 发挥东南大学的办学优势

东南大学原有的建筑工程、交通土建专业具有 80 年的历史,有一批国内外著名的专家、教授。他们一贯严谨治学,代代相传。按土木工程专业办学,有土木工程和交通运输工程两个一级学科博士点、土木工程学科博士后流动站及教育部重点实验室的支撑。近十年已编写出版教材及参考书 40 余本,其中 9 本教材获国家和部、省级奖,4 门课程列为江苏省一类优秀课程,5 本教材被列为全国推荐教材。在本系列教材编写过程中,实行了老中青相结合,老教师主要担任主审,有丰富教学经验的中青年教授、教学骨干担任主编,从而保证了原有优势的发挥,继承和发扬了东南大学原有的办学传统。

新世纪土木工程专业系列教材肩负着"教育要面向现代化,面向世界,面向未来"的重任。因此,为了出精品,一方面对整合力度大的教材坚持经过试用修改后出版,另一方面希望大家在积极选用本系列教材中,提出宝贵的意见和建议。

愿广大读者与我们一起把握时代的脉搏,使本系列教材不断充实、更新并适应形势的发展,为培养新世纪土木工程高级专门人才做出贡献。

最后,在这里特别指出,这套系列教材,在编写出版过程中,得到了其他高校教师的大力支持,还受到作为本系列教材顾问的专家、院士的指点。在此,我们向他们一并致以深深的谢意。同时,对东南大学出版社所做出的努力表示感谢。

中国工程院院士 吕志涛

2001 年 9 月

第 3 版前言

本书第 3 版是在近几年新编与修编的相关国家施工规范的变更以及土木工程施工技术与组织管理技术的最新发展,特别国家创导的绿色建筑及建筑工业化新形势和新实践,也结合土木工程施工课程的教学改革,吸取广大读者及使用本教材的教师们的意见,在第 2 版的基础上修订而成。修订中仍然本着"传授施工知识,提高实战技能,培养工程素质"的指导思想,保留了前版重视施工工艺流程和原理的讲授,重视助学图片与教材插图的相互印证补充,重视经典例题与实际工程应用一致,力求在施工科研和工程实践的基础上,体现技能化和立体化施工教学的特色。

本次修订,在章节内容增加了绿色施工、铝合金模板体系、新的钢筋浆锚连接技术、新型预制装配整体式结构施工、盘扣式钢管支架技术等,所附的助学资料中也增补了部分助学图片以及视频短片,并以二维码的形式嵌于书中。

本次修订,各章节编写人员同第 2 版,第 1 章、第 4 章由郭正兴编写;第 2 章、第 3 章由李维滨编写;第 5 章、第 6 章、第 9 章和第 10 章由刘家彬编写;第 7 章、第 12 章、13 章和 15 章由李金根和朱明亮编写;第 8 章、第 11 章由武雷编写;第 14 章由陆惠民编写。全书由郭正兴审核及定稿。

本书第 1 版和第 2 版出版以来,得到了广大读者和同行工程施工技术人员的关注和支持。2009 年,以编著者负责的东南大学土木工程施工课程被评为国家级精品课程,本书是该精品课程相关教材建设的成果之一。2011 年,本教材被评为江苏省高等学校本科精品教材。2016 年东南大学的土木工程施工课程为国家级精品资源共享课,本教材为该课程指定教材。2019 年东南大学土木工程施工教学团队的《土木工程施工》课程在中国大学 MOOC 登录。在此,谨向关心和支持本书及东南大学土木工程施工课程的广大读者和同行表示衷心的感谢。

由于编著者的水平所限,书中仍然难免有不妥和不足之处,敬请读者继续提出批评和改进意见。

编者

2020 年 2 月 04 日于东南大学九龙湖校区

前　言

　　建筑业是我国的支柱产业之一,土木工程施工是一门专门研究土建工程中如何科学组织施工和解决施工技术问题的学科。工程建设单位、监理单位以及施工企业的技术人员,都必须掌握土木施工方面的基本理论,熟悉基本的施工工艺、施工方法及施工组织管理。

　　在高校土建类专业开设土木工程施工课程,系统地传授施工的基本知识,这在我国始于1953年。当时按前苏联教学计划设置了四门课程:施工技术、施工组织与计划、工程安全与防火、工程定额与预算。1958年教学改革后,将工程安全与防火并入施工技术。20世纪70年代土建类高校中,以工业与民用建筑专业为主要专业的学校,将建筑施工技术和施工组织与计划合并成建筑施工;建筑工程定额与预算或单独开设课程,或结合生产实习进行,并形成了当时高校施工课程教学的基本格局。20世纪90年代末,在全国高校中实施淡化细分专业、强化通识教育的土木工程专业教育模式,土木工程施工课程也成了高等院校及专科学校土建工程类学科的一门主要的必修专业课。

　　土木工程施工教学在东南大学分三个层次进行。作为第一层次的《土木工程施工》课程教育是针对本科生开设的必修课,以施工的入门知识教育为主,本书即为该课程配套的教材。作为第二层次的《现代施工技术》课程教育是针对本科生开设的选修课,作为施工深化知识教育,并结合深基坑工程、高层主体结构工程、大型结构安装工程、桥梁工程以及隧道工程等项目工程施工进行教学,旨在完成由各工种施工融会到项目工程施工的能力培养。作为第三层次的《大型复杂结构施工》课程是针对研究生层次开设的课程,强调施工技术创新和传授具有实战意义的施工技巧。

　　本书基本按照高等院校土木工程施工课程教学大纲的要求编写。内容的编排上仍以分别叙述各工种工程施工的基本知识为主,但加入了基坑支护、新型模板体系、钢筋连接技术、预应力施工新技术、钢结构安装以及脚手架工程方面的新技术。全书参考了国家最新颁布的施工规范和相应的行业规程。

本书系在东南大学1987年自编教材以及1996年第一版《建筑施工》教材的基础上编写而成。东南大学施工课程教育有优秀的传统,老一辈施工教师杨宗放教授、方先和教授、肖炽教授和戴望炎副教授为本书的筹划和编写倾注了大量的心血,可以说本书是东南大学土木工程施工研究所的老师们多年来集体劳动的结晶。

本书第1章、第4章、第9章和第10章由郭正兴编写;第2章、第3章由李维滨编写;第5章、第6章由刘家彬编写;第7章、第12章、第13章和第15章由李金根编写;第8章、第11章由武雷编写;第14章由陆惠民编写。全书由郭正兴、李金根审校及定稿。

本书编写完成后,东南大学杨宗放教授对本书作了全面审阅,提出了不少宝贵意见,特表示深切的谢意。在本书编写过程中,还得到有关施工与科研单位提供的部分技术资料,在此亦表示衷心的感谢!

限于作者的水平与经验,书中可能尚有不妥之处,敬请读者指正。

土木工程施工课程实践性强,作者将多年收集积累的施工图片制成光盘奉献给读者。希望通过观看直接拍摄于施工现场的图片帮助理解教材内容。

编者
2007年5月于南京四牌楼校区

目　录

1 绪 论

1.1 土木工程施工课程的研究对象、任务和学习方法

土木工程施工(Civil Engineering Construction)是指通过有效的组织方法和技术途径,按照工程设计图纸和说明书的要求在指定位置上建成供使用的特殊产品过程。

土木工程施工分施工技术和施工组织两大部分,内容包含了施工方法、施工材料和机具使用、施工人员作业管理等。

以房屋建筑施工为例,一个建筑物的建成,从下部基础施工开始,到上部主体结构施工,直至内外装饰完毕,是由许多工种工程(土方工程、桩基础工程、模板工程、钢筋工程、混凝土工程、结构安装工程、装饰工程等)组成的。施工技术是以各工种工程施工的技术为研究对象,以施工方案为核心,综合具体施工对象的特点,选择该工程各工种工程最合理的施工方法,决定最有效的施工技术措施。

施工组织是以科学编制一个工程项目(可以是一个建筑物或建筑群、一座桥梁或一条路段、一个构筑物)的施工组织设计为研究对象,结合具体施工对象,编制出指导施工的组织设计,合理使用人力物力、空间和时间,着眼于各工种施工中关键工序的安排,使之有组织、有秩序地施工。

概括起来,土木工程施工的研究对象就是最有效地建造房屋、构筑物、桥梁和隧道等的理论、方法和有关的施工规律,以科学的施工组织设计为先导,以先进的和可靠的施工技术为后盾,保证工程施工项目高质量地、安全地和经济地完成。

土木工程施工课程是土木工程专业的一门主要专业基础课程。本课程的任务就是使学生了解土木施工领域国内外的新技术和发展动态,掌握工种工程和单个建造项目施工方案的选择和施工组织设计的编制,具有解决一般土木工程施工技术和组织计划的初步能力。

本课程与土木工程材料、材料力学、结构力学、混凝土结构以及钢结构等课程均有密切的关联,在学习完这些课程的基础上才能学习本课程。因此,学习本课程必须坚持理论联系实际的学习方法。除对于课堂讲授的基本理论、基本知识加以理解和掌握之外,还需经常阅读有关土木施工方面的书刊,随时了解国内外最新动态,并对相关的教学实践环节,如现场参观以及生产实习等予以足够重视。

1.2 土木工程施工发展概况

旧石器时代,原始人藏身于天然洞穴。进入新石器时代,人类已架木巢居,以避野兽侵扰,进而以草泥作顶,开始建造活动。后来发展到将居室建造在地面上。到新石器时代后期,人类逐渐学会用夹板夯土筑墙、垒石为垣、烧制砖瓦。战国、秦时,我国的砌筑技术已有很大发展,能用特制的楔形砖和企口砖砌筑拱券和穹隆。我国的《考工记》记载了先秦时期的营造法则。

秦以后,宫殿和陵墓的建筑已具相当规模,木塔的建造更显示了木构架施工技术已相当成熟。至唐代大规模城市的建造,表明房屋建造技术也达到了相当高的水平。北宋李诚编纂了《营造法式》,对砖、石、木作和装修、彩画的施工法则与工料估算方法均有较详细的规定。至元、明、清,已能夯土加竹筋建造三、四层楼房,砖券结构得到普及,木构架的整体性得到加强。清代的《工部工程做法则例》统一了建筑构件的模数和工料标准,制定了绘样和估算的准则。现存的北京故宫等建筑表明,当时我国的建造技术已达到很高的水平。

19世纪中叶以来,水泥和建筑钢材的出现,产生了钢筋混凝土,使土木施工进入新的阶段。我国自鸦片战争以后,在沿海城市出现了一些用钢筋混凝土建造的多层房屋和高层大楼,但多数由外国建筑公司承建。此时,我国由私人创办的营造厂虽然也承建了一些工程,但规模小,技术装备较差,施工技术相对落后。

新中国成立后,我国的建筑业起了根本性的变化。为适应国民经济恢复时期建设的需要,扩大了建筑业建设队伍的规模,引入了苏联建筑技术,在短短几年内,就完成了鞍山钢铁公司、长春汽车厂等一千多个规模宏大的工程建设项目。1958—1959年在北京建设了人民大会堂、北京火车站、中国历史博物馆等结构复杂、规模巨大、功能要求严格、装饰标准高的十大建筑,更标志着我国的建筑施工开始进入了一个新发展时期。

我国建筑业的第二次大发展是在20世纪70年代后期,国家实行改革开放政策以后,一些重要工程相继恢复上马,工程建设再次呈现一派繁忙景象。在20世纪80年代,以南京金陵饭店、广州白天鹅宾馆和花园酒店、上海新锦江宾馆和希尔顿宾馆、北京的国际饭店和昆仑饭店等一批高度超过100 m的高层建筑施工为龙头,带动了我国建筑施工,特别是现浇混凝土施工技术的迅速发展。进入20世纪90年代,随着房地产业的兴起,城市大规模旧城改造,高层和超高层写字楼与商住楼的大量兴建,使建筑施工技术达到了很高的水平。进入21世纪,随着国家经济的发展,综合国力的增强,高层钢结构建筑和大型场馆建筑开始大量兴建,超高层钢骨钢筋混凝土结构工程也如雨后春笋,进一步促进了施工技术的进步和施工组织管理水平的提高。

在建筑施工技术方面,基础工程施工中推广应用了大直径钻孔灌注桩、静压桩、旋喷桩、水泥土搅拌桩、地下连续墙等新技术;主体结构施工中应用了爬模和滑模、早拆模板和台模等新型模板体系,粗钢筋焊接与机械连接技术,高强高性能混凝土、预应力技术,泵送混凝土以及塔吊和施工升降机的垂直运输机械化,装配式结构高效安装等多项新的施工技术;在装饰工程施工应用了内外墙面喷涂,外墙面玻璃及铝合金幕墙,高级饰面面砖的粘贴等新技术,使我国的建筑施工技术水平与发达国家的水平基本接近。

在桥梁工程施工方面,中国古代木桥、石桥和铁索桥都长时间保持世界领先水平,为世人所公认。据文献记载,中国早在公元前五十年(汉宣帝甘露四年)就建成了跨度达百米的铁索桥,而欧美直到17世纪尚未出现铁索桥。回顾旧中国的桥梁历史,长江和黄河上的大跨径桥梁和上海、天津、广州等大城市中的一些桥梁也无一不是由洋商承建的。新中国成立后,1952年政府决定建设第一座长江大桥——武汉长江大桥,欲使“天堑变通途”。1957年武汉长江大桥建成通车,它是20世纪50年代中国桥梁的一座里程碑,为中国现代桥梁工程技术和南京长江大桥的兴建奠定了基础。

20世纪50年代预应力混凝土简支梁桥的实现,使中国桥梁界初步具备了高强度钢丝,预应力锚具,孔道灌浆,张拉千斤顶等有关的材料、设备和施工工艺,为60年代建造主跨50 m、100 m和150 m的中、大跨径桥梁创造了条件。20世纪70年代,大跨径拱桥盛行,“文革”时期建造了许多双曲拱桥,在地质情况较好的地区建造的一些双曲拱桥至今仍在使用。

20 世纪 80 年代后,国内开始建设斜拉桥,并相继有多座斜拉桥建成,跨径多为 250 m 以下,但拉索的防腐体系相对落后,也导致使用十多年后因防腐失效不得不进行换索。可以说整个 80 年代,中国的桥梁技术在梁桥、拱桥和斜拉桥上都取得了全方位的突飞猛进的发展。

进入 20 世纪 90 年代,相继有主跨 602 m 的上海杨浦大桥斜拉桥建成,并有主跨为 1 385 m 的江阴长江大桥悬索桥建成,标志着中国正在走向世界桥梁强国之列。进入 21 世纪,主跨 1 088 m,为世界斜拉桥第一跨径的江苏苏通长江大桥开工建设,并在 2008 年北京第 29 届奥林匹克运动会开幕建成通车,这显示了我国具备了建造特大跨径桥梁的能力。同样,2009 年底开工建设的连接香港、珠海和澳门的港珠澳大桥全长约 50 公里,是世界上最长的跨海大桥,更体现了中国的最新建桥水平。

在土木工程施工组织方面,我国在第一个五年计划期间,就在一些重点工程上编制了指导施工的施工组织设计,并将流水施工的技术应用到工程上。进入到 20 世纪 80 年代和 90 年代以后,许多重大土木工程项目需要更为科学的施工组织设计来指导施工。计算机结合网络计划技术和工程 CAD 技术以及基于 BIM(Buieding Information Modeling)虚拟建造技术的应用,正在逐步实现远程对施工现场施工进行实时监控。相信随着计算机的普及和技术的进步,施工组织和工程项目管理会发展到一个更新、更高的水平。

1.3 装配式建筑、绿色施工和智慧建造

"像造汽车一样造房子",朴实的语言表达了人们对改变传统的以砌筑和粉刷手工湿作业为主的小生产方式盖房子的渴望和梦想。建筑业是国民经济的支柱产业,建筑产业现代化以促进环境保护、节约能源、提高工程质量以及提高劳动生产率为目标,在房屋建造全过程中体现建筑设计标准系列化、构配件生产工厂化和施工现场装配化,并用施工过程信息化来降低管理成本和生产成本,实现建造过程的绿色化。

装配式建筑包含了装配式混凝土建筑、装配式钢结构建筑和装配式木结构建筑三大类。推广应用装配式建筑的目标是减少建筑垃圾和扬尘污染,缩短建造工期,提升工程质量。因此,装配式建筑是施工建造方式的一次革命。

绿色施工作为建筑全寿命周期中的一个重要阶段,是实现建筑领域资源节约和节能减排的关键环节。绿色施工是指工程建设中,在保证质量、安全等基本要求的前提下,通过科学管理和技术进步,最大限度地节约资源并减少对环境负面影响的施工活动,实现节能、节地、节水、节材和环境保护(四节一环保)。实施绿色施工,应依据因地制宜的原则,贯彻执行国家、行业和地方相关的技术经济政策。绿色施工应是可持续发展理念在工程施工中全面应用的体现,绿色施工并不仅仅是指在工程施工中实施封闭施工,没有尘土飞扬,没有噪声扰民,在工地四周栽花、种草,实施定时洒水等这些内容,它涉及可持续发展的各个方面,如生态与环境保护、资源与能源利用、社会与经济的发展等内容。

智慧建造是依托物联网、云计算、大数据、移动互联、BIM 等技术延伸到装配式建筑发展起来的新生事物,代表了建筑业向数字化建造转型的新趋势。智慧建造意味着在建造过程中充分利用智能技术和相关技术,通过应用智能化系统,提高建造过程的智能化水平,减少对人的依赖,实现安全、高品质建造。具体到工程建设应用上,有智慧设计、智慧施工组织、智慧工地等。

1.4 工程建设标准的相关知识

工程建设标准是基本建设工程中各类工程的勘察、规划、设计、施工、安装、验收等需要协调统一的事项所制定的标准。在一定范围内通过法律、行政法规等手段强制执行的标准是强制性标准，由此，工程建设国家标准也分为强制性标准和推荐性标准。国家正推进建立工程建设的强制性标准为核心、推荐性标准和团体标准相配套的新标准体系，逐步用全文强制性标准取代现行标准中分散的强制性条文。强制性国家标准由政府主导制定，推荐性国家标准、推荐性行业标准、推荐性地方标准和团体标准可由政府主导和市场自主制定，企业标准主要由市场自主制定。新体系下，政府主导的标准侧重于保基本，市场自主制定的标准侧重于提高竞争力。

强制性标准项目名称统称为技术规范，并分为工程项目类和通用技术类。工程项目类规范，是以工程项目为对象，以总量规模、规划布局，以及项目功能、性能和关键技术措施为主要内容的强制性标准。通用技术类规范，是以技术专业为对象，以规划、勘察、测量、设计、施工等通用技术要求为主要内容的强制性标准。

与建筑工程施工相关的代表性通用技术类全文强制性标准有《建筑与市政工程施工质量控制通用规范》《建筑与市政施工现场安全卫生与职业健康通用规范》《施工脚手架通用规范》等。具体项目工程施工中，可继续执行推荐性的国家、行业和地方标准，推荐性的国家标准如《建筑地基基础工程施工规范》GB51004、《混凝土结构工程施工规范》GB50666、《钢结构工程施工规范》GB50755，推荐性行业标准如《建筑施工测量标准》JGJ/T 408、《建筑工程大模板技术标准》JGJ/T 74 等。

与桥梁和隧道工程施工相关的标准，由于其行业的专业性和针对性更强，一般虽以行业标准的形式出现，但效果等同于国家标准，其代表性的推荐性行业标准有：《公路桥涵施工技术规范》JTG/T F50、《公路路面基层施工技术细则》JTG/T F20 等。

在国家、行业、地方和企业由上至下标准之间，一般下一级标准必须遵守上一级标准，只能在上一级标准允许范围内做出规定。下级标准的规定不得宽于上级标准，但可严于上级标准。随着设计与施工技术水平的提高，工程建设标准每隔一定时间应进行修订。

工法是以工程为对象，工艺为核心，运用系统工程的原理，把先进技术与科学管理结合起来，经过工程实践形成的综合配套技术的应用方法。它应具有新颖、适用和保证工程质量，提高施工效率，降低工程成本等特点。工法的内容一般应包括：前言、工法特点、适用范围、工艺原理、施工工艺流程及操作要点、材料与设备、质量控制、安全措施、环保措施、效益分析和应用实例等11项。工法分为房屋建筑工程、土木工程、工业安装工程三个类型。

工法制度自1989年底在全国施工企业中实行，它是指导企业施工与管理的一种规范性文件，是企业技术水平和施工能力的重要标志，也是企业自主知识产权的标志。工法分为国家级、省级、企业级三个等级。国家级工法其工艺技术水平应达到国内领先或国际先进水平。国家级工法由住房和城乡建设部会同国家有关部门组织专家进行评审。

绪论

2 土方工程

2.1 概述

土方工程是土木工程施工的主要工种工程之一。常见的土方工程有:场地平整,基坑、基槽与管沟的开挖与回填;人防工程、地下建筑物或构筑物的土方开挖与回填;地坪填土与碾压;路基填筑等。

2.1.1 土方工程施工特点及工艺流程

(1)面广量大、劳动繁重。一个大型建设项目的施工,其场地平整及基础、道路、管线等的土方施工面积可达几至几十平方公里,土方量可达数万乃至数百万立方米。

(2)施工条件复杂。土方工程多为露天作业,施工受当地的气候条件影响大,且土的种类繁多、成分复杂,工程地质及水文地质变化多,也对施工影响较大。

根据上述特点,在土方施工前,应根据现场情况、施工条件及质量要求,拟定合理可行的施工方案,尽可能采用机械化施工,以降低劳动强度,并做好各项准备工作。在施工中,则应及时做好施工排水和降水、土壁支护等工作,以确保工程质量,防止流砂、塌方等意外事故的发生。

土方工程中场地平整的施工工艺流程为

现场勘察 → 清除地面障碍物 → 标定整平范围 → 设置水准基点 → 设置方格网 → 测量标高 → 计算土方挖填工程量 → 平整土方 → 场地碾压 → 验收

2.1.2 土的工程分类

土的种类繁多,其工程性质直接影响土方工程施工方法的选择、劳动量的消耗和工程的施工费用。

土的分类方法很多,作为土木工程地基的土,根据土的颗粒级配或塑性指数可分为岩石、碎石土(漂石、块石、卵石、碎石、圆砾、角砾)、砂土(砾砂、粗砂、中砂、细砂和粉砂)、粉土、黏性土(黏土、粉质黏土)和人工填土等。岩石根据其坚固性可分为硬质和软质岩石,根据风化程度可分为微风化、中等风化和强风化岩石。按砂土的密实度,可分为松散、稍密、中密、密实的砂土。按黏性土的状态,可分为坚硬、硬塑、可塑、软塑、流塑,特殊的黏土有淤泥、红黏土等。人工填土可分为素填土、杂填土、冲填土。不同的土,其各种工程特性指标均不相同,只有根据工程地质勘查报告,充分了解各层土的工程特性及其对土方工程的影响,才能选择正确的施工方法。

按照开挖的难易程度,在现行规范中,将土分为松软土、普通土、坚土、砂砾坚土、软石、次坚石、坚石、特坚石八类(表2.1)。

表 2.1 土的工程分类

土的分类	土 的 名 称	可松性系数		开挖工具及方法
		K_s	K_s'	
一类土 (松软土)	砂土;粉土;冲积砂土层;疏松的种植土;泥炭(淤泥)	1.08~1.17	1.01~1.03	用锹、锄头挖掘、少许用脚蹬
二类土 (普通土)	粉质黏土;潮湿的黄土;夹有碎石、卵石的砂;种植土;填土;粉土混卵(碎)石	1.14~1.28	1.02~1.05	用锹、锄头挖掘,少许用镐翻松
三类土 (坚土)	软及中等密实黏土;重粉质黏土;砾石土;干黄土、含碎石或卵石的黄土、粉质黏土;压实的填土	1.24~1.30	1.04~1.07	主要用镐、少许用锹、锄头挖掘,部分用撬棍
四类土 (砂砾坚土)	坚硬密实的黏性土或黄土;含碎石、卵石的中等密实的黏性土或黄土;粗卵石;天然级配砂石;软泥灰岩	1.26~1.32	1.06~1.09	先用镐、撬棍,后用锹挖掘,部分用楔子及大锤
五类土 (软石)	硬质黏土;中密的页岩、泥灰岩、白垩土;胶结不紧的砾岩;软石灰岩及贝克石灰岩	1.30~1.45	1.10~1.20	用镐或撬棍、大锤挖掘,部分使用爆破方法
六类土 (次坚石)	泥岩;砂岩;砾岩;坚实的页岩、泥灰岩;密实的石灰岩;风化花岗岩;片麻岩及正长岩	1.30~1.45	1.10~1.20	用爆破方法开挖,部分用风镐
七类土 (坚石)	大理岩;辉绿岩;玢岩;粗、中粒花岗岩;坚实的白云岩、砂岩、砾岩、片麻岩、石灰岩;微风化安山岩;玄武岩	1.30~1.45	1.10~1.20	用爆破方法开挖
八类土 (特坚石)	安山岩;玄武岩;花岗片麻岩;坚实的细粒花岗岩、闪长岩、石英岩、辉长岩、辉绿岩、玢岩、角闪岩	1.45~1.50	1.20~1.30	用爆破方法开挖

2.1.3 土的工程性质

土的工程性质对土方工程的施工方法及工程量大小有直接影响,其基本的工程性质有:

1) 土的可松性

自然状态下的土,经过开挖后,其体积因松散而增加,以后虽经回填压实,仍不能恢复到原来的体积,这种性质称为土的可松性。

土的可松性程度用可松性系数来表示。自然状态土经开挖后的松散体积与原自然状态下的体积之比,称为最初可松性系数(K_s);土经回填压实后的体积与原自然状态下的体积之比,称为最终可松性系数(K_s')。即

$$K_s = \frac{V_2}{V_1} \qquad K_s' = \frac{V_3}{V_1} \tag{2.1}$$

式中 K_s——土的最初可松性系数(表 2.1);

       K_s'——土的最终可松性系数(表 2.1);

       V_1——土在自然状态下的体积(m^3);

       V_2——土经开挖后的松散体积(m^3);

       V_3——土经回填压实后的体积(m^3)。

由于土方工程量是以自然状态下土的体积来计算的，所以土的可松性对场地平整、基坑开挖土方量的计算与调配、土方挖掘机械与运输机械数量的计算有很大影响，施工中不可忽视。各类土的可松性系数见表 2.1。

2）土的含水率

土中水的重量（即质量）[①]与土的固体颗粒重量之比的百分率，称为土的含水率 $w/（\%）$。它表示土的干湿程度。

$$w=\frac{m_{\mathrm{w}}}{m_{\mathrm{d}}}\times100\%\tag{2.2}$$

式中　m_{w}——土中水的重量（g），为含水状态时土的重量 m_{o}（g）与烘干后的土重量之差；

　　　m_{d}——土中固体颗粒的重量（g），为烘干后的土重。

土的含水率对土方边坡稳定性及填土压实的质量都有影响。

3）土的渗透性

土体孔隙中的自由水在重力作用下会透过土体而运动，这种土体被水透过的性质称为土的渗透性。当基坑开挖至地下水位以下，排水使地下水的平衡遭到破坏，地下水会不断渗流入基坑。地下水在渗流过程中受到土颗粒的阻力，其大小与土的渗透性及渗流路径的长短有关。根据图 2.1 所示的一维渗流实验，单位时间内流过土样的水量 Q（$\mathrm{cm^3/s}$）与水头差 ΔH（cm）成正比，并与土样的横截面面积 A（$\mathrm{cm^2}$）成正比，而与渗流路径长度 L（cm）成反比。即

$$Q=K\cdot\frac{\Delta H}{L}\cdot A\tag{2.3}$$

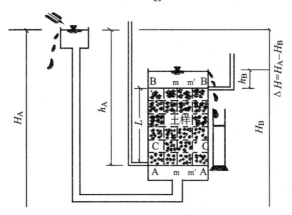

图 2.1　一维渗流实验示意图

式中，K 是比值，因土而异，反映单位时间内水穿过土层的能力，即反映土的透水性大小，称为土的渗透系数，单位为 cm/s 或 m/d。

单位时间内流过单位横截面面积的水量，称为渗流速度 V（cm/s），即

$$V=\frac{Q}{A}=K\cdot\frac{\Delta H}{L}=KI\tag{2.4}$$

其中，$I=\Delta H/L$，代表单位长度渗流路径所消耗的水头差，亦称为水力梯度（无因次）。

从式（2.4）可见，土的渗透系数 K 也就是水力梯度 I 等于 1 时的渗流速度，这就是达西

---

① "重量"按法定的计量名称应为"质量"，但考虑到"质量"易与"施工质量"相混淆，故本书中仍沿用"重量"一词。

(Darcy)定律。

渗透系数 K 反映土的透水性大小,其常用量纲为 cm/s 或 m/d,一般通过室内渗透试验或现场抽水或压水试验确定,室内渗透试验方法主要有常水头试验(适用于砂土和碎石土)和变水头试验(适用于粉土和黏性土)。对重大工程,宜采用现场抽水试验确定。表 2.2 所列的 K 值,仅供参考,有时与实际情况出入较大。

土渗透系数的大小对土方施工中施工降水与排水的影响较大,应予以注意。

表 2.2　土的渗透系数 K 参考值

名　　称	渗透系数 K(m/d)	名　　称	渗透系数 K(m/d)
黏　　土	<0.005	中　　砂	5.0～25.0
粉质黏土	0.005～0.1	均质中砂	35～50
粉　　土	0.1～0.5	粗　　砂	20～50
黄　　土	0.25～0.5	圆　　砾	50～100
粉　　砂	0.5～5.0	卵　　石	100～500
细　　砂	1.0～10.0	无充填物卵石	500～1000

2.2　场地平整土方量计算与调配

场地平整施工,一般应安排在基坑(槽)、管沟开挖之前进行,以使大型土方机械有较大的工作面,能充分发挥其效能,并可减少与其他工作的相互干扰。大型工程场地平整前,应首先确定场地设计标高,然后计算挖、填方的工程量,进行土方平衡调配,并根据工程规模、工期要求、现有土方机械设备条件等,拟定土方施工方案。

2.2.1　场地设计标高的确定

场地设计标高是进行场地平整和土方量计算的依据。合理确定场地的设计标高,对于减少挖、填土方总量,节约土方运输费用,加快施工进度等都具有重要的经济意义。因此必须结合现场实际情况,选择最优方案。一般应考虑以下因素:

(1)满足生产工艺和运输的要求;

(2)尽量利用地形,减少挖方、填方数量;

(3)场地内挖方、填方平衡(面积大、地形复杂时例外),土方运输总费用最少;

(4)有一定的表面泄水坡度(≥2‰),满足排水要求,并考虑最大洪水水位的影响。

场地设计标高一般应在设计文件上规定,若设计文件无规定时,可采用"挖、填土方量平衡法"或"最佳设计平面法"来确定。"最佳设计平面法"应用最小二乘法的原理,计算出最佳设计平面,使场地内方格网各角点施工高度的平方和为最小,既能满足土方工程量最小,又能保证挖、填土方量相等,但此法计算较繁杂。"挖、填土方量平衡法"概念直观,计算简便,精度能满足施工要求,常被实际施工时采用,但此法不能保证总土方量最小。

用"挖、填土方量平衡法"确定场地设计标高,可参照下述步骤进行。

1)初步计算场地设计标高

计算原则:场地内的土方在平整前和平整后相等而达到挖方、填方平衡,即挖方总量等于填方总量。

计算场地设计标高时,首先在场地的地形图上根据要求的精度划分为边长为 $10 \sim 40$ m 的方格网(图 2.2a),然后标出各方格角点的标高。各角点标高可根据地形图上相邻两等高线的标高,用插入法求得。当无地形图或场地地形起伏较大(用插入法误差较大)时,可在地面用木桩打好方格网,然后用仪器直接测出标高。

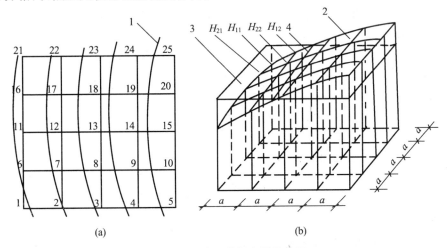

图 2.2 场地设计标高计算简图

(a)地形图上划分方格网;(b)设计标高示意图

1—等高线;2—自然地面;3—设计标高平面;4—零线

按照场地内土方在平整前及平整后相等,即挖方、填方平衡的原则(图 2.2b),场地设计标高可按下式计算

$$H_0 \cdot N \cdot a^2 = \sum_1^N \left(a^2 \frac{H_{11} + H_{12} + H_{21} + H_{22}}{4} \right)$$

即

$$H_0 = \frac{\sum_1^N (H_{11} + H_{12} + H_{21} + H_{22})}{4N} \tag{2.5}$$

式中　H_0——所计算的场地设计标高(m);

　　　a——方格边长(m);

　　　N——方格数;

　　　$H_{11}, H_{12}, H_{21}, H_{22}$——任一方格四个角点标高(m)。

图 2.2 中,由于相邻方格具有公共角点,在一个方格网中,某些角点为两个相邻方格的公共角点,如图 2.2a 中第 2、3、4、6…角点,其角点标高要加两次;某些角点为四个相邻方格的公共角点,如图 2.2a 中第 7、8、9…角点,在计算场地设计标高时,其角点标高要加四次;某些角点仅加一次,如图 2.2a 所示中第 1、5、21、25 角点;在不规则场地中,角点标高也有加三次的。因此,式(2.5)可改写成

$$H_0 = \frac{\sum H_1 + 2\sum H_2 + 3\sum H_3 + 4\sum H_4}{4N} \tag{2.6}$$

式中　H_1——一个方格仅有的角点标高(m);

　　　H_2, H_3, H_4——分别为两个方格、三个方格和四个方格共有的角点标高(m);

　　　N——方格数。

2）场地设计标高的调整

按式(2.6)计算的场地设计标高 H_0 为理论值(水平面),实际施工前需考虑以下因素进行调整:

(1)考虑土的可松性而使场地设计标高提高。由于土具有可松性,按式(2.6)计算的 H_0 施工,填土会有剩余,需相应提高场地设计标高,以达到土方量的实际平衡。场地设计标高的调整高度(增加值)Δh 可按下式计算:

$$V_T + A_T \Delta h = (V_w - A_w \Delta h) K'_s$$
$$\Delta h = \frac{V_w(K'_s - 1)}{A_T + A_w K'_s} \qquad (2.7)$$

式中　V_w——设计标高调整前的总挖方体积(m^3);

　　　V_T——设计标高调整前的总填方体积(m^3),$V_w = V_T$;

　　　A_w——设计标高调整前的挖方区总面积(m^2);

　　　A_T——设计标高调整前的填方区总面积(m^2);

　　　K'_s——土的最后可松性系数。

调整后每个角点的设计标高均应增加 Δh(m)。

(2)由于设计标高以上的各种填方工程(如填筑路基)而导致设计标高的降低,或者由于设计标高以下的各种挖方工程(如开挖水池等)而导致设计标高的提高。

(3)由于边坡填、挖土方量不等(特别是坡度变化大时)而影响设计标高的增减。

(4)根据经济比较结果而将部分挖方就近弃土于场外,或将部分填方就近从场外取土而引起挖、填土方量变化,导致场地设计标高的降低或提高。

3）考虑泄水坡度对场地设计标高的影响,计算各方格角点的设计标高

若按上述计算并调整后的场地设计标高进行场地平整,整个场地将处于同一水平面,但由于场地排水的要求,场地表面应有一定的泄水坡度并符合设计要求。如设计无要求时,一般应沿排水方向做成不小于2‰的泄水坡度。因此,应根据场地泄水坡度的要求(单向泄水或双向泄水),计算出场地内各方格角点实际施工时所采用的设计标高。

设场地中心点的标高为 H_0,则场地内任意一点的设计标高为

$$H_n = H_0 \pm l_x i_x \pm l_y i_y \qquad (2.8)$$

式中　H_n——场地内任一角点的设计标高(m);

　　　l_x, l_y——计算点沿 x,y 方向距场地中心点的距离(m);

　　　i_x, i_y——场地在 x,y 方向的泄水坡度;

　　　"±"——由场地中心点沿 x,y 方向指向计算点时,若其方向与 i_x, i_y 反向取"+"号,同向则取"-"号。

例如,图2.3中场地内 H_{42} 角点的设计标高为

$$H_{42} = H_0 - 1.5ai_x - 0.5ai_y$$

显然,当单向泄水时($i_y = 0$),与排水方向垂直的中心线上各角点标高均为 H_0(图2.4)。

2.2.2　土方量计算

2.2.2.1　场地平整土方量计算方法

大面积平整的土方量计算,通常采用方格网法,但当地形起伏较大或地形狭长时多采用断

面法计算。方格网法计算土方量的步骤如下：

1）计算各方格角点的施工高度（即填、挖高度）

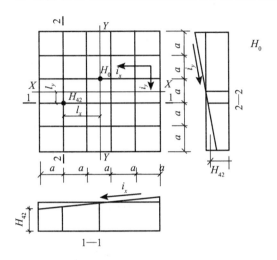

图 2.3　双向泄水的场地

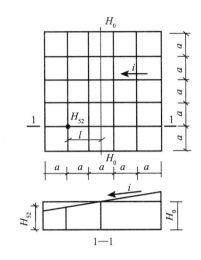

图 2.4　单向泄水的场地

各方格角点的施工高度可按下式计算

$$h_n = H_n - H'_n \tag{2.9}$$

式中　h_n——角点施工高度（m），以"＋"为填，"－"为挖；

H_n——角点的设计标高（m）；

H'_n——角点的自然地面标高（m）。

2）确定"零线"，即挖方、填方的分界线

当一个方格内同时有填方与挖方时（此时方格角点的 h_n 有"＋"有"－"），要确定挖、填方的分界线，即"零线"。

确定"零线"位置时，先求出有关方格边线（此边线一端为挖，另一端为填）上的零点（即不填不挖的点），然后将相邻边线上的零点相连，即为"零线"。零点的位置按下式计算（图 2.5）

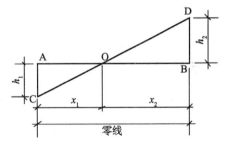

图 2.5　求零点示意图

$$x_1 = \frac{h_1}{h_1 + h_2} a; \qquad x_2 = \frac{h_2}{h_1 + h_2} a \tag{2.10}$$

式中　x_1, x_2——角点至零点的距离（m）；

h_1, h_2——相邻两角点的施工高度的绝对值（m）；

a——方格边长（m）。

3）计算方格土方工程量

场地各方格的土方量，一般可分为三种类型进行计算：

（1）方格四角点均为填或挖，如图 2.6 所示，其土方量为

$$V = \frac{a^2}{4}(h_1 + h_2 + h_3 + h_4) \tag{2.11}$$

11

式中　V——填方或挖方体积（m^3）；

　　h_1, h_2, h_3, h_4——方格角点填（挖）土高度绝对值（m）；

　　a——方格边长（m）。

（2）方格的相邻两角点为挖方，另两点为填方，如图 2.7 所示，其挖方部分的土方量为

$$V_{1,2}=\frac{a^2}{4}\left(\frac{h_1^2}{h_1+h_4}+\frac{h_2^2}{h_2+h_3}\right) \qquad (2.12\text{a})$$

填方部分的土方量为

$$V_{3,4}=\frac{a^2}{4}\left(\frac{h_3^2}{h_2+h_3}+\frac{h_4^2}{h_1+h_4}\right) \qquad (2.12\text{b})$$

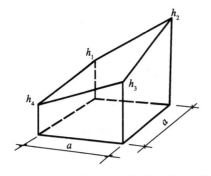 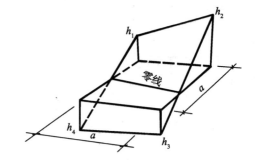

图 2.6　全填或全挖的方格　　　　图 2.7　两挖和两填的方格

（3）方格的三个角点为挖方（或填方），如图 2.8 所示，其一个角点部分的土方量为

$$V_4=\frac{a^2}{6}\frac{h_4^3}{(h_1+h_4)(h_3+h_4)} \qquad (2.13\text{a})$$

三个角点部分的土方量为

$$V_{1,2,3}=\frac{a^2}{6}(2h_1+h_2+2h_3-h_4)+V_4 \qquad (2.13\text{b})$$

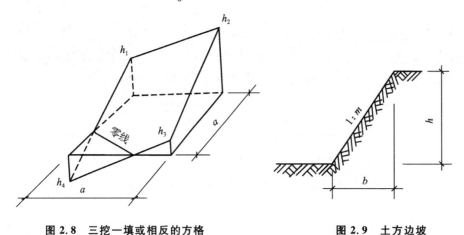

图 2.8　三挖一填或相反的方格　　　　图 2.9　土方边坡

4）计算场地边坡土方工程量

为了保持土体的稳定和施工安全，挖方和填方的边沿，均应做成一定坡度的边坡（图 2.9），图中 m 称坡度系数，为边坡宽度 b 与边坡高度 h 之比，即 $m=b/h$。当边坡高度较

大时可做成折线形边坡。坡度系数 m 的确定参见 2.3.1 节所述。

图 2.10 是一场地边坡的平面示意图,从图中可看出:边坡的土方量可以划分为两种近似的几何形体,即三角棱锥体(如图中①)和三角棱柱体(如图中④)来进行计算。

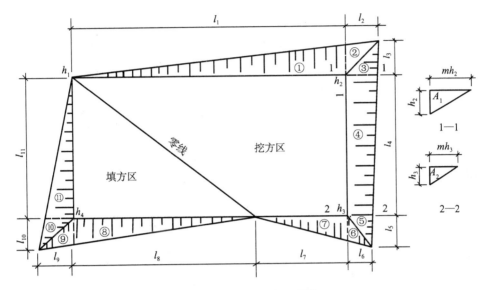

图 2.10 场地边坡平面图

(1) 三角棱锥体体积

$$V = \frac{1}{3} Al \tag{2.14}$$

式中　l——边坡长度(m);

　　A——边坡端面积(m^2),$A = \frac{1}{2} h(mh) = \frac{1}{2} mh^2$;

　　h——角点施工高度(m);

　　m——边坡的坡度系数。

(2) 三角棱柱体体积

$$V = \frac{A_1 + A_2}{2} l \tag{2.15a}$$

当 A_1,A_2 相差很大时

$$V = \frac{1}{6}(A_1 + 4A_0 + A_2)l \tag{2.15b}$$

式中　l——边坡长度(m);

　　A_1,A_2,A_0——边坡两端面及中间断面的横断面面积(m^2)。

场地各方格内的土方量与边坡土方量之和(挖、填方分别相加)即为整个场地的挖、填土方总量,由于计算误差,挖、填方一般不会绝对平衡,但误差不大,实际施工时可适当加大边坡,使挖、填平衡。

基坑、基槽等土方开挖的土方量计算亦可按式(2.15)计算。

2.2.2.2 场地平整土方量计算示例

某建筑场地地形图和方格网(边长 $a = 20.0$ m)布置如图 2.11 所示。土壤为二类土,场地地面泄水坡度 $i_x = 0.3\%$,$i_y = 0.2\%$。试确定场地设计标高(不考虑土的可松性影响,余土加宽边坡),计算各方格挖、填土方工程量。

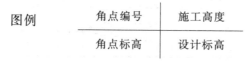

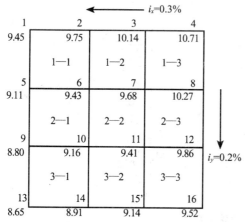

图 2.11 某场地地形图和方格网布置

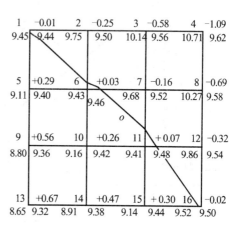

图 2.12 某场地计算土方工程量图

1) 计算场地设计标高 H_0

$\sum H_1 = 9.45 + 10.71 + 8.65 + 9.52 = 38.33$

$2\sum H_2 = 2 \times (9.75 + 10.14 + 9.11 + 10.27 + 8.80 + 9.86 + 8.91 + 9.14) = 151.96$

$4\sum H_4 = 4 \times (9.43 + 9.68 + 9.16 + 9.41) = 150.72$

由式(2.6)得

$$H_0 = \frac{\sum H_1 + 2\sum H_2 + 4\sum H_4}{4N} = \frac{38.33 + 151.96 + 150.72}{4 \times 9} = 9.47(\text{m})$$

2) 根据泄水坡度计算各方格角点的设计标高

以场地中心点(几何中心 o)为 H_0,由式(2.8)得各角点设计标高为

$H_1 = H_0 - 30 \times 0.3\% + 30 \times 0.2\% = 9.47 - 0.09 + 0.06 = 9.44(\text{m})$

$H_2 = H_1 + 20 \times 0.3\% = 9.44 + 0.06 = 9.50(\text{m})$

$H_5 = H_0 - 30 \times 0.3\% + 10 \times 0.2\% = 9.47 - 0.09 + 0.02 = 9.40(\text{m})$

$H_6 = H_5 + 20 \times 0.3\% = 9.40 + 0.06 = 9.46(\text{m})$

$H_9 = H_0 - 30 \times 0.3\% - 10 \times 0.2\% = 9.47 - 0.09 - 0.02 = 9.36(\text{m})$

其余各角点设计标高均可求出,详见图 2.12。

3) 计算各角点的施工高度

由式(2.9)得各角点的施工高度(以"+"为填方,"-"为挖方)为

$h_1 = 9.44 - 9.45 = -0.01(\text{m})$

$h_2 = 9.50 - 9.75 = -0.25(\text{m})$

14

$$h_3 = 9.56 - 10.14 = -0.58(\text{m})$$

$$\cdots$$

各角点施工高度见图 2.12。

4）确定"零线"，即挖、填方的分界线

由式(2.10)确定零点的位置，将相邻边线上的零点相连，即为"零线"，见图 2.12。如 1—5 线上：$x_1 = [0.01/(0.01+0.29)] \times 20 = 0.67(\text{m})$，即零点距角点 1 的距离为 0.67 m。

5）计算各方格土方工程量[以(+)为填方，(−)为挖方]

（1）全填或全挖方格，由式(2.11)，得

$$V_{2-1}^{(+)} = \frac{20^2}{4}(0.29+0.03+0.56+0.26) = 29+3+56+26 = 114(\text{m}^3)$$

$$V_{3-1}^{(+)} = 56+26+67+47 = 196(\text{m}^3)$$

$$V_{3-2}^{(+)} = 26+7+47+30 = 110(\text{m}^3)$$

$$V_{1-3}^{(-)} = 58+109+16+69 = 252(\text{m}^3)$$

（2）两挖两填方格，由式(2.12)，得

$$V_{1-1}^{(+)} = \frac{20^2}{4}\left(\frac{0.29^2}{0.29+0.01}+\frac{0.03^2}{0.03+0.25}\right) = \frac{29^2}{29+1}+\frac{3^2}{3+25} = 28.35(\text{m}^3)$$

$$V_{1-1}^{(-)} = \frac{1^2}{1+29}+\frac{25^2}{25+3} = 22.35(\text{m}^3)$$

$$V_{3-3}^{(+)} = \frac{7^2}{7+32}+\frac{30^2}{30+2} = 29.38(\text{m}^3)$$

$$V_{3-3}^{(-)} = \frac{32^2}{32+7}+\frac{2^2}{30+2} = 26.38(\text{m}^3)$$

（3）三填一挖或三挖一填方格，由式(2.13)，得

$$V_{1-2}^{(+)} = \frac{20^2}{6} \times \frac{0.03^3}{(0.03+0.25)(0.03+0.16)} = \frac{2}{3} \times \frac{3^3}{(3+25)(3+16)} = 0.03(\text{m}^3)$$

$$V_{1-2}^{(-)} = \frac{20^2}{6}(2\times0.25+0.58+2\times0.16-0.03)+0.03 = \frac{2}{3} \times (2\times25+58+2\times16-3)+$$
$$0.03 = 91.36(\text{m}^3)$$

$$V_{2-2}^{(-)} = \frac{2}{3} \times \frac{16^3}{(16+3)(16+7)} = 6.25(\text{m}^3)$$

$$V_{2-2}^{(+)} = \frac{2}{3}(2\times3+26+2\times7-16)+6.25 = 26.25(\text{m}^3)$$

$$V_{2-3}^{(+)} = \frac{2}{3} \times \frac{7^3}{(7+16)(7+32)} = 0.25(\text{m}^3)$$

$$V_{2-3}^{(-)} = \frac{2}{3}(2\times16+69+2\times32-7)+0.25 = 105.58(\text{m}^3)$$

将计算出的各方格土方工程量按挖、填分别相加，得场地土方工程量总计：

挖方：503.92（m³）；

填方：504.26（m³）；

挖方、填方基本平衡。

2.2.3 土方调配

土方调配工作是土方施工设计的一项重要内容，一般在土方工程量计算完毕即可进行。土方调配的目的是方便施工，并且在土方总运输量（m³·m）最小或土方运输成本（元）最低的条件下，确定填、挖区土方的调配方向、数量和平均运距，从而缩短工期，降低成本。土方调配合理与否，将直接影响到土方施工费用和施工进度，如调配不当，会给施工现场带来混乱，因此，应特别予以重视。

1）土方调配原则

（1）应力求达到挖方与填方基本平衡和总运输量最小，即使挖方量与运距的乘积之和尽可能最小。有时，仅局限于一个场地范围内的挖、填平衡难以满足上述原则时，可根据现场情况，考虑就近取土或弃土，这样可能更经济合理。

（2）考虑近期施工和后期利用相结合。先期工程的土方余额应结合后期工程的需要而考虑其利用数量与堆放位置，并注意为后期工程的施工创造良好的施工条件，避免重复挖运。

（3）应注意分区调配与全场调配的协调，并将好土用在回填质量要求高的填方区。

（4）尽可能与城市规划、农田水利及大型地下结构的施工相结合，避免土方重复挖、填和运输。

2）土方调配图表的编制

场地土方调配需制成相应的图表，土方调配图表的编制方法如下（图2.13、图2.14）：

（1）划分调配区。在场地平面图上先画出挖、填区的分界线（即零线），并将挖、填方区适当划分成若干调配区，调配区的大小应与方格网及拟建工程结构的位置相协调，并应满足土方及运输机械的技术性能要求，使其功能得到充分发挥。

（2）计算土方量。计算各调配区的土方量并标注在图上。

（3）计算每对调配区之间的平均运距。平均运距即挖方区土方重心至填方区土方重心距离，因此需求出每个调配区的重心。其计算方法如下：取场地或方格网中的纵横两边为坐标轴，分别求出各调配区土方的重心位置，即

$$\overline{X} = \frac{\sum V \cdot x}{\sum V}; \qquad \overline{Y} = \frac{\sum V \cdot y}{\sum V}$$

式中　$\overline{X}, \overline{Y}$——某调配区的重心坐标（m）；

V——该调配区内各方格的土方量（m³）；

x, y——该调配区内各方格内土方的重心坐标（m）。

当地形复杂时，也可用形心位置代替重心位置。

每对调配区间的平均运距 L_0 可近似按下式求得：

$$L_0 = \sqrt{(\overline{X}_\text{W} - \overline{X}_\text{T})^2 + (\overline{Y}_\text{W} - \overline{Y}_\text{T})^2} \tag{2.16}$$

也可在 CAD 图上量出 L_0。

（4）确定土方调配方案。可以根据每对调配区的平均运距 L_0，绘制多个调配方案，比较不同方案的总运输量 $Q = \sum V \cdot L_0$，以 Q 最小者为经济调配方案。

土方调配可采用线性规划中的"表上作业法"进行，该方法直接在土方量平衡表上进行调配，简便科学，可求得最优调配方案。

(5) 绘出最优方案的土方平衡表和土方调配图。

如图 2.13 所示,有四个挖方区(W_1,W_2,W_3,W_4),分别填至三个填方区(T_1,T_2,T_3),问如何调运,才能求得土方运输量($m^3 \cdot m$)最小的方案?表 2.3 列出了各区土方量和平均运距。该问题属于最佳运输方案问题,可用线性规划原理求解。

用"表上作业法"或代数法中的单纯形法求解结果是一致的(过程略)。其土方调配图见图 2.14,土方调配平衡表见表 2.4。

表 2.3　某工程土方量及运距 L_0 表

挖方区编号	填方区编号及运距 L_0(m)			各区挖方量(m^3)
	T_1	T_2	T_3	
W_1	997	2 267	2 948	3 640
W_2	2 246	2 881	2 569	18 900
W_3	1 356	1 186	1 570	148
W_4	3 061	2 235	971	5 573
各区填方量(m^3)	4 642	21 246	2 373	$\sum$28 261

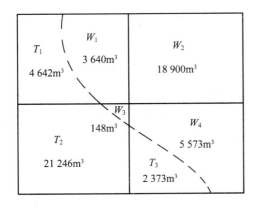

图 2.13　土方量图

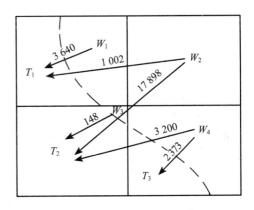

图 2.14　土方最优调配图

表 2.4　某工程土方调配平衡表

挖方区编号	土方量(m^3)	填方区编号及填方量(m^3)			
		T_1	T_2	T_3	合　计
W_1	3 640	3 640	—	—	3 640
W_2	18 900	1 002	17 898	—	18 900
W_3	148	—	148	—	148
W_4	5 573	—	3 200	2 373	5 573
合　计	28 261	4 642	21 246	2 373	28 261

17

2.3 排水与降低地下水

2.3.1 排除地面水

场地积水将影响施工,为了保证土方及后续工程施工的顺利进行,场地内的地面水和雨水均应及时排走,以保持场地土体干燥。

在施工场地内布置临时排水系统时,应注意与原有排水系统相适应,并尽量与永久性排水设施相结合,以节省费用。

地面水的排除通常可采用设置排水沟(疏)、截水沟(堵)或修筑土堤(挡)等设施来进行。

设置排水沟时应尽量利用自然地形,以便将水直接排至场外或流入低洼处抽走。主排水沟最好设置在施工区边缘或道路两旁,其横断面和纵向坡度应参照施工期内地面水最大流量确定。一般排水沟的横断面不小于 500 mm×500 mm,纵向坡度不小于 3‰,平坦地区不小于2‰,沼泽地区可降至 1‰,排水沟底宜低于开挖面 300～500 mm。施工过程中应注意保持排水沟畅通,必要时设置涵洞。排水设备的能力宜大于总渗水量的 1.5～2.0 倍。

在山坡区域施工,应在较高一面的山坡上开挖截水沟,以阻止山坡水流入施工场地。

在平坦地区或低洼地区施工时,除开挖排水沟外,必要时还要修筑挡水堤,以阻止场外水或雨水流入施工场地。

2.3.2 降低地下水

在土方开挖过程中,当基坑(槽)、管沟底面低于地下水位时,由于土的含水层被切断,地下水会不断地渗入坑内。雨季施工时,地面水也会流入坑内。如果不采取降水措施,把流入基坑的水及时排走或把地下水位降低,不仅会使施工条件恶化,而且地基土被水泡软后,易造成边坡塌方并使地基承载能力下降。另外,当基坑下遇有承压含水层时,若不降水减压,则基底可能被冲溃破坏。因此,为了保证工程质量和施工安全,在基坑开挖前及开挖过程中,必须采取措施降低地下水位,使地基土在开挖及基础施工时保持干燥。

降低地下水位的方法有集水坑降水法和井点降水法。集水坑降水法一般适用于降水深度较小且土层为粗粒土层或渗水量小的黏性土层。当基坑开挖较深,又采用刚性土壁支护结构挡土并形成止水帷幕时,基坑内降水也多采用集水坑降水法。如降水深度较大,或土层为细砂、粉砂或软土地区时,宜采用井点降水法。当采用井点降水法但仍有局部区域降水深度不足时,可辅以集水坑降水。无论采用何种降水方法,均应持续到基础施工完毕,且土方回填后方可停止降水。

2.3.2.1 集水坑降水法

集水坑降水法(也称明排水法)是在基坑开挖过程中,在基坑底基础范围之外设置若干集水坑,并在基坑底四周或中部开挖排水沟,使水流入集水坑内,然后用水泵抽走(图 2.15)。抽出的水应引至远离基坑的地方,以免倒流回基坑内。雨季施工时,应在基坑周围或地面水的上游,开挖截水沟或修筑挡水堤,以防地面水流入基坑内。

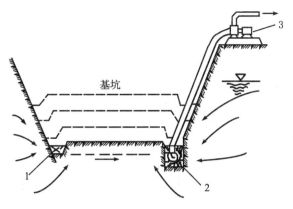

图 2.15 集水坑降水法
1—排水沟;2—集水坑;3—水泵

1) 集水坑设置

集水坑应设置在基础范围以外,地下水走向的上游,以防止基坑底的土颗粒随水流失而使土结构受到破坏。集水坑的大小和数量应根据地下水量大小、基坑平面形状及水泵的抽水能力等确定,一般每隔 20~40 m 设置一个。集水坑的直径或宽度一般为 0.6~0.8 m,其深度随着挖土的加深而加深,并保持低于挖土面 0.7~1.0 m。坑壁应采取加固措施。当基坑挖至设计标高后,集水坑底应低于基坑底面 1.0~2.0 m,并铺设碎石滤水层(厚 0.3 m)或下部砾石(厚 0.1 m)上部粗砂(厚 0.1 m)的双层滤水层,以免因抽水时间过长而将泥砂抽出,并防止坑底土被扰动。

采用集水坑降水法,根据现场土质条件,应保持开挖边坡的稳定性。边坡坡面上如有局部渗入地下水时,应在渗水处设置过滤层,防止土粒流失,并设排水沟将水引出坡面。

2) 水泵性能选用

在基坑降水时使用的水泵主要有离心泵、潜水泵、膜式电泵等。

(1) 离心泵

离心泵构造如图 2.16 所示,其抽水原理是利用叶轮高速旋转时所产生的离心力,将轮心中的水甩出而形成真空,使水在大气作用下自动进入水泵,并将水压出。离心泵的性能主要包括流量,即水泵单位时间内的出水量(m^3/h);总扬程,即水泵的扬水高度(包括吸水扬程与出水扬程两部分);吸水扬程,即水泵的最大吸水高度(又称允许吸上真空高度)。

离心泵的选择,主要根据流量与扬程而定。离心泵的流量应满足基坑涌水量的要求,其扬程在满足总扬程的前提下,主要是使吸水扬程满足降低地下水位的要求(考虑由于管路阻力而引起的损失扬程为 0.6~1.2 m)。如果不够,可另选水泵或降低其安装位置。离心泵的抽

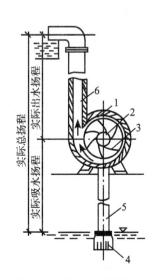

图 2.16 离心泵构造图
1—泵壳;2—泵轴;3—叶轮;
4—滤网与底阀;5—吸水管;6—出水管

水能力大,一般宜用于地下水量较大的基坑($Q>20$ m³/h)。

离心泵安装时应使吸水口伸入水中至少 0.5 m,并注意吸水管接头严密不漏气。使用时要先将泵体及吸水管内灌满水,排出空气,然后开泵抽水(此称为引水),在使用过程中要防止漏气与杂物堵塞。

(2)潜水泵

潜水泵由立式水泵与电动机组成,电动机有密封装置,其特点是工作时完全浸在水中,其构造如图2.17所示。这种泵具有体积小、重量轻、移动方便、安装简单及开泵时不需引水等优点,在基坑排水中已广泛应用(一般用于涌水量 $Q<60$ m³/h 时)。

常用的潜水泵流量有 15、25、65、100 m³/h,出水口径相应为 40、50、100、125 mm,扬程相应为 25、15、7、3.5 m。在使用时为了防止电机烧坏,应注意不得脱水运转或陷入泥中,也不适用于排除含泥量较高的水或泥浆水,否则叶轮会被堵塞。

另外,膜式电泵通常用于 $Q<60$ m³/h 的基坑排水。

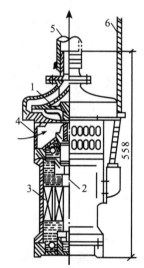

图 2.17 潜水泵构造图
1—叶轮;2—轴;3—电动机;4—进水口;
5—出水胶管;6—电缆

2.3.2.2 流砂及其防治

当基坑挖土到达到地下水位以下而土质为细砂或粉砂,又采用集水坑降水时,坑底下的土有时会形成流动状态,随地下水涌入基坑,这种现象称为流砂。发生流砂现象时,土完全丧失承载力,边挖边冒,且施工条件恶化,基坑难以挖到设计深度。严重时会引起基坑边坡塌方,附近建筑物会因地基被掏空而下沉、倾斜甚至倒塌。总之,流砂现象对土方施工和附近建筑物有很大的危害。

1)流砂发生的原因

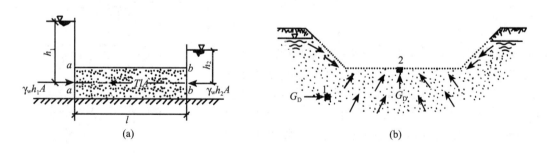

(a)   (b)

图 2.18 动水压力原理图
(a)水在土中渗流时的力学现象;(b)动水压力对地基土的影响
1,2—土颗粒

流砂发生的原因,可通过图 2.18 所示的试验说明。在图 2.18a 中,由于高水位的左端(水头高为 h_1)与低水位的右端(水头高为 h_2)之间存在压力差,水经过长度为 l,断面为 A 的土体由左向右渗流。作用于土体上的力有:

$\gamma_w \cdot h_1 \cdot A$——作用于土体左端 $a-a$ 截面处的总水压力,其方向与水流方向一致(γ_w 为水的密度);

$\gamma_w \cdot h_2 \cdot A$——作用于土体右端 $b-b$ 截面处的总水压力,其方向与水流方向相反;

$T \cdot l \cdot A$——土颗粒对水流的总阻力(T 为单位土体阻力)。

由静力平衡条件得

$$\gamma_w \cdot h_1 \cdot A - \gamma_w \cdot h_2 \cdot A - T \cdot l \cdot A = 0$$

化简得

$$T = \frac{h_1 - h_2}{l} \cdot \gamma_w \tag{2.17a}$$

式中,$\dfrac{h_1 - h_2}{l}$ 为水头差与渗透路径长度之比,称为水力梯度,以 I 表示,则上式可写成

$$T = I \cdot \gamma_w \tag{2.17b}$$

由于单位土体阻力 T 与水在土中渗流时对单位土体的压力 G_D(称动水压力)大小相等,方向相反,所以

$$G_D = -T = -I \cdot \gamma_w \tag{2.18}$$

由上式可知:① 动水压力 G_D 与水力梯度 I 成正比,即与水位差 $\Delta h = h_1 - h_2$ 成正比;而与渗透路径 l 成反比;② 动水压力的作用方向与水渗流方向相同。

由于动水压力与水渗流方向一致,所以当水在土中渗流的方向改变时,动水压力对土的影响将随之改变。如水流从上向下,则动水压力与重力作用方向相同,增大土粒间的压力,对流砂的防治是有利的。如水流从下向上(图 2.18b),则作用于土颗粒 2 的动水压力与其重力作用方向相反,减小土粒间的压力,即土粒除了受到水的浮力作用外,还受到动水压力向上的举托作用,如果动水压力等于或大于土的浸水密度 γ',即

$$G_D \geqslant \gamma' \tag{2.19}$$

则土粒处于悬浮状态,土的抗剪强度为零,土粒将随着渗流的水一起流动,进入基坑,发生流砂现象。

由以上理论分析及工程实践经验表明,具有下列性质的土,在一定条件下会发生流砂现象:① 土的颗粒组成中,黏粒含量小于 10%,粉粒(粒径为 0.005~0.05 mm)含量大于 75%;② 颗粒级配中,土的不均匀系数小于 5;③ 土的天然孔隙比大于 0.75;④ 土的天然含水量大于 30%。因此,流砂现象易在粉土、细砂、粉砂及淤泥土中发生。但是否会发生流砂现象,还与动水压力 G_D 的大小有关。当基坑内外水位差较大时,G_D 就较大,易发生流砂现象。一般工程经验是:在可能发生流砂的土质处,当基坑挖深超过地下水位线 0.5 m 左右时,就要注意流砂的发生。

此外,当基坑坑底位于不透水土层内,而不透水层下面为承压含水层,坑底不透水层的覆盖厚度的重力小于承压水的顶托力时,基坑底部可能发生突涌现象(图 2.19)。

即当

$$H \cdot \gamma_w > h \cdot \gamma \tag{2.20}$$

式中 H——压力水头高度(m);

h——坑底不透水层厚度(m);

γ_w——水的密度(kN/m³);

γ——土的密度(kN/m³)。

此时,突涌现象会随时发生。为了防止突涌,可采取人工降低地下水位的办法来降低承压层的压力水位。

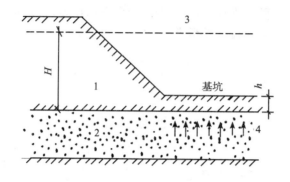

图 2.19　突涌现象

1—不透水层;2—透水层;3—压力水位线;4—承压水的顶托力

2)流砂的防治

如前所述,细颗粒、颗粒均匀、松散、饱和的非黏性土容易发生流砂现象,但发生流砂现象的重要条件是动水压力的大小和方向。在一定的条件下(如 G_D 向上且足够大)土转化为流砂,而在另一条件下(如 G_D 向下)又可将流砂转化为稳定土。因此,在基坑开挖中,防治流砂的原则是"治流砂必先治水"。防治的主要原则:减少或平衡动水压力 G_D;设法使动水压力 G_D 方向向下;截断地下水流。其具体措施有:

(1)枯水期施工法。枯水期地下水位较低,基坑内外水位差小,动水压力不大,就不易产生流砂。

(2)抢挖并抛大石块法。即组织分段抢挖,使挖土速度超过冒砂速度,在挖至标高后立即铺竹篾、芦席并抛大石块,以平衡动水压力,将流砂压住。此法可解决局部的或轻微的流砂,但如果坑底冒砂较快,土已丧失承载力,则抛入坑内的石块就会沉入土中,无法阻止流砂现象。

(3)设止水帷幕法。即将连续的止水支护结构(如连续板桩、深层搅拌桩、密排灌注桩等)打入基坑底面以下一定深度,形成封闭的止水帷幕,从而使地下水只能从支护结构下端向基坑渗流,增加地下水从坑外流入基坑内的渗流路径,减小水力梯度,从而减小动水压力,防止流砂产生。此法造价较高,一般可结合挡土支护结构形成既挡土又止水的支护结构,从而减少开挖土方量(不放坡)。

(4)水下挖土法。即不排水挖土施工,使基坑内外水压平衡,流砂无从发生。此法在沉井施工中经常采用。

(5)人工降低地下水位法。即采用井点降水法(如轻型井点、管井井点、喷射井点等),使地下水位降低至基坑底面以下,地下水的向下渗流,则动水压力的方向也向下,增大了土粒间的压力,从而水不能渗流入基坑内,可有效地防止流砂发生。此法应用广泛且较可靠。

2.3.2.3　井点降水法

井点降水法即人工降低地下水位法,在基坑开挖前,预先在基坑周围或基坑内设置一定数量的滤水管(井),利用抽水设备从中抽水,使地下水位降至坑底以下并稳定后才开挖基坑。同时,在开挖过程中仍不断抽水,使地下水位稳定于基坑底面以下,使所挖的土始终保持干燥,从根本上防止流砂现象发生。井点降水法可改善挖土条件,降低开挖面坡度系数 m,减少挖土数量,还可以防止基底隆起和加速地基固结,提高工程质量。但要注意的是,在降低地下水位的过程中,基坑附近的地基土会产生一定的沉降,施工时应考虑这一因素的影响。

井点降水法有:轻型井点(真空井点)、喷射井点、电渗井点、管井、辐射井、潜埋井等。各种方法的选用,可根据土的渗透系数 K、降低水位的深度、工程特点、设备条件及经济技术比较等,参照表 2.5 选择。实际工程中轻型井点和管井井点应用较广。

表 2.5　各类井点的适用范围

适用条件 降水方法		土质类别	渗透系数 (m/d)	降水深度 (m)
	轻型井点 (真空井点)	粉质黏土、粉土、砂土	0.01~20.0	单级≤6,多级≤12
	喷射井点	粉土、砂土	0.1~20.0	≤20
降 水 井	管井	粉土、砂土、碎石土、岩石	>1	不限
	渗井	粉质黏土、粉土、砂土、碎石土	>0.1	由下伏含水层的埋藏 条件和水头条件确定
	辐射井	黏性土、粉土、砂土、碎石土	>0.1	4~20
	电渗井	黏性土、淤泥、淤泥质黏土	≤0.1	≤6
	潜埋井	粉土、砂土、碎石土	>0.1	≤2

1)轻型井点(真空井点)

轻型井点又称为真空井点,沿基坑四周每隔一定距离埋入井点管(下端为滤管)至含水层内,井点管上端通过弯联管与总管相连,利用抽水设备将地下水从井点管内不断抽出,使原有地下水位降至基坑底面以下,如图 2.20 所示。

(1)轻型井点设备

轻型井点设备由管路系统和抽水设备组成。

管路系统包括井点管、滤管、弯联管和总管等。

井点管为直径 38~51 mm、长 6~10 m 的金属管或 U-PVC 管,可整根或分节组成。井点管的上端通过弯联管与总管相连,弯联管一般采用橡胶软管或透明塑料管,后者能随时观察井点管出水情况。

井点管下端配有滤管(图 2.21),滤管为进水设备,长 1.0~2.0 m,直径与井点管相同,可与井点管一体制作或用螺纹套管连接,管壁上钻有直径 12~19 mm 呈梅花状排列的滤孔。孔隙率应大于 15%;滤管下端应设置长度不小于 0.5 m 的沉淀管。管壁外包以两层孔径不同的滤网(尼龙网或金属网),内层为 60~80 目的细滤网,外层为 3~10 目的粗滤网。为使水流畅通,在管壁与滤网之间用细塑料管与金属铁丝绕成螺旋状将两者隔开。滤网外用带孔的薄铁管或粗金属丝网保护。

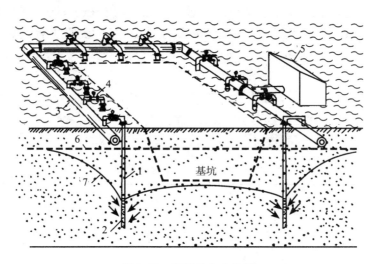

图 2.20　轻型井点全貌图

1—井点管；2—滤管；3—总管；4—弯联管；5—泵房；6—原地下水位线；7—降水后地下水位线

集水总管一般为直径 89～127 mm 的钢管，每节长 4 m，其间用橡胶管连接，并用钢箍卡紧，以防漏水。总管上每隔 0.8 m 或 1.2 m 设有一个与井点管连接的短接头。

抽水设备常用的有真空泵、隔膜泵或射流泵。

真空泵抽水设备由真空泵、离心泵和水汽分离器（又称集水箱）等组成，一套设备能带动的总管长度为 100～120 m，其工作原理如图 2.22 所示。

抽水时，先开动真空泵 13，将水汽分离器 6 抽成一定程度的真空，使土中的水分和空气受真空吸力作用形成水汽混合液，经管路系统和过滤箱 4 进入水汽分离器 6 中，然后开动离心泵 14，使水汽分离器中的水经离心泵由出水管 16 排出，空气则集中在水汽分离器上部由真空泵排出。如水多来不及排出时，水汽分离器内的浮筒 7 上浮，阀门 9 将通往真空泵的通路关闭，保护真空泵不致进水。副水汽分离器 12 用来滤清从空气中带来的少量水分使其落入该分离器下层放出，以保证水不致吸入真空泵内。压力箱 15 调节出水量，并阻止空气由水泵部分窜入水气分离器内，影响真空度。过滤箱 4 是用以防止水流中的部分细砂磨损机械。为使真空度能适应水泵的要求，在水汽分离器上装设有真空调节阀 21。另设有冷却循环水泵 17 对真空泵进行冷却。

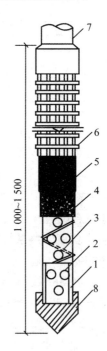

图 2.21　滤管构造

1—钢管；2—小孔；3—螺旋塑料管等；
4—细滤网；5—粗滤网；6—粗铁丝保护网；
7—井点管；8—塞头

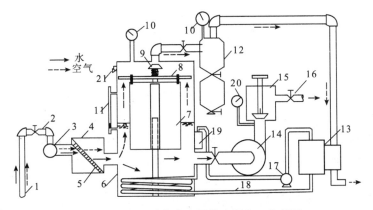

图 2.22 轻型井点真空泵抽水设备工作简图

1—井点管;2—弯联管;3—总管;4—过滤箱;5—过滤网;6—水汽分离器;7—浮筒;8—挡水布;
9—阀门;10—真空表;11—水位计;12—副水汽分离器;13—真空泵;14—离心泵;15—压力箱;
16—出水管;17—冷却泵;18—冷却水管;19—冷却水箱;20—压力表;21—真空调节阀

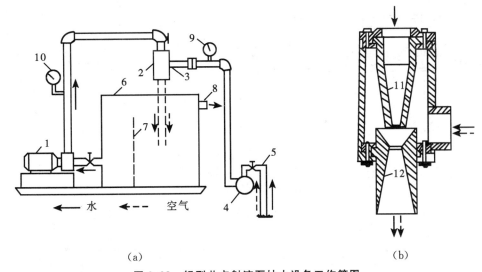

　　　　　　　　(a)　　　　　　　　　　　　　　　　(b)

图 2.23 轻型井点射流泵抽水设备工作简图

(a)工作简图;(b)射流器剖面

1—离心泵;2—射流器;3—进水管;4—总管;5—井点管;6—循环水箱;
7—隔板;8—泄水口;9—真空表;10—压力表;11—喷嘴;12—喉管

　　射流泵抽水设备由离心泵、射流器、循环水箱等组成,如图2.23所示。其工作原理是:离心泵将循环水箱里的水压入射流器内由喷嘴喷出时,由于喷嘴处断面收缩而使水流速度骤增,压力骤降,使射流器空腔内产生部分真空,把井点管内的水、气吸上来进入水箱,待箱内水位超过泄水口时自动溢出,排至指定地点。

　　射流泵抽水设备与真空泵抽水设备相比,具有结构简单、体积小、重量轻、制造容易、使用维修方便、成本低等优点,便于推广。但射流泵抽水设备排气量较小,对真空度的波动比较敏感,且易于下降,使用时要注意管路密封,否则会降低抽水效果。

　　一套射流泵抽水设备可带动总管长度30～50 m,适用于粉砂、粉土等渗透性较小的土层中降水。

（2）轻型井点布置

轻型井点系统的布置,应根据基坑平面形状及尺寸、基坑深度、土质、地下水位高低与流向、降水深度等因素确定。

① 平面布置

当基坑或沟槽宽度小于 6 m,水位降低不大于 5 m 时,可采用单排线状井点,井点管应布置在地下水的上游一侧,其两端的延伸长度一般不小于坑(槽)宽度(图 2.24)。如沟槽宽度大于 6 m,或土质不良,则采用双排井点。面积较大的基坑应采用环状井点(图 2.25)。有时,为了便于挖土机械和运输车辆进出基坑,可留出一段(地下水下游方向)不封闭或布置成 U 形。井点管距离基坑壁一般不小于 1.0 m,以防局部发生漏气。井点管间距应根据现场土质、降水深度、工程性质等按计算或经验确定,一般为 0.8～1.6 m,不超过 2.0 m,在总管拐弯处或靠近河流处,井点管应适当加密,以保证降水效果。

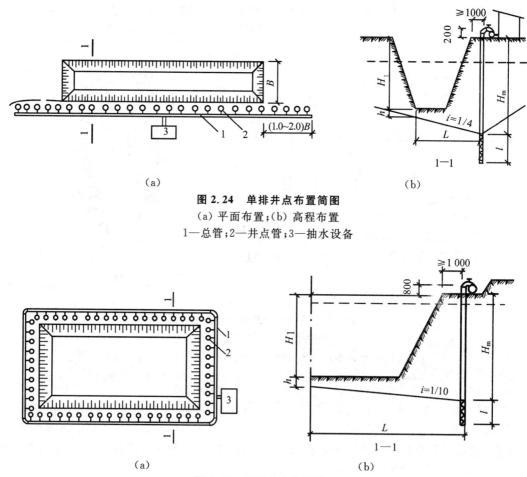

图 2.24　单排井点布置简图

(a) 平面布置;(b) 高程布置

1—总管;2—井点管;3—抽水设备

图 2.25　环形井点布置简图

(a) 平面布置;(b) 高程布置

1—总管;2—井点管;3—抽水设备

26

采用多套抽水设备时,井点系统要分段,每段长度应大致相等。为减少总管弯头数量,提高水泵抽吸能力,分段点宜在总管拐弯处。泵应设在各段总管的中部,使泵两边水流平衡。分段处应设阀门或将总管断开,以免管内水流紊乱,影响抽水效果。

② 高程布置

轻型井点的降水深度,在井点管处(不包括滤管)一般以不超过 6 m 为宜(视井点管长度而定)。进行高程布置时,应考虑井点管的标准长度及井点管露出地面的高度(约 0.2～0.3 m),且必须使滤管埋设在透水层中。

井点管的埋设深度 H_m,可按下式计算(图 2.24b、图 2.25b):

$$H_m \geqslant H_1 + h + I \cdot L \tag{2.21}$$

式中　H_1——总管平台面至基坑底面的距离(m);

　　　h——基坑底面至降低后的地下水位线的最小距离,一般取 0.5～1.0 m;

　　　I——地下水降水水力梯度,一般取 1/10(环状)或 1/4(单排);

　　　L——井点管至基坑中心(双排,U 形环状井点)或基坑远端(单排井点)的水平距离(m)。

如果计算出的 H_m 值与井点管露出地面的高度(约 0.2～0.3 m)之和大于井点管长度,则应降低井点系统的埋置面(图 2.25b),使集水总管的布置标高接近于原地下水位线,以适应降水深度的要求。

当采用一级轻型井点达不到降水深度要求时,如上层土质良好,可先用其他方法降水(如集水坑降水),然后挖去干土,再布置井点系统于原地下水位线之下,以增加降水深度,或采用二级(甚至多级)轻型井点(图 2.26),即先挖去上一级井点所疏干的土,然后再埋设下一级井点。

(3) 轻型井点计算

轻型井点的计算主要包括:基坑涌水量计算,井点管数量及井距确定,抽水设备的选用等。井点计算由于不确定因素较多(如水文地质条件、井点设备等),目前计算出的数值只是近似值。

井点系统的涌水量计算是以水井理论为依据进行的。根据地下水在土层中的分布情况,水井有几种不同的类型。水井布置在含水层中,当地下水表面为自由水压时,称为无压井(图 2.27a,b);

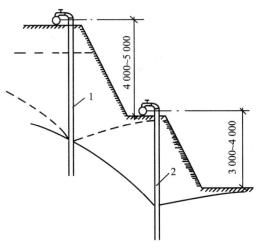

图 2.26　二级轻型井点
1—第一级轻型井点;2—第二级轻型井点

当含水层处于两不透水层之间,地下水表面具有一定水压时,称为承压井(图 2.27c,d)。另一方面,当水井底部达到不透水层时,称为完整井(图 2.27a,c);否则称为非完整井(图 2.27b,d)。综合而论,水井大致有下列四种:无压完整井(图 2.27a)、无压非完整井(图 2.27b)、承压完整井(图 2.27c)和承压非完整井(图 2.27d)。水井类型不同,其涌水量的计算公式亦不相同。

① 涌水量计算

无压完整井单井抽水时水位的变化如图 2.27a 所示。当水井开始抽水时,井内水位逐步下降,周围含水层中的水则流向井内。经一定时间的抽水后,井周围的水面由水平面逐步变成漏斗状的曲面,并渐趋稳定形成水位降落漏斗。自井轴线至漏斗外缘(该处原有水位不变)的水平距离称为抽水影响半径 R。

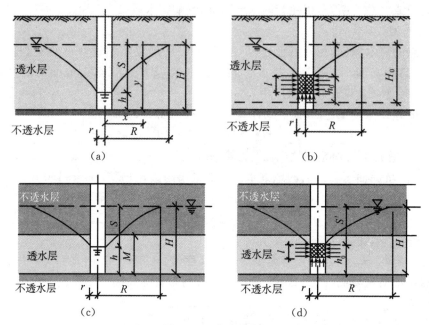

图 2.27 水井种类

(a) 无压完整井;(b) 无压非完整井;(c) 承压完整井;(d) 承压非完整井;

根据达西线性渗透定律,无压完整井的涌水量(流量)为

$$Q = K \cdot A \cdot I \tag{2.22}$$

式中 K——土的渗透系数(m/d);

A——地下水流的过水断面面积,近似取铅直的圆柱面表面积作为 A,距井轴线 x 处的圆柱面表面积为 $A = 2\pi xy(\text{m}^2)$;

I——水力梯度,距井轴线 x 处为 $I = \dfrac{\mathrm{d}y}{\mathrm{d}x}$。

将 A,I 代入式(2.22),得

$$Q = K \cdot 2\pi xy \cdot \frac{\mathrm{d}y}{\mathrm{d}x}$$

分离变数,两边积分,得

$$\int_h^H 2y\,\mathrm{d}y = \int_r^R \frac{Q}{\pi K} \frac{\mathrm{d}x}{x}$$

即

$$H^2 - h^2 = \frac{Q}{\pi K} \cdot \ln \frac{R}{r}$$

移项,并以常用对数代替自然对数,得

$$Q = 1.366K \frac{H^2 - h^2}{\lg \dfrac{R}{r}} \tag{2.23a}$$

式中 H——含水层厚度(m);

28

h——井内水深（m）；

R——抽水影响半径（m）；

r——水井半径（m）。

设水井内的水位降低值为 S，则 $S = H - h$，即 $h = H - S$，代入上式，得

$$Q = 1.366K \frac{(2H - S)S}{\lg R - \lg r} \qquad (2.23b)$$

上式即为无压完整井单井涌水量计算公式。同样，可导出承压完整井单井涌水量计算公式为（图 2.27c）

$$Q = 2.73 \frac{KMS}{\lg R - \lg r} \qquad (2.24)$$

式中　H——承压水头高度（m）；

　　　M——含水层厚度（m）；

　　　S——井中水位降低深度（m）。

轻型井点系统中，各井点布置在基坑四周同时抽水，因而各单井的水位降落漏斗相互干扰，每个单井的涌水量比单独抽水时小，因此考虑到群井的相互作用，其总涌水量不等于各单井涌水量之和，为了简化计算，环状井点系统可换算为一个假想半径为 x_0 的圆形井点系统进行分析。

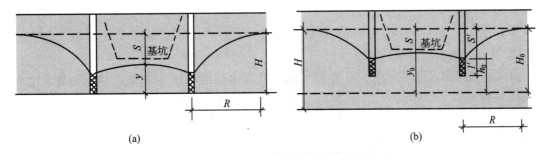

图 2.28　环形井点涌水量计算简图
(a) 无压完整井；(b) 无压非完整井

对于无压完整井的环状井点系统（图 2.28a），涌水量可按下式计算

$$Q = 1.366K \frac{(2H - S)S}{\lg(R + r_0) - \lg r_0} \qquad (2.25)$$

式中　K——含水层土的渗透系数（m/d）；

　　　H——含水层厚度（m）；

　　　S——水位降低值（m）；

　　　R——环状井点系统的抽水影响半径（m），可近似按下述经验公式计算

$$R = 2.0S\sqrt{H \cdot K} \qquad (2.26)$$

　　　r_0——环状轻型井点的假想半径（m），当矩形基坑的长宽比不大于 5 时，可按下式计算

$$r_0 = \sqrt{\frac{F}{\pi}} \qquad (2.27)$$

　　　F——环状轻型井点系统所包围的面积（m²）。

当矩形基坑的长宽比大于 5 或基坑宽度大于抽水影响半径的两倍时，需将基坑分块，使其

符合计算公式的适用条件,然后按块计算涌水量,将其相加即为总涌水量。

对于实际工程中常遇到的无压非完整井的井点系统(图2.28b),地下水不仅从井的侧面进入,还从井底流入,因此其涌水量较无压完整井大,精确计算比较复杂。为了简化计算,可简单地用有效影响深度 H_0 代替含水层厚度 H 来计算涌水量,即

$$Q=1.366K\frac{(2H_0-S)S}{\lg(R+r_0)-\lg r_0} \qquad (2.28)$$

H_0 即为有效影响深度,因为在非完整井中抽水,影响不到含水层的全深度范围,在一定深度以下,地下水不受扰动。H_0 值可查表2.6确定。当查表计算所得 $H_0>H$ 时,则仍取 H 值,即此时 $H_0=H$。

表2.6　有效影响深度 H_0

$S/(S'+l)$	0.2	0.3	0.5	0.8
H_0(m)	$1.3(S'+l)$	$1.5(S'+l)$	$1.7(S'+l)$	$1.85(S'+l)$

注　S 为井点系统中心处水位降低值(m);S' 为井点管处水位降低值(m);l 为滤管长度(m)。

同理,承压完整井环形井点涌水量计算公式为

$$Q=2.73K\frac{MS}{\lg(R+r_0)-\lg r_0} \qquad (2.29)$$

式中　M——承压含水层厚度(m);

　　　K,R,x_0,S——与式(2.25)符号意义相同。

②　井点管数量与井距的确定

井点系统所需井点管的最少根数 n,可根据井点系统涌水量 Q 和单根井点管最大出水量 q,按下式确定

$$n=1.1\frac{Q}{q} \qquad (2.30)$$

式中　1.1——备用系数,考虑井点管堵塞等因素;

　　　q——单根井点管最大出水量(m^3/d),按下式计算

$$q=60\pi dl\sqrt[3]{K} \qquad (2.31)$$

式中　d——滤管直径(m);

　　　l——滤管长度(m)。

井点管间距 D(m),由下式计算

$$D=\frac{L}{n} \qquad (2.32)$$

式中　L——总管长度(m);

　　　n——井点管根数。

实际采用的井点管间距还应考虑以下因素:

· $D>15d$,否则相邻井点管相互干扰大,出水量会显著减少。

· 当 K 值较小时,D 值不宜偏大,否则水位降落时间将很长。

· 靠近河流处,D 值宜适当减小。

· D 值应与总管上的接头间距相适应,常取0.8、1.2、1.6、2.0 m等。

最后,根据实际采用的 D 确定井点管的根数 n。

(4) 轻型井点抽水设备选择

对于真空泵抽水设备,干式(往复式)真空泵采用较多,但要注意防止水分渗入真空泵。干式真空泵常用型号为 W_5、W_6 型。采用 W_5 型泵时,总管长度一般不大于 100 m。采用 W_6 型泵时,总管长度一般不大于 120 m。真空泵在抽水过程中所需的最低真空度 h_k,可按下式计算

$$h_k = 10(h + \Delta h) \tag{2.33}$$

式中 h_k——真空泵在抽水过程中所需的最低真空度(kPa);

        h——降水深度(m);

        Δh——水头损失,包括进入滤管的水头损失、管路阻力损失及漏气损失等,可近似取 $1.0 \sim 1.5$ m。

真空泵在抽水过程中的实际真空度应大于所需的最低真空度,但应小于水汽分离器内的浮筒关闭阀门的真空度,以保证水泵连续而又稳定地排水。

对于射流泵抽水设备,常用的射流泵为 QJD—60、QJD—90、JS—45,其排水量分别为 60 m³/h,90 m³/h,45 m³/h,能带动总管长度不大于 50 m。

对于水泵,一般选用单级离心泵,其型号根据流量、吸水扬程与总扬程确定。水泵的流量应比基坑涌水量增大 $10\% \sim 20\%$,水泵的吸水扬程要大于降水深度和各项水头损失之和,总扬程应大于吸水扬程与出水扬程之和。多层井点系统中,下层井点的水泵应比上层井点的总扬程要大,以免另需中途接力。

一般情况下,一台真空泵配一台水泵作业,当土的渗透系数 K 和涌水量 Q 较大时,也可配两台水泵。

(5) 轻型井点的施工

轻型井点施工的工艺流程如下:

施工准备 → 井点管布置 → 井点系统埋设 → 井点系统使用 → 井点系统拆除

准备工作包括井点设备、施工机具、动力、水源及必要材料(如砂滤料)的准备,排水沟的开挖,附近建筑物的标高观测以及防止附近建筑物沉降措施的实施。另外,为了检查降水效果,必须选择有代表性的地点设置水位观测孔。

井点系统埋设的程序是:先挖井点沟槽、排放总管,再埋设井点管,用弯联管将井点管与总管相连,安排抽水设备,试抽水。其中井点管的埋设是关键性工作。

井点管的埋设可以采用以下方法:① 利用冲水管冲孔后埋设井点管;② 钻孔后沉放井点管;③ 直接利用井点管水冲下沉;④ 以带套管的水冲法或振动水冲法成孔后沉放井点管。

当采用冲水管冲孔时,有冲孔与埋管两个过程(图 2.29)。

冲管采用直径为 $50 \sim 70$ mm 的钢管,其长度一般比井点管约长 1.5 m 左右。冲管的下端装有圆锥形冲嘴,在冲嘴的圆锥面上钻有三个喷水小孔,各孔之间焊有三角形翼,以辅助水冲时扰动土层,便于冲管更快下沉(图 2.29a)。冲孔所需的水压力根据土质不同而异,一般为 $0.6 \sim 1.2$ MPa。为了加快冲孔速度可在冲管两侧加装两根空气管,通入压缩空气。冲孔时应将冲水管直插入土中,并做上、下、左、右摆动,加剧土层松动。冲孔直径一般在 300 mm 左右,不宜过大或过小,深度一般应比井点设计深度增加 500 mm 左右,以便滤管底部有足够的砂滤层。

井孔冲成后,随即拔出冲管,插入井点管,并在井点管与孔壁之间迅速填灌粗砂滤层,以防

孔壁塌土。砂滤层应选用洁净粗砂,厚度一般为 60~100 mm,填灌高度至少达到滤管顶以上 1.0~1.5 m,以保证水流畅通(图 2.29b)。井点填砂后,在地面以下 0.5~1.0 m 内须用黏性土分层封口捣实至与地面平,防止漏气。

每根井点管沉放后应检验其渗水性能。井点管与孔壁之间填砂滤料时,管口应有泥浆水冒出,或向管内灌水时,能很快下渗,方为合格。

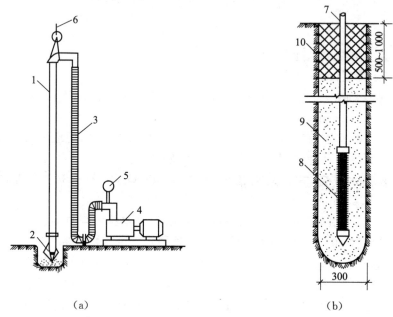

图 2.29　冲水管冲孔法埋设井点管
(a) 冲孔;(b) 埋管
1—冲管;2—冲嘴;3—胶皮管;4—高压水泵;5—压力表;
6—起重吊钩;7—井点管;8—滤管;9—填砂;10—黏土封口

在第一组轻型井点系统安装完毕后,应立即进行抽水试验,检查管路接头质量、井点出水状况和抽水设备运转情况等,如发现漏气、漏水现象,应立即处理,因为一个漏气点往往会影响整个井点系统的真空度大小,影响降水的效果。若发现"死井"(井点管淤塞),特别是在同一范围内有连续数根"死井"时,将严重影响降水效果。在这种情况下,应对每根"死井"用高压水反向冲洗或拔出重新沉放。抽水试验合格后,井点孔口至地面以下 0.5~1.0 m 的深度内,应用黏土填塞封孔,以防漏气和地表水下渗,提高降水效果。

轻型井点系统使用时,应连续抽水(特别是开始阶段),若时抽时停,滤管易堵塞,也容易抽出土粒,使出水浑浊,严重时会引起附近建筑物沉降开裂。同时,由于中途停抽,地下水回升,会引起边坡土方坍塌或在建的地下结构(如地下室底板等)上浮等事故。

轻型井点正常的出水规律是:"先大后小,先浑后清",否则应检查纠正。在降水过程中,应调节离心泵的出水阀以控制水量,使抽吸排水保持均匀,并经常检查有无"死井"产生(正常工作的井管,用手探摸时,有"冬暖夏凉"的感觉)。应按时观测流量、真空度(一般真空度应不低于 60 kPa)和检查观测井中水位下降情况,并做好记录。

采用轻型井点降水时,还应对附近建筑物进行沉降观测,必要时应采取防护措施。

（6）轻型井点系统设计计算示例

某高层住宅楼地下室形状及平面尺寸如图 2.30 所示,其地下室底板垫层的底面标高为 -5.90 m,天然地面标高为 -0.50 m。根据地质勘察报告,地面至 -1.80 m 为杂填土,$-1.80\sim-9.6$ m 为细砂层,-14.2 m 以下为粉质黏土,地下常水位标高为 -1.40 m,经试验测定,细砂层渗透系数 $K=6.8$ m/d。因场地较为宽裕基坑放坡开挖,边坡采用 $1:0.5$,为施工方便,坑底开挖平面尺寸比设计平面尺寸每边放出 1.0 m。试确定轻型井点系统的布置并计算之。

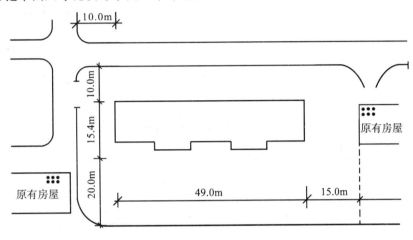

图 2.30 某地下室现场平面简图

① 轻型井点系统布置

根据本工程条件,轻型井点系统选用单层环形布置,如图 2.31 所示。

总管直径选用 127 mm,布置于天然地面上,基坑上口尺寸为 56.4 m×22.8 m,井点管距离坑壁为 1.0 m,则总管长度为

$$2\times[(56.4+2\times1.0)+(22.8+2\times1.0)]=166.4(\text{m})$$

井点管长度选用 7.0 m,直径为 50 mm,滤管长度为 1.0 m,井点露出地面 0.2 m,基坑中心要求的降水深度为

$$S=5.90-1.40+0.50=5.0(\text{m})$$

井点管所需的埋置深度为

$$H_\text{m}=5.90-0.5+0.5+24.8\div2\times\frac{1}{10}=7.14(\text{m})>7.0-0.2=6.80(\text{m})$$

将总管埋于地面下 0.4 m 处,即先挖 0.4 m 深的沟槽,然后在槽底铺设总管,此时井点管所需长度为

$$7.14-0.4+0.20=6.94(\text{m}) \qquad 满足要求$$

此时,基坑上口尺寸为 56.0 m×22.4 m,总管长度为 164.8 m。抽水设备根据总管长度选用二套,其布置位置与总管的划分范围如图 2.31 所示。

按无压非完整井考虑,含水层有效厚度 H_0 按表 2.6 计算

$$\frac{5.0}{6.22+1.00}=0.69$$

则 $H_0=1.80\times(6.22+1.0)=13.0(\text{m})>14.2-1.4=12.8(\text{m})$

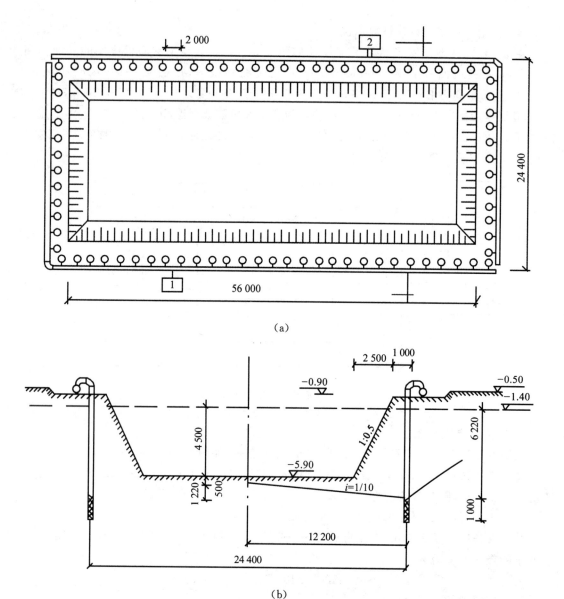

图 2.31 某工程基坑轻型井点系统布置

(a) 平面布置图;(b) 高程布置图

取 $H_0 = 12.8(\text{m})$

抽水影响半径 R 按公式(2.26)求出

$$R = 2.0 \times 5.0 \times \sqrt{12.8 \times 6.8} = 93.3(\text{m})$$

环形井点的假想半径 r_0 按公式(2.27)求出

$$r_0 = \sqrt{\frac{24.4 \times 58.4}{\pi}} = 21.3(\text{m})$$

基坑涌水量 Q 按公式(2.25)求出

$$Q = 1.366 \times 6.8 \times \frac{(2 \times 12.8 - 5.0) \times 5.0}{\lg(93.3 + 21.3) - \lg 21.3} = 1\,309.2(\text{m}^3/\text{d})$$

② 井点管数量与间距计算

单根井点管出水量 q 按公式(2.31)求出

$$q = 60 \times \pi \times 0.05 \times 1.0 \times \sqrt[3]{6.8} = 17.85(\text{m}^3/\text{d})$$

井点管数量 n 按公式(2.30)求出

$$n = 1.1\frac{Q}{q} = 1.1 \times \frac{1\ 309.2}{17.85} = 81(\text{根})$$

井点管间距 D 按公式(2.32)计算

$$D = \frac{166.4}{81} = 2.05(\text{m}) \qquad \text{取}\ D = 2.0(\text{m})$$

则

$$n = \frac{166.4}{2.0} = 83(\text{根})$$

③ 抽水设备选用

a. 选择真空泵。根据每套机组所带的总管长度为 166.4/2=83.2(m)，用 W_5 型干式真空泵。真空泵所需的最低真空度按公式(2.33)求出

$$h_k = 10 \times (7.0 + 1.0) = 80(\text{kPa})$$

b. 选择水泵。水泵所需的流量 Q

$$Q = 1.1 \times \frac{1\ 309.2}{2} = 720.1(\text{m}^3/\text{d}) = 30.0(\text{m}^3/\text{h})$$

水泵的吸水扬程 H_s

$$H_s \geqslant 7.0 + 1.0 = 8.0(\text{m})$$

由于本工程出水高度低，只要吸水扬程满足要求，则不必考虑总扬程。

根据水泵所需的流量与扬程，选择 2B31 型离心泵（$Q=10\sim30\ \text{m}^3/\text{h}$，$H_s=8.0\sim6.0\ \text{m}$）即可满足要求。

2) 管井井点

管井井点就是沿基坑每隔一定距离设置一个管状井，每井单独用一台水泵不间断抽水，从而降低地下水位。在土的渗透系数较大（$K>1\ \text{m/d}$）、地下水充沛的土层中，适于采用管井井点法降水。当降水深度大于 6 m，且土层的渗透系数小于 0.01 m/d 时，可采用在管井内施加真空的方法，成为真空管井井点。真空管井井点应在开挖面以下的井底设置滤管，长度宜为 4 m，当降水深度较深时，可设置多个滤管。真空管井井点可疏干的面积宜取其周围 150～300 m²。

管井井点的设备主要由管井、吸（出）水管与水泵等组成（图 2.32）。管井可用钢管、混凝土管及焊接钢筋骨架管等。钢管管井的管身采用直径 200～250 mm 的钢管，其过滤部分（滤管）采用钢筋焊接骨架（密排螺旋箍筋）外包细、粗两层滤网（如一层铁丝网和一层细纱滤网），长度为 2～3 m。混凝土管井的内径为 400 mm，管身为实管（无孔洞），滤管的孔隙率为 20%～25%。焊接钢筋骨架管直径可达 350 mm，管身可为实管（无孔洞）或与滤管相同（上下皆为滤管，透水性好）。管井下端应设置长度 1.0～3.0 m 的沉砂管吸（出）水管一般采用直径 50～100 mm 的钢管或胶皮管，吸水管下端或潜水泵应沉入管井抽吸时的最低水位以下，为了启动水泵和防止在水泵运转中突然停泵时发生水倒灌，在吸水管底应装逆止阀。水泵可采用

管径为 2～4 英寸(直径 50.8～101.6 mm)的潜水泵或单级离心泵。

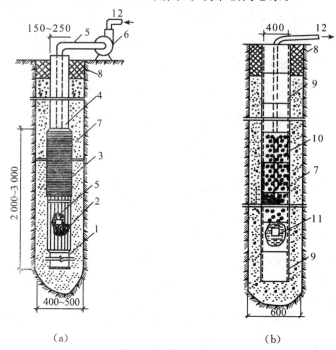

图 2.32　管井井点
(a)钢管管井;(b)混凝土管管井
1—沉砂管;2—钢筋焊接骨架;3—滤网;4—管身;5—吸水管;6—离心泵;7—过滤层;
8—黏土封口;9—混凝土实管;10—混凝土过滤管;11—潜水泵;12—出水管

管井的间距和深度,应通过计算确定,一般间距为 20～50 m,深度为 8～15 m。管井井点的水位降低值:井内可达 6～10 m,两井中间为 3～5 m。井的中心距基坑(槽)边缘的距离:当采用泥浆护壁钻孔法成孔时,不小于 3.0 m,当采用泥浆护壁冲击钻成孔时,为 0.5～1.5 m。管井井点的设计计算,可参照轻型井点进行。

管井井管的沉设,可采用钻孔法成孔(泥浆护壁或套管成孔,参见第 3 章钻孔灌注桩)。钻孔的直径,应比井管外径大 200 mm,深度宜比井管长 0.3～0.5 m。下井管前应进行清孔(降低沉渣厚度和泥浆比重),然后沉放井管并随即用粗砂或 5～15 mm 的小砾石填充井管周围至含水层顶以上 3～5 m 作为过滤层,过滤层之上井管周围改用黏土填充密实,长度不少于 2 m。

管井沉设中的最后一道工序是洗井。洗井的作用是清除井内泥砂和过滤层淤塞,使井的出水量达到正常要求。常用的洗井方法有水泵洗井法、空气压缩机洗井法等。

管井井口应设置防护盖板或围栏,设置明显的警示标志。降水完成后,应及时将井孔填实。

3)喷射井点

当基坑开挖要求降水深度大于 6 m,土层的渗透系数为 0.1～20 m/d 时,适宜于采用喷射井点,其降水深度可达 20 m。如采用轻型井点则必须用多级井点,将增大井点设备用量和土方开挖工程量。

喷射井点的设备,主要由喷射井管、高压水泵和管路系统组成(图 2.33)。喷射井点的工作原理简述如下:喷射井管一般由同心的内管 8 和外管 9 组成,在内管下端装有起升水作用的喷射扬水器与滤管 2 相连(图 2.33c)。将集水池内的水通过高压水泵 5 使其变成具有一定压力水头(0.7~0.8 MPa)的高压水,经进水总管 3 进入各井点管内外管间的环形空腔,并经扬水器的进水窗 14 流向喷嘴 10。由于喷嘴截面只有环形空腔的几十分之一,因而流速急剧增加,压力水由喷嘴以很高的流速(30~60 m/s)喷入混合室 11,将喷嘴口周围空气吸入,被急速水流带走,因而该室压力下降而形成一定真空度。管内外压力差使地下水被吸入井管。地下水及一部分空气通过滤网,从滤管中的芯管 15 上升至扬水器,经过喷嘴两侧与喷射出来的高速水流一起进入混合室 11,成为混合水流经扩散管 12,因截面扩大流速降低而转化为压力水头,通过内管自行扬升至地面,并经排水总管 4 流入集水池 6,沉淀后重新参加工作循环,多余的水由低压离心泵 7 排走。如此循环,使地下水位逐渐降低。

当基坑宽度小于 10 m 时,喷射井点可单排布置;当大于 10 m 时,可双排布置;当基坑面积较大时,宜采用环形布置(图 2.33b)。井点间距一般采用 1.5~3 m。喷射井点的井点管外径通常为 38 mm、68 mm、100 mm 和 162 mm 等,可根据不同渗透系数选择,以适应不同排水量要求。高压水泵一般宜选用流量为 50~80 m³/h 的多级高压离心水泵,每套约能带动 20~30 根井管。

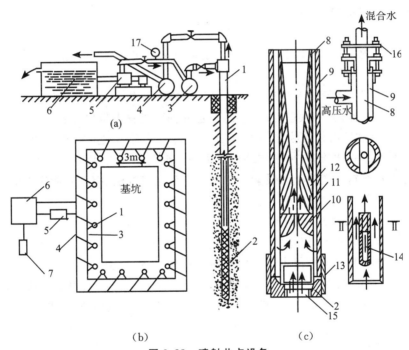

图 2.33 喷射井点设备

(a) 喷射井点设备;(b) 喷射井点平面布置;(c) 喷射物水器

1—喷射井管;2—滤管;3—进水总管;4—排水总管;5—高压水泵;6—集水池;7—低压水泵;8—内管;
9—外管;10—喷嘴;11—混合室;12—扩散管;13—环形底座;14—进水窗;15—芯管;16—管箍;17—压力表

喷射井点的施工顺序:安装水泵设备及泵的进出水管路;敷设进水总管和排水总管;沉设井点管并灌填砂滤料,接通进水总管后及时进行单根试抽、检验;全部井点管沉设完毕,接通排水总管后,全面试抽,检查整个降水系统的运转情况及降水效果。

井点管组装时必须保证喷嘴与混合室中心线一致,否则真空度会降低,影响抽水效果。组装后每根井点管均应在地面作泵水试验和真空测定(不宜小于 93.1 kPa,即 700 mm 汞柱)。

沉设井点管时,井管的冲孔直径不应小于 400 mm,冲孔深度应比滤管底深 1 m 以上,冲孔完毕后,应立即沉设井点管,灌填砂滤料,最后再用黏土封口,深为 0.5～1.0 m。井点管与进水、排水总管的连接均应安装阀门,以便调节使用和防止不抽水时发生回水倒灌。管路接头均应安装严密。

喷射井点所用的工作水应保持清洁,不得含泥砂和其他杂物,否则会使喷嘴、混合室等部用地也受到磨损,影响扬水器使用寿命。全面试抽 2 天后,应用清水更换工作水,防止水质浑浊。抽水时,如发现井点管周围有翻砂冒水现象时,应立即关闭该井点管,并进行检查处理。

2.3.2.4　基坑开挖与降水对邻近建筑物的影响和措施

（1）基坑开挖与降水对邻近建筑物的危害

在基坑开挖时常需进行降水,当在弱透水层和压缩性大的黏土层中降水时,由于地下水流失造成地下水位下降、地基自重应力增加、土层压缩和土粒随水流失甚至被掏空等原因,会产生较大的地面沉降。又由于土层的不均匀性和降水后地下水位呈漏斗曲线,四周土层的自重应力变化不一致而导致不均匀沉降,使周围建筑物基础下沉、房屋倾斜或开裂。另外,当在粉土地区建造高层建筑箱基,用钢板桩和井点降水开挖基坑时,除降水期间有沉降外,在拔钢板桩时也会导致邻近建筑物的沉降和开裂。

（2）在降水中防止邻近建筑物受影响的措施

在基坑降水开挖中,为防止因降水影响或损害降水影响范围内的建筑物,可采取以下几种措施:

① 减缓降水速度,勿使土粒带出。具体做法是加长井点,减缓降水速度（调小离心泵阀）,并根据土的粒径改换滤网,加大砂滤层厚度,防止在抽水过程中带出土粒。

② 在降水区域和原有建筑物之间的土层中设置一道固体抗渗屏幕（止水帷幕）。即在基坑周围设一道封闭的止水帷幕,使基坑外地下水的渗流路径延长,以保持水位。止水帷幕的设置可结合挡土支护结构设置或单独设置。常用的有深层搅拌法、高压旋喷注浆法、密排灌注桩法、冻结法等（参见 2.4.2 节）。

③ 回灌井法。即在建筑物靠近基坑一侧,采用回灌井（沟）,向土层内灌入足够量的水,使建筑物下保持原有地下水位,以求邻近建筑物的沉降最小。

回灌井点是防止井点降水损害周围建筑物的一种经济、简便、有效的方法,它能将井点降水对周围建筑物的影响减少到最低程度。为确保基坑施工的安全和回灌的效果,回灌井点与降水井点之间应保持一定的距离,一般不宜小于 6 m,降水与回灌应同步进行。

2.4　土方边坡与支护

在基坑、沟槽开挖及场地平整施工过程中,土壁的稳定,主要依靠土体的内摩擦力和黏结力（内聚力）来保持平衡。一旦土体在外力作用下失去平衡,土壁就会坍塌。土壁坍塌,不仅会妨碍土方工程的施工,还会危及附近的建筑物、道路、地下管线等的安全,甚至会导致人员伤亡,造成严重的后果。

为了防止土壁坍塌,保持土壁稳定,保证安全施工,在土方工程施工中,对挖方和填方的边缘,均应做成一定坡度的边坡。当场地受限制不能放坡或为了减少土方工程量而不放坡时,则可设置土壁支护结构,以确保施工安全。

2.4.1 边坡坡度与边坡稳定

1）土方边坡

土方边坡的大小,应根据土质条件、挖方深度(或填方高度)、地下水位、排水情况、施工方法、边坡留置时间(即工期长短)、边坡上部荷载情况及相邻建筑物情况等因素综合确定。

当土质均匀且地下水位低于基坑(槽)或管沟底面标高,其开挖深度不超过表2.7规定限值时,其挖方边坡可作成直立壁不加支撑。

表2.7　直立壁不加支撑开挖深度限值

土　的　类　别	挖方深度(m)
1）稍密的杂填土、素填土、碎石类土、砂土	1.00
2）密实的碎石类土(充填物为黏土)	1.25
3）可塑状的黏性土	1.50
4）硬塑状的黏性土	2.00

当挖方深度超过上述规定时,应放坡开挖或采取支护措施。

当地质条件良好,土质均匀且地下水位低于基坑(槽)或管沟底面标高时,自然放坡的坡率允许值应根据地方经验确定,当无经验时,可按表2.8的规定确定。

永久性挖方边坡坡度应符合设计要求。当工程地质与设计资料不符需修改边坡坡度时,应由设计单位确定。

使用时间较长(超过一年)的临时性挖方边坡坡度,应根据工程地质和边坡高度,结合当地同类土体的稳定坡度值确定。

表2.8　自然放坡坡率允许值

边坡土体类别	状态	坡率允许值(高宽比)	
		坡高小于5 m	坡高5~10 m
碎石土	密实	1:0.35~1:0.50	1:0.50~1:0.75
	中密	1:0.50~1:0.75	1:0.75~1:1.00
	稍密	1:0.75~1:1.00	1:1.00~1:1.25
黏性土	坚硬	1:0.75~1:1.00	1:1.00~1:1.25
	硬塑	1:1.00~1:1.25	1:1.25~1:1.50
	软	1:1.50或更缓(开挖深度不超过4 m)	

注　1. 表中碎石土的充填物为坚硬或硬塑状态的黏性土;
　　2. 对于砂土填充或充填物为砂石的碎石土,其边坡坡率允许值应按自然休止角确定。

使用时间较长(超过一年)的临时性填方边坡坡度允许值:当填方高度在10 m以内时,可采用1:1.5;高度超过10 m时,可作成折线形并应采用上陡下缓形式,上部采用1:1.5~1:2.0,下部采用1:1.75~1:2.5。

2）边坡稳定

土方边坡的稳定,主要是由于土体内颗粒间存在摩阻力和内聚力,从而使土体具有一定的抗剪强度。土体抗剪强度的大小与其内摩擦角和内聚力的大小相关。土壤颗粒间不仅存在抵抗滑动的摩阻力,而且存在内聚力(除了干净和干燥的砂之外)。内聚力一般由两种因素形成:一是由于土中水的水膜和土粒之间的分子引力;二是由于土中化合物的胶结作用(尤其是黄土)。土的类别及其物理性质对土体的抗剪强度均有影响。

在一般情况下,土方边坡失去稳定,发生滑动,其原因主要是由于土质变化及外界因素的影响,造成土体内的抗剪强度降低或剪应力增加,使土体中的剪应力超过其抗剪强度。

引起土体抗剪强度降低的原因有:① 因风化、气候等的影响使土质变得松软;② 黏土中的夹层因浸水而产生润滑作用;③ 饱和的细砂、粉砂土等因受震动而液化等。

引起土体内剪应力增加的原因有:① 基坑上边缘附近存在荷载(堆土、机具等),尤其是存在动载;② 雨水、施工用水渗入边坡,增加土的含水量,从而增加土体自重;③ 有地下水时,地下水在土中渗流产生一定的动水压力;④ 水浸入土体中的裂缝内产生静水压力。

为了防止土方边坡坍塌,除保证边坡坡度大小和边坡上边缘的荷载符合规定要求外,在施工中还必须做好地面水的排除工作,并防止地表水、施工与生活用水等浸入开挖场地或冲刷土方边坡,基坑内的降水工作应持续到土方回填完毕。在雨季施工时,更应注意检查边坡的稳定性,必要时可考虑适当放缓边坡坡度或设置土壁支撑(护)结构,以防塌方。

2.4.2 土壁支护(基坑支护)

开挖基坑(槽)或管沟时,如果地质和场地周围条件允许,采用放坡开挖,往往是比较经济的。但在建筑物密集地区施工,有时没有足够的场地按规定的放坡宽度开挖,或有防止地下水渗入基坑要求,或深基坑(槽)放坡开挖所增加的土方量过大,此时需要用土壁支护结构来支撑土壁,以保证施工的顺利和安全,并减少对相邻已有建筑物等的不利影响。

当需设置土壁支护结构时,应根据工程特点、开挖深度、地质条件、地下水位、施工方法、相邻建筑物情况等进行选择和设计。土壁支护结构必须牢固可靠,经济合理,确保施工安全。

常用的土壁支护结构有:钢(木)支撑、板桩、灌注桩、工钉墙、重力式水泥土墙、地下连续墙等。

2.4.2.1 板桩支护

板桩是一种支护结构,可用于抵抗土和水所产生的水平压力,既挡土又挡水(连续板桩)。当开挖的基坑较深,地下水位较高且有可能发生流砂时,如果未采用井点降水方法,则宜采用板桩支护,使地下水在土中渗流的路线延长,降低水力梯度,阻止地下水渗入基坑内,从而防止流砂产生。在靠近原建筑物开挖基坑(槽)时,为了防止原有建筑物基础下沉,通常也可采用板桩支护。

板桩的常用种类有木板桩、钢筋混凝土板桩、钢板桩和钢(木)混合板桩式支护结构等。

1) 钢(木)混合板桩式支护结构

钢(木)混合板桩式支护结构又称为工字型钢桩衬板支护结构。在埋深较浅的地下结构施工中,常采用此种支护结构,其适用范围为黏土、砂土且地下水位较低的地基,水位高时要降水。这种结构在软土地基中要慎用,在卵石地基中较难施工。坑壁土侧压力由衬板传至工字型钢桩,再通过导梁传至顶撑或拉锚(图2.34)。

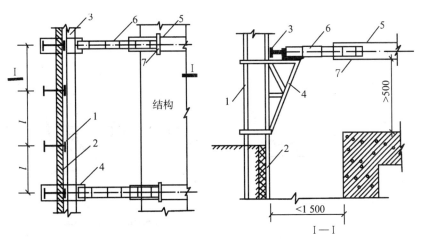

图 2.34 工字型钢桩衬板支护结构

1—工字型钢桩;2—衬板;3—导梁;4—托架;5—顶撑;6—活动节;7—销子

工字型钢桩一般采用不小于Ⅰ30的普通工字型钢,长度一般为8~12 m,可接长使用。工字型钢桩间距一般采用1.0~1.6 m,不小于0.8 m,一般入土深度3~4 m。

衬板可采用木板、钢板或钢筋混凝土薄板,木板厚50~100 mm,常用50~60 mm,长度由工字型钢桩的间距决定,厚度应通过计算确定。

顶撑或拉锚的层数与基坑土壁的侧压力大小有关,为减少对地下结构施工的干扰,一般不超过两层。当土质较好,基坑深度在10 m以内时,应尽可能采用单层顶撑,其位置距地面不宜超过4 m,以免悬臂弯矩过大,顶撑顶面应高出地下结构顶面至少500~600 mm,以便于进行地下结构顶板混凝土的浇筑及防水层的铺设。顶撑材料有钢、木两种,荷载小、长度不大时(<7 m)可用圆木顶撑,如基坑宽度较大,宜采用钢顶撑(直径150~800 mm的钢管或型钢组合截面)。

2)钢板桩支护结构

在板桩支护结构中,钢板桩因其可以多次重复使用,打设方便,承载力高等优点,应用最广泛。

钢板桩是由带锁口或钳口的冷弯或热轧型钢制成,把这种钢板桩互相连接起来打入地下,就形成连续钢板桩墙,既能挡土亦能挡水。施工时先打下钢板桩挡住土再挖土,故桩与土密贴,坑壁土体位移小,沉陷也就小。钢板桩适用于软弱地基、地下水位较高、水量较多的深基坑支护结构,但在砂砾及密实砂土中施工困难。钢板桩断面型式很多,常用的钢板桩有U形(通常称为"拉森"板桩)、M型、Z型、I型(平板型)、H型、组合截面板桩几类(图2.35)。平板桩容易打入地下,挡水和承受轴向力的性能良好,但长轴方向抗弯能力较小;U形钢板桩挡水和抗弯性能都较好,其长度一般有12 m、18 m、20 m三种,并可根据需要焊接成所需长度;为了适应地下结构施工中因基坑开挖深度的增加或因其他原因而对钢板桩刚度有更大的要求,国内外出现了大截面模量的组合式钢板桩。图2.35f所示的即为一种由H型钢和U型钢板桩拼焊而成的组合截面钢板桩。

板桩支护根据有无锚碇或支撑结构,分为无锚板桩和有锚板桩两类。无锚板桩即为悬臂式板桩,依靠入土部分的土压力来维持板桩的稳定。它对于土的性质、荷载大小等较为敏感,一般悬臂长度不大于5 m。有锚板桩是在板桩上部用拉锚或顶撑加以固定,以提高板桩的支护能力。根据拉锚或顶撑层数不同,又分为单锚(撑)钢板桩和多锚(撑)钢板桩。实际工程中悬臂板桩与单锚（撑）板桩应用较多。

总结单锚板桩的工程事故，其失败原因主要有三个方面：

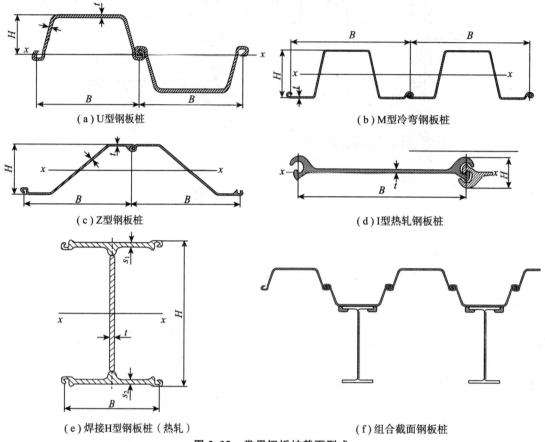

（a）U型钢板桩　　　　　　　　　　　　（b）M型冷弯钢板桩

（c）Z型钢板桩　　　　　　　　　　　　（d）I型热轧钢板桩

（e）焊接H型钢板桩（热轧）　　　　　　　（f）组合截面钢板桩

图2.35　常用钢板桩截面型式

（1）板桩的入土深度不足。当板桩长度不足或由于挖土超深或坑底土过于软弱，在土压力作用下，可能使板桩坑底以下部分向坑内移动，使板桩绕拉锚点转动失效，坑壁滑坡（图2.36a）。

（2）板桩本身刚度不足。由于板桩截面太小，刚度不足，在土压力作用下失稳而弯曲破坏（图2.36b）。

（3）拉锚的承载力不够或长度不足。拉锚承载力过低被拉断，或锚碇位于土体滑动面内而失去作用，使板桩在土压力作用下向前倾倒（图2.36c）。

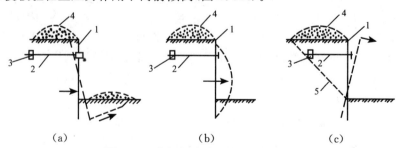

（a）　　　　　　　　（b）　　　　　　　　（c）

图2.36　单锚板桩破坏情况及其原因

（a）板桩入土深度不足；（b）板桩截面太小；（c）锚碇设置在土体破坏棱体以内
1—板桩；2—拉杆；3—锚碇；4—堆土；5—破坏面

此外,也可能因为软黏土发生圆弧滑动而引起整个板桩体系的破坏。

因此,对于单锚板桩,入土深度、锚杆拉力和截面弯矩被称为单锚板桩设计的"三要素"。

由(1)、(2)两种原因引起的破坏,除设计误差问题外,常常是由于施工时大量弃土无计划地堆置于板桩后面的地面上所引起,尤其雨季施工更易发生上述破坏,因此要特别注意。

2.4.2.2 灌注桩支护

用灌注桩作为深基坑开挖时的土壁支护结构具有布置灵活、施工简便、成桩快、价格低等优点,所以发展较快,应用日趋广泛。灌注桩施工可采用人工挖孔灌注桩、干挖孔灌注桩、钻孔(泥浆护壁)灌注桩、螺旋钻孔灌注桩、沉管灌注桩等,其施工工艺可参阅第3章相关内容,在此仅介绍灌注桩支护结构的结构类型及其适用范围(表2.9)。

仅采用稀疏排桩挡土时,应采用可靠的降水措施以防止管涌和流砂现象发生,保证挖土和地下结构施工的顺利进行。当采用人工挖孔桩时多用此法,亦适用于其他类型灌注桩挡土结构。采用该法时桩间距不宜过大,以防桩间土体失稳。

当稀疏排桩间距 S 较大,桩间土自身稳定性不足时,可在桩内侧(开挖面一侧)用钢丝网水泥抹面挡土(图2.37)。桩间净距一般在1.0 m以内,顶部用圈梁连接,使桩受力均匀。

连续排桩结构是将灌注桩(钢筋混凝土或素混凝土的)连续排列而成的一种连续式挡土结构,当桩排列紧密时可起防渗作用,从而不需井点降水,挡土止水一次完成。其桩的排列方式有多种,如图2.38所示为常用排列方式,其中黑色桩为无筋桩,可以是素混凝土桩,也可采用砂桩注入砂浆或化学浆液形成无筋桩。

图2.38c中的一字搭接排列灌注桩又称为咬合式排桩,其布量形式可分为有筋桩和无筋桩搭配(图2.39a)、有筋桩和有筋桩搭配(图2.39b),其桩径通常为800~1 200 mm,咬合桩间的咬合宽度不宜小于200 mm。咬合式排桩通常采用全套管钻机施工,施工时垂直度的允许偏差应从严控制,为1/300。

表2.9 灌注桩支护结构类型及其适用范围

结 构 类 型		适 用 范 围
排桩结构	稀疏排桩	土质较好(黏土、砂土),地下水位较低或降水效果好的土层
	连续排桩	土质较差、地下水位高或降水效果差的土层
	框架式或双排式排桩	单排桩刚度或承载力不足时,适用于砂土、黏土层
组合排桩结构 (排桩为平面直线形或平面拱形)	排桩加钢丝网水泥抹面	黏土、砂土和地下水位较低的土层
	排桩加压密注浆止水	排桩承重,压密注浆止水有防渗作用,用于中砂及黏性土层
	排桩加深层搅拌桩止水	排桩承重,深层搅拌桩相互搭接(≥200 mm)成平面或拱形,有较好防漏、防渗效果,用于软土地层
	排桩加水泥旋喷桩止水	排桩承重,旋喷桩(水泥防渗墙)止水,用于软土、砂性土
	排桩加薄壁混凝土防渗墙	排桩承重,射水法施工的薄壁混凝土连续墙止水,用于开挖深度较深、地下水位较高的软土、砂性土
排桩或组合排桩加内支撑结构		排桩和内支撑承重,各种止水措施防渗,适用于悬臂桩承载力、刚度无法满足要求时
排桩或组合排桩加土层锚杆结构		适用于排桩和组合排桩承载力、刚度无法满足要求,开挖深度在8 m以上者

双排式灌注桩支护结构一般采用直径较小的灌柱桩作双排布置,桩顶用混凝土板或桁架式地梁连接,形成门式结构以增强挡土能力。当场地条件许可,单排桩悬臂结构刚度不足时,如经济指标较好,可采用双排桩支护结构。该种结构的特点是水平刚度大,位移小,施工简便。

双排桩在平面上可按三角形布置,也可按矩形布置(图 2.40)。前后排桩距 $\delta = 1\,500 \sim 3\,000$ mm(中心距),桩顶连梁桁架或混凝土板宽度一般为 $(\delta + d + 200)$ mm,即比双排桩稍宽。

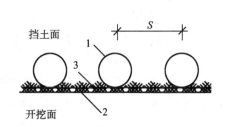

图 2.37 排桩加钢丝网水泥抹面挡土
1—灌注桩;2—钢丝网水泥;3—桩间土

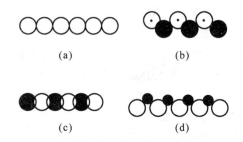

图 2.38 连续排桩挡土止水结构
(a) 一字相接排列;(b) 交错相接排列;
(c) 一字搭接排列;(d) 交错大小桩排列

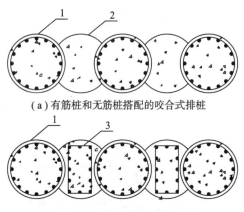

(a)有筋桩和无筋桩搭配的咬合式排桩

(b)有筋桩和有筋桩搭配的咬合式排桩

图 2.39 咬合桩平面布置形式
1—钢筋圆形配置的有筋桩;2—无筋桩;
3—钢筋矩形配置的有筋桩

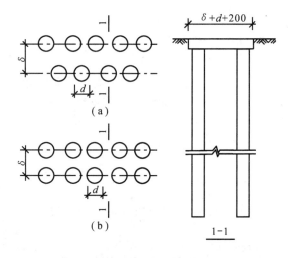

图 2.40 双排挡土结构
(a) 三角形布置;(b) 矩形布置

当开挖基坑附近有道路、地下管线,或原有建筑物距离较近,开挖降水时,可能会引起地面沉降或不均匀沉降,从而导致地面下沉、管线损坏、原有建筑物开裂等不良后果。为了防止这些现象的产生,在支护结构施工时,一般可使支护结构形成连续帷幕,在挡土的同时起止水(阻水)作用,如密排灌注桩、钢板桩、连续钢筋混凝土板桩、地下连续墙等,对于排桩支护结构,可采用深层搅拌、高压水泥旋喷桩或高压水泥摆喷桩与排桩相互咬合的组合帷幕(图 2.41a、图 2.41b),也可用连续的单排或双排深层搅拌桩、高压水泥旋喷桩或高压水泥摆喷桩(图 2.41c、图 2.41d、图 2.41e)形成独立止水帷幕。

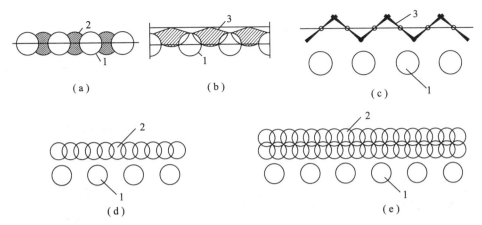

图2.41 挡土兼止水支护结构

(a)深层搅拌桩或高压水泥旋喷桩与排桩组合止水;(b)高压水泥摆喷桩与排桩组合止水;
(c)高压水泥摆喷桩止水;(d)、(e)深层搅拌桩或高压水泥旋喷桩止水;
1—灌注桩;2—深层搅拌桩或高压水泥旋喷桩;3—高压水泥摆喷桩

当基坑开挖深度过大,前述悬臂式支护结构不能满足要求(变形较大或所需桩身截面过大)时,可采用内支撑或土层锚杆(图2.42),增加支护桩的中间支点,减少悬臂长度,从而使桩的截面减小。内支撑或土层锚杆的层数与数量影响支护桩、内支撑或锚杆的截面尺寸,应考虑施工方便并通过技术经济比较后确定。

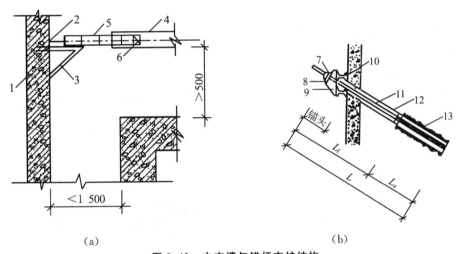

图2.42 内支撑与锚杆支护结构

(a)内支撑支护结构;(b)土层锚杆支护结构
1—支护桩;2—腰梁;3—托架;4—顶撑;5—活动节;6—销子;7—螺母;
8—垫板;9—支座;10—腰梁;11—杆体;12—自由段;13—锚固段

2.4.2.3 深层搅拌桩支护

深层搅拌桩是加固饱和软黏土地基的一种方法,它利用水泥、石灰等作为固化剂,通过单轴、双轴或三轴深层搅拌机械(图2.43)就地将软土和固化剂(浆液)强制搅拌,利用固化剂和软土间所产生的物理—化学反应,使软土硬结成具有整体性、水稳定性和一定强度的地基。当用作支护结构时(一般采用双轴或三轴搅拌机械施工),可作为重力式挡土墙,利用其自身重量挡土,同时,连续搭接(止水时≥200 mm)形成的连续结构可兼作止水结构。当用于深基坑支护结构时,一般基坑开挖深度不大于 7 m,且基坑四周有足够的施工场地。根据水泥加固土的室内外试验结果,深层搅拌桩一般适用于加固正常固结的流塑、软塑、软塑—可塑的黏性土、粉质黏土(包括淤泥、淤泥质土)、素填土和松散或稍密的粉土、砂性土。而对于有机含量高、酸碱度(pH 值)较低的黏性土的加固效果较差。另外,由于深层搅拌桩施工时,搅拌头对土体的强制搅拌力是由动力头(电动机)产生扭矩,再通过搅拌轴的转动传递至搅拌头的,因此其搅拌力是有限的,如土质过硬或遇地下障碍物卡住搅拌头时,电动机工作电流将上升超过额定值,电机有可能被烧坏。因此,深层搅拌桩不适用于含有大量砖瓦的填土、厚度较大的碎石类土、硬塑及硬塑以上的黏性土和中密及中密以上的砂性土。当土层中夹有条石、木桩、城砖、古墓、洞穴等障碍物时,也不适用于深层搅拌桩。

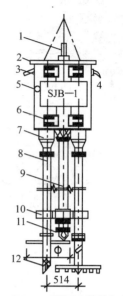

图 2.43 SJB—1 型深层搅拌机(双轴)

1—输浆管;2—外壳;3—出水口;
4—进水口;5—电动机;6—导向滑块;
7—减速器;8—搅拌轴;9—中心管;
10—横向系板;11—球形阀;12—搅拌头

1) 深层搅拌桩的构造要求

根据目前的深层搅拌桩施工工艺,当用于深基坑支护结构时,深层搅拌桩在平面上可排列成壁式、格栅式和实体式三种形式(图 2.44),其中壁式(单排或双排)主要用于组合支护结构中的止水帷幕中,格栅式和实体式一般用作挡土兼止水支护结构(水泥土挡墙)。

格栅式水泥土挡墙(图 2.44c)格栅的面积置换率不宜小于 0.6(一般黏性土、砂土)~0.8(淤泥),且格栅内的长宽比不宜大于 2。纵向墙体与拉结格构墙搭接均不应小于 150 mm,作为止水的纵墙搭接应不小于 200 mm。

水泥土挡墙的宽度一般取不小于开挖深度的 0.7~0.8 倍,墙体在基坑底面以下的嵌固深度,对淤泥质土不宜小于开挖深度的 1.2 倍,对淤泥不宜小于 1.3 倍。实际工程中根据基坑的平面尺寸、形状和地质条件,可以做成变阶段的宽度和深度。平面也可做成拱形。为了加强水

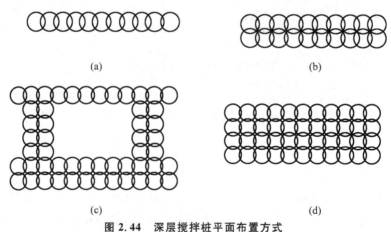

图 2.44 深层搅拌桩平面布置方式

(a)、(b) 壁式;(c) 格栅式;(d) 实体式

泥土挡墙的整体性,减少地下水的渗流,挡墙可插钢筋、钢管或毛竹(大头直径不小于 100 mm),长度不小于基坑开挖深度,上端锚入面板内,在墙顶应设置钢筋混凝土压顶面板(地圈梁),厚度为 200 mm,配筋为 φ12@200 的构造钢筋网(双层双向)。水泥土桩中也可插入大型 H 型钢,形成 SMW 工法施工的加劲水泥土桩。由 H 型钢承受土侧压力较强,能用于较深(一般≤ 10 m)的基坑支护结构。在可能的情况下,宜将压顶与基坑周围的混凝土路面、地面连成一体。

湿法深层搅拌桩水泥掺量一般为所加固软土密度的 15%～20%,粉喷(干法)深层搅拌桩水泥掺量宜为被加固软土密度的 13%～16%,根据场地土质试验确定。

2)双轴深层搅拌桩施工工艺

双轴深层搅拌桩的施工工艺流程参见图 2.45。

(1)就位

起重机(或塔架)悬吊深层搅拌机到达指定桩位,使水泥喷浆口对准设计桩位,并使导向架与地面垂直。

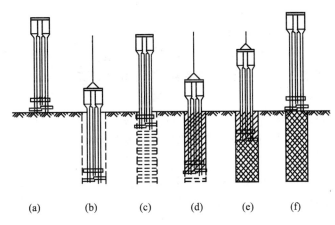

图 2.45 深层搅拌桩施工工艺流程

(a)就位;(b)预搅下沉;(c)喷浆搅拌提升;(d)重复搅拌下沉;(e)重复喷浆搅拌提升;(f)完毕

(2)预搅下沉

启动搅拌机电机,放松起重机钢丝绳,使搅拌机在自重和转动力矩作用下沿导向架边搅拌切土边下沉,下沉速度可由电动机的电流监测表和起重卷扬机的转速控制,工作电流不应大于 70 A。

(3)制备水泥浆

待深层搅拌机下沉到设计深度后,开始按设计配合比拌制水泥浆,压浆前将拌好的水泥浆通过滤网倒入集料斗中。

(4)喷浆搅拌提升

深层搅拌机下沉到设计深度后,开启灰浆泵,将水泥浆压入地基中,并且边喷浆,边旋转搅拌头,同时严格按照设计确定的提升速度提升深层搅拌机。

(5)重复搅拌下沉和喷浆提升

重复步骤(3)、(4),当深层搅拌机第二次提升至设计桩顶标高时,应正好将设计用量的水泥浆全部注入地基土中,如未能全部注入,应增加一次附加搅拌,其深度视所余水泥浆数量而定。

(6)清洗管路

每隔一定时间(视气温情况及注浆间隔时间而定),清洗管路中的残余水泥浆,以保证注浆顺利,不堵管。清洗时用灰浆泵向管路中压入清水进行。

3)深层搅拌桩施工质量检查与控制

(1)桩位准确,桩体垂直

放线桩位与设计位置误差不得大于 20 mm,桩机就位与桩位的误差不得大于 50 mm,成桩后与设计位置误差应小于 50 mm。

为保证搅拌桩垂直于地面,桩机就位后导向架的垂直度偏差不得超过 0.5%,应加强检查。

(2)水泥浆不得离析

水泥浆要严格按设计的配合比拌制(一般水灰比为 0.55～0.65),制备好的水泥浆停置时间不宜过长(<2 h),不得有离析现象。

(3)确保水泥搅拌桩强度和均匀性

搅拌机搅拌下沉时应控制下沉速度(一般不超过 1.0 m/min),以保证使软土充分搅碎。

如下沉困难,可由输浆管适量冲水,以加速搅拌机下沉,但在喷浆前须将输浆管中的水排清,同时应考虑冲水对桩体质量的影响。

施工时要严格按设计要求控制喷浆量和搅拌提升速度(一般不超过 0.5 m/min)。输浆时应连续供浆,不允许断浆。如因故断浆,应将搅拌机下沉到断浆点以下 0.5 m 处再喷浆提升。

(4)确保加固体的连续性

水泥土墙应采用切割搭接法施工,应在前桩水泥尚未固化时进行后续搭接桩的施工,搭接施工的间歇不宜超过 12 h,否则应采取技术措施保证加固体的连续性(俗称接头处理)。

2.4.2.4　岩土锚杆

如前所述,当基坑开挖深度过大时,可能造成悬臂式支护结构变形过大或所需截面过大而不经济,此时通常采用内支撑或岩土锚杆来防止支护结构变形过大并改善其受力状况,降低造价。

1)岩土锚杆的类型及构造

岩土锚杆是一种埋入土层深处的受拉杆件,它一端与工程构筑物相连,另一端锚固在稳定岩土体中,通常对其施加预应力,以承受由土压力、水压力等所产生的拉力,用以维护支护结构的稳定(图 2.41b)。

按杆体是否施加预应力,锚杆可分为预应力锚杆和非预应力锚杆,我国目前多采用预应力锚杆。预应力锚杆可分为注浆型预应力锚杆和机械型预应力锚杆,注浆型预应力锚杆通常由杆体、锚固段、自由段和锚头组成(图 2.41b),适用于要求锚杆承载力高、变形量小和需锚固于地层较深处的工程。机械型预应力锚杆由杆体、机械式锚固件、自由段和锚头组成,适用于地层开挖后必须立即提供初始预应力的工程或抢险加固工程。本节仅介绍注浆型预应力锚杆的构造与施工。

按锚杆承载方式,预应力锚杆又可分为拉力型预应力锚杆和压力型预应力锚杆。拉力型预应力锚杆应有与注浆体直接粘结的杆体锚固段(图 2.46a),适用于硬岩、中硬岩或锚杆承载力要求较低的土体工程。压力型预应力锚杆应由不与灌浆体相互粘结的带保护套管的杆体和位于锚固段注浆体底端的承载体组成(图 2.46b),适用于锚杆承载力要求较低或地层具有腐蚀性,环境恶劣的岩土工程。

另外还有可分为拉力分散型锚杆和压力分散型锚杆的荷载分散型锚杆,全长粘结型锚杆,可拆芯式锚杆,树脂卷锚杆,快硬水泥卷锚杆,中空注浆锚杆,摩擦型锚杆等。

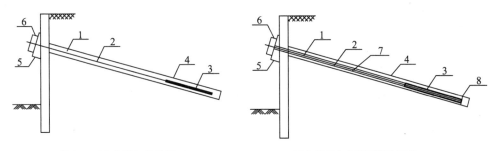

（a）拉力型预应力锚杆结构原理　　　　（b）压力型预应力锚杆结构原理

图 2.46　岩土锚杆构造

1—杆体;2—自由段;3—锚固段;4—钻孔;5—台座;6—锚具;7—保护套管;8—承载体

拉力型预应力锚杆由锚头、杆体、自由段和锚固段组成,杆体即锚筋,贯穿于锚头、自由段和锚固段。

锚头。锚头由锚具、台座、横梁等组成。锚具的型式可根据锚筋种类选择。

自由段。自由段由锚筋、隔离套、定位板（器）及水泥砂浆组成。隔离套的作用是使锚筋与水泥砂浆隔离开,保证锚筋在自由段部分能自由延伸,不影响锚固段的锚固能力。定位板（器）的作用是使锚筋位于锚孔中心,并可将多根锚筋分开以增强锚固段内锚筋的抗拔力,一般用硬塑料或铁板、钢筋制成。

锚固段。锚固段由锚筋、定位器、水泥砂浆锚体等组成。锚固段的作用是用水泥砂浆将杆件（锚筋）与土体黏结在一起形成锚杆的锚固体。

2）岩土锚杆的施工

岩土锚杆的施工顺序如图 2.47 所示。

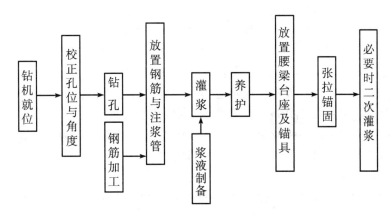

图 2.47　岩土锚杆施工顺序

（1）钻孔

常用的钻孔机械按工作原理可分为回转式、冲击式（潜水钻机）和万能式（回转冲击式）三类钻机,一般情况下,回转式钻孔机（又分回转式旋转钻机和回转式螺旋钻机）适用于一般土质条件,冲击式适用于岩石层地质条件,而在黏土夹卵石或砂土夹卵石的地层条件下,用万能式最合适。

土层锚杆钻孔应遵守下列规定：

① 孔位误差。锚杆水平方向和垂直方向的孔距误差不应大于 100 mm。

② 钻头直径。钻头直径不应小于设计钻孔直径 3 mm；

③ 钻孔偏斜。钻孔底部偏斜小于等于 2%L（L 为锚杆长度）；

④ 孔深误差。不应小于设计长度 L，也不宜大于设计长度 500 mm。

⑤ 清孔。湿式钻孔必须清孔直至孔口流出清水为止。

（2）锚筋的组装与安放

常用的锚筋材料有钢管（钻杆）、钢筋、高强钢丝束和钢绞线（束）。

锚筋组装时应注意以下事项：

① 钢筋应平直、除油、除锈，普通接头采用焊接时，双面焊接的焊缝长度不应小于 5 d，并排连接的钢筋也应焊接。精轧螺纹钢筋接长时应采用专用联接器，高强钢丝束或钢绞线应按设计尺寸下料（误差小于 50 mm），平直排列并捆扎牢固。

② 锚筋在自由段应用塑料布或塑料管包裹，与锚固段连接处应密封并用铁丝绑紧。

③ 锚筋应按防腐要求进行防腐处理。

锚筋安放时应防止扭曲和弯曲，将其与灌浆管同时放入孔底，拔出套管（如有的话）后灌浆，对直径在 50 mm 以内的小孔径锚杆，要先灌浆后插锚筋。锚筋插入孔内的深度不应小于锚杆长度的 98%，灌浆管头部距孔底宜 300～500 mm。

（3）灌浆

灌浆是锚杆施工中的一道关键工序，应做好记录。灌浆材料应按设计要求确定，一般宜选用灰砂比为 1：0.5～1：1 的水泥砂浆或水灰比为 0.45～0.50 的纯水泥浆，可加入一定量的外加剂或掺和料。灌浆浆液应搅拌均匀，随搅随用，并须在初凝前灌注完毕。

（4）预应力张拉

锚杆张拉前应对张拉设备进行标定。对于拉力型预应力锚杆，土层锚杆的注浆体和台座混凝土抗压强度达到 15 MPa 和 20MPa 后，方可进行张拉（岩石锚杆均需达到 25MPa）。张拉应有序进行，可采用"跳张法"，即隔二拉一，以减少邻近锚杆的相互影响。张拉前应取 0.1～0.2N_t（N_t 为锚杆拉力设计值）对锚杆预张拉 1～2 次，使各部位接触紧密，锚筋完全平直。

基坑支护结构中的锚杆，其张拉控制应力 σ_{con} 不宜超过 0.75f_{ptk}（高强钢丝或钢绞线）或 0.90f_{pyk}。张拉时宜分级加载并进行位移观测，张拉荷载分级及位移观测时间应遵守表 2.10 的规定，并做好施工记录。当张拉至（1.05～1.10）N_t 时，持荷时间为 10 min（岩层、砂质土）或 15 min（黏性土），然后卸荷至锁定荷载进行锁定作业。

（5）土层锚杆防腐处理

深基坑支护结构中的锚杆属临时性锚杆（使用时间 2 年以内），采用简单防腐方法即可。

锚固段应采用水泥砂浆封闭防腐，锚筋周围的保护层厚度不得小于 10 mm。

自由段锚筋可采用涂润滑油或防腐漆，再在其外面包裹塑料布的方法进行防腐处理（单层防腐）。

锚头采用沥青防腐即可。

表 2.10 锚杆张拉荷载分级及位移观测时间

荷载分级	位移观测时间（min）		加荷速率（kN/min）
	岩层、砂土层	粘性土层	
$(0.10 \sim 0.20)N_t$	2	2	不大于 100
$0.5N_t$	5	5	
$0.75N_t$	5	5	
$1.00N_t$	5	10	不大于 50
$(1.05 \sim 1.10)N_t$	10	15	

注 N_t——锚杆轴向拉力设计值。

2.5 土方机械化施工

土方工程面广量大，人工挖土不仅劳动繁重，而且生产率低、工期长、成本高，因此，土方工程施工中应尽量采用机械化、半机械化的施工方法，以减轻劳动强度，加快施工进度。

2.5.1 主要土方机械的特点与施工方法

土方工程施工机械的种类很多，本小节仅介绍常用的推土机、铲运机和单斗挖土机等的特点与施工方法，各种碾压、夯实机械将在 2.5.3 节中介绍。

2.5.1.1 推土机

推土机是一种在拖拉机上装有推土板等工作装置的土方机械。其行走方式有履带式和轮胎式两种。按推土板的操纵方式的不同，可分为索式（自重切土）和液压式（强制切土）两种。液压式可以调整推土的角度，因此具有更大灵活性。

推土机的特点是：能单独进行切土、推土和卸土工作，操纵灵活，所需工作面小，行驶速度快，转移方便，能爬 30°左右的缓坡，因此应用广泛。适用于施工场地清理和平整，开挖深度在 1.5 m 以内的基坑以及沟槽的回填土等。此外可在其后面加装松土装置，破松硬土和冻土，还能牵引无动力的土方机械如拖式铲运机、羊足碾等。推土机可推挖一至四类土，推挖三、四类土应用松土机预先翻松，其推运距离宜在 100 m 以内，30～60 m 时经济效果最好。

推土机的生产率主要决定于推土板推移土的体积及切土、推土、回程等工作的循环时间。为提高工作效率，可采取下坡推土法（图 2.48，利用自重增加推土能力，缩短时间，但应采用低速档行驶）和槽形推土法（利用前次推土形成的沟槽推土以减少土的散失）以及分批集中、一次推送法（运距远、土质硬时用）等，还可在推土板两侧附加侧板，以增加推土体积，当两台以上推土机在同一区域作业时，两机前后距离不得小于 8 m，平行时左右距离不得小于 1.5 m（图 2.49）。

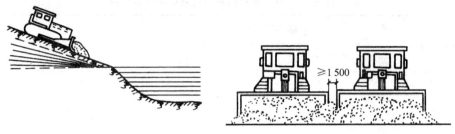

图 2.48　下坡推土法　　　　　　　图 2.49　两台推土机平行作业

2.5.1.2　铲运机

铲运机按行走机构可分为拖式铲运机(图 2.50)和自行式铲运机两种。按铲斗的传动机构可分为液压式和机械式两种。斗容量有 2、5、6、7 m³ 数种。

（a）　　　　　　　　　　　　　　（b）

图 2.50　拖式铲运机作业示意图

(a) 铲土；(b) 卸土

铲运机的特点是：能综合完成挖土、运土、卸土和平土工作，对行驶道路要求较低，操纵灵活，运转方便，生产效率高。适用于地形起伏不大，坡度在 15° 以内的大面积场地平整，大型基坑、沟槽开挖，填筑路基等工作。宜于开挖含水量不超过 27% 的一至四类土、其中三、四类土应用松土机预先翻松 20～40 cm 后才能开挖，不适于在砾石层、冻土地带和沼泽区施工。拖式铲运机的运距以 800 m 以内为宜，300 m 左右时效率最高。自行式铲运机的经济运距为800～1 500 m。

为了提高工作效率，应合理选择开行路线和施工方法。铲运机的开行路线，应根据填方、挖方区的分布情况并结合当地具体条件进行选择，一般有环形路线和 8 字形路线两种(图2.51)，施工时应尽量减少转弯次数和空驶距离，提高工作效率。当沿沟边或填方边坡作业时，轮胎离路肩不得小于 0.7 m。铲运机的施工方法一般有下坡铲土法(坡度 5°～7° 为宜)、跨铲法(预留土埂，间隔铲土)和助铲法(推土机在后面助推)等。

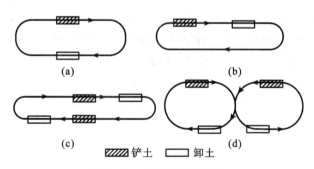

（a）　　　　　　　　　　　（b）

（c）　▨ 铲土　▭ 卸土　（d）

图 2.51　铲运机开行路线

(a)，(b) 环形路线；(c) 大环形路线；(d) 8 字形路线

2.5.1.3　单斗挖土机

单斗挖土机是土方工程中最常用的一种施工机械,按其行走机构不同可分为履带式和轮胎式两类,其传动方式有机械传动和液压传动两种。根据施工需要,单斗挖土机的工作装置可以更换。按其工作装置的不同,可分为正铲挖土机、反铲挖土机、拉铲挖土机和抓铲挖土机等,其中,拉铲或反铲挖土机作业时,其履带或轮胎到工作面边缘的安全距离不应小于 1.0 m。

1)正铲挖土机

正铲挖土机是单斗挖土机中应用较广的一种。适用于开挖停机面以上,高度大于 1.5 m 的无地下水的干燥基坑及土丘等。其挖土特点是:"前进向上,强制切土"。其挖掘力大,生产率高,能开挖停机面以上含水量 27%以下的一至四类土,但需汽车配合运土。

正铲挖土机的生产率主要决定于每斗的挖土量和每斗作业的循环时间。为了提高生产率,除了工作面高度必须满足装满土斗的要求(不小于 3 倍土斗高度),还要考虑挖土方式及与运土机械的配合问题,尽量减少回转角度,缩短每个循环的延续时间。

正铲挖土机的挖土方式,根据其开挖路线和运输工具的相对位置不同,有以下两种:

(1)正向挖土、侧向卸土(图 2.52a)。挖土机沿前进方向挖土,运输工具停在侧面装土(可停在挖土机停机面上或高于停机面)。这种方式当挖土机卸土时动臂回转角度小,运输车辆行驶方便,生产率高,应用广泛。

(2)正向挖土、后方卸土(图 2.52b)。挖土机沿前进方向挖土,运输工具停在其后面装土。这种方式当挖土机卸土时,动臂回转角度大,运输车辆需倒车开入,运输不便,生产率较低,一般仅当基坑较窄而且深度较大时采用。

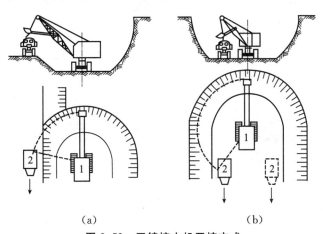

图 2.52　正铲挖土机开挖方式
(a)正向开挖侧向卸土;(b)正向开挖后方卸土
1—正铲挖土机;2—自卸汽车

正铲挖土机的挖土方式不同,其所需工作面的大小也不同。所谓工作面,是指在一个停机点挖土的工作范围,通常称为"掌子",其大小和形状主要取决于挖土机的工作性能、挖土方式及运输方式等因素。根据工作面大小和基坑的平面、断面尺寸,即可确定挖土机的开行通道和开行次序,当基坑面积较大而开挖的深度小时,一般只需布置一层通道,当基坑深度较大时,则可布置成多层通道。如图 2.53 所示为某基坑开挖时布置成四层开行通道的示例,挖土机采用正向开挖、侧向卸土(高侧或平侧),每斗作业循环时间短,生产率较高。

2）反铲挖土机

反铲挖土机适用于开挖停机面以下 6.5 m 深度以内的土方（挖深与工作装置有关，加长臂反铲挖土机开挖深度可达 13 m 以上），也可分层开挖，但当地下水位较高时，需配合基坑内的降水工作进行开挖，以保证停机面的干燥，不致使机械沉陷。反铲挖土机的挖土特点是："后退向下、强制切土"。其挖掘力比正铲小，能开挖停机面以下的一

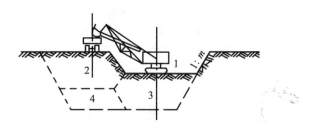

图 2.53　正铲挖土机机开行通道布置示例
1、2、3、4—挖土机开行次序

至三类土，挖土时可用汽车配合运土，也可弃土于坑槽附近。

反铲挖土机挖土时，根据挖土机与基坑的相对位置关系，有两种开挖方式，即沟端开挖与沟侧开挖。

（1）沟端开挖（图 2.54a）。挖土机停在基坑（槽）端部，向后倒退挖土，汽车停在两侧装土。此法采用最广。其工作面宽度可达 1.3 R（单面装土，R 为挖土机最大挖土半径）或 1.7 R（双面装土），深度可达挖土机最大挖土深度。当基坑较宽（＞1.7 R）时，可分次开挖或按之字形路线开挖。

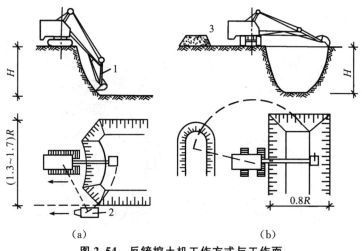

图 2.54　反铲挖土机工作方式与工作面
（a）沟端开挖；（b）沟侧开挖
1—反铲挖土机；2—自卸汽车；3—弃土堆

（2）沟侧开挖（图 2.54b）。挖土机停在基坑（槽）的一侧，向侧面移动挖土，可用汽车配合运土，也可将土弃于距基坑（槽）较远处。此法挖土机移动方向与挖土方向垂直，稳定性较差，且挖土的深度和宽度均较小，不易控制边坡坡度。因此，只在无法采用沟端开挖或所挖的土不需运走时采用。

3）拉铲挖土机

拉铲挖土机适用于开挖大而深的基坑或水下挖土。其挖土特点是："后退向下、自重切土"。其挖掘半径和深度均较大，但挖掘力小，只能开挖一至三类土，且不如反铲挖土机灵活

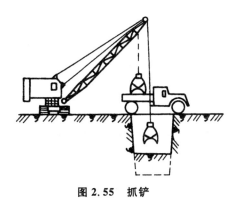

图 2.55 抓铲

准确。

拉铲挖土机的挖土方式与反铲挖土机相似，也可分为沟端开挖和沟侧开挖。

4）抓铲挖土机

抓铲挖土机适用于开挖窄而深的基坑（槽）、沉井、桩孔或水中淤泥。其挖土特点是："直上直下、自重切土"。其挖掘力较小，只能开挖一至二类土，其抓铲（图 2.55）能在回转半径范围内开挖基坑任意位置的土方，并可在任意高度上卸土。

2.5.2 土方机械的选择

选择土方机械时，应根据现场的地形条件、工程地质条件、水文地质条件、土的类别、工程量大小、工期要求、土方机械供应条件等因素，合理比较，选择机械，应注意充分发挥机械性能，进行技术经济比较后确定机械种类与数量，以保证施工质量，加快进度，降低成本。

2.5.2.1 选择土方机械的基本要求

在场地平整施工中，当地形起伏不大（坡度＜15°），填挖平整土方的面积较大，平均运距较短（一般在 1 500 m 以内），土的含水量适当（≤27％）时，采用铲运机较为适宜；如果土质坚硬或冻土层较厚（超过 100～150 mm）时，必须用其他机械翻松后再铲运；当含水量较大时，应疏干水后再铲运。

地形起伏较大的丘陵地带，当挖土高度在 3 m 以上，运输距离超过 2 000 m，土方工程量较大且较集中时，一般应选用正铲挖土机挖土，自卸汽车配合运土，并在弃土区配备推土机平整土堆。也可采用推土机预先把土推成一堆，再用装载机把土装到自卸汽车上运走。

开挖基坑时根据下述原则选择机械：当基坑深度在 1～2 m，而基坑长度又不太长时，可采用推土机；对深度在 2 m 以内的线状基坑，宜用铲运机开挖；当基坑较大，工程量集中时，如基坑底干燥且较密实，可选用正铲挖土机挖土；如地下水位较高，又不采用降水措施，或土质松软，可能造成正铲挖土机和铲运机陷车时，则采用反铲、拉铲或抓铲挖土机配合自卸汽车较为合适。

移挖作填以及基坑和管沟的回填土，当运距在 100 m 以内时，可采用推土机施工。

上述各种机械的适用范围都是相对的，选用机械时应结合具体情况并考虑工程成本，选择效率高、费用低的机械进行施工。

2.5.2.2 挖土机与运土车辆配套计算

采用单斗挖土机进行土方施工时，一般需用自卸汽车配合运土，将挖出的土及时运走。因此，要充分发挥挖土机的生产率，不仅要正确选择挖土机，而且要使所选择的运土车辆的运土能力与之相协调。为保证挖土机连续工作，运土车辆的载重量应与挖土机的斗容量保持一定倍率关系（一般为每斗土重的 3～5 倍）并保持足够数量的运土车辆。

1）挖土机数量确定

挖土机的数量 N（台），应根据土方量大小、工期长短及合理的经济效果，按下式计算

$$N = \frac{Q}{P} \cdot \frac{1}{T \cdot C \cdot K} \qquad (2.34)$$

式中　Q——工程土方量(m^3)；

　　　　P——挖土机单机生产率(m^3/台班)；

　　　　T——工期(工作日)；

　　　　C——每天工作班数；

　　　　K——单班时间利用系数(0.8～0.9)。

单斗挖土机的生产率 P(m^3/台班)，可查定额手册或按下式计算

$$P=\frac{8\times3\,600}{t}\cdot q\cdot\frac{K_c}{K_s}\cdot K_B \qquad (2.35)$$

式中　t——挖土机每斗作业循环时间(s)，如 W_1—100 正铲挖土机为 25～40 s；

　　　　q——挖土机斗容量(m^3)；

　　　　K_s——土的最初可松性系数，查表 2.1；

　　　　K_c——土斗的充盈系数，可取 0.8～1.1；

　　　　K_B——工作时间利用系数，一般为 0.7～0.9。

在实际施工中，当挖土机数量一定时，也可利用式(2.34)来计算工期 T。

2) 自卸汽车配套计算

自卸汽车的数量 N'(辆)，应保证挖土机连续工作，可按下式计算

$$N'=\frac{T_s}{t_1} \qquad (2.36)$$

其中　T_s——自卸汽车每一运土循环的延续时间(min)

$$T_s=t_1+\frac{2l}{v_c}+t_2+t_3 \qquad (2.37a)$$

　　　　t_1——自卸汽车每次装车时间(min)

$$t_1=nt \qquad (2.37b)$$

　　　　n——自卸汽车每车装土次数

$$n=\frac{Q_1}{q\cdot\dfrac{K_c}{K_s}\cdot\gamma} \qquad (2.37c)$$

　　　　Q_1——自卸汽车的载重量(kN)；

　　　　γ——实土密度，一般取 17 kN/m^3；

　　　　l——运土距离(m)；

　　　　v_c——重车与空车的平均速度(m/min)，一般取 20～30 km/h；

　　　　t_2——自卸汽车卸土时间(min)，一般为 1 min；

　　　　t_3——自卸汽车操纵时间(min)，包括停放待装、等车、让车等，一般取 2～3 min。

2.5.3　土的填筑与压实

2.5.3.1　填方土料的选择与填筑方法

为了保证填方工程的质量，必须正确选择填方用的土料和填筑方法。

1) 填方土料选择

填方土粒应符合设计要求，不同填料不应混填。设计无要求时，应符合下列规定：

（1）不同土类应分别经过击实试验测定填料的最大干密度和最佳含水量，填料含水量与最佳含水量的偏差控制在±2%范围内。

（2）草皮土和有机质含量大于8%的土，不应用于有压实要求的回填区域。

（3）淤泥和淤泥质土不宜作为填料，在软土或沼泽地区，经过处理且符合压实要求后，可用于回填次要部位或无压实要求的区域。

（4）碎石类土或爆破石渣，可用于表层以下回填，可采用碾压法或强夯法施工。采用分层碾压时，厚度应根据压实机具通过试验确定，一般不宜超过500 mm，其最大粒径不得超过每层厚度的3/4；采用强夯法施工时，填筑厚度和最大粒径应根据强夯夯击能量大小和施工条件通过实验确定，为了保证填料的均匀性，粒径一般不宜大于1 m，大块填料不应集中，且不宜填在分段接头处或回填与山坡连接处。

（5）填料为黏性土时，若含水量偏高，可采用翻松晾晒或均匀掺入干土或生石灰等措施；当含水量偏低，可预先洒水湿润。

2）填筑方法

填土应分层进行，并尽量采用同类土填筑。如填方中采用不同透水性的土料填筑时，必须将透水性较大的土层置于透水性较小的土层之下。

填方施工应接近水平地分层填筑压实，每层的厚度根据土的种类及选用的压实机械而定。当填方基底坡度大小1:5时，应将基底挖成台阶状，台阶面内倾，台阶高宽比为1:2，台阶高度不大于1 m，然后分层填筑，以防填土横向移动。应分层检查填土压实质量，符合设计要求后，才能填筑上层土层。

2.5.3.2　填土压实方法

填土的压实方法有：碾压法、夯实法和振动压实法等（图2.56）。

填方施工前，必须根据工程特点、填料种类、设计要求的压实系数和施工条件等合理地选择压实机械和压实方法，确保填土压实质量。

1）碾压法

碾压法是利用沿着土的表面滚动的鼓筒或轮子的压力在短时间内对土体产生静荷作用，在压实过程中，作用力保持常量，不随时间延续而变化（图2.56a）。碾压机械有平碾、羊足碾和振动碾，主要适用于场地平整和大型基坑回填工程。

平碾即压路机（5～15 t），对砂类土和黏性土均可压实。羊足碾压实效果好（"羊足"对土颗粒的压力较大），但只适用压实黏性土。振动碾是一种碾压和振动压实同时作用的高效能压实机械，工效比平碾高1～2倍，节省动力1/3，适用于压实爆破石渣、碎石类土、杂填土或粉质黏土的大型填方。

碾压机械的碾压方向应从填土区两侧逐渐压向中心，修筑坑边道路时，应由里侧向外侧碾压，每次碾压应有150 mm以上的重叠，机械开行速度不宜过快，否则影响压实效果，平碾和振动碾的行驶速度一般不宜超过2 km/h，羊足碾不应超过3 km/h。

2）夯实法

夯实法是利用夯锤自由落下的冲击力使土体颗粒重新排列，以此压实填土，其作用力为瞬时冲击动力，有脉冲特性（图2.56b）。夯实机械主要有蛙式打夯机、夯锤和柴油打夯机等，主要适用于小面积的回填土。

蛙式打夯机是常用的小型夯实机械，轻便灵活，适用于小型土方工程的夯实工作，多用于

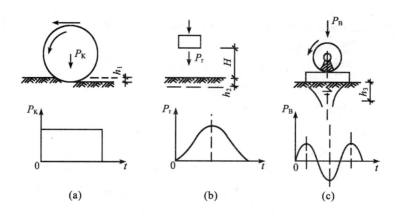

图 2.56 填土压实机械工作原理
(a) 碾压法;(b) 夯实法;(c) 振动压实法

夯打灰土和回填土。夯锤是借助起重机悬挂重锤进行夯土的机械。锤底面约 0.15 ~ 0.25 m²,重量 1.5 t 以上,落距一般为 2.5~4.5 m,夯土影响深度大于 1 m,适用于夯实砂性土、湿陷性黄土、杂填土以及含有石块的土。

3) 振动压实法

振动压实法是将振动压实机放在土层表面,借助振动设备使土粒发生相对位移而达到密实,其作用外力为瞬时周期重复振动(图 2.56c)。这种方法主要适用于振实非黏性土。

随着压实机械的发展,其作用外力并不限于一种,而应用多种作用外力组合的新型压实机械,如上述的振动碾即为碾压与振动的组合机械,振动夯则为夯实与振动的组合。

2.5.3.3 填土压实的影响因素

影响填土压实质量的因素很多,其中主要的有:压实机械所做的功(简称压实功)、土的含水量及每层铺土厚度与压实遍数。

1) 压实功

填土压实后的密度与压实机械在其上所施加的功有一定的关系(图 2.57),但并不呈线性关系,当土的含水量不变时,在开始压实时,土的密度急剧增加,待接近土的最大密度时,压实功虽然增加很多,而土的密度则几乎没有变化。在实际施工中,对松土不宜用重型碾压机械直接滚压,否则土层会有强烈起伏现象,压实效果不好,如果先用轻碾压实,再用重碾压实,就会取得较好压实效果。

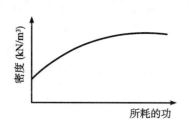

图 2.57 土的密度与压实功的关系

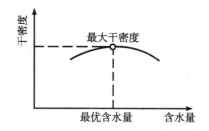

图 2.58 土的密度与含水量的关系

2) 含水量

在同一压实功条件下,土料的含水量对压实质量有直接影响(图 2.58)。较为干燥的土,

58

由于土粒之间的摩擦阻力较大,因而不易压实;当含水量超过一定限度时,土料孔隙会由水填充而呈饱和状态,压实机械所施加的外力有一部分为水所承受,也不能得到较高的压实效果;只有当土料具有适当含水量时,水起到润滑作用,土粒间的摩阻力减少,土才易被压实。在使用同样的压实功进行压实的条件下,使填土压实获得最大密度时土的含水量,称为土的最优含水量。各种土的最优含水量和相应的最大干密度可由击实试验确定,如无击实试验条件时,可查表 2.11 作为参考。

为了保证黏性土填料在压实过程中具有最优含水量,当填料的含水量偏高时,应予以翻松晾干,也可掺入干土或吸水性填料,如含水量偏低,则应采取预先洒水润湿,增加压实遍数或使用大功能压实机械等措施。

表 2.11　各种土的最优含水量和最大干密度参考表

项次	土的种类	最优含水量(%)(重量比)	土的最大干密度(kN/m³)
1	砂土	8~12	18.0~18.8
2	亚砂土	9~15	18.5~20.8
3	粉土	16~22	16.1~18.0
4	粉质黏土	12~15	18.5~19.5
5	重粉质黏土	16~20	16.7~17.9
6	黏土	19~23	15.8~17.0

3)铺土厚度及压实遍数

土在压实功的作用下,其应力随深度增加而逐渐减少,因而土经压实后,表层的密实度增加最大,超过一定深度后,则增加较小甚至没有增加。各种压实机械压实影响深度的大小与土的性质和含水量等有关。铺土厚度应小于压实机械压土时的影响深度,但其中还有最优铺土厚度选择问题,过厚则压实遍数过多,过薄则总压实遍数也要增加,而在最优铺土厚度范围内,可使土料在获得设计干密度的条件下,压实机械所需的压实遍数最少。施工时每层土的最优铺土厚度和压实遍数,可根据填料性质、对密实度的要求和选用的压实机械的性能确定,也可参考表 2.12 确定。

表 2.12　填土施工时的分层厚度及压实遍数

压实机具	每层铺土厚度(mm)	每层压实遍数(遍)
平碾	250~300	6~8
振动压实机	250~350	3~4
柴油打夯机	200~250	3~4
人工打夯	<200	3~4

2.5.3.4　填土压实的质量检查

填土压实后必须达到规定要求的密实度。压实填土的控制干密度 ρ_d 与最大干密度 ρ_{dmax} 之比称为压实系数 γ_c。压实填土的质量以压实系数 γ_c 控制,压实系数由设计确定,当设计无规定时,应根据结构类型和压实填土所在部位按表 2.13 的数值确定。

表 2.13　压实填土的质量控制

结构类型	填土部位	压实系数 γ_c	控制含水量(%)
砌体承重结构和框架结构	在地基主要受力层范围内	≥0.97	$w_{op} \pm 2$
	在地基主要受力层范围以下	≥0.95	
排架结构	在地基主要受力层范围内	≥0.96	
	在地基主要受力层范围以下	≥0.94	

注　1. w_{op} 为最优含水量。
　　2. 地坪垫层以下及基础底面标高以上的压实填土,压实系数不应小于0.94。

压实填土的最大干密度和最优含水量,宜采用击实试验确定,当无试验资料时,最大干密度可按下式计算:

$$\rho_{dmax} = \eta\rho_w d_s / (1 + 0.01 w_{op} d_s) \tag{2.38}$$

式中　ρ_{dmax}——分层压实填土的最大干密度;
　　　η——经验系数,粉质黏土取 0.96,粉土取 0.97;
　　　ρ_w——水的密度;
　　　d_s——土粒相对密度(比重);
　　　w_{op}——填料的最优含水量。

当填料为碎石或卵石时,其最大干密度可取 20~22 kN/m³。

根据设计或规范规定的压实系数和填土的最大干密度,可算出填土的控制干密度 ρ_d。在填土施工时,土的实际干密度 $\rho_0 \geq \rho_d$ 时,则符合质量要求。

填土压实后的干密度,应有 90%以上符合设计要求,其余 10%的最低值与设计值之差,不得大于 0.8 kN/m³,且应分散,不得集中。

检查土的实际干密度,可采用环刀法取样测定。其取样组数为:基坑回填为每 20~50 m³取样一组(每个基坑或每层至少一组);基槽或管沟回填每层按长度每 20~50 m 取样一组;柱基回填,每层取样柱基总数的 10%,且不少于 5 组;室内填土每层按每 100~500 m²取样一组,每层不少于一组;场地平整填方每层按 400~900 m²取样一组,每层不少于一组。取样部位在每层压实后的下半部。取样后先称出土的湿密度并测定含水量,然后计算其干密度 ρ_0(kN/m³),采用灌砂(或灌水)法取样时,取样数量可较环刀法适当减少,但每层不少于一组。

$$\rho_0 = \frac{\rho}{1 + 0.01w} \tag{2.39}$$

式中　γ——土的湿密度(kN/m³);
　　　w——土的含水量(%)。

如用上式算得的 $\rho_0 \geq \rho_d$,则压实合格。若 $\rho_0 < \rho_d$,则压实不够,应采取措施,提高压实质量。

土方工程　基坑内挖土　井点降水　挖土机　挖土机挖土　挖土机挖土
　　　　　机联合作业

3 桩基础工程

3.1 概述

桩基础是广义深基础中的一种,利用承台和基础梁将深入土中的桩联系起来,以便承受整个上部结构重量(图 3.1)。

桩基础中桩的作用是借其自身穿过松软的压缩性土层,将来自上部结构的荷载传递至地下深处具有适当承载力且压缩性较小的土层或岩石上,或者将软弱土层挤压密实,从而提高地基土的承载力,以减少基础的沉降。承台的作用则是将各单桩连成整体,承受并传递上部结构的荷载给群桩。桩基础不仅具有承载力大、沉降量小的特点,而且更便于实现机械化施工,尤其当软弱土层较厚,上部结构荷载很大,天然地基的承载能力又不能满足设计要求时,采用桩基础可省去大量土方挖填、支撑装拆及降水排水设施布设等工序,因而能获得较好的经济效果。

桩的种类较多,按桩上的荷载传递机理可分为端承桩和摩擦桩两种类型。端承桩是指在极限承载力状态下,桩顶荷载由桩端阻力承受的桩;摩擦桩是指在极限承载力状态下,桩顶荷载由桩侧摩阻力承受的桩。按桩身的材料可分为木桩、混凝土或钢筋混凝土桩、钢桩等。木桩自重小,具有一定的弹性,又便于加工、运输和施工,但承载力小,在干湿变化的环境中易腐烂,只在木材产地使用;混凝土和钢筋混凝土桩坚固耐用,承载力大,可按需要的截面形状和长度制作,不受地下水位变化的影响,施工也方便,在土木工程中应用最为广泛;钢桩承载力高,设计灵活性大,桩长容易调节,运输较方便,但其耐腐蚀性能较差,且耗钢量大、成本高。按沉桩的施工方法可

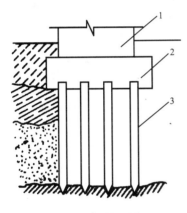

图 3.1 桩基础的组成
1—上部结构;2—承台;3—桩

分为挤土桩(包括打入式和压入式预制桩)、部分挤土桩(包括预钻孔打入式预制桩和部分挤土灌注桩)、非挤土桩(各种非挤土灌注桩)和混合桩等四种类型。按桩的制作方法可分为预制桩和灌注桩。

3.2 预制桩施工

预制桩是一种先预制桩构件,然后将其运至桩位处,用沉桩设备将它沉入或埋入土中而成的桩基础。预制桩主要有钢筋混凝土预制桩和钢桩两类。采用预制桩施工,桩身质量易保证,施工机械化程度高,施工速度快,且可不受气候条件变化的影响。但当土层变化复杂时桩长规格较多,桩入土后易被冲压破损、变形而达不到设计标高。

预制桩施工流程如下:

预制 → 起吊 → 运输 → 堆放 → 沉桩

3.2.1 桩的预制、起吊、运输与堆放

预制钢筋混凝土桩分实心桩和空腹桩，有钢筋混凝土桩和预应力钢筋混凝土桩。实心桩截面有三角形、圆形、矩形、六边形、八边形。为了便于预制一般做成正方形断面。断面一般为 200 mm×200 mm～550 mm×550 mm（图 3.2）。单根桩的最大长度，一般根据打桩架的高度而定，目前单根桩通常在 30 m 以内，工厂预制时单根桩长一般在 12 m 以内。如需打设 30 m 以上的桩，则将桩预制成几段，在打桩过程中逐段接桩。空腹桩有空心正方形、空心三角形和空心圆形（即管桩）。空心方桩通常规格为 300 mm×300 mm（φ150）、350 mm×350 mm（φ170）、400 mm×400 mm（φ220）、450 mm×450 mm（φ260）、500 mm×500 mm（φ310），……，700 mm×700 mm（φ500）等，括号内数值为方桩截面内圆孔的直径。管桩在工厂内采用离心法制成，外径一般有 300～1400 mm。

钢桩通常有钢管桩、工字型钢桩、H 型钢桩等。

1）桩的制作

钢筋混凝土及预应力钢筋混凝土预制桩制作时应注意：粗骨料应采用 5～40 mm 碎石或破碎后的卵石；钢筋骨架宜用点焊或绑扎，主筋用对焊或电弧焊连接，相邻两根主筋接头的间距应大于 $35d_g$（d_g 为主筋直径），且不小于 500 mm。桩顶钢筋网片位置要准确，混凝土保护层厚度要均匀且不得小于 40 mm，以确保钢筋骨架受力不偏心，使混凝土有良好的抗裂和抗冲击性能；桩尖短钢筋应对正桩身纵轴线，并伸出桩尖外 50～100 mm。

预制桩的制作有并列法、间隔法、重叠法和翻模法等方法，桩的重叠层数不应超过 4 层。底模和场地应平整坚实，防止浸水沉陷；上下层桩及桩与底模间应刷隔离剂，使接触面不黏结，拆模时不得损坏桩棱角；上层桩或邻桩必须待下层桩或邻桩的混凝土达到设计强度的 30% 后才能浇筑；混凝土应由桩顶向桩尖进行连续浇筑，不得中断，以保证桩身混凝土有良好的匀质性和密实性；制作完成后应及时浇水养护且不得少于 7 天。

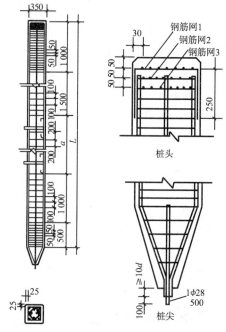

图 3.2 钢筋混凝土预制桩示例

预应力混凝土管桩一般由工厂用离心旋转法制作。管桩按混凝土强度等级分为预应力混凝土管桩（混凝土等级不低于 C 60）和预应力高强混凝土管桩（混凝土等级不低于 C 80）。预应力混凝土管桩代号为 PC，预应力高强混凝土管桩的代号为 PHC。管桩按外径（mm）分为 300、350、400、450、500、550、600、700、800、1 000、1200、1300、1400 等规格，长度为 7～15 m，按管桩的抗弯性能或混凝土有效预压应力值分为 A 型、AB 型、B 型和 C 型。其混凝土有效预压应力值（N/mm²）分别为 4.0、6.0、8.0、10.0。

预应力混凝土管桩宜采用强度等级不低于 42.5 的硅酸盐水泥、普通硅酸盐水泥、矿渣硅酸盐水泥。细骨料宜采用洁净的天然硬质中粗砂或人工砂，细度模数为 2.5～3.2，人工砂为 2.5～3.5。粗骨料应采用碎石，其最大粒径应不大于 25 mm，且应不超过钢筋净距的 3/4。预应力钢筋应采用预应力混凝土用钢棒、预应力混凝土用钢丝，其保护层厚度不得小于 25 mm（外径 300 mm 管桩）和 40 mm（其余规格管桩）。管桩接头宜采用端板焊接，端板的宽度不得

小于管桩的壁厚，接头的端面必须与桩身的轴线垂直。

骨架成型后，预应力钢筋间距偏差不得超过±5 mm；螺旋筋的螺距偏差不得超过±5 mm；架立圈（加强环箍筋）间距偏差不得超过±20 mm，垂直度偏差不得超过架立圈直径的1/40。

放张预应力筋时，管桩的混凝土抗压强度不得低于45 MPa。

钢管桩直径一般为250～1 200 mm，壁厚8～20 mm，分段长度一般不大于15 m，可采用无缝钢管（直径为250～300 mm）或直缝焊接钢管（直径＞300 mm）。

制作钢管桩的材料规格及强度应符合设计要求，并有出厂合格证和试验报告。桩材表面不得有裂缝、起鳞、夹层及严重锈蚀等缺陷。焊缝的电焊质量除常规检查外，还应做10%的焊缝探伤检查。

用于地下水有侵蚀性的地区或腐蚀性土层的钢管桩，应按设计要求作防腐处理。

2）桩的起吊、运输

预制桩应在混凝土达到设计强度的70%后方可起吊，达到设计强度的100%后才可运输和沉桩。如需提前吊运和沉桩，则必须采取措施并经承载力和抗裂度验算合格后方可进行。桩在起吊和搬运时，必须做到平稳并不得损坏棱角，吊点应符合设计要求。如无吊环，设计又未作规定时，可按吊点间的跨中弯矩与吊点处的负弯矩相等的原则来确定吊点位置。常见的几种吊点合理位置如图3.3所示。

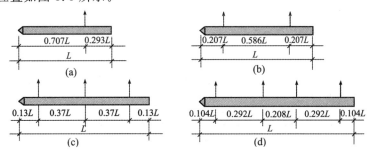

图3.3　吊点的合理位置

(a)1个吊点；(b)2个吊点；(c)3个吊点；(d)4个吊点

钢管桩在运输过程中，应防止桩体撞击而造成桩端、桩体损坏或弯曲。

3）桩的堆放

桩运到工地现场后，应按不同规格将桩分别堆放，以免沉桩时错用；堆放桩的场地应靠近沉桩地点，地面必须平整坚实，设有排水坡度；多层堆放时，各层桩间应置放垫木，垫木的间距可根据吊点位置确定，并应上下对齐，位于同一垂直线上（图3.4）。混凝土管桩堆放层数：对于外径300～400 mm的管桩，最高可堆放9层，外径500～600 mm的管桩不宜超过7层。钢管桩的堆放，直径900 mm可放置3层，直径600 mm放置4层；直径400 mm放置5层，对H型钢桩最多6层。

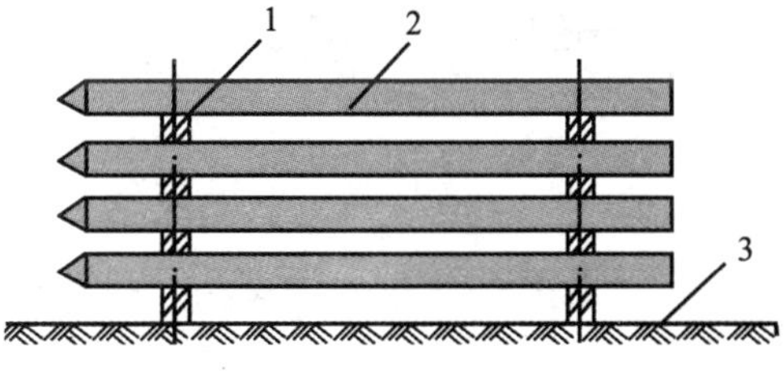

3.2.2　沉桩前的准备工作

为使桩基施工能顺利地进行，沉桩前应根据设计图纸要求、现场水文地质情况和施工方案，做好以下施工准备工作。

1）清除障碍物

沉桩前应认真清除现场（桩基周围10 m以内）

图3.4　预制桩堆放图

1—垫木；2—预制桩；3—地坪

妨碍施工的高空、地面和地下的障碍物(如地下管线、地上电杆线、旧有房基和树木等),同时还必须加固邻近的危房、桥涵等。

2）平整场地

在建筑物基线以外 4～6 m 范围内的整个区域,或桩机进出场地及移动路线上,应作适当平整压实(地面坡度不大于 1%),保证场地地面平整、排水良好、打桩机行走不陷机。

3）进行沉桩试验

沉桩前应进行沉桩工艺试验(试打桩),数量不宜少于总桩数的 1% 且不少于 5 根,以了解桩的沉入时间、最终贯入度、持力层的强度、桩的承载力以及施工过程中可能出现的各种问题和反常情况等,确定沉桩设备和施工工艺是否符合设计要求。

4）抄平放线、定桩位

在沉桩现场或附近区域,应在不受施工影响的地方设置控制点和水准基点,以作抄平场地标高和检查桩的入土深度之用。根据建筑物的轴线控制桩,按设计图纸要求定出桩基础轴线和每个桩位。桩位的放样允许偏差为:群桩 20 mm,单排桩 10 mm。定桩位的方法是在地面上用小木桩或撒白灰点标出桩位,或用设置龙门板拉线法定出桩位。龙门板拉线法可避免因沉桩挤动土层而使小木桩移动,故能保证定位准确,同时也可作为在正式沉桩前,对桩的轴线和桩位进行复核之用。

5）确定沉桩顺序

确定沉桩顺序是合理组织沉桩的重要前提,它不仅与能否顺利沉入,确保桩位正确有关,而且还与预制桩堆放场地布置有关。桩基施工中宜先确定沉桩顺序,后考虑预制桩堆放场地布局。

沉桩顺序一般有:逐排沉设、自中间向四周沉设、分段沉设等三种情况(图 3.5)。确定沉桩顺序时应考虑的因素很多,如桩的供应条件和桩的起吊进入桩架导管是否方便;沉桩时产生的挤土,是否会造成先沉入的桩被后沉入的桩推挤而发生位移,或后沉入的桩因先沉入的桩挤土密实而不能入土;桩架移位是否方便,有无空跑现象等。其中挤土影响为考虑的主要因素。为减少挤土影响,确定沉桩顺序的原则如下:

（1）由中及外——从中间向四周沉设;

（2）由近及远——从靠近现有建筑物最近的桩位开始沉设;

（3）由深及浅——先沉设入土深度深的桩;

（4）由大及小——先沉设断面大的桩。

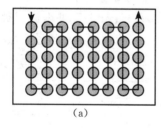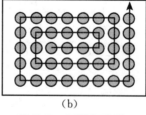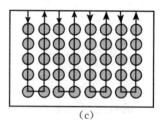

（a）　　　　　　　　　　（b）　　　　　　　　　　（c）

图 3.5　沉桩顺序图

（a）逐排沉设;（b）自中间向四周沉设;（c）分段沉设(可同时施工)

沉桩顺序确定后,还需考虑桩架是往后"退沉桩"还是向前"顶沉桩"。当沉桩地面标高接近桩顶设计标高时,由于桩尖持力层的标高不可能完全一致,而预制桩又不能设计成各不相同的长度,因此桩顶高出地面是不可避免的,在此情况下,桩架只能采取往后"退沉桩",不能事先将桩布置在地面,只能随沉桩随运桩。如沉桩后桩顶的实际标高在地面以下,则桩架可以采取往前"顶沉桩"的方法,此时只要场地允许,所有的桩都可以事先布置好,避免场内二次搬运。

3.2.3 桩的沉设

预制桩按沉桩设备和沉桩方法,可分为锤击沉桩、振动沉桩、静力压桩和射水沉桩等数种。

3.2.3.1 锤击沉桩

锤击沉桩又称打桩。它是利用打桩设备的冲击动能将桩打入土中的一种方法。采用锤击法沉桩时,预制桩的混凝土龄期不得少于 28 天。

1) 打桩设备及选用

打桩设备主要包括桩锤、桩架和动力装置三部分。桩锤是对桩施加冲击,把桩打入土中的主要机具。桩架的作用是将桩提升就位,并在打桩过程中引导桩的方向,以保证桩锤能沿着所要求的方向冲击。动力装置包括驱动桩锤及卷扬机用的动力设备(发电机、蒸汽锅炉、空气压缩机等)、管道、滑轮组和卷扬机等。

(1) 桩锤

桩锤的种类繁多,一般有落锤、单动汽锤、双动汽锤、柴油打桩锤、振动打桩锤等。

① 落锤。落锤用钢铸成,一般锤重 0.5～2 t。其工作原理是利用人力或卷扬机,将锤提升至一定高度,然后使锤自由下落到桩头上而产生冲击力,将桩逐渐击入土中(图 3.6)。

落锤适用于黏土和含砂、砾石较多的土层中打桩。但因冲击能量有限,打桩速度慢(6～20 次/min),对桩顶的损伤较大,故只有当使用其他型式的桩锤不经济或小型工程中才被使用。

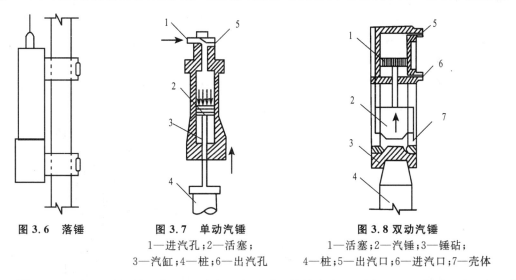

图 3.6 落锤　　　　图 3.7 单动汽锤　　　　　　图 3.8 双动汽锤
　　　　　　　　　1—进汽孔;2—活塞;　　　　1—活塞;2—汽锤;3—锤砧;
　　　　　　　　　3—汽缸;4—桩;6—出汽孔　　4—桩;5—出汽口;6—进汽口;7—壳体

② 蒸汽锤。蒸汽锤是利用蒸汽的动力进行锤击,其效率与土质软、硬的关系不大,常用在较软弱的土层中打桩。按其工作原理可分为单动汽锤和双动汽锤两种,都须配一套锅炉设备。

a. 单动汽锤。单动汽锤(图 3.7)的冲击部分(桩锤)为汽缸,活塞固定于桩顶上,动力为蒸汽。其工作过程和原理是:将锤固定于桩顶上,用软管连接锅炉阀门,引蒸汽入汽缸活塞上部空间,因蒸汽压力推动而升起汽缸(外壳),当升到顶端位置时,停止供汽并排出气体,汽锤则借自重下落到桩顶上击桩。如此反复循环进行,逐渐把桩打入土中。桩锤(汽缸)只在上升时耗用动力,下落完全靠自重。单动汽锤锤重 1.5～15 t,具有落距小,冲击力大的优点,其打桩速度较自由落锤快(锤击次数为 40～70 次/min),适用于沉设各种桩。但存在蒸汽得不到充分利用,软管磨损较快,软管与汽阀连接处易脱开等缺点。

b. 双动汽锤。双动汽锤(图 3.8)的冲击部分为活塞,动力是蒸汽。汽缸(外壳)固定在桩顶上不动,汽缸内的汽锤由蒸汽推动而上下运动。其工作过程和原理是:先将桩锤固定在桩顶上,然后将蒸汽由汽缸调节阀进入活塞下部,由蒸汽的推动而升起活塞,当活塞升到最上部时,调节阀在压差的作用下自动改变位置,蒸汽即改变方向而进入活塞上部,下部气体则同时排出,如此反复循环进行而逐渐把桩打入土中。双动汽锤的桩锤(活塞)升降均由蒸汽推动,当活塞向下冲时,不仅有其自身重量,而且受到上部气体向下的压力,因此冲击力较大。双动汽锤的锤重为 0.6～6 t,具有活塞冲程短,冲击力大,打桩速度快(锤击次数为 100～300 次/min),工作效率高等优点。适用于打各种桩,并可以用于拔桩和水下打桩。

③ 柴油锤。柴油锤是以柴油为燃料,利用柴油点燃爆炸时膨胀产生的压力,将桩锤抬起,然后自由落下冲击桩顶。如此反复循环运动,把桩打入土中。根据冲击部分的不同,柴油锤可分为导杆式和筒式两种(图 3.9)。导杆式柴油锤的冲击部分是沿导杆上下运动的汽缸,筒式柴油锤的冲击部分则是往复运动的活塞。

柴油锤冲击部分的重力为 1.3～8 t,锤击次数大多为 40～60 次/min。它具有工效高,构造简单,移动灵活,使用方便,不需沉重的辅助设备,也不必从外部供给能源等优点,但有施工噪声大、油滴飞散、排出的废气污染环境等缺点,不适于在过硬或过软的土层中打桩。

④ 液压锤。液压锤构造如图 3.10 所示,它是由一外壳封闭的冲击体所组成,利用液压油来提升和降落冲击缸体。冲击缸体为内装有活塞和冲击头的中空圆柱体,在活塞和冲击头之间,用高压氮气形成缓冲垫。当冲击缸体下落时,先是冲击头对桩施加压力,然后是通过可压缩的氮气对桩施加压力,如此可以延长施加压力的过程,使每一锤击能使桩得到更大的贯入度。同时,形成缓冲垫的氮气,还可使桩头受到缓冲和连续打击,从而防止了在高冲击力下的损坏。液压锤噪声小(距打桩点 30 m 处 75 dB,比柴油锤小 20 dB),无污染,最适合城市环保要求高的地区打各类预制桩。

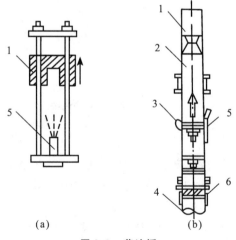

图 3.9 柴油锤
(a)导杆式;(b)筒式
1—汽缸;2—活塞;3—排气孔;
4—桩;5—燃油泵;6—桩帽

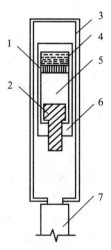

图 3.10 液压锤
1—活塞;2—冲击头;3—外壳;4—油;
5—氮气;6—降落重块锤;7—桩

⑤ 电磁锤(图 3.11)。电磁锤是由两截相连而固定的等直径圆筒和安装在圆筒内的两块相对面的极性相同、等直径等长度的永久磁铁组成。导磁材料制作的上半截圆筒与电源、开关及变速器串联,而非磁性材料制成的下半截圆筒的下端则利用螺栓固定在桩顶上,由于筒内上下两块磁铁相对面的极性相同,故始终不会接触在一起而保持一定距离。以上磁铁块作为重锤,接通电源后在上半截圆筒所产生的磁力作用下,进行上下往复运动;下磁铁块的底端也是固定在桩顶上。施工时接通电源后,由于上半截圆筒内产生磁力作用,立即将上磁铁块吸引上来。当变速器内开关断电时,上半圆筒内的磁力即消失,上磁铁块便自由下落。由于上下两磁铁块的相对面的极性相同,因而产生相斥,故当下落的上磁铁块降落到圆筒内的一定位置时,便使下磁铁块产生了反作用力,利用该反作用力将桩击入土中。随电源启闭,重锤便在筒内上下往复循环,如此逐渐把桩打到设计标高位置。

(2)桩架

桩架的作用是吊桩就位,固定桩的位置,承受桩锤和桩的重量,在打桩过程中引导锤和桩的方向,并保证桩锤能沿着所要求的方向冲击桩体。按桩架构造型式不同通常有四种:塔式打桩架(图 3.12)、直式打桩架(图 3.13)、悬挂式打桩架(图 3.14)和三点支撑式打桩架(图 3.15)。按桩架行走方式不同,可分为步履式桩架、履带式桩架和滚管式桩架。

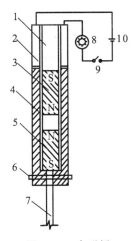

图 3.11 电磁锤
1—圆筒空间;2—磁性体圆筒;3—磁性体重锤;
4—非磁性体圆筒;5—固定磁体;6—固定螺栓;
7—桩;8—变速器;9—开关;10—直流电源

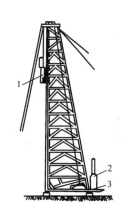

图 3.12 塔式打桩架
1—蒸汽锤;2—锅炉;3—卷扬机

塔式和直式打桩架大多用于蒸汽锤,也有用于柴油锤。这两种桩架的行走移动方式多为滚管式,依靠附设在桩架底盘上的卷扬机,通过钢丝绳(一端固定在桩架上,另一端通过地锚上的导向滑轮连到卷扬机的滚筒上)带动两根钢管滚筒在枕木上滚动来实现的。它们的优点是稳定性好,起吊能力大,可打较长(≤30 m)的桩,但占地面积大,架体笨重,装拆较麻烦。悬挂式打桩架是利用履带起重机的起重臂,来吊住导架(或称龙门架)进行打桩的。三点支撑式打桩架是以履带起重机为底盘,把导管挂装在起重臂的底铰上,并加支撑而成,其特点是移动方便,回转良好。打钢桩通常选用三点支撑式履带行走打桩架。

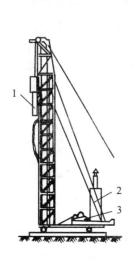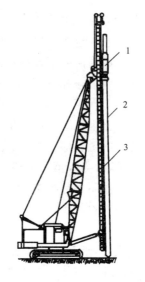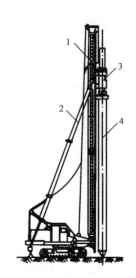

图 3.13 直式打桩架	图 3.14 悬挂式打桩架	图 3.15 三点支撑式打桩架
1—蒸汽锤;2—锅炉;3—卷扬机	1—柴油锤;2—桩;3—龙门架	1—导杆;2—支撑;3—柴油锤;4—桩

（3）桩锤的选择

合理选用桩锤是保证桩基施工质量的重要条件,桩锤必须有足够的锤击能量,才能将桩打到设计要求的标高和满足贯入度的要求,因此,桩锤必须要有足够的重量。但重量过大,使桩受锤击时产生过大的锤击应力,易使桩头破碎,故应在采用重锤低击打桩的原则下,恰当地选择锤重。

锤重应根据工程地质条件、桩的类型与规格、桩的密集程度、锤击应力、单桩竖向承载力以及现有施工条件等因素综合考虑后进行选择,对钢桩,在不使钢材屈服的前提下,尽量选用重锤,表 3.1 可供选用时参考。

（4）桩架的选用

桩架的选用,首先要满足锤型的需要。若是柴油锤,最好选用三点支撑式履带行走桩架,若是蒸汽锤,只能选用塔式桩架或直式桩架。其次,选用的桩架还必须符合如下要求:

① 使用方便,安全可靠,移动灵活,便于装拆;

② 锤击准确,保证桩身稳定,生产效率高,能适应各种垂直和倾斜角的需要;

③ 桩架的高度＝桩长＋桩锤高度＋桩帽及锤垫高度＋滑轮组高度＋1～2m 起锤工作余地。

2）打桩工艺

桩的沉设工艺流程如下:

场地平整 → 测量放线定桩位 → 桩机就位 → 第一节桩起吊就位 → 打第一节桩 →
第二节桩起吊就位 → 接桩 → 打桩至持力层或设计标高 → 停锤 → 转到下一桩位

（1）吊桩就位

按既定的打桩顺序,先将桩架移动至桩位处并用缆风绳拉牢,然后将桩运至桩架下,利用桩架上的滑轮组,由卷扬机提升桩。当桩提升送入桩架的龙门导管内,同时把桩尖准确地安放在桩位上,并与桩架导管相连接,以保证打桩过程中桩不发生倾斜或移位。桩就位后,在桩顶放上弹性垫层如草垫、麻袋、硬木等,放下桩帽套入桩顶,桩帽上再放上垫(硬)木,即可降下桩锤压住桩帽。在桩的自重和锤重的压力下,桩便会沉入土中一定深度。待下沉达到稳定状态,并经全面检查和校正合格后,即可开始打桩。

表 3.1　打桩锤选择参考表

柴油锤型号	30#～36#	40#～50#	60#～62#	72#	80#
冲击体质量(t)	3.2 3.5 3.6	4.0 4.5 4.6 5.0	6.0 6.2	7.2	8.0
锤体总质量(t)	7.2～8.2	9.2～11.0	12.5～15.0	18.4	17.4～20.5
液压锤规格(t)	7	7～9	9～11	9～13	11～13
常用冲程(m)	1.6～3.2	1.8～3.2	1.9～3.6	1.8～2.5	2.0～3.4
适用管桩规格	Φ300 Φ400	Φ400 Φ500	Φ500 Φ600	Φ600 Φ800	Φ600 Φ800
单桩竖向承载力特征值适用范围(kN)	500～1500	800～1800	1600～2600	1800～3000	2000～3500
桩尖可进入的岩土层	密实砂层、坚硬土层、强风化岩	强风化岩($N>50$)	强风化岩($N>50$)	强风化岩($N>50$)	强风化岩($N>50$)
常用收锤贯入度(mm/10击)	20～40	20～40	20～50	30～60	30～60

（2）打桩

用自由落锤施打时,初始段落距应小些,宜为 0.5 m 左右,待桩入土一定深度(1～2 m)并稳定后,经检查桩尖不发生偏移,再逐渐增大落距,按正常落距锤击。用柴油锤施打时,开始阶段可使柴油锤不发火,用锤重加一定冲击力将预制桩压入一定深度后,再按正常方法施打。

打桩有"轻锤高击"和"重锤低击"两种方式。这两种方式,如果所做的功相同,实际得到的效果却不同。轻锤高击,所得的动量小,桩锤对桩头的冲击大,因而回弹也大,桩头易损坏,大部分能量消耗在桩锤的回弹上,桩难以入土。相反,重锤低击,所得的动量大,桩锤对桩头的冲击小,因而回弹也小,桩头不易被打碎,大部分能量都用于克服桩身与土壤的摩阻力和桩尖的阻力,桩能很快地入土。此外,由于重锤低击的落距小,桩锤频率较高,对于较密实的土层,如砂土或黏土也能较容易地穿过(但不适用于含有砾石的杂填土),打桩效率也高,所以打桩宜采用"重锤低击"。实践经验表明:在一般情况下,若单动汽锤的落距≤0.6 m,落锤的落距≤1.0 m,以及柴油锤的落距≤1.50 m 时,能防止桩顶混凝土被击碎或开裂。

3）打桩注意事项

（1）打桩属隐蔽工程,为确保工程质量,分析处理打桩过程中出现的质量事故和为工程质量验收提供必要的依据,因此打桩时必须对每根桩的施打,进行必要的数值测定并做好详细记录。

（2）打桩时严禁偏打,因偏打会使桩头某一侧产生应力集中,造成压弯联合作用,易将桩打坏。为此,必须使桩锤、桩帽和桩身轴线重合,衬垫要平整均匀,构造合适。

（3）桩顶衬垫弹性应适宜,如果衬垫弹性合适会使桩顶受锤击的作用时间及锤击引起的应力波波长延长,而使锤击应力值降低,从而提高打桩效率并降低桩的损坏率。故在施打过程中,对每一根桩均应适时更换新衬垫。

（4）打桩入土的速度应均匀,连续施打,锤击间歇时间不要过长。否则由于土的固结作用,使继续打桩受阻力增大,不易打入土中。钢管桩或预应力混凝土管桩打设如有困难,可在管内取土助沉。

（5）打桩时如发现锤的回弹较大且经常发生,则表示桩锤太轻,锤的冲击动能不能使桩下沉,应及时更换重的桩锤。

（6）打桩过程中,如桩锤突然有较大的回弹,则表示桩尖可能遇到阻碍。此时须减小锤的落距,使桩缓慢下沉,待穿过阻碍层后,再加大落距并正常施打。如降低落距后,仍存在这种回弹现象,应停止锤击,分析原因后再行处理。

（7）打桩过程中,如桩的下沉突然加大,则表示可能遇到软土层、洞穴,或桩尖、桩身已遭受破坏等。此时也应停止锤击,分析原因后再行处理。

（8）若桩顶需打至桩架导杆底端以下或打入土中,均需送桩。送桩时,桩身与送桩的纵轴线应在同一垂直轴线上。

（9）若发现桩已打斜,应将桩拔出,探明原因,排除障碍,用砂石填孔后,重新插入施打。若拔桩有困难,应在原桩附近再补打一桩。

（10）打桩时尽量避免使用送桩,因送桩与预制桩的截面有差异时,会使预制桩受到较大的冲击力。此外,还会导致预制桩入土时发生倾斜。

4）打桩质量要求与验收

打桩质量评定包括两个方面:一是能否满足设计规定的贯入度或标高的要求;二是桩打入后的偏差是否在施工规范允许的范围以内。

（1）贯入度或标高必须符合设计要求

桩端达到坚硬、硬塑的黏性土、碎石土、中密以上的粉土和砂土或风化岩等土层时,应以贯入度控制为主,桩端进入持力层深度或桩端标高可作为参考;若贯入度已达到而桩端标高未达到时,应继续锤击 3 阵,其每阵 10 击的平均贯入度不应大于设计规定的数值(一般在 30～50 mm);桩端位于一般土层时,以桩端设计标高控制为主,贯入度可作为参考。

上述所说的贯入度是指最后贯入度,即施工中最后 10 击内桩的平均入土深度。贯入度大小应通过合格的试桩或试打数根桩后确定,它是打桩质量标准的重要控制指标。最后贯入度的测量应在下列正常条件下进行:桩顶没有破坏;锤击没有偏心;锤的落距符合规定;桩帽与弹性垫层正常。

打桩时如桩端到达设计标高而贯入度指标与要求相差较大,或者贯入度指标已满足,而标高与设计要求相差较大时,说明地基的实际情况与设计原来的估计或判断有较大的出入,属于异常情况,应会同设计单位研究处理。打桩时如发现地质条件与勘察报告的数据不符,亦应与设计单位研究处理,以调整其标高或贯入度控制的要求。

（2）平面位置或垂直度必须符合施工规范要求

桩打入后,在平面上与设计位置的偏差不得大于表 3.2 规定(包括打入、压入的预制混凝土方桩、管桩、钢桩),垂直度偏差不得超过 0.5%,桩顶标高偏差不得超过±50 mm。因此,必须使桩在提升就位时要对准桩位,桩身要垂直;桩在施打时,必须使桩身、桩帽和桩锤三者的中心线在同一垂直轴线上,以保证桩的垂直入土;短桩接长时,上下节桩的端面要平整,中心要对齐,如发现端面有间隙,应用铁片垫平焊牢;打桩完毕基坑挖土时,应制定合理的挖土施工方案,以防挖土而引起桩的位移和倾斜。

表 3.2 预制桩(钢桩)桩位的允许偏差(mm)

项目	项　目	允许偏差
1	带有基础梁的桩: (1)垂直基础梁的中心线 (2)沿基础梁的中心线	$100+0.01H$ $150+0.01H$
2	桩数为1~3根桩基中的桩	100
3	桩数为4~16根桩基中的桩	1/2桩径或边长
4	桩数大于16根桩基中的桩: (1)最外边的桩 (2)中间桩	1/3桩径或边长 1/2桩径或边长

注　H 为施工现场地面标高与桩顶设计标高的距离。

（3）打入桩桩基工程的验收必须符合施工规范要求

打入桩桩基工程的验收通常应按两种情况进行:当桩顶设计标高与施工场地标高相同时,应待打桩完毕后进行;当桩顶设计标高低于施工场地标高需送桩时,则在每一根桩的桩顶打至场地标高,应进行中间验收,待全部桩打完,并开挖到设计标高后,再作全面验收。桩基工程验收时应提交下列资料:① 桩位测量放线图;② 工程地质勘查报告;③ 材料试验记录;④ 桩的制作与打入记录;⑤ 桩位的竣工平面图;⑥ 桩的静载和动载试验资料及确定桩贯入度的记录。

3.2.3.2　振动沉桩

振动沉桩与锤击沉桩的施工方法基本相同,其不同之处是用振动桩机代替锤打桩机施工。振动桩机主要由桩架、振动锤、卷扬机和加压装置等组成。

1) 振动锤(图 3.16)

振动桩锤是通过回转式机械激振器产生定向振动(通常为垂直振动)用于沉拔桩的桩锤,分为电动机驱动激振器的电动式振动桩锤和液压马达驱动的液压式振动桩锤。电动式振动锤是一个箱体,内装有左右两根水平轴,轴上各有一个偏心块,电动机通过齿轮带动两轴旋转,两轴的旋转方向相反,但转速相同。利用振动锤沉桩的工作原理是:沉桩时当启动电动机后,由于偏心块的转动产生离心力,其水平分力相互抵消,垂直分力则相互叠加,形成垂直振动力。由于振动锤与桩顶为刚性固定连接,当锤振动时,迫使桩和桩四周的土也处于振动状态,因此土被扰动,从而使桩表面摩阻力降低,在锤和桩的自重共同作用下,使桩能顺利地沉入土中。

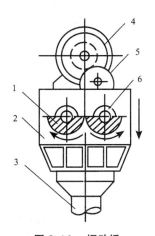

图 3.16　振动锤
1—偏心块;2—箱壳;3—桩;
4—电机;5—齿轮;6—轴

71

2) 振动沉桩方法

振动沉桩施工方法是在振动桩机就位后,先将桩吊升并送入桩架导管内,落下桩身直立插于桩位中。然后在桩顶扣好桩帽,校正好垂直度和桩位,除去吊钩,把振动锤放置于桩顶上并连牢。此时,在桩自重和振动锤重力作用下,桩自行沉入土中一定深度,待稳定并经再校正桩位和垂直度后,即可启动振动锤开始沉桩。振动锤启动后产生振动力,通过桩身将此振动力传递给土壤,迫使土体产生强迫振动,导致土壤颗粒彼此间发生位移,因而减少了桩与土壤之间的摩擦阻力,使桩在自重和振动力共同作用下沉入土中,直沉至设计要求位置。振动沉桩一般控制最后三次振动(每次振动 10 min),测出每分钟的平均贯入度,或控制沉桩深度,当不大于设计规定的数值时即认为符合要求。

振动沉桩具有噪声小,不产生废气污染环境,沉桩速度快,施工简便,操作安全等优点。振动沉桩法适用于砂质黏土、砂土和软土地区施工,但不宜用于砾石和密实的黏土层中施工。如用于砂砾石和黏土层中时,则需配以水冲法辅助施工。

3.2.3.3 静力压桩

静力压桩是在软土地基上,利用桩机本身产生的静压力将预制桩分节压入土中的一种沉桩方法。具有施工时无噪声、无振动,施工迅速简便,沉桩速度快(压桩速度可达 2 m/min)等优点,而且在压桩过程中,还可预估单桩承载力。静力压桩适用于软弱土层,当存在厚度大于 2 m 的中密以上砂夹层时,不宜采用静力压桩。

1) 静力压桩设备

静力压桩机有机械式和液压式两种类型。其中机械式压桩机目前已基本上淘汰。

按压桩方式不同,液压静力压桩机又可分为顶压式和抱压式,其中抱压式液压压桩机主要由夹持机构、底盘平台、行走回转机构、液压系统和电气系统等部分组成,其压桩能力有 80 t、120 t、150 t、200 t、240 t、320 t、400 t、500 t、600 t、800 t、1 000 t 等,其构造见图 3.17。

(1) 夹持机构。夹持机构依靠夹持液压缸的推力,使液压缸端的夹持盘与桩的表面在压入过程中产生的摩擦力将桩夹持住,顶升液压千斤顶通过夹持机构将桩压入土中。

(2) 底盘平台。底盘平台是整台压桩机的重要承重结构,它除了作为底盘上其他结构与配重的固定台座外,还可作为施工人员的作业面。整台压桩机通过底盘平台组成一个整体,再加一定数量的配重,成为压桩时贯入阻力的反力,最大压桩力应取压桩机重量和配重之和的 0.9 倍。

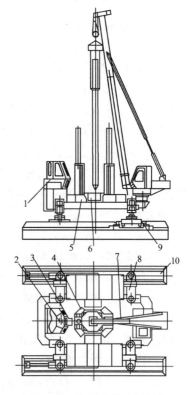

图 3.17 液压式静力压桩机

1—操纵室;2—电气控制台;3—液压系统;4—导向架;
5—配重;6—夹持机构;7—吊桩吊机;8—支腿平台;
9—横向行走及回转机构;10—纵向行走机构

（3）压桩机行走系统。液压静力压桩机的行走系统一般为液压步履式结构，其主要作用是使压桩机能纵横两个方向行走及回转，解决了压桩机笨重、移动困难的矛盾，工作效率可以大大提高。

（4）液压系统及电气系统。液压系统主要由双泵复合液压系统、集成油路系统、手动多路阀、液控单向阀、液压油箱等组成。

2）压桩施工程序及终压控制原则

静力压桩施工的一般程序是：平整场地并使它具有一定的承载力，压桩机安装就位，按额定的总重量配置压重，调整机架水平和垂直度，将桩吊入桩机夹持机构中并对中，垂直将桩夹持住，正式压桩，第一节桩下压时垂直度偏差不应大于 0.5%。压桩过程中应经常观察压力表，控制压桩阻力，记录压桩深度，做好压桩施工记录。如为多节桩，最后一节桩有效桩长不宜小于 5 m。压桩的终压控制，应符合下列规定：

（1）应根据现场试压桩的试验结果确定终压标准。

（2）终压连续复压次数应根据桩长及地质条件等因素确定。对于入土深度大于或等于 8 m 的桩，复压次数可为 2～3 次；对于入土深度小于 8 m 的桩，复压次数可为 3～5 次。

（3）稳压压桩力不得小于终压力，稳定压桩的时间宜为 5～10 s。

3）压桩施工注意事项

（1）压桩机应根据土质情况配足额定重量，场地应平整且有一定承载力。压桩时，桩帽、桩身和送桩的中心线应重合。

（2）压桩应连续进行，不得中断，接桩时间应尽量缩短，上下节桩应在同一轴线上，桩头应平整光滑。

（3）遇有地下障碍物，使桩在压入过程中倾斜时，不能用桩机行走方式强行纠正，应将桩拔起，待地下障碍物清除后，重新压桩。

（4）当桩在压入过程中，夹持机构与桩侧打滑时，不能任意提高液压油的压力强行操作，而应找出打滑原因，采取有效措施后方能进行施工。

（5）由于桩的贯入阻力太大，使桩不能压至标高时，不能任意增加配重，否则将引起液压元件和构件损坏。

（6）压桩中如遇砂层，压桩阻力突然增大，致使压桩机上抬，此时可在最大压桩力作用下维持一定时间，使桩有可能缓慢下沉穿过砂层。如维持定时压桩无效，难以压至设计标高时，可截去桩顶。

（7）遇到下列情况应暂停压桩，并及时与有关单位研究处理：

① 初压时，桩身发生较大幅度的移位，倾斜。压入过程中桩身突然下沉或倾斜；

② 桩顶混凝土破坏，或压桩阻力剧变。

3.2.3.4 射水法沉桩

1）施工方法

射水法沉桩（图 3.18）施工方法是在待沉桩身两对

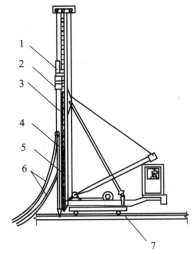

图 3.18 射水法沉桩示意图
1—桩锤；2—桩帽；3—桩；4—卡具；
5—射水管；6—高压软管；7—轨道

称旁侧,插入两根用卡具与桩身连接的平行射水管,管下端设喷嘴,沉桩时利用高压水,通过射水管喷嘴射水,冲刷桩尖下的土壤,使土松散而流动,减少桩身下沉的阻力。同时射入的水流大部分又沿桩身返回地面,因而减少了土壤与桩身间的摩擦力,使桩在自重或加重的作用下沉入土中。

2)适用范围

射水法沉桩法适用于在砂土和碎石土中沉桩施工。射水法沉桩与锤击沉桩或振动沉桩结合使用,则更能显示其工效。方法是当桩尖水冲沉至离设计标高 1~2 m 处时,停止射水,改用锤击或振动将桩沉到设计标高。

3.2.3.5 多节桩的连接

预制桩的长度往往很大,有的长达 60 m 以上,因而须将长桩分节逐段沉入。通常一根桩的接头总数不宜超过 3 个,接桩时其接口位置以离地面 0.8~1.0 m 为宜。

1)钢筋混凝土预制桩的连接

目前,国内通常采用的连接方法有焊接、法兰连接和机械快速连接(螺纹式、啮合式、卡扣式、抱箍式)。

(1)焊接接桩

焊接接桩即在上下桩接头处预埋钢帽铁件,上下接头对正后用金属件(如角钢)现场焊牢。预埋钢板宜用低碳钢,焊条宜用 E43,上、下节桩错位偏差不宜大于 2 mm。焊接接桩适用于单桩设计承载力高,细长比大,桩基密集或须穿过一定厚度软硬土层,估计沉桩较困难的桩,其接头构造如图 3.19 所示。

(2)法兰盘螺栓连接接桩

法兰盘螺栓连接接桩即在上下桩接头处预埋带有法兰盘的钢帽预埋件,上下桩对正用螺栓拧紧。法兰盘螺栓

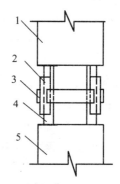

图 3.19 桩连接的焊接接头
1—上节桩;2—连接角钢;3—连接板;
4—与主筋连接的角钢;5—下节桩

连接接桩的适用条件基本上与焊接接桩相同。接桩时上下节桩之间用石棉或纸板衬垫,拧紧螺母,经锤击数次后再拧紧一次,并焊死螺母。

(3)管桩螺纹机械快速接头

管桩螺纹机械快速接头技术是一项将预埋在管桩两端的连接端盘和螺纹端盘,用螺母快速连接,使两节桩连成整体的新型连接技术。它是通过连接件的螺纹机械咬合作用连接两根管桩,并利用管桩端面的承压作用,将上一节管桩的力传递到下一节管桩上,不仅能可靠地传递压力,还能承受弯矩、剪力和拉力。螺纹机械快速接头由螺纹端盘、螺母、连接端盘和防松嵌块组成(如图 3.20a 所示),在管桩浇注前,先将螺纹端盘和带螺母的连接端盘分别安装在管桩两端,两端盘平面应和桩身轴线保持垂直,端面倾斜不大于 0.2%D(D 为管桩直径)。同时为方便现场施工,在浇注时管桩两端各应加装一块挡泥板和垫板工装(如图 3.20b 所示)。在第一节桩立桩时,应控制好其垂直度,且垂直度应控制在 0.3%以内,即可满足接桩要求。在管桩连接中,应先卸下螺纹保护装置,松掉螺母中的固定螺钉,两端面及螺纹部分用钢丝刷清理干净,桩上下两端面涂上一层约 1 mm 厚 3 号钙基润滑脂(俗称黄油),利用构件中的对中机构进行对接,提上螺母按顺时针方向旋紧,再用专用扳手卡住螺母敲紧。若为锤击桩,则应在螺母下方垫上防松嵌块,用螺丝拧紧,以防松掉。

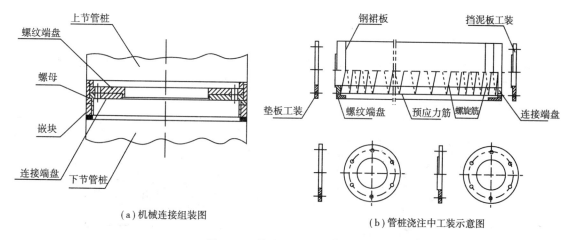

（a）机械连接组装图　　　　　　　　　（b）管桩浇注中工装示意图

图 3.20　管桩螺纹机械快速接头

（4）管桩啮合式机械快速接头

管桩啮合式机械快速接头是利用连接销与分别预埋在混凝土预制桩端板上的连接槽、螺栓孔啮合的连接技术。其连接部件包括下节桩上端的带槽端板、上节桩下端的带孔端板、连接槽壳、连接销壳、连接块、压力弹簧、连接销，接桩时将上节桩吊起，使连接销与带槽端板上各连接口对准，随即将连接销插入连接槽内，加压使上下节桩的端板接触，采用电焊封闭上下节桩的接缝，接缝应满焊。

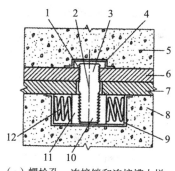

1—螺栓孔；　2—连接销；
3—螺栓齿端；4—连接销壳；
5—上桩节；　6—带孔端板；
7—带槽端板；8—下桩节；
9—连接槽壳；10—圆形啮合齿端；
11—连接块；12—压力弹簧

（a）螺栓孔、连接销和连接槽大样

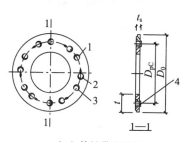

（b）管桩带孔端板
1—带孔端板；2—主筋锚孔；3—螺栓孔；
4—连接销壳

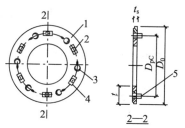

（c）管桩带槽端板
1—带槽端板；2—连接口；3—主筋锚孔；
4—连接槽；5—连接槽壳

图 3.21　管桩啮合式机械快速接头

2）钢桩的连接

（1）钢管桩的连接

桩接头构造如图 3.22 所示,其连接用的衬环是斜面切开的,比钢管桩内径略小,搁置于挡块上,以专用工具安装,使之与下节钢管桩内壁紧贴。

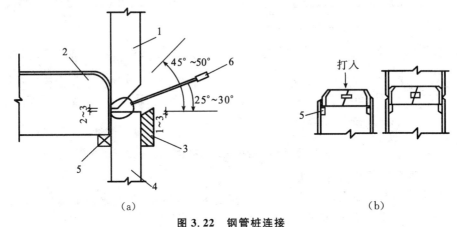

（a） （b）

图 3.22　钢管桩连接
（a）钢管桩连接构造；（b）内衬环安装
1—上节钢管桩；2—内衬环；3—铜夹箍；4—下节钢管桩；5—挡块；6—焊枪

（2）H 型钢桩

采用坡口焊对接连接,将上节桩下端作坡口切割,连接时采取措施（如加填块）使上下节桩保持 2～3 mm 的连接间隙,使之对焊接长。每个焊接接头除按规定做外观检查外,还应按要求做探伤检查。

3.3　混凝土灌注桩施工

混凝土灌注桩（简称灌注桩）是一种直接在现场桩位上使用机械或人工方法成孔,并在孔中灌注混凝土（或先在孔中吊放钢筋笼）而成的桩。所以灌注桩的施工过程主要有成孔和混凝土灌注两个施工工序。

灌注桩按成孔设备和成孔方法不同,可分为挤土成孔和取土成孔两大类。其中挤土成孔又分为套管成孔和爆扩成孔；取土成孔又分为钻孔成孔和挖土成孔。灌注桩成孔前的准备工作与预制桩施工前的准备工作基本相同,但根据灌注桩施工的特点,在确定灌注桩成孔顺序时应注意以下两点：

（1）当成孔对土壤无挤密或冲击作用时,一般可按成孔设备行走最方便路线等现场条件确定成孔顺序。

（2）当成孔对土壤有挤密或冲击作用时,一般可结合现场施工条件,采用每隔 1～2 个桩位成孔；在邻桩混凝土初凝前或终凝后成孔；群桩基础中的中间桩先成孔而周围桩后成孔；同一桩基中不同深度的爆扩桩应先爆扩浅孔而后爆扩深孔等方法确定成孔顺序。

3.3.1　钻孔灌注桩

钻孔灌注桩是指利用钻孔机械钻出桩孔,并在孔中浇筑混凝土（或先在孔中吊放钢筋笼）

而成的桩。根据钻孔机械的钻头是否在土壤的含水层中施工，又分为泥浆护壁成孔和干作业成孔两种施工方法。这两种成孔方法的灌注桩均具有无振动、无挤土、噪声小、对周围结构物的影响小等特点，适宜于在硬的、半硬的、硬塑的和软塑的黏性土中施工。但是，钻孔成孔的灌注桩与其他方法成孔的灌注桩或预制桩相比较，其承载力较低，沉降量也大。

3.3.1.1 泥浆护壁成孔灌注桩施工

泥浆护壁成孔灌注桩的施工方法为先利用钻孔机械（机动或人工）在桩位处进行钻孔，待钻孔达到设计要求的深度后，立即进行清孔，并在孔内放入钢筋笼，水下浇注混凝土成桩。在钻孔过程中，为了防止孔壁坍塌，孔中可注入一定稠度的泥浆（或孔中注入清水直接制浆）护壁进行成孔。泥浆护壁成孔灌注桩适用于在地下水位较高的含水黏土层，或流砂、夹砂和风化岩等各种土层中的桩基成孔施工，因而使用范围较广，其施工工艺流程如图3.23所示。

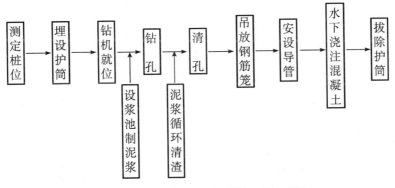

图 3.23 泥浆护壁成孔灌注桩工艺流程图

1）成孔设备

泥浆护壁成孔灌注桩所用的成孔机械有冲击钻机、回转钻机及潜水钻机等。

（1）潜水钻机（图3.24）

潜水钻机全称为潜水式电动回转工程钻机，由防水电机、减速机构和电钻头等组成。电机和减速机构装设在具有绝缘和密封装置的电钻外壳内，且与钻头紧密连接在一起，因而能共同潜入水下作业。国产的潜水钻机钻孔直径在 450～3000 mm，最大钻孔深度可达 80 m，潜水电动机功率一般为 22～111 kW，适用于黏土、粉土、淤泥、淤泥质土、砂土、强风化岩、软质岩层，尤适用于地下水位较高的土层中成孔。不宜用于碎石土、卵石地基。采用潜水工程钻孔机循环排渣钻孔在灌注桩工艺中已日趋成熟。其优点是以潜水电动机作动力，工作时动力装

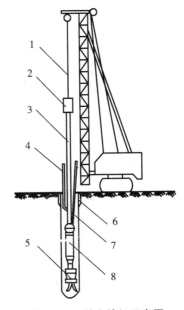

图 3.24 潜水钻机示意图

1—钢丝绳；2—滚轮（支点）；3—钻杆；4—软水管；
5—钻头；6—护筒；7—电线；8—潜水电钻

置潜在孔底,耗用动力小,钻孔效率高,电动机防水性能好,运转时温升较低,过载能力强。可采用正、反两种循环方式排渣。

（2）回转钻机（图 3.25）

回转钻机过去多用于工程地质钻探、石油钻探等工程,由于钻进力大,钻进深,工作较稳定,也被应用到土木工程的基础施工。近些年来,用回转钻机作为钻孔灌注桩的施工机具较为普遍。回转钻机多用于高层建筑和桥梁桩基施工,适用于地下水位较高的碎石类土、砂土、黏性土、粉土、强风化岩、软质与硬质岩层等多种地质条件。

该钻机由机械动力传动,配以笼头式钻头,可多档调速或液压无级调速,以泵吸或气举的反循环或正循环泥浆护壁方式钻进,设有移动装置,设备性能可靠,噪声和振动小,钻进效率高,钻孔质量好。该机最大的钻孔直径可达 2 500 mm,钻进深度可达 40～100 m。主机功率 22～95 kW。

（3）冲抓钻机（图 3.26）

冲抓钻机采用冲抓锥张开抓瓣冲入土石中,然后收紧锥瓣绳,抓瓣便将土抓入锥中,提升冲抓锥出井孔,开瓣卸土,钻孔时采用泥浆护壁,也有配用钢套管全长护壁的,又称贝诺特钻机。

冲抓钻机适用于淤泥、腐殖土、密实黏性土、砂类土、砂砾石和卵石,孔径 1 000～2 000 mm。该种钻机不需钻杆,设备简单,施工方便、经济,适用范围广。

（4）冲击钻机（图 3.27）

用冲击式装置或卷扬机提升钻锥,上下往复冲击,将土石劈裂、劈碎,部分挤入壁内,由于泥浆的悬浮作用,钻锥每次都能冲击到孔底土层,冲击一定时间后,掏渣清孔,然后继续钻进,当采用空心钻锥时,可利用钻锥收集钻渣,不需掏渣筒清渣。冲击钻机适用于所有土层,采用实心锥钻进时,在漂石、卵石和基岩中显得比其他钻进方法优越。其钻孔直径可达 2 000 mm(实心锥)或 1 500 mm(空心锥),钻孔深度一般为 50 m 以内。

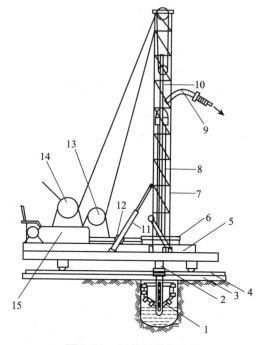

图 3.25　回转钻机示意图

1—钻头;2—钻管;3—轨枕钢板;4—轮轨;5—液压移动平台;6—回转盘;7—机架;8—活动钻管;9—吸泥浆弯管;10—钻管钻进导槽;11—液压支杆;12—传力杆方向节;13—副卷扬机;14—主卷扬机;15—变速箱

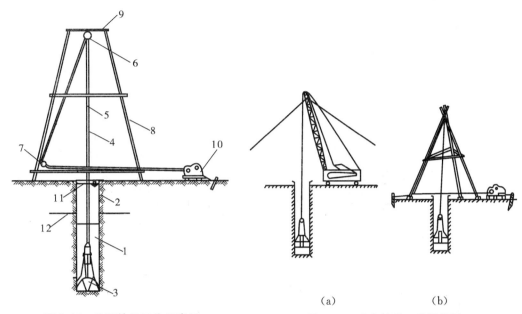

图 3.26　冲抓钻机工作示意图
1—钻孔;2—护筒;3—冲抓锥;4—开合钢丝绳;
5—吊起钢丝绳;6—天滑轮;7—转向滑轮;
8—钻架;9—横梁;10—双筒卷扬机;
11—水头高度;12—地下水位

图 3.27　冲击钻机工作示意图
(a)冲击钻机施工;(b)卷扬机施工

（5）旋挖钻机(图 3.28)

旋挖成孔灌注桩施工是利用钻杆和斗式钻头的旋转及重力使土屑进入钻斗,提升斗式钻头出土成孔,人工配制的泥浆在孔内仅起护壁作用。成孔直径最大可达 2 m,深度 60 m,是十多年前从国外引进的新工艺。

旋挖钻机由主机、钻杆和钻斗(钻头)组成。其钻头可分为锅底式(用于一般土层)、多刃切削式(用于卵石或密实砂砾层或障碍物)和锁定式(用于取出孤石、大卵石等)(图 3.28)。该钻机适用于填土、黏土、粉土、淤泥、砂土及含有部分卵石、碎石的地层。一般需采用泥浆护壁,干作业时也可不用泥浆护壁。

2)成孔

（1）埋设护筒。钻机钻孔前,应做好场地平整,挖设排水沟,设泥浆池制备泥浆,做试桩成孔,设置桩主轴线定位点和水准点,放线定桩位及其复核等施工准备工作。钻孔时,先安装桩架及水泵设备,桩位处挖土埋设孔口护筒,桩架就位后,钻机进行钻孔。

地表土层较好,开钻后不塌孔的场地可以不设护筒。但在杂填土或松软土层中钻孔时,应设护筒,以起定位、保护孔口、存贮泥浆和使其高出地下水位的作用。护筒用 4～8 mm 厚的钢板制作,内径应大于钻头直径 100 mm,埋入土中深度不宜小于 1.0 m(黏土)～1.5 m(砂土);顶部应高出地面 400～600 mm,并开设 1～2 个溢浆口;护筒与坑壁之间应用无杂质的黏土填实,不允许漏水;护筒中心与桩位中心的偏差应小于等于 50 mm。

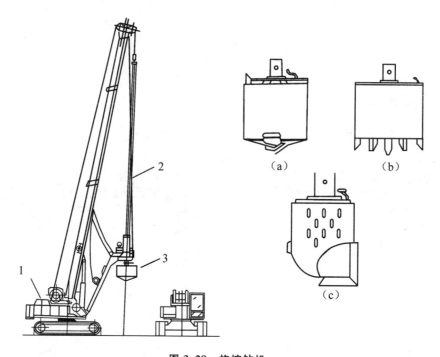

图 3.28　旋挖钻机

1—主机；2—钻杆；3—钻头
(a)锅底式钻头；(b)多刃切削式钻头；(c)锁定式钻头

　　(2)泥浆护壁钻孔。钻孔时应在孔中注入泥浆,并始终保持泥浆液面高于地下水位1.0 m以上。因孔内泥浆比水重,泥浆所产生的液柱压力可平衡地下水压力,并对孔壁有一定的侧压力,成为孔壁的一种液态支撑。同时,泥浆中胶质颗粒在泥浆压力下,渗入孔壁表层孔隙中,形成一层泥皮,从而可以防止塌孔,保护孔壁。泥浆除护壁作用外,还具有携渣、润滑钻头、降低钻头发热、减少钻进阻力等作用。

　　如在黏土、粉质黏土层中钻孔时,可在孔中注进清水,以原土造浆护壁、排渣。当穿越砂夹层时,为防止塌孔,宜投入适量黏土以加大泥浆稠度;如砂夹层较厚或在砂土中钻孔时,则应采用制备泥浆注入孔内。泥浆应根据施工机械、工艺及穿越土层情况进行配合比设计。

　　泥浆主要是膨润土或高塑性黏土和水的混合物,并根据需要掺入少量其他物质。泥浆的黏度应控制适当,黏度大,携带土屑能力强,但会影响钻进速度;黏度小,则不利于护壁和排渣。泥浆的稠度也应合适,虽稠度大,护壁作用亦大,但其流动性变差,且还会给清孔和浇筑混凝土带来困难。一般注入的泥浆相对密度宜控制在1.1~1.15,排出的泥浆相对密度宜为1.2~1.4。此外,泥浆的含砂率宜控制在8%以内,因含砂率大会降低黏度,增加沉淀,使钻头升温,磨损泥浆泵。

　　钻孔进尺速度应根据土层类别、孔径大小、钻孔深度和供水量确定。对于淤泥和淤泥质土不宜大于1 m/min,其他土层以钻机不超负荷为准,风化岩或其他硬土层以钻机不产生跳动为准。

　　(3)清孔。钻孔深度达到设计要求后,必须进行清孔。清孔之目的是清除钻渣和沉淀层,同时也为泥浆下浇筑混凝土创造良好条件,确保浇注质量。以原土造浆的钻孔,可使钻机空转不进,同时射水,待排出泥浆的相对密度降到1.1左右,可认为清孔已合格。以注入制备泥浆的钻孔,可采用换浆法清孔,待换出泥浆的相对密度小于 1.15～1.25 时方可认为合格。

清孔结束时孔底泥浆沉淀物不可过厚,若孔底沉渣或淤泥过厚,则有可能在浇筑混凝土时被混入桩头混凝土中,导致桩的沉降量增大,而承载力降低。因此,规定要求端承型桩的沉渣厚度不得大于 50 mm,摩擦型桩的沉渣厚度不得大于 100 mm,抗拔、抗水平力桩的沉渣厚度不得大于 200 mm。

3) 混凝土浇筑(图 3.29)

桩孔钻成并清孔完毕后,应立即吊放钢筋笼和浇筑水下混凝土。水下浇筑混凝土通常采用导管法,其施工工艺如下:

(1) 吊放钢筋笼,就位固定。当钢筋笼全长超过 12 m 时,钢筋笼宜分段制作,分段吊放,接头宜采用焊接或机械式接头(直径大于 20 mm 时),并使主筋接头在同一截面中数量≤50%,相邻接头错开≥500 mm。为增加钢筋笼的纵向刚度和灌注桩的整体性,每隔 2 m 焊一个 φ12 的加强环箍筋,并要保证有 60～80 mm 钢筋保护层的措施(如设置定位钢筋环或混凝土垫块)。吊放钢筋笼前要检查钢筋施工是否符合设计要求;吊放时要细心轻放,切不可强行下插,以免产生回击落土;吊放完毕并经检查符合设计标高后,将钢筋笼临时固定(如绑在护筒或桩架上),以防移动。

(2) 吊放导管,水下浇筑混凝土。水下浇筑混凝土采用"导管法"施工,其施工方法详见6.8.2 节。

(3) 混凝土浇筑完毕,拔除导管。当混凝土连续浇筑至设计标高后,拔除导管,桩基混凝土浇筑完毕。

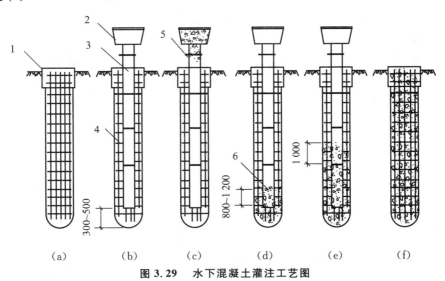

图 3.29 水下混凝土灌注工艺图
(a)吊放钢筋笼;(b)插下导管;(c)漏斗满灌混凝土;
(d)除去隔水栓混凝土下落孔底;(e)随浇混凝土随提升导管;(f)拔除导管成桩
1—护筒;2—漏斗;3—导管;4—钢筋笼;5—隔水栓;6—混凝土

水下浇筑的混凝土必须具有良好的和易性,坍落度一般采用 180～220 mm,细骨料尽量选用中粗砂(含砂率宜为 40%～50%),粗骨料粒径不宜大于 40 mm,并不宜大于钢筋最小净距的 1/3 和导管内径的 1/6～1/4;钢筋笼放入桩孔后 4h 内必须浇注混凝土;水下浇筑混凝土应连续进行不得中断;混凝土实际灌注量不得小于计算体积;同一配合比试块数量每根桩不得少于1组。

3) 施工中常遇问题及处理方法

泥浆护壁成孔灌注桩施工中,常会遇到护筒冒水、钻孔倾斜、孔壁塌陷和颈缩等问题,其原因和处理方法简述如下:

(1) 护筒冒水。施工中发生护筒外壁冒水,如不及时采取防止措施,将会引起护筒倾斜、位移、桩孔偏斜,甚至产生地基下沉。护筒冒水的原因是由于埋设护筒时周围填土不密实,或者起落钻头时碰动护筒。处理方法是,若在成孔施工开始时就发现护筒冒水,可用黏土在护筒四周填实加固,若在护筒已严重下沉或位移时发现护筒冒水,则应返工重埋。

(2) 孔壁缩颈。当在软土地区钻孔,尤其在地下水位高、软硬土层交界处,极易发生颈缩。施工过程中,如遇钻杆上提或钢筋笼下放受阻现象时,就表明存在局部颈缩。孔壁颈缩的原因是由于泥浆相对密度不当,桩的间距过密,成桩的施工时间相隔太短,钻头磨损过大等造成。处理方法是采取将泥浆相对密度控制在1.15左右,施工时要跳开1~2个桩位钻孔,成桩的施工间隔时间要超过72 h,钻头要定时更换等措施。

(3) 孔壁塌陷。在钻孔过程中,如发现孔内冒细密水泡,或护筒内的水位突然下降,这些都表明有孔壁塌陷的迹象。塌孔会导致孔底沉淀增加、混凝土灌注量超方和影响邻桩施工。孔壁塌陷的原因是由于土质松散,泥浆护壁不良(泥浆过稀或质量指标失控);泥浆吸出量过大,护筒内水位高度不够;钻杆刚度不足引起晃动而导致碰撞孔壁和吊放钢筋笼时碰撞孔壁等引起的。处理方法:如在钻进中出现塌孔时,首先应保持孔内水位,并可加大泥浆相对密度,减少泥浆泵排出量,以稳定孔壁;如塌孔严重,或泥浆突然漏失时,应停钻并在判明塌孔位置和分析原因后,立即回填砂和黏土混合物到塌孔位置以上1~2 m,待回填物沉积密实,孔壁稳定后再进行钻孔。

(4) 钻孔倾斜。钻孔时由于钻杆不垂直或弯曲,土质松软不一,遇上孤石或旧基础等原因,都会引起钻孔倾斜。处理方法:如钻孔时发现钻杆有倾斜,应立即停钻,检查钻机是否稳定,或是否有地下障碍物,排除这些因素后,改用慢钻速,并提动钻头进行扫孔纠正,以便削去"台阶";如用上述方法纠正无效,应回填砂和黏土混合物至偏斜处以上1~2 m,待沉积密实后,重新进行钻孔施工。

3.3.1.2 干作业成孔灌注桩施工

干作业成孔灌注桩的施工方法是先利用钻孔机械(机动或人工)在桩位处进行钻孔,待钻孔深度达到设计要求时,立即进行清孔,然后将钢筋笼吊入桩孔内,再浇注混凝土而成的桩。干作业成孔灌注桩,适用于地下水位以上的干土层中桩基的成孔施工。

1) 成孔机械与成孔方法

干作业成孔灌注桩所用的成孔机械有螺旋钻机、钻孔扩机、机动或人工洛阳铲等。

螺旋钻机可分为长螺旋钻机(又称全叶螺旋钻机,即整个钻杆上都有叶片)和短螺旋钻机(只是临近钻头2~3 m范围内有叶片)两大类。图3.30为液压步履式全叶螺旋钻机示意图。螺旋钻机适用于地下水位以上的黏性土、砂类土、含少量砂砾石、卵石的土。全叶螺旋钻机工作时,利用螺旋钻头切削土体,初切削的土块随钻头旋转,沿螺旋叶片上升涌出孔外,成孔直径300~800 mm,深度12~30 m。在软塑土层、含水量大时,可用叶片螺距较大的钻杆,可提高工效。在可塑或硬塑的土层中,或含水量较小的砂土中,则应采用叶片螺距较小的钻杆,以便能均匀平稳地钻进土中。一节钻杆钻完后,可接上第二节钻杆,直至钻到要求的深度。短螺旋钻成孔方法与长螺旋钻不同之处是:短螺旋成孔,其被切削的土块钻屑只能沿数量不多的螺旋叶片(一般只在临近钻头 2～3 m)的钻杆上升,积聚在短螺旋叶片上,形成土柱,然后靠提钻、反钻、甩土等将钻屑散落在孔周,一般每钻进 0.5～1.0 m 即要提钻一次。

钻扩机是用于钻孔扩底灌注桩中的成孔机械,它的主要部分是由两根并列的开口套管组成的钻杆和钻头。作为钻杆的两根套管并列焊成圆筒形整体,每根套管内都装有输运土的螺旋叶片传动轴。钻头和钻杆采用铰连接。钻头上装有钻孔刀和扩孔刀,用液压操纵,可使钻头并拢或张开(均能偏摆 30°)。

开始钻孔时,钻杆和钻头顺时针方向旋转钻进土中,切下的土由套管中的螺旋叶片送至地面。当钻孔达到设计深度时,操纵液压阀,使钻头徐徐撑开,边旋转边扩孔,切下的土也由套管内叶片输送到地面,直至达到设计要求为止。扩大头直径最大可达 1 200 mm。

采用全叶螺旋机干作业成孔的施工方法是先使钻机就位,钻杆对准桩孔中心点,然后使钻杆往下运动,待钻头刚接触地面土时,立即使钻杆转动。应注意钻机放置要平稳、垫实,并用线锤或水平尺检查钻杆是否平直,以保证钻头沿垂线方向钻进。在钻孔过程中如出现钻杆跳动,机架摇晃,钻不进或钻头发出响声时,表明钻机已出现异常情况,或可能遇到孔内有坚硬物,应立即停车检查,待查明原因后再作处理。操作中要随时注意钻架上的刻度标尺,当钻杆钻孔至设计要求深度时,应先在原处空转清土,然后停止回转,提升钻杆出孔外。

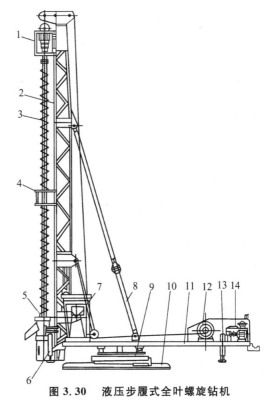

图 3.30 液压步履式全叶螺旋钻机
1—减速箱总成;2—臂架;3—钻杆;4—中间导向套;
5—出土装置;6—前支腿;7—操纵室;8—斜撑;9—中盘;
10—下盘;11—上盘;12—卷扬机;13—后支腿;14—液压系统

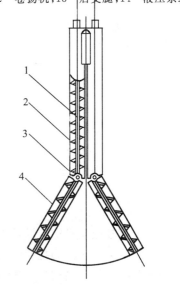

图 3.31 钻扩机钻杆与钻头连接示意图
1—外管;2—输土螺旋;3—球形铰;4—钻头

83

2）混凝土浇筑及质量要求

桩孔钻成并清孔后，先吊放钢筋笼，后浇筑混凝土。为防止孔壁坍塌，避免雨水冲刷，成孔经检查合格后，应及时浇筑混凝土；如土层较好，没有雨水冲刷，从成孔至混凝土浇筑的时间间隔也不得超过 24 h。

混凝土坍落度一般采用 180～220 mm，混凝土应连续浇筑，泵送混凝土时，料斗内混凝土高度不得低于 400 mm；混凝土浇筑应适当超过桩顶设计标高，以保证在凿除浮浆层后，桩顶标高和混凝土质量能符合设计要求。

孔底虚土清理的好坏，不仅影响桩的端承力和虚土厚度范围内的侧摩阻力，而且还影响孔底向上相当一段桩的侧摩阻力，因此必须认真对待孔底虚土的处理。通常采用加水泥来固结被钻具扰动的孔底虚土，或向孔底夯入砂石混合料，或扩大桩的侧面以增大其与土的接触面等措施，以提高钻孔灌注桩的承载力。

3.3.1.3 挤扩灌注桩施工

挤扩灌注桩是"挤扩支盘灌注桩""（DX）多节挤扩灌注桩""液压挤扩支盘灌注桩""钻孔液压变径灌注桩""可变式支盘扩底桩"等的统称。

挤扩灌注桩是在普通灌注桩工艺中，增加一道"挤扩"工序，而生成一种新的桩型。它使传统的灌注桩由单纯摩擦受力变为摩擦与端承共同受力，使其承载力提高 2～3 倍，可缩短工期、节约建筑材料、减少工程量 30%～70%，使工程造价大幅度降低。

挤扩灌注桩适用于一般黏性土、粉土、砂性土、残积土、回填土、强风化岩及其他可形成桩孔的地基土，而且地下水位上、下可选用不同的适用工法进行施工。

3.3.2 人工挖孔灌注桩

人工挖孔灌注桩是以硬土层作持力层、以端承力为主的一种基础型式，其直径（不含护壁）不得小于 0.8 m，不宜大于 2.5 m，桩深不宜大于 30 m，每根桩的承载力可达 6 000～10 000 kN，如果桩底部再进行扩大，则称"大直径扩底灌注桩"。

3.3.2.1 人工挖孔桩施工与设计特点

1）结构及施工特点

人工挖孔灌注桩（简称人工挖孔桩）是指桩孔采用人工挖掘方法进行成孔，然后安放钢筋笼，浇筑混凝土而成的桩。特点是单桩承载力高，受力性能好，既能承受垂直荷载，又能承受水平荷载，设备简单；无噪声、无振动，对施工现场周围原有建筑物的危害影响小；施工速度快，必要时可各桩同时施工；土层情况明确，可直接观察到地质变化的情况；桩底沉渣能清理干净；施工质量可靠，造价较低。但其缺点是人工耗量大，开挖效率低，安全操作条件差等。

2）护壁设计

人工挖孔桩施工是综合灌注桩和沉井施工特点的一种施工方法，因而是二阶段施工和二次受力设计。第一阶段为挖孔成型施工，为了抵抗土的侧压力及保证孔内操作安全，把它作为一个受轴侧力的筒形结构进行护壁设计；第二阶段为桩孔内浇筑混凝土施工，为了传递上部结构荷载，将其作为一个受轴向力的圆形实心端承桩进行设计。

桩身截面是根据使用阶段仅承受上部垂直荷载而不承受弯矩进行计算的。桩孔护壁则是根据施工阶段受力状态进行计算的，一般可按地下最深护壁所承受的土侧压力及地下水侧压力（图 3.32）以确定其厚度，但不考虑施工过程中地面不均匀堆土产生偏压力的影响。护壁厚

度 t 可按下式确定(不应小于 100 mm)

$$t \geq \frac{pD}{2f_c} \cdot K \qquad (3.1)$$

式中　p ——土及地下水对护壁的最大侧压力(MPa);

　　　D ——人工挖孔桩桩身直径(mm);

　　　K ——混凝土轴心受压的安全系数;

　　　f_c ——混凝土轴心受压的抗压强度(N/mm² 或 MPa),不少于桩身混凝土强度。

　　人工挖孔桩的直径除了要满足设计承载力外,还应考虑施工操作所需的最小尺寸要求。故桩径不宜小于 800 mm。当采用现浇钢筋混凝土护壁时(图 3.33),护壁厚度一般为(D/10+50)mm(D 为桩径),护壁内等距放置 8φ8、长度约 1m 的直钢筋,插入下层护壁内,使上下层护壁有钢筋拉结,以防当某段护壁因出现流砂、淤泥,使摩擦力降低时,也不会造成护壁因自重而沉裂的现象发生。

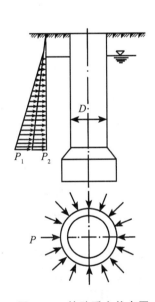

图 3.32　护壁受力状态图

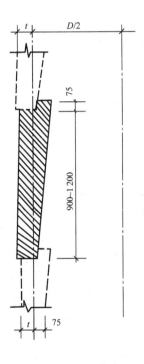

图 3.33　混凝土护壁

3.3.2.2　施工机具及施工工艺

1) 施工机具设备

人工挖孔桩施工机具设备可根据孔径、孔深和现场具体情况加以选用,常用的有:

(1)电动葫芦和提土桶。用于施工人员上下桩孔,材料和弃土的垂直运输。当孔洞小而浅(≤15 m)时,可用独脚桅杆、井架或少先吊提升土石;当孔洞大而深时,可用塔吊或汽车吊提升钢筋及混凝土。孔内必须设置应急爬梯供人员上下。

(2)潜水泵。用于抽出桩孔中的积水。

(3)鼓风机和输风管。用于向桩孔中输送新鲜空气。

（4）镐、锹和土筐。用于挖土的工具，如遇坚硬土或岩石，还需另备风镐。

（5）照明灯、对讲机及电铃。用于桩孔内照明和桩孔内外联络。

2）施工工艺

人工挖孔桩施工时，为确保挖土成孔施工安全，必须预防孔壁坍塌和流砂现象的发生。施工前应根据地质勘查资料，拟定出合理的护壁措施和降排水方案。护壁方法很多，可以采用现浇混凝土护壁、喷射混凝土护壁、混凝土沉井护壁、砖砌体护壁、钢套管护壁、型钢—木板桩工具式护壁等多种。

当作现浇混凝土护壁时，人工挖孔桩的施工工艺流程如下：

（1）放线定桩位。根据设计图纸测量放线，定出桩位及桩径。

（2）开挖桩孔土方。桩孔土方采取往下分段开挖，每段挖深高度取决于土壁保持直立状态而不塌方的深度，一般取 0.9～1.2 m 为一段。开挖面积的范围为设计桩径加护壁的厚度（图 3.33）。土壁必须修正修直，偏差控制在 20 mm 以内，每段土方底面必须挖平，以便支模板。

（3）支设护壁模板。模板高度取决于开挖土方施工段的高度，一般每步高为 0.9 m～1.2 m，由 4 块或 8 块活动弧形钢模板组合而成，支成有锥度的内模（有 75～100 mm 放坡）。每步支模均以十字线吊中，以保证桩位和截面尺寸准确。

（4）放置操作平台。内模支设后，吊放用角钢和钢板制成的两半圆形合成的操作平台入桩孔内，置于内模顶部，以放置料具和浇筑混凝土。

（5）浇筑护壁混凝土。环形混凝土护壁厚 150～300 mm（第一段护壁应高出地面 100～150 mm），因它具有护壁与防水的双重作用，故护壁混凝土浇筑时要注意捣实。上下段护壁间要错位搭接 50～75 mm（咬口连接），以便连接上下段。

（6）拆除模板继续下段施工。当护壁混凝土强度达到 1 N/mm²（常温下 24 h）后，拆除模板，开挖下段的土方，再支模浇筑混凝土，如此重复循环直至挖到设计要求的深度。

（7）排出孔底积水。当桩孔挖到设计深度，检查孔底土质是否已达到设计要求，再在孔底挖成扩大头。待桩孔全部成型后，用潜水泵抽出孔底的积水。

（8）浇筑桩身混凝土。待孔底积水排除后，立即浇筑混凝土。当混凝土浇筑至钢筋笼的底面设计标高时，再吊入钢筋笼就位，并继续浇筑桩身混凝土而形成桩基。

3.3.2.3 质量要求及施工注意事项

人工挖孔桩承载力很高，一旦出现问题就很难补救，因此施工时必须注意以下几点：

（1）必须保证桩孔的挖掘质量。桩孔中心线的平面位置、桩的垂直度和桩孔直径偏差应符合规定。在挖孔过程中，每挖深 1 m，应及时校核桩孔直径、垂直度和中心线偏差，使其符合设计对施工允许偏差的规定要求。桩孔的挖掘深度应由设计人员根据现场土层的实际情况决定，不能按设计图纸提供的桩长参考数据来终止挖掘。一般挖至比较完整的持力层后，再用小型钻机向下钻一深度不小于桩孔直径 3 倍的深孔取样鉴别，确认无软弱下卧层及洞隙后，才能终止挖掘。

（2）注意防止土壁坍落及流砂事故。在开挖过程中，如遇有特别松散的土层或流砂层时，为防止土壁坍落及流砂，可采用钢护套管或预制混凝土沉井等作为护壁。待穿过松软层或流砂层后，再改按一般的施工方法继续开挖桩孔。流砂现象较严重时，应在成孔、桩身混凝土浇筑及混凝土终凝前，采用井点法降水。

（3）注意清孔及防止积水。孔底浮土、积水是桩基降低甚至丧失承载力的隐患，因此混凝土浇筑前,应清除干净孔底浮土、石渣。混凝土浇筑时要防止地下水的流入,保证浇筑层表面不存有积水层。如果地下水量大,而无法抽干时,则可采用导管法进行水下浇筑混凝土。

（4）必须保证钢筋笼的保护层及混凝土的浇筑质量。钢筋笼吊入孔内后,应检查其与孔壁的间隙,保证钢筋笼有足够的保护层。桩身混凝土坍落度采用 100 mm 左右。为避免浇筑时产生离析,混凝土可采用圆形漏斗帆布串筒下料,连续浇筑,分步振捣,不留施工缝,每步厚度不得超过 1 m,以保证桩身混凝土的密实性。

（5）注意防止护壁倾斜。位于松散回填土中时,应注意防止护壁倾斜。当倾斜无法纠正时,必须破碎并重新浇筑混凝土。

（6）必须制订切实可行的安全措施。工人在桩孔内作业,应严格按安全操作规程施工,并有切实可靠的安全措施。孔下操作人员必须戴安全帽;孔下有人时孔口必须有监护;护壁要高出地面 100～150 mm,以防杂物滚入孔内;孔内设安全软梯,孔外周围设防护栏杆;孔下照明采用安全电压,潜水泵必须设有防漏电装置;应设鼓风机向井下输送洁净空气;孔内遇到岩层必须爆破时,应专门设计,宜采用浅眼松动爆破法,爆破后应先通风排烟 15 min 并经检查无有害气体后方可继续作业。

3.3.3　沉管灌注桩（套管成孔灌注桩）

沉管灌注桩（套管成孔灌注桩）是指用锤击或振动的方法,将带有预制混凝土桩尖或钢活瓣桩尖（图 3.34）的钢套管沉入土中,待沉到规定的深度后,立即在管内浇筑混凝土或管内放入钢筋笼后再浇筑混凝土,随后拔出钢套管,并利用拔管时的冲击或振动使混凝土捣实而形成桩。

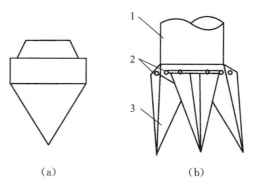

图 3.34　桩尖
（a）预制混凝土桩尖；（b）钢活瓣桩尖
1—钢套管；2—销轴；3—活瓣

沉管灌注桩具有施工设备较简单,桩长可随实际地质条件确定,经济效果好,尤其在有地下水、流砂、淤泥的情况下,可使施工大大简化等优点,但其单桩承载能力低,在软土中易产生颈缩。

沉管灌注桩按沉管的方法不同,分为锤击沉管灌注桩和振动沉管灌注桩两种。锤击沉管灌注桩适用于一般黏性土、淤泥质土、砂土、人工填土及中密碎石土地基的沉桩。振动沉管灌注桩适用于一般黏性土、淤泥质土、淤泥、粉土、湿陷性黄土、松散至中密砂土以及人工填土等土层。沉管灌注桩的施工工艺流程如图 3.35 所示。

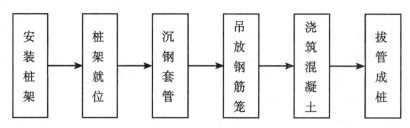

图 3.35　沉管灌注桩施工工艺流程图

3.3.3.1　振动沉管灌注桩

1）机械设备和施工工艺

振动沉管灌注桩是利用振动锤将钢套管沉入土中成孔,其机械设备如图 3.36 所示。振动沉管原理与振动沉桩原理完全相同。

振动沉管灌注桩施工方法是先桩架就位,在桩位处用桩架吊起钢套管,并将钢套管下端的活瓣桩尖闭合起来,对准桩位后再缓慢地放下套管,使活瓣桩尖垂直压入土中,然后开动振动锤使套管逐渐下沉。当套管下沉达到设计要求的深度后,停止振动,立即利用吊斗向套管内灌满混凝土,并再次开动振动锤,边振动边拔管,同时在拔管过程中继续向套管内浇筑混凝土。如此反复进行,直至套管全部拔出地面后即形成混凝土桩身。

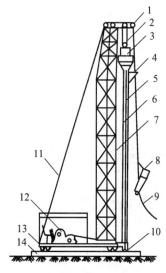

图 3.36　振动沉管灌注桩机械设备

1—导向滑轮;2—滑轮组;3—激振器;4—混凝土漏斗;
5—桩管;6—加压钢丝绳;7—桩架;8—混凝土吊斗;
9—回绳;10—桩尖;11—缆风绳;12—卷扬机;
13—行驶用钢管;14—枕木

根据地基土层情况和设计要求不同,以及施工中处理所遇到问题时的需要,振动沉管灌注桩可采用单打法、复打法和反插法三种施工方法,现分述如下:

（1）单打法,即一次拔管成桩。当套管沉入土中至设计深度位置时,暂停振动并待混凝土灌满套管之后,再开动振动锤振动。先振动 5～10 s,再开始拔管,并边振动边拔管。每拔管 0.5～1.0 m,停拔振动 5～10 s,如此反复进行,直至把桩管全部拔出地面即形成桩身混凝土。在一般土层内,拔管速度宜为 1.2～1.5 m/min,如采用活瓣桩尖时,应放慢拔管速度,软弱土层中宜控制在 0.6～0.8 m/min。单打法施工速度快,混凝土用量少,桩截面可比桩管扩大 30%,但桩的承载力低,适用于含水量较少的土层。

（2）复打法。在同一桩孔内进行再次单打,或根据需要局部复打。全长复打桩的入土深度接近于原桩长,局部复打应超过断桩或颈缩区 1m 以上。全长复打时,第一次浇筑混凝土应达到自然地坪。复打施工必须在第一次浇筑的混凝土初凝之前完成,应随拔管随清除黏在管壁上或散落在地面上的泥土,同时前后两次沉管的轴线必须重合。复打后桩截面可比桩管扩大 80%。

（3）反插法。当套管沉入土中至设计要求深度时,暂停振动并待混凝土灌满套管之后,先

88

振动再开始拔管。每次拔管高度为 0.5~1.0 m,反插下沉 0.3~0.5 m(反插深度不宜超过活瓣桩尖长度的 2/3)。在拔管过程中应分段添加混凝土,保持套管内混凝土表面始终不低于地坪表面,或高于地下水位 1.0~1.5 m 以上,并应控制拔管速度不得大于 0.5 m/min。如此反复进行,直至把套管全部拔出地面即形成混凝土桩身。反插法桩的截面可比桩管扩大 50%,提高桩的承载力,但混凝土耗用量较大,一般只适用于饱和土层。

2)质量要求

振动沉管灌注桩桩身配筋时混凝土坍落度宜为 80~100 mm,当素混凝土时宜为 60~80 mm;活瓣桩尖应具有足够承载力和刚度,活瓣之间的缝隙应严密。

在浇筑混凝土和拔管时应保证混凝土的质量,当测得混凝土确已流出套管后,方能再继续拔管,并使套管内始终保持不少于 2 m 高度的混凝土,以便管内混凝土有足够的压力,防止混凝土在管内的阻塞。

为保证混凝土桩身免受破坏,若桩的中心距在 4 倍套管外径以内时,应进行跳打法施工,或者在邻桩混凝土初凝之前将该桩施工完毕;为保证桩的承载力要求,必须严格控制最后两个 2 min 的沉管贯入度,其值按设计要求或根据试桩和当地长期的施工经验确定。

3.3.3.2 锤击沉管灌注桩

锤击沉管灌注桩是采用落锤、蒸汽锤或柴油锤将钢套管沉入土中成孔,其锤击沉管机械设备如图 3.37 所示。

1)施工方法

锤击沉管灌注桩的施工工艺:先就位桩架,在桩位处用桩架吊起钢套管,对准预先设在桩位处的预制钢筋混凝土桩尖(也称桩靴)。套管与桩尖接口处垫以稻草绳或麻绳垫圈,以防地下水渗入管内。套管上端再扣上桩帽。检查与校正套管的垂直度,使套管的偏斜满足≤0.5%要求后,即可起锤打套管。锤击套管开始时先用低锤轻击,经观察无偏移后,才进入正常施打,直至把套管打入到设计要求的贯入度或标高位置时停止锤击,并用吊锤检查管内有无泥浆和渗水情况。然后用吊斗将混凝土通过漏斗灌入钢套管内,待混凝土灌满套管后,即开始拔管。套管内混凝土要灌满,第一次拔管高度应控制在能容纳第二次所需灌入的混凝土量为限,一般应使套管内保持不少于 2 m 高度的混凝土,不宜拔管过高。拔管速度要均匀,一般土层以 1 m/min 为宜,软弱土层和软硬土层交界处宜为 0.3~0.8 m/min,能使套管内混凝土保持略高于地面即可。在拔管过程中应保持对套管连续低锤密击,使套管不断受震动而振实混凝土。采用倒打拔管的打击次数,对单动汽锤不得少于 50 次/min,对自由落锤不得少于 40 次/min,在管底未拔到桩顶设计标高之前,倒打或轻击都不得中断。如此边浇筑混凝土,边拔套管,一直到套管全部拔出地面为止。

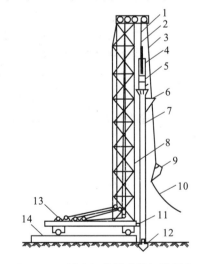

图 3.37 锤击沉管灌注桩机械设备
1—钢丝绳;2—滑轮组;3—吊斗钢丝绳;4—桩锤;
5—桩帽;6—混凝土漏斗;7—套管;8—桩架;
9—混凝土吊斗;10—回绳;11—钢管;12—桩尖;
13—卷扬机;14—枕木

为扩大桩径,提高承载力或补救缺陷(如混凝土充盈系数小于1.0时),可采用复打法,复打法的要求同振动沉管灌注桩,但以扩大一次为宜,对可能断桩或颈缩桩,应进行局部复打(超过断桩或颈缩区1 m以上)。

2) 混凝土浇筑及质量要求

锤击沉管灌注桩桩身混凝土坍落度:当配筋时宜为80~100 mm,当素混凝土时宜为60~80 mm;碎石粒径不大于40 mm。预制钢筋混凝土桩尖应有足够的承载力,混凝土强度等级不得低于C30;套管下端与预制钢筋混凝土桩尖接触处应垫置缓冲材料;桩尖中心应与套管中心重合。

桩身混凝土应连续浇筑,分层振捣密实,每层高度不宜超过1~1.5 m;浇筑桩身混凝土时,同一配合比的试块每班不得小于1组;单打法的混凝土从拌制到最后拔管结束,不得超过混凝土的初凝时间;复打法前后两次沉管的轴线应重合,且复打必须在第一次浇筑的混凝土初凝之前完成工作。

当桩的中心距在套管外径的5倍以内或小于2 m时,套管的施打必须在邻桩混凝土初凝时间内完成,或实行跳打施工。跳打时中间空出未打的桩,须待邻桩混凝土达到设计强度的50%后,方可进行施打。

在沉管过程中,如果地下水或泥浆有可能进入套管内时,应在套管内先灌入高1.5 m左右的封底混凝土,方可开始沉管;沉管施工时,必须严格控制最后三阵10击的贯入度,其值可按设计要求或根据试验确定,同时应记录沉入每一根套管的总锤击次数及最后1 m沉入的锤击次数。

3.3.3.3 施工中常遇问题和处理方法

沉管灌注桩施工过程中常会遇到发生断桩、瓶颈桩、吊脚桩和桩尖进水进泥等问题,现就其发生原因及处理方法简述如下:

1) 断桩

断桩一般都发生在地面以下软硬土层的交接处,并多数发生在黏性土中,砂土及松土中则很少出现。断裂的裂缝贯通整个截面,呈水平或略带倾斜状态。产生断桩的主要原因有:桩距过小,打邻桩时受挤压、隆起而产生水平推力和上拔力;软硬土层间传递水平变形大小不同,产生水平剪力;桩身混凝土终凝不久,其强度尚软弱时就受震动而产生破坏。处理方法是经检查发现有断桩后,应将断桩段拔去,略增大桩的截面面积或加箍筋后,再重新浇筑混凝土。

2) 瓶颈桩

瓶颈桩是指桩的某处直径缩小形似“瓶颈”,其截面面积不符设计要求。多数发生在黏性大、土质软弱、含水率高,特别是饱和的淤泥或淤泥质软土层中。产生瓶颈桩的主要原因是,在含水率较大的软土层中沉管时,土受挤压便产生很高的孔隙水压力,待桩管拔出后,这种水压力便作用到新浇筑的混凝土桩身上。当某处孔隙水压力大于新浇筑混凝土侧压力时,则该处就会发生不同程度的颈缩现象。此外,当拔管速度过快,管内混凝土量过小,混凝土出管性差时也会造成缩颈。处理方法是在施工中应经常检查混凝土的下落情况,如发现有颈缩现象,应及时进行复打。

3) 吊脚桩

吊脚桩是指桩的底部混凝土隔空或混进泥砂而形成松散层部分的桩。产生的主要原因是,预制钢筋混凝土桩尖承载力或钢活瓣桩尖刚度不够,沉管时被破坏或变形,因而水或泥砂进入套管;预制混凝土桩尖被打坏而挤入套管,拔管时桩尖未及时被混凝土挤出或钢活瓣桩尖未及时张开,待拔管至一定高度时才挤出或张开而形成吊脚桩。处理方法:如发现有吊脚桩,应将套管拔出,填砂后重打。

4) 桩尖进水进泥

桩尖进水进泥常在地下水位高或含水量大的淤泥和粉泥土土层中沉桩时出现。产生的主要原因是,钢筋混凝土桩尖与套管接合处或钢活瓣桩尖闭合处不紧密;钢筋混凝土桩尖被打破或钢活瓣桩尖变形等。处理方法是将套管拔出,清除管内泥砂,修整桩尖钢活瓣变形缝隙,用黄砂回填桩孔后再重打;若地下水位较高,待沉管至地下水位时,先从套管内灌入 0.5 m 厚度的水泥砂浆作封底,再灌 1 m 高度混凝土增压,然后再继续下沉套管。

3.3.4 灌注桩成孔的质量要求与质量检验

1) 灌注桩成孔的控制深度应符合下列要求:

(1) 摩擦型桩:摩擦桩应以设计桩长控制成孔深度;端承摩擦桩必须保证设计桩长及桩端进入持力层深度。当采用锤击沉管法成孔时,桩管入土深度控制应以标高为主,以贯入度控制为辅。

(2) 端承型桩:当采用钻(冲)、挖掘成孔时,必须保证桩端进入持力层的设计深度;当采用锤击沉管法成孔时,沉管深度控制以贯入度为主,以设计持力层标高对照为辅。

2) 灌注桩成孔施工的允许偏差应满足表 3.3 的要求。

表 3.3 灌注桩的平面位置和垂直度的允许偏差

成 孔 方 法		桩径偏差 (mm)	垂直度允许偏差 (%)	桩位允许偏差(mm)	
				1~3 根桩、条形桩基沿垂直轴线方向和群桩基础中的边桩	条形桩基沿轴线方向和群桩基础的中间桩
泥浆护壁钻、挖、冲孔桩	$d \leq 1\,000$ mm	±50	1	$d/6$ 且不大于 100	$d/4$ 且不大于 150
	$d > 1\,000$ mm	±50		$100 + 0.01H$	$150 + 0.01H$
沉管灌注桩(套管成孔灌注桩)	$d \leq 500$ mm	−20	1	70	150
	$d > 500$ mm			100	150
干作业成孔灌注桩		−20	1	70	150
人工挖孔桩	现浇混凝土护壁	+50	0.5	50	150
	长钢套管护壁	+50	1	100	200

注 1. 桩径允许偏差的负值是指个别断面;
　　2. H 为施工现场地面标高与桩顶设计标高的距离;d 为设计桩径。

3) 灌注桩的质量检验

灌注桩施工是在地下成型的,为根除隐患,确保施工质量,必须进行质量检验,检验方法有以下几种:

（1）钻芯法：用钻机钻取芯样以检测桩长、桩身缺陷、桩底沉渣厚度以及桩身混凝土的强度、密实性和连续性，判定桩端岩土性状的方法。

（2）低应变法：采用低能量瞬态或稳态激振方式在桩顶激振，实测桩顶部的速度时程曲线或速度导纳曲线，通过波动理论分析或频域分析，对桩身完整性进行判定的检测方法。

（3）高应变法：用重锤冲击桩顶，实测桩顶部的速度和力时程曲线，通过波动理论分析，对单桩竖向抗压承载力和桩身完整性进行判定的检测方法。

（4）声波透射法：在预埋声测管之间发射并接收声波，通过实测声波在混凝土介质中传播的声时、频率和波幅衰减等声学参数的相对变化，对桩身完整性进行检测的方法。

桩基础工程

4　模板工程

混凝土结构是土木工程结构的主要形式之一。混凝土结构工程由模板工程、钢筋工程和混凝土工程三个主要工种工程组成。

混凝土结构工程按施工方法分为现浇混凝土结构施工和预制装配混凝土结构施工。现浇混凝土结构施工是按工程部位就地浇筑混凝土,作业以现场为主。这种施工方法劳动强度大、作业条件差,但现浇结构整体性好、抗震能力强、钢材耗用少,且不需大型起重机械。预制装配混凝土结构施工是柱、梁、板、屋架等构件在工厂或现场预制,用起重机械装配成整体。这种施工方法的优缺点与现浇结构施工的正好相反。本章着重介绍现浇混凝土结构的模板工程施工。

模板工程是指支承新浇筑混凝土的整个系统,包括了模板和支撑。模板是使新浇筑混凝土成形并养护,使之达到一定强度以承受自重的模型板或面板,包括了支承面板的主楞和次楞。支撑是保证模板形状和位置并承受模板、钢筋、新浇筑混凝土的自重以及施工荷载的临时性结构,包括了模板背侧的支承(撑)架和连接件。

现浇混凝土结构施工中,模板工程备受施工技术人员关注,它对工程施工质量和工程成本影响较大。一般认为,模板工程费用约占结构工程费用的30%左右,劳动量约占50%左右。

模板工程必须满足下列三项基本要求:

(1) 安装质量。应保证成型后混凝土结构或构件的形状、尺寸和相互位置的正确;模板拼缝严密,不漏浆。

(2) 安全性。要有足够的承载能力、刚度,并应保证其整体稳固性。模板工程出现的事故极易造成人员伤亡,应确保一定的安全度。

(3) 经济性。能快速装拆,多次周转使用,并便于后续钢筋和混凝土工序的施工。

模板工程基本的施工流程如下:

$\boxed{\text{阅读工程施工图}} \rightarrow \boxed{\text{编制支模专项施工方案}} \rightarrow \boxed{\text{准备模板工程材料}} \rightarrow \boxed{\text{安装支架及模板}} \rightarrow$
$\boxed{\text{浇筑混凝土后拆模}} \rightarrow \boxed{\text{清理堆放、周转使用}}$

初次涉足模板工程的施工技术人员,在了解模板工程基本构造的基础上,应根据上述基本要求,进行模板工程的材料选择、结构计算等,最后做出整个模板工程的合理施工方案。

4.1　模板工程材料

模板工程材料的种类很多,木、钢、复合材、塑料、铝,甚至混凝土本身都可作为模板工程材料。模板工程材料的选用应在保证混凝土结构施工质量和安全性的条件下,以考虑经济性(初始添置费用和周转使用次数)和混凝土表面终饰要求为主。

4.1.1　木模板

木材来源广,锯截方便,最早被人们用作为模板工程材料。木模板的主要优点是制作拼装随意,尤适用于浇筑外形复杂、数量不多的混凝土结构或构件。此外,因木材导热系数低,混凝土冬期施工时,木模板有一定的保温养护作用。

木模板的木材主要采用松木和杉木,其含水率不宜过高,以免开裂。

木模板的基本元件为木拼板(图 4.1),由板条与拼条钉成。板条的宽度不宜大于 200 mm,以免受潮翘曲。拼条的间距取决于板条面受荷大小以及板条厚度,一般为 400~500 mm。

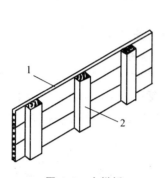

图 4.1　木拼板

1—板条;2—拼条

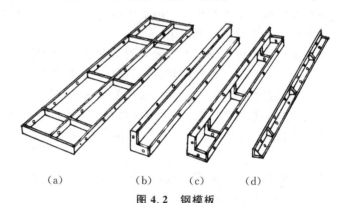

（a）　　　　（b）　（c）　　（d）

图 4.2　钢模板

(a)平面模板;(b)阳角模板;(c)阴角模板;(d)连接角模

4.1.2　钢模板

我国森林资源贫乏,木材供应短缺,"以钢代木",用钢作为模板材料具有特别意义。

组合钢模板是施工企业拥有量较大的一种钢模板。组合钢模板由钢模板(图 4.2)及配件两部分组成,配件包括支承件和连接件。

钢模板由厚度 2.5、2.75、3.0 mm 薄钢板压轧成型。钢模板采用模数制设计,板块的宽度以 100 mm 为基础,按 50 mm 进级(宽度超过 600 mm,以 150 mm 进级);长度以 450 mm 为基础,按 150 mm 进级(长度超过 900 mm 时,以 300 mm 进级)和各种尺寸。组合钢模板配板设计时宜选用大规格的钢模板为主规格,遇有不合 50 mm 进级的模数尺寸,空隙部分可用木模填补。

表 4.1　常用钢模板规格(mm)

名　称	宽　度	长　度	肋　高
平面模板	1 200、1 050、900、750、600、550、500 450、400、350、300、250、200、150、100	2 100、1 800、1 500 1 200、900、750 600、450	55
阴角模板	150×150、100×150		
阳角模板	100×100、50×50		
连接角模	50×50		

组合钢模板的钢模板间拼接,边肋与边肋用 φ12U 形卡(图 4.3a),端肋与端肋用 φ12L 形插销(图 4.3b)。

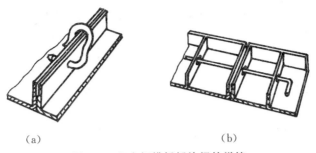

（a）   （b）

图 4.3　组合钢模板板块间的拼接

（a）边肋间的拼接；（b）端肋间的拼接

当需要将平面模板组拼成大块模板时，除了用 U 形卡和 L 形插销外，为保证大块模板的整体性，加强刚度，在模板背侧用钢楞（圆钢管、矩形钢管、内卷边槽钢、轧制槽钢等）加固，钢楞与钢模板用 3 形扣件、碟形扣件及钩头螺栓等连接（图 4.4）。

组合钢模板具有组装灵活、通用性强、安装工效较高等优点，在使用和管理良好的情况下，周转使用次数可达 100 次。但组合钢模板一次性投资费用大，一般一套组合钢模板需周转使用 50 次以上方能收回成本。此外，制作钢模板用的钢板较薄，拆模时易变形损坏；拆模后混凝土表面过于光滑，附着性差，表面装饰前要进行凿毛处理；还有板块小，拼缝多，往往要抹灰找平，板块上开洞及修补亦较困难等缺点。

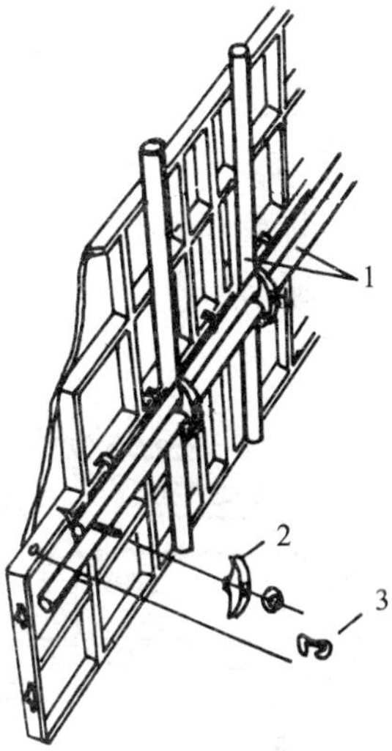

图 4.4　组合钢模板组拼大块模板

1—φ48×3.6 钢管；2—3 形扣件；3—U 形卡

4.1.3　铝合金模板

铝合金模板由铝合金材料制作而成，如同组合钢模板，由基本的平面模板、转角模板和包括销钉、销片、对拉螺栓等配件组成（图 4.5）。

图 4.5　高层住宅剪力墙结构采用铝合金模板施工

平面模板的纵向边框和面板通常采用挤压型材,并符合现行国家标准《一般工业用铝及铝合金挤压型材》GB/T6892 中的 6061－T6 或 6082－T6。模板边框与端肋高应为 65 mm,销钉孔位中心与板面距离应为 40 mm。梁底模和楼板模板的标准平面模板规格:长度为 1 100 mm;宽度为 200 mm、250 mm、300 mm、350 mm、400 mm、600 mm。平面模板的面板实测厚度不得小于 3.5 mm,边框、端肋公称壁厚不得小于 5.0 mm;连接角模公称壁厚不得小于 6.0 mm;阴角模板公称壁厚不得小于 3.5 mm。

铝合金模板具有材料轻量化、强度高、组装灵活、通用性强和环保的优势,一般周转使用次数达 300 次。但铝模板每平方米单价相对较高,结合工程应用对象在工厂内预拼装并编号的工作量大,应注意加快周转使用,并注意维护保养。

4.1.4 胶合板模板

胶合板是国际上在土木工程施工中用量最大的一种模板材料。模板用的木胶合板通常由 5、7、9、11 等奇数层单板(薄木片)经热压固化而胶合成型,相邻层的纹理方向相互垂直(图 4.6)。我国竹材资源丰富,开发出竹胶合板和竹芯木面胶合板来替代木胶合板。胶合板具有幅面大、自重较轻、锯截方便,不翘曲、不开裂、开洞容易等优点,在我国是具有发展前途的一种模板。

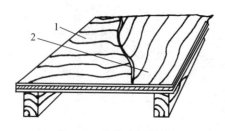

图 4.6 木胶合板模板
1—表板;2—芯板

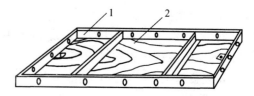

图 4.7 钢(或铝合金)框胶合板模板
1—钢(或铝合金)框;2—胶合板

胶合板常用的幅面尺寸有 915 mm×1 830 mm、1 220 mm×2 440 mm 等,厚度为 12、15、18、21 mm 等,表面常覆有树脂面膜。以胶合板为面板、钢(或铝合金)框架为背楞,可组装成钢(或铝合金)框胶合板模板(图 4.7),因钢(或铝合金)框保护了胶合板的边角,这种模板的周转使用次数更多。

4.1.5 塑料与玻璃钢模板

塑料模板用改性聚丙烯或增强聚乙烯为主要原料,注塑成型。类型有平板、定型组合式模板及盆式模板(又称模壳)。

玻璃钢模板用玻璃纤维布为增强材料,不饱和聚酯树脂为黏结剂黏结而成。类型有定型圆柱模板及盆式模板等。

塑料与玻璃钢用作模板材料,优点是质轻,易加工成小曲率的曲面模板;缺点是材料价格偏高,模板刚度小。塑料与玻璃钢盆式模板主要用于现浇密肋楼板施工(图 4.8)。

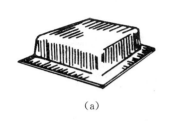

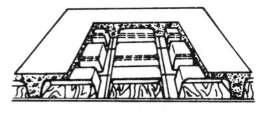

（a）

（b）

图 4.8　盆式模板

（a）塑料模壳；（b）用于密肋楼板施工的盆式模板

4.1.6　脱模剂

脱模剂涂于模板面板上起润滑和隔离作用,拆模时使混凝土顺利脱离模板,并保持形状完整。有清水混凝土终饰要求的混凝土结构或构件,均应涂刷使用效果优良的脱模剂。脱模剂应具有脱模、成模强度、无毒等基本性能,其中脱模性能一般通过以下三类作用来达到:

（1）机械润滑作用。如纯油类脱模剂涂于模板表面后,减少了混凝土与面板间的吸附力,达到脱模。

（2）隔离膜作用。含成膜剂的乳化油脱模剂涂于模板表面后,减少了混凝土与面板间的吸附力,达到脱膜。

（3）化学反应作用。如含脂肪酸等化学活性脱模剂涂于模板后,首先使模板表面产生憎水性,然后与新浇筑混凝土的游离氢氧化钙起皂化反应,生成具有物理隔离作用的非水溶性皂,既起润滑作用,又能阻碍或延缓模板接触面上很薄一层混凝土凝固。拆模时,混凝土和脱模剂之间的吸附力往往大于表面混凝土内聚力,达到脱模。

脱模剂按主要材料及性能可分为油类、蜡类、石油基类、化学活性类以及树脂类等。脱模剂的选用要综合考虑模板材质、混凝土表面质量及终饰要求、施工条件以及成本等因素,提倡使用水溶性脱模剂。

4.2　基本构件的模板构造

现浇混凝土基本构件主要有柱、墙、梁、板等,下面介绍由胶合板模板以及组合钢模板组装的这些基本构件的模板构造。

4.2.1　柱、墙模板

柱和墙均为垂直构件,模板工程应能保持自身稳定,并能承受浇筑混凝土时产生的横向压力。

1）柱模板

柱模主要由侧模（包括加劲肋）、柱箍、底部固定框、清理孔四个部分组成,图 4.9 为典型的矩形柱模板构造。

柱的横断面较小,混凝土浇筑速度快,柱侧模上所受的新浇筑混凝土压力较大,特别要求柱模板拼缝严密、底部固定牢靠,柱箍间距适当,并保证其垂直度。此外,对高的柱模,为便于浇筑混凝土,可沿柱高度每隔 3 m 开设浇筑孔。

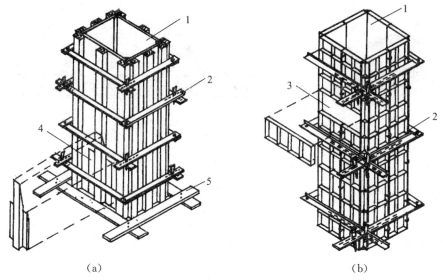

（a）   （b）

图 4.9　矩形柱模板
（a）胶合板模板；（b）组合钢模板
1—侧模；2—柱箍；3—浇筑孔；4—清理孔；5—固定框

2）墙模板

对墙模板的要求与柱模板相似，主要保证其垂直度以及抵抗新浇筑混凝土的侧压力。

墙模板由五个基本部分组成：① 侧模（面板）——维持新浇筑混凝土直至硬化；② 内楞——支承侧模；③ 外楞——支承内楞和加强模板；④ 斜撑——保证模板垂直和支承施工荷载及风荷载等；⑤ 对拉螺栓及撑块——混凝土侧压力作用到侧模上时，保持两片侧模间的距离。

墙模板的侧模可采用胶合模板、组合钢模板、铅合金模板、钢框胶合板模板等。图 4.10 为采用胶合板模板以及组合钢模板的典型墙模板构造。内外楞可采用方木、内卷边槽钢、圆钢管或矩形钢管等。

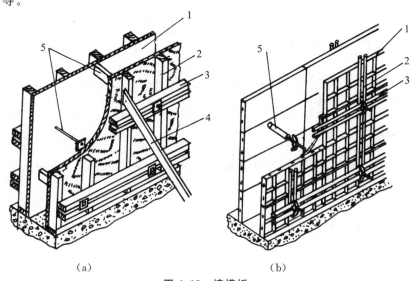

（a）   （b）

图 4.10　墙模板
（a）胶合板模板；（b）组合钢模板
1—侧模；2—内楞；3—外楞；4—斜撑；5—对拉螺栓及撑块

4.2.2 梁、板模板

梁与板均为水平构件,其模板工程主要承受竖向荷载,如模板及支撑自重,钢筋、新浇筑混凝土自重以及浇筑混凝土时的施工荷载等,侧模则承受混凝土的侧压力。因此,要求模板支撑数量足够,搭设稳固牢靠。

1)梁与楼板模板

现浇混凝土楼面结构多为梁板结构,梁和楼板的模板通常一起拼装(图4.11)。

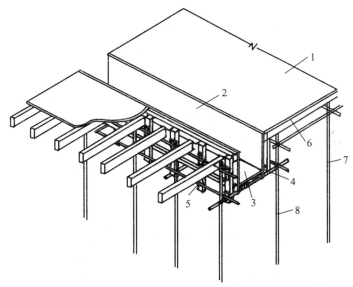

图 4.11 梁、楼板的胶合板模板系统
1—楼板模板;2—梁侧模;3—梁底模;4—夹条;
5—短撑木;6—楼板模板小楞;7—楼板模板钢管排架;8—梁模钢管架

梁模板由底模及侧模组成。底模承受竖向荷载,刚度较大,下设支撑;侧模承受混凝土侧压力,其底部用夹条夹住,顶部由支承楼板模板的小楞顶住或斜撑顶住。

楼板模板优先采用幅面大的整张胶合板,以加快模板装拆速度,提高楼板底面平整度。结合施工单位实际条件,也可采用组合钢模板和铝合金模板等。

2)支撑系统

模板工程的支撑系统广义地来说包括了垂直支撑、水平支撑、斜撑以及连接件等,其中垂直支撑用来支承梁和板等水平构件,直至构件混凝土达到足够的自承重强度;水平支撑用来支承模板跨越较大的施工空间或减少垂直支撑的数量。

梁与楼板模板的垂直支撑可选用可调式钢支柱,扣件式钢管支架、碗扣式钢管支架、门式钢管支架以及盘扣式钢管支架等(图4.12)。单管钢支柱的支承高度为3~4 m;支架在承载能力和整体稳固性允许范围内可搭设任意高度。常规的支架可根据所用的形式参照相应的技术标准要求进行设计并安装搭设。非常规的支架可参考支撑加载试验所得的极限承载力除以2~3的安全系数进行设计并搭设。对定型产品,也可参考生产厂家提供的技术参数进行设计并搭设。

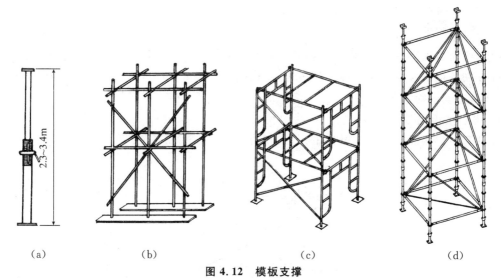

图 4.12 模板支撑

(a)可调式钢支柱;(b)扣件式钢管支架;(c)门式钢管支架;(d)盘扣式钢管支架

1—顶托;2—交叉斜撑;3—连接棒;4—标准架;5—底座

楼板模板的水平支撑主要有小楞、大楞或桁架等。小楞支承模板,大楞支承小楞。当层间高度大于 5 m 或需要扩大施工空间时,可选用桁架、贝雷架、军用梁等来支承小楞(图 4.13)。

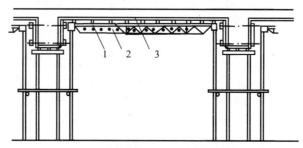

图 4.13 楼板模板的桁架式水平支撑

1—小楞;2—可调桁架;3—楼板模板

4.3 模板工程设计

除了简单的工程不做施工结构计算亦能根据经验确定模板工程的材料规格和构造尺寸以外,一般均应做模板工程设计。模板工程设计的目的在于:

(1)合理选择模板材料和支撑体系;

(2)确保模板及支撑系统有足够的承载能力、刚度和稳定性,安全地支承预期荷载,防止模板坍塌事故,控制模板支撑的变形量。

模板工程设计的内容有:选型、选材、荷载计算、结构计算、构造设计、拟定制作安装与拆除方案,绘制模板工程施工图等。

4.3.1 荷载

作用在模板系统上的荷载分为永久荷载和可变荷载。永久荷载有:模板与支架的自重、新浇筑混凝土自重、钢筋自重,以及新浇筑混凝土对模板侧面的压力。可变荷载有:施工人员及施工设备荷载、混凝土下料产生的荷载、泵送混凝土或不均匀堆载等因素产生的附加水平荷载及风荷载等。各项荷载标准值按下列规定进行计算。

1)模板及支架自重标准值 G_1

根据模板工程施工图确定。有梁楼板及无梁楼板的自重标准值可按表 4.2 采用。

表 4.2　模板及支架自重标准值(kN/m²)

项目名称	木模板	定型组合钢模板	钢框胶合板模板
无梁楼板的模板及小楞	0.3	0.5	0.40
有梁楼板模板(包含梁的模板)	0.5	0.75	0.60
楼板模板及支架(楼层高度为 4 m 以下)	0.75	1.10	0.95

2)新浇筑混凝土自重标准值 G_2

普通混凝土为 24 kN/m³,其他混凝土根据实际重力密度确定。

3)钢筋自重标准值 G_3

根据施工图确定。一般梁板结构每立方米钢筋混凝土的钢筋自重标准值为:楼板取为 1.1 kN;梁取为 1.5 kN。

4)新浇筑混凝土对模板侧面压力的标准值 G_4

振捣初凝前的新浇筑混凝土,使原来具有凝聚结构的关系破坏解体。振捣使混凝土流体化,对模板产生近似于流体静压力的侧压力。影响新浇筑混凝土侧压力的主要因素有混凝土的密度、混凝土初凝时间、混凝土的浇筑速度、混凝土坍落度以及有无外加剂等。

混凝土的浇筑速度定义为模板内混凝土上升的平均速率,计算式如下

$$V = \frac{V_m}{A t} \tag{4.1}$$

式中　V——混凝土浇筑速度(m/h);

　　　V_m——墙、柱和梁构件的混凝土量(m³);

　　　A——墙、柱和梁等构件相应的横截面面积(m²);

　　　t——所用的时间(h)。

新浇筑混凝土的最大侧压力与浇筑速度成正比,其极限值为混凝土全部液化时的压力。此外,当混凝土坍落度越大,气温越低(混凝土温度低、凝固慢),振捣混凝土越强烈时,新浇筑混凝土侧压力就越大。

新浇筑混凝土侧压力的计算,许多国家都有各自的计算方法,但尚未有一套计算方法为国际上所公认。计算中考虑的主要因素如同前述。《混凝土结构工程施工规范》GB50666 提出的新浇筑混凝土对模板的侧压力计算方法规定如下:

当采用插入式振动器,且混凝土浇筑速度不大于 10 m/h、混凝土坍落度不大于 180 mm 时,新浇筑混凝土作用于模板上的最大侧压力(G_4)的标准值,可按下列两式计算,并应取其中的较小值。

$$F = 0.28\gamma_c t_0 \beta V^{\frac{1}{2}} \tag{4.2}$$

$$F = \gamma_c H \tag{4.3}$$

式中 F——新浇筑混凝土对模板的最大侧压力标准值（kN/m^2）。

γ_c——混凝土的重力密度（kN/m^3）。

t_0——新浇混凝土的初凝时间（h），可按实测确定；当缺乏试验资料时，可采用 $t_0 = \dfrac{200}{T+15}$ 计算，T 为混凝土的温度（℃）。

V——混凝土的浇筑速度（m/h）。

H——混凝土侧压力计算位置处至新浇筑混凝土顶面的总高度（m）。

β——混凝土坍落度影响修正系数：当坍落度大于 50 mm 且不大于 90 mm 时，β 取 0.85；坍落度大于 90 mm 且不大于 130 mm 时，β 取 0.9；坍落度大于 130 mm 且不大于 180 mm 时，β 取 1.0。

混凝土侧压力的计算分布图形如图 4.14 所示，其中从模板内浇筑面到最大侧压力处的高度称为有效压头高度，$h = \dfrac{F}{\gamma_c}$（m）。

5）施工人员及设备荷载标准值 Q_1

根据混凝土浇筑施工时的工况确定，且不应小于 2.5 kN/m^2。

另外，大型混凝土浇筑设备如上料平台、混凝土输送泵等按实际情况计算。混凝土堆集料高度超过 100 mm 时，亦按实际工况计算。

6）混凝土下料时产生的水平荷载标准值 Q_2

混凝土下料产生的水平荷载标准值可按表 4.3 采用，其作用范围可取为新浇混凝土侧压力的有效压头高度 h 之内。

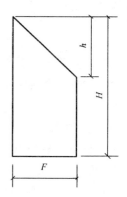

图 4.14 混凝土侧压力分布图

表 4.3 混凝土下料按产生的水平荷载标准值（kN/m^2）

下料方式	水平荷载
溜槽、串筒、导管或泵管下料	2
吊车配备斗容器下料或小车直接倾倒	4

7）泵送混凝土或不均匀堆载等因素产生的附加水平荷载标准值 Q_3

可取计算工况下竖向永久荷载标准值的 2%，并应作用在模板支架上端水平方向。

8）风荷载标准值 Q_4

对风压较大地区及受风荷载作用易倾倒的模板，尚须考虑风荷载作用下的抗倾倒稳定性。风荷载标准值可按现行国家标准《建筑结构荷载规范》GB 50009 的有关的规定确定，其中基本风压值可按 10 年一遇的风压取用，但基本风压不应小于 0.20 kN/m^2。

4.3.2 荷载分项系数

模板工程设计中，计算模板及支架时，荷载分项系数的取值应按表 4.4 采用。

表 4.4　荷载分项系数

荷　载　类　别		分　项　系　数
永久荷载	模板及支架自重 G_1	由永久荷载效应控制的组合,应取1.35
	新浇筑混凝土自重 G_2	
	钢筋自重 G_3	
	新浇筑混凝土对模板侧面的压力 G_4	一般情况下取1.2
可变荷载	施工人员及设备荷载 Q_1	一般情况下应取1.4
	混凝土下料产生的水平荷载 Q_2	
	泵送混凝土或不均匀堆载等因素产生的附加水平荷载 Q_3	
	风荷载 Q_4	

4.3.3　荷载组合

模板系统的支承结构计算主要为两部分,其一为支承结构承载能力计算,设计中采用荷载基本组合的效应设计值(荷载标准值乘以荷载分项系数);其二为支承结构变形验算,设计中可仅按永久荷载标准值计算。

(1)模板及支架结构构件应按短暂设计状况进行承载力计算。承载力计算应符合下式要求:

$$\gamma_0 S \leqslant \frac{R}{\gamma_R} \tag{4.4}$$

式中　γ_0——结构重要性系数,对重要的模板及支架如高大支模宜取 $\gamma_0 \geqslant 1.0$;对于一般的模板及支架应取 $\gamma_0 \geqslant 0.9$;

　　　S——模板及支架按荷载基本组合计算的效应设计值;

　　　R——模板及支架结构构件的承载力设计值,应按国家现行有关标准计算;

　　　γ_R——承载力设计值调整系数,应根据模板及支架重复使用情况取用,不应小于1.0。

(2)由永久荷载效应控制的基本效应设计值,可按下式计算:组合

$$S = 1.35\alpha \sum_{i \geqslant 1} S_{Gik} + 1.4\psi_{cj} \sum_{j \geqslant 1} S_{Qjk} \tag{4.5}$$

式中　S_{Gik}——第 i 个永久荷载标准值产生的荷效应值;

　　　S_{Qjk}——第 j 个可变荷载标准值产生的荷效应值;

　　　α——模板及支架的类型系数,对侧面模板,取0.9;对底面模板及支架,取1.0;

　　　ψ_{cj}——第 j 个可变荷载的组合值系数,宜取 $\psi_{cj} \geqslant 0.9$。

(3)按正常使用极限状态进行模板的变形验算时,应符合下列规定:

$$a_{fG} \leqslant a_{f,lim} \tag{4.6}$$

式中　a_{fG}——按永久荷载标准值计算的构件变形值;

　　　$a_{f,lim}$——构件变形限值。

(4)模板及支架承载力计算和变形验算的各项荷载可按表4.5确定,并应采用最不利的荷载基本组合进行设计。

表 4.5　参与模板及支架承载力计算和变形验算的各项荷载

项目		参与荷载项	
		承载力计算	变形验算
模板	底面模板	$G_1+G_2+G_3+Q_1$	$G_1+G_2+G_3$
	侧面模板	G_4+Q_2	G_4
支架	水平杆及节点	$G_1+G_2+G_3+Q_1$	$G_1+G_2+G_3$
	立杆	$G_1+G_2+G_3+Q_1+Q_4$	$G_1+G_2+G_3$
	支架结构	$G_1+G_2+G_3+Q_1+Q_3$（整体稳定） $G_1+G_2+G_3+Q_1+Q_4$（整体稳定）	$G_1+G_2+G_3$

注　表中的"+"仅表示各项荷载参与组合,而不表示代数相加。

4.3.4　模板工程计算要点

1) 适当简化

为了既便于计算,又有一定的准确性,模板工程设计计算应适当简化。

所有的荷载可以假定为均布荷载。作用在支承模板的内楞或小楞上的荷载无疑是均布荷载;作用在外楞或大楞及桁架上的荷载,尽管实际上是集中荷载,也可等效为均布荷载。计算单元宽度面板、内楞和外楞、小楞和大楞或桁架(除对拉螺栓及竖向支撑外)均可视为梁。支承跨度等于或多于两跨的可以视为连续梁。对这些梁进行力学计算时,可以根据实际情况,分别简化成简支梁、悬臂梁、两跨连续梁或三跨连续梁(多于三跨仍按三跨)。

2) 计算内容与规定

模板工程属临时性结构,在我国还没有临时性工程设计规范的情况下,模板工程的设计只能按正式结构设计和施工标准的相应规定执行。

在模板工程设计中,对属于梁类的模板构件,计算内容主要有:根据已知模板材料和构造尺寸,验算模板构件的承载能力及变形;或者根据所选用材料的抗力,按承载能力要求决定构造尺寸。对属于竖向支撑或斜撑的模板构件,主要验算其稳定性。

对模板支架,其高宽比不宜大于 3;当高宽比大于 3 时,应加强整体稳固性措施。

在泵送混凝土或不均匀堆载等因素产生的附加水平荷载或风荷载作用下,当需要对模板支架作抗倾覆验算时,应满足下式要求:

$$\gamma_0 M_o \leqslant M_r \tag{4.7}$$

式中　M_o——支架的倾覆力矩设计值,按荷载基本组合计算,其中永久荷载的分项系数取
　　　　　 1.35,可变荷载的分项系数取 1.4;

　　　 M_r——支架的抗倾覆力矩设计值,按荷载基本组合计算,其中永久荷载的分项系数取
　　　　　 0.9,可变荷载的分项系数取 0。

钢管和扣件搭设的模板支架设计计算应满足下列要求:

(1) 钢管和扣件搭设的支架宜采用中心传力方式;

(2) 单根立杆的轴力标准值不宜大于 12 kN,高大模板支架单根立杆的轴力标准值不宜大于 10 kN;

(3) 立杆顶部承受水平杆扣件传递的竖向荷载时,立杆应按不小于 50 mm 的偏心距进行

承载力验算,高大模板支架的立杆应按不小于 100 mm 的偏心距进行承载力验算;

（4）支承模板的顶部水平杆可按受弯构件进行承载力验算,与立杆扣接的扣件应作抗滑移承载力验算。

采用门式、碗扣式、盘扣式或盘销式等钢管架搭设的支架,应采用支架立柱杆端插入可调托撑的中心传力方式,其承载力及刚度可按国家现行有关标准的规定进行验算。

验算模板及支架的变形时,构件变形限值 $a_{\mathrm{f,lim}}$ 为:结构表面外露的模板小于等于 $L/400$（L 为模板构件的计算跨度）;结构表面隐蔽的模板小于等于 $L/250$;模板支架的轴向压缩变形值或侧向挠度小于等于相应结构计算高度或计算跨度 $L/1\,000$。

4.3.5 墙模板设计例题

试设计高度为 2.65 m 的墙模板,用于浇筑 200 mm 厚墙体混凝土。混凝土的浇筑速度为 1.2 m/h,采用插入振捣器振捣。混凝土温度为 15 ℃,泵送混凝土坍落度为 160 mm。

模板面板采用厚度为 18 mm 的木胶合板,内竖楞采用 50 mm×100 mm 落叶松木枋,外横楞采用 φ48×3.6 双脚手钢管。

1) 计算新浇筑混凝土作用于模板的最大侧压力标准值 G_4

由已知条件混凝土浇筑速度 $V=1.2$ m/h,混凝土温度 $T=15$ ℃,坍落度影响修正系数 $\beta=1.0$,

$$t_0=\frac{200}{T+15}=\frac{200}{15+15}=6.67$$

由式（4.2）,$F=0.28\gamma_c t_0\beta V^{\frac{1}{2}}=0.28\times24\times6.67\times1.0\times1.2^{\frac{1}{2}}$
$$=49.10(\mathrm{kN/m^2})$$

由式（4.3）,$F=\gamma_c H=24\times2.65=63.6(\mathrm{kN/m^2})$

比较两者取小值,则新浇筑混凝土侧压力荷载标准值为
$F=49.10$ kN/m²

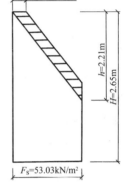

图 4.15 F_s 和 F'_s 的叠加

由表 4.4、表 4.5 以及式（4.4）和式（4.5）,承载力验算时,采用荷载基本组合的效应设计值,其值为

$$F_s=0.9\times49.10\times1.2=53.03(\mathrm{kN/m^2})$$

有效压头 $h=53.03/24=2.21(\mathrm{m})$

对 200 mm 厚的墙,混凝土下料时产生的水平荷载作用在有效压头高度之内,当采用泵管下料时,水平荷载为 2 kN/m²,考虑结构重要性系数和荷载分项系数得

$$F'_s=0.9\times2\times1.4=2.52(\mathrm{kN/m^2})$$

叠加后的侧压力分布图见图 4.15。

2) 求内竖楞间距 l_1

新浇混凝土侧压力均匀作用在胶合板面板上,计算单元宽度的面板可以视为"梁",内竖楞即为梁的支点。按三跨连续梁考虑,梁宽取 200 mm。因 F'_s 仅作用在有效压头高度 2.21 m 范围内,可直接按墙模板下部最大侧压力初定内竖楞间距尺寸。

按承载力验算时,作用在连续梁上的线荷载为

$$q=53.03\times0.2=10.61(\mathrm{kN/m})$$

按挠度作变形验算时,由式（4.6）,作用连续梁上的线荷载为

$$q' = 49.10 \times 0.2 = 9.82 (\text{kN/m})$$

其计算简图见图 4.16。三跨连续梁的最大弯矩 $M_{\max} = 0.1ql_1^2$，最

大挠度 $u_{\max} = 0.677 \dfrac{q'l_1^4}{100EI}$。

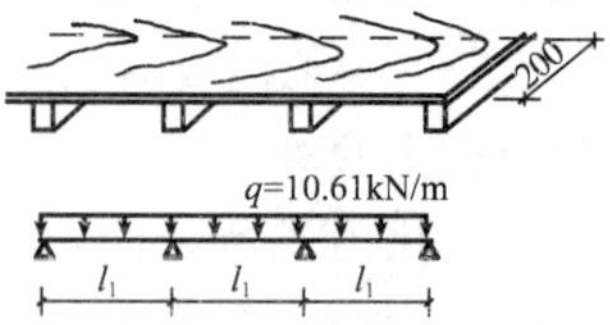

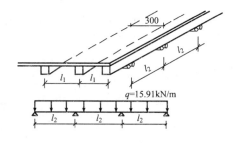

图 4.16 求 l_1 的计算简图

按面板的抗弯承载力要求

$$M_{\max} = M_{抵}$$

$$0.1ql_1^2 = f_w W_{抵} = f_w \cdot \frac{bh^2}{6}$$

$$l_1 = \sqrt{\frac{f_w bh^2 \cdot 10}{6q}} = \sqrt{\frac{1.67 f_w bh^2}{q}} = \sqrt{\frac{1.67 \times 20 \times 200 \times 18^2}{10.61}} = 452 (\text{mm})$$

按面板的变形要求,变形限值取为模板结构的 $l/250$。

$$0.677 \times \frac{q'l_1^4}{100EI} = \frac{l_1}{250}$$

$$l_1 = \sqrt[3]{\frac{0.59EI}{q'}} = \sqrt[3]{\frac{0.59 \times 4 \times 10^3 \times 200 \times 18^3}{9.82 \times 12}} = 286 (\text{mm})$$

对比取小值,又考虑竖楞木的宽度为 50 mm,可取 $l_1 = 300$ mm。

3) 求外横楞间距 l_2

内楞采用落叶松木枋,其抗弯强度设计值 $f_w = 17$ N/mm²,顺纹抗剪 $f_v = 1.6$ N/mm²。参照《木结构设计标准》(GB50005),对露天模板结构,抗弯强度设计值乘以 0.9 的调整系数;弹性模量乘以 0.85 的调整系数;又按施工短暂承受荷载考虑,强度设计值可乘以 1.2 的提高系数。施工现场木材的含水率不稳定,可不做调整。因此,综合得出木材调整的抗弯和抗剪强度设计值为

$$f'_w = 0.9 \times 1.2 \times 17 = 18.36 (\text{N/mm}^2)$$

$$f'_v = 0.9 \times 1.2 \times 1.6 = 1.73 (\text{N/mm}^2)$$

调整的弹性模量 $E' = 0.85 \times 10 \times 10^3$

$$= 8.5 \times 10^3 (\text{N/mm}^2)。$$

仍按三跨连续梁考虑,外横楞即为内楞梁的支点,梁上作用均布侧压力荷载的承载宽度即为内楞间距 l_1,其计算简图见图 4.17。作用在连续梁上的线荷载为

图 4.17 求 l_2 的计算简图

$$q = 53.03 \times 0.3 = 15.91 (\text{kN/m})$$

$$q' = 49.10 \times 0.3 = 14.73 (\text{kN/m})$$

按内楞的抗弯承载力要求

$$l_1 = \sqrt{\frac{1.67 f'_w bh^2}{q}} = \sqrt{\frac{1.67 \times 18.36 \times 50 \times 100^2}{15.91}} = 982 (\text{mm})$$

按内楞的抗剪承载力要求

$$l_2 = \frac{1.11 bh f'_v}{q} = \frac{1.11 \times 50 \times 100 \times 1.73}{15.91} = 603 (\text{mm})$$

按内楞的刚度要求

$$l_2 = \sqrt[3]{\frac{0.59E'I}{q'}} = \sqrt[3]{\frac{0.59 \times 8.5 \times 10^3 \times 50 \times 100^3}{14.73 \times 12}} = 1\,124\,(\text{mm})$$

对比取小值，外楞间距取 $l_2 = 600$ mm。

4）求对拉螺栓间距 l_3

对拉螺栓为外楞梁的支点，梁上作用均布侧压力荷载的承载宽度即为外楞间距 l_2。外楞为 $\phi 48 \times 3.6$ 双钢管，属冷弯薄壁型钢，其强度设计值不予提高。

作用在梁上的线荷载

$$q = 53.03 \times 0.6 = 31.82\,(\text{kN/m}) \quad q' = 49.10 \times 0.60 = 29.46\,(\text{kN/m})$$

按外楞的抗弯承载力要求

$$l_3 = \sqrt{\frac{10fW_{\text{抵}}}{q}} = \sqrt{\frac{10 \times 205 \times 5\,260 \times 2}{31.82}} = 823\,(\text{mm})$$

按外楞的刚度要求

$$l_3 = \sqrt[3]{\frac{0.59EI}{q'}} = \sqrt[3]{\frac{0.59 \times 2.06 \times 10^3 \times 127\,100 \times 2}{31.82}}$$
$$= 990\,(\text{mm})$$

对比取对拉螺栓间距 $l_3 = 800$ mm。

5）选对拉螺栓规格

由 l_2、l_3，每个对拉螺栓承受混凝土侧压力的等效面积如图 4.18 所示。

$$N = 0.6 \times 0.8 \times 53.03 = 25.45\,(\text{kN})$$

选用由 Q235 钢制作的 M14 对拉螺栓，其净截面面积 $A = 105$ mm^2，则

$$\sigma = \frac{N}{A} = \frac{25\,450}{105} = 242\,(\text{N/mm}^2) > f_t^b = 170\,(\text{N/mm}^2)$$

调整对拉螺栓间距 $l_3 = 500$ mm，则

$$N = 0.5 \times 0.6 \times 53.03 = 15.91\,(\text{kN})$$

$$\sigma = \frac{N}{A} = \frac{15\,910}{105} = 152\,(\text{N/mm}^2) < f_t^b = 170\,(\text{N/mm}^2)$$

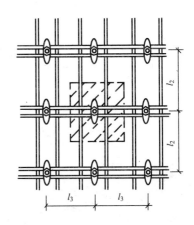

图 4.18 对拉螺栓的等效面积

4.4 模板工程安装与拆除

1）模板支撑安装

模板支撑应按模板设计施工图进行安装，在浇筑混凝土前应对模板工程进行验收。

垂直构件的模板在安装前根据结构轴线控制网，分别用墨线弹出垂直构件的中线及边线，依据边线安装模板。安装后的模板要保证垂直，斜撑牢靠，以防在新浇混凝土侧压力作用下发生"胀模"。

水平构件的模板在安装前定出构件的轴线位置及模板的安装高度，依据模板下支撑顶面高度安装模板。当梁、板的跨度 $L \geqslant 4$ m 时，其底模应考虑起拱；如设计无要求时，起拱高度宜为结构跨度的 $1/1\,000 \sim 3/1\,000$。

在多层或高层建筑施工中,安装上、下层的竖向支撑时,应注意保证在相同的垂直线位置上,以确保支撑间力的竖向传递。支撑间用斜撑或水平撑拉牢,以增强整体稳固性。

2) 模板支撑拆除

为了加快模板支撑周转使用,模板支撑应尽早拆除。拆除的顺序及安全措施应按支模施工方案执行,原则为先支的后拆、后支的先拆,先拆非承重模板,后拆承重模板,拆模时间取决于模板内混凝土强度的大小。

对于侧模,只要混凝土强度能保证结构表面及棱角不因拆除模板而受损时,即可拆除。

对于底模及支架,应在与结构同条件养护的试件强度达到表4.6的规定后,方可拆除。后张预应力混凝土构件,侧模宜在张拉前拆除;底模支架的拆除应按支模施工方案执行;当无具体要求时,不应在结构构件建立预应力前拆除。后浇带模板的拆除和重新支撑应按支模施工方案执行。模板拆除时,不应对楼层形成冲击荷载。拆除的模板和支架应分散堆放并及时清运。

表 4.6　现浇结构单层模板支撑底模拆除时的混凝土强度要求

构件类型	构件跨度(m)	按达到设计混凝土强度等级值的百分率计(%)
板	≤2	≥50
	>2,≤8	≥75
	>8	≥100
梁、拱、壳	≤8	≥75
	>8	≥100
悬臂结构	—	≥100

多高层建筑施工中,配置了多层(常为两层或三层)模板支撑或二次支撑,它的拆除要求与单层不同。以图4.19所示的结构为例,支撑或二次支撑将板2和板1连成整体。浇筑板3混凝土时,处于最不利的受荷状态,施工活荷载 W 与板3自重 Q 及模板系统自重等全部荷载由板2和板1共同分担。如果施工循环周期为每两周施工一个楼层,则板2的混凝土龄期为

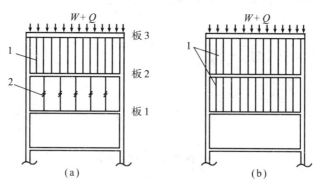

图 4.19　多层模板支撑的受力状态
(a)有二次支撑;(b)无二次支撑
1—支撑;2—二次支撑

14天,板1的龄期为28天,板1能承受100%的使用荷载,板2只能承受50%。当上部传来的全部荷载小于板1和板2按实际混凝土强度折算的合计承载力时,该施工状态是安全的。在浇筑板3混凝土并养护一定时间后,可拆去板2下的模板支撑或二次支撑。

4.5 新型模板体系施工

现浇混凝土结构施工,模板支撑配置量大,占用时间长,装拆劳动量大。因此,为加快模板支撑周转使用,采用大面积工具式模板支撑,整块安装、整块拆除,能加快施工速度,减少现场作业量,降低工程施工费用。大模板、滑动模板、爬升模板、台模、早拆模板等正是能满足上述要求的新型模板体系,其中大模板、滑动模板以及爬升模板用于垂直构件快速施工;台模和早拆模板用于水平构件的快速施工。

4.5.1 大模板

大模板是大型模板或大块模板的简称,其模板尺寸和面积较大且有足够承载能力,能整装整拆。我国自20世纪70年代初开始应用大模板体系。70年代中后期发展迅速,北京和上海等地大规模地推广了内外墙全现浇的大模板施工工艺。目前,大模板体系仍主要应用于高层建筑剪力墙、桥梁的桥墩和墩台、市政工程的水池以及其他筒体混凝土结构的施工。

1)大模板构造

大模板由面板系统、支撑系统、操作平台系统及连接件等组成(图4.20),分为整体式木模板和拼装式大模板两类。

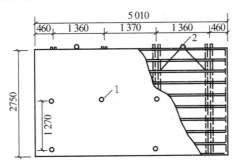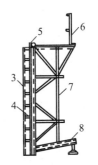

图 4.20 大模板构造
1—对拉螺栓;2—吊环;3—面板;4—横楞;5—竖楞;6—栏杆;7—支撑架;8—螺旋千斤顶

大模板的面板可采用钢板,厚度不小于5 mm。其优点是整体刚度好,不易损坏,可周转使用200次以上,拆模后混凝土面平整,外观质量好;其主要缺点是一次性耗钢量大,投资大、通用性较差,不能实现"一模多用",改制费用较高。

面板也可采用木胶合板或竹胶合板,厚度为15 mm、18 mm。为了便于使用完毕后能将面板与背楞全部拆除,改作其他工程的模板,面板与背楞间均采用螺栓连接组装。这种大模板的面板可更换,重量轻,但缺点是整体刚度略差,周转使用次数较少。

面板还可用组合钢模板、钢框胶合板或铝合金模板拼制。其优点是实用经济,面板可局部更换,使用完毕后可拆散移作他用;其缺点是整体刚度差,拼缝较多,特别是当采用旧的边角损坏或凹凸不平的平模时，浇出的混凝土表面不平整，用砂浆找平费工费料。

面板后的背楞（横楞和竖楞），既可固定面板，又加强了大模板的整体刚度，背楞常用[8 槽钢，内楞间距一般为 300～350 mm，外楞间距为 1 000 mm 左右。

支撑系统应能保持大模板竖向放置的安全可靠和在风荷载作用下的自身稳定性，常用型钢制作。大模板背面的支撑架下方设置可调节模板垂直度的螺旋千斤顶。操作平台系统作为浇筑混凝土的作业平台，平台上应铺设木脚手板。

2）大模板施工

（1）配板设计

大模板施工的施工准备工作尤其重要。首先要做配板设计。配板设计的主要原则包括：

① 应根据工程结构具体情况，经济、合理地划分施工流水段；

② 模板块施工平面布置时，应最大限度地提高模板在各流水段的通用性；

③ 大模板的重量必须与施工现场起重设备能力相匹配。

大模板配板设计的主要内容包括：

① 绘制配板平面布置图；

② 绘制施工节点设计、构造设计以及特殊部位模板支、拆设计图；

③ 绘制拼装式大模板拼板设计图、拼装节点图；

④ 绘制大模板构件、配件明细表，绘制构件、配件设计图；

⑤ 编写大模板施工说明书。

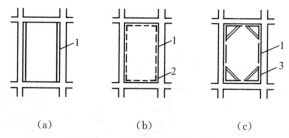

（a）　　　　　　（b）　　　　　　（c）

图 4.21　大模板平面组合方案

（a）平模方案；（b）小角模方案；（c）大角模方案

1—平模；2—小角模；3—大角模

对于全现浇剪力墙房屋结构，常采用小角模方案。墙面以平模为主，两块墙面的转角处用∟100×10 的小角模（图 4.21）。墙模的设计高度取

$$H_n = h_c - h_1 + a \tag{4.8}$$

$$H_w = h_c + a \tag{4.9}$$

式中　H_n——内墙模板设计高度（mm）；

H_w——外墙模板设计高度（mm）；

h_c——建筑层高（mm）；

h_1——楼板厚度（mm）；

a——搭接尺寸（mm），内墙模设计值取 10～30 mm，外墙模设计值取大于或等于 50 mm。

桥墩施工用的大模板设计高度根据分节施工高度定，一般为 4 m 左右。

（2）大模板结构计算

大模板结构计算时对面板及支撑体系按一般模板计算要求做必要的验算，并验算吊环承载力与模板的连接强度。还应验算风荷载作用下模板块的自稳角和支架的抗倾覆。支架的抗倾覆应满足式(4.7)的要求。

（3）模板安装与拆除

大模板的施工工艺流程如下：

施工准备 → 定位放线 → 安装模板的定位装置 → 安装开洞口模板 → 安装模板 →

调整模板，紧固对拉螺栓 → 验收 → 对称浇筑混凝土 → 拆模，清理，堆放

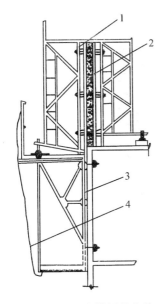

图 4.22　外大模板的安装
1—外大模；2—内大模；
3—外挂支撑；4—安全网

在大模板安装前，先在安装部位的平面上弹出轴线和安装位置线，检查已绑扎的钢筋并记好隐蔽工程验收记录，检查预埋件以及预留的洞口位置。

大模板的安装应严格按照设计配板布置图的编号逐块就位，安装校正后用拉杆固定。对于高层全现浇剪力墙结构，大模板的安装顺序为先安装支撑架及外大模板(图 4.22)，后安装内墙大模板和外墙内侧大模板。对于内浇外挂的大模板施工，先安装内横墙大模板，再安装外预制挂板。大模板的安装流向与分段施工流向一致，同类模板依次安装，形成相同操作，流水作业。

大模板安装时，根部和顶部应有固定措施，支撑必须牢固。支撑点应设在坚固可靠处，不得与脚手架拉结。紧固对拉螺栓应用力得当，不产生过大变形。接缝处可采取黏贴胶条等可靠的堵缝措施，防止漏浆。

大模板安装后，应分层浇筑模板内混凝土，每层厚度不超过 600 mm。对钢筋密集的小尺寸墙角区构造柱等部位，每层浇筑厚度不超过 300 mm。已浇筑的墙体或桥墩混凝土强度达 1.2 N/mm² 以上时即可拆模。对采用外挂架配合大模板施工时，墙体混凝土强度必须达 7.5 N/mm² 以上方可安装挂架。

大模板拆模的流程为先浇先拆，后浇后拆，与施工流水方向一致。拆模的顺序与安装大模板的顺序相反。拆除时，先撬松，脱开后吊运。起吊大模板前应检查确认与混凝土结构间的对拉螺栓及连接件是否全部拆除，移动时不得碰撞墙、柱体。拆下的大模板应及时清除残留的混凝土，并涂刷隔离剂。

4.5.2　滑动模板

滑动模板(以下简称滑模)施工如同挤出成型过程。向入口处模板内不断浇入混凝土，模板作连续滑动，出口处混凝土成型。模板滑动速度的快慢以脱离模板的混凝土有足够的强度来维持形状和承受自重为恰当。

滑模施工主要应用于混凝土的竖向结构，如烟囱、水塔、筒仓、电视塔、桥墩以及竖井状的多高层建筑物等，也可用于水平结构，如隧道底拱的混凝土面板，渠道和泄水槽的混凝土护面以及高速公路的混凝土路面等。

滑模施工技术在我国应用始于 20 世纪 50 年代,70 年代发展迅速;近年来又发展应用了大(中)吨位滑模千斤顶,支承杆布置在结构体内及体外以及"滑框倒模""滑提结合"等。滑模的主要优点是施工速度快,模板支撑用量少,混凝土的整体性好等;其主要缺点是需要有一套专用机具设备,一次性投资费用高,滑升速度控制不好易拉裂混凝土等。

　　1) 滑模装置

　　滑模装置由模板系统、操作平台系统、提升系统以及施工精度控制系统四个部分组成,如图 4.23 所示。

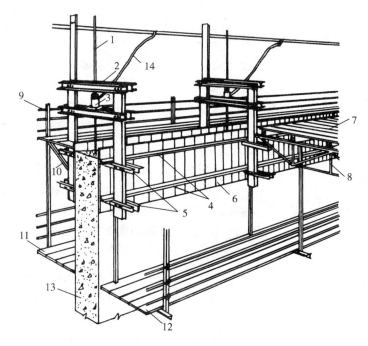

图 4.23　滑模装置组成示意图

1—支承杆;2—提升架;3—液压千斤顶;4—围圈;5—围圈支托;6—模板;7—操作平台;
8—平台桁架;9—栏杆;10—外挑三角架;11—外吊脚手;12—内吊脚手;13—混凝土墙体;14—油管

　　(1) 模板系统

　　模板系统包括提升架、围圈和模板。提升架主要有两个作用:保证模板分开一定距离,把作用在模板、吊脚手架的操作平台上所有的荷载传递给千斤顶。围圈起加劲模板作用,并把模板自重和模板滑动时的摩阻力等荷载传递给提升架。

　　提升架常用型钢制作。提升架要有足够的刚度以承受来自浇筑混凝土时的水平侧向力(新浇混凝土的侧压力和混凝土下料时的冲击力)。提升架可采用单横梁"π"形架或双横梁的"开"形架。横梁与立杆必须刚性连接。横梁与模板顶部之间应有一定的净高度(φ25 圆钢支承杆时宜为 400～500 mm),以便放入水平钢筋和预埋件等。

　　围圈可用钢材或木材制作,围圈也要有足够的刚度以免变形过大,截面尺寸根据计算确定。上、下围圈的间距视模板的高度而定,以使模板在受力时产生的变形最小为原则。上围圈距模板上口不宜过大,以保证模板上部不会因振捣混凝土而产生过大变形;下围圈距模板下口可稍大些,使模板下部有一定弹性,便于混凝土脱模滑出。

模板可用钢模板、覆膜胶合板模板等。模板间的拼接缝必须是垂直缝,以利于模板的滑动。模板的高度取决于滑升速度和混凝土达到自承重出模强度(0.2 Mpa～0.4 Mpa)所需的时间,一般为900～1200 mm。模板组装成上口小、下口大,并有0.1%～0.3%模板高度的单面倾斜度,目的是保证施工中如遇平台不水平,或浇筑混凝土时上围圈变形等情况时,不出现反向倾斜度,避免脱模困难,拉裂混凝土。模板上口以下2/3模板高度处的净间距应与结构设计截面等宽。

(2)操作平台系统

操作平台系统包括操作平台、料台、吊脚手架、随升垂直运输设施的支承结构等。

操作平台又称工作平台,供绑扎钢筋、浇筑混凝土、提升模板等施工时堆放材料和操作之用。料台支承在提升架上,并在操作平台上部再搭设一层的平台,供操作高度不够或操作面过小时,作为运送混凝土及吊运、堆放材料和工具之用。吊脚手架主要供修饰混凝土表面、养护、检查混凝土质量、调整和拆除模板等操作之用。

操作平台由钢桁架或梁、三角架及铺板等主要构件组成,与提升架或围圈连成整体。

(3)提升系统

提升系统包括支承杆、千斤顶和提升动力装置。

支承杆既是千斤顶向上爬升的轨道,又是滑模的承重支柱,承受施工过程中的全部荷载。支承杆应根据使用条件的不同做特殊设计(决定长度、直径、承载力、连接方式等)。如果考虑工具式支承杆重复使用,应在支承杆上外加与提升架横梁或千斤顶连在一起的套管,当滑模施工到一定高度后可拔出支承杆。如果考虑非工具式支承杆不重复使用,而作

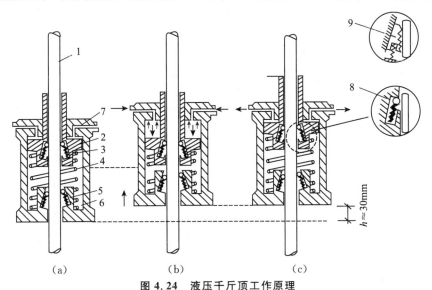

图 4.24 液压千斤顶工作原理

1—支承杆;2—活塞;3—上卡头;4—排油弹簧;5—下卡头;
6—缸筒;7—油嘴;8—滚珠式卡头;9—楔块式卡头

(a)阶段一初始位置。卡头内环形排列的小钢珠,与支承杆产生自锁而不下滑。
(b)阶段一缸筒上升。从油嘴进油,上卡头与支承杆锁紧,缸筒连下卡头上升一个工作行程,排油弹簧被压紧。
(c)阶段一活塞回到初始位置。进油停止,回油,下卡头与支承杆锁紧,被压紧的排油弹簧使活塞连上卡头回到初始位置,油从油嘴排出。

113

为结构的受力钢筋,则应注意其与普通钢筋相比,有支承杆接头的承载力及刚度低,以及支承杆受到油污与混凝土之间的握裹力较差等不利因素。支承杆的材料多为 HPB300 级和 HRB335 圆钢,常用直径为 25 mm;也采用 φ48×3.5 壁厚精度较高的 Q235B 焊接钢管。支承杆之间的连接方式有平头对接、榫接或丝扣连接、钢管缩口套接等,施工中接头部位通过千斤顶后应及时进行焊接加固。

千斤顶是带动模板滑动的核心动力装置,它的形式很多,按其动力不同,分为手动、电动、气动和液压传动四类。液压传动的穿心式单作用千斤顶应用最普遍。支承杆从这种液压千斤顶的中心穿过,千斤顶只能沿支承杆上升,不能下降。穿心式液压千斤顶的工作原理如图 4.23 所示。在液压系统额定压力为 8 MPa 时的额定提升能力为 30～50 kN 的属小型液压千斤顶,60～120 kN 的属中型液压千斤顶,120 kN 以上的属大型液压千斤顶。小型液压千斤顶常用滚珠式卡头,中型及大型液压千斤顶常用楔块式卡头(图 4.24)。

提升动力操纵装置主要对千斤顶的动力传动系统进行集中控制,尽量使千斤顶同步工作。

(4) 施工精度控制系统

施工精度控制系统包括千斤顶同步、建筑物轴线和垂直度等的控制与观测设施等。

千斤顶同步控制装置可采用限位卡档、激光水平扫描仪、水杯自控仪、计算机同步整体提升系统等。滑模过程中,要求各千斤顶的相对标高之差不得大于 40 mm,相邻两个提升架上千斤顶的升差不得大于 20 mm。

垂直度观测可用激光铅直仪、自动安平激光铅直仪、经纬仪、全站仪和线锤等。房屋建筑结构滑模施工的垂直度允许偏差:每层层高≤5 m 时为 5 mm;层高>5 m 时为层高的 0.1%。全高高度<10 m 时为 10 mm;高度≥10 m 时为高度的 0.1%,并不得大于 30 mm。

2) 滑升工艺

模板组装完毕并经检查符合组装质量要求后,即可进入滑模施工阶段。在滑模施工过程中,绑扎钢筋、浇筑混凝土、提升模板这三个工序相互衔接,循环往复,连续进行。其他如检查中心线与垂直度、调整千斤顶的升差、接长支承杆、预留孔洞等工序穿插进行。

模板的滑升可分为初滑、正常滑升、末滑三个主要阶段。

初滑阶段是指工程开始进行的初次提升模板阶段(包括在模板空滑后的首次继续滑升)。初滑阶段主要对滑模装置和混凝土凝结状态进行检查。初滑操作的基本做法是:混凝土分层交圈浇筑至 500～700 mm 或模板高度的 $\frac{1}{2}$～$\frac{2}{3}$,待第一层混凝土的强度达到出模强度(即混凝土能保持自承重,用手按混凝土表面有湿迹,但不凹陷)时,进行试探性的提升,即将模板提升 1～2 个千斤顶行程 30～60 mm,观察并全面检查液压系统和模板系统工作情况。试升后,每浇筑 200～300 mm 高度,再提升 3～5 个千斤顶行程,直至浇筑到距模板上口约 50～100 mm 即转入正常滑升阶段。

正常滑升阶段是指经过初滑后,浇筑混凝土、绑扎钢筋和提升模板这三个主要工序处于有节奏地循环操作中,混凝土浇筑高度保持与提升高度相等,并始终在模板上口约 400 mm 内操作。正常滑升过程中,相邻两次提升的时间间隔不宜超过 0.5 h。

在正常滑升阶段,模板滑升速度是影响混凝土施工质量和工程进度的关键因素。原则上滑升速度应与混凝土凝固程度相适应,并应根据滑模结构的支承情况来确定。当支承杆不会发生失稳时(少数情况,如支承杆经特别加固等),滑升速度可按混凝土出模强度来确定;当支

114

承杆受压可能会发生失稳时,滑升速度由支承杆的稳定性来确定。在正常气温条件下,滑升速度一般控制在 150～300 mm/h 范围内。

末滑阶段是配合混凝土的最后浇筑阶段,模板滑升速度比正常滑升时稍慢。混凝土浇完后,尚应继续滑升,直至模板与混凝土脱离不致被黏住为止。

3)滑模设计

滑模设计的主要内容有:千斤顶和支承杆的数量与布置方式的确定,模板和围圈的配置与验算,提升架的形式选择与验算,操作平台的结构形式选择与验算,液压系统的设计等。以下介绍主要的几项设计计算。

(1)滑模装置设计的荷载项目及取值

滑模装置设计的荷载标准值主要有以下五项荷载:

① 模板系统、操作平台系统的自重标准值,按实际重量计算。

② 操作平台上的施工荷载标准值。

平台上可移动的施工设备、施工人员、工具和临时堆放的材料应根据实际情况计算,其均布施工荷载标准值不应小于 2.5 kN/m²。当在平台上采用布料机浇筑混凝土时,均布施工荷载标准值不应小于 4.0 kN/m²。

吊脚手架的施工荷载标准值按实际情况计算,且不小于 2.0 kN/m²。

③ 模板与混凝土的摩阻力标准值。摩阻力由新浇混凝土的侧压力对模板产生的摩擦力和模板与混凝土之间的黏结力两部分组成,对钢模板取 1.5～

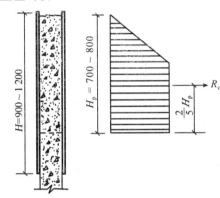

图 4.25　滑模侧压力分布

3.0 kN/m²,经表面处理的胶合板可参照钢模板的摩阻力值选用。当采用滑框倒模法施工时,模板与滑轨内的摩阻力标准值按模板面积计取 1.0～1.5 kN/m²。

④ 操作平台上设置的垂直运输设备运转时的附加荷载。对垂直运输设备的起重量及柔性滑道的张紧力等,按实际情况计算;对垂直运输设备制动的刹车力,按料罐总重乘以 1.1～2.0 的动力荷载系数考虑。

⑤ 浇筑混凝土时模板时侧压力标准值,对于浇筑高度约 800 mm,侧压力合力可取 5.0～6.0 kN/m,合力的作用点在新浇混凝土与模板接触 2/5 处(H_p 为混凝土与模板的接触高度),侧压力分布见图 4.25。模板内混凝土下料时的冲击力同前普通模板的荷载计算。

(2)支承杆允许承载力的计算

确定支承杆的承载能力应以保证入模混凝土的强度正常增长,控制支承杆脱空长度及混凝土达到出模强度为前提,以支承杆在上部失稳(支承杆的弯曲点发生在支承杆上部的外露部分,并随即扩展到已浇筑混凝土内部 150～300 mm 处)的极限状态为依据。

模板处于正常滑升阶段,当采用 φ25 圆钢支承杆时,支承杆的允许承载力用下式进行简化计算

$$P_0 = \frac{\alpha \cdot 40EI}{K(L_0 + 95)^2} \tag{4.10}$$

式中 P_0——支承杆的允许承载力(kN);

  α——工作条件系数,取 0.7~1.0,视施工操作水平、滑模平台结构情况确定。一般整体式刚性平台取 0.7,分割式平台取 0.8;

  E——支承杆弹性模量(kN/cm²);

  I——支承杆截面惯性矩(cm⁴);

  K——安全系数,取值不应小于 2.0;

  L_0——支承杆脱空长度,从混凝土上表面至千斤顶下卡头距离(cm)。

当采用 $\phi 48\times3.5$ 钢管支承杆时,支承杆的允许承载力按下式计算

$$P_0 = (\alpha/K)\times(99.6-0.22L_0) \tag{4.11}$$

式中 L_0——支承杆长度(cm)。当支承杆在结构体内时,L 取千斤顶下卡头到浇筑混凝土上表面的距离;当支承杆在结构体外时,L 取千斤顶下卡头到模板下口第一个横向支撑扣件节点距离。

(3)模板系统和操作平台系统的设计

滑模模板系统的设计基本同前普通模板系统设计,要求在前述五项荷载下有足够的承载力和刚度。

操作平台系统设计时,应特别注意使整个平台有足够的承载力和适当的刚度。因为,垂直结构物中心发生偏移时,有时靠调节操作平台的倾斜度来纠偏。如果平台刚度不足,则调整结构物垂直度和中心线的效果会降低,带来施工控制困难;如果刚度不太大,则易引起支承杆过分超载。

(4)滑模结构最小构件截面尺寸的确定

滑模结构有最小构件截面尺寸的要求,因为提升模板时,已浇筑混凝土与模板的接触面上存在着摩阻力,使混凝土被向上拉动。如果结构截面太小,模板内混凝土的自重不足以克服摩阻力,模板可能将混凝土带起、拉裂。

对混凝土墙

$$\delta \geqslant \frac{2T}{\gamma_c} \tag{4.12}$$

对混凝土柱

$$\frac{ab}{2(a+b)} \geqslant \frac{T}{\gamma_c} \tag{4.13}$$

式中 δ——混凝土墙体厚度(cm);

  T——钢模板与混凝土的摩阻力(kN/cm²);

  γ_c——混凝土的重力密度(kN/cm³);

  a,b——分别为混凝土柱或墩身截面的长边和短边(cm)。

影响模板与混凝土摩阻力的因素很多,主要有模板的材质和表面粗糙程度、施工时气温高低、模板与混凝土接触的持续时间等。当采用钢模板时,结构的截面尺寸应符合下列规定:

① 钢筋混凝土墙体的厚度不应小于 160 mm;

② 钢筋混凝土梁的宽度不应小于 200 mm;

③ 钢筋混凝土矩形柱的短边不应小于 400 mm；

④ 圆形变截面筒体结构的筒壁厚度不应小于 160 mm。

4.5.3 爬升模板

爬升模板（简称爬模）是一种以钢筋混凝土竖向结构为支承点，利用爬升设备自下而上逐层爬升的模板体系。

在国外，20 世纪 70 年代初欧洲人就开始将爬升模板应用于高耸现浇混凝土结构。在国内，爬升模板起步较晚，80 年代初首先在烟囱、筒仓等构筑物施工中试用，取得较好效果。80年代中期应用于高层建筑以及斜拉桥和悬索桥桥塔施工，并很快地得到推广。

1) 爬升模板的优点

在竖向钢筋混凝土结构施工中，爬升模板体系能得到快速推广应用，是因为这种模板体系与滑模和大模板相比，有以下明显的优点：

（1）滑模施工的模板连续滑升，要有富有经验的适应于滑模施工节奏的专业队伍操作，否则易发生质量和安全事故。而爬升模板不需要模板连续爬升，作业顺序和节奏与大模板相似，其操作一般施工人员都能掌握。

（2）滑模施工的模板滑升是在混凝土达到一定强度（出模强度）后进行。因此，若对模板滑升时机把握不好，易使混凝土结构产生微裂缝，影响混凝土结构的耐久性。模板滑升时机与水泥的品种和产地、浇筑混凝土时的气温、滑模的设计与安装质量等有关，难以掌握。而爬升模板施工只要混凝土达到拆模强度后即可脱模，与大模板相似，能保证混凝土结构的尺寸、表面质量和密实性，施工也安全可靠。

（3）大模板施工的模板，在脱模后，往往要落地临时搁置，模板的安装与拆除对吊机的依赖性大，占用时间长。而爬升模板一般利用爬升设备将模板提升至上一层支模位置，实现不需要吊机辅助的自行爬升。

2) 爬升模板的应用

由于爬升模板的上述优点，这种模板体系主要应用于桥墩、筒仓、烟囱、冷却塔、高层建筑的墙体等施工。

"模板爬架子、架子爬模板"是最典型的一种爬升模板（图 4.26），它由大模板、爬架和爬升设备三部分组成。

其中爬架是一格构式钢架，由下部的附墙底座和上部支承格构立柱组成，爬架的高度约为 3 个楼层高，格构立柱截面一般为正方形，边长为 600～650 mm，采用角钢或槽钢焊接而成。

"模板爬架子、架子爬模板"的爬升方法如下：

步骤① 拆除固定墙模板的对拉螺栓，利用安装在爬架顶部的提升设备，将大模板由 $n-1$ 层提升至 n 层（图 4.26a）。

步骤② 浇筑 n 层的混凝土墙体并养护至一定强度，将提升设备固定于模板上，以模板为支承点，利用提升设备，将爬架由 $n-2$ 层提升至 $n-1$ 层，并用穿墙螺栓与墙体拉结（图 4.26b）。

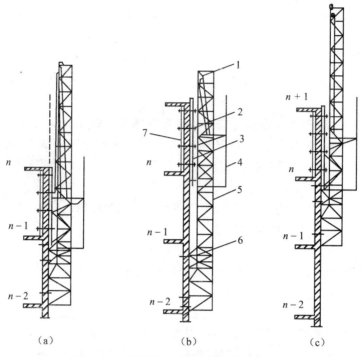

图 4.26 模板爬架子、架子爬模板示意图

1—模板与爬架提升葫芦;2—墙模穿墙对拉螺栓;3—外模;4—操作平台;5—爬架;6—爬架固定螺栓;7—内模

步骤③ 浇筑 $n+1$ 层的混凝土墙体,重复步骤①(图 4.26c)。

爬升模板的爬升设备可根据工程规模的大小、配合人员的多少、投入资金的多少等因素,选用手拉或电动环链葫芦、液压千斤顶、电动螺杆提升机以及小型卷扬机等。近年来,基于液压千斤顶的爬升模板在超高层混凝土核芯筒结构、筒体结构、桥塔极高耸构筑物等得到扩大应用。

4.5.4 台模

台模又称桌模、飞模。台模体系由面板和支架两部分拼装而成(图 4.27),它可以整体安装、脱模和转运。在房屋工程的现浇楼板施工中,可利用塔吊等起重机械从已浇的楼板下移出转移至上层重复使用。在桥梁工程施工中,利用移动支架,将台模转移至下一个施工跨。

台模体系在我国应用始于 20 世纪 70 年代末,由最初的组合钢模板为面板,钢管脚手架为支架发展为胶合板为面板、铝合金桁架为支架。台模最适用于多高层建筑的无梁楼盖结构以及连续梁桥的等高度箱梁结构施工。

桁架式台模是国内外采用较多的一种台模。在浇筑楼板后达到拆模强度时,用液压降落千斤顶将台模降落在滚轮上。桁架式台模的滚出及起飞过程如图 4.28 所示。

118

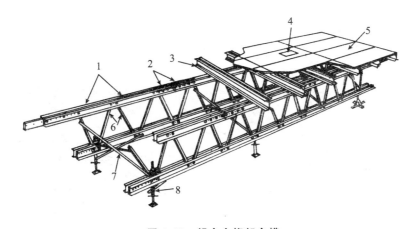

图 4.27 铝合金桁架台模

1—铝槽;2—连接螺栓;3—铝梁;4—预留吊位;5—18 mm胶合板面板;
6—铝斜杆;7—剪刀撑;8—螺旋千斤顶

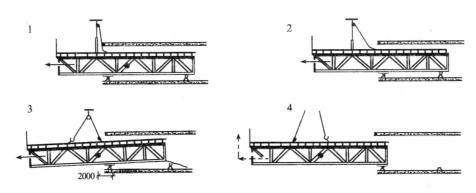

图 4.28 台模滚出及起飞过程

4.5.5 早拆模板

早拆模板体系是在楼板混凝土浇筑3~4天,达到设计强度的50%时,即可提早拆除楼板模板与托梁,但支柱仍然保留,继续支撑楼板混凝土,使楼板混凝土处于短跨度(支柱间距<2 m)受力状态,待楼板混凝土强度增长到足以承担自重和施工荷载时,再拆除保留的支柱。

早拆模板体系能实现模板早拆,其基本原理实际上就是保留支柱,将拆模跨度由长跨改为短跨,所需的拆模强度降至混凝土设计强度的50%,从而加快了承重模板周转使用的速度。

早拆模板体系由模板块、托梁、带升降头的钢支柱等组成,见图4.29。早拆模板安装时,先安装支撑系统,形成满堂支架,再逐个按区间将模板块安放到托梁上。拆模时,用铁锤敲击升降头上的支承插板,托梁连同模板块降落100 mm左右,但钢支柱上部升降头的顶托板仍然支承着混凝土楼板(图4.30)。

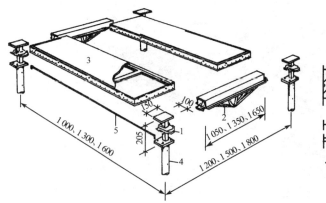
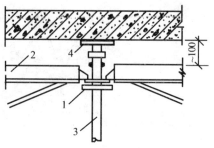

图 4.29　早拆模板体系
1—升降头；2—托梁；3—模板块；
4—可调支柱；5—跨度定位杆

图 4.30　模板块与托梁落下
1—梁托；2—托梁与模板块；
3—支柱；4—顶托板

　　早拆模板体系施工典型的七天循环是：第一天开始安装模板支撑；第二天模板安装完毕，绑扎钢筋；第三天钢筋绑扎完毕，浇筑混凝土；第四、五、六天养护混凝土；第七天拆除模板，保留钢支柱，准备下一循环。

模板工程

5 钢筋工程

钢筋是钢筋混凝土结构的骨架,依靠握裹力与混凝土结合成整体。为了确保混凝土结构在使用阶段能正常工作,钢筋工程施工时,钢筋的规格和位置必须与结构施工图一致。

钢筋工程的施工流程如下:

$\boxed{\text{阅读结构施工图}} \rightarrow \boxed{\text{绘钢筋翻样图和填写配料单}} \rightarrow \boxed{\text{材料购入、检验及保管}} \rightarrow \boxed{\text{钢筋加工}}$
$\rightarrow \boxed{\text{钢筋连接与安装}} \rightarrow \boxed{\text{隐蔽工程检查验收}}$

5.1 钢筋检验

混凝土结构用钢筋,主要有热轧光圆钢筋、热轧带肋钢筋、余热处理钢筋和冷轧带肋钢筋等。热轧带肋钢筋又分为普通热轧钢筋和细晶粒热轧钢筋。

热轧光圆钢筋的牌号为 HPB300,其屈服强度特征值为 300 级,直径小于 10 mm 的以盘圆钢筋供货,该类钢筋常作为箍筋和辅助钢筋使用。

普通热轧钢筋按其屈服强度特征值的不同分为 HRB400、HRB500、HRB600 以及抗震性能要求高的 HRB400E 和 HRB500E 五个牌号。同理,细晶粒热轧钢筋也分为 HRBF400、HRBF500 以及抗震性能要求高的 HRBF400E 和 HRBF500E 四个牌号。供应至施工现场的钢筋通常按直条供货,长度一般为 6～12 m。供应至预制构件厂的钢筋按订货要求一般直径小于 16 mm 的可卷盘供货。部分热轧钢筋的机械性能见表 5.1,钢筋公称直径 6～50 mm。钢筋应进行弯曲试验,并要求按弯曲压头直径弯曲 180°后,钢筋受弯曲表面不得产生裂纹。对牌号带 E 的钢筋,应进行反向弯曲试验,并要求钢筋受弯曲部位表面不得产生裂纹。

余热处理钢筋按屈服强度特征值分为 RRB400、RRB500、RRB400W 三个牌号,其中 RRB400W 为可焊钢筋。

冷轧带肋钢筋可用于普通钢筋混凝土和预应力混凝土结构,也可用于焊接网。用于普通钢筋混凝土的冷轧带肋钢筋六个牌号为 CRB550、CRB650、CRB800 和高延性冷轧带肋钢筋 CRB600H、CRB680H、CRB800H,用于预应力混凝土的冷轧带肋钢筋三个牌号为 CRB650、CRB800、CRB800H。

运至工地现场的钢筋应附有产品合格证、出厂检验报告等质量证明文件,每捆(盘)均应有标牌,标牌上注明厂标、生产日期、钢号、炉罐(批)号及规格等。

表 5.1　部分热轧钢筋的力学性能

牌号	下屈服强度 R_{eL}（MPa）	抗拉强度 R_m（MPa）	断后伸长率 A %	最大力总延伸率 A_{gt} %	弯曲试验	
	不小于				公称直径 d	弯曲压头直径
HRB400 HRBF400	400	540	16	7.5	6～25	4d
HRB400E HRBF400E			—	9.0	28～40 >40～50	5d 6d
HRB500 HRBF500	500	630	15	7.5	6～25	6d
HRB500E HRBF500E			—	9.0	28～40 >40～50	7d 8d
HRB600	600	730	14	7.5	6～25 28～40 >40～50	6d 7d 8d

　　施工现场检验钢筋主要是对钢筋的出厂质量证明书和钢筋上的标牌进行复检，并对钢筋抽样做力学性能和单位长度重量偏差检验。力学性能试验主要是拉伸试验（一般包括屈服强度、抗拉强度和伸长率三个指标）和弯曲试验。

　　对热轧钢筋做力学性能试验的抽样方法为：以同牌号、同规格、同炉罐的不多于 60 t 钢筋为一批，从每批任选两根钢筋，每根切取两个试件，两个试件做拉伸试验，两个做弯曲试验；超过 60 t 部分，每增加 40t（或不是 40t 的余数），增加一个拉伸试验试样和一个弯曲试验试样。力学性能试验时，如有某一项试验结果不符合表 5.1 标准要求，则从同一批中另取双倍数量的试样重做各项试验，如仍有一个试件不合格，则该批钢筋为不合格品。在同一工程中，同一厂家、同一牌号、同一规格的钢筋连续三次进场均一次检验合格时，其后的检验批量可扩大一倍。

　　钢筋在加工过程中，如发现脆断、焊接性能不良或力学性能显著不正常等现象，应检验其化学成分或做其他专项试验。

　　检验后的钢筋储存时，亦应保留标牌，按批分别堆放整齐，避免锈蚀和污染。

5.2　钢筋翻样与配料

　　为了确保钢筋配筋和加工的准确性，事先应根据结构施工图画出相应的钢筋翻样图并填写配料单。

　　1）钢筋翻样图

　　桥梁工程设计图集中均有钢筋翻样详图，可直接按图加工。房屋工程中除了简单的砖混住宅可以直接根据结构施工图进行钢筋工程施工以外，现浇混凝土结构施工均应另做钢筋翻样图（实质为钢筋施工图）。市政工程的池、罐等现浇混凝土结构施工，钢筋翻样要求同房屋工程。

　　钢筋翻样图依照结构配筋图做成。一般把混凝土结构分解成柱、梁、墙、楼板、楼梯等构件，根据构件所在的结构层次，以一种构件为主，画出其配筋，并把分散于建筑、结构和水电施工图中对该构件钢筋的配筋、连接和安装等要求都集中反映到该构件的翻样图上。钢筋翻样图中构件的各钢筋均应编号,标明其数量、牌号、直径、间距、锚固长度、接头位置以及搭接长度等。对于形状复杂的钢筋和结构节点密度大的钢筋,在钢筋翻样图上,还应画出其细部加工图和细部安装图。

钢筋翻样图既是编制配料加工单和进行配料加工的依据,也是钢筋工绑扎、安装钢筋的依据,还是工程项目负责人检查钢筋工程施工质量的依据。

2)钢筋配料单

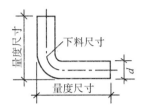

图 5.1 钢筋弯曲时量度方法

对于钢筋翻样图中编了号的各钢筋进行配料时,必须根据《混凝土结构设计规范》(GB 50010)、《混凝土结构工程施工规范(GB 50666)》及《混凝土结构工程施工质量验收规范》(GB 50204)中对混凝土保护层、钢筋弯曲、弯钩等规定计算其下料长度。

钢筋在结构施工图中注明的尺寸是其外轮廓尺寸,即构件尺寸减保护层的外包尺寸。钢筋在加工前呈直线状下料,加工中弯曲时,外皮延伸,内皮收缩,只有轴线长度不变(图 5.1)。因此,钢筋外包尺寸与轴线长度之间存在一个差值,称为"弯曲调整值",其大小与钢筋直径和弯心直径以及弯曲的角度等因素有关。

HPB300 钢筋为光圆钢筋,末端一般要求作 180°弯钩(图 5.2a);HRB335、HRB400 钢筋为带肋钢筋,末端不需弯钩,但由于锚固长度原因,常要求作 90°或 135°弯折(图 5.2b,c)。

HRB400 钢筋末端弯折 90°,当弯心直径为 4d 时,其弯曲调整值计算如下(图 5.2b):

外包尺寸:$\overline{B'C'}+\overline{C'A'}=2\times 3d=6d$

中心线弧长:$\overset{\frown}{ABC}=\dfrac{(4+1)d\pi}{4}=3.93d$

弯曲调整值:$6d-3.93d=2.07d$(取 $2d$)

同理,HRB400 钢筋末端弯折 135°,弯曲调整值为 3.0d;HPB300 钢筋末端作 180°弯钩,平直部分为 3d,弯心直径为 2.5d,每个弯钩考虑弯曲调整值后需增加的长度为 6.25d。

各种钢筋中间弯折,其弯心直径为 5d(图 5.2d)时,弯折角度为 45°、60°、90°时的弯曲调整值分别取 $0.5d$、d、$2d$。

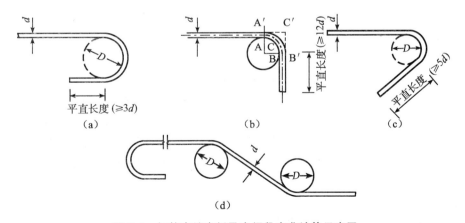

图 5.2 钢筋末端弯折及中间段弯曲计算示意图
(a) 弯 180°;(b) 弯 90°;(c) 弯 135°;(d) 弯 45°

箍筋下料长度可用外包或内皮尺寸两种计算方法,为简化计算,一般先按外包或内皮尺寸算出周长,加上表 5.2 调整值(包括四个 90°弯曲及两个端弯钩在内)即可。

表 5.2　箍筋下料长度调整值

箍筋量度方法	箍筋直径(mm)			
	4～5	6	8	10～12
量外包尺寸	40	50	60	70
量内皮尺寸	80	100	120	150～170

直线钢筋的下料长度等于其外包尺寸;弯起钢筋的下料长度等于各段外包尺寸之和,减去中间弯折处的量度差值,再加上两端弯钩处的平直长度;箍筋的下料长度等于箍筋周长加上箍筋调整值。

计算钢筋下料长度后,即可编制钢筋配料单(表 5.3),作为材料准备和钢筋加工的依据。

表 5.3　某梁钢筋配料单

构件名称	钢筋编号	简图	直径(mm)	钢筋代号	下料长度(mm)	单位根数	合计根数	总重(kg)
L_1 梁 (计 5 根)	①	4480	20	坐	5 000	2	10	123.50
	②	4480	22	坐	5 052	5	25	376.37
	③	450 300	8	坐	1 560	23	115	70.86

5.3　钢筋代换

工程施工中,常遇到钢筋的品种或规格与设计不符,此时可做钢筋代换,并应办理设计变更文件。

钢筋代换参照以下原则进行:

(1) 等承载力代换:当构件受承载力控制时,钢筋可按承载力相等原则进行代换;

(2) 等面积代换:当构件按最小配筋率配筋时,钢筋可按面积相等原则进行代换;

(3) 当构件受裂缝宽度或挠度控制时,代换后应进行裂缝宽度或挠度验算。

钢筋代换后,有时因受力钢筋直径加大或根数增多而需增加排数,此时构件截面的有效高度 h_0 减小,截面承载力降低。此时,可凭经验适当增加钢筋面积,再作截面承载力复核。

钢筋代换时,除必须充分了解设计意图和代换材料性能外,还应严格遵守现行结构设计规范的有关规定,凡重要结构中的钢筋代换必须征得设计单位同意。

代换中还应注意以下事项:

① 对某些主要构件,如吊车梁、薄腹梁、桁架下弦等,不宜用 HPB300 级光面钢筋代替 HRB400 级带肋钢筋;

124

② 同一截面内,可同时配有不同种类和直径的代换钢筋,但每根钢筋的拉力差不应过大(如同品种钢筋的直径差一般不大于 5 mm),以免构件受力不匀;

③ 梁的纵向受力钢筋与弯起钢筋应分别代换,以保证正截面和斜截面的承载力;

④ 偏心受压构件(如框架柱、有吊车的厂房柱、桁架上弦等)或偏心受拉构件做钢筋代换时,不取整个截面配筋量计算,应按受力面(受压或受拉)分别代换;

⑤ 当构件受裂缝宽度控制时,如以小直径钢筋代换大直径钢筋,或强度等级低的钢筋代替强度等级高的钢筋,则可不做裂缝宽度验算。

5.4 钢筋加工

钢筋加工主要有:钢筋调直、钢筋切断和钢筋弯曲成型。

钢筋调直方法主要用于 φ4～φ12 的小直径钢筋。调直机械可采用钢筋调直机,也可采用将调直与切断结合的数控钢筋调直切断机,调直设备不应具有延伸功能。图 5.3 为数控钢筋调直切断机的工作原理图,该机在原有调直机的基础上应用电子控制仪,准确控制钢丝的断料长度,并自动记数。该机工作时,在摩擦轮(周长 100 mm)的同轴上装有一个穿孔光电盘(分为 100 等分),光电盘的一侧装有一只小灯泡,另一侧装有一只光电管。当钢筋通过摩擦轮带动光电盘时,灯泡光线通过每个小孔照射光电管,由此产生脉冲信号(信号为钢筋长 1 mm),控制仪长度部位数字上立即显示出相应读数。当信号读数累计到设定数字(即钢筋调直长度达到指定值)时,控制仪立即发出切断的指令,切断装置切断钢筋。依此可连续作业。

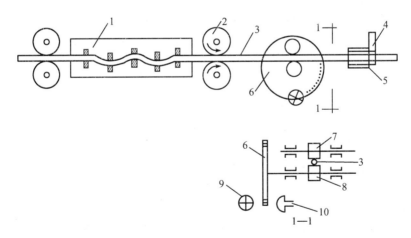

图 5.3 数控钢筋调直切断机工作原理图
1—调直装置;2—牵引轮;3—钢筋;4—上刀口;5—下刀口;
6—光电盘;7—压轮;8—摩擦轮;9—灯泡;10—光电管

施工现场钢筋也可采用卷扬机拉直设备(图 5.4)调直。两端采用地锚承力。冷拉滑轮组回程采用荷重架,标尺量伸长。对 HPB300 光圆钢筋的冷拉率不宜大于 4%;对 HRB400、HRB500、HRBF400 和 HRBF500 带肋钢筋冷拉率不宜大于 1%。

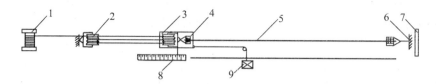

图 5.4　卷扬机拉直设备布置

1—卷扬机；2—滑轮组；3—冷拉小车；4—钢筋夹具；5—钢筋；

6—地锚；7—防护壁；8—标尺；9—荷重架

大直径钢筋切断一般采用钢筋切断机。先断长料，后断短料，以减少损耗。

钢筋的弯曲成型一般均采用钢筋弯曲机，施工现场对于少量细箍筋有时也采用手工摇扳弯制成型。

5.5　钢筋连接

工程中钢筋往往因长度不足或因施工工艺上的要求等必须连接。钢筋连接的方式很多，接头的主要方式可归纳为以下几类：

（1）绑扎连接——绑扎搭接接头；

（2）焊接连接——闪光对焊接头、电弧焊接头、电渣压力焊接头、气压焊接头等；

（3）机械连接——挤压套筒接头、锥螺纹套筒接头、直螺纹套筒接头、填充介质套筒接头等。

钢筋连接，应按结构要求、施工条件及经济性等，选用合适的接头。钢筋在工厂或工地加工场加工多选用闪光对焊接头。现场施工中，除采用传统的绑扎搭接接头以外，对多高层建筑结构中的竖向钢筋直径 $d>20$ mm 时多选用电渣压力焊接头，水平钢筋多选用螺纹套筒接头；对受疲劳荷载的高耸、大跨结构钢筋直径 $d>20$ mm 时，选用与母材等强的直螺纹套筒接头，预制装配混凝土构件的钢筋连接多选用填充介质套筒接头等。

5.5.1　绑扎连接

钢筋绑扎连接的基本原理是，将两根钢筋搭接一定长度，用细铁丝将搭接部分多道绑扎牢固。混凝土中的绑扎搭接接头在承受荷载后，一根钢筋中的力通过该根钢筋与混凝土之间的握裹力（黏结力）传递给周围混凝土，再由该部分混凝土传递给另一根钢筋。

《混凝土结构设计规范》（GB 50010）和《混凝土结构工程施工质量验收规范》（GB 50204）中，对绑扎搭接接头的使用范围和技术要求规定如下：

（1）受力钢筋的接头宜设置在受力较小处。在同一纵向受力的钢筋宜少设接头。在结构的关键受力部位，纵向受力钢筋不宜设置连接接头。

（2）轴心受拉及小偏心受拉杆件（如桁架和拱的拉杆）的纵向受力钢筋不应采用绑扎搭接接头。

绑扎搭接接头宜用于受拉钢筋的直径 $d<25$ mm 及受压钢筋的直径 $d<28$ mm 的连接。

（3）同一构件中相邻纵向受力钢筋的绑扎搭接接头宜相互错开。

钢筋绑扎搭接接头连接区段的长度为 1.3 倍搭接长度，凡搭接接头中点位于该连接区段长度内的搭接接头均属于同一连接区段（图 5.5）。同一连接区段内纵向钢筋搭接接头面积百分率为该区段内有搭接接头的纵向受力钢筋截面面积与全部纵向受力钢筋截面面积的比值。

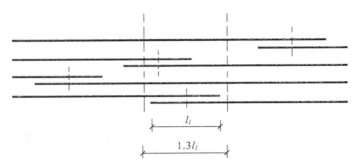

图 5.5　同一连接区段内的纵向受拉钢筋绑扎搭接接头

注：图中所示同一连接区段内的搭接接头钢筋为两根，当钢筋直径相同时，钢筋搭接接头面积百分率为 50%。

同一连接区段内，纵向受拉钢筋搭接接头面积百分率应符合设计要求；当设计无具体要求时，应符合：对梁类、板类及墙类构件，不宜大于 25%；对柱类构件，不宜大于 50%。当工程中确有必要增大受拉钢筋搭接接头面积百分率时，对梁类构件，不应大于 50%；对板类、墙类及柱类构件，可根据实际情况放宽。

对纵向受力钢筋，当受拉钢筋的绑扎搭接接头面积百分率不大于 25% 时，其最小搭接长度应符合表 5.4 的规定。当纵向受拉钢筋搭接接头面积百分率为 50% 时，其最小搭接长度应按表 5.4 中的数值乘以系数 1.15 取用；当接头面积百分率为 100% 时，应按表 5.4 中的数值乘以 1.35 取用；当接头面积百分率为 25%～100% 的其他中间值时，修正系数可按内插取值。

表 5.4　纵向受拉钢筋的最小搭接长度

钢筋类型		混凝土强度等级								
		C20	C25	C30	C35	C40	C45	C50	C55	≥C60
光面钢筋	强度等级 300MPa	$48d$	$41d$	$37d$	$34d$	$31d$	$29d$	$28d$	—	—
带肋钢筋	强度等级 400MPa	—	$48d$	$43d$	$39d$	$36d$	$34d$	$33d$	$31d$	$30d$
	强度等级 500MPa	—	$58d$	$52d$	$47d$	$43d$	$41d$	$39d$	$38d$	$36d$

注：d 为钢筋直径，两根直径不同钢筋搭接长度，以较细钢筋直径计算。

（4）纵向受压钢筋搭接时，其最小搭接长度应根据受拉钢筋规定的搭接长度要求确定具体数值后乘以系数 0.7 取用。在任何情况下，受压钢筋的搭接长度不应小于 200 mm。

（5）同一构件中的相邻纵向受力钢筋的绑扎搭接接头宜相互错开。绑扎搭接接头中钢筋的横向净距不应小于钢筋直径，且不应小于 25 mm。

（6）在梁、柱类构件的纵向受力钢筋搭接长度范围内，应按设计要求配置箍筋。当设计无具体要求时，应符合下列规定：

① 箍筋直径不应小于搭接钢筋较大直径的 0.25 倍；

② 受拉搭接区段的箍筋间距不应大于搭接钢筋较小直径的 5 倍，且不应大于 100 mm；

③ 受压搭接区段的箍筋间距不应大于搭接钢筋较小直径的 10 倍，且不应大于 200 mm；

④ 当柱中纵向受力钢筋直径大于 25 mm 时,应在搭接接头两个端面外 100 mm 范围内各设置两个箍筋,其间距宜为 50 mm。

5.5.2 焊接连接

混凝土结构设计规范规定,钢筋焊接宜用于直径不大于 28 mm 的受力钢筋连接,焊接接头的焊接质量与钢材的焊接性、焊接工艺有关。钢材的焊接性是指被焊钢材在采用一定焊接材料、焊接工艺方法和工艺规范参数条件下,获得优质焊接接头的难易程度,也就是钢材对焊接加工的适应性。钢材的焊接性可根据钢材化学成分元素对焊缝和热影响区产生淬硬冷裂纹及脆化的影响,把钢中合金元素(包括碳)的含量,按其作用折合成碳的相当含量(以碳的作用系数为 1),即用碳当量粗略地评定。碳素钢和低合金钢筋的碳当量,可近似按下式计算:

$$C_{eq} = C + \frac{Mn}{6} + \frac{Cr + Mo + V}{5} + \frac{Ni + Cu}{15}(\%) \tag{5.1}$$

经验表明,当 $C_{eq} < 0.4\%$,钢材的淬硬倾向不大,焊接性优良,焊接时可不预热;当 $C_{eq} = 0.4\% \sim 0.6\%$,钢材的淬硬倾向增大,焊接时需采取预热、控制焊接参数等工艺措施;当 $C_{eq} > 0.6\%$ 时,钢材的淬硬倾向强,属较难焊钢材,需要采取较高的预热温度、焊后热处理和严格的工艺措施。根据式(5.1)的计算,HPB300 钢筋焊接性良好,HRB400、HRB500 钢筋的焊接性较差,应采取合适的焊接参数和有效工艺措施。

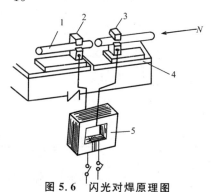

图 5.6 闪光对焊原理图
1—钢筋;2—固定电极;3—可动电极;
4—机座;5—焊接变压器

1) 闪光对焊

闪光对焊属焊接中的压焊(焊接过程中必须对焊件施加压力完成的焊接方法)。钢筋的闪光对焊(图 5.6)是利用对焊机,将两钢筋端面接触,通以低电压的强电流,利用接触点产生的电阻热使金属融化,产生强烈飞溅、闪光,使钢筋端部产生塑性区及均匀的液体金属层,迅速施加顶锻力而完成的一种电阻焊方法。

闪光对焊具有生产效率高、操作方便、节约能源、节约钢材、接头受力性能好、焊接质量高等优点,加工场钢筋制作时的对接焊接优先采用闪光对焊。最近,在预制构件厂的箍筋加工上也引入了闪光对焊方法。

(1)对焊工艺

钢筋闪光对焊工艺常用的有三种工艺方法:连续闪光焊、预热闪光焊和闪光—预热闪光焊。对焊接性差的 HRB500 牌号钢筋,还可焊后再进行通电热处理。

① 连续闪光焊。连续闪光焊是自闪光一开始就徐徐移动钢筋,工件端面的接触点在高电流密度作用下迅速融化、蒸发、连续爆破,形成连续闪光,接头处逐步被加热,其工艺过程图解如图 5.7a 所示。连续闪光焊工艺简单,一般用于焊接直径较小和强度级别较低的钢筋。连续闪光焊所能焊接钢筋的上限直径与焊机容量、钢筋牌号有关,一般用于直径在 22 mm 以下的 HRB400、HRBF400 的钢筋连接。

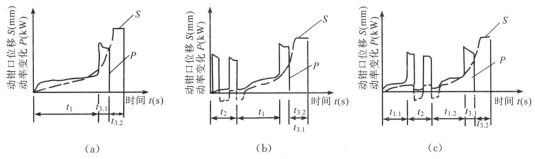

图 5.7　钢筋闪光对焊工艺过程图解

（a）连续闪光焊；（b）预热闪光焊；（c）闪光—预热闪光焊

t_1—烧化时间；$t_{1.1}$—一次烧化时间；$t_{1.2}$—二次烧化时间；t_2—预热时间；t_3—顶锻时间；

$t_{3.1}$—有电顶锻时间；$t_{3.2}$—无电顶锻时间

② 预热闪光焊。预热闪光焊是首先连续闪光，使钢筋端面闪平，然后使接头处做周期性的闭合拉开，每一次都激起短暂的闪光，使钢筋预热，接着再连续闪光，最后顶锻，其工艺过程图解如图 5.7b 所示。预热闪光焊适用于直径较粗、端面比较平整的钢筋。

③ 闪光—预热闪光焊。在钢筋采用切断机断料加工中，钢筋的端面有压伤痕迹，端面不够平整，此时宜采用闪光—预热闪光焊。其方法为在预热闪光焊之前，预加闪光阶段，烧去钢筋端部的压伤部分，使其端面比较平整，以保证端面上加热温度比较均匀，提高焊接接头质量，其工艺过程图解如图 5.7c 所示。

（2）对焊参数

为了获得良好的对焊接头，必须选择恰当的对焊参数。闪光对焊的主要参数为：调伸长度、烧化留量、顶锻留量以及变压器级数等（图 5.8）。

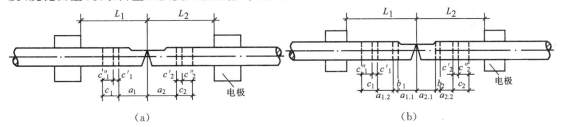

图 5.8　闪光对焊留量图解

（a）连续闪光焊；（b）闪光—预热闪光焊

L_1、L_2—调伸长度；a_1+a_2—烧化留量；$a_{1.1}+a_{2.1}$—一次烧化留量；$a_{1.2}+a_{2.2}$—二次烧化留量；

b_1+b_2—预热留量；c_1+c_2—顶锻留量；$c'_1+c'_2$—有电顶锻留量；$c''_1+c''_2$—无电顶锻留量

调伸长度是指闪光对焊前，钢筋从电极静夹具和动夹具口伸出的长度。调伸长度应使接头区域获得均匀加热，又不至于在顶锻时发生旁弯，其值可取 25～35 mm。当钢筋等级高、直径大时取大值。当焊接 HRB400、HRBF400 等级别钢筋时，调伸长度宜在 40～60 mm 内选用。

烧化留量与预热留量是闪光对焊时，考虑钢筋因闪光烧化而减短的预留长度。连续闪光焊的烧化留量等于两钢筋在断料时端面不平整度加严重压伤部分，另加 8～10 mm。在预热闪光焊或闪光—预热闪光焊中，一次烧化留量不应小于 10 mm，二次烧化留量不应小于 6 mm。预热宜采用电阻预热法，预热留量为 1～2 mm，预热次数为 1～4 次，每次预热时间为

1.5~2.0 s,间歇时间为3~4 s。

顶锻留量是闪光对焊时,考虑两钢筋因顶锻缩短而预留的长度。顶锻留量应随着钢筋直径增大和钢筋级别的提高而有所增加,其值可取3~7 mm,其中有电顶锻留量约占1/3。顶锻应在足够大的压力下快速完成,以保证焊口闭合良好,挤出氧化物夹渣并使接头处产生适当的镦粗变形。

变压器级数用以调节焊接电流大小。焊接HPB300钢筋时,可以采用较高的变压器级数,以缩短焊接时间。焊接HRB500、HRBF500钢筋时,应采用预热闪光焊或闪光—预热闪光焊工艺。

箍筋闪光对焊的焊点宜设在箍筋受力较小一边的中部。焊接总留量约为1.0 d(d为箍筋直径)。焊接设备宜选用100 kVA的箍筋专用对焊机。

2)电弧焊

电弧焊属焊接中的熔焊(焊接过程中,将焊件接头加热至熔化状态,不加压力完成焊接的方法)。将焊条作为一极,钢筋为另一极,利用焊接电流通过产生的电弧热进行焊接的一种熔焊方法,可采用焊条电弧焊和CO_2气体保护焊两种工艺方法。

施工现场常用交流弧焊机使焊条与钢筋间产生高温电弧。焊条的表面涂有焊条药皮,以保证电弧稳定燃烧,同时药皮熔化后产生的气体保护电弧和熔池,防止空气中的氮、氧进入熔池;并能产生熔渣覆盖焊缝表面,减缓冷却速度。选择焊条时,其强度应略高于被焊钢筋。对重要结构的钢筋接头,应选用低氢型碱性焊条。

钢筋电弧焊接头的主要形式有:搭接焊、帮条焊、坡口焊、窄间隙焊和熔槽帮条焊等接头型式。

(1)搭接焊与帮条焊接头

搭接焊接头(图5.9a)适用于HPB300、HRB400、HRBF400、HRB500、HRBF500钢筋。钢筋应适当预弯,以保证两钢筋的轴线在同一直线上。

帮条焊接头(图5.9b)可用于HPB300、HRB400、HRBF400、HRB500、HRBF500钢筋,帮条宜采用与主筋同牌号、同直径的钢筋制作。

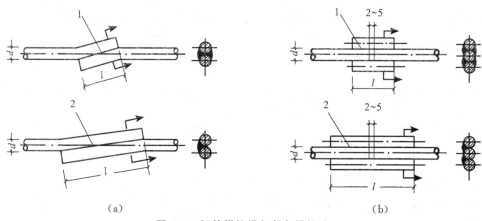

(a)   (b)

图5.9　钢筋搭接焊与帮条焊接头
(a)搭接焊接头;(b)帮条焊接头
1—双面焊;2—单面焊

搭接焊与帮条焊宜采用双面焊,如不能进行双面焊时,也可采用单面焊,其焊缝长度应加长一倍。采用双面焊时,焊缝长度应不小于(4~5)d;单面焊时HPB300钢筋焊缝长度应大于等于 8 d，其余应大于等于 10 d（d 为钢筋直径）。搭接焊或帮条焊在焊接时，其焊缝有效厚度不应小于 0.3 d，焊缝宽度不应小于 0.8 d。

（2）坡口焊接头

坡口焊分为平焊和立焊两种，适用于装配式框架结构的节点，可焊接直径 18～40 mm 的 HPB300、HRB400、HRBF400、HRB500、HRBF500 钢筋。

钢筋坡口平焊（图 5.10a）采用 V 形坡口，坡口角度 55°～65°，根部间隙为 4～6 mm，下垫钢板。

钢筋坡口立焊（图 5.10b）采用半 V 形坡口，坡口角度为 35°～55°，根部间隙为 3～5 mm，也贴有焊板。

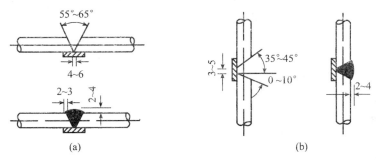

图 5.10　钢筋坡口焊接头
（a）坡口平焊；（b）坡口立焊

（3）窄间隙焊接头

钢筋窄间隙焊适用于直径 16 mm 及以上钢筋的现场水平连接。焊接时，两钢筋端部置于 U 形铜模中，留出 10～15 mm 的窄间隙，宜用低氢型焊条连续焊接，熔化钢筋端面，并使熔敷金属充填间隙形成接头（图 5.11），焊缝余高为 2～4 mm。

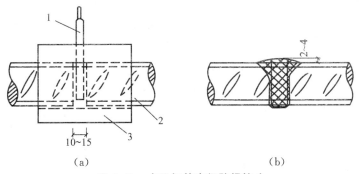

图 5.11　水平钢筋窄间隙焊接头
（a）被焊钢筋端部　（b）成型接头
1—焊条；2—钢筋；3—U 形铜模

3）电渣压力焊

钢筋电渣压力焊属焊接中的压焊，是将两钢筋安放成竖向对接形式，利用焊接电流通过两钢筋端面间隙，在焊剂层下形成电弧和电渣过程，产生电弧热和电阻热，熔化钢筋，待到一定程度后施加压力，完成钢筋连接。这种钢筋接头的焊接方法与电弧焊相比，焊接效率高 5～6 倍，且接头成本较低，质量易保证，它适用于直径为 12～32 mm 的 HPB300、HRB400、HRBF400、

HRB500、HRBF500竖向或斜向钢筋(倾斜度不大于10°)的连接。

电渣压力焊的主要设备包括:三相整流或单相交流电的焊接电源;夹具、操作杆及监控仪的专用机头;可供电渣焊和电弧焊的专用控制箱等(图5.12)。电渣压力焊耗用的材料主要有焊剂及铁丝。因焊剂要求既能形成高温渣池和支托熔化金属,又能改善焊缝的化学成分,提高焊缝质量,所以常选用含锰、硅量较高的埋弧焊的HJ431焊剂,并避免焊剂受潮,以免在高温作用下产生蒸汽,使焊缝有气孔。常用高度不小于10 mm的铁丝圈,或用一高约10 mm的φ3.2的焊条芯引燃电弧。

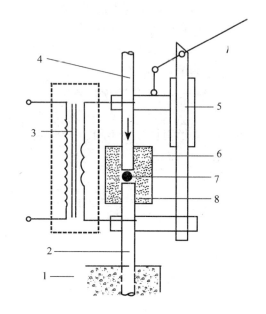

图5.12 钢筋电渣压力焊示意图
1—混凝土;2—下钢筋;3—焊接电源;4—上钢筋
5—焊接夹具;6—焊剂盒;7—铁丝圈;8—焊剂

钢筋电渣压力焊兼有电弧焊、电渣焊和压力焊的特点。焊接过程包括四个阶段:

(1)引弧过程。焊接夹具夹紧上下钢筋,两端面留有一定间隙。钢筋端面处安放引弧铁丝圈引弧(也可直接引弧)(图5.13a)。

(2)电弧过程。焊接电弧在两钢筋之间燃烧,电弧热将两钢筋端面熔化。随着电弧的燃烧,熔化的金属形成熔池,熔融的焊剂形成熔渣(渣池),覆盖于熔池之上(图5.13b),使之不与空气接触。此时将上钢筋不断下送,插入液态渣池约2 mm,保持电弧稳定。

(3)电渣过程。当钢筋端面处形成一定深度的渣池后,加快上钢筋的下送速度,使其端部直接与渣池接触;此时,电弧熄灭,变电弧过程为电渣过程。渣池电流加大,因电阻较大,温度迅速升至1 600 ℃~2 000 ℃(图5.13c)。

(4)顶压过程。待电渣过程产生的电阻热使上下钢筋的端部达到全断面均匀加热的时候,迅速将上钢筋向下顶压,将熔化金属和熔渣从结合部全部挤出,同时切断电源(图5.13d)。冷却后,打掉渣壳,露出带金属光泽的焊包。四周焊包凸出钢筋表面的高度,当钢筋直径为25 mm及以下时不得小于4 mm;当钢筋直径为28 mm及以上时不得小于6 mm。

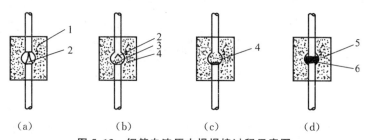

(a)　　　　　　(b)　　　　　　(c)　　　　　　(d)

图5.13 钢筋电渣压力焊焊接过程示意图
(a)引弧过程;(b)电弧过程;(c)电渣过程;(d)顶压过程
1—焊剂;2—电弧;3—渣池;4—熔池;5—渣壳;6—熔化的钢筋

电渣压力焊主要焊接参数有:焊接电流、焊接电压、通电时间、钢筋熔化量以及挤压力大小等。表 5.5 列出常用钢筋电渣压力焊的主要焊接参数。

表 5.5　钢筋电渣压力焊主要焊接参数

钢筋直径 （mm）	焊接电流 （A）	焊接电压（V）		焊接通电时间（s）	
		造渣过程 $U_{2.1}$	电渣过程 $U_{2.2}$	电弧过程 t_1	电渣过程 t_2
12	280～320			12	2
14	300～350			13	4
16	300～350			15	5
18	300～350			16	6
20	350～400	35～45	18～22	18	7
22	350～400			20	8
25	350～400			22	9
28	400～450			25	10
32	450～500			30	11

4）气压焊

气压焊也属焊接中的压焊。钢筋气压焊是利用乙炔与氧混合气体(或液化石油气)燃烧所形成的火焰加热两钢筋对接处端面,使其达到一定温度,在压力作用下获得牢固接头的焊接方法。这种焊接方法设备简单、工效高、成本较低,适用于各种位置的直径为 14～40 mm 的 HPB300、HRB400、HRBF400、HRB500、HRBF500 钢筋焊接连接。

气压焊有熔态气压焊(开式)和固态气压焊(闭式)两种。熔态气压焊是将两钢筋端面稍加离开,使钢筋加热到熔化温度,加压完成连接的一种方法,属熔化压力焊范畴。固态气压焊是将两钢筋端面紧密闭合,加热至 1 150 ℃～1 250 ℃左右,加压完成的一种方法,属固态压力焊范畴。以往施工现场使用的主要是固态气压焊,现在一般情况下,宜优先采用熔态气压焊。

钢筋气压焊设备由供气装置、多嘴环管加热器、加压器以及焊接夹具等组成(图 5.14)

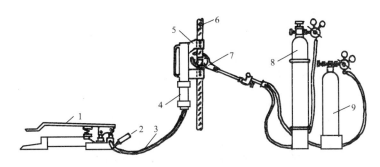

图 5.14　钢筋气压焊设备
1—手动液压加压器;2—压力表;3—油管;4—活动液压油缸;5—夹具;
6—被焊钢筋;7—焊炬;8—氧气瓶;9—乙炔气瓶

钢筋气压焊的工艺过程为：

（1）接合前端处理。钢筋熔态气压焊与固态气压焊相比，简化了焊前对钢筋端面仔细加工的工序。把钢筋夹具固定在钢筋的端头上，端面预留间隙3～5 mm，有利于快速加热到熔化温度。钢筋端面不平时，可将凸部顶紧，不规定间隙。

（2）加热顶锻成型。根据钢筋直径的不同，有一次加压顶锻成型和两次加压顶锻成型两种操作工艺。

① 一次加压顶锻成型法。先用中性火焰对钢筋接口两侧连续加热，加热的幅宽约为1.5倍钢筋直径加10 mm左右的烧化间隙。待接缝外钢筋达到塑化状态（1 100 ℃左右）时，将火焰集中于焊口处，并把火焰调整为碳化焰，保护焊口免受氧化。在钢筋端头烧成平滑凸状时，继续加热并在还原焰保护下迅速加压顶锻，钢筋截面压力达40 MPa以上，直至钢筋端面挤出液态金属，接口闭合，形成镦粗的接头。

一次加压顶锻成型法生产效率高，热影响区窄，适合焊接直径25 mm以下的钢筋。

② 三次加压顶锻成型法。三次加压法分为预压、密合和成型三个阶段，第一次用中性焰对接口处集中加热至端面熔化，将火焰调成碳化焰保护加热端面并预压顶紧。第二次加压顶锻（钢筋截面压力约为40 MPa），挤出端面的液态氧化物及杂物，使结合面密合。然后把加热焰调成中性焰，在1.5倍钢筋直径范围内沿钢筋轴向往复均匀加热至塑化状态，施加第三次顶锻压力（钢筋截面压力达35 MPa以上），以破坏固态氧化物，挤走过热及氧化的金属，产生合理分布的塑性变形，获得结合牢固及平缓过渡的镦粗接头。

三次加压顶锻成型法接头有较多的热金属，冷却较慢，减轻淬硬倾向，适合焊接直径25 mm以上的钢筋。

5.5.3 机械连接

钢筋机械连接是通过连接件或其他介入材料的机械咬合作用或钢筋端面的承压作用将一根钢筋中的力传至另一根钢筋的连接方法。这种连接方法的接头区变形能力与母材基本相同，接头质量可靠，不受钢筋化学成分影响，人为的因素影响小；操作简便，施工速度快，且不受气候条件影响；无污染、无火灾隐患，施工安全等。在粗直径的钢筋连接中，钢筋机械连接方法有广阔的应用前景。

钢筋机械连接接头根据抗拉强度、残余变形、最大力下总伸长率以及高应力和大变形条件下反复拉压形成的差异，可分为三个性能等级：

Ⅰ级：钢筋拉断及连接件极限抗拉强度大于或等于被连接钢筋抗拉强度标准值1.10倍，残余变形小并具有高延性及反复拉压性能。

Ⅱ级：连接件极限抗拉强度不小于被连接钢筋极限抗拉强度标准值，残余变形小并具有高延性及反复拉压性能。

Ⅲ级：连接件极限抗拉强度不小于被连接钢筋屈服强度标准值的1.25倍，残余变形小并具有一定的延性及反复拉压性能。

在混凝土结构中，要求充分发挥钢筋强度或对接头延性要求高的部位，应优先采用Ⅱ级或Ⅰ级接头；当在同一连接区段内必须实施100%钢筋接头的连接时，应采用Ⅰ级接头；对于钢筋应力较高但对接头延性要求不高的部位，可采用Ⅲ级接头。

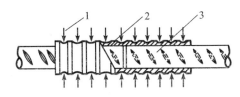

图 5.15　钢筋挤压套筒接头
1—压痕；2—钢套筒；3—带肋钢筋

1）挤压套筒接头

钢筋挤压套筒有轴向挤压和径向挤压两种方式，现常用径向挤压。钢筋径向挤压套筒连接工艺的基本原理是：将两根待接钢筋端头插入钢套筒，用液压压接钳径向挤压套筒，使之产生塑性变形与带肋钢筋紧密咬合，由此产生摩擦力和抗剪力来传递钢筋连接处的轴向荷载(图 5.15)。

套筒冷挤压连接的主要设备有钢筋液压压接钳和超高压油泵。钢套筒材料可选用 10～20 号优质碳素结构镇静钢无缝钢管，钢套筒的设计截面积一般不小于被连接钢筋截面积的 1.7 倍，抗拉力为被接钢筋的 1.25 倍左右。

挤压套筒连接的工艺流程如下：

钢筋、套筒验收 → 钢筋断料、划套筒套入长度的定长标记 → 套筒套入钢筋，安装压接钳

→ 开动液压泵，逐扣挤压套筒至接头成型 → 卸下压接钳 → 接头外形检查

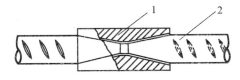

图 5.16　锥螺纹套筒接头
1—连接套筒；2—带肋钢筋

钢筋挤压套筒接头适用于直径 18～50 mm 的热轧带肋钢筋、操作净距大于 50 mm 的各种场合。

2）锥螺纹套筒接头

钢筋锥形螺纹连接工艺是模仿石油钻机延长钻管的方法，利用锥形螺纹能承受拉、压两种作用力且自锁性、密封性好的原理，将被连接的钢筋端部加工成锥形螺纹，按规定的力矩值将两根钢筋连接在一起(图 5.16)。

钢筋端部锥形螺纹是在专用套丝机上套丝加工而成，锥度多为 1：10 和 6°，螺距以 2.5 mm 居多，长度约为 1.6 d；连接套内锥形螺纹则是在锥形螺纹旋切机上加工而成。套筒材料采用宜用 45 号优质碳素钢制作，受拉承载力不应小于被连接钢筋的受拉承载力标准值的 1.10 倍，长度约为 $(3.5～4.2)d$，直径约为 $(1.3～1.5)d$。

钢筋锥螺纹连接方法具有现场连接速度快，无明火作业，无须专业熟练技工等优点，但也有易发生倒牙、脱扣等缺点。该连接方法适用于按一、二级抗震等级设防的混凝土结构工程中直径为 16～40 mm 的竖向、斜向和水平钢筋的现场连接施工。

3）直螺纹套筒接头

钢筋直螺纹连接分为镦粗直螺纹和滚轧直螺纹两类。镦粗直螺纹又分为冷镦粗和热镦粗直螺纹两种。钢筋冷镦粗直螺纹连接的基本原理是：通过钢筋镦粗机把钢筋端头镦粗，再切削成直螺纹，然后用直螺纹的连接套筒将被连钢筋两端拧紧完成连接。镦粗直螺纹的特点：钢筋端部经冷镦后不仅直径增大，使套丝后丝扣底部的截面积不小于钢筋原截面积，而且由于冷镦后钢材产生塑性变形，内部金属晶格变形位错使金属强度提高，致使接头部位有很高的强度，断裂发生于母材部位。这种接头螺纹精度高，接头质量稳定性好，操作简便，连接速度快，成本适中。但是镦粗直螺纹也有镦粗部位钢筋的延性降低，易发生脆断的缺点。

钢筋滚轧直螺纹连接接头(图 5.17)是将钢筋端部用滚轧工艺加工成直螺纹，并用相应具有内螺纹的连接套筒将两根被连钢筋连接在一起。该接头形式是 20 世纪 90 年代中期发展起

135

来的钢筋机械连接新技术,目前已成为钢筋机械连接的主要形式。滚轧直螺纹连接适用于中等或较粗直径的热轧带肋钢筋的连接。

滚轧直螺纹的连接套筒宜选用45号优质碳素结构钢制作,一般由专业厂家生产。连接套筒按其屈服承载力和抗拉承载力的标准值不小于被连钢筋的屈服承载力和抗拉承载力的标准值的1.10倍设计。

施工现场进行钢筋直螺纹连接时应注意两点:

(1) 钢筋连接完成后检查接头,标准型接头套筒外应有外露有效螺纹,且连接套筒单边外露有效螺纹不宜超过2P(2个螺牙)。

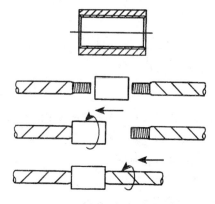

图 5.17　钢筋标准滚轧直螺纹连接

(2) 钢筋接头拧紧后,应用力矩扳手按不小于规定的拧紧扭矩值检查,并加以标记。具体的拧紧力矩值见表5.6。

表 5.6　直螺纹接头安装时的最小拧紧扭矩值

钢筋直径(mm)	≤16	18~20	22~25	28~32	36~40	50
拧紧扭矩(N·m)	100	200	260	320	360	460

5.5.4　接头质量检验与评定

为确保钢筋连接质量,钢筋接头应按有关规程规定进行质量检查与评定验收。

1) 焊接连接接头

采用焊接连接的接头,评定验收其质量时,应按现行国家标准《混凝土结构工程施工质量验收规范》(GB 50204)中基本规定和行业标准《钢筋焊接及验收规程》(JGJ 18)中的有关规定执行。其中除检查外观质量外,还必须进行拉伸或弯曲试验。

(1) 检验批

对钢筋闪光对焊接头的一个检验批:要求在同一台班内,由同一焊工完成的300个同牌号、同直径钢筋焊接接头应作为一批。当同一台班内焊接的接头数量较少,可在一周之内累计计算;累计仍不足300个接头,应按一批计算。机械性能检验时,应从每批接头中随机切取6个接头,其中3个做拉伸试验,3个做弯曲试验。封闭环式箍筋闪光对焊接头,以600个同牌号、同规格的接头作为一批,只做拉伸试验。

对钢筋电弧焊接头的一个检验批:要求在现浇混凝土结构中,应以300个同牌号、同型式作为一批;在房屋结构中,应在不超过两个楼层中300个同牌号钢筋、同型式接头作为一批。每批随机切取3个接头,做拉伸试验。在装配式结构中,可按生产条件制作模拟试件,每批3个,做拉伸试验。

对钢筋电渣压力焊接头的一个检验批:要求在现浇钢筋混凝土结构中,应以300个同牌号钢筋接头作为一批;在房屋结构中,应在不超过两个楼层中300个同牌号钢筋接头作为一批;当不足300个接头时,仍应作为一批。每批随机切取3个接头做拉伸试验。

对钢筋气压焊接头的一个检验批:检验批要求同钢筋电渣压力焊。在柱、墙的竖向钢筋连接中,应从每批接头中随即切取3个接头做拉伸试验;在梁、板的水平钢筋连接接头中,应另切取 3 个接头做弯曲试验。

（2）接头拉伸试验要求

钢筋闪光焊接头、电弧焊接头、电渣压力焊接头、气压焊接头拉伸试验结果均应符合下列要求：

① 3 个试件抗拉强度均不得小于该牌号钢筋规定的抗拉强度；

② 至少应有 2 个试件断于焊缝之外，并应呈延性断裂。

当达到上述两项要求时，应评定该批接头为抗拉强度合格。

当试验结果有 2 个试件抗拉强度小于规定值，或 3 个试件均在焊缝或热影响区发生脆性断裂时，则一次判定该批接头为不合格品。

当试验结果有 1 个试件的抗拉强度小于规定值，或 2 个试件在焊缝或热影响区发生脆性断裂，其抗拉强度均小于钢筋规定抗拉强度的 1.10 倍时，应进行复检。

复检时，应再切取 6 个试件。复检结果，若仍有 1 个试件的抗拉强度小于规定值，或有 3 个试件断于焊缝或热影响区，呈脆性断裂，其抗拉强度小于钢筋规定抗拉强度的 1.10 倍时，应判定该批接头为不合格品。

2）机械连接接头

采用机械连接的接头，评定验收其质量时，应按现行国家标准《混凝土结构工程施工质量验收规范》（GB 50204）中基本规定和行业标准《钢筋机械连接技术规程》（JGJ 107）中的有关规定执行。其中除检查外观质量外，还必须进行拉伸试验。

（1）验收批

对钢筋机械连接接头，要求从同一施工条件下，用同一批材料的同强度等级、同型式、同规格和同型式接头，以 500 个为一个验收批，进行检查和验收，不足 500 个也作为一个验收批。对每一个验收批，均按设计要求的接头性能等级，随机切取 3 个试件做极限抗拉强度试验、加工和安装质量检验。

（2）极限抗拉强度试验

对接头的每一验收批，随机切取的 3 个试件做极限抗拉强度试验，按设计要求的接头性能等级进行评定。当 3 个试件极限抗拉强度试验结果均符合该接头等级的要求时，该验收批评为合格。如有 1 个试件的极限抗拉强度不符合要求，应再取 6 个试件进行复检，复检中如仍有 1 个试件试验结果不符合要求，则该验收批评为不合格。

当现场连续检验 10 个验收批，其全部抗拉强度试验一次抽样均合格，验收批接头数可扩大为 1 000 个，以减少检验工作量。

（3）螺纹接头拧紧力矩校核

按接头的检验批，抽取 10% 的螺纹接头做拧紧扭矩校核，拧紧扭矩值不合格数超过被校核接头数的 5% 时，应重新拧紧全部接头，直到合格为止。

5.5.5 钢筋安装与检查

钢筋安装总要求为：受力钢筋的品种、级别、规格和数量必须符合设计要求。此外，钢筋位置要准确，固定要牢靠，接头要符合规定。

钢筋绑扎一般采用 20 号、22 号铁丝，钢筋搭接处应在中心和两端用铁丝扎牢。

板与墙的钢筋网，其外围两行钢筋的相交点全部扎牢；中间部分的相交点可相隔交错扎牢;双向受力的钢筋,须全部扎牢。相邻绑扎点的铁丝扣应成八字形,以免网片歪斜变形。梁和柱的钢筋骨架,其箍筋弯钩叠合处应沿受力钢筋方向错开布置,箍筋转角与受力钢筋交叉点均应扎牢。

钢筋安装中,钢筋接头宜设置在受力较小处;有抗震设防要求的结构中,梁端、柱端箍筋加密区范围不宜设置钢筋接头,且不应进行钢筋搭接。同一纵向受力钢筋不宜设置两个或两个以上接头。接头末端距钢筋弯起点的距离不应小于钢筋直径的 10 倍,也不宜位于构件最大弯矩处。

钢筋网和钢筋骨架现场绑扎或安装就位后,混凝土保护层可用水泥砂浆垫块或塑料间隔件等定位件控制。对水平构件中双层钢筋网,在上层钢筋网下面应设置钢筋撑脚或混凝土撑脚,以保证钢筋位置正确。

钢筋安装完毕后,应主要检查钢筋的牌号、直径、根数、间距等是否正确,特别是负弯矩钢筋的位置是否正确,还应检查钢筋接头和保护层等是否符合要求。钢筋工程属隐蔽工程,在浇筑混凝土前,对钢筋安装进行验收,做好隐蔽工程记录,以便考查。

钢筋工程　　　电渣压力焊　　　电渣压力焊

6 混凝土工程

混凝土工程各施工过程既相互联系，又相互影响，任一过程施工不当都会影响混凝土工程的最终质量。

混凝土工程在混凝土结构工程中占有重要地位，混凝土工程质量的好坏直接影响到混凝土结构的承载力、耐久性与整体性。由于高层现浇混凝土结构和高耸构筑物的增多，促进了混凝土工程施工技术的发展。混凝土的制备在施工现场通过小型搅拌站实现了机械化；在工厂，大型搅拌站已实现了计算机自动化控制。混凝土外加剂技术也不断发展和推广应用，混凝土拌合物通过搅拌输送车和混凝土泵实现了长距离、超高度运输。随着现代工程结构的高度、大跨度及预应力混凝土的发展，人们开发、研制了强度 80 MPa 以上的高强混凝土，以及高工作性、高体积稳定性、高抗渗性、良好力学性能的高性能混凝土，并且还有具备环境协调性和自适应特性的绿色混凝土。其他如特殊条件下（寒冷、炎热、真空、水下、海洋、腐蚀、耐油、耐火、防辐射及喷射等）的混凝土施工技术、特种混凝土（如高强度、膨胀、特快硬、纤维、粉煤灰、沥青、树脂、聚合物、自防水）等的研究和推广应用，使具有百余年历史的混凝土工程面目一新。此外，自动化、机械化的发展和新的施工机械和施工工艺的应用，也大大改变了混凝土工程的施工技术。

混凝土施工的工艺流程如下：制备 → 运输 → 浇筑 → 养护

6.1 混凝土制备

6.1.1 混凝土配制

混凝土在配合比设计时，必须满足结构设计的混凝土强度等级和耐久性要求，并有较好的施工性（流动性等）和经济性。混凝土的实际施工强度随现场生产条件的不同而上下波动，因此，混凝土制备前，应在强度和含水量方面进行调整试配，试配合格后才能进行生产。

1）混凝土施工配制强度

为了保证混凝土的实际施工强度不低于设计强度标准值，混凝土的施工试配强度应比设计强度标准值提高一个数值，并有 95% 的强度保证率。

（1）当设计强度等级低于 C60 时，配制强度按下式确定：

$$f_{cu,o} \geqslant f_{cu,k} + 1.645\sigma \tag{6.1}$$

式中　$f_{cu,o}$——混凝土的施工配制强度（MPa）；

　　　$f_{cu,k}$——设计的混凝土立方体抗压强度标准值（MPa）；

　　　σ——施工单位的混凝土强度标准差（MPa）。

当施工单位具有近期（现场拌制统计周期不超过 3 个月）同一品种混凝土的强度资料时，σ 可按下式求得

$$\sigma = \sqrt{\frac{\sum_{i=1}^{n} f_{cu,i}^2 - n m_{fcu}^2}{n-1}} \tag{6.2}$$

139

式中　$f_{cu,i}$——统计周期内同一品种混凝土第 i 组试件的强度值（MPa）；

　　　m_{fcu}——n 组试件的强度平均值（MPa）；

　　　n——试件组数，n 值不应小于 30。

用式（6.2）计算时，当混凝土强度等级为不大于 C30 时，计算值 $\sigma \geqslant 3.0$ MPa 时，应按计算结果取值，如计算得到的 $\sigma < 3.0$ MPa，取 $\sigma = 3.0$ MPa；当混凝土强度等级大于 C30 且小于 C60 时，计算得到的 $\sigma \geqslant 4.0$ MPa 时，应按计算结果取值，如计算得到的 $\sigma < 4.0$ MPa，取 $\sigma = 4.0$ MPa。

当施工单位不具有近期的同一品种混凝土强度资料时，当混凝土强度等级低于 C20 时，取 $\sigma = 4.0$ MPa；当 C25～C45 时，取 $\sigma = 5.0$ MPa；当 C50、C55 时，取 $\sigma = 6.0$ MPa。

（2）当设计强度等级不低于 C60 时，配制强度按下式确定：

$$f_{cu,o} \geqslant 1.15 f_{cu,k}$$

2）混凝土施工配料计量

混凝土所用原材料的计量必须准确，才能保证所拌制的混凝土满足设计和施工提出的要求。各种原材料每盘计量的偏差不得超过表 6.1 的规定。

表 6.1　混凝土每盘原材料的计量允许偏差

材料名称	现场拌制允许偏差（%）	预制或搅拌站拌制允许偏差（%）
水泥、矿物掺合料	±2	±1
粗、细骨料	±3	±2
水、外加剂	±1	±1

3）含水量的调整

混凝土强度值对水灰比的变化十分敏感，配制混凝土的用水量必须准确。由于试验室在试配混凝土时的砂、石是干燥的，而施工现场的砂、石均有一定的含水率，其含水量的大小随当时当地气候而异。为保证现场混凝土准确的水灰比，应按现场砂、石实际含水率对用水量予以调整。

设试验室的配合比为：水泥∶砂∶石子＝1∶X∶Y，水灰比为 W/C；

现场测得的砂、石含水率分别为：W_x，W_y；

则施工配合比为：水泥∶砂∶石子＝1∶$X(1+W_x)$∶$Y(1+W_y)$；

水灰比保持不变，则必须扣除砂、石中的含水量，即实际用水量的 W（原用水量）－$XW_x - YW_y$。

4）主要原材料的质量控制

水泥应符合现行国家标准，并附有制造厂的水泥品质试验报告等合格文件；对所用水泥应进行复查试验。如受潮或存放时间超过 3 个月应重新取样检验，并按复验结果使用。在大体积混凝土施工中，对于刚出厂温度较高的散装水泥，应待其温度降低后使用。对于高耐久性的混凝土宜选用低碱水泥。

骨料的各项性能指标将直接影响到混凝土的施工和使用性能，其颗粒级配与粗细程度、颗粒形态和表面特征、强度、坚固性、含泥量、泥块含量、有害物质及碱集料反应等指标应符合现行国家标准和有关规程。细骨料应选用级配良好、质地坚硬、颗粒洁净的河砂、湖砂等，不宜采用海砂。粗骨料可采用连续级配或连续级配与单粒级配合使用，特殊情况也可使用单粒级组合。粗骨料最大粒径不应超过构件最小尺寸的 1/4,且不应超过钢筋间距的 3/4;对于实心混凝土板,粗骨料最大粒径不宜超过板厚的 1/3,且不应超过 40 mm。

凡是能饮用的自来水或天然的洁净的水都能用来拌制和养护混凝土,当水质有疑问(如采用河水、地下水等)时,可将该水和洁净水分别配制混凝土,进行凝结时间、强度等对比试验后确定,同时应符合现行行业标准《混凝土用水标准》JGJ 63 的有关规定。

所用的外加剂必须是经过有关部门检验合格的产品,其质量符合现行的国家标准《混凝土外加剂》(GB 8076)的规定,使用前应复验其效果。当使用一种以上外加剂时,必须试配混凝土拌和料确定,或检验其相容性。

混合材料包括粉煤灰、火山灰、粒化高炉矿渣和超细矿粉等,这些材料应由生产单位专门加工,并进行产品检验,出具产品合格证书,其技术条件应符合相关规范、标准。

6.1.2 混凝土搅拌

要获得均匀一致的混凝土,必须充分搅拌原材料,使各种原材料彻底混合。

混凝土的搅拌分为人工和机械两种。由于人工搅拌的劳动强度大,均匀性差,水泥用量偏大,因此,只在混凝土用量较少或没有搅拌机的特殊情况下采用。

1)混凝土搅拌机理及搅拌机选择

采用机械搅拌,使混凝土中各物料颗粒均匀分散,其搅拌机理有两种:

(1)自落式重力扩散机理。它是将物料提升到一定高度后,利用重力的作用,自由落下,由于物料下落的时间、速度、落点及滚动距离不同,物料颗粒就相互穿插、翻抖、混合而扩散均匀化。自落式搅拌机就是根据这种机理设计的,在搅拌筒内壁焊有弧形叶片,当搅拌筒绕水平轴旋转时,弧形叶片不断地将物料提升到一定高度,然后自由落下而相互混合(图 6.1)。

(2)强制式剪切扩散机理。它是利用转动着的叶片强迫物料相互间产生剪切滑移而达到混合和扩散均匀化。强制式搅拌机就是根据这种机理设计的,在搅拌筒中装有风车状的叶片,这些不同角度和位置的叶片转动时,强制物料翻越叶片,填充叶片通过后留下的空间,使物料混合均匀(图 6.2)。

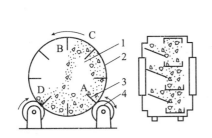 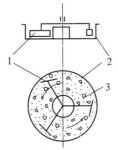

图 6.1　自落式搅拌机拌合原理	图 6.2　强制式搅拌机拌合原理
1—自由坠落物料;2—滚筒;3—叶片;4—滚轮	1—搅拌叶片;2—盘式搅拌筒;3—拌合物

选择混凝土搅拌机时,应综合考虑所需拌制混凝土的总数量、同时所需的最大数量、混凝土的品种、坍落度及骨料粒径等各种因素。施工现场除少量零星的塑性混凝土或低流动性混凝土仍可选用自落式搅拌机,但由于此类搅拌机对混凝土骨料的棱角有较大的磨损,影响混凝土的质量,现已逐步被强制式搅拌机取代。对于干硬性混凝土和轻骨料混凝土也选用强制式搅拌机。在混凝土集中预拌生产的搅拌站(图 6.3),多采用强制式搅拌机,以缩短搅拌时间,

还能用计算机控制配料和称量,拌制出具有较高工作性的混合料。

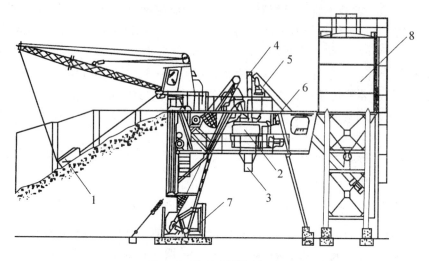

图6.3　混凝土搅拌站

1—拉铲;2—搅拌机;3—出料口;4—水泥计量;5—螺旋运输机;6—外加剂计量;7—砂石计量;8—水泥仓

选用搅拌机容量时不宜超载,如超过额定容积的10%,就会影响混凝土的均匀性,反之则影响生产效益。我国规定混凝土搅拌机容量一般以出料容积(m³)×1 000标定规格,常用规格有250、350、500、750、1 000等。装料容积与出料容积之比约为1:0.55~1:0.72,一般可取1:0.66。

2)投料顺序

常用的投料方法有一次投料法和二次投料法两种,一次投料法采用最普遍。一次投料法对自落式搅拌机应先在筒内加部分水,在搅拌机的上料斗中依次先装石子、水泥和砂,然后一次投料,同时陆续加水。这种投料方法可使砂子压住水泥,使水泥粉尘不致飞扬,并且水泥和砂子先进入搅拌筒形成水泥砂浆,缩短包裹石子的时间。加料顺序可简写成10%水——粗细骨料、水泥$\xrightarrow{80\%水}$补10%水。对于强制式搅拌机,其出料口在下面,不能先加水,应在投入干料的同时,缓慢均匀分散地加水。

二次投料法又分为预拌水泥砂浆法、预拌水泥净浆法和水泥裹砂石法(又称SEC法)三种。国内外试验资料表明,二次投料法搅拌的混凝土与一次投料法相比较,混凝土强度可提高约15%,在强度相同情况下,可节约水泥15%~20%。预拌水泥砂浆法是先将水泥、砂和水加入搅拌筒内进行充分搅拌,成为均匀的水泥砂浆后,再投入石子搅拌成均匀的混凝土。预拌水泥净浆法是先将水泥和水充分搅拌成水泥净浆后,再加入砂和石子搅拌成混凝土。水泥裹砂石法是先将全部砂、石和70%的水倒入搅拌机,搅拌10~20 s,将砂和石表面湿润,再倒入水泥进行造壳搅拌20 s,最后加剩余水,进行糊化搅拌80 s。水泥裹砂石法能提高强度是因为改变投料和搅拌顺序后,使水泥和砂石的接触面增大,水泥的潜力得到充分发挥。为保证搅拌质量,目前有专用的裹砂石混凝土搅拌机。

3)搅拌时间

搅拌时间是指从原材料全部投入搅拌筒时起,至开始卸料时为止所经历的时间。

搅拌时间是影响混凝土质量及搅拌机生产率的重要因素之一。搅拌时间过短,则混凝土

142

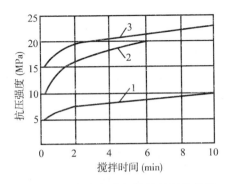

图 6.4 混凝土强度与搅拌时间的关系
1—混凝土 7 天强度;2—混凝土 28 天强度;
3—混凝土两个月强度

不均匀,强度及工作性均降低;如适当延长搅拌时间,混凝土强度也会增长,例如自落式搅拌机若延长搅拌时间 2～3 min,混凝土强度有较显著的增长;若再增加时间,强度增长较少(图 6.4)。搅拌时间过长,会使不坚硬的骨料发生破碎或掉角,反而降低了混凝土的强度,还会引起混凝土工作性的降低,影响混凝土质量。因而搅拌时间最多不宜超过表 6.2 规定的最短时间的三倍。轻骨料及掺有混合料材料外加剂的混凝土均应适当延长搅拌时间。

表 6.2 混凝土搅拌的最短时间(s)

混凝土坍落度 (mm)	搅拌机机型	搅拌机容积(L)		
		<250	250～500	>500
≤40	强制式	60	90	120
	自落式	90	120	150
>40,且<100	强制式	60	60	90
	自落式	90	90	120
≥100	强制式	60		
	自落式	90		

6.2 混凝土运输

混凝土由拌制地点运往浇筑地点有多种运输方法。选用时,应根据结构物的类型和大小,混凝土的总运输量与每日或每小时所需的混凝土浇筑量,水平及垂直运输的距离,现有设备情况,以及地形、道路与气候条件等因素综合考虑。不论采用何种运输方法,混凝土在运输过程中,都应满足下列要求:

① 混凝土应保持原有的均匀性,不离析,不分层,组成成分不发生变化;

② 混凝土运至浇筑点开始浇筑时,应满足设计配合比所规定的坍落度;

③ 混凝土从搅拌机卸出运至浇筑点必须在混凝土初凝前浇筑完毕,不掺改变凝结时间的外加剂的混凝土,其允许延续时间见表 6.3。

表 6.3 混凝土从搅拌机中卸入运输车开始至输送入模延续时间(min)

运输方式	气 温	
	≤25 ℃	>25 ℃
不掺外加剂	90	60
掺外加剂	150	120

注 当混凝土拌和料中掺有早强型外加剂时,其允许时间应根据试验结果确定。

143

为了避免混凝土在运输过程中发生离析,其运输线路应尽量缩短,道路应平坦。

为了避免混凝土在运输过程中坍落度损失太大,运输容器应严密不漏浆,不吸水。容器在使用前应先用水湿润,在运输过程中采取措施防止混凝土水分蒸发太快或防止混凝土受冻。

混凝土的运输可分为水平运输和垂直运输。水平运输又可分地面运输和结构层面运输。

常用的水平运输设备有:手推车、机动翻斗车、混凝土搅拌输送车和自卸汽车等。常用的垂直运输设备有井架、塔式起重机和混凝土泵等。

1)手推车及机动翻斗车运输

一般常用的双轮手推车容积约 $0.07\sim0.1$ m³,载重约 200 kg,主要用于工地内的特殊情况下少量的水平运输。当用于结构层面水平运输混凝土时,由于层面上已立模板并完成安装钢筋,因此需铺设手推车行走用的走道。

机动翻斗车也主要用于工地内的短距离运输,容量约 0.45 m³,载重约 1t。

2)混凝土搅拌输送运输

施工现场使用的混凝土,现形成集中预拌以商品混凝土形式供应为主。当运输距离超过一定限度时,混凝土在运输过程中将发生较严重的离析或初凝等现象,混凝土搅拌输送车就是适应较长距离混凝土水平运输的一种专用机械。

混凝土搅拌输送车(图 6.5)兼输送和搅拌混凝土的双重功能,可以根据运输距离、混凝土的质量要求等不同情况,采用不同的工作方式。

(1)混凝土的扰动运输。这种工作方式是在运送已拌和好的混凝土途中,不停地以缓慢转速($2\sim4$ r/min)旋转,对混凝土不停进行扰动,以防止发生离析,从而保证混凝土的均匀性。但这种运送方式,运距受到混凝土初凝时间的限制。

(2)混凝土的搅拌运输。这种工作方式是混凝土搅拌输送车在配料站按规定的混凝土配合比装入未经搅拌的砂、石、水泥和水即开往现场,在现场以较高转速($8\sim12$ r/min)搅拌混凝土,该方式称为湿料搅拌运输。另一种方式是混凝土搅拌输送车在配料站只装入砂、石和水泥等干料,在输送的途中或到达现场后再注水搅拌,该方式称为干料注水搅拌运输,它可不受混凝土初凝时间的限制,运输距离更远。

混凝土搅拌输送车到达现场后,宜快速旋转搅拌 20 s 以上,搅拌筒反转即可卸出拌合物。搅拌筒的容量常用的有 $3\sim16$ m³。

3)井架运输

井架是目前施工现场普遍使用的混凝土垂直运输设备。它由架身、动力设备和升降平台等组成。井架运输结构简单、装拆方便,与高速卷扬机配合使用后,升降速度快,输送能力强。

井架工作时,将装有混凝土拌和物的手推车推至提升平台上(每次可载 $1\sim4$ 车)提升到结构层面上,手推车沿临时铺设的走道将混凝土送至浇筑地点(图 6.6)。井架还可运输其他材料,利用率较高。

4)塔式起重机运输

塔式起重机既能完成混凝土的垂直运输,又能完成混凝土的水平运输,是一种高效灵活的混凝土运输方法。但由于提升速度较慢,随着建筑物高度的增加,每班次的起吊数将减少而影响输送能力。因此,该方法一般用于 $30\sim35$ 层以下建筑物以及斜拉桥和悬索桥桥塔的施工。

用塔式起重机运输混凝土应与吊罐或吊斗配合使用。确定料斗斗容量的大小,应考虑搅拌机的每次出料容量、起重机的起吊能力、工作幅度、运输车辆的运输能力以及浇筑速度等因素,常用的斗容量为 0.4 m³、0.8 m³、1.2 m³、1.6 m³。

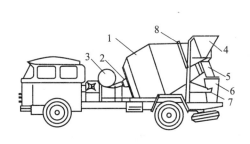

图 6.5　混凝土搅拌运输车外形示意图

1—搅拌筒;2—轴承座;3—水箱;4—进料斗;
5—卸料槽;6—引料槽;7—托轮;8—轮圈

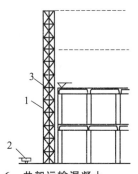

图 6.6　井架运输混凝土

1—井架;2—手推车;3—升降平台

5) 混凝土泵运输

混凝土用混凝土泵运输,通常称为泵送混凝土,它是利用泵的压力将混凝土通过管道直接输送到浇筑地点,可以一次完成水平运输和垂直运输。泵送混凝土具有输送能力大,速度快,效率高,节省人力,能连续作业等特点,因此,从 20 世纪 20 年代德国制造出第一台混凝土泵开始,发展至今,它已成为施工现场输送混凝土的一种主要方法。

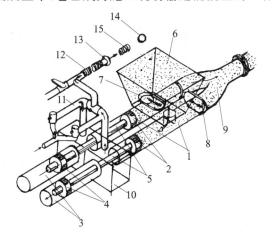

图 6.7　液压活塞式混凝土泵工作原理

1—混凝土缸;2—混凝土缸活塞;3—液压缸;4—液压活塞;
5—活塞杆;6—料斗;7—吸入端水平片阀;8—排出端竖直片阀;
9—Y 形输送管;10—水箱;11—水洗装置换向阀;12—水洗用高压软管;13—水洗用法兰;14—海绵球;15—清洗活塞

混凝土泵有气压泵、活塞泵和挤压泵等几种类型,目前应用较多的是活塞泵。

(1)活塞式混凝土泵的应用

活塞泵多采用液压驱动,图 6.7 所示为液压活塞式混凝土泵工作原理图。泵工作时,搅拌好的混凝土装入料斗 6,吸入端片阀 7 移开,排出端片阀 8 关闭,活塞 4 在液压作用下通过活塞杆 5 带动活塞 2 后移,混凝土在自重及真空吸力作用下,进入混凝土缸 1 内。然后,液压系统中压力油的进出反向,活塞 2 往相反方向移动,同时吸入端片阀关闭,排出端片阀移开,混凝土被压入管道 9 中,输送到浇筑地点。由于有两个缸体交替进料和出料,因而能连续稳定地排料。

不同型号混凝土泵的排量为 30～90 m³/h(最大可达 160 m³/h),水平运距 200～500 m(最大达 700 m),垂直运距 50～130 m(最大可达 200 m)。在超高层建筑或高耸构筑物施工中,可以在适当高度处设立"接力泵",将混凝土接力向上输送。

混凝土输送管常用钢管,直径有 100 mm、125 mm、150 mm 三种规格,每段长约 3 m,还配有 45°、90°等弯管和锥形管。弯管、锥形管的流动阻力大,计算输送距离时要考虑其水平换算长度。垂直运送时,在立管的底部要增设逆流防止阀。

(2) 泵送混凝土应注意的问题

泵送混凝土的输送能力除与输送泵的性能有密切关系外,还受到混凝土配合比的影响,应注意以下几个问题:

① 水泥用量。因水泥在管内起润滑作用,因此为了保证混凝土泵送的质量,泵送混凝土中最小水泥用量不宜小于 300 kg/m³。

② 坍落度。坍落度低,即混凝土中单位含水量少,泵送阻力就增大,泵送能力下降。但坍落度过大易漏浆,增加混凝土的收缩,还可能引起粗骨料的离析,导致润滑作用损失而堵管。泵送混凝土当泵送高度为 30 m 以下时,坍落度为 100～140 mm;当泵送高度为 30～60 m 时,坍落度为 140～160 mm;当泵送高度为 80～100 m 时,坍落度为 160～180 mm;当泵送高度在 100 m 以上时,坍落度为 180～200 mm。

③ 骨料种类。泵送混凝土骨料以卵石和河砂最为合适。碎石由于表面积大,棱角多,在水泥浆数量相同情况下,使用碎石的混凝土,其泵送能力差,管内阻力也大。一般规定,泵送混凝土中粗骨料最大粒径与输送管径之比:泵送高度在 50 m 以下时,碎石不宜大于 1:3,卵石不宜大于 1:2.5;当泵送高度在 50～100 m 时,宜在 1:3～1:4;泵送高度在 100 m 以上时,宜在 1:4～1:5。

④ 骨料级配和砂率。为了把堵管的可能性降至最低,骨料级配的均匀性很重要,对直径为 150 mm 的输送管,可采用 5～40 mm 连续级配的石子;对直径为 125 mm 的输送管,可采用 5～25 mm 连续级配的石子。流态水泥砂浆是粗骨料悬浮其间的泵送介质,因此,泵送混凝土砂率比一般混凝土高,约 35%～45%,其中通过 0.315 mm 筛孔的中砂应不少于 15%。

⑤ 水灰比与外加剂。水灰比的大小对混凝土的流动阻力有较大影响,因此,泵送混凝土的水灰比(水胶比)宜为 0.4～0.6。为了提高混凝土的流动性,减少输送阻力,防止混凝土离析,延缓混凝土凝结时间,宜在混凝土中掺适量的外加剂。外加剂的品种和掺量视具体情况由试验确定。

⑥ 掺合料。一般采用粉煤灰,掺入适量的粉煤灰能减少对管壁的摩擦力,改善可泵性,掺用的粉煤灰应符合一、二级的要求。

组织泵送混凝土施工时,必须保证混凝土泵连续工作,输送管道布置尽可能直,转弯要缓,管段接头要严,少用锥形管,以减少压力损失。为减少阻力,使用前先泵送适量的水泥浆或 1:2 水泥砂浆,以润滑输送管道内壁。在泵送过程中,泵的受料斗应充满混凝土,以免吸入空气形成堵塞。

泵送结束,应用水及海绵球将残存的混凝土挤出并清洗管道。

泵送混凝土浇筑的结构,要加强养护,防止因水泥用量较大而引起收缩裂缝。

将混凝土泵安装在汽车上便成为混凝土泵车,车上还装有可以伸缩或屈折的"布料杆",其末端的橡胶软管,可将混凝土直接送到浇筑点(图 6.8),使用十分方便。

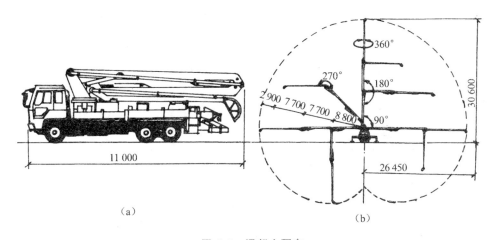

（a）

（b）

图 6.8　混凝土泵车
（a）混凝土泵车行驶时状况；（b）混凝土泵车布料杆的作业范围

6.3　混凝土浇筑

混凝土浇筑必须使所浇筑的混凝土密实,强度符合设计要求,保证结构的整体性和耐久性,尺寸准确,拆模后混凝土表面平整光洁。

混凝土浇筑前,应检查模板尺寸、轴线以及支架承载力和稳定性,检查钢筋和预埋件的位置和数量等,并做好"隐蔽工程"施工记录。在浇筑混凝土过程中,还应随时填写"混凝土工程施工日志"。

6.3.1　浇筑的基本要求

1）防止离析

混凝土在运输、浇筑入模过程中,如操作不当容易发生离析现象,影响混凝土的均质性。混凝土离析机理可从力学观点解释:均质的混凝土拌合物是介于固体和液体之间的弹塑性物体,其中骨料因作用于其上的内摩阻力、黏着力和重力而处于平衡状态,使骨料能在混凝土拌合物内均匀分布并相对稳定于某一位置。在运输过程中由于运输工具的颠簸振动,卸料时重力加速度等动力作用,其黏着力和摩阻力与重力失去了平衡,质量大的就聚集在下面,引起水泥、砂、石分层离析。因此,在混凝土运输中应防止剧烈颠簸;浇筑时混凝土从料斗内卸出,其自由倾落高度不应超过 2 m;在浇筑竖向结构混凝土时,其浇筑高度不应超过 3～6 m,当粗骨料粒径大于 25 mm 时,浇筑高度小于 3 m,当粗骨料粒径不大于 25 mm 时,则浇筑高度小于 6 m,否则应采用串筒、溜管（槽）或振动溜管下料（图 6.9）,并保证混凝土出口时的下落方向垂直。一旦出现混凝土离析和坍落度不能满足施工要求时,必须在浇筑前进行二次搅拌。

2）正确留置施工缝

施工缝是一种特殊的工艺缝。浇筑时由于施工技术（安装上部钢筋、重新安装模板和脚手架、需限制支撑结构上的荷载等）或施工组织（工人换班、设备损坏待料等）上的原因,不能连续将结构整体浇筑完成,且停歇时间可能超过混凝土的初凝时间时,则应预先确定在适当的部位留置施工缝。由于施工缝处"新""老"混凝土连接的强度比整体混凝土强度低,所以施工缝位

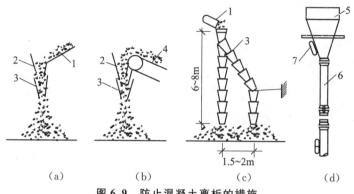

图 6.9　防止混凝土离析的措施

(a) 溜槽运输;(b) 皮带运输;(c) 串筒;(d) 振动串筒

1—溜槽;2—挡板;3—串筒;4—皮带运输机;5—漏斗;6—节管;7—振动器(每隔 2~3 节管安一台)

置除按设计要求外一般应留在结构受剪力较小的部位,同时应考虑施工的方便。

水平施工缝主要设置在逐层浇筑混凝土的柱、墙等竖向构件上。柱、墙施工缝可留设在基础、楼层结构顶面(图 6.10),柱施工缝与结构上表面的距离宜为 0~100 mm,墙施工缝与结构上表面的距离宜为 0~300 mm。

柱、墙施工缝也可留设在楼层结构底面,施工缝与结构下表面的距离宜为 0~50 mm;当板下有梁托时,可留设在梁托下 0~20 mm。

对高度较大的柱、墙、梁以及厚度较大的基础,可根据施工需要在其中部留设水平施工缝。

竖向施工缝主要设置在同层不能连续浇筑混凝土的梁板等水平构件上。有主次梁的楼板,宜顺着次梁方向浇筑,施工缝应留置在次梁跨度中间 1/3 的范围内(图 6.11)。单向板留置在平行于板的短边的任何位置。

楼梯梯段的施工缝也宜留置在梯段板跨度端部 1/3 范围内。

墙的施工缝宜设置在门洞过梁跨中 1/3 范围内,也可留设在纵横墙交接处。

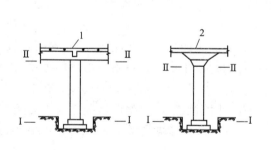

图 6.10　浇筑柱的施工缝位置图

Ⅰ—Ⅰ、Ⅱ—Ⅱ—施工缝位置

1—肋形板;2—无梁板

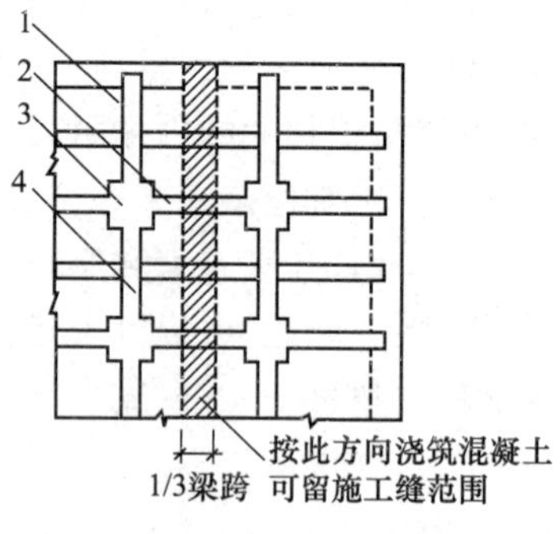

图 6.11　浇筑有主次梁楼板的施工缝位置图

1—楼板;2—次梁;3—柱;4—主梁

在施工缝处继续浇筑混凝土时,先前已浇筑混凝土的抗压强度应不小于 1.2 MPa。继续浇筑前,应清除已硬化混凝土表面上的垃圾、水泥薄膜、松动石子以及软弱混凝土层,并加以充分湿润和冲洗干净,且不得积水。在浇筑混凝土前,水平施工缝宜先铺一层厚度不大于 30 mm 水泥浆或与混凝土内成分相同的水泥砂浆,然后再浇筑混凝土。

148

3）后浇带的留置与施工

后浇带是为在现浇混凝土结构施工过程中，克服由于温度、收缩和沉降等可能产生有害裂缝设置的临时施工缝(图 6.12)。该缝需根据设计要求保留一段时间后再浇筑，将整个结构连成整体。

后浇带的设置距离应考虑有效降低温差和收缩应力的条件下，通过计算确定。在正常的施工条件下，一般间距 30～50 m，采取特殊措施后，可适当增加。后浇带的保留时间应根据设计确定，如无设

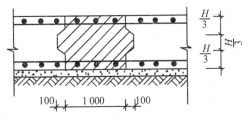

图 6.12　企口式后浇带构造图

计要求，一般至少保留 14 d 以上。后浇带的宽度一般为 0.7～1.0 m，后浇带内钢筋应保护完好。

后浇带在混凝土浇筑前，必须将整个混凝土表面按照施工缝的要求处理。填充后浇带的混凝土可采用微膨胀或低收缩混凝土，混凝土强度等级应比两侧混凝土的强度等级提高一级，须保持 14 d 以上的湿润养护。

6.3.2　浇筑方法

1）分层浇筑

为了使混凝土能振捣密实，应分层浇筑分层振捣，并在下层混凝土凝结之前，将上层混凝土浇筑和振捣完毕。混凝土分层振捣的最大厚度应符合表 6.4 规定。

表 6.4　混凝土分层振捣的最大厚度

振捣方法	混凝土分层振捣最大厚度
振捣棒	振捣棒作用部分长度的 1.25 倍
平板振动器	200 mm
附着式振捣器	根据设置方式，通过试验确定

2）连续浇筑

同一施工段的混凝土应连续浇筑，如必须间歇，其间歇时间应尽量缩短，并应在前层混凝土初凝之前，将次层混凝土浇筑完毕。不掺任何改变凝结时间的外加剂的混凝土运、浇筑及间歇的全部时间不得超过表 6.5 规定，当超过时应留置施工缝。

表 6.5　混凝土运输、输送入模及其间歇总的时间限值(min)

混凝土强度等级	气　温	
	≥25 ℃	<25 ℃
不掺外加剂	180	150
掺外加剂	240	210

注　当混凝土中掺有促凝型外加剂时，其允许时间应根据试验结果确定。

3）梁、板、柱、墙的浇筑

建筑结构一般各层梁、板、柱、墙等构件的断面尺寸、形状基本相同，故可以按结构层次划分施工层，按层施工。如果平面尺寸较大，还应分段进行，以便模板、钢筋、混凝土等工程能相

互配合,流水施工。

在每一施工层中,应先浇筑柱或墙。在每一施工段中的柱或墙应连续浇筑到顶。每排柱子由外向内对称顺序地进行浇筑,以防柱子模板连续受侧推力而倾斜。柱、墙浇筑完毕后应停歇 1~1.5 h,使混凝土获得初步沉实后,再浇筑梁、板混凝土。

梁和板宜同时浇筑混凝土,以便结合成整体。当不能同时浇筑时,结合面应按叠合面要求进行处理。

柱、墙混凝土设计强度比梁、板混凝土设计强度高一个等级时,柱、墙位置梁、板高度范围内的混凝土经设计单位确认,可采用与梁、板混凝土设计强度等级相同的混凝土进行浇筑。

柱、墙混凝土设计强度比梁、板混凝土设计强度高两个等级及以上时,应在交界区域采取分隔措施,分隔位置应在低强度等级构件中,并距高等级构件边缘不小于 500 mm。

桥梁中的箱形截面梁混凝土宜一次浇筑。当采用两次混凝土浇筑时,各梁段应错开。箱体分层浇筑时,底板可一次浇筑完成,腹板可分层浇筑。

4) 大体积混凝土的浇筑

一般认为大体积混凝土为结构断面尺寸最小在 1 000 mm 以上,水化热引起混凝土内最高温度与外界气温之差预计超过 25 ℃的混凝土结构,如工业建筑中的大型设备基础、高层建筑中的厚大基础底板、桥梁中的墩台等,这类结构由于承受的荷载大,整体性要求高,往往不允许留置施工缝,要求一次连续浇筑完毕。由于混凝土量大,大体积混凝土浇筑后,水泥水化热聚积在内部不易散发,混凝土内部温度显著升高,而表面散热较快,形成内外温差大,在体内产生压应力,而表面产生拉应力。如温差过大(大于 25 ℃),混凝土表面可能会产生温差裂缝;而当混凝土内部逐渐散热冷却而收缩时,由于受到基底或已浇筑的混凝土或体内各质点间的约束,将产生很大拉应力,当拉应力超过混凝土极限抗拉强度时,便产生收缩裂缝,严重者会贯穿整个混凝土块体,由此带来严重危害。大体积混凝土的浇筑,应采取措施防止产生上述两种裂缝。

要减少浇筑后混凝土内外的温差,可选用水化热较低的矿渣水泥、火山灰水泥或粉煤灰水泥,掺入适当的缓凝作用的外加剂;选择适宜的砂石级配,尽量选用低热水泥、减少水泥用量,减缓水化放热速度;降低浇筑速度和减少浇筑层厚度;采取人工降温措施,尽量避开炎热季节施工。

为控制混凝土内外温差不超过 25 ℃(当设计无具体要求时),定期测定浇筑后混凝土的表面和内部温度,根据测试结果采取相应的措施,以避免和减少大体积混凝土的温差裂缝。

大体积混凝土浇筑方法可分为全面分层、分块分层和斜面分层三种(图 6.13),分层厚度不宜大于 500 mm。全面分层方法适用于结构的平面尺寸不太大的情况,施工时从短边开始,沿长边进行较适宜;分块分层方法适用于厚度不太大而面积或长度较大的结构;斜面分层方法适用于结构的长度超过厚度的三倍的情况,是最常用的方法。

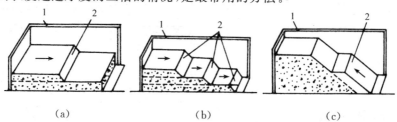

(a)   (b)   (c)

图 6.13 大体积混凝土浇筑方法

(a) 全面分层;(b) 分块分层;(c) 斜面分层

1—模板;2—新浇筑的混凝土

如用矿渣水泥等泌水性较大的水泥拌制的混凝土,浇筑完毕后,必要时排除泌水,进行二次振捣。

6.3.3 混凝土振捣

混凝土入模后,呈松散状态,其中含有占混凝土体积 5%～20% 的空洞和气泡。只有通过很好地振捣,才能使混凝土充满模板的各个边角,并把混凝土内部的气泡和部分游离水排挤出来,使混凝土密实,表面平整,从而保证强度等各种性能符合设计要求。

捣实混凝土有人工和机械两种方式。人工捣实是用人为的冲击(夯或插捣)使混凝土密实成型,这种方式一般在缺少机械等特殊情况下才采用,且只能将坍落度较大的塑性混凝土捣实,因此使用最多的是机械捣实成型方法。

1) 振捣密实的原理

振捣混凝土是振动机械产生的振动能量通过某种方式传递给浇入模板的混凝土,使之密实的方法。

混凝土振捣密实的原理是:在混凝土受到振动机械振动力作用后,混凝土中的颗粒不断受到冲击力的作用而引起颤动,这种颤动使混凝土拌合物的性质发生了变化。其一是因混凝土的触变作用所生成的胶体由凝胶转化为溶胶;其二是由于振动力的作用使颗粒间的接触点松开,破坏了颗粒间的黏结力和摩擦力。由于这种变化使混凝土由原来塑性状态变换成"重质液体状态"骨料犹如悬浮于液体之中,在其重力作用下向新的稳定位置沉落,并排除存在于混凝土中的气体,消除空隙,使骨料和水泥浆在模板中得到致密的排列和有效的填充。

应该指出,混凝土的触变过程是可逆的,颗粒间松开的触点和溶胶在停振后能恢复接触回到凝聚状态。而混凝土经振动捣实后也存在着不可逆的部分,即原始的比较酥松的结构,由于振动液化过程中固相颗粒纷纷下沉到最稳定的位置,水泥砂浆填满石子的空隙,水泥浆则填充砂子的空隙并排出空气而变成密实结构。停振后,混凝土固相颗粒之间仍能保持原来位置。

2) 振动参数

振动捣实的效果和生产率,与振捣机械的结构形式和工作方式(插入振动或表面振动),振动参数(频率 ω、振幅 A、加速度 a、振动烈度 L),混凝土性质(骨料粒径、坍落度)有密切的关系。混凝土拌合物的性质影响着混凝土系统的自然频率,它对各种参数的振动在其中的传播呈现出不同的阻尼和衰减,如果强迫振动接近于某种混凝土的自然频率则会产生共振,这种振动力衰减最少,振幅可达最大。但混凝土颗粒粒径很多,不可能施加如此多种的频率,因此在实用上只采取平均粒径或最大粒径为指标,表 6.6 列出合适的振动机械的振动频率。而当功率一定时,振幅与频率又有一定的协调关系,一般说来,频率高振幅就小,频率低振幅就大。但振幅过小,则混凝土中颗粒不能被振动;振幅过大则形成跳跃振击,不再是谐振运动,这时混凝土内部产生涡流,分层离析,颗粒在跳跃中吸入大量空气,反而使混凝土密实度降低。一般振捣塑性混凝土时振幅取 0.1～0.4 mm,干硬性混凝土取 0.5～0.6 mm。

振动器是通过轴带偏心块的旋转产生谐振的。频率与振幅形成振动加速度作用于混凝土拌合物上,若能选择最佳振动加速度,则在这种加速度作用下,混凝土颗粒之间的黏着力和摩擦力趋近于零,因而混凝土拌合物被充分液化,就能得到最好的密实度。

表6.6　振动频率与混凝土骨料粒径的关系

频率(次/min)	骨料最大粒径(mm)	骨料平均粒径(mm)
6 000	10	5
3 000	20	15
1 500	30	20

但是,对组成相同的混凝土拌合物,频率不同其极限加速度相差很大,所以又提出振动烈度的概念,只要振动烈度相同,则振动效果相同。因为振实同一混凝土的能量应该相同,谐振时传播的能量与振幅的二次方和频率的三次方的乘积($A^2\omega^3$)成正比,称振动烈度,用 L 表示,即 $L = A^2\omega^3$。L 根据混凝土水灰比而定,要增大 L 一般宜增大 ω,不宜增大 A。

振动时间与混凝土拌合物的坍落度、振动烈度有关,由试验确定,可从几秒到几分钟。

要确定混凝土拌合物是否已被振实,可在现场观察其表面气泡已停止排出,拌合物不再下沉并在表面泛出灰浆时,则表示已被充分振实。

3）振动器及有效作用范围

用于振实混凝土拌合物的振动器按其工作方式可分为:内部振动器(也称插入式振动棒)、表面振动器(也称平板式振动器)、外部振动器(也称附着式振动器)和振动台四种(图6.14)。

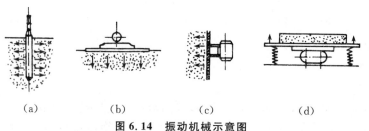

（a）　　　　　（b）　　　　　（c）　　　　　（d）

图 6.14　振动机械示意图

（a）内部振动器;(b)表面振动器;(c)外部振动器;(d)振动台

内部振动器的工作部分是一棒状空心圆柱体,内部装有偏心振子,在电动机带动下高速旋转而产生高频谐振,图6.15所示为常用的能产生高频振动(1 000 次/min)的行星滚锥式内部振动器。

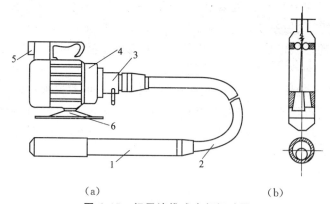

（a）　　　　　　　　　（b）

图 6.15　行星滚锥式内部振动器

（a）振动器外形;（b）振动棒激振原理示意图

1—振动棒;2—软轴;3—防逆装置;4—电动机;5—电器开关;6—支座

表面振动器是由带偏心块的电动机和平板(木或钢质)等组成(图6.16)

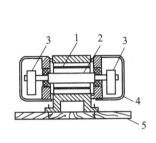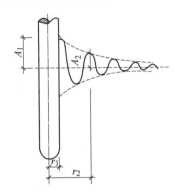

图 6.16　表面振动器
1—电动机;2—电机轴;3—偏心块;
4—护罩;5—平板

图 6.17　内部振动器振动波在
混凝土中传递的示意图

振动器的振动波在混凝土传递时,沿途消耗了大量的能量,其变化规律与地震波在土壤中的传播相似。因而可假定振动器的振动波是一种表面波,波阵面是环状面。

图6.17所示为内部振动器波的传递示意图,振幅的衰减规律如下式

$$A_2 = A_1 \sqrt{\frac{r_1}{r_2}} e^{-\frac{\beta}{2}(r_2 - r_1)} \tag{6.3}$$

式中　r_1——振动棒的半径(mm);

　　　r_2——混凝土中某点离振动棒轴线的距离(mm);

　　　A_1——与振动棒表面相接触处混凝土的振幅(即振动棒在混凝土中的振幅,mm);

　　　A_2——距振动棒轴线为r_2处的混凝土的振幅(mm);

　　　β——衰减系数(1/mm),与混凝土的黏度和振动频率等有关,查表6.7。

表 6.7　衰减系数 β 值(1/mm)

频率(次/min)	硅酸盐水泥混凝土坍落度(mm)			火山灰水泥混凝土坍落度(mm)
	0~10	20~40	40~60	40~60
3 000	0.013	0.010	0.007	0.019
4 500	0.012	0.009	0.006	0.016
6 000	0.011	0.008	0.005	0.012
12 000	—	—	—	0.014

要使混凝土液化,达到要求的振动效果,颗粒的振幅必须大于某一极限振幅值。当距离振动棒轴线为R处的颗粒振幅正好为极限振幅时,此R值即为振动棒的有效作用半径,此值在施工中一般可按振动棒半径的8~10倍来估计。R以远的混凝土已不能液化则振实无效。

表面振动器与内部振动器不同,振捣混凝土时必须保持振动器与混凝土表面"黏结",不能脱开,才能把振动波传入混凝土,否则形成"捣击",失去振实效果。表面振动器的有效作用范围也有一定的限度,其作用深度取决于拌合料的流动性和振动参数,一般不超过200 mm。

4）振动器作业

使用内部振动器时,应垂直插入,并插到下层尚未初凝的混凝土层中不小于 50 mm,以促使上下层相互结合。振捣时要"快插慢拔"。快插是为了防止将表面混凝土振实而造成分层离析;慢拔是为了使混凝土来得及填满振动棒拔出时所形成的空洞。振动棒各插点的间距应该均匀,不宜大于其有效作用半径的 1.4 倍。移动方式有行列式和交错式两种(图 6.18),交错式的重叠、搭接较多,比较合理。每个插点的振捣时间一般为 20～30 s,使用高频振动器时,最短不应少于 10 s。过短不易捣实,过长可能引起混凝土离析现象。振捣棒与模板的距离不应大于其作用半径的 50%,并应避免碰撞钢筋、模板、芯管、吊环和预埋件等。

使用表面振动器时,应相互搭接 30～50 mm,最好振捣两遍,两遍方向互相垂直。第一遍主要使混凝土密实,第二遍主要使其表面平整。每一位置的延续时间一般为 25～40 s,以混凝土表面均匀出现浮浆为准。

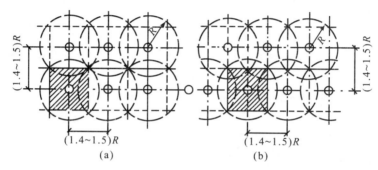

图 6.18　振动棒插点的布置
($R=8～10$ 倍振动棒半径)
(a) 行列式;(b) 交错式

使用外部振动器时,应考虑其有效作用范围为 1～1.5 m,作用深度约 250 mm。当构件尺寸较厚时,需在构件两侧安设振动器同时进行振捣。当钢筋较密和构件断面较深较窄时,亦可采取边浇筑边振动的方法。

6.4　混凝土养护

混凝土拌合物经浇筑振捣密实后,即进入静置养护期,使其中的水泥逐渐与水起水化作用而增长强度。在这期间应设法为水泥的顺利水化创造条件,称混凝土的养护。水泥的水化需要一定的温度和湿度条件。温度的高低主要影响水泥的水化的速度,而湿度条件则严重影响水泥水化能力。如混凝土浇筑后水分过早蒸发、过快蒸发,出现脱水现象,使已形成的凝胶状态的水泥颗粒不能充分水化,不能转化为稳定的结晶而失去黏结力,混凝土表面就出现片状或粉状脱落,降低了混凝土强度,同时混凝土还会出现干缩裂缝,影响其整体性和耐久性。所以在一定的条件下的混凝土养护的关键是防止混凝土失水,应及时养护,补充水分,保证水化顺利进行。

混凝土养护一般可分为标准养护、自然养护和加热养护。

1）标准养护

混凝土在温度为(20±3 ℃)和相对湿度为 90% 以上的潮湿环境或水中的条件下进行的养

护称为标准养护。该方法用于对混凝土立方体试件进行养护。

2）自然养护

混凝土在平均气温高于 5 ℃的条件下，相应的采取保湿措施（如覆盖浇水）所进行的养护称为自然养护。施工规范规定，应在浇筑完毕后的 12 h 以内对混凝土加以覆盖并保湿养护。混凝土强度达到 1.2 MPa（公路桥涵施工技术规范规定 2.5 MPa 以上）前，不得在其上踩踏或安装模板及支架。

自然养护分浇水养护和表面密封养护两种。浇水养护就是用草帘、草袋、麻袋或土工布将混凝土覆盖，经常浇水使其保持湿润。采用硅酸盐水泥、普通硅酸盐水泥或矿渣盐水泥拌制混凝土时，养护时间不得少于 7 d。当采用火山灰水泥、粉煤灰水泥、掺有缓凝型外加剂、有抗渗要求的或 C60 及以上混凝土，养护时间不得少于 14 d，后浇带混凝土养护时间不应少于 14 d。对于有特殊要求的结构部位或特殊品种水泥，要根据具体情况确定养护时间和浇水次数，以能保持湿润状态为宜。当日平均气温低于 5 ℃时，不得浇水，对大体积混凝土结构的养护，应根据气候条件采取控温措施。浇水养护简便易行、费用少，是现场普遍采用的养护方法。

表面密封养护适用于不易浇水养护的高耸构筑物或大面积混凝土结构，混凝土表面覆盖密封膜后，能阻止其自由水的过早、过多蒸发，保证水泥充分水化。表面密封养护的方法之一是将以过氯乙烯树脂为主的塑料溶液（也称薄膜养生液）用喷枪喷洒到混凝土表面上，形成不透水塑料薄膜；方法之二是将以无机硅酸盐为主和其他有机材料为辅配制成的养护剂喷洒到混凝土表面，使其表面 1～3 mm 的渗透层范围内发生化学反应，既可提高混凝土表面强度，又可形成一层密封的薄膜，使混凝土与空气隔绝。

3）加热养护

加热养护主要有蒸汽养护，一般宜用 65 ℃的左右的温度蒸养。在混凝土构件预制厂内，将蒸汽通入封闭窑内，使混凝土构件在较高的温度和湿度环境下迅速凝结、硬化，一般 12 h 左右可养护完毕。在施工现场，可将蒸汽通入墙模板内，进行热模养护，以缩短养护时间。

6.5　混凝土缺陷修整

混凝土经养护后即可拆模，此时如发现缺陷应及时修补。对于数量不多的小蜂窝或露石，先用钢丝刷或压力水冲刷，再用 1：2～1：2.5 水泥砂浆抹平。对于较大面积的蜂窝、露石和露筋，应凿去全部深度内薄弱混凝土层和个别突出骨料，用钢丝刷或压力水洗刷后，用比原混凝土强度等级提高一级的细骨料混凝土填塞，仔细捣实，养护时间不应少于 7 d。对于开裂缺陷，根据具体情况采用注浆封闭（注浆材料：环氧、氰凝、丙凝等）或表面封闭处理（聚合物砂浆：环氧树脂胶等）

6.6　混凝土质量检查

6.6.1　混凝土质量检查

混凝土的质量检查包括施工前、施工中和施工后三阶段。施工前主要是检查原材料的质量是否合格，是否符合配合比设计要求；检查砂石材料的含水率，配合比及施工配合比是否正

155

确。施工中应检查配合比执行情况、拌合料坍落度等,每一工作班至少检查两次。养护后主要检查结构构件轴线、标高和混凝土强度。如有特殊要求还应检查混凝土的抗冻性、抗渗性等指标。

已成型的混凝土结构构件,其形状、截面尺寸、轴线位置及标高等都应符合设计的要求,其偏差不得超过《混凝土结构工程施工质量验收规范》(GB 50204)所规定的允许偏差值。

评定混凝土强度的试件,每次应在浇筑地点随机取样制作,试件为边长 150 mm 的立方体试块。试件留置时,每拌制 100 盘且不超 100 m^3 的同配合比的混凝土,其取样不得少于一次;每工作班拌制的同配合比的混凝土不足 100 盘时,其取样不得少于一次;一次连续浇筑超过 1 000 m^3 时,同一配合比的混凝土每 200 m^3 取样不得少于一次;现浇楼层,同一配合比的混凝土,每层取样不得少于一组;每次取样至少留置一组标准养护试件,同时要留置同条件养护的试件,试件组数按实际需要确定。

每组试件由三个试块组成,取自同盘混凝土,其强度代表值以三个试块试压结果的平均值为准。但当三个试块中的最大或最小的强度值与中间值相比超过中间值的 15%,取中间值作为该组试块的强度代表值;当与中间值相比均超过 15% 时,该组试块不作为强度评定的依据。

评定一批混凝土强度是否合格时,只有强度等级相同、生产工艺和配合比基本相同的混凝土才能组成同一验收批。对同一验收批的混凝土强度,应以同批内标准试件的全部强度代表值来评定。

混凝土强度的合格性评定方法主要有两种,一种是统计法,另一种是非统计法。统计法又分为方差已知统计法和方差未知统计法。构件厂及商品混凝土站的混凝土强度评定可按方差已知统计法评定。施工现场搅拌的混凝土,应根据施工现场混凝土生产的条件,作混凝土强度等级评定。

1)按方差未知统计法评定

当样本容量不少于 10 组时,要求被验收批混凝土强度的平均值和最小值必须同时满足

$$m_{fcu} - \lambda_1 S_{fcu} \geqslant f_{cu,k} \tag{6.4}$$

$$f_{cu,min} \geqslant \lambda_2 f_{cu,k} \tag{6.5}$$

式中 m_{fcu}——同一验收批混凝土强度的平均值(N/mm²);

$f_{cu,k}$——设计的混凝土强度标准值(N/mm²);

$f_{cu,min}$——同一验收批混凝土强度的最小值(N/mm²);

λ_1,λ_2——合格判定系数;

S_{fcu}——本验收批混凝土强度标准差(N/mm²),当 S_{fcu} 的计算值小于 2.5 N/mm²,取 $S_{fcu} = 2.5$ N/mm²。

上两式中,λ_1,λ_2 根据被验收批混凝土试件的总组数 n,按表 6.8 取用。

表 6.8 合格判定系数

n	10～14	15～19	≥20
λ_1	1.15	1.05	0.95
λ_2	0.90	0.85	

验收批混凝土强度的标准差 S_{fcu} 应按下式计算

$$S_{fcu} = \sqrt{\frac{\sum_{i=1}^{n} f_{cu,i}^2 - nm_{fcu}^2}{n-1}} \qquad (6.6)$$

式中　$f_{cu,i}$——验收批内第 i 组混凝土试件的强度值(N/mm^2);

　　n——验收批内混凝土试件的总组数,$n \geqslant 10$。

2) 按非统计法评定

当用于评定的样本容量小于 10 组时,可采用非统计法评定。要求被验收批混凝土强度的平均值和最小值必须同时满足

$$m_{fcu} \geqslant \lambda_3 f_{cu,k} \qquad (6.7)$$
$$f_{cu,min} \geqslant \lambda_4 f_{cu,k} \qquad (6.8)$$

　　式中　λ_3、λ_4——合格评定系数按表 6.9 取。

表 6.9　混凝土强度的非统计法合格评定系数

混凝土强度等级	<C60	≥C60
λ_3	1.15	1.10
λ_4	0.95	

由于抽样检验存在一定的局限性,混凝土的质量评定可能出现误判。因此,如混凝土试件强度不符合上述要求时,允许从结构中钻芯样进行试压检查,亦可用回弹仪或超声波仪直接在结构上进行非破损检验。

6.6.2　混凝土结构强度实体检验

对涉及混凝土结构安全的柱、墙、梁等结构构件的重要部位《混凝土结构工程施工质量验收规范》(GB 50204)规定应进行结构实体检验,并由监理单位组织施工单位实施。结构实体检验的内容包括混凝土强度、钢筋混凝土保护层厚度、结构位置与尺寸偏差以及工程合同约定的项目,必要时可检验其他项目。

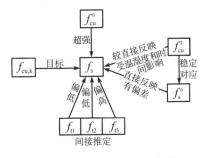

图 6.19　几种混凝土强度值的关系

由于混凝土结构的设计强度等级值 $f_{cu,k}$、标准养护立方体强度试件抗压强度 f_{cu}^0、实体结构混凝土强度 f_s、同条件养护立方体试件强度 f_{cu}^t,以及各种手段所得的推定强度:回弹强度 f_{t1}、回弹—超声综合法强度 f_{t2}、拔出法强度 f_{t3} 以及取芯试件实测的混凝土强度 f_s^0 之间存在一定的关系(图 6.19)。通过大量调查研究及系统试验分析表明,同条件养护立方体试件抗压强度可以较真实地反映结构物的实际混凝土强度。同一强度等级的同条件养护试件不宜少于 10 组,且不应少于 3 组。每连续两层楼取样不应少于 1 组;每 2 000 m^3 取样不得少于一组。对同一强度等级的同条件养护试件,其强度值应除以 0.88 后进行评定。

对混凝土强度的检验,以标准养护试件混凝土强度作为第一次验收,以在混凝土浇筑地点制备并与结构实体同条件养护的试件的混凝土强度作为第二次验收,要求第一次和第二次的

检验批均应合格。根据被检验结构的标准养护试件强度与实体检验强度的两者关系,存在以下四种情况判定处理:

(1) 标准养护试件强度合格,同时结构实体强度也合格,则被检验结构验收合格。

(2) 标准养护试件强度合格,而实体强度检验不合格,此时认为该强度等级的结构实体混凝土强度出现异常,应委托具有相应资质的检测机构按国家有关标准进行检测,并作为处理依据。

(3) 标准养护试件强度不合格,对结构实体采用非破损或局部破损检测,按国家现行有关标准,对混凝土强度进行推定,并作为处理依据,按规范规定进行处理和验收。

(4) 标准养护试件不合格,同时结构实体检验也不合格,应委托具有相应资质等级的检测机构,按国家规定进行检测,并按规范要求进行处理和验收。

6.7 混凝土冬期施工

新浇混凝土中的水可分为两部分:一是吸附在组成材料颗粒表面和毛细管中的水,这部分水能满足水泥颗粒起水化作用要求,称为"水化水";二是存在于组成材料颗粒空隙之间的水,称"游离水",它只对混凝土浇筑时的工作性起作用。在某种意义上说,混凝土强度的增长取决于在一定温度条件下水化水与水泥的水化作用及水化速度。因此,在湿度一定时,混凝土强度的增长速度就决定于温度的变化。例如混凝土温度在 5 ℃时,强度增长速度仅为 15 ℃时的一半。当温度降至 $-1 \sim 1.5$ ℃时,游离水开始结冰,水化作用停止,混凝土的强度也停止增长。

水结冰后体积膨胀约 9%,使混凝土内部产生很大的冰胀应力,足以使强度很低的混凝土裂开。同时由于混凝土与钢筋的导热性能不同,在钢筋周围将形成冰膜,减弱了两者之间的粘结力。

受冻后的混凝土在解冻以后,其强度虽能继续增长,但已不可能达到原设计强度值。研究表明,塑性混凝土终凝前(浇筑后 $3 \sim 6$ h)遭受冻结,解冻后其后期抗压强度要损失 50% 以上。硬化后 $2 \sim 3$ 天遭冻,强度损失 15%~20%。而干硬性混凝土在同样条件下强度损失要少得多。为了使混凝土不致因冻结而引起强度损失,就要求混凝土在遭受冻结前具有足够的抵抗前述的冰胀应力的强度。一般把遭受冻结其后期抗压强度损失在 5% 以内的预养强度值定义为"混凝土的受冻临界强度"。通过试验得知,临界强度与水泥品种、混凝土强度等级有关。对硅酸盐水泥或普通硅酸盐水泥配制的混凝土,为设计的混凝土强度标准值的 30%;对矿渣硅酸盐水泥配置的混凝土,为设计的混凝土强度标准值的 40%;对 C10 及 C10 以下的混凝土,不得低于 5.0 N/mm^2。

根据当地多年气温资料,当室外日平均气温连续 5 天稳定低于 5 ℃时,混凝土工程的施工即进入冬期施工,就应采取必要的冬期施工措施。因为在日平均气温为 5 ℃时,最低气温已达 $-1 \sim -2$ ℃,混凝土已有可能受冻。

混凝土冬期施工可采取下列措施:

(1) 改善混凝土的配合比,例如采用高活性水泥,增加水泥用量和降低水灰比等。配制冬期施工的混凝土,应优先选用硅酸盐水泥或普通硅酸盐水泥,水泥强度等级不应低于 42.5 级,最小水泥用量不宜少于 300 kg/m^3,水灰比不应大于 0.6。该方法适用于平均气温在 4 ℃左右时。

（2）对原材料加热,提高混凝土的入模温度,并进行蓄热保温养护,防止混凝土早期受冻。

（3）对混凝土进行加热养护,使混凝土在正温条件下硬化。

（4）搅拌时加入一定的外加剂,加速混凝土硬化以提早达到临界强度;或降低水的冰点,使混凝土在负温下不致冻结。还可选用含引气成分的外加剂,混凝土内含气量控制在3%～5%。

6.7.1 混凝土的搅拌

冬期施工时,由于混凝土各种原材料的起始温度不同,必须通过充分的搅拌使混凝土内温度均匀一致。因此,搅拌时间应比表 6.2 中规定的时间延长 30～60 s。

投入混凝土搅拌机中的骨料不得带有冰屑、雪团及冰块,否则会影响混凝土中用水量的准确性,破坏水泥与骨料之间的黏结,同时还会消耗大量的热量,降低混凝土的温度。

当需要对原材料加热以提高混凝土温度时,应优先采用加热水的方法。因为加热水既简单且热容量大(约为砂、石的 4.5 倍)。只有当混凝土仅对水加热仍达不到所需温度时,才可依次对砂、石加热。当骨料不加热时,水可加热到 80 ℃。80 ℃以上的水不能直接与水泥接触,应先与砂石搅拌。因为水泥与 80 ℃的水接触后,在水泥颗粒表面会形成一层薄的硬壳,使混凝土工作性变差,后期强度降低,这种现象称为水泥的"假凝"。砂石加热有直接将蒸汽通到料斗内,或将其放在铁板上用火烤等方法。石子加热时应注意使石子颗粒内外温度达 0 ℃以上。

在冬期施工中,混凝土拌合物的出机温度不宜低于 10 ℃,入模温度不得低于 5 ℃。为进一步提高拌合物温度,也可采用热拌混凝土,它与前述的加热原材料再搅拌的工艺相比,具有混凝土质量均匀、工作性好、温度稳定、热效率高等优点。热拌混凝土采用一种带蒸汽喷射系统的强制式搅拌机,在混凝土搅拌时,将低压饱和蒸汽直接通入拌和物,将其加热至 40～60 ℃,所用蒸汽压力为 0.1 MPa 左右,温度约 100 ℃非过热低压饱和蒸汽。蒸汽喷入冷混凝土后,放出热量,本身凝结为水,该部分水应作为混凝土搅拌用水考虑。

6.7.2 混凝土的运输与浇筑

冬期施工运输和浇筑混凝土所用容器应有保温措施。为使混凝土在运输过程中的热损失最小,宜选用大容量的容器,尽量缩短运输距离,减少转运次数。运到施工地点应立即浇筑。

在混凝土浇筑成型过程中,当混凝土温度高于模板和钢筋温度时,模板和钢筋会吸收一部分热量而使混凝土温度降低。考虑这一吸热影响,混凝土浇筑成型完成时的温度可按下式计算

$$T_3 = \frac{c_c m_c T_2 + c_f m_f T_f + c_s m_s T_s}{c_c m_c + c_f m_f + c_s m_s} \tag{6.9}$$

式中　T_3——考虑模板和钢筋吸热影响,混凝土浇筑成型完成时的温度(℃);

c_c,c_f,c_s——分别为混凝土、模板材料、钢筋的比热容(kJ/(kg·K));

m_c——每 1 m³ 混凝土的重量(kg);

m_f,m_s——与每 1 m³ 混凝土相接触的模板、钢筋的重量(kg);

T_f,T_s——模板、钢筋的温度,未预热时可采用当时的大气环境温度(℃)。

混凝土浇筑前应清除模板内和钢筋上的冰雪。

当分层浇筑大体积结构时,已浇筑层的混凝土在未被上一层混凝土覆盖前,其温度不应降

至按热工计算的数值以下,也不得低于 2 ℃。

对现浇结构加热养护时,浇筑程序和施工缝位置应能防止发生较大的温度应力,如加热温度超过 40 ℃时,应征求设计单位意见后确定,最好进行必要的温度应力验算,来确定设置施工缝位置。

6.7.3 混凝土养护

冬期施工混凝土的养护方法可分三大类,即蓄热法、加热法和掺外加剂法。

1) 蓄热法

蓄热法是利用加热原材料(水泥除外)或混凝土(热拌混凝土)所预加的热量及水泥水化热,再用适当的保温材料覆盖,防止热量过早散失,延缓混凝土的冷却速度,使混凝土在正温条件下硬化并达到预期强度的一种施工方法。

蓄热法只需对原材料加热,混凝土结构不需加热,故施工简便,易于控制,施工费用低,是最简单、最经济的冬期施工养护方法。

蓄热法适用于表面系数不大于 5 m^{-1} 的结构及最低气温在 -15 ℃以上时,如基础、地下室、挡土墙、地基梁、室内地坪等。如与其他方法结合起来,蓄热法可以用到表面系数达 18 m^{-1} 的结构。

非大体积混凝土采用蓄热法养护的热工计算,是按不稳定传热理论,将外热源近似看作稳定传热,内热源考虑水泥水化的不稳定传热,且假定混凝土内各点温度相等,系二维等量传热,依据"非大体积混凝土在冷却过程中,在一时刻单位体积混凝土内含热量,等于同一时刻内它所产生的水泥水化热量与扩散热量之差"的蓄热冷却规律而建立的。

混凝土蓄热养护开始至任一时刻 t 的温度为

$$T = \eta e^{-\theta v_{ce} t} - \varphi e^{-\theta v_{ce} t} + T_{m,a} \tag{6.10}$$

混凝土蓄热养护开始至任一时刻 t 的平均温度为

$$T_m = \frac{1}{v_{ce} t} (\varphi e^{-v_{ce} t}) - \frac{\eta}{\theta} e^{-\theta v_{ce} t} + \frac{\eta}{\theta} - \varphi) + T_{m,a} \tag{6.11}$$

其中 θ, φ, η 为综合参数,按下式计算

$$\theta = \frac{\omega K \psi}{v_{ce} c_c \rho_c} \qquad \varphi = \frac{v_{ce} c_{ce} m_{ce}}{v_{ce} c_c \rho_c - \omega K \psi}$$

$$\eta = T_3 - T_{m,a} + \varphi$$

式中 T——混凝土蓄热养护开始至任一时刻 t 的温度(℃);

       T_m——混凝土蓄热养护开始至任一时刻 t 的平均温度(℃);

       $T_{m,a}$——混凝土蓄热养护开始至任一时刻 t 的平均气温(℃);

       t——混凝土蓄热养护开始至任一时刻 t 的时间(h);

       ρ_c——混凝土质量密度(kg/m^3);

       m_{ce}——每立方米混凝土水泥用量(kg/m^3);

       c_{ce}——水泥水化累积最终放热量(kJ/kg);

       v_{ce}——水泥水化速度系数(h^{-1});

       ω——透风系数;

       ψ——结构表面系数(m^{-1});

K——围护层的总传热系数(kJ(m^2·h·K));

e——自然对数之底,可取 e=2.72。

其中结构表面系数 ψ 值可按下式计算

$$\psi = \frac{A_c(\text{混凝土结构表面积})}{V_c(\text{混凝土结构总体积})} \tag{6.12}$$

平均气温 $T_{m,a}$ 的取法,可采用蓄热养护开始至 t 时气象预报的平均气温,若遇大风雪及寒潮降临,可按每时或每日平均气温计算。

围护层的总传热系数 K 值可按下式计算

$$K = \frac{3.6}{0.04 + \sum_{i=1}^{n} \frac{d_i}{k_i}} \tag{6.13}$$

式中 d_i——第 i 围护层的厚度(m);

k_i——第 i 围护层的导热系数(W/(m·K))。

水泥累积最终放热量 c_{ce}、水泥水化速度系数 v_{ce} 及透风系数 ω 取值如表 6.10 和表 6.11。

当施工需要计算混凝土蓄热养护冷却至 0 ℃的时间时,可根据公式(6.11)采用逐次逼近的方法进行计算。如实际采取的蓄热养护条件满足 $\frac{\varphi}{T_{m,a}} \geq 1.5$,且 $K\varphi \geq 50$ 时,也可按下式直接计算

$$t_0 = \frac{1}{v_{ce}} \ln \frac{\varphi}{T_{m,a}} \tag{6.14}$$

式中 t_0——混凝土蓄热养护冷却至 0 ℃的时间(h)。

表 6.10 水泥水化累积最终放热量 c_{ce} 和水泥水化速度系数 v_{ce}

水泥品种及强度等级	c_{ce}(kJ/kg)	v_{ce}(h^{-1})
42.5 硅酸盐水泥	400	
42.5 普通硅酸盐水泥	360	0.013
32.5 矿渣水泥、火山灰水泥、粉煤灰水泥	240	

表 6.11 透风系数 ω

围护层的种类	透风系数 ω		
	小风	中风	大风
易透风材料组成	2.0	2.5	3.0
易透风材料外包不易透风材料	1.5	1.8	2.0
不易透风材料组成	1.3	1.45	1.6

注 小风风速 $v_\omega < 3m/s$,中风风速 $3 \leq v_\omega \leq 5m/s$,大风风速 $v_\omega > 5m/s$。

混凝土蓄热养护开始冷却至 0 ℃时间 t_0 内的平均温度,可根据公式(6.10)取 $t=t_0$ 进行计算。

当混凝土结构尺寸、材料配比、浇筑成型完成时的温度和养护期间的预测气温等施工条件确定以后,先初步确定保温材料的种类、厚度和构造,然后按上述方法计算出混凝土蓄热养护

开始至任一时刻的温度,或冷却至 0 ℃的延续时间和混凝土在此期间的平均温度,从而估算出混凝土可能达到的强度。如所得的结果达不到抗冻临界强度值或预期的强度要求,则需调整某些施工条件或修改保温层设计,再进行热工计算,直至符合要求。

蓄热法与其他方法(如短时加热、用早强水泥、掺外加剂、搭简易棚罩等)结合使用效果更好,这种方法称为综合蓄热法,这种方法大大扩大了蓄热法的应用范围。

2)加热法

加热法是用外部热源加热浇筑后的混凝土,保证混凝土在 0 ℃以上的正常条件下硬化。常用的加热法有蒸汽加热法和电加热法等。蒸汽加热法是利用低压饱和蒸汽对新浇混凝土构件进行加热养护。由于蒸汽在冷凝时放热量大,具有较高的放热系数,它既能加热,使混凝土在较高的温度下硬化,又供给一定的水分,避免混凝土表面水分过量蒸发而脱水。但蒸汽加热法需锅炉等设备,且费用较高,有必要时可采用。电加热法是利用电能变为热能对混凝土表面加热养护;也可利用电磁感应、红外线以及电热毯等对混凝土加热养护。电加热法要消耗电能,并要特别注意安全。

3)掺外加剂法

这种方法不需采用加热措施,就可使混凝土的水化作用在负温环境中正常进行。掺外加剂的作用是使之产生抗冻、早强、减水等效果,降低混凝土的冰点使之在负温下加速硬化以达到要求的强度。所掺的外加剂主要有氯盐、早强剂、防冻剂等。

氯化钠和氯化钙具有抗冻、早强作用,且价廉易得,从 20 世纪 50 年代开始就得到应用。氯盐掺入所配制的混凝土中,在工艺上只需对拌合水进行加热,浇筑后仅采用适当的保温覆盖措施,即可在严寒条件下施工。但是,氯盐中的氯离子是很活泼的,它可以加速铁的离子化,使之成为 Fe^{2+} 阳离子;氯离子又促使混凝土中的水和氧反应成为 OH^- 阴离子,这样就使 Fe^{2+} 与 OH^- 反应生成 $Fe(OH)_2$,进而氧化成 $Fe(OH)_3$ 促使钢筋电化锈蚀。因此,要严格控制氯盐的掺量。规范规定,在钢筋混凝土中,氯盐的掺量不得超过水泥重量的 1%;在素混凝土中,不得大于水泥重的 3%;并优先考虑与阻锈剂复合使用,如掺入水泥重 2% 的亚硝酸钠($NaNO_2$)阻锈剂,则活泼的亚硝酸溶液与钢筋化合生成 Na_2FeO_2,再次与亚硝酸钠溶液化合而生成 $Na_2Fe_2O_4$。然后上述两种化合物同时起化学反应生成 Fe_3O_4,即

$$Na_2FeO_2 + Na_2Fe_2O_4 + 2H_2O \longrightarrow Fe_3O_4 + 4NaOH$$

Fe_3O_4 在钢筋表面与水泥结合成一层灰色保护膜,使钢筋不再生锈。氯盐除掺量受限制外,在高温高湿度环境、预应力混凝土结构等一系列情况下禁止使用。

硫酸钠和三乙醇胺等具有促进水泥硬化,混凝土早强作用,并对钢筋无锈蚀。早强剂掺入混凝土后,在工艺上只要采取对原材料进行必要的加热及浇筑后保温覆盖等综合措施,就能使混凝土在低温养护期间达到受冻临界强度。掺早强剂法最适用于初冬和早春低温条件施工。

将亚硝酸钠、硝酸钠、硝酸钙、乙酸钠、碳酸钾、尿素等配制成复合型防冻剂,掺入混凝土后使之在负温条件下能继续凝结硬化。掺防冻剂后,通常可在 0～－20 ℃条件下进行施工,并宜优先采用蓄热法养护。

外加剂种类的选择,应根据施工条件和材料供应情况而定,其掺量由试验确定,但混凝土的凝结速度不得超过其运输和浇筑所需的时间。

6.8 混凝土特殊施工

6.8.1 真空密实法

真空密实法是在已浇筑的混凝土表面盖上一真空吸盘(或吸垫),用真空泵形成的负压,抽吸混凝土拌合物中多余水分,使混凝土的水灰比减小,凝结加快,密实度和强度提高。采用真空密实法的混凝土亦称真空混凝土。

真空密实法工艺目前主要应用于现浇混凝土施工的道路、楼板、停车场、飞机场以及水工构筑物等。

1)真空脱水密实原理

真空脱水是由于大气压与真空负压之间所形成的压差作用在混凝土拌合物上而产生的。关于在压差作用下脱水的原理目前存在着两种并不矛盾的观点:

(1)过滤脱水原理。认为混凝土拌合物是一个滤水器,在压差作用下,滤液(游离水)通过过滤介质而脱出。并假定真空向混凝土拌合物内部传播,被束缚在混凝土拌合物中的水气泡产生附加膨胀压力,使其容积增大,产生了挤水作用。

(2)挤压脱水原理。认为混凝土拌合物是水饱和的分散介质,在混凝土拌合物内部存在着两种压力,其一为中和压力,即作用在液体上的静水压力;其二为有效压力,即作用在固体颗粒上而产生的挤压力。混凝土拌合物借助于中和压力得到平衡。当真空处理时,中和压力降低,有效压力提高,使固体颗粒紧密排列,并挤出部分多余水分。

以上两种脱水密实原理,结合实际工艺过程的分析表明,前者大致符合真空处理的后期,后者大致符合真空处理的前期。

2)真空处理设备

真空处理设备由真空吸水机组、真空吸盘或吸垫、吸水软管三部分组成(图6.20)。

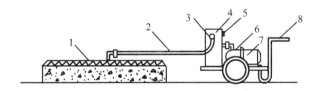

图6.20 真空处理设备工作示意图

1—真空吸水装置;2—软管;3—吸水进口;4—集水箱;5—真空表;6—真空泵;7—电动机;8—手推小车

真空吸水机组由真空泵、电动机、真空室、集水箱、排水管及滤网等组成。真空吸盘或吸垫均设滤网和滤布,滤布通常采用透水的纤维织物。

3)操作要点

真空作业前必须对混凝土作业面充分振实、刮平,并需检查真空泵空载真空度,检查时堵住进水口,表值应<95%(即0.1 MPa),还需检查其他设备是否正常。

作业时先将真空吸垫依次铺放于新浇混凝土作业面上,滤布间搭接不少于30 mm,塑料网骨架层周边应较滤布缩进10~20 mm;橡胶布或化纤织物夹胶布盖垫铺上,使周边紧密贴合,形成密封带。吸水管与真空吸水机组接通后即启动机组吸水。真空作业时间约 10～15 min(板厚 90 mm),脱水真空度为 0.06～0.08 MPa,吸水率为 10%～15%。

6.8.2 水下浇筑混凝土

在深基础、沉井、沉箱和钻孔桩的封底时,以及地下连续墙等的施工中,当地下水渗透量较大,大量抽水又会影响地基,这时可直接在水下浇筑混凝土。在水下或泥浆中浇筑混凝土,目前常用导管法(图 6.21)。

导管直径一般为 250～300 mm(至少为粗骨料最大粒径的 5 倍),每节长 3 m,各节间用法兰盘螺栓连接并加密封圈。导管用起重机吊住,可以升降、移动。

浇筑前,导管下口先用球塞堵住,并从管子中用绳子或铁丝吊住,塞子可用木、橡胶等制作。开始浇筑时,导管下口下沉到距地基表面约 300 mm 处,太近则容易堵塞。第一次灌入导管内的混凝土必须经过严格计算,要求混凝土浇入基坑后能封住管口并满足导管口埋入混凝土内 500 mm 以上。管口如埋入太浅则导管内易进水,如太深则管内混凝土不易压出。为了使管内混凝土能顺利压出,管内混凝土顶面应高出地下水面 2.5 m 左右。

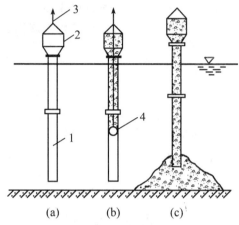

图 6.21 导管法浇筑水下混凝土设备和浇筑过程示意图
(a) 组装设备;(b) 导管内悬吊球塞,注入混凝土;
(c) 不断注入混凝土,提升导管
1—导管;2—承料漏斗;3—提升机具;4—球塞

当管中混凝土的体积和高度满足上述要求后,即可剪断铁丝,球塞被管中混凝土冲开,混凝土就进入水中。如用木塞,这时木塞即浮起回收,此过程称开管。以后边连续浇筑混凝土,边将导管缓缓提起,并注意导管下口始终埋入混凝土内。浇筑速度以提升导管 0.5～3 m/h,浇筑强度每个导管可达 15 m³/h。

在整个浇筑过程中,应避免水平方向移动导管,开管以后应连续浇筑,防止堵管。一旦发生堵管,如在半小时内无法排除,则应立即换插备用导管,插入深度也应在 500 mm 以上,避免松软夹层。混凝土接近设计标高时,可将导管提起,换插别处继续浇筑。浇筑完毕后应清除顶面与水接触的厚约 200 mm 的一层松软混凝土。

如水下结构部分面积较大时,可用几根导管同时浇筑。

6.8.3 喷射混凝土

喷射混凝土是借助喷射机械,以压缩空气作为动力,将速凝混凝土喷射到受喷面上而形成一定密实度的混凝土。

喷射混凝土因在高速喷射流的撞击力下被挤压密实,在原材料相同的情况下,与振实混凝土相比,具有强度高,耐久性、抗冻性和抗渗性好,黏结力、自撑能力好等优点,其抗压强度可达 50 MPa,与受喷面的黏结强度可达 1.5～2.5 MPa。喷射混凝土又将混凝土的运输和浇筑等几道工序合而为一,并且不用模板,因而施工简便,速度快。由于这些特点,喷射混凝土在岩土

164

地下建筑(如洞室、隧道等)的支护,对有缺陷的工程结构物的修复补强,对抗渗性能要求高的构筑物(如水池、水塔、地下室等)的表面处理等工程中得到广泛应用。

1)施工工艺

喷射混凝土的施工方法分为干式喷射和湿式喷射两种。

干式喷射是先将未加水的水泥、骨料等在搅拌机中搅拌成均匀的干混合物,然后装入喷射机内,再利用压缩空气将干混合物通过输料软管送往喷枪,在喷枪处加压力水,使干混合料在与水混合的同时,高速地喷射到受喷面上去(图6.22)。此法施工较方便,输送软管不易被堵塞,输送距离长。但水灰比由操作人员凭经验控制,准确性差,且喷射时粉尘较大,材料回弹量也较大。

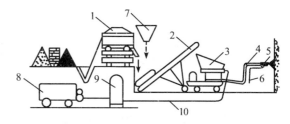

图6.22 喷射混凝土工艺示意图
1—强制式搅拌机;2—皮带运输机;3—喷射机;4—软管;
5—喷嘴;6—高压水管;7—速凝剂槽;8—空气压缩机;
9—储气罐;10—压缩空气管

湿式喷射是将水泥、骨料、水等搅拌均匀后,再装入喷射机内,经输料软管送往喷枪,由压缩空气将混凝土喷射到受喷面上。该方法与干法相比,水灰比易控制,能减少材料回弹,喷射时粉尘也少,但设备较复杂,水泥用量也较大,输料软管易被堵塞。目前应用较广的是干式喷射法。

2)施工设备

喷射混凝土(干式喷射)施工用机具设备主要有:混凝土喷射机、空气压缩机、搅拌机和喷枪等。

混凝土喷射机按其构造和工作原理不同,主要有双罐式、转子式和螺旋式三种类型(图6.23)。喷枪是将干混合料与水混合成混凝土喷出的工具,空气压缩机为喷射混凝土提供动力。搅拌机采用涡桨式强制混凝土搅拌机,能保证干料搅拌均匀。由于喷枪及软管重量较大,喷射时粉尘也大,为减轻工人的劳动强度,故都配有机械手来代替人工操作。

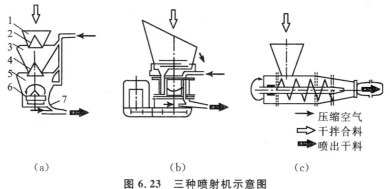

（a）　　　　　　　　　　（b）　　　　　　　　　　（c）

图6.23 三种喷射机示意图
（a）双罐式；（b）转子式；（c）螺旋式
1—料斗;2—上钟形盖;3—上罐;4—下钟形盖;5—下罐;6—分配器;7—出料弯管

3)对原材料的要求

(1)水泥。喷射混凝土要求凝结快,早期强度高,收缩变形小。因此,宜优先采用强度等级不低于32.5的硅酸盐水泥或普通硅酸盐水泥。

（2）砂。一般宜用中砂。因细砂会增大混凝土收缩,粗砂则增大回弹量。中砂的含水率控制在 4%～6%范围内。

（3）石。喷射混凝土中,卵石和碎石均可用。最大粒径不宜超过喷射厚度的 1/3,一般卵石粒径不超过 25 mm,碎石粒径不超过 20 mm;大于 15 mm 的石子不宜超过 20%,含水率控制在 2%左右为宜。

（4）速凝剂。喷射混凝土所用的速凝剂应具有使混凝土凝结速度快,早期强度高,后期强度损失小,收缩量较小,对金属腐蚀小,在较低温度(5 ℃)时不失效等性能。使用前应对水泥做适应性试验,要求具有良好的流动性,初凝时间不大于 5 min,终凝不大于 10 min。用国产的红星 1 型和 711 型速凝剂基本上能满足上述要求。

喷射混凝土施工工艺对混凝土的流动性和黏滞性有一定的要求,因此其配合比应满足以下要求:砂率要适当增加,约为 45%～55%,每立方米混凝土中的水泥用量以 375～400 kg 为宜,水灰比控制在 0.4～0.6 为宜。混凝土喷射后 2～4 h 即应进行喷水养护,养护时间不得少于 7 d。

混凝土工程　　泵车混凝土　　构件厂混凝土　　混凝土内撑现场　　喷射混凝土护坡　　水下混凝土浇筑安装导管

7 预应力工程

预应力是通过张拉预应力筋给结构一个外荷载,用于调控结构的应力和变形。在混凝土结构或构件上施加预应力即为预应力混凝土工程施工,在钢结构或构件上施加预应力即为预应力钢结构工程施工。

预应力混凝土按施加预应力方式不同可分为:先张法预应力混凝土、后张法预应力混凝土和自应力混凝土。按预应力筋的粘结状态不同可分为:有粘结预应力混凝土、无粘结预应力混凝土和缓粘结预应力混凝土。按施工方法不同又可分为:预制预应力混凝土、现浇预应力混凝土和叠合预应力混凝土等。

预应力钢结构是最近发展较快的预应力工程的一个新的分支。在钢结构的承重结构体系中通过张拉钢索等手段引入与荷载应力相反的预应力以改善结构的承重特性与稳定性,调控结构应力分布和变形,增加结构刚度、减轻自重。

本章主要阐述预应力钢材、锚(夹)具、张拉设备、预应力施工工艺等基本内容。

7.1 预应力钢材与锚(夹)具

预应力用钢材可分为:钢筋(螺纹钢筋、钢棒和钢拉杆等)、钢丝与钢绞线等三大类。预应力钢材的发展趋势为高强度、低松弛、大直径与耐腐蚀。

预应力筋用锚具是后张法预应力结构或构件中为保持预应力筋的拉力并将其传递到构件或结构上所用的永久性锚固装置。预应力筋用夹具是先张法预应力混凝土构件施工时为保持预应力筋拉力并将其固定在张拉台座(设备)上的临时锚固装置。

锚(夹)具按锚固方式不同分为:夹片式锚具、支承式锚具、握裹式锚具和组合式锚具。夹片式锚具主要有单孔和多孔锚具等;支承式锚具主要有镦头锚具、螺杆锚具等;握裹式锚具主要有挤压锚具、压接锚具、压花锚具;组合式锚具主要有冷铸锚和热铸锚等。

锚(夹)具应具有可靠的锚固能力,并不超过预期的内缩值;此外锚(夹)具应具有使用安全、构造简单、加工方便、价格低、全部零件互换性好等特点。夹具和工具锚还应具有多次重复使用的性能。

7.1.1 钢筋体系

1) 预应力筋用钢筋

(1) 预应力混凝土用螺纹钢筋

预应力混凝土用螺纹钢筋是一种热轧带有不连续的外螺纹的直条钢筋,亦称精轧螺纹钢筋,可直接用配套的连接器接长和螺母锚固,无须冷拉焊接,施工方便,主要用于中等跨度的变截面连续梁桥和系杆拱桥的竖向预应力束,以及其他构件的直线预应力筋。

预应力混凝土用螺纹钢筋直径主要有 18 mm、25 mm、32 mm、40 mm 和 50 mm 等,常用直径为 25 mm 和 32 mm;屈服强度分别为 785 MPa、830 MPa、930 MPa、1 080 MPa 和 1 200 MPa 五

级;抗拉强度分别为 980 MPa、1 030 MPa、1 080 MPa、1 230 MPa 和 1 330 MPa 五级;最大力下总伸长率为 3.5%;断后伸长率为 6%～8%;1 000 h 后应力松弛率≤4.0%。其质量检验可参照国家标准《预应力混凝土用螺纹钢筋》GB/T 20065 执行。

（2）预应力混凝土用钢棒

预应力混凝土用钢棒是由低合金钢盘条热扎而成,其横截面形式有光圆、螺旋槽、螺旋肋和带肋等几种,主要用于先张法预应力混凝土构件。

预应力混凝土用钢棒直径为 φ6～φ16,其抗拉强度分别为 1 080 MPa、1 230 MPa、1 420 MPa 和 1 570 MPa 四级,规定塑性延伸强度分别不小于 930 MPa、1 080 MPa、1 280 MPa 和 1 420 MPa 四级;最大力总伸长率为 2.5%～3.5%;断后伸长率为 5%～7%,松弛率不大于 4.5%;直径小于等于 10 mm 的光圆和螺旋肋钢棒在规定弯曲半径反复弯曲 180°时的次数不小于 4 次,小于 16 mm 的光圆和螺旋肋钢棒在弯心直径为 10 倍钢棒公称直径时弯曲 160°～180°后弯曲处无裂纹,其质量检验可参照国家标准《预应力混凝土用钢棒》GB/T 5223.3 执行。

（3）钢拉杆

钢拉杆的杆体是由合金钢和不锈钢等材料构成的光圆钢棒,主要用于大跨度空间预应力钢结构等领域。

合金钢钢拉杆直径为 φ20～φ210,屈服强度分别为 345 MPa、460 MPa、550 MPa 和 650 MPa、750 MPa、850 MPa 和 1 100 MPa 七级;抗拉强度分别为 470 MPa、610 MPa、750 MPa、850 MPa、950 MPa、1 050 MPa、1 230 MPa 七级;断后伸长率为 8%～22%,其质量检验可参照国家标准《钢拉杆》GB/T 20934 执行。

2）预应力混凝土螺纹钢筋用锚具和连接器

预应力混凝土螺纹钢筋的螺母(亦称锚具)和连接器见图 7.1。预应力混凝土螺纹钢筋的外形为无纵肋而横不相连的螺扣,螺母与连接器的内螺纹应与之匹配,防止钢筋从中拉脱。螺母分为平面螺母和锥形螺母两种。

锥形螺母可通过锥体与锥孔的配合,保证预应力筋的正确对中;开缝的作用是增强螺母对预应力筋的夹持。螺母材料采用 45 号钢,调质热处理后硬度为 HB220～253,垫板也相应分为平面垫板和锥形孔垫板。

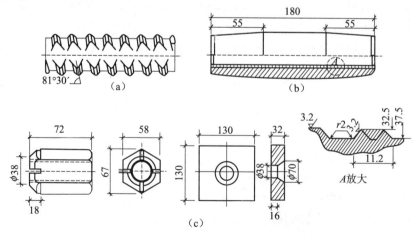

图 7.1　精轧螺纹钢筋螺母(锚具)与连接器

（a）精轧螺纹钢筋外形;（b）连接器;（c）锥形螺母与垫板

3）钢拉杆锚具

钢拉杆锚具应是一组装件(图 7.2)。它由两端耳板、拉杆杆体、张紧器、锥形锁紧螺母等组成。耳板与结构支承点连接,张紧器既是连接器又是锚具,钢套筒两端内有正反牙。钢拉杆张拉时,收紧张紧器,使钢拉杆建立预应力。

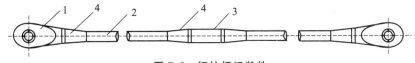

图 7.2 钢拉杆组装件

1—耳板；2—拉杆杆体；3—张紧器；4—锥形锁紧螺母

7.1.2 钢丝锚固体系

1）预应力钢丝

预应力钢丝具有强度高、综合性能好、用途广的特点。在先张法预应力混凝土构件中,为了增强钢丝与混凝土的握裹力,预应力钢丝的表面加工成具有规则间隔肋条的螺旋肋或具有规则间隔压痕的刻痕。

在桥梁或房屋预应力钢结构的拉索中,为提高预应力钢丝的防腐性,可将钢丝加工成热镀锌钢丝,镀层的重量一般不小于 300 g/m^2,强度级别比非镀锌低一个等级。

预应力混凝土用中强度钢丝采用优质碳素钢盘条拔制而成的螺旋肋钢丝和刻痕钢丝,其公称直径为 4.0～14.0 mm 共十一级,公称抗拉强度为 650 MPa、800 MPa、970 MPa、1 270 MPa 和 1 370 MPa 五级。预应力混凝土用中强度钢丝主要用于先张法中小型预应力混凝土构件。

预应力高强钢丝主要品种有:冷拉钢丝和消除应力钢丝(简称预应力钢丝)两类,冷拉钢丝仅用于压力管道。冷拉钢丝是采用优质高碳钢盘条多次通过拔丝模冷拔而成的钢丝;预应力钢丝是对冷拉钢丝继续进行稳定化处理而成的低松弛钢丝。稳定化处理是将冷拉钢丝在承受约 40％～50％公称抗拉强度的轴向拉力时进行 350 ℃～400 ℃ 的短时回火处理。预应力钢丝消除了钢丝冷拔过程中产生的残余应力,大大降低应力松弛率,提高了钢丝的抗拉强度、屈服强度和弹性模量并改善塑性,同时具有良好的伸直性。

预应力钢丝公称直径为 4.0～12.0 mm,公称抗拉强度分别为 1 470 MPa、1 570 MPa、1 670 MPa、1 770 MPa 和 1 860 MPa 五级;其力学性能指标为:最大力总伸长率不小于 3.5％(标距 200 mm);0.2％屈服力 $F_{p0.2}$ 应不小于最大力的特征值 F_m 的 88％;反复弯曲次数应不小于 3 次;弹性模量值取(205±10)GPa。

目前最常用的是公称直径为 5.00 mm 和 7.00 mm,抗拉强度为 1 860 MPa 的预应力光圆钢丝。预应力钢丝的技术指标可参照国家标准《预应力混凝土用钢丝》GB/T 5223。

2）单孔钢丝夹片锚具

单孔钢丝锚具是高强度预应力钢丝专用锚具(图 7.3),适用于光圆钢丝、刻痕钢丝、螺旋肋等外形的预应力筋,其夹片分为二片、三片,该类锚具主要应用于预制构件厂先张法预应力叠合板等预制构件生产的长线台座上,锚固直径 4～7 mm 的高强度预应力钢丝。表 7.1 列出常用单孔钢丝夹片锚具的技术参数,锚

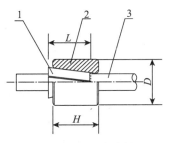

图 7.3 单孔钢丝夹片锚具

1—夹片；2—锚环；3—单根钢丝

环采用 45 号,调质处理,硬度为 HB251～283;夹片材料及化学热处理要求同钢绞线单孔夹片锚。

表 7.1 单孔钢丝夹片锚具技术参数

钢丝规格		Φ5(4)钢丝	Φ7(6)钢丝
夹片长度 L(mm)		23	25
锚环	直径 D(mm)	28	32
	长度 H(mm)	30	35

3)镦头锚具

镦头锚具是利用钢丝两端的镦粗头部来锚固预应力钢丝的一种支承式锚具。镦头锚具加工简单,张拉方便,锚固可靠,成本较低,但对钢丝束的等长要求较严。这种锚具可根据张拉力大小和使用条件设计成多种形式和规格,能锚固任意根数的钢丝。

常用的镦头锚具有:锚杯与螺母(张拉端用)、锚板(固定端用),见图 7.4。锚具材料采用 45 号钢,锚杯与锚板调质热处理硬度 HB251～283。锚杯底部(锚板)的锚孔,沿圆周分布,锚孔间距:对 $\Phi^P 5$ 钢丝,大于等于 8 mm;对 $\Phi^P 7$ 钢丝,大于等于 11 mm。

多孔锚板的受力情况比较复杂。从试验情况看,危险截面发生在沿最外圈钢丝孔洞的圆柱截面上,主要是剪切破坏。因此,锚板的厚度 H_0,可按下式近似计算

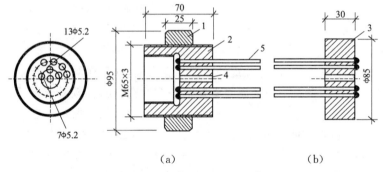

图 7.4 钢丝束镦头锚具($DM5^A_B$—20)

(a)张拉端锚杯与螺母;(b)固定端锚板

1—螺母;2—锚杯;3—锚板;4—排气孔;5—钢丝

$$H_0 \geqslant \frac{N-0.5N_n}{\tau(\pi d_n - md)} \tag{7.1}$$

$$N = f_{ptk} \cdot A_p$$

式中 N——镦头锚具的设计拉力(N);

　　　N_n——最外圈钢丝拉力(N);

　　　d_n——最外圈钢丝排列的直径(mm);

　　　m——最外圈钢丝的根数;

　　　d——锚孔直径(mm);

　　　τ——抗剪容许应力,等于 $0.7f_y$(N/mm²);

　　　f_{ptk}——钢丝抗拉强度标准值(N/mm²);

　　　A_p——钢丝的总截面面积(mm²)。

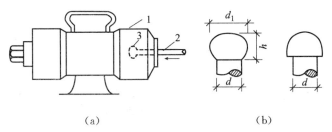

(a) (b)

图7.5 钢丝镦头

(a)液压冷镦器;(b)头型

1—冷镦器;2—钢丝;3—镦头

钢丝镦头可采用液压冷镦器(图7.5),其型号、镦头压力与镦头尺寸见表7.2。对镦头的要求:镦头的头型直径不宜小于钢丝直径的1.5倍,高度不宜小于钢丝直径;头形圆整,不偏歪,镦头的头部不应出现横向裂纹,颈部母材不受损伤。

表7.2 镦头器型号、镦头压力与头型尺寸

钢丝直径 d(mm)	镦头器型号	镦头压力 (N/mm²)	头型尺寸(mm)	
			d_1	h
5	LD—10	32～36	1.5 d	1.0 d
7	LD—20	40～43		

钢丝通过冷镦,理论上应与原钢丝等强,但限于镦头设备与操作条件,镦头强度可能会稍低于钢丝强度。因此,《混凝土结构工程施工质量验收规范》(GB 50204)规定:钢丝的镦头强度不得低于钢丝强度标准值的98%。

4)冷(热)铸锚

在斜拉桥索以及预应力钢结构工程中的拉索,由多根镀锌钢丝组成索段,其端部的锚固方式通常有两种:

(1)将钢丝索股插入锥形钢套筒,钢丝插入分丝板并镦头,以增大单根钢丝的抗滑移阻力。在套筒锥形空腔内部用环氧钢砂冷铸材料填充,形成冷铸锚(图7.6a)。

(2)同样将钢丝索股插入锥形套筒并散开略弯折,在套筒锥形的空腔中浇铸锌铜合金,浇铸温度控制在460℃以下,形成热铸锚(图7.6b)。

冷(热)铸锚套筒的锥度 β,一般为 $\tan\beta=\dfrac{1}{8}\sim\dfrac{1}{12}$。对冷铸锚取小值,对热铸锚取大值。

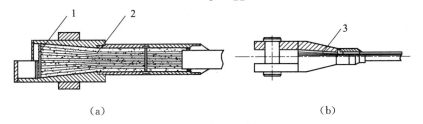

(a) (b)

图7.6 冷(热)铸锚

(a)冷铸锚;(b)热铸锚

1—分丝板;2—浇铸的环氧钢砂;3—浇铸的锌铜合金

171

7.1.3 钢绞线体系

1) 钢绞线

钢绞线是用多根冷拉钢丝在绞线机上捻制成钢绞线后,连续进行稳定化处理而成的低松弛钢绞线。钢绞线的捻向国家标准规定为左捻,捻距为钢绞线公称直径的 12~16 倍。钢绞线按结构不同可分为:1×2、1×3、1×7、1×19 等类别(图 7.7);按抗拉强度不同分为 1 470、1 570、1 670、1 860 MPa 各种级别,最高可达 1 960 MPa;0.2%屈服力 $F_{p0.2}$ 值应为整根钢绞线实际最大力 F_{ma} 的 88%~95%。

1×7 钢绞线是由 6 根外层钢丝围绕一根中心钢丝(直径加大≮2.5%)绞缠而成;1×19 钢绞线是由外层 2 圈各 9 根钢丝围绕一根中心钢丝绞缠而成,或由最外层 12 根,次层 6 根钢丝围绕一根中心钢丝绞缠而成(图 7.7e);直径为 φ17.8~φ28.6。

1×2 钢绞线直径为 φ5.00~φ12.00;1×3 钢绞线直径为 φ6.20~φ12.90;1×2 和 1×3 钢绞线主要用于先张法预应力混凝土构件。为增加钢丝与混凝土的握裹力,还有用 3 根刻痕钢丝捻制成的 1×3 刻痕钢绞线和外周用 6 根刻痕钢丝捻制成的 1×7 刻痕钢绞线。1×19 钢绞线用于制作缓粘结预应力筋较为理想。

1×7 模拔钢绞线是 7 根钢丝捻制后又经模拔的钢绞线(图 7.7f)。模拔钢绞线内各根钢丝间为面接触,使钢绞线的密度提高约 18%。在相同公称直径时,该钢绞线的公称横截面积增大,承载能力提高约 15%,且钢绞线表面与锚具夹片的接触面增大,易于锚固。

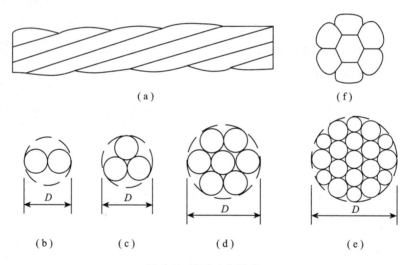

图 7.7　预应力钢绞线

(a) 钢绞线;(b) 1×2;(c) 1×3;(d) 1×7;(e) 1×19;(f) 模拔钢绞线;D—钢绞线公称直径

直径为 15.20 mm(15.24 mm)、抗拉强度 1 860 MPa 的 1×7 钢绞线,是后张法预应力工程中最常用的钢绞线。部分 1×7 钢绞线参考面积与重量参见表 7.3,钢绞线的质量检验可参照国家标准《预应力混凝土用钢绞线》GB/T 5224 执行。

表 7.3　1×7 钢绞线的面积与重量

公称直径(mm)	参考截面积(mm²)	参考重量(kg/m)
12.70	98.7	0.775
15.20 (15.24)	140.0	1.101
15.70	150.0	1.178
17.80	191.0	1.500
21.60	285.0	2.237

注　1. 最大力下总伸长率不小于 3.5%(标距 500mm);
　　2. 钢绞线弹性模量值取(195±10)GPa。

钢绞线的整根破断力大,柔性好,施工方便,是预应力工程的主要材料。为了提高钢绞线的耐腐蚀性,对其进行涂层处理后分别有镀锌钢绞线和环氧涂层钢绞线。

2) 单孔夹片锚(夹)具

单孔夹片锚(夹)具由锚环和夹片组成,见图 7.8。锚环的锥角约为 7°,采用 45 号钢或 20Cr 钢,调质热处理,表面硬度不应小于 HB225(或 HRC20)。夹片有三片式与二片式两种,三片式夹片按 120° 铣分,二片式夹片的背面上有一条弹性槽,以提高锚固性能。夹片的齿形为锯齿形细齿。为了使夹片达到芯软齿面硬,采用 20Cr 钢,化学热处理表面硬度不应小于 HRC57(或 HRA79.5)。

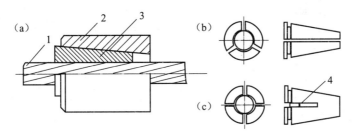

图 7.8　单孔夹片式锚具

(a)组装图;(b)三夹片;(c)二夹片

1—钢绞线;2—锚环;3—夹片;4—弹性槽

单孔夹片式锚具主要用于无粘结预应力混凝土结构中的单根钢绞线的锚固,也可用作先张法构件中锚固单根钢绞线的夹具。

单孔夹片锚(夹)具应采用限位器张拉锚固或采用带顶压器的千斤顶张拉后顶压锚固。为使混凝土构件能承受预应力筋张拉锚固时的局部承载力,单孔锚具应与锚垫板和螺旋筋配套使用。

夹片式锚具应具有自锚性能,其锚固机理:张拉锚固时,预应力筋在拉力的作用下带着夹片进入锚环锥孔内越锚越紧直至锚住预应力筋。

夹片式锚具的受力分析见图 7.9。取夹片为脱离体(三夹片),由图可知

$$H\tan(\alpha+\beta)=\frac{P}{3}\qquad N=H$$

自锚条件为 $N\tan\varphi \geqslant \dfrac{P}{3}$

$$\therefore \qquad \tan\varphi \geqslant \tan(\alpha+\beta) \qquad\qquad (7.2)$$

式中 α——锥角；

φ——夹片与钢绞线之间的摩擦角；

β——夹片与锚环之间的摩擦角。

为了提高锚固性能，φ 应尽量增大，β 应适当减少，α 取小值。

夹片式锚具应具有连续反复张拉的功能，利用行程不大的千斤顶经多次张拉锚固后，可张拉任意长度的预应力筋。

夹片式锚具用于先张法夹具时，锚环表面硬度不应小于为 HB251（或 HRC25），夹片表面硬度不应小于 HRA81。在夹片与锚环之间垫塑料薄膜或涂石墨、石蜡等，张拉后容易松开锚具供重复使用。

3）多孔夹片锚具

多孔夹片锚具也称群锚，由多孔的锚板（图 7.10）与夹片（图 7.8b、c）组成。在每个锥形孔内安装一副夹片，夹持一根钢绞线。这种锚具的优点是每束钢绞线的根数不受限制；任何一根钢绞线锚固失效，都不会引起整束预应力筋锚固失效。

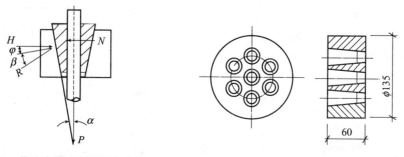

图 7.9 单孔夹片式锚具受力分析   图 7.10 7 孔夹片锚具

锚板的材料及锥形孔与单孔夹片锚具的锚环相同。锚孔（锥形孔）沿圆周排列，其间距：对 φ15.20 钢绞线大于等于 33 mm，对 φ12.70 钢绞线大于等于 30 mm。锚孔可做成直孔或倾角 1∶20 的斜孔，前者加工方便，但锚口有摩阻损失（亦称锚口损失），夹片式锚具的锚口摩阻损失不宜大于 6%；后者张拉后须顶压。多孔锚与单孔锚的夹片可通用。

为使混凝土构件能承受预应力筋张拉锚固时的局部承载力，多孔锚具应与锚垫板和螺旋筋配套使用。用于预应力钢结构时，端部应进行局部承压验算。

对于多孔夹片锚具，应采用相应吨位的千斤顶整束张拉，只有在特殊情况下，才可采用小吨位千斤顶逐根张拉锚固。

为降低梁的高度，有时采用扁形锚具，与之对应的留孔材料采用扁形波纹管，常用锚固 2～5 根钢绞线的扁锚。

4）挤压锚具

挤压锚具是利用液压挤压机将套筒挤紧在钢绞线端头上的一种握裹式锚具，见图 7.11。套筒采用 45 号钢，套筒内衬有在挤压力下极易脆断的异形钢丝衬圈。

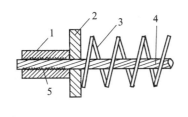
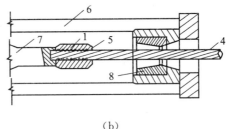

（a） （b）

图 7.11 挤压锚具及其成型

（a）挤压锚具；（b）成型工艺

1—挤压套筒；2—锚垫板；3—螺旋筋；4—钢绞线；5—异形钢丝衬圈；6—挤压机机架；7—活塞杆；8—挤压模

　　挤压锚具组装时,挤压机的活塞杆推动套筒通过喇叭形挤压模,使套筒受挤压变细,异形钢丝衬圈脆断,咬入钢绞线表面夹紧钢绞线,形成挤压头。挤压机的工作推力应符合有关技术规定,常为 350~400 kN。挤压后钢绞线外端露出挤压套筒不应少于 1.0 mm。

　　切开挤压头检查后看出,异形钢丝衬圈脆断后,一半嵌入钢套筒,一半压入钢绞线,从而增加钢套筒与钢绞线之间的机械咬合力和摩阻力;钢套筒与钢绞线之间没有任何空隙,紧紧夹住。挤压锚具的锚固性能可靠,宜用于内埋式固定端。

7.1.4 预应力筋—锚具组装件的静载性能

　　预应力筋锚固体系是否安全可靠,不仅要看锚(夹)具各部件的质量是否合格,而且要看预应力筋—锚具组装件的静载锚固性能是否满足结构要求。

　　1)锚固性能要求

　　预应力筋—锚具组装件的静载锚固性能用锚具效率系数 η_a 表示。η_a 定义为预应力筋—锚具组装件静载锚固性能试验测得的锚具效率系数(%)。锚具效率系数 η_a 可按下式计算:

$$\eta_a = \frac{F_{Tu}}{n \cdot F_{pm}} \tag{7.3}$$

　　式中　F_{Tu}——预应力筋—锚具、夹具或连接器组装件的实测极限拉力(kN);

　　　　　F_{pm}——预应力筋单根试件的实测平均极限抗拉力(kN);

　　　　　n——预应力筋—锚具或连接器组装件中预应力筋的根数。

　　为保证索锚固的预应力筋在破坏时有足够的延性,总伸长率 ε_{Tu} 也必须满足一定要求。

　　《预应力筋用锚具、夹具和连接器》GB/T14730规定,预应力筋—锚具组装件的静载锚固性能应同时满足下列两项要求:

$$\eta_a \geqslant 0.95 \qquad \varepsilon_{Tu} \geqslant 2.0\% \tag{7.4}$$

　　式中　ε_{Tu}——预应力筋—锚具或连接器组装件达到实测极限拉力 F_{Tu} 时预应力筋受力长度的总伸长率(%)。

　　锚具的预应力筋—锚具组装件,尚需满足上限为预应力筋公称抗拉强度 f_{ptk} 的65%,疲劳应力幅度不小于 80 MPa 的循环次数为 200 万次的疲劳荷载性能试验。

　　2)锚固性能试验

　　预应力筋—锚具组装件的静载锚固性能试验,应在锚具各零件检查合格后进行。

　　试件应由锚具的全部零件和预应力钢材组成。组装时不得在锚固零件上添加或擦除影响锚固性能的物质(如金刚砂、石墨或油脂等),多根预应力筋组装件中各根预应力筋应等长、平行,初应力均匀,其受力长度:单孔锚具不应小于 0.8 m;多孔锚具不应小于 3 m。

试验工作应在无粘结状态下将试件置于专门的试验台上进行(图 7.12)。加载前必须先将预应力筋的初应力调试均匀,初应力可取预应力筋的公称抗拉强度 f_{ptk} 的 $5\%\sim10\%$;总伸长测量装置的标距不宜小于 1 m。正式加载步骤:用张拉设备按预应力筋的公称极限抗拉力 $F_{ptk}(F_{ptk}=A_{pk}\times f_{ptk})$ 的 20%、40%、60%、80% 四级等速(每分钟不超 100 MPa)加载,加载到最高一级荷载后,持荷 1 h,再缓慢加载至破坏。对支承式锚具,也可先安装锚具,直接用试验设备加载。

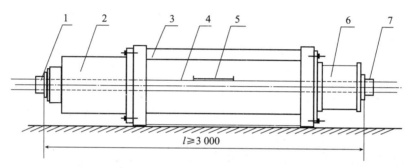

图 7.12 预应力筋—锚具(夹具)组装件静载试验装置
1—张拉端试验锚具或夹具;2—加载用千斤顶;3—承力台座;4—预应力筋;
5—测量总应变的量具;6—荷载传感器;7—固定端试验锚具或夹具

试验过程中应观察和测量的内容:预应力钢材与锚具之间的相对位移;锚具零件之间的相对位移;组装件的极限拉力和达到极限拉力时的总伸长;破坏荷载;破坏部位及破坏形态等。

全部(一组为 3 束)试验结果均应做出记录,并据此计算锚具的效率系数 η_a 和预应力筋极限应变 ε_{Tu}。

7.2 预应力张拉设备

施加预应力用的张拉设备可分为:电动张拉机和液压张拉机两类。前者仅用于先张法单根钢丝张拉,后者广泛用于各类预应力筋张拉。

张拉设备应由专人使用和保管,并定期维护和标定。

7.2.1 电动张拉机

电动张拉机按传动方式可分为:电动螺杆张拉机和电动卷筒张拉机。

电动螺杆张拉机(图 7.13)由电动机通过减速箱驱动螺母旋转,使螺杆前进或后退。螺杆前端连接弹簧测力计和张拉夹具。测力计上装有微动开关,当张拉力达到预定值时,可以自锁停车。张拉行程为 1 000 mm,额定张拉力 10 kN、30 kN。

电动卷筒张拉机由电动机通过减速箱带动一个卷筒,将钢丝绳卷起进行张拉。钢丝绳绕过张拉夹具尾部的滑轮,与弹簧测力计连接。张拉行程与额定张拉力同电动螺杆张拉机。

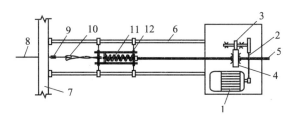

图 7.13 电动螺杆张拉机

1—电动机;2—皮带;3—齿轮;4—齿轮螺母;5—螺杆;6—承力杆;7—台座横梁;

8—钢丝;9—锚固夹具;10—张拉夹具;11—弹簧测力计;12—滑动架

7.2.2 液压张拉机

液压张拉机包括:液压千斤顶、油泵与压力表和限位板、工具锚等。液压千斤顶常用的为穿心式千斤顶。选用千斤顶型号与吨位时,应根据预应力筋的张拉力和所用的锚具形式确定。

1) 双作用穿心式千斤顶

双作用穿心式千斤顶由张拉油缸、顶压油缸(即张拉活塞)、顶压活塞和回程弹簧等组成,见图 7.14。

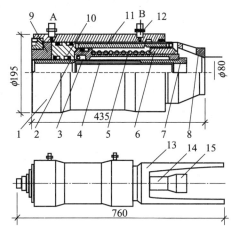

图 7.14 YC—60 型千斤顶构造

1—大缸缸体;2—穿心套;3—顶压活塞;4—护套;5—回程弹簧;6—连接套;7—顶压套;8—撑套;

9—堵头;10—密封圈;11—二缸缸体;12—油嘴;13—撑脚;14—拉杆;15—连接套;A—进油口;B—回油口

张拉前,首先将预应力筋穿过千斤顶固定在千斤顶尾部的工具锚上。张拉预应力筋时,A油嘴进油,B油嘴回油,顶压油缸和护套连成一体,右移顶住锚环,张拉油缸、端盖与穿心套连成一体,带动工具锚向左移。顶压锚固时,在保持张拉力稳定的条件下 A 油嘴稳压,B油嘴进油,顶压活塞将夹片或锚塞强力推入锚环内。此时,张拉油缸内油压将会升高,应控制其升高值,使预应力筋应力不超过屈服强度。张拉油缸采用液压回程,此时 B 油嘴进油,A油嘴回油,顶压活塞在弹簧力作用下回程复位。

常用型号 YC—60,公称张拉力为 600 kN,张拉行程为 150 mm,顶压力为 300 kN,顶压行程为 50 mm。这种千斤顶的适应性强,既可张拉用夹片锚具锚固的钢绞线束,也可张拉需要顶压锚固的特殊锚具。新型 YCW60B—200 轻型化千斤顶,取消顶压功能后整机重量仅33 kg,而张拉行程达 200～250 mm。

177

2) 大孔径穿心式千斤顶

大孔径穿心式千斤顶又称群锚千斤顶,是一种具有大穿心孔径的单作用千斤顶。千斤顶的前端安装顶压器(液压、弹簧)或限位板,尾部安装工具锚,见图7.15。限位板的作用是在钢绞线束张拉过程中限制工作锚夹片的外露长度,以保证在锚固时夹片内缩一致,并不大于预期值。工具锚是专用的,能多次使用,锚固后拆卸夹片方便。这种千斤顶的张拉力大(1 000~10 000kN)、构造简单、不顶锚、操作方便,但要求锚具具有良好的自锚性能,广泛用于大吨位钢绞线束张拉。

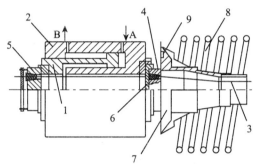

图7.15 穿心式千斤顶构造简图

1—千斤顶活塞;2—千斤顶缸体;3—钢绞线;4—工作锚;5—工具锚;6—限位板;
7 锚垫板;8—螺旋筋;9—灌浆孔;A—进油口;B—回油口

3) 前卡式千斤顶

YDCQ型前卡式千斤顶是一种小型千斤顶,由外缸、内缸、活塞、前后端盖、顶压器、工具锚组成,见图7.16。在高压油作用下,顶压器、活塞杆不动,油缸后退,从而工具锚夹片自动夹紧钢绞线。随着高压油不断作用,油缸继续后退,完成钢绞线张拉工作。千斤顶张拉后,油缸回油复位时,顶压器中的顶楔环将工具锚夹片打开,放松钢绞线,千斤顶退出。这种千斤顶的张拉力为180~250 kN,张拉行程为160~200 mm,预应力筋的工作长度短(约250 mm),千斤顶轻巧,适用于张拉单根钢绞线。

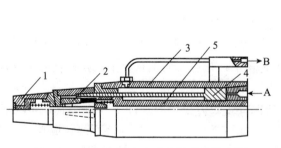

图7.16 YDCQ型前卡式千斤顶构造简图

1—顶压器;2—工具锚;

3—外缸;4—活塞;5—拉杆;A—进油口;B—回油口

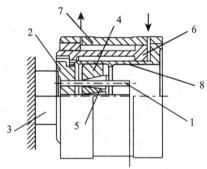

图7.17 内置式千斤顶示意图

1—钢绞线;2—限位板;3—工作锚;

4—工具锚;5—夹片;6—活塞;

7—外缸;8—穿心套

目前已开发成功张拉群锚的内置式千斤顶,见图7.17。该千斤顶不但重量轻,使用方便,而且预应力筋所需的张拉工作长度较短，可以节约大量的钢绞线，具有较好的经济效益。

7.2.3 液压千斤顶标定

采用千斤顶张拉预应力筋时，预应力筋的张拉力由油泵压力表读数显示出千斤顶油缸活塞单位面积上的油压力，理论上该值等于张拉力除以活塞面积。但是，由于活塞与油缸之间存在摩阻力，使得实际张拉力比理论计算值要小。

为了准确地获得实际张拉力值，应采用标定方法直接测定千斤顶的实际张拉力与压力表读数之间的关系。绘制出 N 与 p 的关系曲线（图 7.18），供施工时使用。千斤顶和压力表应定期维护，配套标定和使用，标定期限不应超过半年。当使用过程中出现异常情况或设备维修以后应重新标定。

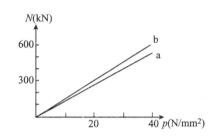

图 7.18 千斤顶标定曲线
a—主动状态；b—被动状态

张拉设备应配套标定以减少累积误差。压力表的精度不宜低于 1.6 级；标定张拉设备用的试验机或测力计的不确定度不应大于 1.0%。张拉设备标定时，千斤顶活塞的运行方向应与实际张拉工作状态一致，即采用千斤顶顶试验机（主动状态）的方法标定千斤顶；而在测定预应力筋孔道摩擦损失时安装于固定端的千斤顶，其工作状态正好与张拉状态相反，应采用试验机压千斤顶（被动状态）的方法标定千斤顶。

1）用试验机标定

当用试验机标定千斤顶时，将千斤顶放置于试验机上、下压板之间，千斤顶进油，顶紧试验机压板，千斤顶缸体的运行方向与实际张拉时的方向一致（图 7.19a）。力的平衡为

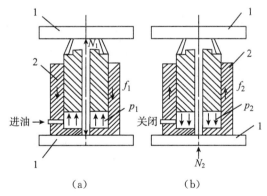

图 7.19 在试验机上标定穿心式千斤顶
（a）千斤顶顶试验机（主动）；（b）试验机压千斤顶（被动）
1—试验机的上、下压板；2—穿心式千斤顶

$$N_1 = p_1 \cdot A - f_1 \tag{7.5}$$

式中 N_1——试验机被动工作时的表盘读数（kN）；

p_1——千斤顶主动出力时压力表的读数（N/mm²）；

f_1——千斤顶主动出力时缸体与活塞之间的摩阻力（kN）；

A——千斤顶张拉活塞面积（mm²）。

根据液压千斤顶标定方法的试验研究，得出以下结果：

（1）用油膜密封的试验机，由于内摩阻非常小，其主动工作与被动工作时的表盘读数基本一致，因此，张拉力可直接取试验机主动工作时的表盘读数。

（2）用密封圈密封的千斤顶，其内摩阻力不是常数，并随着密封圈做法、缸壁与活塞的表面状态、液压油的黏度等变化，因此必须用标定方法得出 N 与 p 之间的关系。

此外，由千斤顶立放标定与卧放标定的对比试验结果可知，立放与卧放时的内摩阻力差异很小，因此，可采用立放标定卧放使用。

2）用标准测力计标定

常用的测力计有压力传感器、弹簧测力环、水银压力计等，标定装置见图 7.20。这种标定方法简单可靠，准确度较高。

当两台千斤顶卧放，用标准测力计标定时（图 7.21），如千斤顶 A 进油，千斤顶 B 关闭，读出的两组数据是 $N—p_A$ 主动关系与 $N—p_B$ 被动关系；反之，若千斤顶 B 进油，千斤顶 A 关闭，则可得到 $N—p_B$ 主动关系与 $N—p_A$ 被动关系。

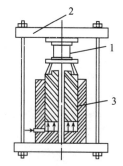

图 7.20　用压力传感器（或水银压力计）标定
1—压力传感器（或水银压力计）；
2—反力架；3—千斤顶

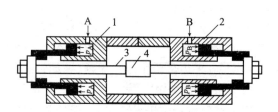

图 7.21　千斤顶卧放对顶标定
1—千斤顶 A；2—千斤顶 B；
3—拉杆；4—测力计

7.3　预应力混凝土施工

7.3.1　后张法施工

后张法是在构件混凝土达到一定强度之后，直接在构件或结构上张拉预应力筋并用锚具永久固定，使混凝土产生预压应力的施工方法。

后张法预应力施工方法，可分为有粘结、无粘结和缓粘结预应力施工方法三类，广泛应用于大型预制预应力混凝土构件和现浇预应力混凝土结构工程。

其基本施工工艺流程如下：

有粘结预应力施工：

安装钢筋 → 预留孔道 → 浇筑混凝土 → 养护至规定强度 → 预应力筋穿入孔道 → 张拉预应力筋 → 孔道灌浆 → 切割封锚

无粘结和缓粘结预应力施工：

安装钢筋 → 安装无粘结（缓粘结）预应力筋 → 浇筑混凝土 → 养护至规定强度 →

张拉预应力筋 → 切割封锚

1）孔道留设

预应力筋的孔道形状有直线、曲线和折线三种。预应力孔道应随构件同时起拱。

孔道内径应比预应力筋外径或需穿过孔道的锚具（连接器）外径大 6～15 mm，且孔道截面积宜大于预应力筋截面积的 3～4 倍。

在后张法预制构件中，孔道之间的水平净间距不宜小于 50 mm，且不宜小于粗骨料最大粒径的 1.25 倍；孔道至构件边缘的净间距不宜小于 30 mm，且不宜小于孔道外径的 50%。

在现浇混凝土梁中，预应力束孔道在竖直方向的净间距不应小于孔道外径；水平方向的净间距不宜小于孔道外径的 1.5 倍，且不应小于粗骨料最大粒径的 1.25 倍。从孔道外壁至构件边缘的净间距，梁底不宜小于 50 mm，梁侧不宜小于 40 mm，梁裂缝控制等级为三级时应再增加 10 mm。

此外，在孔道的端部或中部应设置灌浆孔，其孔距不宜大于 12 m（抽芯成型）或 30 m（波纹管成型）。曲线孔道的高差大于等于 300 mm 时，在孔道波峰处应设置排气孔，排气兼作泌水孔时外接管伸出构件顶面长度不宜小于 300 mm。

预应力筋孔道成型可采用钢管抽芯、胶管抽芯和预埋管法。对孔道成型的基本要求是：孔道的尺寸与位置应正确，其控制点竖向位置的偏差应满足表 7.4 的要求，预应力筋曲线起始点与张拉锚固点之间的直线段最小长度应符合表 7.5 的规定，孔道的线形应平顺，接头不漏浆等。孔道端部的锚垫板承压面应与预应力筋或孔道曲线末端的切线垂直，首片钢筋网片或螺旋筋的首圈钢筋距锚垫板的距离不宜大于 25 mm。孔道成型的质量，直接影响到预应力筋的穿入与张拉的质量，应严格把关。

表 7.4　预应力筋或成孔管道控制点竖向位置允许偏差

构件截面高（厚）度(mm)	$h \leqslant 300$	$300 < h \leqslant 1\,500$	$h > 1\,500$
允许偏差(mm)	± 5	± 10	± 15

表 7.5　预应力筋曲线起点与张拉锚固点之间直线段最小长度

预应力筋张拉力(kN)	$N \leqslant 1\,500$	$1\,500 < N \leqslant 6\,000$	$N > 1\,500$
直线段最小长度(mm)	400	500	600

（1）钢管抽芯法

预先将钢管埋设在模板内的孔道位置处，在混凝土浇筑过程中和浇筑之后，每隔一定时间慢慢转动钢管，使之不与混凝土粘结，待混凝土达到一定强度后抽出钢管，即形成孔道。该法只适用于直线孔道。

抽管时间与混凝土性质、气温和养护条件有关。一般在混凝土初凝后、终凝前，以手指按压混凝土不粘浆又无明显印痕时即可抽管（常温下为 3～6 h）。

（2）胶管抽芯法

选用 5～7 层帆布夹层的普通橡胶管。使用时先充气或充水，持续保持压力为

0.8～1.0 MPa,使胶管直径增大(约 3 mm),密封后浇筑混凝土。待混凝土达到一定强度后拔管,拔管时应先放气或水,待管径缩小与混凝土脱离,即可拔出。此法可适用于直线孔道或一般的折线与曲线孔道。

(3) 预埋波纹管法

① 金属波纹管

波纹管(亦称螺旋管),按照每两个相邻的折叠咬口之间凸出(即钢带宽度内)的数量分为单波与双波;按照截面形状分为圆管和扁管(图 7.22);按照表面处理情况分为镀锌管和不镀锌管;按照钢带厚度不同分为普通型和增强型。

金属波纹管是由薄钢带(厚 0.28～0.60 mm)经压波后卷成。它具有重量轻、刚度好、弯折方便、连接简单、摩阻系数较小、与混凝土粘结良好等优点,可做成各种形状的孔道。镀锌双波波纹管是用于后张预应力筋孔道成型的理想材料。

图 7.22 金属波纹管外形

(a) 双波圆波纹管;(b) 扁波纹管

圆形金属波纹管型号以内径为准,型号自 φ40 起,每级按 5 mm(≤φ95),6 mm(≥φ96)递增,最大可达 φ132。金属波纹管波纹高度为 2.5 mm(≤φ95)～3.0 mm(>φ95)。波纹管长度:由于运输关系,每根为 4～6 m;波纹管用量大时,可带卷管机到现场生产,管长不限且减少损耗。

对波纹管的基本要求:一是在外荷载的作用下,有抵抗变形的能力;二是在浇筑混凝土过程中,水泥浆不得渗入管内,试验方法可参照《预应力混凝土用金属波纹管》JG 225 的要求执行。

波纹管的连接,采用大一号同型波纹管,接头管长度可取其直径的 3 倍,且不宜小于 200 mm,两端旋入长度宜大致相等。两端用塑料热塑管或防水胶带封裹接口部位,见图 7.23。

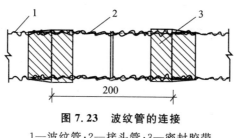

图 7.23 波纹管的连接

1—波纹管;2—接头管;3—密封胶带

波纹管的安装,应根据预应力筋的曲线坐标在箍筋上画线,以波纹管底为准。波纹管的固定可采用直径不小于 10 mm 的定位钢筋(图 7.24),间距:对圆形金属波纹管不宜大于 1.2 m;

对扁形金属波纹管不宜大于 1.0 m,在预应力筋曲线曲率较大处宜缩小间距。定位钢筋应固定在箍筋上,箍筋下面要用垫块垫实。波纹管安装就位后,必须用铁丝将波纹管与定位钢筋扎牢,以防浇筑混凝土时波纹管上浮而引起的质量事故。

波纹管安装时接头位置宜错开,就位过程中应尽量避免波纹管反复弯曲,以防管壁开裂,同时,还应防止电焊火花灼伤管壁。

灌浆孔与波纹管的连接见图 7.25。其做法是在波纹管上开洞,覆盖海绵垫片与带嘴的塑料弧形压板,并用铁丝扎牢,再用增强塑料管插在嘴上,将其引出梁顶面不小于 300 mm(图 7.25)。

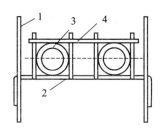

图 7.24　波纹管固定

1—箍筋;2—定位钢筋;
3—波纹管;4—后绑的钢筋

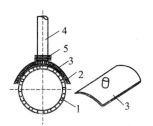

图 7.25　灌浆孔留设

1—波纹管;2—海绵垫片;3—塑料弧形压板;
4—增强塑料管;5—铁丝绑扎

② 塑料波纹管

塑料波纹管具有强度高、刚度大、摩擦系数小、不导电和防腐性能好等特点,宜用于曲率半径小、密封性能以及抗疲劳要求高的孔道,配合真空辅助灌浆效果更好。

塑料波纹管是以高密度聚乙烯(HDPE)或聚丙烯(PP)塑料为原料,采用挤塑机和专用制管机经热挤定型而成。

塑料波纹管也有圆形管和扁形管两类(图 7.26)。圆形塑料波纹管供货长度一般为 6 m、8 m 和 10 m;扁形塑料波纹管可成盘供货,每盘长度可根据工程需要和运输情况而定。

塑料波纹管应满足环向刚度、局部横向荷载、柔韧性、抗冲击性、拉伸性能和密封性等基本要求,试验方法可参照《预应力混凝土桥梁用塑料波纹管》JT/T 529 的要求执行。

塑料波纹管的连接可采用塑料焊接机热熔焊接或采用专用管节接头。

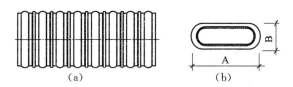

(a)　　　　　　　　　　(b)

图 7.26　塑料波纹管

(a)圆形塑料波纹管;(b)扁形塑料波纹管

2) 预应力筋制作

预应力筋的制作,主要根据所用的预应力钢材品种、锚具形式及生产工艺等确定。

(1) 高强螺纹钢筋

预应力螺纹钢筋的制作,一般包括下料、连接等工序。

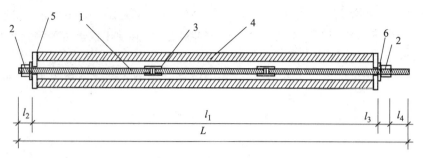

图 7.27　预应力螺纹钢筋下料长度计算简图

1—高强螺纹钢筋;2—螺母;3—连接器;4—构件;5—端部钢板;6—锚具垫板

预应力筋的下料长度按下式计算(图 7.27)

$$L = l_1 + l_2 + l_3 + l_4 \tag{7.6}$$

式中　l_1——构件的孔道长度(mm);

　　　l_2——固定端外露长度(mm),包括螺母、垫板厚度,预应力筋外露长度,精轧螺纹钢筋不小于 150 mm;

　　　l_3——张拉端垫板和螺母所需长度(mm),精轧螺纹钢筋不小于 110 mm;

　　　l_4——张拉时千斤顶与预应力筋间连接器所需的长度(mm),不应小于 l_2。

(2) 钢丝束

钢丝束的制作,一般包括下料、镦头、编束等工序。

采用镦头锚具时,钢丝的下料长度 L,依照预应力筋张拉后螺母位于锚杯中部的原则按式(7.7)计算(图 7.28)。

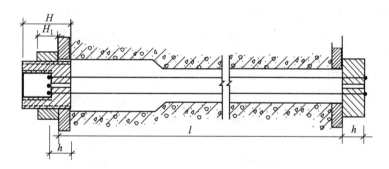

图 7.28　钢丝束下料长度计算简图

$$L = l + 2h + 2\delta - K(H - H_1) - \Delta l - C \tag{7.7}$$

式中　l——构件孔道长度(mm),按实际量测;

　　　h——锚杯底厚或锚板厚度(mm);

　　　δ——钢丝镦头预留量,对直径 5 mm 钢丝取 10mm;

　　　K——系数,一端张拉时取 0.5,两端张拉时取 1.0;

　　　H——锚杯高度(mm);

　　　H_1——螺母厚度(mm);

　　　Δl——钢丝束张拉伸长值(mm),由计算确定;

　　　C——张拉时构件混凝土弹性压缩值(mm)。

采用镦头锚具时,同束钢丝应等长下料,其相对极差不应大于钢丝长度的1/5 000,且不应大于5 mm。当成组张拉长度不大于10 m的钢丝时,同组钢丝的极差不得大于2 mm。钢丝下料宜采用限位下料法,并用钢丝切断机(镦头机的附属装置)切断,钢丝切断后的端面应与母材垂直,以保证镦头质量。

钢丝束镦头锚具的张拉端应扩孔,以便钢丝穿入孔道后伸出固定端一定长度进行镦头。扩大孔长度:一般为500 mm,两端张拉时另一端宜取100 mm。

钢丝编束与张拉端锚具安装可同时进行。钢丝一端先穿入锚杯镦头,在另一端用细铁丝将内外圈钢丝按锚杯处相同的顺序分别编扎,然后将整束钢丝的端头扎紧,并沿钢丝束的整个长度适当编扎几道。

(3) 钢绞线束

钢绞线束的下料长度L,当一端张拉另一端固定时可按下式计算:

$$L = l + l_1 + l_2 \tag{7.8}$$

式中　l——构件孔道的实际长度(mm);

l_1——张拉端预应力筋外露的工作长度,应考虑工作锚厚度、千斤顶长度和工具锚厚度等,一般取600~900 mm;

l_2——固定端预应力筋的外露长度,一般取150~200 mm。

钢绞线宜采用砂轮锯切割下料,不得采用电弧切割,以免影响材质。

3) 预应力筋穿入孔道

根据穿束与浇筑混凝土之间的先后关系,可分为后穿束法和先穿束法。

后穿束法即在浇筑混凝土后将预应力筋穿入孔道。此法可在混凝土养护期间内进行穿束,不占工期。穿束后即进行张拉,预应力筋不易生锈,应优先采用;但对波纹管质量要求较高,并在混凝土浇筑时必须对成孔波纹管穿入塑料衬管等措施进行有效的保护,否则可能会引起漏浆、瘪孔以致穿束困难。

先穿束法即在浇筑混凝土之前穿束。此法穿束省力,但穿束占用工期,预应力筋的自重引起的波纹管摆动会增大孔道摩擦损失,束端保护不当易生锈。

钢丝束应整束穿入,钢绞线可整束或单根穿入孔道。穿束可采用人工穿入,当预应力筋较长穿束困难时,也可采用卷扬机和穿束机进行穿束。

穿入孔道后应对预应力筋进行有效的保护,以防外力损伤和锈蚀;对采用蒸汽养护的预制混凝土构件,预应力筋应在蒸汽养护结束后穿入孔道。

4) 预应力筋张拉

预应力筋张拉时,构件的混凝土强度应符合设计要求,且同条件养护的混凝土抗压强度不应低于设计强度等级的75%,也不得低于所用锚具局部承压所需的混凝土最低强度等级。现浇结构张拉预应力筋时混凝土的最小龄期:对后张楼板不宜小于5 d,对后张框架梁不宜小于7 d。

对于拼装的预应力构件,其拼缝处混凝土或砂浆强度如设计无要求时,不宜低于块体混凝土设计强度等级的40%,且不低于15 MPa。为防止现浇混凝土出现早期裂缝,所施加的预应力可不受此限制,但混凝土强度应满足张拉时端部锚具局部承压的要求。后张法构件为了搬运需要,可提前施加一部分预应力,使构件建立较低的预应力值以承受自重荷载,但此时混凝土的立方体强度不应低于设计强度等级的60%。

当工程所处环境温度低于-15 ℃时,不宜进行预应力筋张拉。

(1)张拉力

预应力筋的张拉力 N_{con} ,可按下式计算

$$N_{con} = \sigma_{con} \cdot A_p \qquad (7.9)$$

式中　σ_{con}——张拉控制应力(N/mm²),应根据设计图纸或预应力工程专项施工方案确定,并满足表7.6的要求;施工中为了部分抵消松弛、摩擦等如需要超张拉,可将表中数值适当提高,最大不得超过 $0.05f_{ptk}$ 或 $0.05f_{pyk}$;

f_{ptk}——预应力筋极限强度标准值(N/mm²);

f_{pyk}——预应力筋的屈服强度标准值(N/mm²);

A_p——预应力筋的截面面积(mm²)。

表7.6　预应力筋张拉控制应力值(N/mm²)

预应力钢材	张拉控制应力 σ_{con}
消除应力钢丝和钢绞线	$\leqslant 0.75f_{ptk}$
中强度预应力钢丝	$\leqslant 0.70f_{ptk}$
预应力螺纹钢筋	$\leqslant 0.85f_{pyk}$

注　消除应力钢丝、钢绞线、中强度预应力钢丝的张拉控制应力值不应小于 $0.4f_{ptk}$;预应力螺纹钢筋的张拉应力控制值不宜小于 $0.5f_{pyk}$ 。

预应力筋张拉锚固后实际建立的预应力值与设计规定检验值的相对偏差不应超过 ±5%。

设计图纸上对夹片式锚具所表明的张拉控制应力一般是指锚下控制应力,其含义是千斤顶拉力的折算应力扣除锚固装置(锚具、锚垫板等)所产生的锚口损失后在预应力筋端部实际持有的应力。一般情况下,端部既有锚具又有锚垫板时的锚口损失率不宜超过6%,该应力损失应加到张拉控制应力内,但仍不得超过式(7.9)的限值。

(2)张拉程序

目前所用的钢丝和钢绞线都是低松弛,则张拉程序可采用 $0 \to \sigma_{con}$;对普通松弛的预应力筋,若在设计中预应力筋的松弛损失取大值时,则张拉程序为 $0 \to \sigma_{con}$ 或按设计要求采用。

预应力筋采用钢筋体系或普通松弛预应力筋时,采用超张拉方法可减少预应力筋的应力松弛损失。对支承式锚具其张拉程序为

$$0 \to 1.05\sigma_{con}(持荷 2\ min) \to \sigma_{con}$$

对楔紧式(如夹片式)锚具其张拉程序为

$$0 \to 1.03\sigma_{con}$$

以上两种超张拉程序是等效的,可根据构件类型、预应力筋、锚具、张拉方法等选用。

预应力筋张拉时,宜分级加载如下:

$$0 \to 0.2\sigma_{con}(量伸长初读数) \to 0.6\sigma_{con} \to 1.0\sigma_{con}$$

塑料波纹管内的预应力筋,张拉力达到张拉控制力后宜持荷2~5 min。

(3)张拉顺序

预应力筋的张拉顺序,应使混凝土不产生超应力、构件不扭转与侧弯、结构不产生不利变

186

位、预应力损失最小等,因此,对称张拉是一条重要原则。同时,还应考虑尽量减少张拉设备的移动次数。

同一构件有多束预应力筋时应分批张拉,后批预应力筋张拉对混凝土或钢结构所产生的弹性压缩会对先批张拉的预应力筋造成预应力损失,影响较小时可忽略不计;如果影响较大,应在先批张拉的预应力筋张拉力内补足该构件弹性压缩引起的预应力损失值,但任何情况下的超张拉,其张拉控制应力都不应超过式(7.9)的限值。

对预制混凝土屋架等平卧叠浇构件,应自上而下逐榀张拉。图 7.29a 示出混凝土屋架下弦预应力筋的对称张拉顺序。直线预应力筋采用一端张拉方式;4 束预应力筋需分两批张拉,用两台千斤顶分别张拉对角线上的 2 束,然后张拉另 2 束。由分批张拉引起的混凝土弹性压缩预应力损失,统一增加到每束张拉力内。

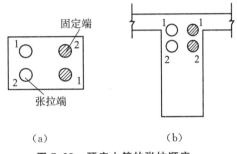

图 7.29 预应力筋的张拉顺序
(a) 屋架下弦杆;(b) 框架梁

现浇预应力混凝土楼盖,宜先张拉楼板、次梁的预应力筋,后张拉主梁的预应力筋。现浇预应力单向框架梁,当断面尺寸较大、楼面整体性好时,其张拉顺序可按图 7.29b 所示顺序张拉。

为防止张拉时构件受拉区混凝土应力过大而设置的预应力筋应先张拉。

(4) 张拉方法

预应力筋张拉方式,应根据设计要求和施工方案采用一端张拉或两端张拉。一般情况,有粘结预应力筋长度不大于 20 m 时可采用一端张拉,大于 20 m 时宜两端张拉。预应力筋为直线形时,一端张拉的长度可放宽至 35 m。采用两端张拉时,可两端同时张拉,也可一端先张拉锚固,另一端补张拉。当同一截面中多根预应力筋采用一端张拉时,张拉端宜分别设置在结构的两端。对同一束预应力筋,宜采用相应吨位的千斤顶整束张拉。

关于曲线预应力筋是否需要采取两端张拉,分析如下:

曲线预应力筋张拉时,由于孔道摩擦引起的预应力损失(简称孔道摩擦损失)沿构件长度方向逐步增大;曲线预应力筋锚固时,由于锚具内缩引起的预应力损失(简称锚固损失)受孔道反摩擦的影响在张拉端最大,沿构件长度方向逐步减至零,见图 7.30。图中孔道摩擦损失简化为直线变化,并假定正反摩擦损失斜率 m 相等。

第一种情况(图 7.30a):锚固损失 σ_{l1} 的影响长度 $L_f < L/2$ 时,张拉端锚固后预应力筋的应力($\sigma_{con} - \sigma_{l1}$)大于固定端的应力 σ_a。这种情况一般是在曲线预应力筋弯起角度较大、孔道摩擦系数较大、锚具内缩值较小时发生。采用两端张拉,可有效地提高固定端的应力,但对跨中应力没有影响。

第二种情况(图 7.30b):锚固损失的影响长度 $L_f \geq L/2$ 时,跨中应力受锚具内缩的影响而减小,张拉端锚固后预应力筋的应力小于固定端的应力。这种情况一般是在曲线预应力筋弯起角度不大、孔道摩擦损失较小、锚具内缩值较大时发生,采用一端张拉较为有利。

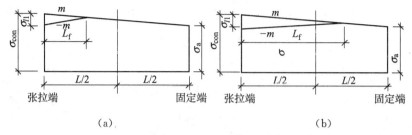

（a）   （b）

图 7.30　张拉锚固阶段曲线预应力筋的应力变化

锚固损失及其影响长度 L_f，对单一曲率的预应力筋，可按下列两式计算

$$L_f = \sqrt{\frac{\alpha E_p}{m}}$$

（7.10）

$$\sigma_{l1} = 2mL_f$$

（7.11）

式中　α—— 张拉端锚固时预应力筋的内缩量（表 7.7）；

　　　E_p——预应力钢材弹性模量，必要时可采用实测数据；

　　　m——孔道摩擦损失斜率，$m = \dfrac{\sigma_{con}(\kappa l + \mu\theta)}{L}$。

　　　l——从张拉端至计算截面的孔道长度（m），可近似取其在纵轴上的投影长度（m）；

　　　κ——孔道每米长度局部偏差产生的摩擦系数（m^{-1}）；

　　　μ——预应力筋与孔道壁之间的摩擦系数；

　　　θ——从张拉端至计算截面曲线孔道部分切线的夹角（rad）。

锚固阶段张拉端锚具变形和预应力筋的内缩量应符合设计要求，当设计无具体要求时，应符合表 7.7 的规定，必要时可实测确定。

锚固阶段张拉端锚具变形和预应力筋的内缩量由锚具和垫板变形量、螺母缝隙变形量、夹片式锚具夹片跟进量所组成。预应力筋的内缩量过大，势必会引起预应力筋的锚固损失过大，影响预应力值的建立；内缩量过小，对于夹片式锚具不但会刮伤钢绞线，还会引起预应力筋锚口损失过大，产生更大的预应力损失，甚至使钢丝断裂。影响夹片式锚具内缩量的主要因素是锚具夹片的外露量、钢绞线外径和限位板的限位距离等，因此在张拉前应根据所用锚具和钢绞线等准确测定限位板的限位距离（图 7.35）。

表 7.7　张拉端预应力筋的内缩量限值（mm）

锚具类别		内缩量限值
支承式锚具 （螺母锚具、镦头锚具等）	螺母缝隙	1
	每块后加垫板的缝隙	1
夹片式锚具	有顶压	5
	无顶压	6～8

（5）叠层构件张拉

后张预应力混凝土屋架等构件一般在施工现场平卧叠层制作，重叠层数为 3～4 层。预应力筋张拉时宜先上后下逐层进行。由于叠层之间的摩擦力、粘结力与咬合力，会减小下层构件在预应力筋张拉时混凝土的弹性压缩变形。预应力筋锚固后，叠层之间的阻力逐渐减小，直至上层构件起吊后完全消失,这段期间会增加下层构件混凝土的弹性压缩变形,从而引起预应力损失。

为弥补该项预应力损失,可根据隔离效果,逐层加大约 1.0% 的张拉力予以解决,但底层超张拉值不得比顶层张拉力大 5%(钢丝、钢绞线),且不得超过最大超张拉的限值(式(7.9))。克服叠层摩阻损失的超张拉值与减少松弛损失的超张拉值($0 \to 1.05\sigma_{con} \to$ 持荷 2min $\to \sigma_{con}$)可以结合起来,不必叠加。

(6)张拉伸长值校核

采用应力控制方法张拉时,应校核最大张拉力下预应力筋伸长值。通过张拉伸长值的校核,可以综合反映张拉力是否足够,孔道摩阻损失是否偏大,以及预应力筋是否有异常现象。因此,对张拉伸长值的校核,要特别重视。按《混凝土结构施工质量验收规范》(GB 50204)的规定:实测伸长值与计算伸长值的相对允许偏差为 ±6%。施工现场如超出允许范围应暂停张拉,在采取措施予以调整后,方可继续张拉。

预应力筋的计算伸长值,对一端张拉的单段曲线或直线预应力筋,其张拉伸长值可按下式计算:

$$\Delta L_p = \frac{\sigma_{pt}\left[l + e^{-(\mu\theta + \kappa l)}\right]}{2E_p} \tag{7.12}$$

式中 ΔL_p——预应力筋张拉伸长计算值(mm);

σ_{pt}——张拉控制应力扣除锚口摩擦损失后的应力值(MPa);

$l, \theta, E_p, \mu, \kappa$——同公式(7.10)和(7.11)。

对多曲线段或直线段与曲线段组成的预应力筋的张拉伸长值,可根据扣除摩擦损失后的预应力筋有效应力分布,采用分段叠加法进行计算。

预应力筋张拉伸长值的量测,应在建立初应力之后进行。其实际张拉伸长值 ΔL,可按下列公式计算:

$$\Delta L = \Delta L_1 + \Delta L_2 \tag{7.13}$$

$$\Delta L_2 = \frac{N_0}{N_{con} - N_0} \Delta L_1 \tag{7.14}$$

式中 ΔL_1——从初拉力至张拉控制力之间的实测张拉伸长值(mm),该值取值时应扣除张拉过程中工具锚楔紧和千斤顶内预应力筋伸长等因素所致的附加伸长值 C;

ΔL_2——初拉力以下的推算伸长值(mm);

N_{con}——张拉控制力(kN);

N_0——初拉力(kN)。

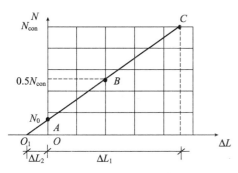

图 7.31　预应力筋实际张拉伸长值图解

初拉力取值宜为 10%~20% 的张拉控制力。初拉力以下的推算伸长值 ΔL_2 是根据图 7.31 中的 $N - \Delta L$ 关系由相似三角形的比例关系推算得到。

此外,在锚固时应检查张拉端预应力筋的内缩量,以免由于锚固引起的预应力损失超过设计值。如实测的预应力筋内缩量大于或小于规定限值(表 7.7),应查明原因,采取更换限位板、改善操作工艺或采取超张拉方法等措施。

张拉过程中应避免预应力筋断裂或滑脱。后张预应力混凝土结构构件一旦发生断裂或滑脱,其断裂或滑脱的数量严禁超过同一截面预应力筋总根数的3%,且每束钢丝或每根钢绞线不超过一根钢丝,对多跨连续双向板,同一截面应按每跨计算。

(7) 预应力混凝土框架梁张拉计算例题

某工程为双跨 2×18 m 预应力混凝土框架结构体系。梁截面尺寸为 400 mm × 1 100 mm,框架边柱 400 mm×800 mm,混凝土强度 C40。预应力筋配置 2 束 7 ϕ^P15.20 钢绞线束,张拉程序为 0→σ_{con}(锚固),布置见图 7.32 所示。

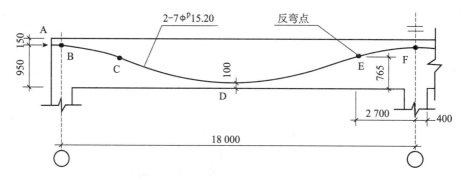

图 7.32　双跨框架梁预应力筋布置

预应力筋强度标准值 $f_{ptk} = 1\ 860$ MPa,张拉控制应力 $\sigma_{con} = 0.70\ f_{ptk}$,单根钢绞线面积 140 mm²,钢绞线的弹性模量取 1.95×10^5 MPa。

预应力筋孔道采用预埋内径 70 mm 金属波纹管成型,$\kappa = 0.001\ 5$,$\mu = 0.25$。预应力筋用 7 孔夹片式群锚锚固,不考虑锚口损失,YCW—150B 型千斤顶两端张拉,标定记录见表 7.8,每端工作长度取 700 mm,张拉端锚固时预应力筋内缩量 $\alpha = 7$ mm。

表 7.8　YCW—150B 型千斤顶标定记录(千斤顶顶试验机)

试验机表盘读数(kN)	0	200	400	600	800	1 000	1 200	1 400
YCW—150B,1♯千斤顶 1♯压力表(MPa)	0	6.5	13.5	20.0	26.0	33.0	39.5	46.5
YCW—150B,2♯千斤顶 2♯压力表(MPa)	0	7.5	14.5	21.0	28.0	34.5	41.0	47.5

① 预应力筋张拉控制应力:$\sigma_{con} = 0.7 \times 1\ 860 = 1\ 302$(MPa)

每束预应力筋的张拉力按式 7.9 计算:$N_{con} = 1\ 302 \times 140 \times 7 = 1\ 275\ 960$ (N) $= 1\ 276$ (kN)

② 预应力孔道为抛物线形,其夹角可近似按下式分段计算(图 7.32)

$$\frac{\theta}{2} \approx \frac{4H}{L} \qquad (7.15)$$

式中　θ——从计算段起点至计算截面处曲线部分切线的夹角(rad);

　　　H——抛物线的矢高;

　　　L——抛物线在纵轴上的水平投影长度。

AB 段:因是平直段,所以 $\theta_{AB}=0$

BC 段 C 点矢高: $H_C=950-765=185$ (mm)

$$L=2\ 700\times2=5\ 400\ (\text{mm})$$

$$\theta_{BC}=\frac{\theta}{2}=\frac{4H}{L}=\frac{4\times185}{5\ 400}=0.137(\text{rad})$$

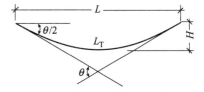

图 7.33 抛物线的几何尺寸

同理: $\theta_{EF}=\theta_{BC}=0.137(\text{rad})$; $\theta_{CD}=\theta_{DE}=0.211$ (rad)

张拉端至预应力筋中部(即内支座)的夹角之和:$(0.137+0.211)\times2=0.696$ (rad)

③ 计算孔道的曲线长度

孔道曲线长度可近似按下式分段计算(图 7.33)

$$L_T=\left(1+\frac{8H^2}{3L^2}\right)L_{ij} \tag{7.16}$$

式中 L_T——从计算段起点至计算截面处的孔道曲线长度;

   L_{ij}——从计算段起点至计算截面处的水平投影长度。

AB 段:因是平直段,所以 $L_{AB}=800\times0.5=400$ (mm)

BC 段:$H_C=185$ (mm),$L=5\ 400$ (mm),$L_{BC}=2\ 700$ (mm)

$$L_{TBC}=\left(1+\frac{8\times185^2}{3\times5\ 400^2}\right)\times2\ 700=(1+0.003\ 1)\times2\ 700=2\ 708(\text{mm})$$

同理:$L_{TEF}=L_{TBC}=2\ 708(\text{mm})$; $L_{TCD}=L_{TDE}=6\ 347$ (mm)

张拉端至预应力筋中部的曲线长度:$400+(2\ 708+6\ 347)\times2=18.51(\text{m})$

预应力筋的下料长度按式(7.8)计算,即 $L=l+l_1+l_2=(18.51+0.70)\times2=38.42$ (m)

④ 预应力筋任意处 i 的应力按下式计算

$$\sigma_i=\sigma_h\cdot\text{e}^{-(\kappa x+\mu\theta)} \tag{7.17}$$

式中 σ_h——计算段起点截面处的应力,在张拉端处即为控制应力;

   κ——孔道局部偏差对摩擦影响系数,一般取 $0.001\ 5\sim0.003$,本例取 $0.001\ 5$;

   μ——预应力筋与孔道壁的摩擦系数,一般取 $0.15\sim0.3$,本例取 0.25。

预应力筋关键点的应力参数见表 7.9。

表 7.9 预应力筋关键点的参数

线段	X (m)	θ (rad)	$\kappa x+\mu\theta$	$\text{e}^{-(\kappa x+\mu\theta)}$	至关键点应力 (MPa)	张拉伸长值 (mm)
AB	0.40	0.000	0.001	0.999	1 301	2.7
BC	2.70	0.137	0.038	0.962	1 252	17.7
CD	6.30	0.211	0.062	0.940	1 177	39.5
DE	6.30	0.211	0.062	0.940	1 106	37.1
EF	2.70	0.137	0.038	0.962	1 064	15.1
Σ	18.80	0.696	/	/	/	112.1

注 张拉伸长值按曲线长度计算。

191

⑤ 正反抛物线形预应力筋影响长度 L_f 和锚固损失,略去端部平直段的影响,可按下列两式计算

$$L_f=\sqrt{\frac{\alpha E_p-m_1 L_1^2}{m_2}+L_2^2} \qquad (7.18)$$

$$\sigma_{l1}=2m_1 L_1+2m_2(L_f-L_1) \qquad (7.19)$$

式中　m_1——第一段曲线孔道摩擦损失斜率,本例中可参考表 7.9 中各关键点的应力计算

$$m_1=\frac{\sigma_B-\sigma_C}{L_1}=\frac{1\,301-1\,252}{2\,700}=0.018\,1(\text{MPa/mm})$$

m_2——第二段曲线孔道摩擦损失斜率,本例中

$$m_2=\frac{\sigma_C-\sigma_D}{L_2}=\frac{1\,252-1\,177}{9\,000-2\,700}=0.011\,9(\text{MPa/mm})$$

L_1,L_2——相应曲线段的投影长度。

则

$$L_f=\sqrt{\frac{\alpha E_p-m_1 L_1^2}{m_2}+L_2^2}=\sqrt{\frac{7\times195\,000-0.018\,1\times2\,700^2}{0.011\,9}+6\,300^2}=11.97(\text{m})$$

由于预应力筋锚固损失的影响长度 $L_f=11.97\ \text{m}<L/2=18.0\ \text{m}$,本例采用两端张拉是合理的。端部锚固损失

$$\sigma_{l1}=2m_1 L_1+2m_2(L_f-L_1)=2\times0.018\,1\times2\,700+2\times0.011\,9\times(11\,970-2\,700)=318(\text{MPa})$$

端部锚固后的应力

$$\sigma_{A0}=\sigma_{con}-\sigma_{l1}=1\,302-318=984(\text{MPa})$$

张拉与锚固阶段曲线预应力筋沿长度方向建立的应力见图 7.34。

⑥ 预应力筋的张拉伸长值应按式(7.12)分段计算。

从 C 点到 D 点段的预应力筋伸长值:

$$\Delta L_{CD}=\frac{\sigma_m\cdot L_{CD}}{E_p}=\frac{(1\,252+1\,177)\times6\,347}{2\times1.95\times10^5}=39.5(\text{mm})$$

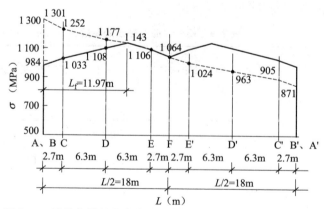

图 7.34　张拉与锚固阶段曲线预应力筋沿长度方向建立的应力

注:实线为两端张拉;虚线为一端张拉

其他各段的预应力筋伸长值见表 7.9。

采用两端同时张拉时,预应力筋的总计算伸长值为 224 mm,每台千斤顶张拉速度宜同

步,使两端张拉伸长值基本一致。若先在一端张拉锚固后再在另端补拉,补拉时的张拉伸长值应是两者之差,本例补拉时伸长值为 21 mm(计算略)。

⑦ 预应力筋张拉伸长值的校核

量测张拉实测伸长值是在预应力筋建立初拉力之后,曲线预应力筋截面上的初应力宜取 $20\%\sigma_{con}$,则实际采用的张拉程序为:$0 \rightarrow 0.2 \sigma_{con}$(量测初读数)$\rightarrow \sigma_{con}$(量测终读数)。张拉时实际伸长值应与计算伸长值进行校核,其相对偏差应控制在 $\pm 6\%$ 范围内,合格点率应达到 95%,且最大偏差不应超过 $\pm 10\%$。

预应力筋从 $0.2 \sigma_{con}$ 张拉至 σ_{con} 时实际量测的张拉伸长值为

最大值($+6\%$):$224 \times (1-0.2) \times (1+6\%) + C = 190 + C$

最小值(-6%):$224 \times (1-0.2) \times (1-6\%) + C = 168 + C$

若量测的伸长值超出此允许值应暂停张拉,分析原因并采取措施予以调整后,方可继续张拉。

设:预应力筋从 $0.2 \sigma_{con}$ 张拉至 σ_{con} 时实际量测张拉伸长值 $\Delta L_1' = 198$ mm,附加伸长值 $C = 8$ mm(设工具锚夹片内缩和千斤顶内钢绞线伸长各为 2 mm)。

则实际张拉伸长 ΔL 值可按下式计算

$$\Delta L = \Delta L_1 + \Delta L_2 \tag{7.20}$$

其中 $\Delta L_1 = \Delta L_1' - C = 198 - 8 = 190$ mm

$$\Delta L_2 = \frac{0.2 N_{con}}{1.0 N_{con} - 0.2 N_{con}} \times \Delta L_1 = 0.25 \Delta L_1 = 0.25 \times 190 = 47.5 (\text{mm})$$

则 $\Delta L = 190 + 47.5 = 237.5 (\text{mm})$

相对偏差:$(237.5 - 224) \div 224 \times 100\% = +6.0\%$(满足,趋近最大值)

⑧ 确定限位板的限位距离

预应力筋的内缩量由限位板的限位距离确定,限位距离的测试方法是将工程所用钢绞线、锚具和张拉设备在台座上拉至张拉力,锚固后观察夹片的外露量 β,则限位距离可按式(7.21)计算(图 7.35)。

$$\delta = \alpha + \beta \tag{7.21}$$

本例要求 $\alpha = 7.0$ mm,设张拉锚固后夹片的外露量 β 为 3 mm。则限位距离 $\delta = \alpha + \beta = 7 + 3 = 10$ mm。

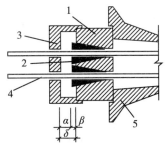

图 7.35 限位距离计算示意

1—工作锚具;2—夹片;3—限位板;4—预应力筋;5—锚垫板

⑨ 计算预应力筋张拉时的油压表读数见表 7.10。

表 7.10　YCW—150B 型千斤顶油压表读数

张拉程序	0	$0.2\sigma_{con}$	$0.6\sigma_{con}$	$1.0\sigma_{con}$
张拉力(kN)	0	255	766	1 276
YCW—150B,1#千斤顶 1#压力表(MPa)	0	8.4	25.0	42.2
YCW—150B,2#千斤顶 2#压力表(MPa)	0	9.4	26.8	43.5

5) 孔道灌浆与端头封裹

预应力筋张拉验收合格后,利用灌浆机械将水泥浆压力灌入预应力筋孔道,其作用一是保护预应力筋,以免腐蚀;二是使预应力筋与构件混凝土有效地粘结成形,以控制使用阶段的裂缝间距和宽度并减轻端部锚具的负荷,因此,必须重视孔道灌浆的质量。

预应力筋在高应力状态下极易生锈,张拉后孔道应尽快灌浆。《混凝土结构工程施工规范》GB 50666 规定:预应力筋穿入孔道后至孔道灌浆的时间间隔:当环境相对湿度大于 60%或处于近海环境时不宜超过 14 d;当环境相对湿度不大于 60%时不宜超过 28 d;当实际情况确实不能满足上述规定时,宜对预应力筋采取防锈措施。

(1)灌浆材料

孔道灌浆用水泥浆由水泥、水及外加剂组成,其质量要求应符合国家现行有关标准的规定。水泥应采用强度等级不低于 32.5 级的普通硅酸盐水泥,拌合用水和掺加的外加剂中不应含有对预应力筋或水泥有害的成分,外加剂与水泥应做配合比试验来确定各自的用量。

孔道灌浆用的水泥浆应具有足够的流动性、较小的干缩性与泌水性。水泥浆水胶比不应大于 0.45,掺加减水外加剂后水胶比可减至 0.40 以下。水泥浆的稠度:采用普通灌浆工艺时宜控制在 12~20 s;采用真空灌浆工艺时宜控制在 18~25 s。水泥浆的自由泌水率宜为 0,且不应大于 1%,泌水应在 24 h 内全部被水泥浆吸收。

水泥浆内掺入适量灌浆专用外加剂,能使水泥浆在整个水化硬化的不同阶段产生适度的微膨胀,以补偿水泥浆体的干燥收缩和自身体积收缩,并具有适度缓凝和保持良好流动性的能力。采用普通灌浆工艺时,自由膨胀率不应大于 6%;采用真空灌浆工艺时,自由膨胀率不应大于 3%。

孔道灌浆用水泥浆用 6 个边长为 70.7 mm 的立方体水泥浆试块,经 28 d 标准养护后的抗压强度不应低于 30 MPa。

(2)灌浆施工

灌浆前孔道应洁净,抽孔成型的孔道孔壁应湿润。灌浆用的水泥浆宜采用高速制浆机(转速不小于 1 000 r/min)制浆。搅拌时间不宜超过 5 min;灌浆前应经过网孔不大于 1.2 mm×1.2 mm 筛网过筛,在灌浆过程中应不断搅拌,以免沉淀析水。制成后的成浆宜在 30 min 内用毕。因故停止灌浆时,应用压力水将孔道内的水泥浆冲洗干净。

水泥浆的可灌性以稠度控制,一般采用流锥仪测定,如图 7.36 所示。测试前应先用水湿润流锥内壁并用手指按住底部出料口,注入已拌制的水泥浆至规定刻度,打开秒表同时松开手指,测定水泥浆不间断全部流完的时间,即为水泥浆的稠度。

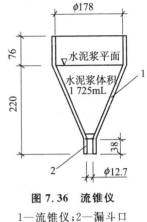

图 7.36　流锥仪

1—流锥仪;2—漏斗口

灌浆设备采用灰浆泵。灌浆工作应连续进行,灌浆压力不应小于 0.5 MPa,并应排气通顺。灌浆顺序宜先灌下层孔道,后灌上层孔道;竖向孔道灌浆应自下而上进行,并应设置阀门。在灌满孔道并封闭排气孔后,宜再继续加压至 0.5~0.7 MPa,稳压 1~2 min,稍后再关闭阀门,当灌浆浆体达初凝后卸下阀门,清理后周转使用。

曲线孔道灌浆后(除平卧构件),水泥浆由于重力作用下沉,少量水分上升,造成曲线孔道顶部的空隙较大。为了使曲线孔道顶部灌浆密实,在曲线孔道的上曲部位设置的泌水管内人工补浆。

当日平均温度连续 5 日低于 5 ℃时,为防止浆体冻胀引起混凝土沿孔道产生纵向裂缝,尽量不要进行灌浆,否则必须采取抗冻保温措施。当工程所处环境温度高于 35 ℃也不宜灌浆,尽量安排在夜间降温后进行,否则应采取专门的质量保证措施。

采用连接器连接的多跨连续预应力筋的孔道灌浆,应在连接器分段处预应力筋张拉后随即进行,不得在各分段全部张拉完毕后一次连续灌浆。

(3) 真空辅助灌浆

真空辅助灌浆是在预应力孔道的一端采用真空泵抽吸孔道中的空气,使孔道内形成负压为 0.08~0.10 MPa 的真空度,然后在孔道的另一端采用灌浆泵进行灌浆。

采用真空辅助灌浆,孔道内的空气、水分以及混在水泥浆中的气泡在负压作用下大部分被排除,增加了孔道内浆体的密实度;孔道在真空状态下,减小了由于孔道高低弯曲而使浆体自身形成的压头差,便于浆体充盈整个孔道,尤其是异形关键部位;真空辅助灌浆的过程是一个连续而迅速的过程,缩短了灌浆时间。

真空辅助灌浆技术,已在我国推广应用,尤其对超长孔道、大曲率孔道、扁管孔道、腐蚀环境的孔道等灌浆有利。

真空辅助灌浆的孔道,应具有良好的密封性,宜采用塑料波纹管;灌浆用水泥浆应优化配置,才能充分发挥真空辅助压浆的作用。

6) 无粘结预应力施工

无粘结预应力是后张预应力技术的一个重要分支。无粘结预应力混凝土是指配有无粘结预应力筋并通过张拉和锚具传力的一种预应力混凝土,其优点是无须留孔灌浆,施工简便,但对锚具要求高。

(1) 无粘结预应力筋制作

无粘结预应力筋由芯部的预应力钢材、润滑兼防腐的涂层以及外包层组成(图 7.37),施加预应力后沿

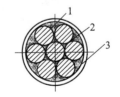

图 7.37　无粘结预应力筋

1—钢绞线;2—油脂;3—塑料护套

全长与周围混凝土不粘结。预应力钢材可采用 ϕ^P12.70 和 ϕ^P15.20 钢绞线。涂料层应采用防腐润滑油脂。护套宜采用高密度聚乙烯护套,其韧性、抗磨性与抗冲击性要好。

无粘结预应力筋的制作采用一次挤塑成型工艺,其设备主要由放线索盘、给油装置、塑料

挤出机、水冷装置、牵引机、收线机等组成(图7.38)。其工艺流程为

放线→涂油→包塑→冷却→收线

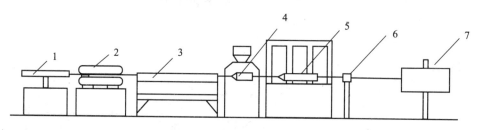

图 7.38　无粘结预应力筋生产线

1—收线装置;2—牵引机;3—冷却水槽;4—挤塑机头;5—涂油装置;6—定位板;7—放线盘

涂油采用压缩空气进行,气压为 0.3～0.6 MPa。塑料挤出机的机头是该工艺的关键部件,在成型过程中必须保持塑料熔融物经过机头时油脂不流淌,同时还应保证成型的塑料护套与涂油的钢材有一定间隙,以便涂油的钢材能在塑料护套内任意抽动,减少张拉时摩阻损失。热塑状态的塑料护套,一般采用水冷。收线由牵引机与收线机同步转动完成。牵引机的牵引速度是一项重要的工艺参数,必须与挤塑速度匹配,以保持塑料护套厚度均匀一致。护套厚度:在正常环境下不小于 1.0 mm,在腐蚀环境下还应适当加厚。ϕ^P15,ϕ^P20 无粘结钢绞线油脂的用量为 50 g/m。

(2) 无粘结预应力筋铺设

无粘结预应力筋铺设时,其曲线坐标宜采用支撑钢筋控制,板中间距不宜大于 2.0 m;梁中间距不宜大于 1.0 m,并用铁丝与无粘结筋扎牢。

双向配置的无粘结预应力筋铺设时,宜先铺设竖向坐标较低的无粘结预应力筋,后铺的无粘结预应力筋遇到部分竖向坐标低于先铺无粘结预应力筋时,应从其下方穿过。其底层普通钢筋,在跨中处宜与底面双向钢筋的上层筋平行铺设。

成束配置的多根无粘结预应力筋,应保持平行走向,防止相互扭绞。为了便于单根张拉,在构件端头处无粘结筋应改为分散配置。

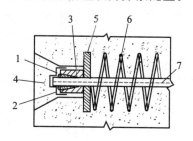

图 7.39　凹入式张拉端构造

1—防腐油脂;2—塑料盖帽;3—夹片锚具;
4—微膨胀混凝土;5—承压板;6—螺旋筋;7—无粘结筋

无粘结预应力筋的张拉端可采用凸出式或凹入式做法(图 7.39)。端头预埋承压钢板应垂直于预应力筋,螺旋筋应紧靠预埋承压钢板。凹口可采用塑料穴模成型。单根无粘结预应力筋在构件端面上的水平和竖向排列间距不宜小于 60 mm。

无粘结预应力筋的固定端宜采取内埋式做法(图 7.40),设置在构件端部的混凝土墙内、梁柱节点内或梁、板跨内。承压板不得重叠,锚具与承压板应贴紧。

固定端设置在混凝土梁、板跨内时,无粘结预应力筋跨过支座处不宜小于 1 m,且应错开布置,其间距不宜小于 300 mm。

196

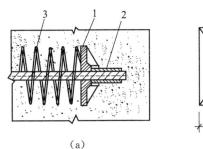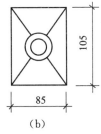

图 7.40 内埋式固定端构造

（a）固定端构造；（b）铸铁承压板平面

1—铸铁承压板；2—挤压后的挤压锚；3—螺旋筋

（3）无粘结预应力筋张拉

无粘结预应力筋宜采取单根张拉，张拉设备宜选用前置内卡式千斤顶，锚固体系选用单孔夹片锚具，其静载锚固性能应满足要求。

无粘结预应力筋由于摩擦损失小，对 $\phi^P 15$ 钢绞线，一般 κ 值为 0.003～0.004，μ 值为 0.04～0.10，用于楼面结构时曲率也小，因此不论直线或曲线形状在无粘结筋长度不大于 40 m 时均可采取一端张拉。当筋长超过 40 m 时，宜采取分段张拉与锚固；超长预应力筋应分段布置、分段张拉与锚固。

无粘结预应力筋的张拉力、张拉顺序与张拉伸长值校核等同前。当采用超张拉方法或少无粘结预应力筋损失时，张拉程度可为 0→1.03 σ_{con}。

7）缓粘结预应力施工

缓粘结预应力体系由无粘结和有粘结两种体系有机组合。其最大的特点是：在施工阶段与无粘结预应力一样施工方便，在使用阶段如同有粘结预应力一样受力性能好，且耐腐蚀性优于其他预应力体系。

缓粘结预应力筋由预应力钢材、缓粘结剂和塑料护套组成。预应力钢材宜用钢绞线，特别是应优先选用 1×19 多股大直径的钢绞线；缓粘结剂是由树脂粘结剂和其他材料混合而成，具有延迟凝固性能；塑料护套应带有纵横向外肋，以增强预应力筋与混凝土的粘结力（图 7.41）。缓粘结剂的粘度会随时间、温度等因素逐步变化，其摩擦系数 μ 值缓慢增大。试验表明：缓粘结预应力筋前期的摩阻较小且增大缓慢，后期的摩阻力会急剧增加形成突变（图 7.42）。因此，把握张拉时间显得特别重要，缓粘结预应力筋必须在摩阻力发生突变前张拉。缓粘结预应力筋中的缓粘结剂的固化时间和张拉适用期应根据施工进度和缓粘结预应力钢绞线生产时间

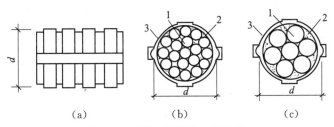

图 7.41 缓粘结预应力钢绞线

（a）外形；（b）19 丝钢绞线；（c）7 丝钢绞线

1—钢绞线；2—缓粘结剂；3—塑料护套；d—缓粘结筋直径

确定,常用的张拉适用期分 60 d、90 d、120 d 和 240 d 四类,也可根据工程进度要求调整缓粘结剂固化时间。

对 ϕ^P15 钢绞线,缓粘结预应力张拉适用期的 κ 值为 0.004~0.012,μ 值为 0.06~0.12,在张拉适用期内,早期取小值,后期取大值。

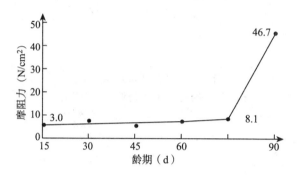

图 7.42　缓粘结筋摩阻力随时间的变化

8)端部切割与封固

(1)预应力工程验收合格后,锚固处外露部分预应力筋方可割除,宜采用机械方法切割,也可采用氧气—乙炔焰切割。当张拉端为凸出式时,预应力筋的外露长度不宜小于其直径的1.5 倍,且不宜小于 30 mm。

(2)锚具封闭保护应符合设计要求。当设计无要求时,凸出式锚固端锚具的保护层不应小于 50 mm,凹入式锚固端锚具用细石混凝土封裹或填平。外露预应力筋的混凝土保护层厚度不得小于 20 mm,处于腐蚀环境时应加大至 50 mm。

(3)锚具封裹前应将周围混凝土冲洗干净、凿毛,封裹后与周边混凝土之间不得有裂纹;对凸出式锚固端锚具应配置拉筋和钢筋网片,且应满足防火要求。

(4)锚具封裹保护宜采用与构件同强度等级的细石混凝土,也可采用微膨胀混凝土或低收缩砂浆等。

(5)无粘结预应力筋锚具封裹前,预应力筋端部和锚具夹片处应涂防腐蚀油脂,并套上塑料盖帽,也可涂刷环氧树脂。

(6)群锚连接器内应灌浆密实,无粘结连接器内应注满防腐油脂。

7.3.2　先张法施工

先张法是在构件浇筑混凝土之前,在台座或钢模上张拉预应力筋的方法。其施工过程是:首先张拉预应力筋并临时锚固在台座或钢模上,然后浇筑构件混凝土;待混凝土达到一定强度后放松预应力筋,借助混凝土与预应力筋的黏结力,使混凝土产生预压应力(图 7.43)。先张法生产可分为长线台座法与机组流水法生产工艺。长线台座法具有设备简单、投资省、效率高等特点,是一种经济实用的现场型生产方式。

近年来,先张法技术在应用范围、预应力钢材、张拉机具等各方面都有了开发性研究和改进,大跨度预制预应力空心板(SP 板)、双 T 板、预制预应力混凝土薄板及预应力混凝土装配式框架等已得到新的推广应用。

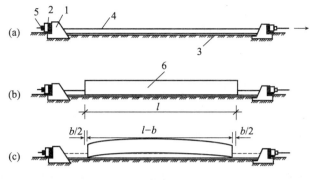

图 7.43　先张法生产示意图

(a) 预应力筋张拉;(b) 浇筑混凝土构件;(c) 放张预应力筋

1—台座承力结构;2—横梁;3—台面;4—预应力筋;5—夹具;6—构件

1) 台座

台座是先张法生产的主要设备之一,它承受预应力筋的全部张拉力。因此,台座应有足够的承载力、刚度和稳定性。台座按构造型式不同,可分为墩式台座与槽式台座。

(1) 墩式台座

墩式台座由承力台墩、台面与横梁组成,其长度宜为 100~150 m。台座的承载力应根据构件的张拉力大小,设计成 200~500 kN/m。

台座的宽度主要取决于构件的布筋宽度,以及张拉和浇筑混凝土是否方便,一般不大于 3 m。

在台座的端部应留出张拉操作场地和通道,两侧要有构件运输和堆放的场地。

① 承力台墩

承力台墩一般由现浇钢筋混凝土做成。台墩应具有足够的承载力、刚度和稳定性。稳定性验算包括抗倾覆验算与抗滑移验算。台墩的抗倾覆验算,可按下式进行(图 7.44)

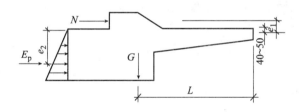

图 7.44　承力台墩的稳定性验算简图

$$K = \frac{M_1}{M} = \frac{GL + E_p e_2}{N_j e_1} \geqslant 1.50 \tag{7.22}$$

式中　K——抗倾覆安全系数,应不小于 1.50;

M——倾覆力矩(N·m),由预应力筋的张拉力产生;

N——预应力筋的张拉力(N);

e_1——张拉力合力作用点至倾覆点的力臂(m);

M_1——抗倾覆力矩(N·m),由台座自重和土压力等产生;

G——台墩的自重(N);

L——台墩重心至倾覆点的力臂(m);

E_p——台墩后面的被动土压力合力(N),当台墩埋置深度较浅时,可忽略不计,

e_2——被动土压力合力至倾覆点的力臂(m)。

对台墩与台面共同工作的台墩,按理论计算,台墩倾覆点位置应在混凝土台面的表面处,但考虑到台墩的倾覆趋势使得台面端部顶点出现局部应力集中和混凝土抹面层施工质量的影响,因此倾覆点的位置宜取在混凝土台面往下 40～50 mm 处。

台墩的抗滑移验算,可按下式进行

$$K_c = \frac{N_1}{N} \geqslant 1.30 \tag{7.23}$$

式中　K_c——抗滑移安全系数,应不小于 1.30;

　　　N_1——抗滑移的力(N),对独立的台墩,由侧壁土压力和底部摩阻力等产生。

对与台面共同工作的台墩,可不作抗滑移计算,而应验算台面的承载力。

② 台面

台面一般是在夯实的碎石垫层上浇筑一层厚度为 60～100 mm 的混凝土做成。其水平承载力 P,可按下式计算

$$P = \frac{\varphi \cdot A_c \cdot f_c}{K_1 \cdot K_2} \tag{7.24}$$

式中　φ——轴心受压纵向弯曲系数,取 $\varphi = 1$;

　　　A_c——台面截面面积(mm^2);

　　　f_c——混凝土轴心抗压强度设计值(MPa);

　　　K_1——台面承力力超载系数,取 1.2;

　　　K_2——考虑台面截面不均匀和其他影响因素的附加安全系数,取 1.5。

台面伸缩缝可根据当地温差和经验设置,一般约为 10m 设置一条;也可采用预应力混凝土滑动台面,不留施工缝;还可以采用多块钢模台组拼的台面。

③ 预应力混凝土台面

这种台面是在原有的混凝土台面或新浇的混凝土基层上刷隔离剂,张拉预应力钢丝,浇筑混凝土面层,待混凝土达到放张强度后切断钢丝,台面就发生滑动(图 7.45)。这种台面,经过多年使用实践,未出现裂缝,效果良好。

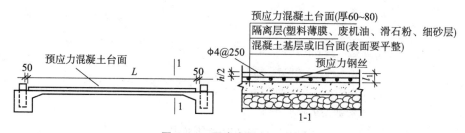

图 7.45　预应力混凝土台面

(2)槽式台座

槽式台座由钢筋混凝土压杆、上下横梁和台面等组成,既可承受张拉力,又可作为蒸汽养护槽,适用于张拉吨位较大的大型构件(图 7.46)。

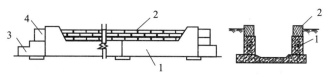

图 7.46 槽式台座

1—混凝土压杆；2—砖墙；3—下横梁；4—上横梁

台座的长度一般不大于 80 m，宽度随构件外形及制作方式而定，一般不小于 1 m。为便于运送混凝土和蒸汽养护，槽式台座多低于地面。

2）预应力筋铺设

先张法构件的预应力筋，宜采用螺旋肋钢丝、刻痕钢丝、普通或刻痕 1×3 钢绞线和 1×7 钢绞线等高强预应力钢材。

预应力钢丝和钢绞线下料，应采用砂轮切割机，不得采用电弧切割。

长线台座的台面（或胎模）在铺设预应力筋前应涂隔离剂。隔离剂不应沾污预应力筋，以免影响与混凝土的粘结。如果预应力筋遭受污染，应使用适宜的溶剂清洗干净。在生产过程中，应防止雨水冲刷台面上的隔离剂。

预应力钢丝宜用牵引车铺设。如果钢丝需要接长，可借助于钢丝连接器或铁丝密排绑扎。刻痕钢丝的绑扎长度不应小于 80 d，钢丝搭接长度应比绑扎长度大于 10 d（d 为钢丝直径）。

预应力钢绞线接长时，用接长连接器。预应力钢绞线与工具式螺杆连接时，可采用套筒式连接器。

3）预应力筋张拉

预应力筋的张拉控制应力应满足表 7.6 和式（7.9）的要求，亦即最大限值不得超过：对消除应力钢丝和钢绞线不大于 0.80 f_{ptk}，对中强度预应力钢丝不大于 0.75 f_{ptk}，对预应力螺纹钢筋不大于 0.90 f_{pyk}。

预应力钢丝由于张拉工作量大，宜采用一次张拉程序。

$$0 \rightarrow 1.03\sigma_{con} \sim 1.05\sigma_{con}（锚固）$$

采用预应力钢绞线时，对单根张拉：$0 \rightarrow \sigma_{con}$（锚固）；对整体张拉：$0 \rightarrow$ 初应力调整 $\rightarrow \sigma_{con}$（锚固）。

预应力钢丝在长线台座上采用电动螺杆式张拉机单根张拉，弹簧测力计测力，夹片式或锥销式夹具锚固。单根钢绞线可采用小吨位液压千斤顶张拉，夹片式锚具锚固。在长线台座上钢绞线的长度长，千斤顶的行程有限，需要多次张拉，才能达到所需的张拉力。

在预制厂用机组流水法生产预应力板类构件时，钢丝两端镦头固定，钢绞线采用工具式夹片锚具固定，借助于连接装置（如梳筋板、活动横梁等）用千斤顶进行成组张拉。

先张法预应力构件，在混凝土浇筑之前发生断裂或滑脱的预应力筋必须更换。先张法张拉钢丝时张拉伸长值不做校核，钢丝张拉锚固后 1 h，用钢丝测力仪检查钢丝的应力值，其偏差不得大于或小于工程设计规定检验值的 5%。

先张法张拉钢筋或钢绞线时，张拉伸长值校核与后张法相同。

预应力筋张拉后与设计位置的偏差不应大于 5 mm，且不得大于构件截面短边边长的 4%。

201

预应力筋张拉时,台座两端应有安全防护设施,操作人员严禁在两端停留或穿越,也不得进入台座内。

4）预应力筋放张

预应力筋放张时混凝土强度必须符合设计要求,当设计无规定时,不应低于混凝土设计强度等级值的75%。采用消除应力钢丝和钢绞线作预应力筋的先张法构件,尚不应低于30 MPa。

预应力筋的放张应根据构件类型与配筋情况选择正确的顺序与方法,否则会引起构件翘曲、开裂和预应力筋断裂等现象。

（1）放张顺序

预应力筋的放张顺序,如设计无要求时,应符合下列规定:

① 轴心受压的构件（如拉杆、桩等）,所有预应力筋宜同时放张;

② 对承受偏心预压力的构件（如梁等）,应先同时放张预压应力较小区域的预应力筋,再同时放张预压应力较大区域的预应力筋;

③ 当不能按上述规定放张时,应分阶段、对称、相互交错放张。

放张后预应力筋的切断顺序,宜由放张端开始,逐次切向另一端。

（2）放张方法

预应力筋放张工作,应缓慢进行,防止冲击。常用的方法如下:

① 用千斤顶拉动单根预应力筋,放松螺母。放张时由于混凝土与预应力筋已粘结成整体,松开螺母的间隙只能是最前端构件外露预应力筋的伸长,因此,所施加的应力往往超过控制应力10%,应注意安全。

② 采用两台台座式千斤顶整体缓慢放松,应力均匀,安全可靠。放张用台座千斤顶可专用或与张拉合用。为防止台座式千斤顶长期受力,可采用垫块顶紧。

③ 对先张法板类构件的钢丝或钢绞线,放张时可直接用手提砂轮锯或氧炔焰切割。放张工作宜从生产线中间开始,以减少回弹量且有利于脱模;每块板应从外向内对称放张,以免因构件扭转而端部开裂。

为了检查构件放张时钢丝与混凝土的粘结是否可靠,切断钢丝时应测定钢丝向混凝土内的回缩情况,一般不宜大于1.0 mm。

7.4 预应力钢结构施工

与预应力混凝土不同,在钢结构中导入预应力的目的有:

（1）提高钢结构的承载力、刚度和稳定性;

（2）调控钢结构中杆件的应力幅度;

（3）调控钢结构关键点的变形。

预应力钢结构已有60多年的历史,随着计算机及有限元计算分析软件技术的进步,复杂空间结构设计与制造安装技术的进步,以及预应力拉索材料和生产技术的进步,预应力钢结构施工正发展成为预应力工程中的一个重要分支。

1）预应力钢结构基本分类

预应力钢结构可分为预应力基本构件、预应力平面结构和预应力空间结构。

预应力构件包括预应力拉杆、预应力压杆和预应力实腹梁。预应力平面结构包括预应力桁架、预应力拱架、预应力框架和预应力吊挂结构。预应力空间结构包括预应力立体桁架、预应力网架、预应力网壳、预应力幕墙钢结构和预应力索膜结构。

2）预应力钢结构施工的基本原则

对钢结构施加预应力有别于预应力混凝土施工，其基本原则有：

（1）预应力钢结构施工更强调结构设计与施工的一体化；

（2）充分重视预应力钢结构安装过程各施工工况与结构成形后的使用工况的结构受力体系转换，避免在结构中产生过大的不利次生应力；

（3）预应力拉索的索力应保证在各种工况下大于零（即 $T > 0$），其最大值不应大于索材极限抗拉强度的 $40\% \sim 55\%$，重要索取低值，次要索取高值。

3）施加预应力的基本方法

根据钢结构类型不同，施加预应力的方法也多种多样。如直接牵引索头的拉索法、强迫支座移动的位移法和与拉索正交横向牵拉或顶压索体的横张法等（图 7.47），工程施工中采用较多的是拉索法。

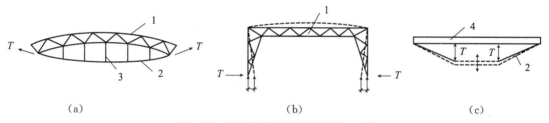

图 7.47　钢结构的三种施加预应力方式

（a）直接张拉拉索索头施加预应力；（b）支座位移施加预应力；（c）横向牵拉索体施加预应力

1—钢桁架；2—拉索；3—撑杆；4—钢梁

采用拉索法施加预应力，其张拉装置与拉索的索头形式有关。张拉前，必须根据设计所选用的索头形式、索头固定节点构造及张拉力大小等具体要求，设计特殊的张拉索头夹具及张拉钢撑脚装置。图 7.48 为典型的螺母承压铸锚索头和铸锚正反扣套筒可调索头的张拉装置示意。

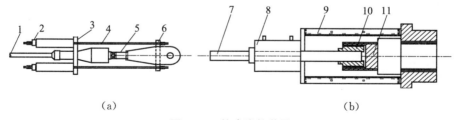

图 7.48　拉索张拉装置

（a）张拉叉耳铸锚索头的张拉装置；（b）张拉螺母承压铸锚索头的张拉装置

1—拉索索体；2—拉杆螺母；3—后横梁；4—拉杆；5—索头调节螺杆；6—前横梁；

7—穿心拉杆；8—千斤顶；9—钢撑脚；10—填芯；11—索头螺杆

拉索张拉时应计算各次张拉作业的拉力和伸长量。在张拉操作中,应建立以索力控制为主或结构变形控制为主的具体规定。对拉索的张拉,应规定索力和伸长量的允许偏差或结构变形的允许偏差。

拉索张拉时可直接用千斤顶与配套校验的油压表监控索的张拉力,必要时另用安装在索头处的拉压传感器或其他测力装置同步监控索的张拉力。每根拉索张拉时都应做好永久性测量记录。这些记录应当包括:日期、时间和环境温度、索力、拉索伸长和结构变形的测量值。

| 预应力工程 | 安装工具锚夹片 | 安装千斤顶 | 桥梁预应力张拉 | 下料与铺束 | 张拉后卸夹片 | 张拉与灌浆 |

8 结构安装工程

将结构设计成多个独立的构件,分别在施工现场或工厂预制成型,然后在现场用起重机械将各种预制构件吊起并安装到设计位置的全部施工过程,称为结构安装工程。用这种施工方式完成的结构,叫作装配式结构。

结构安装工程的主要施工特点是:

(1)预制构件类型多。构件类型多,易影响构件平面布置和安装效率。

(2)预制质量影响大。构件制作外形尺寸的正确与否、混凝土强度能否达到设计要求,都将直接影响安装的质量与进度。

(3)结构受力变化复杂。构件在运输和起吊时,因吊点和支承点与使用阶段不同,可能使结构构件内力的大小、性质有所改变。因此,必要时应对构件进行施工阶段的承载力和稳定性验算,并采取相应的措施。

(4)高空作业多。预制构件量多、体形复杂,工作面窄,高空作业多,施工时易发生工伤事故,因此必须加强安全技术措施。

8.1 起重机械

为了将预制构件安装到设计位置,就需要用起重设备。起重设备可分为起重机械和索具设备两类。

结构安装工程中常用的起重机械有:桅杆起重机、自行杆式起重机(履带式、汽车式和轮胎式)、塔式起重机及浮吊等。索具设备有:钢丝绳、吊具(卡环、横吊梁)、滑轮组、卷扬机及锚碇等。在特殊安装工程中,各种千斤顶、提升机等也是常用的起重设备。

8.1.1 桅杆起重机

桅杆起重机的特点是:制作简单,装拆方便,能在比较狭窄的工地使用;起重能力较大(可达1 000 kN以上);能解决因缺少其他大型起重机械或不能安装其他起重机械等特殊工程和重大结构的施工困难;当无电源时可用人工绞磨起吊。但它的服务半径小,移动困难,需要设置较多的缆风绳,施工速度较慢,因而只适用于安装工程量比较集中,工期较富余的工程。

桅杆起重机分为:独脚桅杆、人字桅杆、悬臂桅杆和牵缆式桅杆起重机。

1)独脚桅杆

独脚桅杆(又称扒杆)是由桅杆、起重滑轮组、卷扬机、缆风绳和地锚组成(图8.1a)。

独脚桅杆一般用钢管或型钢制成。在使用时,桅杆的顶部应保持一定的倾角(≤10°),桅杆的底部应设置供移动的装置(拖子),以使吊装的构件不致撞碰桅杆和减少桅杆移动时与地面的摩阻力。桅杆的稳定主要依靠桅杆顶端的缆风绳。缆风绳常采用钢丝绳,数量一般为6~12根,但不得少于5根。缆风绳与地面夹角为30°~45°。钢管独脚桅杆起升高度小于30 m,起升载荷小于 300 kN;金属格构式独脚桅杆的起升高度可达 70～80 m,起升载荷可达 1 000 kN 以上。

2) 人字桅杆

人字桅杆一般是用两根钢杆以钢丝绳或铁件铰接而成(图 8.1b)。人字桅杆底部应设有拉杆或钢丝绳以平衡水平推力;两杆夹角以 30°为宜,其中一根桅杆底部装有起重导向滑轮,上部铰接处有缆风绳保持桅杆的稳定。人字桅杆的特点是起升载荷大,稳定性好,但构件吊起后活动范围小,适用于吊装重型柱子等构件。

3) 悬臂桅杆

在独脚桅杆中部或 2/3 高度处安装一根起重臂即成悬臂桅杆(图 8.1c)。因起重臂铰接于桅杆的中上部,起升时将会使桅杆产生较大的弯矩。为此,在铰接处可用撑杆和拉条进行加固。悬臂桅杆的特点是起升高度和工作幅度都较大,起重臂可左右摆动 120°～270°,吊装方便。悬臂桅杆适用于吊装屋面板、檩条等小型构件。

4) 牵缆式桅杆起重机

在独脚桅杆的下端装一根起重臂即成牵缆式桅杆起重机(图 8.1d)。牵缆式桅杆起重机的特点是起重臂可以起伏;整个机身可作 360°回转,故能把构件吊运到有效工作幅度范围内的任何空间位置;起升载荷(150～600 kN)和起升高度(达 25 m)都较大。适用于多而集中的构件吊装,但应设置较多的缆风绳。

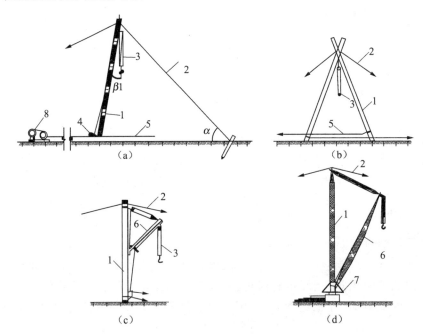

图 8.1　桅杆起重机

(a)独脚桅杆;(b)人字桅杆;(c)悬臂桅杆;(d)牵缆式桅杆起重机

1—桅杆;2—缆风绳;3—起重滑轮组;4—导向装置;5—拉索;6—起重臂;7—回转盘;8—卷扬机

8.1.2　自行杆式起重机

自行杆式起重机有履带式起重机、汽车式起重机和轮胎式起重机三类。

206

8.1.2.1 履带式起重机

1) 履带式起重机的特点及应用

履带式起重机通常由单斗挖土机更换装置后改装而成,也有的根据使用部门的需要专门制造。履带式起重机由动力装置、传动装置、回转机构、行走装置、卷扬机构、操作系统、工作装置以及电器设备等部分组成(图 8.2)。

履带式起重机的履带面积较大,对地面的轮压较低,行走时一般不超过 0.2MPa,起重时也不超过 0.40MPa。因此,它可以在较为坎坷不平的松软地面行驶和工作,必要时可垫以路基箱;车身可以原地作 360°回转;起重时不需设支腿,可以负载行驶;工作臂又可更换,起重能力强,故在结构安装中得到了广泛应用。但其稳定性较差,使用时必须严格遵守操作规程,若需超负荷或加长起重杆时,必须先对稳定性进行验算。

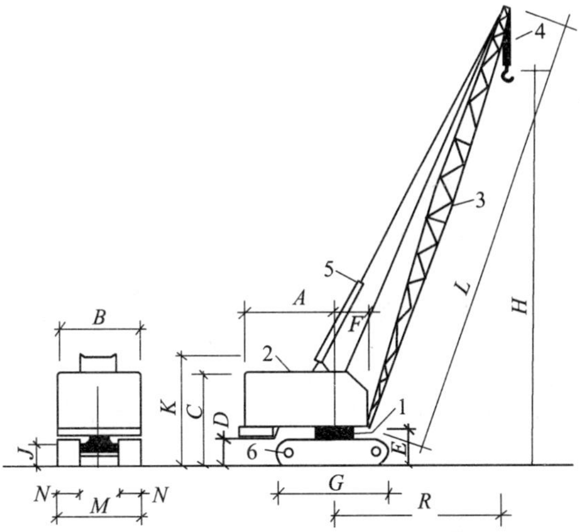

图 8.2　履带式起重机

1—底盘;2—机棚;3—起重臂;4—起重滑轮组;5—变幅滑轮组;6—履带;A~K—外形尺寸符号;L—起重臂长度;H—起升高度;R—工作幅度

2) 履带式起重机常用型号及性能

国产履带式起重机的起升载荷有 50~200 kN,起重臂长度有 10~78 m(主臂)。山东产的 LDQ2200 电动履带起重机,最大起重量为 200 t×11 m,主臂最长达 78 m。国外新型的履带式起重机采用全液压驱动,起升载荷更大,起重臂长更长。日本神户制钢所生产的 7650 型液压履带式起重机,最大额定起重量为 650 t×6 m(基本臂 24 m),标准臂长 102 m,采用主臂加副臂的塔式工况,起升高度可达 140 m。

表 8.1　履带式起重机外形尺寸(mm)

符　号	名　称	型　号		
		W$_1$—50	W$_1$—100	W$_1$—200
A	机棚尾部到回转中心距离	2900	3300	4500
B	机棚宽度	2700	3120	3200
C	机棚顶部距地面高度	3220	3675	4125
D	回转平台底面距地面高度	1000	1045	1190
E	起重臂枢轴中心距地面高度	1555	1700	2100
F	起重臂枢轴中心至回转中心的距离	1000	1300	1600
G	履带长度	3420	4005	4950
M	履带架宽度	2850	3200	4050
N	履带板宽度	550	675	800
J	行走底架距地面高度	300	275	390
K	双足支架顶部距地面高度	3480	4175	4300

表 8.2　履带式起重机主要技术性能表

项　目		单位	型　号								
			W_1—50			W_1—100			W_1—200		
行走速度		km/h	1.5～3.0			1.5			1.43		
最大爬坡度		°	25			20			20		
起重机总重		kN	213.2			394.0			791.4		
起重臂长度		m	10	18	18+2①	13	23	30	15	30	40
工作幅度 R	最大	m	10	17	10	12.5	17	14	15.5	22.5	30
	最小	m	3.7	4.3	6	4.5	6.5	8.5	4.5	8	10
起升载荷 Q	最大工作幅度时	kN	26	10	10	35	17	15	82	43	15
	最小工作幅度时	kN	100	75	20	150	80	40	500	200	80
起升高度 H	最大工作幅度时	m	3.7	7.16	14	5.8	16	24	3	19	25
	最小工作幅度时	m	9.2	17	17.2	11	19	26	32	26.5	36

①表示在 18 m 长的起重臂上加 2 m 外伸距的"鸟嘴","鸟嘴"的起重量为 20 kN,自重为 4.5 kN。

常用的履带式起重机有 W 型履带起重机及 KH 系列液压履带起重机。W 型履带起重机主要有 W_1—50 型、W_1—100 型、W_1—200 型,其外形尺寸见表 8.1,主要技术性能见表 8.2;KH 系列液压履带起重机主要有 KH70、KH100、KH125、KH150 等,这类履带起重机的各机构均采用液压操纵,起重臂可通过加装不同长度的中间节组成多种长度的起重臂,起重主臂上还可安装鹅头臂,扩大起重机的使用范围。起重机的技术性能常用曲线图表示,如图 8.3 和图 8.4 所示。在实际工作中,对所使用的起重机,可根据不同的起重臂长度,做出详细的性能表,以便查用。

应该指出,起升高度是指起重滑轮组中动滑轮吊钩钩口到停机面的垂直距离。为保证吊装安全,从吊钩中心到定滑轮中心(即起重臂顶端)应有 2.5～3.5 m 的最小安全距离。

8.1.2.2　汽车式起重机

汽车式起重机是将起重装置安装在载重汽车(越野汽车)底盘上的一种起重机械(图 8.5),其动力是利用汽车的发动机。近年来由于汽车载重能力不断增大,提供了制造大吨位汽车式起重机的可能性。同时,由于液压技术的广泛应用,使汽车式起重机在操作方面增加了许多优点。我国徐州生产的 QY50A 型汽车式起重机最大额定起重量达 50 t×3 m(基本臂 11 m)。德国的 TC2000 型汽车式起重机最大起升载荷可达 3 000 kN($R=6$ m 时),最大起重臂长度达 90 m,最大工作幅度 70 m($Q=69$ kN 时)。

汽车式起重机最大优点是转移迅速,对路面破坏性小。但它起吊时,必须将支腿落地,不能负载行走,故使用上不如履带式起重机灵活。轻型汽车式起重机主要适用于装卸作业,大型汽车式起重机可用于一般单层或多层房屋的结构吊装。

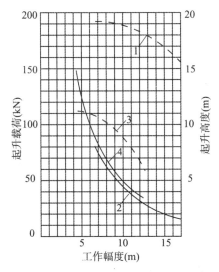

图 8.3　W₁—100 型起重机工作性能曲线

1—起重杆长 23m 时起升高度曲线；
2—起重杆长 23m 时起升载荷曲线；
3—起重杆长 13m 时起升高度曲线；
4—起重杆长 13m 时起升载荷曲线

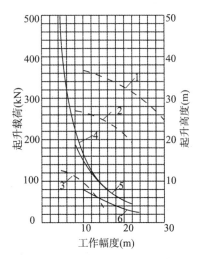

图 8.4　W₁—200 型起重机工作性能曲线

1—起重杆长 40m 时起升高度曲线；
2—起重杆长 30m 时起升高度曲线；
3—起重杆长 15m 时起升高度曲线；
4—起重杆长 15m 时起升载荷曲线；
5—起重杆长 30m 时起升载荷曲线；
6—起重杆长 40m 时起升载荷曲线

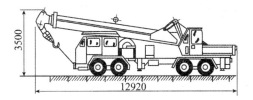

图 8.5　Q₂—32 型汽车式起重机

国产汽车式起重机的主要技术性能见表 8.3。

表 8.3　汽车式起重机主要技术性能

项　目		单位	型　号									
			Q₂—12			Q₂—16			Q₂—32			
行驶速度		km/h	60			60			55			
起重机总重		kN	173			215			320			
起重臂长度		m	8.5	10.8	13.2	8.2	14.1	20	9.5	16.5	23.5	30
工作幅度 R	最大	m	6.4	7.8	10.4	7.0	12	18	9	14	18	26
	最小	m	3.6	4.6	5.5	3.5	3.5	4.3	3.5	4	5.2	7.2
起升载荷 Q	R_{max} 时	kN	40	30	20	50	19	8	70	26	15	6
	R_{min} 时	kN	120	70	50	160	80	60	320	220	130	80
起升高度 H	R_{max} 时	m	5.8	7.8	8.6	4.4	7.7	9	—	—	—	—
	R_{min} 时	m	8.4	10.4	12.8	7.9	14.2	20	—	—	—	—

使用汽车式起重机时,因它自重较大,对工作场地要求较高,起吊前必须将场地平整、压实,以保证操作平稳、安全。此外,起重机工作时的稳定性主要依靠支腿,故支腿落地必须严格按操作规程进行,并需对支腿下的地基承载力进行复核,必要时应采取地基加固措施。

8.1.2.3 轮胎式起重机

轮胎式起重机使用专用底盘,根据起升载荷大小,可以装 2 根或 3 根轮轴,4～10 个充气轮胎,重心低,起重平衡,轮距与轴距宽,在硬质平整路面上可使用短吊臂吊着 75% 的额定起升载荷行驶,是单层工业厂房构件安装工程中使用十分广泛的起重机械。

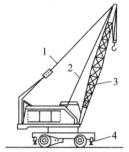

图 8.6　轮胎式起重机
1—变幅索;2—起重索;
3—起重杆;4—支腿

轮胎式起重机由起重机构、变幅机构、回转机构、行走机构、动力设备和操纵系统等组成。图 8.6 所示为轮胎式起重机的构造示意图。

轮胎式起重机底盘上装有可伸缩的支腿,起重时可使用支腿以增加机身的稳定性,并保护轮胎,必要时支腿下面可加垫块,以增加支承面。

国产轮胎式起重机一般为全回转动臂自行式,由柴油电动机多电机驱动,其机构安全可靠,使用成本也较低。国产轮胎式起重机型号及主要技术性能见表 8.4。

表 8.4　轮胎式起重机主要技术性能

项　目		单位	型　号												
			QL$_1$—16			QL$_2$—25					QL$_3$—40				
行走速度		km/h	18			18					15				
起升速度		m/min	6.3			7					9				
起重机总重		kN	230			280					537				
起重臂长度		m	10	15	20	12	17	22	27	32	15	21	30	36	42
工作幅度 R	最　大	m	11	15.5	20	11.5	14.5	19	21	21	13	16	21	23	25
	最　小	m	4.0	4.7	5.5	4.5	6	7	8.5	10	5	6	9	11.5	11.5
起升载荷 Q	R_{max} 时	kN	28	15	8	46	28	14	8	6	92	62	35	24	15
	R_{min} 时	kN	160	110	80	250	145	106	72	50	400	320	161	103	100
起升高度 H	R_{max} 时	m	5.3	4.6	6.9	—	—	—	—	—	8.8	14.2	21.8	27.8	33.8
	R_{min} 时	m	8.3	13.2	18	—	—	—	—	—	10.4	15.6	25.4	31.6	37.2

8.1.2.4 起重机抗倾覆稳定性

起重机的稳定性是指起重机在自重和外荷载作用下抵抗倾覆的能力。导致起重机失稳的因素很多,如吊装超载、额外接长起重臂、风力过大、地面陡坡度、吊重下降时过大的制动力及回转时过大的离心力等。当起重机处于额定工作状况时,无须验算起重机的稳定性;当起重机因特殊条件及要求超出额定工作状况时,需对起重机的稳定性进行验算,否则便有倾覆的危险,以致造成质量与安全事故。

1) 稳定性验算的原理

力矩法是验算起重机抗倾覆稳定的主要方法,也是我国《起重机设计规范》GB/T 3811 中所采用的方法。力矩法校核抗倾覆稳定的基本原则是:作用于起重机上包括自重在内的各项荷载对危险倾覆边的力矩之和必须大于或等于零,即 $\sum M \geqslant 0$,其中起稳定作用的力矩为正值,起倾覆作用的力矩为负值。

2）起重机分组

在校核起重机稳定性时，根据起重机的结构特征、工作条件和对抗倾覆稳定性的要求，将起重机分为四组（表8.5）。

表 8.5　起重机组别表

组别	起重机特征
Ⅰ	流动性很大的起重机（如履带式起重机和汽车式起重机等）
Ⅱ	重心高、工作不频繁以及场地经常变更的起重机（如塔式起重机等）
Ⅲ	工作场地固定的桥式类型起重机（如门式起重机和装卸桥等）
Ⅳ	重心高、速度大、工作场地固定的轨道起重机（如装卸用门座起重机）

3）验算工况

起重机的抗倾覆稳定性按表8.6所列的工况进行校核。

表 8.6　验算工况表

起重机组别	验算工况	自重系数 K_G	起升荷载荷载系数 K_P	水平惯性力荷载系数 K_i	风力荷载系数 K_f	说明
Ⅰ	1	1	$1.25+0.1G_b/P_Q$	0	0	G_b——臂架自重对臂架铰点按静力等效原则折算到臂端的重量；P_Q——起升荷载。伸缩臂起重机不必验算工况4
	2		1.15	1	1	
	3		-0.2	0	0	
	4		0	0	1.1	
Ⅱ	1	0.95	1.4	0	0	
	2		1.15	1	1	
	3		-0.2	0	1	
	4		0	0	1.1	
Ⅲ	1	0.95	1.4	0	0	带悬臂起重机须验算：(1)纵向（悬臂平面）稳定性（工况1、2）；(2)横向（行走方向）稳定性（工况4）；无悬臂起重机仅须验算横向稳定性（工况4）
	2		1.2	1	1	
	3		—	—	—	
	4		0	0	1.15	
Ⅳ	1	0.95	1.5	0	0	
	2		1.35	1	1	
	3		-0.2	0	1	
	4		0	0	1.1	

注　验算工况1—无风静载；验算工况2—有风动载；验算工况3—突然卸载或吊具脱落；验算工况4—暴风侵袭下的非工作状态。

4）抗倾覆稳定性校核的表达式

按表8.6所列工况，在最不利的荷载组合条件下，计算各项荷载对起重机支承平面上的倾覆线（绕其旋转倾覆的轴线）的力矩。对起重机起稳定作用的力矩为正，起倾覆作用的力矩为负，各项力矩之和大于等于零时起重机稳定。

抗倾覆稳定校核的力矩表达式为

$$\sum M = K_G M_G + K_P M_P + K_i M_i + K_f M_f \geqslant 0 \qquad (8.1)$$

式中　M_G——起重机自重对倾覆线的力矩（kN·m）；

M_P——起升荷载对倾覆线的力矩（kN·m）；

M_i——水平惯性力对倾覆线的力矩（kN·m）；

M_f——风力对倾覆线的力矩（kN·m）；

K_G——起重机自重荷载系数（表8.6）；

K_P——起升荷载荷载系数；

K_i——水平惯性力荷载系数；

K_f——风力荷载系数。

8.1.3 塔式起重机

8.1.3.1 塔式起重机的主要特点

（1）塔式起重机（也称塔吊）的行走机构多为轨道式，安装在标准的铁路轨道上。但也有轮胎式或履带式起重机。任何塔式起重机均由塔身、行走机构、回转机构、带起重装置的悬臂架等构成。一般都采用多电机驱动，行走速度可调、能转弯，吊装作业范围大。

（2）自身平衡稳定性好，不需牵缆，占有场地也不大。

（3）起重塔身高，起重臂安装高度高，有效作业空间大，可将重物吊到有效空间的任何位置上，而自升式塔吊的塔身还可随时加高，所以起升高度也比其他起重机械都大。

（4）轨道式塔式起重机需预先铺设路基和轨道，安装和拆卸都较为复杂，工地转移和调动也不灵活。

8.1.3.2 塔式起重机的分类

（1）按回转机构的安装位置不同可分为：上回转式（塔顶回转）和下回转式（塔身回转）。

（2）按变幅方式不同可分为：有倾斜臂架式（改变起重机的俯仰角度）和运行小车式。

（3）按能否移动可分为：固定式和行走式，行走式又分为轨道式、轮胎式、汽车式和履带式。

（4）按自升塔的爬升部位不同可分为：内爬式（安装在建筑物内部电梯间的框筒上）和附着式（安装在建筑物外侧，塔身通过连杆锚固在建筑物上）。

8.1.3.3 常用塔式起重机型号及性能

根据建筑工业行业标准《建筑机械与设备产品分类及型号》JG/T 5093 的规定，我国的塔式起重机按下图所示的编号方式进行编号：

塔式起重机用 QT 表示，其中 Q 代表起重机，T 代表塔式。特征号 K 表示快装式，Z 表示

上回转自升式，G 表示固定式，A 表示下回转式。如 QTZ80 代表起重力矩为 800 kN·m 的自升式塔式起重机。

目前国内工业与民用建筑中常用的塔式起重机，多采用上回转自升式塔机，如 QTZ40、QTZ60、QTZ80 等，较大规格的塔式起重机起重力矩可达 2500 kN·m，如长沙中联重科的 QTZ250 塔式起重机，其额定起重力矩为 2500 kN·m，最大工作幅度 70 m，最大附着高度达 240 m。新型塔式起重机研制进展很快，在起升载荷、起重臂长、装拆速度、安全监控等方面都有进一步的提高。国外的超重型塔机，如法国 POTAN 厂生产的 MD22500 型塔机，其最大幅度 100 m 时的起重量达 180 t，起升高度为 99 m。

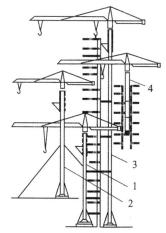

图 8.7　塔式起重机的多种安装方式
1—轨道行走式；2—固定式；
3—附着式；4—爬升式

1）轨道式塔式起重机

目前国内单纯意义上的轨道式塔式起重机主要采用下回转俯仰臂式设计，如浙江产 QT16、沈阳产 QT25、湖南产 QT25A 等。塔机的生产厂家为了满足客户的不同需求，通常同一型号的塔吊可根据需要安装成轨道行走式、固定式、附着式及爬升式（图 8.7），这类塔吊通常采用上回转机构，如济南产的 QT60 塔吊、北京产的 QT80 及 QTZ80 塔吊等。

（1）QT16 型塔式起重机

QT16 型塔式起重机属下回转快装塔式起重机，起重力矩为 160 kN·m，起升载荷为 10～20 kN，工作幅度为 8～16 m，起升高度当水平臂时为 20.5 m，仰臂时为 31.25 m，轨距×轴距为 3.0 m×2.8 m。

（2）QT25A 型塔式起重机

QT25A 型塔式起重机也是一种下回转快装塔式起重机，其额定起重力矩为 250 kN·m，起升载荷为 12.5～25 kN，工作幅度为 2.5～20 m；起升高度当水平臂时为 23 m，仰臂时为 32 m，轨距×轴距为 3.8 m×3.2 m。

2）内爬式塔式起重机

内爬式塔式起重机安装在建筑物内部（如电梯井等），它的塔身长度不变，底座通过伸缩支腿支承在建筑物上，一般每隔 1～2 层爬升一次。这种塔吊体积小，重量轻，安装简单，既不需要铺设轨道，又不占用施工场地，故特别适用于施工现场狭窄的高层建筑施工。内爬式塔吊由塔身、套架、起重臂和平衡臂等组成。

上海生产的 QTP—60 是一款专有的内爬式塔吊，其额定起重力矩为 600 kN·m，最大起重幅度为 30 m，对应的起重量为 2 t；最大起重量为 6 t，对应的起重幅度为 2.7～10 m，最大起升高度 160 m。另外前述的 QT60、QT80、QTZ80 等既可用作为附着式、固定式或轨道行走式又可作为内爬式塔式起重机。

内爬式塔式起重机都是利用自身机构进行提升，其自升过程大致分为如下三个阶段进行（图 8.8）：

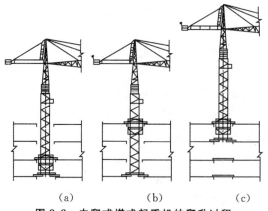

图 8.8 内爬式塔式起重机的爬升过程

(a)准备状态;(b)提升套架;(c)提升起重机

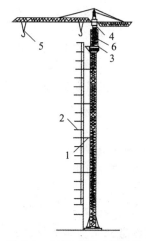

图 8.9 附着式塔式起重机

1—附墙支架;2—建筑物;3—标准节;
4—操纵室;5—起重小车;6—顶升套架

(1)收起套架上的横梁支腿,准备提升;

(2)用吊钩起吊套架横梁至上一个楼层并与建筑物的主梁固牢;

(3)收起塔身底座支腿,提升塔吊至需要的位置,翻出底座支腿与该层的主梁固牢,升塔完毕。

三个阶段结束即可开始吊装工作,隔1~2层后再进行自升,施工较简便。但施工完毕后,拆塔较为复杂。

3)附着式自升塔式起重机

QTZ60型塔式起重机是一种上回转、小车变幅的自升式塔式起重机。它随着建筑物的增高,利用液压顶升系统逐步自行接高塔身,每顶升一次,可接高 2.5 m。其额定起重力矩为 600 kN·m,最大幅度达 45 m,最大幅度起重量为 1.33 t;最大起重量为 4 t,最大起重量幅度为 15 m,最大附着高度为 100 m。部分塔机的主要技术性能见表8.7。

附着式自升塔式起重机(图8.9)的液压自升系统主要包括:顶升套架、长行程液压千斤顶、支承座、顶升横梁及定位销等。其顶升过程可分为五个步骤(图8.10):

(1)将标准节起吊到摆渡小车上,并将过渡节与塔身标准节相连的螺栓松开,准备顶升。

(2)开动液压千斤顶,将塔式起重机上部结构包括顶升套架向上升起到超过一个标准节的高度,然后用定位销将套架固定。塔式起重机上部结构的重量通过定位销传递到塔身上。

(3)液压千斤顶回缩,形成引进空间,接着将装有标准节的摆渡小车推入引进空间。

(4)利用液压千斤顶稍微提起待接高的标准节,退出摆渡小车,然后将待接的标准节平缓地落在下面的塔身上,并用螺栓加以连接。

(5)拔出定位销,下降过渡节,使之与已接高的塔身连成整体。

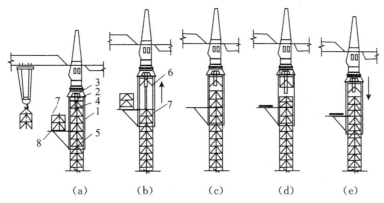

图 8.10 附着式自升塔式起重机的顶升过程

(a)准备状态;(b)顶升塔顶;(c)推入塔身标准节;(d)安装塔身标准节;(e)塔顶与塔身连成整体

1—顶升套架;2—液压千斤顶;3—支承座;4—顶升横梁;5—定位销;6—过渡节;7—标准节;8—摆渡小车

在顶升前,必须按规定将平衡重和起重小车移动到指定位置,以保证顶升过程中的稳定。表 8.7 列出了塔式起重机主要技术性能。

表 8.7 塔式起重机主要技术性能表

型号 产地	QTZ25 济南	QTDF40 重庆	QT60 济南	QTZ60 山西	QTZ80 北京	QTZ120 湖南
额定起重力矩 (kN·m)	250	400	600	600	800	1200
最大幅度(m)	25	25	35	45/30	45	40/50
最大起重量幅度 (m)	3.5~10	2.8~10	2.5~10	15	3~16	—
最大幅度起重量(t)	1.0	1.6	1.9	1.33/2	1.62	3
最大起重量(t)	2.5	4.0	6	4	6	8
轨道式最大起升 高度(m)	25(独立)	32(独立)	45	40(独立)	45	50
附着式最大起升 高度(m)	60	60	70~100	100	100	120
内爬式起升高度(m)	—	—	140	—	140	
起升速度(m/min)	44/29/6.9	39/26/6.5	94/50/32 46.5/25/16	80/53/30 20/5	100/51.8/32.7 50/28/16.3	120/60/30 60/30/15
变幅小车速度 (m/min)	20	17	33	38/19	30.5	50/25/7/5
回转速度(r/min)	0.8/0.4	0.62	0.63	0.67/0.34	0.6	0.6
轴距(m)×轨距(m)	4.1×4.1 (底架尺寸)	—	4.5×4.5	4.88×4.88 (底架尺寸)	5×5	6×6
平衡重/压重(t)	1.6	3	5.5	6	11.7/63	—

8.1.3.4 塔式起重机使用要点

（1）塔式起重机的轨道位置，其边线与结构物应有适当的距离，以防行走时行走台与结构物相碰而发生事故，并避免起重机轮压力传至结构物基础，使基础产生沉陷。钢轨两端必须设置车挡。

（2）起重机工作时必须严格按照额定起升载荷起吊，不得超载，也不准吊运人员、斜拉重物以及拔除地下埋设物。

（3）司机必须得到指挥信号后，方能进行操作。操作前司机必须按电铃、发信号。吊物上升时，吊钩距起重臂端不得小于 1 m；工作休息和下班时，不得将重物悬挂在空中。

（4）运转完毕，起重机应开到轨道中部位置停放，并用夹轨钳夹紧在钢轨上，吊钩上升到距起重臂端 2～3 m 处，起重臂应转到平行于轨道方向。

（5）所有控制器工作完毕后，必须扳到停止点（零点），关闭电源总开关。

（6）遇 6 级以上大风及雷雨天，禁止操作；起重机如失火，绝对禁止用水救火，应当用二氧化碳灭火器或其他不导电的物质扑灭火焰。

8.1.4 浮吊

浮吊是一种常用的水上起重设备，主要应用于桥梁工程中的水上结构安装、港口建设等。

8.1.4.1 浮吊的分类

（1）浮吊按起重臂能否回转分为固定式、半回转式及全回转式三种。固定式浮吊起重结构简单，操作方便安全，但起重臂不能回转，其应用受到很大的限制。一般在大起重量的浮吊上采用此型式，如天津新河船厂制造的 500 t 固定式浮吊。半回转式浮吊其起重臂可在一定范围内进行回转，一般用于码头上吊运散装货物等。全回转式浮吊结构较复杂，其起重臂可360°回转，不仅在中小型浮吊中应用广泛，随着技术水平的提高，在大型浮吊上的应用也越来越广。如为三峡工程水电站运送大型变压器任务的 400 t 浮吊即为全回转式浮吊。该浮吊采用了目前国际领先的工艺设计，总投资为 2000 余万元。其总长 64.8 m、宽 28 m、深 4.05 m、吃水 2 m、排水量为 3348 t，配有三套旋转驱动系统，起吊 400 t 重量时能进行 360°旋转作业。其最大水面高度为 42.6 m，但在拖航状态时不超过 17 m，能够通过目前长江上的所有桥梁和船闸，可在全长江航线移动作业。

（2）浮吊按起重臂结构形式分为直臂架式与组合臂架式两种（图 8.11）。直臂架式的浮吊起重机结构简单，制作与安装方便，但其吊装作业时净空高度较小，提升钢丝绳长度较长，易磨损，安全性下降。组合臂架式浮吊结构相对复杂，一般均采用四联杆式组合臂架，由主臂架、象鼻梁、拉杆及人字架组成，其吊装作业时净空高度大，便于作业，起升钢丝绳相对较短，磨损减少，较直臂架式浮吊安全性上升。

（3）浮吊按自航能力分为自航式和非自航式两种（图 8.11）。自航式浮吊依靠自身的动力系统驱动行驶，而非自航式浮吊则需要其他牵引船只牵引行走。

国产的几种浮吊的主要技术性能见表 8.8。

表 8.8 几种浮吊的主要技术性能

型号	起重量(t)		离中心吊距(m)		起升高度(m)		拖航高度(m)	起升速度(m/min)		变幅速度(m/min)	回转速度(r/min)	船体主尺度(m)(长×宽×深×吃水)	备注
	主钩	副钩	主钩	副钩	水面上	水面下		主钩	副钩				
5T	5	—	7.25~21.25	—	20	—	—	60	—	50	1.5	—	吊钩、抓斗两用;曲线象鼻架式、全回转、转盘式;非自航
10T	10	—	17~21	—	16	—	—	40	—	10	0.75	31.4×8.9×2.5	桅杆式起重臂,半回转,半自航
30T	30	10	10.5~35.0	11.5~37.0	32	30	约16	7.5~10.0	10.0~40.0	4.4~6.0	0.76	34.1×16.0×3.0×1.0	直臂杆;全回转、转盘式;非自航
50T	50	10	9.5~28.15	10.9~30.6	30	12	约20.5	4~4.7	26	4.5	0.25	40.5×20.5×3.4×1.60	四联杆组合臂架;全回转、转柱式;有非自航和自航式两种
140T	140	40	16.0~46.6	20.0~46.8	58	—	约20	0.3~3.0	1.3~13.0	7	0.25	48.0×20.0×3.5	直臂杆、全回转、多滚轮转盘式;非自航
200T	200	50	14.5~43	17.5~46.5	35	5	约23.5	0.5~3.0	2.0~12.0	6	0.2	55.5×26.0×4.4×2.5	四联杆组合臂架;全回转、大轴承式;自航

217

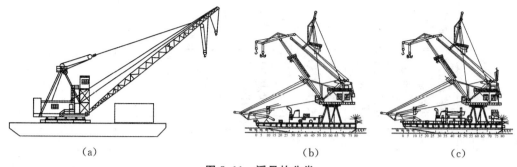

(a)　　　　　　　　　　(b)　　　　　　　　　　(c)

图 8.11　浮吊的分类

(a) 30 t 直臂架式浮吊；(b) 50 t 非自航组合臂架式浮吊；(c) 50 t 自航组合臂架式浮吊

8.1.4.2　浮吊的维护与保养

为保证浮吊的正常使用，防止吊装安全事故的发生，延长浮吊的使用寿命，必须定期对浮吊进行维护与保养。

应定期检查浮吊的各种限位装置，在使用期间应确保各安全装置可靠有效，不得随意将限位装置移位或拆除。

起重机构上各润滑部位要按有关规定进行加油润滑，减少各零部件间的磨损，从而延长各机构使用寿命及确保操作时的安全可靠。

起重机起升、回转、变幅等机构应经常进行检查，确保这些主要机构各制动器的正常工作。

浮吊不论在使用或停用期间，要确保船舶在大风及台风下的安全；在严寒季节应确保机电设备及管系不被冻裂；各电气装置应经常维护、检查及测量，不合格零件必须及时更换装妥。

浮吊需长途拖航时，应将起重臂放倒并固定牢固，起重钩应扣牢于甲板上，起重转盘应用固定钢丝绳等拉紧系牢，某些浮吊的配重舱下面还应加固垫牢。

起重机构及船体在使用过程中，会有正常损坏和磨损，要求操作使用人员不断提高技术业务水平，做到维护和检修及时，避免意外事故的发生。

8.2　混凝土结构安装

8.2.1　结构安装前的准备工作

结构安装工程是土木工程施工活动中一个主要的分部工程之一，为保证施工进度和优质的吊装质量，必须做好和重视结构吊装前的准备工作。结构吊装准备工作包括两大内容：一是室内技术准备工作，如熟悉图纸、图纸会审、计算工程量、编制施工组织设计、绘制工序图表等；二是室外现场准备工作，包括清理场地和修筑吊机行走道路，对被吊构件进行必要的检查，对构件安装位置进行必要的弹线、编号，对吊点、吊具与索具进行承载力复核和安全性检查。以下以单层钢筋混凝土装配式工业厂房的安装说明基本的混凝土构件安装工艺。

8.2.2　构件安装工艺

混凝土预制构件的吊装过程，一般包括绑扎、吊升、对位、临时固定、校正、最后固定等工序。

8.2.2.1 柱的吊装

1) 绑扎

用吊索加卡环绑扎柱,在吊索与构件之间垫以木板,以防吊索磨损构件棱角。

柱的绑扎位置和绑扎点数,视柱的形状、断面、长度、配筋和起重机性能等确定。中、小型柱(重量≤13 t),可绑扎一点;重型柱或配筋少而细长的柱,需绑扎两点。一点绑扎时,绑扎点宜在牛腿下(如无牛腿,可选在柱重心偏上,约离柱脚2/3柱高处)。特殊情况下,绑扎点要经计算确定。

常用绑扎方法有:

(1) 斜吊绑扎法。当柱平放起吊的受弯承载力满足要求时,可采用斜吊绑扎法(图8.12)。柱起吊后柱身呈倾斜状态,由于吊索歪在柱的一侧边,起重钩可低于柱面,故起重臂可较短,一般高重型柱吊装时用此法绑扎。但就位困难,需辅以人工插入杯口。

(2) 直吊绑扎法。当柱平放起吊的受弯承载力不足,需将柱由平放转为侧立后起吊(习惯上称为柱翻身),可采用直吊法(图8.13)。该法是用吊索围捆柱身,从柱面两侧分别扎住卡环,再与铁扁担相连。起吊后柱顶在吊钩之下,需要较大的起吊高度,但柱身呈直立状态,便于插入杯口。

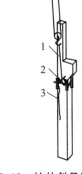

图 8.12 柱的斜吊绑扎法
1—吊索;2—活络卡环;
3—活络卡环插销拉绳

(3) 两点绑扎法。当柱较长,一点绑扎受弯承载力不足时,可用两点绑扎起吊(图8.14)。此时,绑扎点位置,应使下绑扎点距柱重心距离小于上绑扎点至柱重心距离,柱吊起后即可自行回转为直立状态。

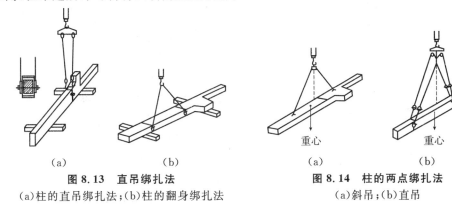

| (a) | (b) | (a) | (b) |

图 8.13 直吊绑扎法
(a)柱的直吊绑扎法;(b)柱的翻身绑扎法

图 8.14 柱的两点绑扎法
(a)斜吊;(b)直吊

2) 吊升

根据柱在吊升过程中运动的特点,当采用单机吊装时,可分为旋转法和滑行法两种吊装方法。

(1) 旋转法。采用旋转法吊装柱时(图8.15),柱脚宜靠近基础,柱的绑扎点、柱脚与柱基中心三者,宜位于起重机的同一工作幅度的圆弧上(常称三点共弧)。起吊时,起重机的起重臂边升钩、边回转,柱顶随起重机的运动边升起、边回转,而柱脚的位置在柱的旋转过程中是不移动的。当柱由水平转为直立后,起重机将柱吊离地面,旋转至基础上方,将柱插入杯口。

用旋转法吊装时,柱在吊装过程中所受震动较小,生产效率高,但对起重机的机动性要求较高。采用自行杆式起重机吊装时,宜采用此法。

(2) 滑行法。采用滑行法吊装时(图8.16),柱的绑扎点宜靠近基础(常称两点共弧)。起吊时,起重臂不动,仅起重钩上升,柱顶也随之上升,而柱脚则沿地面滑向基础,直至柱身转为

219

直立状态。起重钩将柱提离地面,对准基础杯口中心,将柱脚插入杯口。

用滑行法吊装时,柱在滑行过程中受到震动,对构件不利,因此宜在柱脚处采取加滑橇(托木)等措施,以减少柱脚与地面的摩擦。但滑行法对起重机械的机动性要求较低,只需要起重钩上升一个动作。因此,当采用独脚桅杆、人字桅杆吊装时,常采用此法。此外,对一些长而重的柱,为便于构件布置及吊升,也常采用此法。

旋转法和滑行法是柱吊装的两种基本方法,施工中应尽量按这两种基本方法来布置构件和吊升构件。但施工现场情况很复杂,应根据实际情况布置构件和灵活采用吊升方法。如用旋转法吊装柱时,由于各种条件限制,不可能将柱的绑扎点、柱脚和柱基中心三者同时布置在起重机的同一工作幅度圆弧上,此时也可以灵活处理,采取绑扎点与基础或柱脚与基础两点共弧的办法来布置构件。

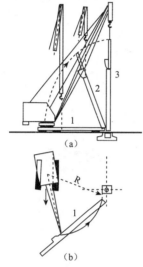

图 8.15　旋转法吊装柱
(a)旋转过程;(b)平面布置

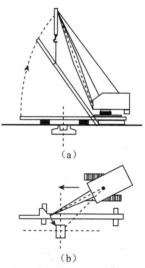

图 8.16　滑行法吊装柱
(a)滑行过程;(b)平面布置

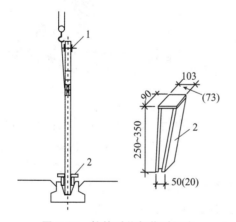

图 8.17　柱的对位与临时固定
1—安装缆风绳或挂操作台的夹箍;
2—钢楔(括号内的数字表示另一种钢楔的尺寸)

3)对位与临时固定

柱脚插入杯口后,并不立即降至杯底,而是停在离杯底 30～50 mm 处进行对位(图 8.17)。对位的方法,是用 8 只钢楔块从柱的四边放入杯口,并用撬棍撬动柱脚,使柱的吊装中心线对准杯口上的吊装中心线,并使柱基本保持垂直状态。

对位后,将 8 只楔块略加打紧,放松吊钩,让柱靠自重沉至杯底。再观察一下吊装中心线对准的情况,若已符合要求,立即用大铁锤将楔块打紧,将柱临时固定(图 8.17)。

柱临时固定后,起重机即可完全放钩,拆除绑扎索具,移去吊装下一根柱。

220

当柱基础的杯口深度与柱长之比小于 1/20，或柱具有较大牛腿时，仅靠柱脚处的楔块不能保证临时固定的稳定，应采取增设缆风绳或加斜撑等措施来加强柱临时固定的稳定。

4）校正

柱吊装过程中要做平面位置、标高及垂直度等三项内容的校正。在柱对位时进行平面位置校正，在柱基础杯底抄平时对柱的标高进行校正，柱最后固定前主要校正垂直度。

柱的校正是一件相当重要的工作，如果柱的吊装就位不够准确，就会影响与柱相连接的吊车梁、屋架等吊装的准确性。

柱垂直度的检查方法是：当有经纬仪时，可用两架经纬仪从柱相邻的两边（视线基本与柱面垂直），去检查柱吊装中心线的垂直度；当没有经纬仪时，也可用线锤检查。柱竖向（垂直）偏差的允许值是：当柱高为 5 m 时，为 5 mm；当柱高大于 5 m 时，为 10 mm；当柱高为 10 m 及大于 10 m 的多节柱时，为 1/1 000 柱高，但不得大于 20 mm。如偏差超过上述规定，则应校正柱的垂直度。

柱垂直度的校正方法是：当偏差值较小时，可用打紧或稍放松楔块的方法来纠正；当偏差值较大时，则可采用撑杆校正法（图 8.18）或螺旋千斤顶校正法；当柱用缆风绳临时固定时，也可用缆风绳进行校正。柱校正后，应将杯口的楔子打紧，使柱的平面位置与垂直度不再产生变动。

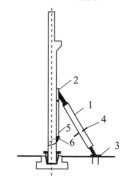

图 8.18　钢管撑杆校正器
1—钢管；2—头部摩擦板；3—底板；
4—转动手柄；5—钢丝绳；6—卡环

5）最后固定

柱校正后，应立即进行最后固定。最后固定的方法是在柱脚与杯口的空隙中浇筑细石混凝土。所用混凝土的强度等级可比原构件的混凝土强度等级提高一级。

细石混凝土的浇筑分两次进行（图 8.19）。第一次将混凝土浇筑至楔块下端。待第一次浇筑的混凝土强度达到设计强度等级的 25% 时，即可拔去楔块，第二次将混凝土灌满杯口。

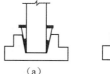

图 8.19　柱的最后固定
(a) 第一次浇筑混凝土；
(b) 第二次浇筑混凝土

8.2.2.2　吊车梁的吊装

待柱子与杯口第二次浇筑的混凝土强度达到 75% 设计强度等级之后，即可进行吊车梁的吊装。

1）绑扎、吊升、对位与临时固定

吊车梁吊起后应基本保持水平。因此，采用两点绑扎，其绑扎点应对称地设在梁的两端，吊钩应对准梁的重心（图 8.20）。在梁的两端应绑扎溜绳，以控制梁的转动，避免悬空时碰撞柱子。

吊车梁对位时应缓慢降钩，使吊车梁端与柱牛腿面的横轴线对准。在吊车梁安装过程中，应用经纬仪或线锤校正柱子的垂直度，若产生了竖向偏移，应将吊车梁吊起重新进行对位，以消除柱的竖向偏移。

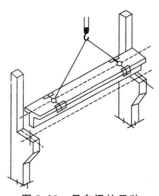

图 8.20　吊车梁的吊装

221

2）校正与最后固定

吊车梁的吊装也需校正标高、平面位置和垂直度。吊车梁的标高在进行杯形基础杯底抄平时，已对牛腿面至柱脚的高度做过测量和调整，因此误差不会太大，如存在少许误差，也可待安装轨道时，在吊车梁面上抹一层砂浆找平层加以调整。吊车梁的平面位置和垂直度可在屋盖吊装前校正，也可在屋盖吊装后校正。但较重的吊车梁，由于摘钩后校正困难，则可边吊边校。平面位置的校正，主要是检查吊车梁的纵轴线以及两列吊车梁之间的跨距 L_k 是否符合要求，吊车梁吊装中心线对定位轴线的偏差不得大于 5 mm。在屋盖吊装前校正时，L_k 不得有正偏差，以防屋盖吊装后柱顶向外偏移，使 L_k 的偏差过大。

在检查及拨正吊车梁中心线的同时，可用靠尺线锤检查吊车梁的垂直度。若发现有偏差，可在吊车梁两端的支座面上加斜垫铁纠正，每端叠加垫铁不得超过三块。

吊车梁校正之后，立即按设计图纸要求用电焊做最后固定，并在吊车梁与柱的空隙处，浇筑细石混凝土。

8.2.2.3 屋架的吊装

中小型单层工业厂房屋架的跨度为 12～24 m，重量约 3～10 t。钢筋混凝土屋架一般在施工现场平卧叠浇预制。在屋架吊装前，先要将屋架扶直（或称翻身、起扳），然后将屋架吊运到预定地点就位（排放）。

1）扶直与就位

钢筋混凝土屋架的侧向刚度较差，扶直时由于自重影响，改变了杆件的受力性质，特别是上弦杆极易扭曲，造成屋架损伤。因此，在屋架扶直时必须采取一定措施，严格遵守操作要求，才能保证安全施工。

（1）屋架扶直应注意的问题

① 扶直屋架时，起重机的吊钩应对准屋架中心，吊索应左右对称，吊索与水平面的夹角不小于 45°。为使各吊索受力均匀，吊索可用滑轮串通。

在屋架接近扶直时，吊钩应对准下弦中点，防止屋架摆动。

② 当屋架数榀在一起叠浇时，为防止屋架在扶直过程中突然下滑造成损伤，应在屋架两端搭设枕木垛，其高度与被扶直屋架的底面齐平（图 8.21）。

③ 叠浇的屋架之间若黏结严重时，应借助凿、撬棒、手拉葫芦等工具消除黏结后再行扶直。

④ 如扶直屋架时采用的绑扎点或绑扎方法与设计规定不同，应按实际采用的绑扎方法验算屋架扶直应力。若承载力不足，在浇筑屋架时应补加钢筋或采取其他加强措施。

（2）屋架扶直方法

屋架扶直时，由于起重机与屋架的相对位置不同，可分为正向扶直和反向扶直。

① 正向扶直。起重机位于屋架下弦一侧，首先将吊钩对准屋架中心，收紧吊钩，略起臂使屋架脱模。接着起重机升钩并起臂，使屋架以下弦为轴，缓缓转为直立状态（图 8.22a）。

② 反向扶直。起重机位于屋架上弦一侧，首先将吊钩对准屋架中心，收紧吊钩，接着起重机升钩并降臂，使屋架以下弦为轴缓缓转为直立状态（图 8.22b）。

正向扶直与反向扶直最主要的不同点，是在扶直过程中，一为升臂，另一为降臂。升臂比降臂易于操作且较安全，故应尽可能采用正向扶直。

屋架扶直后，立即进行就位。屋架就位的位置与屋架安装方法、起重机械性能有关。其原则是应少占场地，便于吊装，且应考虑屋架的安装顺序，两端朝向等问题。一般靠柱边斜放或以 3～5 榀为一组,平行柱边就位。

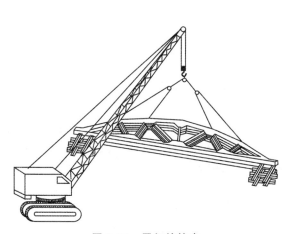

图 8.21　屋架的扶直

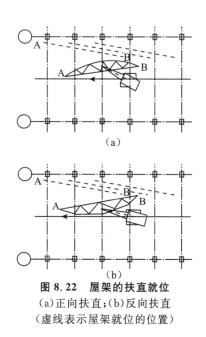

图 8.22　屋架的扶直就位
(a)正向扶直;(b)反向扶直
(虚线表示屋架就位的位置)

屋架就位后,应用 8 号铁丝、支撑等与已安装的柱或已就位的屋架相互拉牢撑紧,以保持稳定。

2)绑扎

屋架的绑扎点应选在上弦节点处或附近 500 mm 区域内,左右对称,并高于屋架重心,使屋架起吊后基本保持水平,不晃动,不倾翻。在屋架两端应加溜绳,以控制屋架转动。屋架吊点的数目及位置与屋架的型式和跨度有关,一般由设计确定。绑扎时吊索与水平线的夹角 α 应为 $45°\sim60°$,以免屋架承受过大的水平向分力。当夹角小于 $45°$ 时,为了减少屋架的起吊高度及过大的水平力,可采用横吊梁。横吊梁的选用应经过计算确定,以确保施工安全。

一般来说,屋架跨度小于或等于 18 m 时绑扎两点;当跨度大于 18 m 时需绑扎四点;当跨度大于 30 m 时,应考虑采用横吊梁,以减小绑扎高度。对三角组合屋架等刚性较差屋架,下弦不能承受压力,故绑扎时也应采用横吊梁(图 8.23)。

3)吊升、对位和临时固定

屋架吊升是先将屋架吊离地面约 300 mm,并将屋架转运至吊装位置下方,然后再起钩,将屋架提升超过柱顶约 300 mm。最后利用屋架端头的溜绳,将屋架调整对准柱头,并缓缓降至柱头,用撬棍配合进行对位。

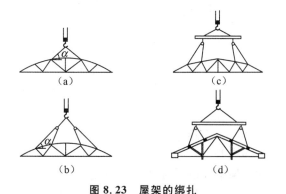

图 8.23　屋架的绑扎
(a)屋架跨度小于或等于 18 m 时;(b)屋架跨度大于 18 m 时;
(c)屋架跨度大于 30 m 时;(d)三角形组合屋架

屋架对位应以建筑物的定位轴线为准。因此,在屋架吊装前,应当用经纬仪或其他工具,

223

在柱顶放出建筑物的定位轴线。如柱顶截面中线与定位轴线偏差过大时,可逐间调整纠正。

屋架对位后,立即进行临时固定。临时固定稳妥后,起重机才可摘钩离去。

第一榀屋架的临时固定必须十分可靠,因为此时它只是单片结构,而且第二榀屋架的临时固定,还要以第一榀屋架作支撑。第一榀屋架的临时固定方法,通常是用4根缆风绳,从两侧将屋架固定,也可将屋架与抗风柱连接作为临时固定。

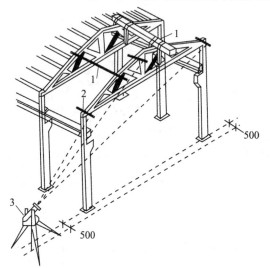

图 8.24　屋架的临时固定与校正
1—工具式支撑;2—卡尺;3—经纬仪

第二榀屋架的临时固定,是用工具式支撑撑在第一榀屋架上(图 8.24)。后续各榀屋架的临时固定,均用工具式支撑撑在前一榀屋架上。

工具式支撑(图 8.25)可用φ50 钢管制成,两端各装有两只撑脚,其上有可调节松紧的螺栓将屋架可靠地夹持固定。每榀屋架至少要用两个工具式支撑,才能使屋架撑稳。当屋架经校正,最后固定并安装了若干块大型屋面板以后,才可将支撑取下。

4) 校正与最后固定

屋架的竖向偏差可用线锤或经纬仪检查。

用经纬仪检查竖向偏差的方法,是在屋架上安装三个卡尺,一个安装在上弦中点附近,另两个分别安装在屋架的两端,自屋架几何中线向外量出一定距离(一般可取 500 mm),在卡尺上做出标志。然后在距屋架中线同样距离(500 mm)处设置经纬仪,观测三个卡尺上的标志是否在同一垂面上(图 8.24)。

随着测量技术的进步,也可采用全站仪直接计算空间三维安装参数进行定位。

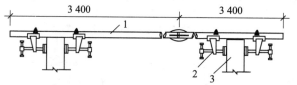

图 8.25　工具式支撑的构造
1—钢管;2—撑脚;3—屋架上弦

屋架校至垂直后,立即用电焊固定。焊接时,先焊接屋架两端成对角线的两侧边,再焊另外两边,避免两端同侧施焊而影响屋架的垂直度。

8.2.2.4　天窗架与屋面板的吊装

天窗架可以单独吊装,也可以在地面上先与屋架拼装成整体后同时吊装。后者虽然减少了高空作业,但对起重机的起重量及起升高度要求较高。目前钢筋混凝土天窗架采用单独吊装的方式较多。

天窗架单独吊装时,应在天窗架两侧的屋面板吊装后进行,其吊装过程与屋架基本相同。

根据屋面板平面的尺寸大小,预埋吊环的数目为 4~6 个。如何保证几根吊索受力均匀,是钩吊作业时应考虑的一个问题。采用图 8.26 所示横吊梁是解决这一问题的方法之一。

为充分发挥起重机的起重能力,提高生产率,也可采用叠吊的方法(图 8.27)。

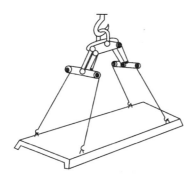

图 8.26　用横吊梁钩吊大型屋面板

图 8.27　屋面板叠吊

屋面板的吊装顺序,应自两边檐口左右对称地逐块吊向屋脊,避免屋架承受半边不对称荷载。屋面板对位后,应立即进行电焊固定,一般情况下每块屋面板可焊 3 点。

8.2.3　结构安装方案

8.2.3.1　单层工业厂房结构安装方案

单层工业厂房结构的特点是:平面尺寸大,承重结构的跨度与柱距大,构件类型少,构件重量大,厂房内还有各种设备基础(特别是重型厂房)等。因此,在拟定结构吊装方案时,应着重解决起重机的选择、结构吊装方法、起重机开行路线与构件平面布置等问题。

1)起重机的选择

在结构吊装中,起重机械是解决垂直运输的主要手段,而且它还关系到构件吊装方法、起重机械开行路线与停机位置、构件平面布置等许多问题。

(1)起重机类型的选择

起重机械的选择与施工方案关系密切,而起重机的类型主要根据厂房的跨度、柱距、构件重量、施工现场条件和当地现有起重设备等确定。

一般高度较低的建筑物,如单层中小型厂房结构,选用自行杆式起重机吊装是比较合理的。当厂房结构的高度和长度较大时,可选用塔式起重机吊装屋盖结构。在缺乏自行杆式起重机的地方,可采用独脚桅杆、人字桅杆、悬臂桅杆、井架起重机等吊装。大跨度的重型工业厂房,可以选用大型自行杆式起重机、牵缆桅杆式起重机、重型塔式起重机和塔桅起重机吊装,也可以用双机抬吊等办法来解决重型构件的吊装问题。

(2)起重机型号及起重臂长度的选择

起重机的类型确定之后,还需要进一步选择起重机的型号及起重臂的长度。起重机的型号应根据吊装构件的尺寸、重量及吊装位置而定。在具体选用起重机型号时,应使所选起重机的三个工作参数:起升载荷、起升高度、工作幅度和最小起重杆长度,均应满足结构吊装的要求。

① 起升载荷

起重机的起升载荷必须大于所安装构件的重量与索具重量之和,即

$$Q \geqslant Q_1 + Q_2 \tag{8.2}$$

式中　Q——起重机的起升载荷(kN);

　　　Q_1——构件的重量(kN);

　　　Q_2——索具的重量(kN)。

225

② 起升高度

起重机的起升高度必须满足所吊装构件的吊装高度要求(图 8.28)。

$$H \geqslant h_1 + h_2 + h_3 + h_4 \tag{8.3}$$

式中　H——起重机的起升高度(m),从停机面算起至吊钩钩口;

　　　h_1——吊装支座表面的高度(m),从停机面算起;

　　　h_2——吊装间隙(m),视具体情况而定,但不小于 0.2 m;

　　　h_3——绑扎点至构件吊起后底面的距离(m);

　　　h_4——索具高度(m),自绑扎点至吊钩钩口,视具体情况而定。

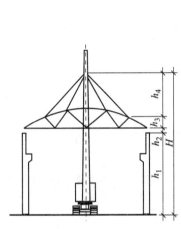

图 8.28　起升高度的计算简图

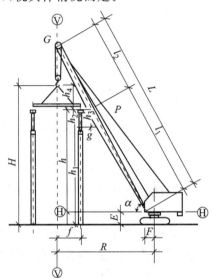

图 8.29　起重臂最小长度计算简图
（吊装屋面板时）

③ 工作幅度

在一般情况下,当起重机可以直接靠近构件吊装构件时,在计算了起升载荷 Q 及起升高度 H 之后,便可查阅起重机工作性能表或曲线,选择起重机型号及起重臂长度,并可进一步查得在一定起升载荷 Q 及起升高度 H 下的工作幅度 R,作为确定起重机开行路线及停机位置时参考。

但在某些情况下,当起重机不能直接靠近构件吊装构件时,对工作幅度就提出了一定要求。此时便根据起升载荷 Q、起升高度 H 及工作幅度 R 三个参数,查阅起重机工作性能表或曲线来选择起重机的型号及起重臂长度。

同一种型号的起重机可能有几种不同长度的起重臂,应选择一种既能满足三个吊装工作参数的要求而又最短的起重臂。但有时由于各种构件吊装工作参数相差过大,也可选择几种不同长度的起重臂。例如吊装柱子可选用较短的起重臂,吊装屋面结构则选用较长的起重臂。

④ 最小起重臂长度的确定

当起重机的起重臂需跨过已吊装好的构件上空去吊装其他构件时(如跨过屋架吊装屋面板),还应考虑起重臂是否与已吊装好的构件相碰。此时,起重机起重臂的最小长度可用数解法求出。

用数解法求所需最小起重臂长度的方法如下:

起重臂的长度 L,可分解为长度由 l_1 及 l_2 两段所组成,即

$$L \geqslant l_1 + l_2 = \frac{h}{\sin\alpha} + \frac{f+g}{\cos\alpha} \tag{8.4}$$

式中　L——起重臂的长度（m）；

　　　h——起重臂底铰至构件吊装支座（在图 8.29 中即屋架上弦顶面）的高度（m），$h = h_1 - E$；

　　　h_1——停机面至构件吊装支座的高度（m）；

　　　f——起重钩需跨过已吊装支座的高度（m）；

　　　g——起重臂轴线与已吊装屋架轴线间的水平距离（m），至少取 1 m；

　　　E——起重臂底铰至停机面的距离（m），可由起重机外形尺寸表（表 8.1）中查得；

　　　α——起重臂的仰角（°）。

为了使求得的起重臂长度为最小，可对式(8.4)进行一次微分，并令 $\frac{\mathrm{d}L}{\mathrm{d}\alpha} = 0$，

$$\frac{\mathrm{d}L}{\mathrm{d}\alpha} = \frac{h\cos\alpha}{\sin^2\alpha} + \frac{(f+g)\sin\alpha}{\cos^2\alpha} = 0$$

解上式，得

$$\alpha = \arctan\sqrt[3]{\frac{h}{f+g}} \tag{8.5}$$

以求得的 α 代入式(8.4)，即可得出所需起重臂的最小长度。根据计算结果，选用适当的起重臂，然后根据实际采用的 L 及 α 值代入式(8.6)，计算出工作幅度

$$R = F + L \cdot \cos\alpha \tag{8.6}$$

式中　F——起重臂底铰至起重机回转中心的距离（m），可由表 8.1 查得。

按计算出的 R 值及已选定的起重臂长度，查起重机技术性能表或曲线，复核起升载荷 Q 及起升高度 H。如能满足构件的吊装要求，即可根据 R 值确定起重机吊装屋面板时的停机位置。

（3）起重机数量的确定

所需起重机的数量，根据工程量、工期及起重机的台班产量定额而定，可用下式计算

$$N = \frac{1}{T \cdot C \cdot K} \cdot \sum\frac{Q_i}{P_i} \tag{8.7}$$

式中　N——起重机台数（台）；

　　　T——工期（天）；

　　　C——每天工作班数（班）；

　　　K——时间利用系数（取 0.8～0.9）；

　　　Q_i——每种构件的吊装工程量（件或 t）；

　　　P_i——起重机相应的台班产量定额（件/台班或 t/台班）。

此外，在决定起重机数量时，还应考虑到构件装卸、拼装和就位的工作需要。当起重机的数量已定，也可用式(8.7)来计算所需工期或每天应工作的班数。

2）结构吊装方法

结构吊装方法必须根据工程结构的特点、构造形式、施工现场环境、施工单位熟悉掌握的方法和起重机械的拥有量等因素来确定。对于与结构设计有密切关系的重大结构或新型结构，还应与设计部门共同确定吊装方法。

结构吊装方法应遵循以下原则：

227

① 能快速、优质、安全地完成全部吊装工作；

② 尽量减少高空作业；

③ 采用成熟而又先进的施工技术。

单层工业厂房的结构吊装方法，有分件吊装法和综合吊装法两种。

(1) 分件吊装法

分件吊装法是指起重机在厂房内每开行一次仅吊装一种或两种构件。通常分三次开行吊装完全部构件：

第一次开行——吊装全部柱子(可以留一端抗风柱，待最后同屋盖结构一起吊完)，并对柱子进行校正和最后固定；

第二次开行——吊装吊车梁、连系梁及柱间支撑等；

第三次开行——分节间吊装屋架、天窗架、屋面板及屋面支撑等。

此外，在屋架吊装之前还要进行屋架的扶直就位、屋面板的运输堆放以及起重臂接长等工作。

分件吊装法由于每次基本是吊装同类型构件，索具不需经常更换，操作程序基本相同，所以吊装速度快，能充分发挥起重机的工作能力。此外，构件的供应、现场的平面布置以及构件的校正、最后固定等，都比较容易组织管理。因此，目前装配式钢筋混凝土单层工业厂房，多采用分件吊装法。但分件吊装法的缺点是不能为后续工序及早提供工作面，起重机的开行路线较长，停机点较多。

(2) 综合吊装法

综合吊装法是指起重机在厂房内的一次开行中，分节间吊装完所有各种类型的构件。其吊装顺序是先吊装 4～6 根柱子，立即加以校正和浇筑杯口混凝土固定；接着吊装吊车梁、连系梁、屋架、屋面板等构件。总之，起重机在每一停机位置，吊装尽可能多的构件。因此，综合吊装法起重机的开行路线较短，停机位置较少，能为后续工序及早提供作业面。但综合吊装法要同时吊装各种类型的构件，影响起重机生产效率的提高，不能充分发挥起重机的工作能力，且使构件的供应、平面的布置复杂化，构件的校正也较困难。因此，目前较少采用，只有在某种结构(如门架式结构)必须采用综合吊装法时，或当采用移动比较困难的起重机(如牵缆桅杆式)来吊装一些结构时，才采用综合吊装法。

由于分件吊装法与综合吊装法各有优缺点，目前有不少工地采用分件吊装法吊装柱子，而采用综合吊装法吊装吊车梁、连系梁、屋架、屋面板等各种构件，起重机分两次开行吊装完各种类型的构件。

3) 起重机的开行路线及停机位置

起重机的开行路线与停机位置、起重机的性能、构件的尺寸、构件的重量、构件的平面布置、构件的供应方式、吊装方法等许多因素有关。

当吊装屋架、屋面板等屋面构件时，起重机大多沿跨中开行；当吊装柱子时，则视跨度大小、柱的尺寸、柱的重量及起重机性能，可沿跨中开行或跨侧边开行(图 8.30)。

(1) 当柱布置在跨内时，有以下四种情况：

① 若 $R \geq L/2$ 时，则起重机可沿跨中开行，

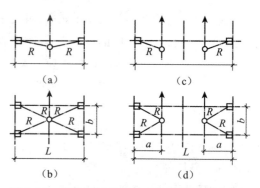

图 8.30 起重机吊柱时的开行路线及停机位置

228

每个停机位置可吊装 2 根柱(图 8.30a);

② 若 $R \geqslant \sqrt{\left(\dfrac{L}{2}\right)^2 + \left(\dfrac{b}{2}\right)^2}$ 时,则起重机可沿跨中开行,每个停机位置可吊装 4 根柱(图 8.30b);

③ 若 $R < L/2$ 时,则起重机可沿跨侧边开行,每个停机位置可吊装 1 根柱(图 8.30c);

④ 若 $R \geqslant \sqrt{a^2 + \left(\dfrac{b}{2}\right)^2}$ 时,则起重机可沿跨侧边开行,每个停机位置可吊装 2 根柱(图 8.30d)。

上述各式中,R 为起重机的工作幅度(m);L 为厂房跨度(m);b 为柱的间距(m);a 为起重机开行路线到跨边的距离(m)。

(2) 当柱布置在跨外时。起重机一般沿跨外开行,停机位置与跨侧边开行类似。

图 8.31 是一个单跨厂房采用分件吊装法时起重机的开行路线及停机位置示意图。图中起重机自 A 轴线进场,沿跨外开行吊装 A 列柱,沿 B 轴线跨内开行吊装 B 列柱;再转至 A 轴扶直(跨内)屋架并将屋架就位,然后转至 B 轴吊装 B 列柱上的吊车梁、连系梁等,继而转到 A 轴吊装 A 列柱上的吊车梁、连系梁等构件;最后再转到跨中吊装屋架、天窗架、支撑、托架及屋面板等屋盖系统构件。

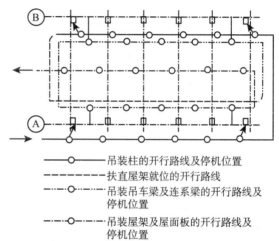

———○——— 吊装柱的开行路线及停机位置
——————— 扶直屋架就位的开行路线
— · —○— · — 吊装吊车梁及连系梁的开行路线及停机位置
— — —○— — — 吊装屋架及屋面板的开行路线及停机位置

图 8.31　起重机的开行路线及停机位置

当单层工业厂房面积较大,或跨数较多时,为加速工程进度,可将结构安装划分为若干区段,选用多台起重机同时进行施工。每台起重机可以独立作业,负责完成一个区段的全部吊装工作,也可以选用不同性能的起重机协同作业,有的专门吊装柱子,有的专门吊装屋盖结构,组织大流水施工。

当结构形式为多跨并列,且有纵横跨时,可先吊装各纵向跨,后吊装横向跨,以保证在各纵向跨吊装时起重机械和运输车辆的畅通。当建筑物各纵向跨有高低跨时,应先吊装高跨,后逐步向两边低跨吊装。

4) 构件的平面布置与运输堆放

单层工业厂房构件的平面布置是结构安装工程中一项很重要的工作。若构件布置合理,可以免除构件在场地内的二次搬运,充分发挥起重机的效率;若构件布置不合理,会给随后的构件吊装工序带来许多不必要的麻烦。

构件的平面布置与吊装方法、起重机械性能、构件制作方法等有关,故应在确定吊装方法、选定起重机械之后,根据施工现场实际情况,会同有关土建、吊装的工人和施工人员共同研究制定。

布置构件时应注意下列问题:

① 每跨构件尽可能布置在本跨内,如确有困难,才考虑布置在跨外而又便于吊装的地方;

② 构件的布置方式应满足吊装工艺要求,尽可能布置在起重机的工作幅度内,尽量减少起重机负重行走的距离及起伏起重臂的次数;

③ 应首先考虑重型构件的布置;

④ 构件的布置方式应便于支模及混凝土的浇筑工作,若为预应力混凝土构件,尚应考虑抽预埋管和穿预应力筋等操作所需的预留场地;

⑤ 各种构件均应力求占地最少,但要保证起重机械、运输机械(车辆)的道路畅通,起重机械回转时不得与构件相碰撞;

⑥ 所有构件均应布置在坚实的地基上,若在新填土的地基上布置时,要制定防止地基下沉的措施,以免影响构件质量。

构件平面布置可分为预制阶段的构件平面布置和吊装阶段的构件平面布置(就位布置和运输堆放),两者间有密切的关系,需要同时加以考虑。现分述如下:

(1) 预制阶段的构件平面布置

需要在现场预制的主要为较重、较长而不便于运输的构件,如柱、屋架、托架、屋面梁,吊车梁有时也在现场预制。其他构件在构件厂或场外制作,运至工地后就位吊装。

① 柱的布置

柱的布置方式与场地大小、吊装方法有关。布置方式有三种:斜向布置、纵向布置和横向布置。其中,斜向布置因占地不多,起吊方便,应用最广;纵向布置虽占地少,但起吊不便,只有当场地受限制时才采用;横向布置因占地多,起吊不便,又妨碍交通,故一般用于重型柱的双机抬吊法。

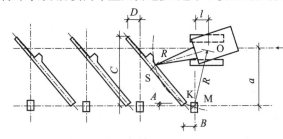

图 8.32 柱子的斜向布置

a. 柱的斜向布置。柱如用旋转法起吊,可按三点共弧的作图法确定其斜向布置的位置,其作图步骤如下(图 8.32):

ⓐ 确定起重机开行路线到柱基中线的距离 a。起重机开行路线到柱基中线的距离 a 与基坑大小、起重机的性能、构件的尺寸和重量有关。a 的最大值不要超过起重机吊装该柱时的最大工作幅度 R;a 值也不宜过小,以免起重机离基坑边太近易失稳;此外,还应注意检查当起重机回转时,其尾部不得与周围构件或建筑物相碰。综合考虑这些条件后,就可定出 a 值(即 $R_{min} < a \leqslant R$),并在图上画出起重机的开行路线。

ⓑ 确定起重机的停机位置。确定停机位置的方法是以所吊装柱的柱基中心 M 为圆心,所选吊装该柱的工作幅度 R 为半径,画弧交起重机开行路线 O 点,则 O 点即为起重机的停机点位置。标定 O 点与横轴线的距离为 l。

ⓒ 确定柱在地面上的预制位置。按旋转法吊装柱的平面布置要求,使柱吊点、柱脚和柱基三者都在以停机点 O 为圆心,以工作幅度 R 为半径的圆弧上,且柱脚靠近基础。据此,以停机点 O 为圆心,以吊装该柱的工作幅度 R 为半径画弧,在靠近柱基的弧上选一点 K,作为预制时柱脚的位置。又以 K 为圆心,以柱脚到吊点的距离为半径画弧,两弧相交于 S。再以 KS 为中心线画出柱的外形尺寸,此即为柱的预制位置图。标出柱顶、柱脚与柱列纵横轴线的距离 (A, B, C, D),以其外形尺寸作为预制柱支模的依据。

布置柱时尚需注意牛腿的方向,应使柱吊装后,其牛腿的方向符合设计要求。因此,当柱布置在跨内预制或就位时,牛腿应面向起重机;若柱布置在跨外预制或就位时,则牛腿应背向起重机。

在布置柱时,有时因场地限制或柱过长,很难做到三点共弧,则可安排两点共弧,这又有两种做法:

一种是将柱脚与柱基安排在起重机工作幅度 R 的圆弧上,而将吊点放在工作幅度 R 之外(图 8.33a)。吊装时先用较大的工作幅度 R' 吊起柱子,并升起起重臂。当工作幅度由 R' 变为 R 后,停升起重臂,再按旋转法吊装柱。

另一种是将吊点与柱基安排在工作幅度 R 的同一圆弧上,而柱脚可斜向任意方向(图 8.33b)。吊装时,柱可用旋转法吊升,也可用滑行法吊升。

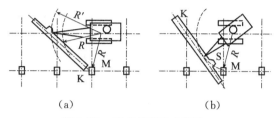

图 8.33 两点共弧布置法

(a)柱脚与柱基共弧;(b)绑扎点与柱基共弧

b.柱的纵向布置

当柱采用滑行法吊装时,可以纵向布置。若柱长小于 12 m,为节约模板及施工场地,两柱可以叠浇,排成一行;若柱长大于 12 m,则需排成两行叠浇。起重机宜停在两柱基的中间,每停机一次可吊装 2 根柱子。柱的吊点应考虑安排在工作幅度 R 为半径的圆弧上(图 8.34)。

柱叠浇时应注意采取有效的隔离措施,防止两柱黏结。上层柱由于不能绑扎,预制时要加设吊环。

② 屋架的布置

为节省施工场地,屋架一般安排在跨内平卧叠浇预制,每叠 3～4 榀。屋架的布置方式有三种:斜向布置、正反斜向布置及正反纵向布置(图 8.35)。

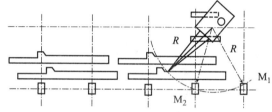

图 8.34 柱子的纵向布置

在上述三种布置形式中,应优先考虑采用斜向布置方式,因为它便于屋架的扶直就位。只有当场地受限制时,才考虑采用其他两种形式。

若为预应力混凝土屋架,在屋架一端或两端需留出抽管及穿筋所必需的长度。其预留长度:若屋架采用钢管抽芯法预留孔道,当一端抽管时需留出的长度为屋架全长另加抽管时所需工作场地 3 m;当两端抽管时需留出的长度为 1/2 屋架长度另加抽管时所需工作场地 3 m;若屋架采用预埋金属波纹管预留孔道,则需预留 2～3 m 工作场地。

每两垛屋架之间的间隙,可取 1 m左右,以便于支模板及浇筑混凝土。屋架之间互相搭接的长度视场地大小及需要而定。

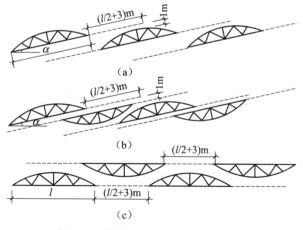

图 8.35 屋架预制时的几种布置方式

(a)斜向布置;(b)正反斜向布置;(c)正反纵向布置

在布置屋架的预制位置时,还应考虑到屋架扶直就位要求及屋架扶直的先后顺序,先扶直者放在顶层;对屋架两端间的朝向也要注意,要符合屋架吊装时对朝向的要求;对屋架上预埋铁件的位置也要特别注意,不要搞错,以免影响结构吊装工作。

③ 吊车梁的布置

当吊车梁安排在现场预制时,可靠近柱基顺纵向轴线或略做倾斜布置,也可安排在柱子的空当中预制。如具有运输条件,也可另行在场外集中布置预制。

(2)吊装阶段构件的就位布置及运输堆放

由于柱在预制阶段即已按吊装阶段的就位要求进行布置,当预制柱的混凝土强度达到吊装所要求的强度后,即可先行吊装,以便空出场地供布置其他构件。吊装阶段的就位布置一般是指柱已吊装完毕,其他构件如屋架的扶直就位、吊车梁和屋面板的运输就位等。

① 屋架的扶直就位

a. 屋架扶直。由于屋架一般都叠浇预制,为防止屋架扶直过程中的碰撞损坏,可选用以下两种措施:

ⓐ 在屋架端头搭设道木墩法。在屋架端头搭设道木墩,可使叠浇预制的上层屋架(底层除外),在翻身扶直的过程中,其屋架下弦始终置于道木墩上转动,而不至于跌落受碰损(图8.36)。

ⓑ 放钢筋棍法。屋架扶直过程是先利用屋架上弦上的吊环将屋架稍提一下,以使上下层屋架分离;然后在屋架上弦节点处垫放木楔子,并落钩使屋架上弦脱空而置于节点处的垫木楔上。待屋架上弦在垫木楔上置稳妥后,将吊索绕上弦绑扎,此时就可进行屋架扶直工作。当屋架

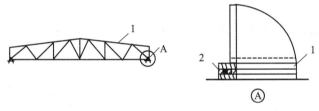

图 8.36 屋架扶直时防碰损搭设道木墩
1—屋架;2—道木墩(交叉搭设)

准备起钩扶直时,先将 φ30 长 200 mm 的钢筋 3~5 根,放置在下弦节点处(图8.37),然后再稍落吊钩,并用撬棍将屋架撬离一个屋架下弦宽度距离,此时就可起钩扶直屋架。

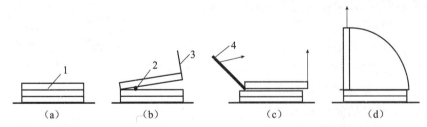

图 8.37 屋架扶直时防碰损措施——放钢筋棍法
(a)待扶直屋架;(b)屋架稍提起放置钢筋;(c)用撬棍撬动一个屋架宽;(d)扶直
1—屋架;2—φ25~φ30 圆钢筋棍;3—扶直屋架的吊索;4—撬棍

b. 屋架就位。屋架扶直后应立即进行就位。按就位的位置不同,可分为同侧就位和异侧就位两种(图8.38)。同侧就位时,屋架的预制位置与就位位置均在起重机开行路线的同一侧。异侧就位时,需将屋架由预制的一侧转至起重机开行路线的另一侧就位。此时,屋架两端的朝向已有变动。因此,在预制屋架时,对屋架就位的位置事先应加以考虑,以便确定屋架两

端的朝向及预埋件的位置等问题。

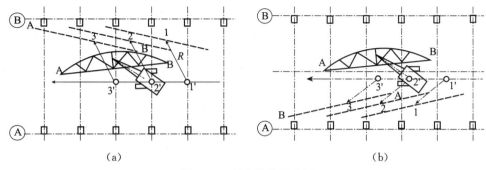

图 8.38 屋架就位示意图
(a)同侧就位;(b)异侧就位

按屋架就位的方式,常用的有两种:一种是靠柱侧斜向就位,另一种是靠柱边成组纵向就位。

① 屋架的斜向就位。屋架斜向就位在吊装时跑车不多,节省吊装时间,但屋架支点过多,支垫木、加固支撑也多。屋架靠柱侧斜向就位,可按图 8.39 的作图方式确定其就位位置:

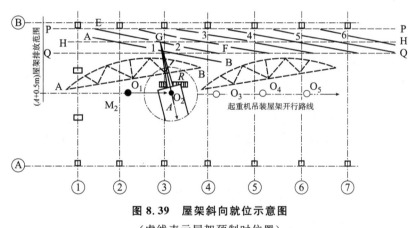

图 8.39 屋架斜向就位示意图
(虚线表示屋架预制时位置)

• 确定起重机吊装屋架时的开行路线及停机位置。起重机吊装屋架时一般沿跨中开行,也可根据吊装需要稍偏于跨度的一侧边开行,在图上画出开行路线。然后以欲吊装的某轴线(例如②轴线)的屋架中点 M_2 为圆心,以所选择吊装屋架的工作幅度 R 为半径画弧交于开行路线于 O_2,O_2 即为吊②轴线屋架的停机位置。

• 确定屋架就位的范围。屋架一般靠柱侧边就位,但屋架离开柱侧的净距不小于200 mm,并可利用柱作为屋架的临时支撑。这样,可定出屋架就位的外边线 P—P。另外,起重机在吊装屋架及屋面板时需要回转,若起重机尾部至回转中心的距离为 A(表 8.1),则在距起重机开行路线($A+0.5$ m)的范围内也不宜布置屋架及其他构件。以此画出虚线 Q—Q,在P—P 及 Q—Q 两虚线的范围内可布置屋架就位。但屋架就位宽度不一定需要这样大,应根据实际需要定出屋架就位的宽度 P—Q。

233

• 确定屋架的就位位置。当根据需要定出屋架实际就位宽度 P—Q 后,在图上画出 P—P 与 Q—Q 的中线 H—H。屋架就位后之中点均应在此 H—H 线上。因此,以吊柱②轴线屋架的停机点 O_2 为圆心,以吊屋架的工作幅度 R 为半径,画弧交 H—H 线于 G 点,则 G 点即为②轴线屋架就位之中点。再以 G 点为圆心,以屋架跨度的一半为半径,画弧交 P、Q 两虚线于 E、F 两点。连接 E、F 即为②轴线屋架就位的位置。其他屋架的就位位置均平行此屋架,端点相距 6 m(即柱距)。①轴线屋架由于已安装了抗风柱,需要后退至②轴线屋架就位位置附近就位。

ⓑ 屋架的成组纵向就位。纵向就位在就位时方便,支点用道木比斜向就位减少,但吊装时部分屋架要负荷行驶一段距离,故吊装费时,且要求道路平整。

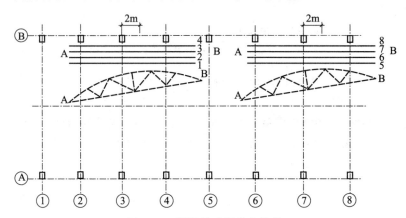

图 8.40 屋架的成组纵向就位

(虚线表示屋架预制时的位置)

屋架的成组纵向就位,一般以 4～5 榀为一组,靠柱侧顺轴线纵向就位。屋架与柱之间、屋架与屋架之间的净距不小于 200 mm,相互之间用铁丝及支撑拉紧撑牢。每组屋架之间应留 3 m 左右的间距作为横向通道。应避免在已吊装好的屋架下面去绑扎吊装屋架,屋架起吊应注意不要与已吊装的屋架相碰。因此,布置屋架时,每组屋架的就位中心线,可大致安排在该组屋架倒数第二榀吊装轴线之后约 2 m 处(图 8.40)。

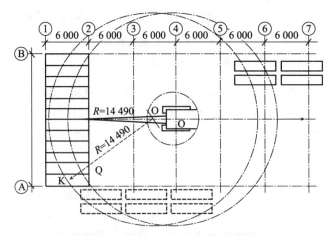

图 8.41 屋面板吊装工作参数计算简图及屋面板的排放布置图

(虚线表示当屋面板跨外布置时的位置)

② 吊车梁、连系梁、屋面板的运输、堆放与就位

单层工业厂房除了柱和屋架一般在施工现场制作外,其他构件,如吊车梁、连系梁、屋面板等,均在预制厂或附近的露天预制场所制作,然后运至工地吊装。

构件运至现场后,应按施工组织设计所规定的位置,按编号及构件吊装顺序进行就位或集中堆放。

吊车梁、连系梁的就位位置,一般在其吊装位置的柱列附近,跨内跨外均可,有时也可不用就位,而从运输车辆上直接吊至牛腿上。

屋面板的就位位置,可布置在跨内或跨外(图 8.41),主要根据起重机吊装屋面板时所需的工作幅度而定。当屋面板在跨内就位时,大约应向后退 3～4 个节间开始堆放;当屋面板在跨外就位时,应向后退 1～2 个节间开始堆放。

若吊车梁、屋面板等构件,在吊装时已集中堆放在吊装现场附近,也可不用就位,而采用随吊随运的办法。

以上所介绍的是单层工业厂房构件布置的一般原则与方法,而构件的预制位置或就位位置是按作图法定出来的。掌握了这些原则之后,在实际工作中可利用计算机按构件及施工场地比例绘图并调整平面布置图。

8.2.4 单层工业厂房结构安装实例

某铸工车间为两跨各 18 m 的单层厂房,厂房长 84 m,柱距 6 m,共有 14 个节间,建筑面积为 3 024 m²,其厂房平、剖面图如图 8.42 所示。主要承重结构系采用钢筋混凝土工字形柱,预应力混凝土折线形屋架,T 形吊车梁,1.5 m×6.0 m 大型屋面板等预制混凝土构件,如表 8.9 所示。

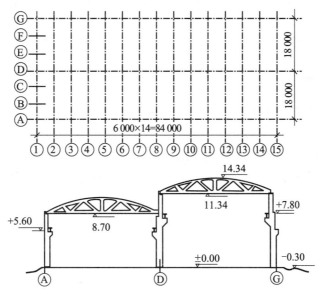

图 8.42 铸工车间平面轴线尺寸图、剖面图

表 8.9　铸工车间主要预制构件一览表

项次	轴线	构件名称及型号	构件数量	构件重（kN）	构件长度（m）	安装标高（m）	构件截面尺寸（mm）
1	A、1、15、G	基础梁 YJL	40	14	5.97		250×450
2	D、G	连系梁 YLL	28	8	5.97	+8.20	240×300
3	A	柱 Z_1	15	51	10.1	−1.40	I 400×800
	D、G	柱 Z_2	30	64	13.1	−1.76	I 400×800
	B、C	柱 Z_3	4	46	12.6		□ 400×600
	E、F	柱 Z_4	4	58	15.6		□ 400×600
4		低跨屋架 YWJ—18	15	44.6	17.7	+8.70	高 3000
		高跨屋架 YWJ—18	15	44.6	17.7	+11.34	高 3000
5		吊车梁 DCL_1	28	36	5.97	+5.60	高 800
		吊车梁 DCL_2	28	50.2	5.97	+7.80	高 800
6		屋面板 YWB	336	13.5	5.97	+14.34	高 240

1）结构吊装方法及构件吊装顺序

柱和屋架现场预制，其他构件工厂预制后由汽车运至现场排放。

结构吊装方法对于柱和梁采用分件吊装法，对于屋盖采用综合吊装法。构件吊装顺序考虑两种方案，其方案一的吊装顺序是：柱子及屋架预制→吊装柱子→屋架、吊车梁、连系梁及基础梁就位→吊装吊车梁、连系梁及基础梁→起重臂加装 30kN 鸟嘴架→吊装屋架及屋面板。其方案二的吊装顺序是：柱子预制→吊装柱子→屋架预制→吊车梁、连系梁及基础梁就位并吊装→屋架扶直就位→起重臂加装 30 kN 鸟嘴架→吊装屋架及屋面板。本例采用方案一。

2）起重机选择及工作参数计算

根据工地现有设备，选择履带式起重机进行结构吊装，并对主要构件吊装时的工作参数计算如下：

（1）柱子。采用斜吊绑扎法吊装。

Z_1 柱　起升载荷　$Q = Q_1 + Q_2 = 51 + 2 = 53(\text{kN})$

起升高度　$H = h_1 + h_2 + h_3 + h_4 = 0 + 0.30 + [\overset{\text{柱长}}{10.1} - (\overset{\text{上柱高度}}{8.70 - 5.6}) - \overset{\text{牛腿}}{1.36}] + 2.0$

$= 0 + 0.30 + 5.64 + 2.0 = 7.94(\text{m})$

Z_2 柱　起升载荷　$Q = 64 + 2 = 66(\text{kN})$

起升高度　$H = 0 + 0.3 + [\overset{\text{柱长}}{13.1} - (\overset{\text{上柱高度}}{11.34 - 7.80}) - \overset{\text{牛腿}}{1.36}] + 2.0$

$= 0 + 0.30 + 8.20 + 2.0 = 10.50(\text{m})$　　　　（图 8.43）

Z_3 柱　起升载荷　$Q = 46 + 2 = 48(\text{kN})$

起升高度　$H = 0 + 0.3 + \dfrac{2}{3} \times 12.6 + 2.0 = 10.70(\text{m})$

Z_4 柱　起升载荷　$Q = 58 + 2 = 60(\text{kN})$

起升高度　$H = 0 + 0.30 + \dfrac{2}{3} \times 15.6 + 2.0 = 12.70(\text{m})$

(2)屋架。采用两点绑扎法吊装。

起升载荷　$Q = Q_1 + Q_2 = 44.6 + 2 = 46.6(\text{kN})$

起升高度　$H = h_1 + h_2 + h_3 + h_4 = (11.34 + 0.30) + 0.30 + 2.60 + 3.0$
$= 17.54(\text{m})$　　　　　　　　　　　　　　　　（图 8.44）

(3)屋面板。吊装高跨跨中屋面板时（图 8.45）：

起升载荷　$Q = Q_1 + Q_2 = 13.5 + 2 = 15.5(\text{kN})$

起升高度　$H = h_1 + h_2 + h_3 + h_4 = (11.64 + 3.00) + 0.30 + 0.24 + 2.5 = 17.68(\text{m})$

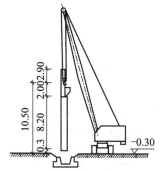
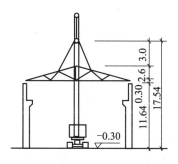

图 8.43　Z_2 柱起升高度计算简图　　图 8.44　屋架起吊高度计算简图

当起重机吊装高跨跨中屋面板时,起重钩需伸过已吊装好的屋架 3 m,且起重臂轴线与已吊装好的屋架上弦中线的距离必须保持大于等于 1 m 的水平间隙。据此来计算起重机的最小起重臂长度 L 和起重倾角 α,其计算过程如下:

所需最小起重臂长度时的起重倾角可按式 (8.5)求得

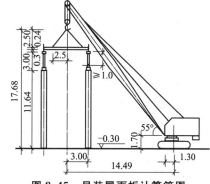

图 8.45　吊装屋面板计算简图

$$\alpha = \arctan \sqrt[3]{\frac{h}{f+g}}$$
$$= \arctan \sqrt[3]{\frac{(11.64+3.0)-1.70}{3+1}}$$
$$= \arctan 1.48 = 55°50'$$

所需最小起重臂长度可按式(8.4)求得

$$L_{\min} = \frac{h}{\sin\alpha} + \frac{f+g}{\cos\alpha} = \frac{14.64-1.70}{\sin55°50'} + \frac{3+1}{\cos55°50'} = \frac{12.94}{0.818} + \frac{4}{0.576} = 22.76(\text{m})$$

根据对上述屋面板的计算数据,并结合履带式起重机的情况,可选用臂长 23 m 的 W_1—100 型履带式起重机。若取起重倾角 55°,并代入式(8.6),则可求得吊装屋面板时的工作幅度 R 为

$$R = F + L \cdot \cos\alpha = 1.3 + 23 \cdot \cos55° = 1.3 + 12.95 = 14.49(\text{m})$$

查 W_1—100 型履带式起重机性能表,当 $L = 23$ m,$R = 14.49$ m 时,可得 $Q = 23$ kN > 15.5 kN,$H = 17.5$ m < 17.68 m。故此说明选用起重臂长 $L = 23$ m,起重倾角 $\alpha = 55°$时,不能满足吊装跨中屋面板的要求。如果吊装时改用起重倾角为 $\alpha = 56°$,则 $R = 1.3 + 23 \cdot \cos56° = 1.3 + 23 \times 0.559 = 1.3 + 12.86 = 14.16$ m,查表可得 $Q = 21$ kN > 15.5 kN,$H = 17.70$ m $>$

17.68 m,故满足吊装跨中屋面板的要求。

综合各构件吊装时起重机的工作参数,确定选用 W_1—100 型履带式起重机,23 m 起重臂吊装厂房各构件。查起重机性能表,确定出各构件吊装时起重机的工作参数,见表 8.10。

表 8.10 铸工车间各主要构件吊装工作参数

构件名称	柱 Z_1			柱 Z_2			柱 Z_3		
工作参数	Q (kN)	H (m)	R (m)	Q (kN)	H (m)	R (m)	Q (kN)	H (m)	R (m)
计算需要值 23 m 臂工作参数	53 53	7.94 19.00	 8.80	66 66	10.50 19.00	 7.60	48 49	10.70 19.00	 9.10
构件名称	柱 Z_4			屋架			屋面板		
工作参数	Q (kN)	H (m)	R (m)	Q (kN)	H (m)	R (m)	Q (kN)	H (m)	R (m)
计算需要值 23 m 臂工作参数	60 60	12.40 19.00	 8.00	46.6 50.0	17.54 19.00	 9.00	15.5 21.0	17.68 17.70	 14.16

从表 8.10 中计算所需工作参数值与 23 m 起重臂实际工作参数对比,可以看出:选用起重臂长度为 23 m 的 W_1—100 型履带式起重机,可以完成本工程的结构吊装任务。

3) 构件平面布置及起重机开行路线

当采用吊装顺序方案一时,在场地平整及杯形基础混凝土浇筑完成后,即可进行柱和屋架的预制。根据现场情况,假设 A 列柱的外围有空余场地,故可在跨外预制;而 G 列柱外围无足够空地,故只能在跨内预制。高跨和低跨的屋架,则分别安排在跨内靠 A 和 D 轴线一边预制。

柱的预制位置即为吊装前排放的位置。吊装 A 列柱 Z_1 时最大工作幅度 $R=8.80$ m,吊装 D、G 列柱 Z_2 时最大工作幅度 $R=7.60$ m,均小于 $L/2=18/2=9$(m),故吊装时起重机沿跨边开行。屋面结构吊装时,则在跨中开行。柱及屋架的平面布置如图 8.51 所示。

(1) A 列 Z_1 柱的预制位置

柱脚至绑扎点的距离为 5.64 m。

A 列柱安排在跨外预制,为节约底模板,采用每 2 根柱叠浇制作。柱采用旋转法吊装,每一停机点位置吊装 2 根柱子。因此起重机应停在两柱基之间,距两柱基具有相同的工作幅度 R,且要求:$R_{min}<R<R_{max}$,即 6.5 m$<R<$8.80 m。这样便要求起重机开行路线距基础中线的距离应为:$a<\sqrt{R_{max}^2-b^2}=\sqrt{(8.8)^2-(3.0)^2}=8.28$(m)和 $a>\sqrt{R_{min}^2-b^2}=\sqrt{(6.5)^2-(3.0)^2}=5.78$(m),可取 $a=5.90$(m)。于是,便可定出起重机开行路线至 A 轴线的距离为 $5.90-\frac{1}{2}\times$柱截面高度$=5.90-\frac{0.8}{2}=5.50$(m)。所以,停机点位置在两柱基之间的

开行路线上,其吊 Z_1 柱的工作幅度为 $R=\sqrt{a^2+\left(\frac{b}{2}\right)^2}=\sqrt{(5.90)^2+\left(\frac{6}{2}\right)^2}\approx6.60$(m)。

(2) D、G 列 Z_2 柱的预制位置

柱脚至绑扎点的距离为 8.20 m。

D 和 G 列柱均安排在跨内预制,与 A 列柱一样,每两根柱叠浇制作,采用旋转法吊装,即起重机停在两柱基之间,每一停机位置吊装 2 根柱子。同样满足:$R_{min}<R<R_{max}$,即 6.5 m$<$

$R<7.60$ m。则必须使 $a<\sqrt{R_{\max}^2-b^2}=\sqrt{(7.6)^2-(3.0)^2}=7.0(\mathrm{m})$ 和 $a>\sqrt{R_{\min}^2-b^2}=$ $\sqrt{(6.5)^2-(3.0)^2}=5.78(\mathrm{m})$，可取 $a=5.8(\mathrm{m})$，则可定出起重机开行路线至 D 轴线的距离为 5.80 m，至 G 轴线的距离为 $5.80+\dfrac{0.8}{2}=6.20(\mathrm{m})$。由于停机点位置在两柱基之间的开行路线上，所以吊 Z_2 柱的工作幅度为 $R=\sqrt{a^2+\left(\dfrac{b}{2}\right)^2}=\sqrt{(5.8)^2+\left(\dfrac{6}{2}\right)^2}\approx 6.50(\mathrm{m})$。

通过以上计算，在已确定起重机沿 A、D 及 G 轴线的开行路线及停机点位置后，可按"三点共弧"的旋转法起吊原则，由作图定出各柱的预制位置(图 8.46)。

(3) Z_3 及 Z_4 抗风柱的预制位置

抗风柱因数量少(共 8 根)，且柱又较长，为避免妨碍交通，故放在跨外预制，待吊装之前先就位，然后再进行吊装。

(4) 屋架的预制位置

屋架以 3～4 榀为一叠，安排在跨内预制，每跨内分 4 叠，共计为 8 叠进行制作。在确定屋架预制位置之后，首先要考虑在跨内预制的柱子吊装时，起重机开行路线到车间跨中只有 $\left(\dfrac{18}{2}\right)-6.20=2.80(\mathrm{m})$，小于起重机回转中心到尾部的距离 3.30 m。为使起重机回转时其尾部不与跨中预制的屋架相碰，因此，屋架预制的位置，必须自跨中线后退 $3.30-2.80=0.50(\mathrm{m})$，本例取后退为 1 m。其次要考虑各屋架就位位置，本例采用异侧就位。此外，还要考虑屋架两端应留有足够的预应力筋留孔抽管、穿筋所需场地，以及屋架两端的朝向、编号、上下次序、预埋件位置不要搞错等事宜。屋架的预制位置如图 8.46 所示。屋架及屋面板就位布置如图 8.47 所示。

根据上述预制构件的布置方案，起重机开行路线及构件的吊装次序，按以下顺序分三次开行吊装：

① 第 1 次开行吊装。吊完全部柱并就位屋架、吊车梁等构件。

起重机自 A 轴线跨外进场，接 23 m 长起重臂→沿 A 轴自①至⑮轴线吊装 A 列柱→沿 D 轴自⑮至①轴线吊装 D 列柱→沿 G 轴自①至⑮轴线吊装 G 列柱→沿⑮轴自 F 至 B 轴线吊装⑮轴上 4 根抗风柱→由⑮轴转至沿①轴自 B 至 F 轴吊装①轴上 4 根抗风柱(图 8.48)。

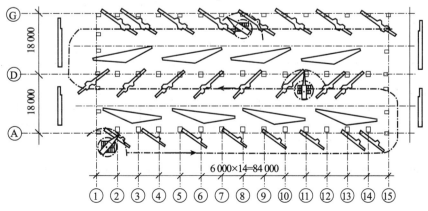

图 8.46　现场预制构件平面布置图

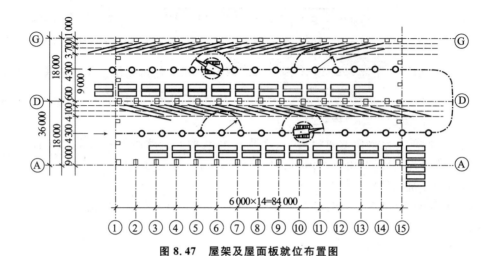

图 8.47　屋架及屋面板就位布置图

屋架、吊车梁等就位。利用已吊装好柱子在进行校正和最后固定的空隙时间,进行屋架、吊车梁、连系梁的就位工作,其就位开行路线如图 8.49 所示。

② 第 2 次开行吊装。吊装各种预制梁(图 8.50)。

自①至⑮轴线吊装 D、G 跨的吊车梁、连系梁及柱间支撑→自⑮至①轴线吊装 A、D 跨的吊车梁、连系梁及柱间支撑。

③ 第 3 次开行吊装。吊完屋盖各种构件。

自①至⑮轴线吊装 A、D 跨屋架、屋面支撑及屋面板→自⑮至①轴线吊装 D、G 跨屋架、屋面支撑及屋面板(图 8.51)→退场并卸 23 m 长起重臂。

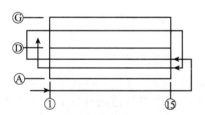

图 8.48　吊装柱的开行路线

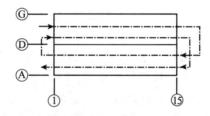

图 8.49　屋架、吊车梁、连系梁就位开行路线
——屋架扶直就位开行路线;
----吊车梁、连系梁就位开行路线

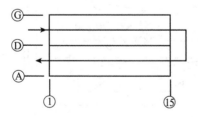

图 8.50　吊车梁、连系梁吊装开行路线

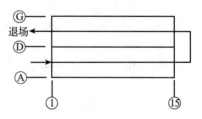

图 8.51　屋盖吊装开行路线

240

8.3 装配式混凝土结构安装

装配式混凝土结构是指由预制混凝土构件通过可靠的连接方式装配而成的混凝土结构，包括装配整体式混凝土结构、全装配混凝土结构等。装配整体式混凝土结构是由预制混凝土构件通过可靠的方式进行连接并与现场后浇混凝土、水泥基灌浆料形成整体的装配式混凝土结构，简称装配整体式结构。装配式结构可以包括多种类型。当主要受力预制构件之间的连接，如：柱与柱、墙与墙、梁与柱或墙等预制构件之间，通过后浇混凝土和钢筋套筒灌浆连接等技术进行连接时，可足以保证装配式结构的整体性能，使其结构性能与现浇混凝土基本等同，此时称其为装配整体式结构。装配整体式结构是装配式结构的一种特定的类型。当主要受力预制构件之间的连接，通过焊接、螺栓、预应力或者栓钉等干式连接时，节点不需要现浇混凝土，此时结构的总体刚度与现浇混凝土结构相比，会有所降低，归属于全装配式结构。

装配整体式混凝土结构的类型较多，其中装配整体式混凝土框架结构与装配整体式混凝土剪力墙结构是最基本的两类结构。全部或部分框架梁、柱采用预制构件构建成的装配整体式混凝土结构，简称装配整体式框架结构；全部或部分剪力墙采用预制墙板构建成的装配整体式混凝土结构，简称装配整体式剪力墙结构。

装配式混凝土结构的预制构件主要有预制柱、预制梁、预制墙板、预制叠合板、预制楼梯、预制阳台等(图 8.52)。各构件在工厂预制生产，经运输至现场后，起吊对位安装构件，再按设计的连接方式完成构件间的连接形成结构。

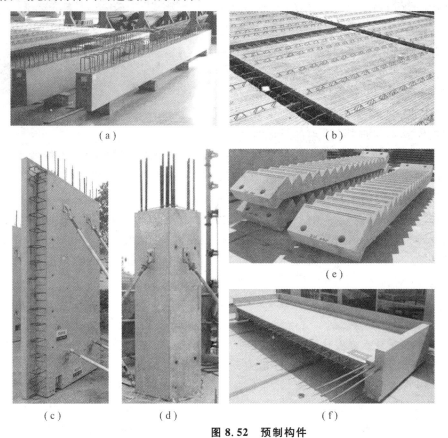

(a) (b) (c) (d) (e) (f)

图 8.52　预制构件

(a) 预制梁；(b)预制叠合板；(c)预制墙板；(d)预制柱；(e)预制楼梯；(f)预制阳台

8.3.1 构件制作与生产

预制构件的制作应根据预制拼装结构特点、相应的深化设计图纸、保温做法及装饰要求等编制生产方案,并由技术负责人审批后实施,包括生产计划、工艺流程、模具方案、质量控制、成品保护、运输方案等。

预制构件加工图的深化设计包括预制构件的平、立布置图,构件模板图、配筋图,连接构造节点及预留预埋配件详图等,并标明构件的重心、构件吊装自重、吊点布置及安装支撑点等。

预制构件制作应考虑运输条件及运输效率,并应考虑减少运输过程的损伤。构件生产时应对原材料、供应部品、生产过程中的半成品和成品(产品)等进行标识。应统一按预制构件的类型,如柱、梁、外墙板、内墙板、楼梯、阳台板、空调板、楼板等编号,并标明所加工的构件在楼层结构中所处的轴线及位置。

预制构件生产的一般工艺流程为:模台清理→模具组装→钢筋加工安装→管线、预埋件等安装→混凝土浇筑→养护→脱模→表面处理→成品验收→运输存放。

模台分固定模台与移动模台(图 8.53)两类。用固定模台生产预制构件,具有适用性好,管理简单,设备成本较低的特点,但难以机械化,人工消耗较多。目前,预制构件生产线大多采用移动模台自动化生产线。移动模台法中常用的主要设备有混凝土空中运输车、混凝土输送平车、桥式起重机、布料机、振动台、辊道输送线、平移摆渡车、模台存取机、蒸养窑、构件运输平车、模台等。

预制构件模具以钢模为主,面板主材选用 HPB300 级钢板,支撑结构可选用型钢或者钢板,规格可根据模具形式选择,除须满足承载力、刚度

图 8.53 移动模台

和稳定性的要求外,还应安拆方便,便于钢筋安装和混凝土浇筑与养护。预制构件上的预埋件应有可靠的固定措施。模具可利用模台做底模,配以设计加工的侧模,形成模具。不能利用模台的可专门设计相应的模具,如立式预制楼梯模具。

为加快模具的周转利用,预制构件可采用蒸汽养护方式。预制构件采用加热养护时,应制定养护制度,对静停、升温、恒温和降温时间进行控制,宜在常温下静停 2~6 h,升温、降温速度不应超过 20 ℃/h,最高养护温度不宜超过 70 ℃,预制构件出池的表面温度与环境温度的差值不宜超过 25 ℃。

8.3.2 构件运输与堆放

预制构件的混凝土强度达到设计强度时方可运输。预制构件的运输可选用低平板车,车上应设有专用架,且有可靠的稳定构件措施。

预制墙板宜采用竖直立放式运输,预制柱、梁、叠合楼板、预制阳台板、预制楼梯等可采用平放运输(图 8.54)。水平放置运输构件时需正确选择支垫位置,以防运输中构件损伤。

预制构件运送到施工现场后,按规格、品种、所用部位、吊装顺序分别设置堆场。现场预制构件堆场设置在吊车工程范围内,堆垛之间宜设置通道。现场运输道路和堆放堆场应平整坚

实,并有排水措施。运输车辆进入施工现场的道路,应满足预制构件的运输要求。卸放、吊装工作范围内不应有障碍物,并应有满足预制构件周转使用的场地。当预制构件需经由地下室顶板结构运送或堆放时,应复核地下室顶板结构的承载能力,防止结构开裂甚至破坏。

现场堆放的预制墙板可采用插放或靠放,堆放架应有足够的刚度,并需支垫稳固。宜将相邻堆放架连成整体,预制外墙板应外饰面朝外,其倾斜角度应保持大于 85°。连接止水条、高低口、墙体转角等薄弱部位,须采用定型保护垫块或专用式附套件作加强保护。预制柱、预制叠合梁、预制叠合楼板等水平构件可采用叠放方式,层与层之间应垫平、垫实,各层支垫应上下对齐,最下面一层支垫应通长设置(图 8.55)。

（a） （b）

图 8.54 预制构件运输

（a）立放运输；（b）平放运输

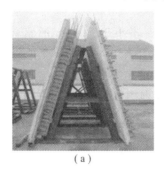 

（a） （b）

图 8.55 预制构件堆放

（a）靠放堆放；（b）叠放堆放

8.3.3 构件吊装安装

预制构件吊装前应按吊装流程核对构件编号,清点数量。应根据预制构件的单件重量、形状、安装高度、吊装现场条件来确定机械型号与配套吊具,回转半径应覆盖吊装区域。

装配式框架、剪力墙结构安装中常选用大吨位的塔式起重机作为构件的吊装安装设备,对于某些安装高度不高的部位也可选用符合起吊能力的汽车吊或履带吊进行吊装。

1)塔式起重机的选择

（1）根据建筑物构件安装所需的最高起升高度确定

这种情况下,塔式起重机的类型可由所需的最高起升高度通过下式计算确定(图 8.56a)：

$$H = H_1 + H_2 + H_3 + H_4 \tag{8.8}$$

式中 H——塔式起重机的最高起升高度(m)；

H_1——建筑物总高度(m);

H_2——建筑物顶层施工人员安全生产所需高度(m);

H_3——构件高度(m);

H_4——绑扎点到吊钩钩口距离(m)。

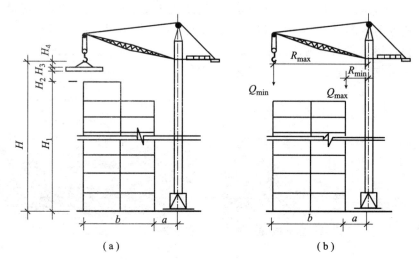

图 8.56 塔式起重机工作参数计算简图

(a) 起升高度控制;(b) 起升载荷控制

确定塔式起重机的最高起升高度时,还必须考虑留有不小于 1.0 m 的索具高度,以策安全。

(2) 根据建筑物构件安装所需的不同距离和不同重量确定

当塔式起重机的最高起升高度确定以后,还要计算起重机在最大工作幅度时的最小起升载荷和最大起升载荷时的最小工作幅度,作为选择起重机型号的依据(图 8.56b),亦即

$$M \geqslant Q_{max} \cdot R_{min} \tag{8.9a}$$

或

$$M \geqslant Q_{min} \cdot R_{max} \tag{8.9b}$$

式中 M——起重机额定起重力矩(kN·m);

Q_{max},Q_{min}——分别为该吊装工程起吊构件的最大起升载荷和最小起升载荷(kN);

R_{min},R_{max}——分别为 Q_{max},Q_{min} 时所需的最小工作幅度和最大工作幅度(m)。

(3) 选定的塔式起重机复核

根据上述条件选取的塔式起重机需要根据起重机的起重性能说明书,在结构安装平面图上绘出起重能力同心圆图示,对照构件的平面分布进行起重能力复核。应使起重机的起重能力满足由堆放处起吊至安装处下放的吊装工作半径与起升载荷需求。

2) 预制构件中的预埋吊件及临时支撑系统

预制构件吊装的索具与构件中的预埋吊件连接后起吊,预埋的吊件其安全可靠性需要得到保障,否则易发生重大安全事故。预制构件吊装就位后需先用临时支撑系统稳固,待构件间连接完成,形成稳定结构,并可依靠结构自身承载时,方可拆除。预制墙、柱等竖向构件通过斜

向支撑,支撑于楼盖结构上进行稳固,预制叠合梁、叠合板等水平构件用竖向支撑进行稳固。

预制构件中的预埋吊件及临时支撑系统按下式进行计算

$$K_c S_c \leqslant R_c \qquad (8.10)$$

式中:K_c——施工安全系数,可按表 8.11 的规定取值;当有可靠经验时,可根据实际情况适当
增减;对复杂或特殊情况,宜通过试验确定;

S_c——施工阶段的荷载标准组合效应值;

R_c——根据相关国家现行标准并按材料强度标准值计算或根据试验确定的预埋吊件、
临时支撑系统承载力。

表 8.11 预埋吊件及临时支撑的施工安全系数 K_c

项目	施工安全系数 K_c
临时支撑	≥2
临时支撑的连接件 预制构件中用于连接临时支撑的预埋件	≥3
普通预埋吊件	≥4
多用途的预埋吊件	≥5

注 对采用 HPB300 钢筋吊环形式的预埋件,应符合现行国家标准《混凝土结构设计规范》GB50010 有关规定。

3)构件吊装就位

构件吊装应根据构件平面布置图及吊装顺序图进行吊装就位。构件吊装采用慢起、快升、缓放的操作方式。

竖向构件就位前应根据标高控制线在楼面设置 1～5 mm 不同厚度的垫铁,使竖向构件安装满足标高要求。竖向构件吊装前应进行试吊,吊钩与限位装置的距离不应小于 1 m。起吊应依次逐级增加速度,不应越档操作。构件吊装下降时,构件根部应系好缆风绳控制构件转动,保证构件就位平稳。竖向构件就位时,应根据轴线、构件边线、测量控制线将竖向构件基本就位后,再利用可调式钢管斜支撑将竖向构件与楼面临时固定(图 8.57),确保竖向构件稳定后摘除吊钩。

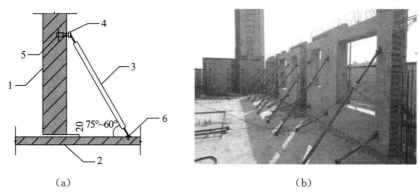

(a)　　　　　　　　　　　　　(b)

图 8.57 竖向预制构件与楼面临时固定

(a)预制构件与楼面临时固定示意;(b)实物图

1—预制混凝土构件;2—混凝土楼板;3—斜向支撑;4—连接螺栓;5—预埋套筒;6—板面预埋连接螺杆

水平构件吊装时,应先吊装叠合梁,后吊装叠合板、空调板、楼梯等构件。水平构件吊装时应根据水平构件的宽度、跨度,确定吊点位置、数量,并确保各吊点受力均匀。对于预制叠合板,可采用钢扁担或钢框梁等吊具多点吊装(图 8.58)。

（a）　　　　　　　　　　　　　　　　（b）

图 8.58　预制叠合板使用吊具的多点吊装
（a）使用钢框梁吊具；（b）使用钢扁担吊具

水平构件吊装前应清理连接部位的灰渣和浮浆;根据标高控制线,复核水平构件的支座标高,对偏差部位进行切割、剔凿或修补,以满足构件安装要求。

根据施工进度选用上下设置支撑的层数,一般需设置两层支撑。根据临时支撑平面布置图,应在楼面上用墨线弹出临时支撑点的位置,确保上、下层临时支撑处在同一垂直线上。吊装时应先将水平构件吊离地面约 500 mm,检查吊钩是否有歪扭或卡死现象及各吊点受力是否均匀,然后徐徐升钩至水平构件高于安装位置约 1 000 mm,用人工将水平构件稳定后使其缓慢下降就位,就位时应确保水平构件支座搁置长度满足设计要求。支撑距水平构件支座处不应大于 500 mm,临时支撑沿水平构件长度方向间距不应大于 2 000 mm;对跨度大于等于4 000 mm 的叠合板,板中部应加设临时支撑起拱,起拱高度不应大于板跨的 3‰。叠合板临时支撑应沿板受力方向安装在板边,使临时支撑上部垫板位于两块叠合板板缝中间位置,以确保叠合板底拼缝间的平整度。

8.3.4　构件节点连接

装配式混凝土结构的构件节点连接是装配结构成败的关键。节点连接构造不仅要保证构件间传力可靠,连接后可形成安全的结构体系,还应使施工简单方便、施工质量易于保证且可满足建筑使用功能的要求。

装配式混凝土结构的楼盖多采用预制混凝土叠合梁板,即在预制混凝土梁、板构件上后浇一层混凝土,形成装配整体式结构(图 8.59)。装配式混凝土框架结构的构件节点连接在装配式混凝土楼盖的基础上还有柱与柱的连接,梁与柱在节点处的连接见图 8.60、图 8.61。装配式混凝土剪力墙结构还有墙构件的水平节点(竖向接缝)连接(图 8.62)及竖向节点(水平接缝)连接(图 8.63)。另外,还有预制楼梯与支撑构件间的连接等。

图 8.59　叠合板与叠合梁的连接示意
1—叠合梁预制部分;2—叠合板预制部分;
3—叠合板现浇部分;4—叠合梁现浇部分

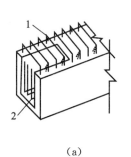
（a）

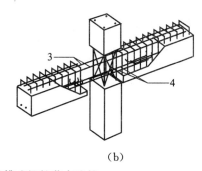
（b）

图 8.60 键槽式梁柱节点连接

（a）梁端键槽　　（b）梁柱连接

1—梁箍筋；2—梁底主筋；3—梁负弯矩筋；4—U形连接钢筋

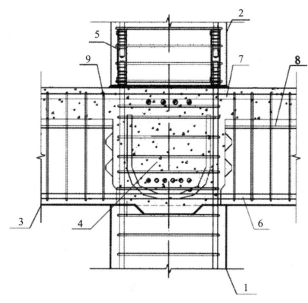

图 8.61 梁柱交汇核心现浇连接

1—下层预制混凝土柱；2—上层预制混凝土柱；3—叠合梁；4—梁柱交汇核心现浇混凝土
5—钢筋灌浆套筒连接；6—梁下部钢筋；7—梁上部钢筋；8—梁腰筋；9—梁箍筋

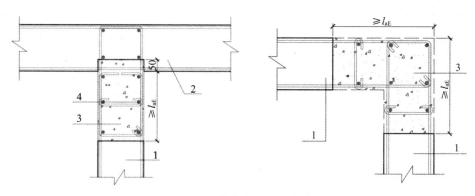

图 8.62 墙体水平连接构造

（a）T 型水平连接；(b) L 型水平连接

1—预制墙板；2—局部凹入预制墙板；3—现浇连接带；4—现浇连接带内配筋

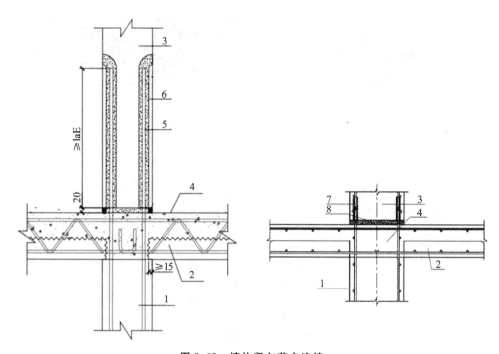

图 8.63　墙体竖向节点连接

（a）浆锚连接；（b）钢筋灌浆套筒连接

1—下层预制混凝土墙板；2—预制板；3—上层预制混凝土墙板；4—现浇混凝土部分；

5—连接钢筋；6—金属波纹浆锚管；7—灌浆钢套筒；8—坐浆层

1）节点及接缝处的钢筋连接

装配整体式结构中，节点及接缝处的纵向钢筋连接宜根据接头受力、施工工艺等要求选用机械连接、灌浆套筒连接、浆锚搭接连接、焊接连接、绑扎搭接连接等连接方式。装配整体式框架结构中，框架柱的纵筋连接宜采用灌浆套筒连接，梁的水平钢筋连接可根据实际情况选用机械连接、焊接连接或者灌浆套筒连接。装配整体式剪力墙结构中，预制剪力墙竖向钢筋的连接可根据不同部位，分别采用灌浆套筒连接、浆锚搭接连接，水平分布筋的连接可采用焊接、搭接等。浆锚搭接连接是一种将需搭接的钢筋拉开一定距离的搭接方式，又称为间接搭接或间接锚固。纵向钢筋采用浆锚搭接连接时，对预留孔成孔工艺、孔道形状和长度、构造要求、灌浆料和被连接钢筋，应进行力学性能以及适用性的试验验证。直径大于 20 mm 的钢筋不宜采用浆锚搭接连接，直接承受动力荷载构件的纵向钢筋不应采用浆锚搭接连接。预制构件纵向钢筋在后浇混凝土内锚固时宜采用直线锚固。当直线锚固长度不足时，可采用弯折、机械锚固方式。

2）预制构件后浇混凝土及灌浆连接

（1）预制构件粗糙面设置

预制构件与后浇混凝土、灌浆料、坐浆材料的结合面应设置粗糙面、键槽。粗糙面在构件预制生产时由混凝土表面拉毛或刻花形成。粗糙面的面积不宜小于结合面的 80%，预制板的粗糙面凹凸深度不应小于 4 mm，预制梁端、预制柱端、预制墙端的粗糙面凹凸深度不应小于 6 mm。

预制梁端面应设置键槽(图 8.64)且宜设置粗糙面。键槽的尺寸和数量通过计算确定。键槽的深度 t 不宜小于 30 mm,宽度 w 不宜小于深度的 3 倍且不宜大于深度的 10 倍;键槽可贯通截面,当不贯通时槽口距离截面边缘不宜小于 50 mm;键槽间距宜等于键槽宽度;键槽端部斜面倾角不宜大于 30°。

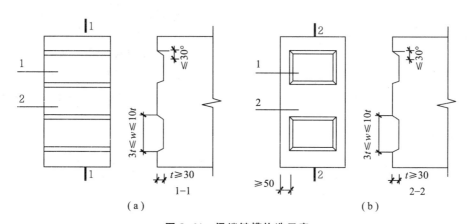

图 8.64 梁端键槽构造示意
(a)键槽贯通截面 (b)键槽不贯通截面
1—键槽;2—梁端面

预制剪力墙的顶部和底部与后浇混凝土的结合面应设置粗糙面;侧面与后浇混凝土的结合面也应设置粗糙面,也可设置键槽。键槽深度 t 不宜小于 20 mm,宽度 w 不宜小于深度的 3 倍且不宜大于深度的 10 倍,键槽间距宜等于键槽宽度,键槽端部斜面倾角不宜大于 30°。

预制柱的底部应设置键槽且宜设置粗糙面,键槽应均匀布置,键槽深度不宜小于 30 mm,键槽端部斜面倾角不宜大于 30°;柱顶应设置粗糙面。

(2)后浇混凝土施工

装配混凝土结构叠合层及现浇混凝土连接带处等后浇混凝土施工前应将预制构件结合面疏松部分的混凝土剔除并清理干净。支设的模板应保证后浇混凝土部分形状、尺寸和位置准确,并应防止漏浆。在浇筑混凝土前应洒水润湿结合面,浇筑的混凝土应振捣密实。同一配合比的混凝土,每工作班且建筑面积不超过 1 000 m² 应制作一组标准养护试件,同一楼层应制作不少于 3 组标准养护试件,用以进行混凝土强度评定。

(3)灌浆施工

装配结构的浆锚连接及灌浆套筒连接均需要灌浆施工。相较于灌浆料用量较大的浆锚连接而言,灌浆套筒连接的灌浆用量更少,灌浆材料性能要求更高。浆锚连接所用的灌浆料应采用水泥基无收缩材料,其各项性能指标应符合现行国家标准《水泥基灌浆材料应用技术规范》GB/T 50448 的规定,灌浆料应对钢筋无锈蚀作用。浆锚连接所使用灌浆料的 28 d 抗压强度不得低于 60 MPa;3 d 抗压强度不得低于 40 MPa;1 d 抗压强度不得低于 20 MPa,并不得低于该部位混凝土抗压强度 10 MPa。套筒灌浆料性能及试验方法应符合现行行业标准《钢筋连接用套筒灌浆料》JG/T 408 的有关规定。套筒灌浆连接所使用灌浆料的 28 d 抗压强度不得低于 85 MPa;3 d 抗压强度不得低于 60 MPa;1 d 抗压强度不得低于 35 MPa。灌浆料竖向膨胀率 3 h 不低于 0.02%,24 h 与 3 h 差值在 0.02%～0.30%。灌浆料拌合物的工作性能要求初始流动度不低于 300 mm,30 min 流动度不低于 260 mm。

灌浆施工时,环境温度不应低于 5 ℃。冬期施工时,需使用低温型灌浆料。低温型灌浆料施工,除设计有规定外,灌浆料强度达到设计强度的 30％前应保持灌浆部位温度高于灌浆料最低温度要求。

灌浆作业应采用压浆法从下口灌注,当浆料从上口流出后应及时封堵,必要时可设分仓进行灌浆;竖向构件采用连通腔灌浆时,连通灌浆区域为由一组灌浆套筒与安装就位后构件间空隙共同形成的一个封闭区域,除灌浆孔、出浆孔、排气孔外,应采用密封件或坐浆料封闭此灌浆区域。考虑灌浆施工的持续时间及可靠性,连通灌浆区域不宜过大,每个连通灌浆区域内任意两个灌浆套筒最大距离不宜超过 1.5 m。常规尺寸的预制柱多分为一个连通灌浆区域,而预制墙一般按 1.5 m 范围划分连通灌浆区域。

套筒灌浆连接和浆锚连接的灌浆作业是装配整体式结构工程施工质量控制的关键环节之一。实际工程中这两种连接的质量很大程度取决于施工过程控制,因此需要对作业人员应进行培训考核,并持证上岗,同时要求有专职检验人员对灌浆操作实施全过程监督。

3)预制楼梯与支承构件间的连接

预制楼梯与支承构件之间宜采用简支连接(图 8.65)。预制楼梯宜一端设置固定铰,另一端设置滑动铰,其转动及滑动变形能力应满足结构层间位移的要求,且预制楼梯端部在支承构件上的搁置长度要求:当抗震设防裂度为 6 度、7 度时不小于 75 mm;当抗震设防裂度为 8 度时不小于 100 mm。预制楼梯设置滑动铰的端部应采取防止滑落的构造措施。

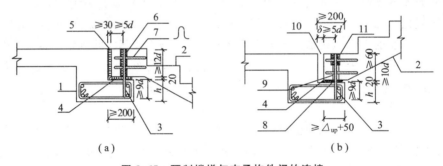

图 8.65 预制楼梯与支承构件间的连接
(a)上端固定铰 (b)下端滑动铰
1—叠合或现浇梯梁;2—预制梯板;3—预埋螺栓;4—水泥砂浆;5—聚苯板填充;6—梯板预留孔灌浆;
7—孔边加强筋;8—隔离层;9—空腔;10—留缝不填充;11—固定垫片与螺母

8.4 钢结构安装

钢结构具有自重轻、构件截面小、工厂工业化制造和现场机械化施工程度高、现场安装作业量少等优点,多被用作高层、超高层建筑的主体结构,公共建筑、重工业厂房、仓库、车库等大跨度结构,以及用于大跨度的系杆拱桥钢拱、斜拉桥的钢桥塔和钢箱梁等。

钢结构最近几年发展很快,新型钢材的研发、加工和安装技术的进步促进了钢结构的大量应用。钢结构材料的发展突出体现在高强度、高韧性和耐候钢的新品种合金钢的研发与生产;随钢板厚度增加,生产出了具有良好抗层状撕裂的厚度方向性能钢板,满足了特殊结构对钢板厚度方向性能的要求;多条轧制 H 型钢生产线的投产,改变了热轧 H 型钢完全依靠进口的历史;结构用钢管在无缝钢管、焊接钢管(直缝焊管、螺旋缝焊管)中有了多样化的选择。对于复杂钢结构节点,还采用了磷、硫含量得到良好控制的焊接性能良好的铸钢。

典型的房屋钢框架结构施工是先将框架分解成柱段、梁段基本构件(图 8.66)在工厂制作,钢构件运至现场后吊至安装位置,用高强螺栓、焊接或两者结合将梁柱段组拼成钢框架。

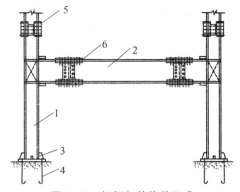

图 8.66 钢框架的构件组成
1—柱段;2—梁段;3—钢柱脚;4—地脚螺栓;
5—柱与柱拼接连接;6—梁与梁拼接连接

8.4.1 钢构件的工厂制作

与混凝土结构工程不同,钢结构工程大部分工作在构件加工厂完成。钢构件制作质量特别是尺寸精度直接影响钢结构现场安装。

钢构件在工厂加工制作的基本流程如下:

钢结构施工详图设计(深化设计) → 编制制作加工指导书 → 购入原材料和矫正 →

放样、号料和切割 → 边缘加工和制孔 → 部件拼接、焊接和矫正 → 构件组装、焊接和矫正 →

端部加工和摩擦面处理 → 除锈和涂装 → 验收和发运

1) 钢结构施工详图设计(深化设计图)

钢结构工程的图纸一般分为设计图和施工详图,钢构件的工厂制作以施工详图为依据,而施工详图应根据设计图编制。设计图由设计单位编制,其内容一般包括:设计总说明与结构布置图、构件图、节点图、钢材订货表。施工详图(常称为深化设计图)由钢结构制造厂或施工单位编制,其内容一般包括:图纸目录、设计总说明、构件布置图、分解到每一构件的加工详图,甚至细化到每一块钢板尺寸的加工详图,还可增加安装节点图。对空间复杂构件或铸钢节点的施工详图宜附加以三维图形表达。施工详图中根据需要,可补充部分构造设计与连接计算;特别是结合加工厂多年积累的经验,对设计要求的成型构件尺寸,在制作放样时进行必要的调整,对不同厚度的钢板焊接收缩量进行预估并反映到制作程序中给予调整。在现场安装中也将必要的总拼调整量反映到工厂制作中。构件重量应在施工详图中计算列出,钢板零部件重量宜按矩形计算,焊缝重量宜以焊接构件重量的 1.5% 计算。可以说,施工详图编制的好坏直接反映了承接钢结构加工的制作单位的生产设备能力、积累的加工经验以及质量管理经验。

2) 编制加工工艺文件

钢构件的制作,是一项严密的流水作业过程。制定工艺文件的原则是在一定的生产条件下,操作时能以最快的速度、最少的劳动量和最低的费用,可靠地加工出符合图纸设计要求的产品。制定工艺文件应注意技术的先进性、经济合理性和劳动的安全性。

制作工艺文件应根据工程设计图纸和施工详图的要求,图纸和合同中规定的国家标准、技术规程和相关技术要求,工厂的生产条件等编制。工艺文件包括下列内容:

（1）根据执行的标准编写成品技术要求；

（2）制造厂的管理和质量保证体系；

（3）为保证成品达到规定标准而制定的具体措施，其中包括工序的技术要求和各技术工种的技术要求；

（4）为保证成品质量而制定的技术措施，如关键零部件的精度要求、检查方法、检查工具，对主要构件的工艺流程和工序质量标准等；

（5）采用的加工、焊接设备和工艺装备；

（6）焊工和检查人员的资质证明；

（7）各类检查表格。

结合具体工程编制的工艺文件是该工程钢构件制造中主要的根本性的指导性技术文件，经发包单位代表和监理单位代表批准，并认真执行。

在编制工艺文件时，可利用先进的计算机辅助数字化智能制造系统，该系统综合了多种类型的数控设备、焊接机器人和数字化组装线，将号料、切割、制孔、组装、焊接和预拼装等综合在一起。这个系统的操作不同于传统的数控设备操作者手动输入数控数据的系统。在三维 CAD 系统当中，软件自动以文档和图表的格式生成制造的各个过程所需要的数控数据，这些数控数据和信息在工厂的局域网中自动分流，到达相应的数控设备。根据该系统的特点可简化传统工艺文件的编制。

3）购入材料和矫正

钢结构所用的钢材主要有现行国家标准《碳素结构钢》规定的 Q235 钢；《优质碳素结构钢》规定的 15、20 号钢和 15 Mn、20 Mn 钢；《低合金高强度结构钢》规定的 Q295、Q345、Q420、Q460 钢；《桥梁用结构钢》规定的 Q345q、Q370q、Q420q 钢等。钢材有型材、板材、管材、金属制品四大类。常见的型材有热轧普通工字钢，规格为 10～63 号；热轧普通槽钢，规格为 5～40 号；热轧等边角钢，规格有 2～20 号。在大型厂房和框架结构中，还采用热轧 H 型钢（GB/T 11263）。热轧 H 型也称宽腿工字型钢，其特点是两腿平行，腿的内侧没有斜度。H 型钢截面形状经济合理，轧制时截面上各点延伸较均匀，内应力小，与普通工字钢相比，具有截面抵抗矩大、重量轻等优点。热轧 H 型钢可分为宽翼缘 H 型钢，窄翼缘 H 型钢和 H 型钢桩三类。宽翼缘 H 型钢代号为 HW，高度为 100～498 mm，翼缘宽度为 100～432 mm，中翼缘 H 型钢代号为 HM，高度 150～600 mm，翼缘宽度为 100～300 mm，窄翼缘 H 型钢代号 HN，高度为 100～900 mm，翼缘宽度为 50～300 mm，对于管材，除了无缝钢管外，直缝电焊钢管也被广泛使用。当设计要求使用小直径厚壁直缝焊管，采用普通卷管成形又有困难时，也可采用压管成型工艺。

型材在轧制、运输、装卸、堆放过程中，可能会产生表面不平、弯曲、波浪形等缺陷。这些缺陷，有的需要在画线下料之前进行矫正（原材料矫正），有的则需在切割之后进行矫正。碳素结构钢和低合金钢在加热矫正时，加热温度应根据钢材性能选定，一般为 700 ℃～800 ℃，但最高温度不得超过 900 ℃，最低温度不得低于 600 ℃。低合金结构钢在加热矫正后应缓慢冷却。表 8.11 列出型材矫正后的允许偏差。

表 8.12　钢材矫正后的允许偏差(mm)

项　　目	允许偏差		图例
钢板的局部平面度	$t\leqslant14$	1.5	
	$t>14$	1.0	
型钢弯曲矢高	$l/1\,000$ 且不应大于 5.0		
角钢肢的垂直度	$b/100$ 双肢栓接角钢的角度不得大于 $90°$		
槽钢翼缘对腹板的垂直度	$b/80$		
工字钢、H 型钢翼缘对腹板的垂直度	$b/100$ 且不大于 2.0		

4) 放样、号料和切割

放样是整个钢结构制作工艺中的第一道工序,也是至关重要的一道工序。

放样的工作内容有:核对图纸的安装尺寸和孔距,以 1∶1 的比例放出大样,核对各部分尺寸,制作样板和样杆作为下料、弯制、铣、刨、制孔的依据。

依靠计算机技术和数字化技术的进步,最近钢结构制作的放样将采用三维计算机辅助放样系统技术。在过去,钢构件的制作放样是由熟练的放样工在样板房里用长尺和样板依照施工详图放大样,在放样的过程当中,复核设计图是非常重要的一步。现在,足尺放样可以在办公室的计算机上完成。改进的计算机辅助放样系统为一个基于三维模型的交互处理系统,将设计计算功能分离出去,只要读取 CAD 设计施工详图,输入必要的数据,然后再运行程序,样板就生成了,同时生成与之配套的数控切割设备、数控钻孔设备、焊接机器人和预拼装系统的数据、产品的管理信息、制造文件和其他的生产过程需要的各种信息。

放样和样板(样杆)是号料的依据。根据批准的施工详图进行放样,制作样板或样杆。对于复杂的梁柱或其他钢结构节点,应放出足尺节点大样。放样应采用经过计量检定的钢尺,并将标定的偏差值计入量测尺寸。在样板(样杆)上划尺寸时,先量全长后量分尺寸。

号料也称画线,即利用样板、样杆或根据图纸,在板料及型钢上画出孔的位置和零件形状的加工界限。号料的一般工作内容包括:检查核对材料,在材料上划出切割、铣、刨、弯曲、钻孔等加工位置,打冲孔,标注出零件的编号等。号料应使用经过检查合格的样板(样杆),避免直接用钢尺,以免偏差过大或看错尺寸。放样和号料应根据工艺要求预留焊接收缩量及切割、铣、刨等加工余量。并应依据先大后小的原则进行号料。

号料弹线时所画的线条的粗细均不得超过 1 mm。号料的允许偏差:对零件外形尺寸为 ±1.0 mm,对孔距为 ±0.5 mm。

最新的数控画线技术可将待切割的钢板用磁力吊摆放到数控设备的工作平台上,用视屏探头搜寻钢板块两个角上的标记点,数控设备关联的电脑来识别钢板的位置,并进行坐标转换,最后数控画线设备可以用锌粉在钢板上画线(图 8.67)。

钢材下料的方法常用的有氧乙炔气割、机械切割、冲模落料和带锯切割等,也可用最新的数控等离子切割(图 8.68)和数控激光切割等设备,可以不用挪移钢板完成切割和画线。对于厚度小于 12 mm 以下的直线形切割,常采用剪切下料。气割多应用于带曲线的零件和厚钢板的切割。各类型钢及管材的切割通常采用锯割。等离子切割主要用于薄钢板、钢条、不易氧化的不锈钢材料及有色金属如铜或铝等切割。

图 8.67　数控画线

图 8.68　数控等离子切割

5) 边缘加工和制孔

切割后的钢板或型钢在焊接组装前需作边缘加工,形成焊接坡口角度和相关部分严格要求的尺寸。常用边缘加工的方法主要有:铲边、刨边、铣边、碳弧气刨、气割和坡口机加工等。气割切割坡口简单易行,效率高,能满足 V 形、X 形坡口的要求,是一种广泛采用的边缘加工方法。气割坡口包括手工气割和用半自动、自动气割机进行坡口切割,其操作方法和使用的工具与一般气割相同。所不同的是将割炬嘴偏斜成所需的角度,对准要开坡口的地方,移动割炬即可。

孔加工在钢结构制造中占有一定的比重,尤其是采用高强螺栓对制孔精度要求高。制孔的方法有钻孔、冲孔、铣孔、铰孔和锪孔等多种方法,由于钻孔的原理为机械切削,孔的精度高,对孔壁损伤小,常采用钻孔方法进行制孔;冲孔只用于较薄钢板及非圆孔的加工。

制孔时,对于小批量的孔,采用样板画线钻孔;对于大批量的孔,采用模板制孔。制孔可采用单孔钻或群孔钻。制孔的质量主要控制孔径偏差、孔距偏差以及孔壁表面粗糙度。精制螺栓孔的孔径允许偏差应控制在 +(0.18～0.25)mm 以内;普通螺栓孔径偏差控制在 +1.0 mm以内。成孔后的孔距允许偏差见表 8.13。

表 8.13　螺栓孔孔距允许偏差(mm)

螺栓孔孔距范围	≤500	501～1 200	1 201～3 000	>3 000
同一组内任意两孔间距离	±1.0	±1.5	—	—
相邻两组的端孔间距离	±1.5	±2.0	±2.5	±3.0

注　1. 在节点中连接板与一根杆件相连的所有螺栓孔为一组。
　　2. 对接接头在拼接板一侧的螺栓孔为一组。
　　3. 在两相邻节点或接头间的螺栓孔为一组,但不包括上述两款所规定的螺栓孔。
　　4. 受弯构件翼缘上的连接螺栓孔,每米长度范围内的螺栓孔为一组。

数控钻孔技术已开始在钢结构制造中得到应用。可用计算机总体控制一台或两台钻机的坐标,自动搜寻操作范围内的零件,有多个钻头安装在钻机上同时进行钻孔。当一个钻头损坏或孔径改变时,设备可自动更换钻头。

6) 组装和焊接

组装,亦可称拼装、装配、组立。组装工序是把制备完成的板材、型材等半成品装配拼接成构件。为减小变形,尽量采取小件组焊,经矫正后再大件组装。拼装胎具及装配出的首件必须经严格检验后,方可大批进行装配工作。

钢梁采用 H 型钢,由于所供的轧制规格有限,往往采用焊接 H 型钢。钢柱多采用焊接"十"形截面或箱形截面。对于板块的拼接、焊接、矫形等可以在一条流水线上完成。流水线上的拼装设备有多个自动点焊机和一个定位设备,可以同时在多个位置定位点焊,当点焊完成后,流水作业到焊接工区,所有的焊接几乎可全部实现自动化。

钢构件的基本组装方法有:地样法、仿形复制装配法、立装、卧装、胎模装配法等。

焊接 H 型钢梁与钢柱一般采用胎模装配法安装,即先在装配胎具上进行部件拼接、焊接(图 8.69);框架短梁与柱身再进行构件组装焊接,形成运输出厂的适合施工现场吊装能力的带框架节点的梁柱段(图 8.70)。对于复杂钢结,还需在构件运往工地安装之前在制造工厂预先将其按成型位置拼装在一起,通过实体预拼装来检验最终的钢结构线形、几何尺寸和构件之间的连接是否正确。为了节省预拼装场地和大量的劳动力,可利用计算机进行辅助模拟预拼装。计算机预拼装检测系统,包含了两个子系统,一个是用激光三维扫描仪的三维测量系统,另一个是用测得的数据和设计数据拟合杆件模型并将其在计算机中拼装起来的程序。

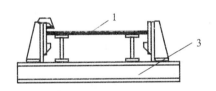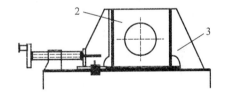

图 8.69　H 型钢和箱型柱的部件拼接
1—H 型钢;2—箱型柱;3—装配胎具

在工厂对钢构件焊接拼装前,凡首次采用的钢材、焊接材料、焊接方法、焊后热处理等,应进行焊接工艺评定试验。焊接工艺评定是制定工艺技术文件的依据,应根据评定报告选择最佳的焊接材料、焊接接头和坡口形式、焊接方法、焊接工艺参数、焊后热处理等,以保证焊接接头的力学性能达到设计要求。焊接工艺评定的过程为:先拟定相应的焊接工艺评定指导书,并根据相应规程的规定施焊试件,切取试样并在具有国家和地方技术质量监督部门认证的检测单位进行检测试验,根据试验结果写出焊接工艺评定报告。焊工应经过考试并取得合格证后放可从事焊接工作。焊工停焊时间超过 6 个月,应重新考核。

钢构件的钢板间焊接接头形式主要有对接接头、角接接头、T 形接头等(图 8.71)。对于对接焊缝及对接和角接组合焊缝,必要时应在焊缝的两端设置引弧和引出板,其材质应选用屈服强度不大于被焊钢材标称强度的钢材,且焊接性应相近。焊接完毕采用气割切除引弧和引出板,并修磨平整。

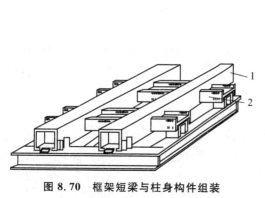

图 8.70　框架短梁与柱身构件组装

1—箱型柱身;2—短梁

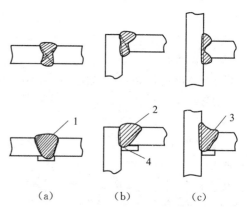

图 8.71　钢板间焊接接头形式

1—对接接头;2—角接接头;

3—T 形接头,4—引弧板

在工厂进行焊接组装时,除采用常规的药皮焊条手工电弧焊以外,为提高焊接效率,减少夹渣、气泡等焊接缺陷,可采用 CO_2 气体保护焊(图 8.72a)。该焊接方法采用 CO_2 气体对焊缝处的电弧区及熔池进行保护,隔离空气。直径为 $0.8 \sim 3.2$ mm 的焊丝卷成圆盘,由送丝机将焊丝连续导至焊接区,其焊接效率为手工电弧焊的 $3 \sim 4$ 倍。该焊接方法已由制造工厂推广应用到施工现场。

H 型钢的翼缘与腹板、箱形柱的四个角区还可采用自动埋弧焊(图 8.72b)进行焊接组装。这种焊接方法利用机械装置自动控制送丝和移动电弧,电弧在焊剂层下燃烧,有利于劳动保护,且能获得优良的焊接接头。

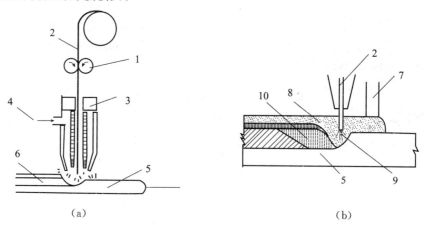

图 8.72　CO_2 气体保护焊与埋弧焊

(a) CO_2 气体保护焊;(b) 埋弧焊

1—送丝机;2—焊丝;3—焊枪;4—CO_2 气体;5—母材;

6—熔敷金属;7—焊剂送给管;8—埋弧焊剂;9—电弧;10—熔化金属

对于高层建筑钢结构中的箱型柱,其柱面板与内置横隔板形成 T 形接头,位于箱内的接头必须采用熔嘴电渣焊才能完成。熔嘴电渣焊(图 8.73)是电渣焊的一种形式,将母材坡口两面均用永久性钢垫块(也可用铜成形块)合围成管状腔,钢焊丝穿过外涂药皮的导电钢管组合成熔嘴作为熔化电极,熔嘴从管状腔顶端伸入母材的坡口间隙内,施加一定的焊剂,主电源通电同时焊丝送进。焊丝与母材坡口的底部引弧板接触产生电弧,电弧热使熔嘴钢管和外敷的药皮及焊剂同时熔化而形成渣池。渣池达到一定深度后电弧过程转为电渣过程,也使母材熔化形成熔池,并随着熔池及渣池的不断上升形成立焊缝。

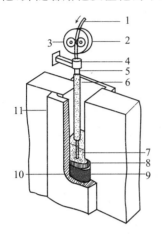

图 8.73 管状熔嘴电渣焊示意

1—焊丝;2—丝盘;3—送丝轮;4—熔嘴夹头;
5—熔嘴;6—熔嘴药皮;7—熔渣;8—熔融金属;
9—焊缝金属;10—凝固渣;11—永久性钢垫块

焊接厚度大于 40 mm 的 Q235 钢和厚度大于 25 mm 的 Q295 和 Q345 钢,施焊前应进行预热,焊后应进行后热。焊接预热可降低热影响区的冷却速度,减少焊接变形和有效防止裂纹的产生。焊后可采用电加热器进行局部加热退火,小型振动工具进行锤击中间焊层以及振动等方法消除应力。预热温度最低不低于 60 ℃,宜控制在 80 ℃～120 ℃;后热温度一般为 200 ℃～250 ℃,时间依板厚而定,一般为 1～2 h,预热区在焊道两侧,每侧宽度均应大于焊件厚度的 1.5 倍,且不小于 100 mm。工厂焊接时宜用电加热板、大号气焊、割枪或专用喷枪加热,工地安装焊接预热宜用火焰加热器加热或电加热板。测温器具可采用表面测温仪。多层焊接宜连续施焊,每一层焊道焊完后应及时清理检查。

焊接后对焊缝的检查分为外观检查和焊缝内部缺陷检查。外观检查主要采用目视检查,辅以磁粉探伤或渗透探伤。外观检查的内容主要有:表面形状、焊缝尺寸、焊缝表面缺陷等。钢构件外形尺寸按现行国家标准《钢结构工程施工质量验收规范》(GB 50205)的规定进行检查。在建筑钢结构中,一般将焊缝分为一级、二级、三级三个质量等级。钢结构的焊缝内部缺陷的无损检测方法主要为射线探伤和超声波探伤(图 8.74),其中超声波探伤已成为世界各国建筑和桥梁钢结构焊接质量检测的主要方法。日本专门研发了自动化超声检测

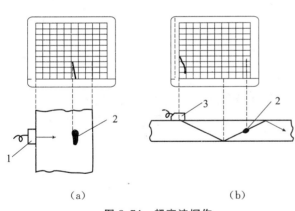

（a） （b）

图 8.74 超声波探伤

（a）直探头探伤;（b）斜探头探伤

1—直探头;2—焊接缺陷;3—斜探头

系统,构件的工厂加工和现场组装的焊缝超声检测均可实现自动化和数字化。

对于设计要求重要的全熔透的对接焊缝内部缺陷,一般应全部进行超声波探伤,必要时用射线探伤;对于 T 形接头 K 坡口角接焊缝,根据部位的不同分别确定超声波探伤的比例;焊缝表面缺陷优先采用磁粉探伤。

栓钉焊(亦称螺柱焊)是在栓钉与母材之间通以电流,局部加热熔化栓钉端头和局部母材,并同时施加压力挤出液态金属,使栓钉整个截面与母材形成牢固结合的焊接方法。栓钉焊主要应用于埋入混凝土中的钢柱或钢梁表面的剪力件,也作为在钢—混凝土组合楼板中钢梁上

表面的剪力件。栓钉的可焊直径达 25 mm。钢构件表面与栓钉栓焊后应进行打弯试验检查，检查数量不少于 1%。检查方法为用铁锤敲击栓钉圆柱头部，使其弯曲至 30°后，焊缝和热影响区不得有肉眼可见裂纹。对接头外形不符合要求的可用手工电弧焊补焊。

7) 端部加工和摩擦面处理

钢构件的端部加工在矫正合格后进行，端部铣平。两端铣平时，零件长度的允许偏差为 ±1.0 mm；构件长度的允许偏差为 ±2 mm。

钢构件间采用的高强螺栓连接是摩擦型连接，其摩擦面要做处理，以确保其接触处表面的抗滑移系数达到设计要求（一般为 0.3～0.5，0.45 最佳）。摩擦面处理通常采用喷砂（丸）、酸洗（化学处理）、喷砂后涂无机富锌漆、手工打磨等处理方法。喷砂（丸）处理的效果较好，质量容易达到，目前大型金属结构厂基本上都采用该方法。在施工条件受限制时，局部摩擦面可采用角向磨光机打磨。打磨的方向宜与受力方向垂直，范围不应小于螺栓孔径的 4 倍。有条件的摩擦面采用喷砂后生锈的处理方法，经喷砂后的摩擦面置于露天堆场，让其日晒夜露生锈，最佳生锈时间为 60 天。经处理后的摩擦面在出厂前应按批做抗滑移系数检验，最小值应符合设计要求。

8) 除锈和涂装

钢构件的除锈和涂装应在制作质量检验合格后进行。为防止腐蚀，钢材表面需涂刷防护涂层，但除锈质量直接影响底漆的附着力和涂层保护寿命。

钢构件表面除锈的方法分为喷射、抛射除锈和手工或动力工具除锈两类，构件的除锈方法与除锈等级应与设计文件采用的涂料相适应。手工除锈中，St2 为一般除锈，St3 为彻底除锈；喷射、抛射除锈中 Sa1 为轻度除锈，Sa2 为彻底除锈，Sa2 $\frac{1}{2}$ 为非常彻底除锈，Sa3 为除锈到出白。涂刷高性能涂料如富锌涂料时，对底层表面除锈质量要求较高，应采用抛丸彻底除锈。如表面涂刷常规的油性涂料，因其湿润性和浸透性较好，可采用手工和动力工具除锈。

钢构件表面的涂料、涂装遍数、涂层厚度均应符合设计要求。当设计对涂层厚度无要求时，宜涂装 4～5 遍；涂层干漆膜总厚度：室外应为 150 μm，室内应为 125 μm，允许偏差为 -25 μm。涂装时当产品说明书无要求时，室内环境温度宜在 5～38 ℃，相对湿度不应大于 85%。构件表面有结露时，不得涂装。涂装后 4 h 内不得淋雨。摩擦面不得涂装，安装焊缝处应留出 30～50 mm 暂不涂装。

9) 验收和发运

钢构件制作完成后按施工详图、编制的制作工艺规程以及《钢结构工程施工质量验收规范》(GB 50205)的规定进行验收。钢构件出厂时应提交的资料为：产品合格证；施工详图和设计变更文件；制作中对技术问题处理的协议文件；钢材、连接材料和涂装材料的质量证明书或试验报告；焊接工艺评定报告；高强度螺栓摩擦面抗滑移系数试验报告、焊缝无损检验报告及涂层检测资料、主要构件验收记录、预拼装记录(需预拼装时)、构件发运和包装清单等。

钢构件包装完毕应对其标记。标记的内容有：工程名称、构件编号、外廓尺寸(长、宽、高，以米为单位)、净重、毛重、始发地点、到达港口、收货单位、制造厂商、发运日期等。发运前包装应符合运输的有关规定，必要时标明重心和吊点位置。发运时应注意运输车辆允许的载重量、高度及长度。

8.4.2 钢结构的现场安装

钢结构的现场安装应按施工组织设计进行。安装程序的原则是保证结构的稳定性，不导致永久性变形。为了保证钢结构的安装质量,在运输及吊机吊装能力的范围内,尽量扩大分段拼装的段长,减少现场拼缝焊接量和散件拼装量。

钢桥的工地安装通常在水上作业,可根据跨径大小、江海河流情况、起吊能力等编制安装施工组织设计,选定合适的安装方案。钢桥的安装更关注在支架上拼接,或悬臂拼接或半悬臂拼接的各种复杂工况下,从施工阶段安装状态下的受力体系到成桥后的使用状态下的受力体系的顺利转换。因此,可利用计算机模拟安装工况进行分析计算,并对施工全过程进行监控与调整。

房屋钢结构在施工现场安装的基本流程如下:

编制现场安装施工组织设计 → 施工基础和支承面 → 钢构件运输和吊装机械到场 →

钢构件安装和临时固定 → 测量校正 → 连接和固定 → 安装偏差检测和涂装

1)制定钢结构安装方案

在制定钢结构安装方案时,应根据建筑物的平面形状、高度、单个构件的重量、施工现场条件等选用起重机械。起重机可布置在建筑物的侧面或内部,并满足在工作幅度范围内钢构件、抗震墙体、外墙板等安装要求。钢结构吊装作业必须在起重设备额定起重量范围内进行。

对于多高层的钢框架结构其安装方法有分层安装法和分单元退层安装法两种(图8.75a,b)。单层工业厂房还可采用移动式起重机械进行分段安装(图8.75c)。分层安装法主要适用于固定式起重机械,逐层向上安装,能减少高空作业量。分单元退层安装法主要适于移动起重机械,将若干跨划分成一个单元,一直安装到顶层,后逐渐退层进行安装。这种安装法因上下交叉作业,要特别注意施工安全。各安装方法的比较如表8.13所示。

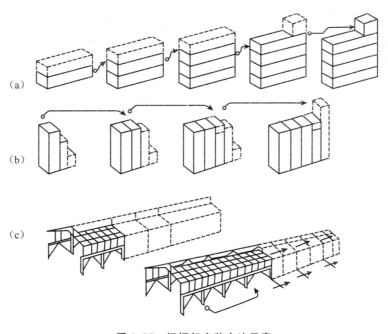

图8.75 钢框架安装方法示意

(a)分层安装法;(b)分单元退层安装法;(c)分段安装法

除以上一般安装方法外,还可根据建筑物的形状、场地等条件采用其他的特殊安装方法进行安装,如提升、顶升、滑移等。钢结构在安装过程中往往要利用安装胎架对钢结构进行拼装,拼装完成后则要拆除胎架,实现由胎架临时承力向结构承力的受力体系转换。胎架卸载通常利用胎架顶部的千斤顶分级进行,以保证结构安全,这种方法称为千斤顶卸载法(图 8.76)。

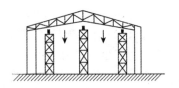

图 8.76 千斤顶卸载施工法

表 8.14 钢结构安装方法的比较

项 目	分层安装法	分单元退层安装法	分段安装法
工 程	有与后续工序相重叠的自由度;工程计划应周密以保证具有一定的安装速度	被施工段划分所约束;工程进度均匀性差	由于结构安装为单侧推进施工,所以能够同时进行后续工序施工
安全性	减少高空作业	有必要检查吊车自立的限度与强度;考虑吊车行走路面的安全性	考虑吊车行车路面的安全性
经济性	临时设施费用高	临时设施费用低	起重机械效率低
安装机械	塔吊或塔式移动吊车	移动式吊车	移动式吊车

2）施工基础和支承面

钢框架底层的柱脚依靠地脚螺栓固定在基础上。在钢结构安装前,应准确地定出基础轴线和标高,确保地脚螺栓位置。基础顶面可直接作为柱的支承面,也可在基础顶面预埋钢板作为柱的支承面。单层和多层以基础顶面作为钢柱支承面时,其标高允许偏差为 ±3 mm,高层允许偏差为 ±2mm;单层和多层钢柱的地脚螺栓中心偏移允许偏差为 ±5 mm,高层为 ±2 mm。

为了便于柱子作垂直度校正,在钢柱脚下可采用钢垫板或无收缩砂浆坐浆垫板(图 8.77a),也可采用螺栓调节(图 8.77b)。钢结构安装在形成空间刚度单元后,应及时对柱脚底板和基础顶面的空隙采用细石混凝土或无收缩灌浆料二次浇灌。

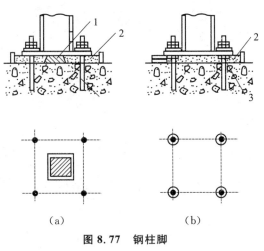

图 8.77 钢柱脚

（a）钢垫板；（b）螺栓调节

1—钢垫板；2—细石混凝土（无收缩灌浆料）；
3—调节螺母

3）安装和校正

钢结构安装时,先安装楼层的首节柱,随即安装主梁,迅速形成空间结构单元,并逐步流水扩大拼装单元。柱与柱、主梁与柱的接头处用临时螺栓连接,安装使用的临时螺栓数量应根据安装过程所承担的荷载计算确定,并要求每个节点上临时螺栓不应少于安装孔总数的 1/3 且不得少于 2 个。

钢结构的柱、梁、支撑等主要构件安装就位后，立即进行校正。校正时，应考虑风力、温差、日照等外界环境和焊接变形等因素的影响。一般柱子的垂直偏差要校正到±0，安装柱与柱之间的主梁时，要根据焊缝收缩量预留焊缝变形量。

4）连接和固定

在施工现场，钢结构的柱与柱、柱与梁、梁与梁的连接按设计要求，可采用高强螺栓连接、焊接连接以及焊接和高强螺栓并用的连接方式。为避免焊接变形造成错孔导致高强螺栓无法安装，对焊接和高强螺栓并用的连接，应先栓后焊。

为使接头处被连接板搭叠密贴，高强螺栓的拧紧应从螺栓群中央顺序向外，逐个拧紧。为了减小先拧与后拧的预拉力的差别，高强螺栓的拧紧必须分初拧和终拧两步进行。初拧的目的是使被连接板达到密贴，初拧扭矩可取施工终拧扭矩的50%。对于钢板较厚的大型节点，螺栓数量较多，在初拧后还需增加一道复拧工序，复拧的扭矩仍等于初拧扭矩，以保证螺栓均达到初拧值。扭剪型高强度螺栓的终拧是采用扳手拧掉螺栓尾部梅花头；大六角头高强度螺栓的终拧采用电动扭矩扳手。

对于钢框架构件间接头的焊接，要充分考虑焊缝收缩变形的影响。从建筑平面上看，各接头的焊接可以从柱网中央向四周扩散进行(图8.78a)；也可由四个角区向柱网中央集中进行(图8.78b)；若建筑平面呈长条形，可分成若干单元分头进行，留下适量的调节跨(图8.78c)。

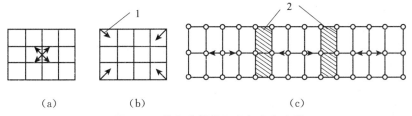

| (a) | (b) | (c) |

图8.78　柱网中焊接顺序与方向安排
1—焊接方向；2—调节焊接收缩量跨

柱与柱的接头焊接也遵循对称原则，由两个焊工在对面以相等速度对称进行焊接(图8.79)。H型钢的梁与柱、梁与梁的接头，先焊下部翼缘板，后焊上部翼缘板。一根梁的两个端头先焊一个端头，等一端焊缝冷却达到常温后，再焊另一个端头。

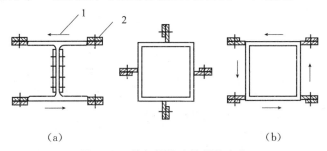

| (a) | (b) |

图8.79　柱与柱接头的焊接方向
1—焊接方向；2—安装螺栓

施工现场接头的焊接方法主要有手工电弧焊和自保护药芯焊丝电弧焊，也可采用气体保护电弧焊。使用手工电弧焊时，焊接作业区最大风速不应超过8 m/s；当采用气体保护焊时，焊接作业区最大风速不应超过2 m/s。

接头焊接完成后,焊工必须在焊缝附近打上自己的代号钢印。检查人员对焊缝作外观检查和超声波检查。凡不合格的焊缝在清除后,以同样的焊接工艺进行补焊,一条焊缝缺陷返修次数不宜超过 2 次,返修后的焊接接头区域应增加磁粉或着色检查。

5）防火涂料施工

钢结构的防火涂料施工应在钢结构安装就位,与其相连的其他杆件安装完毕并验收合格后,才能进行喷涂施工。喷涂前应清除钢结构表面的尘土、油污及杂物。

钢结构防火涂料分为厚涂型和薄涂型两种。厚涂型的涂层厚度一般为 8～50 mm,耐火极限可达 0.5～3 h,又称防火隔热涂料;薄涂型的涂层厚度一般为 2～7 mm,耐火极限为 0.5～2 h,又称膨胀防火涂料。

厚涂型防火涂料一般采用喷涂施工,分若干次完成,并按使用条件根据设计要求在涂层设置与构件相连的钢丝网或其他相应的措施。第一次以基本覆盖钢基材面即可,后续每次喷涂的厚度为 5～10 mm,一般为 7 mm。必须在前一次喷层基本干燥或固化后再接着喷涂。对耐火极限为 1～3 h,涂层厚度为 10～40 mm 的涂料,一般喷涂 2～5 次。

薄涂型防火涂料的底层涂料一般采用喷涂,面层装饰涂料可刷涂、喷涂或滚涂。底涂层一般应喷 2～3 遍,每遍间隔 4～24 h,待前遍基本干燥后再喷后一遍。头遍喷涂以盖住基底面 70％ 即可,宜从左至右涂刷;二、三遍喷涂每遍的厚度不超过 2.5 mm 为宜,宜反向涂刷。当底层涂料厚度符合设计规定,并基本干燥后,方可施工面层涂料。面层涂料一般涂饰 1～2 遍。面层施工应确保各部分颜色一致,接槎平整。

8.5 特殊安装法施工

对于某些结构物,由于所处场地特别狭窄(如城市改造工程或远郊山区),大型起重机械无法进入施工现场;或者由于结构构件重量特别重,体积特别大的工程,用一般结构安装方法难以解决时,若采用特殊安装方法,则往往取得令人满意的效果。结构安装方法按照安装构件的运动方向的不同可分为吊装法、提(顶)升法及滑移法。提(顶)升法中安装构件运动的方向主要为竖向运动,滑移法中主要为水平方向运动,吊装法中则以竖向运动与水平运动的综合运动为主。对于桥梁工程,根据桥梁结构安装的特殊运动方向,可分为顶推法与转体法两类。

8.5.1 提(顶)升法

提(顶)升法是以安装构件竖向运动为主的一种结构安装方法,根据提升设备的不同主要有电动螺旋千斤顶提升法与液压千斤顶提升法。对于预制钢筋混凝土板柱框架结构的楼板采用的提升安装通常称为升板法,它采用的提升设备为电动螺旋千斤顶;对于大跨平板形网架结构的屋盖也可采用液压千斤顶进行提(顶)升的安装。

8.5.1.1 电动螺旋千斤顶提升法

在预制装配的板柱框架结构安装工程中常运用电动螺旋千斤顶对各层的预制楼板进行提升法安装,又称为升板法。升板法施工顺序(图 8.80)是:先将预制柱吊装好,再浇筑室内地坪,然后以地坪作为胎模,就地叠层浇筑各层楼板和屋面板(板与柱之间用隔离剂分隔),待混凝土达到一定强度后,利用设在柱顶的提升机,将柱作为提升支承和导杆,分别将各层板逐一提升到设计标高,并加以固定。

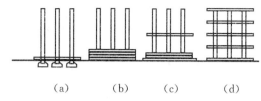

图 8.80 升板工程提升程序简图

(a)立柱、浇地坪;(b)叠浇板;(c)提升板;(d)就位固定

1) 提升机

升板法施工的关键设备是提升机。提升机分为电动提升机和液压提升机两大类。电动提升机用异步电动机驱动,通过链条和蜗轮蜗杆旋转螺母使螺杆升降,从而带动提升杆升降。液压提升机有电动液压千斤顶提升机、穿心式液压提升机等,都是通过液压千斤顶进油、回油的往复动作,带动提升杆或提升杆爬升。国内使用较多的是自升式电动螺旋千斤顶提升机,简称电动提升机或升板机。

自升式电动螺旋千斤顶提升机(图 8.81),由电动螺旋千斤顶、螺杆固定架、提升架等部分组成。

其中,电动螺旋千斤顶,是提升机的驱动机构。它又包括电动机、蜗轮蜗杆、齿轮减速箱、螺母和螺杆等部件。螺杆规格采用 T,48×8,长 2.8 m,上升速度为 1.89 m/h(即升板时的提升速度),下降速度为 4.69 m/h。每个千斤顶的安全负荷为 150 kN,一台提升机(有两个千斤顶)的安全负荷为 300 kN。提升中一次提升行程为 1.8 m,其提升差异小于等于 10 mm。

螺杆固定架是用钢管和槽钢组成。其作用是使螺杆只能上下移动,而不能转动,并使螺杆上升时防止抖动,以提高其刚度。

提升架是用槽钢(14 号或 16 号)焊成的框子,两边有连接螺杆和吊杆的孔眼,四角各有 1 根活络钢管支腿(可以自由伸缩)。

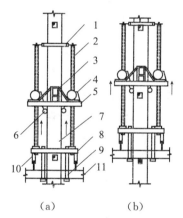

图 8.81 自动式电动螺旋千斤顶提升机结构图

(a)屋(楼)面板提升;(b)提升机自升

1—螺杆固定架;2—螺杆;3—承重销;
4—电动螺旋千斤顶;5—提升机底盘;6—导向轮;
7—柱子;8—提升架;9—吊杆;10—提升架支腿;11—楼板

这种电动提升机,在提升过程中千斤顶能自行爬升,这就消除了其他提升设备需要设置在柱顶上,而影响柱子稳定性的弊病,以及升差不易控制等缺点。它的传动可靠,提升差异小,加工方便,但其不足之处是传动效率低,螺杆螺母磨损较大,需经常更换维修。

2) 提升原理

自升式电动提升机的自升过程,包括屋(楼)面板提升和提升机自升两个过程。

(1)屋(楼)面板提升。提升屋面板时,将提升机悬挂在屋面板以上的第二个承重销上,螺杆下端与提升架连接,提升架用吊杆与屋面板相连。开动提升机,屋面板上升。升完一个螺杆有效高度后,被提升的屋(楼)面板正好升过下面一个预留停歇孔,就用承重销插入停歇孔内;然后开动提升机将板落在承重销上,并加以临时固定(图 8.81a)。

（2）提升机自升。当板临时固定后，将提升架下端的 4 个支腿放下支在屋（楼）面板上，并将悬挂提升机的承重销取下；然后开动提升机使螺母反转，此时螺杆被楼板顶住而不能下降，只有迫使提升机沿螺杆上升；待提升机升到超过再上一个停歇孔，即螺杆顶端时（此时正好是一根螺杆的有效高度），立即停止开动，再把提升机悬挂在上面一个承重销上（图 8.81b）；收起 4 根支腿，进行下次提升与自升循环。

如此反复进行，屋（楼）面板与提升机不断相互交替上升，当屋面板升到一定高度后，即可提升楼板。各层楼板升到不能再向上升时，则提升机与屋面板交替上升，一直使提升机升到柱顶。最后在柱顶上安装一个短钢柱，将提升机悬挂在短钢柱上，这样即可使屋面板提升到设计标高，并予以固定。

自升式电动提升机是由一个操作台集中用电气控制，它可以使全部电动提升机同时起步，同时停止，也可以单只提升机升降，用以控制升差，基本上能做到同步提升。

8.5.1.2 液压千斤顶提升法

待安装的结构在地面就位拼装完成后，再由位于待安装结构上方的起重设备垂直地将该结构整体提升至设计标高的安装方法称为整体提升法。提升法和顶升法的共同优点是可以将屋面板、防水层、天棚、采暖通风与电气设备等全部分项工程在最有利的高度处施工，从而大大节省施工费用；同时所用设备较小，用小设备可安装大型结构。

提升时必须利用主体结构或另设的临时支架（图 8.82）作为提升的临时支承结构，提升点的数量及位置宜与结构支座相同或接近，这样提升过程中自重作用下结构中产生的内力与结构就位后自重作用下的内力相近，从而避免在提升阶段中产生超过设计承载的内力。而当提升点数量及位置与结构支座的数量及位置有较大差异时，则往往会由于施工阶段与设计使用阶段的结构受力状态的差异，而在施工阶段产生不利的结构内力，因此应进行施工阶段的验算，并在必要时置换结构杆件。

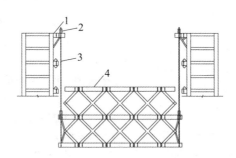

图 8.82　两个塔楼间钢连廊整体提升示意图

1—提升承力挑架；2—液压提升千斤顶；3—提升钢绞线；4—钢连廊

提升设备可采用液压千斤顶，特别是近年来与计算机智能控制相结合的液压提升技术有了较快的发展。1994 年 4 月，在上海"东方明珠"广播电视塔天线桅杆的安装施工中采用计算机同步控制液压千斤顶提升技术，将地面组装的 118 m 长、450 t 重的天线钢桅杆整体连续提升到位于电视塔混凝土筒体 350 m 标高的平台顶之上。此后，北京西客站门楼的整体提升，首都机场四机位机库、上海大剧院钢屋盖及其他众多超大型钢屋盖网架的整体提升都采用了液压千斤顶提升技术。特别是南京美术馆新馆工程（2019 年 12 月）通过计算机智能同步控制 29 个提升点将 8 016 t 钢屋盖结构提升安装至设计位置。

1）液压提升装置

液压提升装置一般由承重系统、提升执行系统、液压动力系统和检测控制系统组成。

承重系统由支承架、锚具、钢绞线索等组成，是用于承担提升重量的结构。

提升执行系统即液压提升器，主要由中间的穿心式液压千斤顶和两端的夹紧机构组成。夹紧机构分别固定在千斤顶活塞杆的上端和千斤顶缸体上。当活塞杆上的夹紧机构夹住钢绞线索，缸体上的夹紧机构释放时，钢绞线索可随活塞杆的伸缩而运动；当缸体上的夹紧机构夹住钢绞线索，活塞杆释放时，虽然活塞杆伸缩动作，但钢绞线索相对于提升器不运动。夹紧机构主要由楔形夹片、夹片锚座、夹片锚板、弹簧及夹紧机构小油缸等组成。在弹簧的作用下，夹紧机构具有单向自锁性，要释放夹紧机构必须依靠小油缸的动作，小油缸收缩提起夹片锚

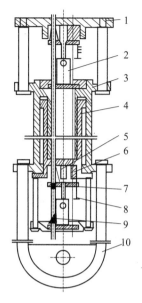

图 8.83　液压提升器
1—支承板；2—夹紧机构油缸；3—千斤顶缸体；
4—千斤顶活塞杆；5—夹片；6—夹片锚座；
7—夹片辅板；8—弹簧；9—钢绞线索；10—吊重环

板，带动楔形夹片脱离锚座，夹片就与钢绞线索脱开。图 8.83 所示的夹紧机构小油缸为单作用油缸，为了夹紧钢绞线索动作可靠，减少夹紧时钢绞线索相对于夹片的滑移量，可采用双作用油缸，在夹片进入锚座上的锥形孔时，不但有弹簧的作用力，还有小油缸的推力。

液压动力系统也称泵站，主要作用是提供高、低压油，满足液压提升的工作需要。泵站除了有电动机、液压泵之外，还安装有各类液压控制元件。

检测控制系统主要由各类检测传感器、电气控制柜、操作台等组成。随着提升控制精度要求的提高，传统的电气控制正向计算机智能控制发展，并取得了很好的效果。

国产的液压提升器规格性能见表 8.15。

表 8.15　国产液压提升器规格

主要技术参数	单位	型　号							
		GYT—5	GYT—10	GYT—20	GYT—50	GYT—100	GYT—200	LSD—40	LSD—200
额定提升能力	kN	49	98	196	490	980	1960	400	2000
钢绞线数量 $\phi^s 15.24$	根	1	3	4	6	12	2×12	6	19
千斤顶活塞工作行程	mm	200	200	200	200	200	200	300	300
额定工作油压	MPa	20	20	20	20	20	20	21	25
自重	kg	60	90	120	185	450	1650	350	950

2）集群提升

对于单一吊点提升重物,当荷载特别大,超过了单只提升器的能力,可采用多只提升器集群使用,这时最大的矛盾是由于设备安装等因素引起的多只提升器的钢索组的张力有差异,如果各只提升器的荷载不能自动均衡,就可能使某一组钢绞线索发生超载。因此在液压油路上将这几只提升器并联,使各提升器的工作油压相等,这样提升重物的过程中,千斤顶活塞杆带载伸出时,对应于某组较松的钢绞线索组的提升器会首先伸出,并首先达到全伸位置,这时检测控制系统令该吊点的所有提升器都停止动作,使较松的钢绞线索组张紧,并使同一吊点的各组钢绞线索张力逐步趋于一致,具有各组钢绞线索张力自动调整的功能。当各组钢绞线索张力通过自动均衡后,该吊点的各个提升器动作逐步划一,同步进行提升。

对于多吊点提升重物时则需对提升物的状态和吊点荷载进行控制,一般可以某一提升点(较重要的或荷载较大的点)作为基准点,确定其他点与基准点的关系,在提升中检测相互关系的变化情况,控制系统根据检测反馈信息,进行判断、计算、决策、指令、调整,使其他提升点与基准点的关系稳定,实现同步提升。

3）提升工艺

液压提升器安装固定在高处的支承结构上,钢绞线索穿过提升器悬挂下去,其下端与提升重物相连。

工作时,随着提升器千斤顶活塞杆的伸缩和上下夹紧机构的交替开闭,钢绞线索被向上提升,重物提离地面逐步向上运动。

如果提升距离长,随着提升的进程,伸出液压提升器的钢绞线索越来越长,在自重作用下钢绞线索产生弯曲,影响提升器夹紧机构的正常工作。为保证钢绞线索的垂直度(控制在 4‰ 的范围内)可在提升器上方约 1 m 左右处设置钢绞线索导向架或同步卷盘装置。另外同一提升器的钢绞线索为多根钢绞线的组合时应对称采用左捻及右捻钢绞线布束,以防多根钢绞线扭转而不利于提升。

8.5.1.3 顶升法

顶升法就是将钢网架或其他结构物在地面上就位拼装后,利用集群智能化同步顶升的液压千斤顶与顶升塔架交替支承,将其顶升至设计高度的一种安装方法。这种安装方法所需设备简单,容易掌握,顶升能力大。由于顶升重物跟随顶升过程始终位于顶升塔架顶部,对顶升塔架的整体稳定性要求高,安全风险相对提升法大,因此,该方法一般用于安装高度不大和平面面积较大有利于多个顶升塔架稳定的结构物。

根据液压千斤顶放置于支承塔架的位置不同,顶升法可以分为上顶升法和下顶升法两种。

1）上顶升法

以采用顶升法安装的焊接球节点平板型网架为例,长行程液压千斤顶下部固定于下承托架,千斤顶活塞杆顶部固定有上承托架,上承托架与网架顶升点的焊接球固定。工具式顶升塔架形式为组装式方形塔架,两侧边为方钢管焊接成型的桁架片,两片钢管桁架间用型钢水平杆和剪刀撑杆螺栓连接,形成空间结构承力标准节,标准节的高度约等于液压千斤顶的行程,并考虑工人在顶升塔架顶层内的作业高度。

上顶升法安装钢网架的顶升过程如图 8.84a～8.84d 所示:

(a)在安装场地上按顶升点布置位置,安装两个顶升塔架标准节。将上托架和下托架与长行程液压顶升千斤顶组装在一起,借助起重机械将其放置于顶升塔架内,并另用两根方钢管作为承力钢梁放置在下托架两侧悬臂钢梁下方,并搁置在顶升塔架底部标准节的钢桁架片的上弦钢管梁上。在上托架顶部安放钢网架的焊接球,并离地一定高度焊接拼装钢网架,形成钢网架的顶升单元块。

(b)启动液压泵站,利用智能化计算机液压控制系统将多个顶升点的液压千斤顶同步伸出活塞杆并通过上托架顶起一个行程高度的整个钢网架顶升单元。

(c)在液压千斤顶顶升一个行程后,操作工人站立于上一层顶升塔架标准节内,先安装单侧片状钢桁架,再安装另一侧片状钢桁架,并安装两钢桁架片间的连系水平杆和斜杆,形成新的顶部增高的标准节。液压千斤顶少量回油将位于活塞杆顶部的上托架连带钢网架通过悬臂钢梁直接放置到新增顶升塔架标准节的钢桁架片上弦杆上。

(d)启动液压泵站,利用搁置到顶层顶升塔架标准节上弦杆的上托架连带液压千斤顶的活塞杆,通过回油加压使活塞杆缩回并带动千斤顶油缸底部固定的下托架上升到新的标准节位置,并抽出支托下托架的两根钢管梁。

重复以上工作循环,完成钢网架顶升单元的安装。顶升过程中,要注意顶升塔架标准节的立柱通过法兰盘连接的垂直度控制,并对钢网架顶升单元在顶升过程中对顶升塔架布置侧向缆风,控制顶升塔架的稳定性。

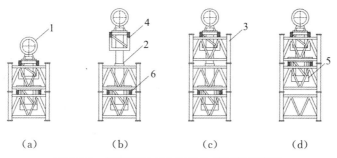

图 8.84　钢网架采用上顶升法的过程示意图

1—网架焊接球;2—液压千斤顶;3—顶升塔架标准节;4—上托架;5—下托架;6—承力钢梁

2)下顶升法

下顶升法的特点是长行程液压千斤顶直接放置在安装地面的十字交叉钢梁上,顶升塔架的顶部呈锥状直接与钢网架焊接球连接,顶升塔架的组装式标准节的立杆接长作业始终在地面上。下顶升法的优点是顶升作业工人在地面上操作,高空作业量少,但在顶升时,更显头重脚轻,顶升塔架的稳定性较差,应特别注意其稳定性的控制。

8.5.2　滑移法

滑移法是先用起重机械将分块(榀)单元吊到屋盖一端的设计标高上,然后利用牵引设备将其滑移到设计位置进行安装。这种安装方法,可采用一般土建单位常用的施工机械,同时还有利于室内土建施工平行作业,特别是场地窄小,起重机械无法出入时更为有效。因此,这种工艺,在大跨度钢桁架结构和网架结构安装中已经广泛采用。用滑移法安装网架结构,由于在起吊和平移过程中,网架单向受力,与设计时的受力状态不同。因此,网架结构形式宜采用上下弦正放类型,以减少临时加固。安装跨度大于 50 m 的网架结构,为了减少网架平移时的挠度,宜在跨中增设支点。

根据摩擦方式不同,滑移法可分为滚动式滑移和滑动式滑移两种。滚动式滑移时,结构支座搁置在滚轮上,其摩擦力小,但装置相对复杂(图8.85a),启动与制动过程控制性稍差。滑动式滑移时,结构支座直接搁置在轨道上或搁置于轨道上方的滑靴上,其摩擦力较大,但装置相对简单(图8.85b),有时为减少摩擦力可在轨道与滑靴间涂油或加设聚四氟板。

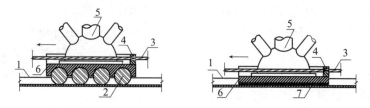

图8.85 滑移法示意

(a)滚动式滑移;(b)滑动式滑移

1—轨道;2—滚轮;3—牵引索;4—中间锚固支座;5—空间结构支座;6—滑靴;7—聚四氟板

根据结构组合程度不同,滑移法又可分为逐条滑移和累积滑移两种。逐条滑移就是安装一个单元,将该单元滑移到设计位置。此法所需牵引力小(采用滚动摩擦更为有利),且安装方便,但高空拼装地点分散,需要搭设较多安装支架。累积滑移就是后一单元与前一单元安装拼接后,一起平移一段距离,然后再拼接一个单元,如此依次顺序进行。每滑移一次,再多组合一个单元,直至滑移到设计位置为止。此法所需牵引力大,但高空拼接地点集中在一端,需要搭设的安装支架较少。图8.86所示是某体育馆屋盖采用累积滑移法安装网架结构施工的示意图。

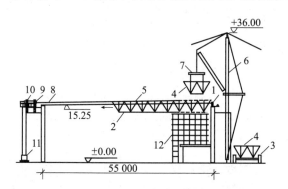

图8.86 滑动累积滑移法安装网架结构

1—天沟梁;2—网架;3—拖车架;4—网架分块单元;5—拼装节点;6—悬臂桅杆;
7——字形铁扁担;8—牵引绳;9—牵引滑轮组;10—反力架;11—卷扬机;12—脚手钢管胎架

8.5.3 顶推法

预应力混凝土连续梁桥可采用在桥后(或引桥上)设置预制场地浇筑梁段,达到设计强度并施加预应力后,沿桥轴纵向,向前顶推,空出预制场地后继续浇筑梁段,随后施加预应力与前一段梁连结,再向前顶推,如此反复直至整个桥梁段浇筑并顶推完成,最后进行体系转换而形成连续梁桥。

顶推法(图8.87)从结构安装的运动方向上属于水平运动方式。在建筑工程中这一安装运动表现为滑移法、移楼等;在市政工程中表现为顶管法;在桥梁施工中则表现为钢桥拖曳架设法及预应力混凝土连续梁桥的顶推法。

顶推设备采用液压千斤顶智能化顶推系统,顶推的方法根据千斤顶设备的不同分为步履顶推法及拉杆千斤顶顶推法;根据顶推的方向可以分为单向顶推法与双向顶推法。由于施工过程中的弯矩包络图与成桥后运营状态的弯矩包络图相差大,顶推施工过程中常采用设置导梁与临时支墩从而缩小顶推跨径。当顶推的跨径较长时,可采取设临时支墩顶推,或设拉撑架顶推。

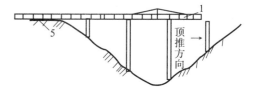

图 8.87 顶推法施工示意图

1—导梁;2—桥墩;3—临时支柱;4—节段预制台座;5—制作台

8.5.4 转体法

转体法是桥梁结构安装的一种特殊施工方法,它主要以安装构件作转体运动为特点。将桥梁构件先在桥位处岸边(或路边及适当位置)进行预制,待混凝土强度达到设计规定后,以支座位置作为旋转支承和旋转轴,旋转构件就位,再按设计要求改变支承条件的施工方法。

根据构件旋转的方式分为:平转法、竖转法、平转加竖转法。

平转法是桥梁跨越深谷、急流、运河、公路、铁路等特殊条件下的一种有效方法。它的施工与桥下空间无关,可极大地改善施工条件、缩短对桥下的干扰时间、节省施工费用、保证施工安全、提高施工机械化程度。

竖转法是一种新颖的结构构件提升安装施工技术,它根据结构本身的特点,采用柔性钢绞线承重、液压提升系统及同步控制技术,将大吨位的结构构件在较低的工作环境内实现拼装后,整体提升使构件转动到预定高度位置安装就位。江苏的京杭运河大桥主桥采用了竖转法安装(图 8.88)。

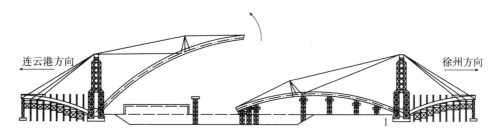

图 8.88 京杭大桥竖转法安装

| 结构安装工程 | 钢结构工程 | 半自动钢板切割 | 屋架吊装 | 蜘蛛吊吊装钢柱 |

9 砌体与脚手架工程

脚手架是在施工现场为安全防护、工人操作以及解决少量上料和堆料而搭设的临时结构架。我国在 1949 年前和 50 年代初期,都采用传统的杉木杆或毛竹搭设脚手架。20 世纪 60 年代和 70 年代,采用扣件式钢管脚手架和各种钢制工具式里脚手架;进入 20 世纪 80 年代,门式脚手架和碗扣式脚手架引入国内;21 世纪初,盘扣式钢管脚手架相继引入国内,并结合国情进行研究、改进、开发,使新型脚手架得到了迅速推广应用。

砌体工程是指用砂浆砌筑烧结普通砖和多孔砖、蒸压灰砂和粉煤灰砖、普通混凝土和轻骨料混凝土小型砌块、蒸压加气混凝土砌块以及石材等。砌体工程历史悠久,天然石是最原始的建筑材料之一,我国古代用砖木结构建造寺院、庙宇、宫殿和宝塔等,并用石材砌筑拱桥,充分体现了我国古代砌体结构的施工技艺。因砖石取材方便,价格低廉,保温隔热性和耐火耐久性较好,所以,砌体结构仍得到大量采用,砌体工程仍是土木施工中的主要工种工程之一。但烧制黏土砖占用农田多,小块砖组砌以手工为主,劳动量大。为适应建筑业现代化,采用高强轻质的中小型硅酸盐砌块和夹心砌块是墙体改革的重点,并能促进传统砌体工程的施工技术进步。

9.1 脚手架施工

土木工程施工脚手架由持证上岗的专业架子工搭设。对脚手架的基本要求是:构造合理、受力和传力明确,与结构拉结可靠,确保杆件的局部稳定和整体稳定。

施工脚手架按所用材料分为竹、木、钢和铝合金脚手架;按平面搭设部位分为外脚手架、里脚手架。由于受脚手架材料来源的影响,竹脚手架多用在南方地区,木脚手架多用在北方地区。本节以讲述钢脚手架为主。

9.1.1 外脚手架

外脚手架按结构物立面上设置状态分为落地、悬挑、吊挂、附着升降四种基本形式(图 9.1)。

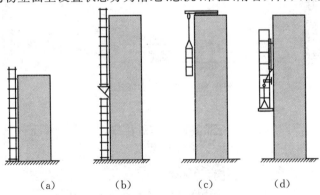

（a）　　　（b）　　　（c）　　　（d）

图 9.1　外脚手架的四种基本形式

（a）落地式;（b）悬挑式;（c）吊挂式;（d）附着升降式

（1）落地式脚手架搭设在结构物外围地面上，主要搭设方法为立杆双排搭设。因受立杆承载力限制，加之材料耗用量大，占用时间长，所以这种脚手架搭设高度多控制在 50 m 以下。在房屋砖混结构施工中，该脚手架兼作砌筑、装修和防护之用；在多层框架结构施工中，该脚手架主要作装修和防护之用；在桥梁桥墩施工中，该脚手架主要作为施工作业架兼防护架。

（2）悬挑式脚手架搭设在结构物外边缘向外伸出的悬挑结构上，将脚手架荷载全部或部分传递给结构。悬挑支承结构有用型钢焊接制作的三角桁架下撑式结构，以及用钢丝绳或钢拉杆斜拉住水平型钢挑梁的斜拉式结构两种主要形式。在悬挑结构上搭设的双排外脚手架与落地式脚手架相同，分段悬挑脚手架的高度一般控制在 20 m 以内。该形式的脚手架作装修和防护之用，应用在闹市区需要做全封闭的高层建筑施工中，以防坠物伤人。

（3）吊挂式脚手架在主体结构施工阶段是外挂脚手架，随主体结构逐层向上施工，用塔吊吊升，悬挂在结构上。在装饰施工阶段，该脚手架改为从结构物顶部吊挂，逐层下降。吊挂式脚手架的吊升单元（吊篮架子）宽度宜控制在 5～6 m，高度为一个楼层或一个支模高度，每一吊升单元的自重宜在 1 t 以内。该形式脚手架适用于高层框架和剪力墙结构以及桥梁高墩支模施工。

（4）附着升降脚手架是将自身分为两大部件，分别依附固定在已建结构上。在主体结构施工阶段，附着升降脚手架以电动或手动环链葫芦为提升设备，两个部件互为利用，交替松开、固定，交替爬升，其爬升原理同爬升模板。在装饰施工阶段，交替下降。该形式脚手架搭设高度为 3～4 个楼层或 2～3 个支模高度，不占用塔吊，相对于一落到底的外脚手架，省材料省人工，适用于高层框架、剪力墙结构以及斜拉桥和悬索桥桥墩的快速施工。

1）钢管外脚手架的基本形式

最常用的钢管外脚手架有四种基本形式：扣件式钢管脚手架、碗扣式钢管脚手架、盘扣式钢管脚手架以及门式钢管脚手架。

（1）扣件式钢管脚手架

扣件式钢管脚手架的基本组成及主要构件如图 9.2 所示。脚手架钢管宜采用现行国家标准《直缝电焊钢管》（GB/T 13793）或《低压流体输送用焊接钢管》（GB/T 3091）中规定的普通钢管，其质量应符合现行国家标准《碳素结构钢》（GB/T 700）中 Q235 级钢的规定，其截面特性见表 9.1。脚手架钢管供应长度一般为 6 000～6 500 mm，每根重量不超过 25 kg。

表 9.1　脚手架钢管截面特性

外径 ϕ,d (mm)	壁厚 t (mm)	截面积 A (mm²)	惯性矩 I (mm⁴)	截面抵抗矩 W (mm³)	回转半径 i (mm)	每米长质量 (kg/m)
48.3	3.6	5.06×10^2	1.271×10^5	5.26×10^3	15.9	3.97

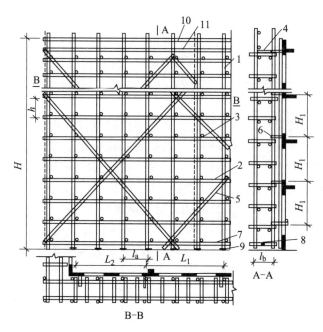

图 9.2　扣件式钢管脚手架的基本组成（双排）

1—立杆；2—纵向水平杆；3—横向水平杆；4—脚手板；5—剪刀撑；6—连墙杆；

7—纵向扫地杆；8—横向扫地杆；9—底座；10—扶手栏杆；11—挡脚板；

H—脚手架高度；h—步距；l_a—立杆纵距；l_b—立杆横距；H_1—连墙件竖距；L_1—连墙件横距

脚手架钢管与钢管的连接采用扣件。两钢管呈90°正交连接采用直角扣件（图 9.3a）；两钢管呈任意角度交叉连接采用旋转扣件（图 9.3b）；钢管与钢管接长采用对接扣件（图 9.3c）。目前我国有可锻铸铁铸造的扣件、锻造的扣件与钢板冲压的扣件三种，可锻铸铁扣件和锻造的扣件承载力高于钢板冲压扣件。单只可锻铸铁扣件有重量控制要求，直角扣件重量不宜小于1.1 kg，旋转扣件不宜小于1.15 kg，对接扣件不宜小于1.25 kg。

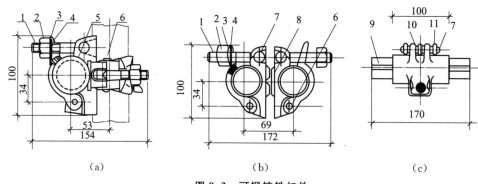

图 9.3　可锻铸铁扣件

（a）直角扣件；（b）旋转扣件；（c）对接扣件

1—螺栓；2—螺母；3—垫圈；4—盖板；5—直角座；6—铆钉；

7—旋转座；8—中心铆钉；9—杆芯；10—对接座；11—对接盖

扣件式钢管脚手架作业层上铺放的脚手板有冲压钢脚手板、焊接钢筋脚手板、木脚手板、竹串片板及竹笆板脚手板等。为便于工人操作，不论哪种脚手板每块重量均不宜大于 30 kg。

（2）碗扣式钢管脚手架

碗扣式钢管脚手架立杆与水平杆的碗扣节点由上碗扣、下碗扣、水平杆接头和上碗扣限位销构成（图9.4）。下碗扣焊接于立杆上，上碗扣对应地套在立杆上，其销槽对准焊接在立杆上的限位销即能上下滑动。连接时，只需将水平杆接头插入下碗扣内，将上碗扣沿限位销扣下，并顺时针旋转，靠上碗扣螺旋面使之与限位销顶紧，从而将水平杆和立杆牢固地连在一起，形成架体结构。每个下碗扣内可同时插入4个水平杆接头，位置任意。

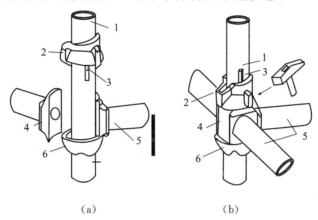

（a）　　　　　　　　　　（b）

图9.4　碗扣节点构造

（a）连接前；（b）连接后

1—立杆；2—上碗扣；3—限位销；4—水平杆接头；5—水平杆；6—下碗扣

碗扣式钢管脚手架的各杆件是定尺寸的，多采用（φ48.3×3.5）电焊钢管制作。立杆长1 200、1 800、2 400、3 000 mm，每隔600 mm安装一套碗扣接头；水平杆长300、600、900、1 200、1 500、1 800 mm；专用斜杆长1 500、1 700、2 160、2 340、2 550 mm。用碗扣式钢管脚手架的杆件、配件，可以搭成横距为1.2 m，步距为1.8 m，纵距为0.9、1.2、1.5、1.8、2.4 m等多种定尺寸的双排外脚手架。

（3）盘扣式钢管脚手架

盘扣式钢管脚手架立杆、水平杆和斜杆的节点由焊接于立杆的连接盘、水平杆和斜杆扣接头及插销构成（图9.5）。立杆采用套管承插连接，水平杆和斜杆的杆端采用扣接头卡入连接盘，用楔形插销连接，形成结构几何不变体系的钢管脚手架体系。

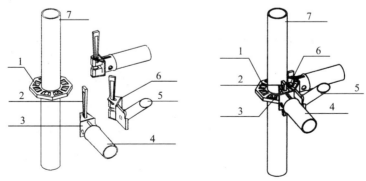

图9.5　盘扣节点构造

1—连接盘；2—插销；3—水平杆杆端扣接头；4—水平杆；5—斜杆；6—斜杆杆端扣接头；7—立杆

如同碗扣式钢管脚手架一样,盘扣式钢管脚手架的各杆件也是定尺的,立杆多采用φ48×3.2的 Q345 钢钢管制作,水平杆可采用 Q235 钢制作,连接盘和扣接头可采用钢板冲压或铸钢件。立杆长度为 500、1 000、1 500、2 000、2 500、3 000 mm,每隔 500 mm 焊接一个连接盘;水平杆长 600、900、1 200、1 500、1 800、2 000 mm;斜杆长度与脚手架的立杆步距和水平杆的横距及纵距匹配。用盘扣式钢管脚手架的杆件和配件,可以搭设成横距为 1.0 m,步距为2.0 m,纵距为 0.9、1.2、1.5、1.8 m 的多种定尺的双排外脚手架,并有安装方便的垂直平面内横向斜杆和纵向斜杆,使得搭设成的架体成为钢管脚手架体系中最具备整体稳固性的结构。

(4)门式钢管脚手架

门式钢管脚手架由门架、交叉支撑、连接棒、锁臂、挂扣式脚手板或水平加固杆等基本构配件组成(图 9.6)。

我国使用的门架多为三边门樘式(图 9.7),由立杆、横杆、加强杆、短杆和锁销焊接组成。门架材料主要采用 Q235 级钢的电焊钢管。轻型门架的立杆、横杆和水平加固杆的钢管为φ42×2.5,门架其他杆件的钢管为φ(22~36)×(1.5~2.6)。重型门架的立杆采用φ57×2.5 电焊钢管,横杆采用φ48×3.0 钢管。门架的宽度为 1 200 mm,高度为 1 900、1 700 mm两种。用门式钢管脚手架的杆配件可以搭成横距为 1.2 m,纵距为 1.8 m,步距为 1.9、1.7 m的各种外脚手架。

上述四种基本形式的钢管外脚手架中,扣件式钢管脚手架相对比较经济,搭设灵活,尺寸不受限制,可适用于各种立面的结构物。碗扣式钢管脚手架、盘扣式钢管脚手架和门式钢管脚手架安装如同搭积木,拼拆迅速省力,完全避免了拧螺栓作业,不易丢失零散扣件。此外,碗扣式钢管脚手架、盘扣式钢管脚手架和门式钢管脚手架配件标准化,搭设时受人为因素影响小,结构合理,传力直接明确,安全可靠。

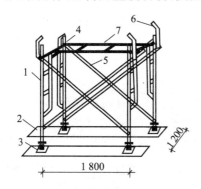

图 9.6　门式脚手架基本组合单元
1—门架;2—垫木;3—可调底座;4—连接棒;
5—交叉支撑;6—锁臂;7—水平加固杆

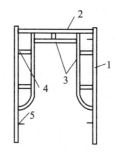

图 9.7　门架组成
1—立杆;2—横杆;3—加强杆
4—短杆;5—锁销

2)钢管外脚手架的搭设

钢管外脚手架搭设在经处理的坚实地基上,在脚手架立杆底部铺放垫板和安放底座;在脚手架基础的外侧设置排水沟,以防地基积水引起脚手架不均匀沉陷。

钢管外脚手架必须设置数量足够的连墙件与主体结构拉结,以防脚手架倾覆或失稳破坏。根据传力性能,连墙件可分刚性连墙件与柔性连墙件。刚性连墙件既能承受拉力,又能承受压力,刚度较大,多用于风荷载较大的高架。柔性连墙件只承受拉力,刚度较差,一般只能用于

24 m 以下的低架。图 9.8 为三种钢管脚手架的典型连墙件构造。

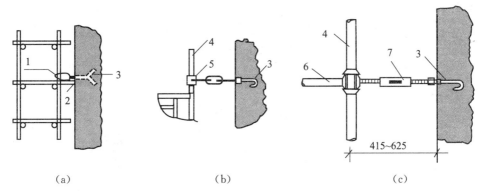

图 9.8 钢管脚手架典型连墙件构造

（a）扣件式钢管脚手架；（b）门式钢管脚手架；（c）碗扣式钢管脚手架

1—8♯铁丝；2—横杆顶紧；3—预埋件；4—立杆；5—专用扣件；6—横杆；7—连墙撑

搭设钢管外脚手架时，其步距 h、横距 l_b、纵距 l_a、连墙件的竖向间距 H_1 及水平间距 L_1、脚手架的搭设高度 H，这几个尺寸相互影响，必要时应计算确定，表 9.2 列出搭设扣件式、碗扣式、盘扣式、门式钢管外脚手架的常用几何尺寸。

钢管外脚手架的外侧面均设剪刀撑，斜杆与地面的倾角在 45°～60°，每道剪刀的跨越立杆的根数宜在 5～7 根。

表 9.2 常用搭设双排钢管外脚手架的几何尺寸(m)

脚手架形式	步距 h	立杆横距 l_b	立杆纵距 l_a	连墙件间距		脚手架允许搭设高度 H
				竖向 H_1	水平 L_1	
扣件式	1.8	1.05	1.5	3.6	4.5	32
	1.8	1.30	1.2	3.6	3.6	30
	1.8	1.05	1.2	3.6	3.6	24
碗扣式	1.8	0.9	1.5	3.6	4.5	40
	1.8	1.2	1.5	3.6	4.5	35
盘扣式	2.0	1.2	1.5	4.0	4.5	35
门式	1.7	1.2	1.8	≤4.0	≤6.0	40

注 表中尺寸根据脚手架有两层装修荷载，每层荷载为 $2.0kN/m^2$ 定出。脚手架外侧仅用安全网封闭。
当具体施工条件变化时，尺寸应作适当减少。

搭设扣件式钢管脚手架，应特别注意外径 48 mm 与 51 mm 钢管严禁混用，相邻立柱的对接扣件不得在同步内，同步内隔一根立杆的两个相隔接头在高度方向错开的距离不应小于500 mm，各接头至主节点的距离不宜大于 300 mm。扣件螺栓拧紧扭力矩应在 40～65 N·m之间。搭设碗扣式、盘扣式和门式钢管脚手架时，应特别注意各杆件是定尺的。脚手架基础平整度要求高，各杆件的安装与拆除应采用索具吊放，严禁抛掷，以免杆件变形复原困难，影响下次组装。

3）钢管外脚手架承载力的复核验算

钢管外脚手架在同时施工作业层数增多、施工荷载增加、搭设高度增高时，必须对其承载力作复核验算，以策安全。复核验算的主要内容有：脚手架立杆基础的承载力、连墙件的承载力、脚手板的承载力、水平杆件的承载力以及立杆的承载力。外脚手架上的荷载由立杆传至地面，立杆的稳定性尤为重要。

（1）扣件式钢管脚手架立杆稳定计算

扣件式钢管脚手架用扣件连接杆件，这种扣件节点在荷载作用下既具有相当的抗转动能力，又仍有微小的转角，是一种半刚半铰节点。脚手架立杆的稳定计算问题，实际上是一个节点为半刚性的空间框架稳定计算问题。

扣件式钢管脚手架立杆有整体失稳和局部失稳两种可能的破坏形式。整体失稳破坏时，脚手架两连墙件横向间距间的内、外排立杆与横向水平杆组成的横向框架沿垂直于结构物墙面方向呈大波鼓曲，且内、外排立柱的鼓曲方向一旦失稳破坏时，立杆在步距之间发生小波鼓曲，鼓曲线的半波长度等于步距（图 9.9）。由于扣件式钢管脚手架立杆的局部稳定承载力一般均

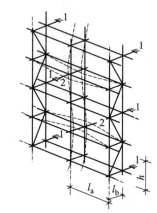

图 9.9 双排扣件式脚手架的失稳形式
1—连墙件；2—失稳方向

高于整体稳定承载力，因此，脚手架的稳定计算主要是整体稳定计算。

为了便于计算，将脚手架的整体稳定计算简化为对立杆稳定的计算。在略去施工荷载的偏心作用和扣件的偏心传力作用后，立杆的稳定性可按薄壁型钢轴心受压构件或压弯构件计算，其中立杆稳定的计算长度为立杆的步距乘以大于 1.0 的计算长度系数 μ，μ 根据脚手架的整体稳定试验结果确定。

对敞开式单立杆脚手架，其立杆稳定性的计算步骤如下：

① 计算立杆段的轴向力设计值 N

不组合风荷载时

$$N = 1.2(N_{G1K} + N_{G2K}) + 1.4 \sum N_{QK} \tag{9.1}$$

组合风荷载时

$$N = 1.2(N_{G1K} + N_{G2K}) + 0.9 \times 1.4 \sum N_{QK} \tag{9.2}$$

式中　N_{G1K}——脚手架结构自重产生的轴向力标准值；

　　　N_{G2K}——构配件自重产生的轴向力标准值；

　　　$\sum N_{QK}$——施工荷载产生的轴向力标准值总和，内、外立杆可各按一纵距内施工荷载总和的 1/2 取值。

② 确定立杆的计算长度 l_0

$$l_0 = k\mu h \tag{9.3}$$

式中　k——立杆计算长度附加系数，其值取 1.155，当验算立杆允许长细比时，取 $k=1$；

　　　μ——考虑脚手架整体稳定因素的单杆计算长度系数，按表 9.3 采用；

　　　h——立杆步距（m）。

276

表 9.3　脚手架立杆的计算长度系数 μ

类别	立杆横距 （m）	连墙件布置	
		二步三跨	三步三跨
双排架	1.05	1.50	1.70
	1.30	1.55	1.75
	1.55	1.60	1.80
单排架	≤1.50	1.80	2.00

③ 当需要组合风荷载时,计算风荷载产生的立杆段弯矩 M_w:

$$M_w = 0.9 \times 1.4 M_{wk} = \frac{0.9 \times 1.4 w_k l_a h^2}{10} \tag{9.4}$$

式中　M_{wk}——风荷载产生的弯矩标准值(kN·m);

w_k——风荷载标准值(kN/m²),按式 $w_k = \mu_z \mu_s w_0$ 计算,其中 μ_z 为风压高度变化系数,w_0 为基本风压(kN/m²),按现行国家标准《建筑结构荷载规范》(GB 50009)规定采用,取重现期 $n=10$ 对应的风压值;μ_s 为脚手架风荷载体型系数,按表 9.4 采用;

l_a——立杆纵距(m)。

表 9.4　脚手架的风荷载体型系数 μ_s

背靠建筑物的状况		全封闭墙	敞开、框架和开洞墙
脚手架状况	全封闭、半封闭	1.0φ	1.3φ
	敞开		μ_{stw}

注　1. μ_{stw} 值可将脚手架视为桁架,按现行国家标准《建筑结构荷载规范》(GBJ 50009—2012)表 8.3.1 第 33 项和第 37 项的规定计算;
　　2. φ 为挡风系数,$\varphi = 1.2 A_n / A_w$,其中 A_n 为挡风面积,A_w 为迎风面积。

④ 计算立杆的长细比 λ

$$\lambda = \frac{l_0}{i} \tag{9.5}$$

式中　i——截面回转半径(mm)。

⑤ 计算立杆的稳定性

不组合风荷载时

$$\frac{N}{\varphi A} \leqslant f \tag{9.6}$$

组合风荷载时

$$\frac{N}{\varphi A} + \frac{M_w}{W} \leqslant f \tag{9.7}$$

式中　N——计算立杆段的轴向力设计值,按式(9.1)或式(9.2)计算;

φ——轴心受压构件的稳定系数,根据长细比 λ,查《冷弯薄壁型钢结构技术规范》

(GB 50018)附录 A 表 A.1.1—1,当 $\lambda > 250$ 时,$\varphi = \dfrac{7320}{\lambda^2}$;

A——立杆截面面积(mm^2);

f——钢材的抗压强度设计值,对 Q235 钢,$f=205\text{N}/\text{mm}^2$。

扣件式钢管脚手架除复核计算立杆的稳定性外,当需要对扣件抗滑力做计算复核时,在扣件拧紧力矩为 40~65 N·m 条件下,其直角扣件和旋转扣件的抗滑承载力设计值为 8.0 kN,对接扣件的抗滑承载力设计值为 3.2 kN。

（2）碗扣式钢管脚手架计算

碗扣式钢管脚手架用碗扣方式连接杆件,因下碗扣焊接于立杆上,该种扣件的抗剪抗弯能力高于依靠螺栓压紧盖板的可锻铸铁扣件。在对碗扣式钢管脚手架结构进行计算分析时,碗扣节点也可视为半刚性节点。碗扣式钢管双排脚手架的立杆稳定性计算:

$$\frac{\gamma_0 N}{\varphi A} \leqslant f \tag{9.8}$$

有风荷载时

$$\frac{\gamma_0 N}{\varphi A} + \frac{\gamma_0 M_\text{w}}{W} \leqslant f \tag{9.9}$$

式中 γ_0——结构重要性系数,搭设高度小于等于 40 m 时,取 1.0;大于 40 m,取 1.1;

N,A,f,φ,M_w——同扣件式钢管脚手架,但对立杆的计算长度系数 μ:当连墙件设置为二步三跨时,取 1.55;当连墙件设置为三步三跨时,取 1.75。

碗扣式钢管脚手架除复核立杆的稳定性外,当需要复核验算碗扣节点承载力时,碗扣的抗剪强度设计值为 25 kN。

为了保证不发生整体失稳,必须合理设置斜杆。当脚手架高度小于或等于 24 m 时,每隔 5 跨应设置一组竖向通高斜杆,以保证脚手架成结构几何不变体系,这对该种型式的脚手架安全性有重大意义。

（3）盘扣式钢管脚手架计算

盘扣式钢管脚手架由水平杆端部的扣接头与立杆上的连接盘扣接,由于带有弧面的扣接头与立杆钢管外表面能密贴,使盘扣式钢管脚手架的立杆与水平杆的节点具有与扣件式钢管脚手架节点基本相当的抗扭转能力。因此,盘扣式钢管脚手架的节点也相当于半刚半铰节点,立杆的轴向承载力设计值计算同式（9.1）、式（9.2）,立杆的计算长度 $l_0=\mu h$,μ 为考虑脚手架整体稳定性因素的立杆计算长度系数,可按表 9.5 确定。

表 9.5 盘扣式钢管脚手架立杆计算长度系数

类别	连墙件布置	
	二步三跨	三步三跨
双排架	1.45	1.70

盘扣式钢管脚手架立杆的稳定性计算同式（9.6）、式（9.7）。

（4）门式钢管脚手架立柱稳定计算

门式钢管脚手架的承载力决定于单榀门架,脚手架的破坏由门架发生平面外局部失稳引起（图 9.10）。因此,门式脚手架最终可简化为按两端铰接的、等截面轴心受压构件计算其稳定性。

一榀门架的稳定承载力设计值按下列公式计算

$$N^\text{d} = \varphi A f \tag{9.10}$$

278

$$i = \sqrt{\frac{I}{A_1}} \qquad (9.11)$$

$$I = I_0 + I_1 \frac{h_1}{h_0} \qquad (9.12)$$

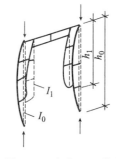

图 9.10 门架平面外失稳

式中 N^d——一榀门架的稳定性承载力设计值;

  φ——门架立杆的稳定系数,对宽度为 1 000 mm、1 200 mm 的门架按立杆换算长细比 $\lambda = \dfrac{kh_0}{i}$,查《冷弯薄壁型钢结构技术规范》(GB 50018)附录 A 表 A.1.1—1;

  k——调整系数,按表 9.6 采用;

表 9.6 调整系数 k

脚手架搭设高度(m)	≤30	>30 且 ≤45	>45 且 ≤55
k	1.13	1.17	1.22

  i——门架立杆换算截面回转半径(mm);

  I——门架立杆换算截面惯性矩(mm⁴);

  I——门架立杆换算截面惯性矩(mm^4);

  h_0——门架高度(mm);

  I_0, A_1——分别为门架立杆的毛截面惯性矩与毛截面积(mm^4、mm^2);

  h_1, I_1——分别为门架立杆加强杆的高度和毛截面惯性矩(mm,mm^4);

  A——一榀门架立杆的毛截面积(mm),$A = 2A_1$;

  f——门架钢材抗压强度设计值,对 Q235 钢为 205 N/mm^2。

  为了保证不发生整体失稳,门架的两侧均设置交叉支撑。在脚手架的顶层门架上部、连墙件设置层以及防护棚设置层处必须设置水平加固杆;当脚手架搭设高度 $H \leqslant 40$ m,沿脚手架高度,水平加固杆应至少两步一设;当脚手架高度 $H > 40$ m,水平架应每步一设;不论脚手架多高,均应在脚手架的转角处、端部及间断处的一个跨距范围内每步一设。对于连墙件,当脚手架搭设高度 $H \leqslant 40$ m,每根连墙件覆盖面积应小于等于 40 m^2。

9.1.2 里脚手架

  里脚手架搭设在结构内部,用于砌墙、抹灰以及其他室内装饰工程等。架高为 2m 左右的扣件式钢管脚手架、碗扣式钢管脚手架、盘扣式钢管脚手架以及门式钢管脚手架可兼作里脚手架,但轻便灵活、易移动的工具式里脚手架更为常用。

  图 9.11 所示为钢管折叠马凳式里脚手架,其架设间距,砌筑时不超过 1.8 m,粉刷时不超过 2.2 m。马凳式里脚手架也可以用∟40×3 角钢或φ20 钢筋制作。

  图 9.12 所示为可调钢管支柱式里脚手架,其中套管式支柱里脚手架的架设高度为 1.57～2.17 m,插管顶部有"凵"形支托搁置横杆以铺设脚手板;承插式支柱

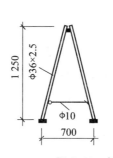
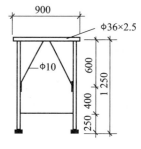

图 9.11 钢管折叠马凳式里脚手架

279

里脚手架的架设高度为 1.2 m、1.6 m、1.9 m。

图 9.13 所示为移动式里脚手架,该脚手架由钢管框型架组装而成,底部设有带螺旋千斤顶的行走轮,框型架一侧有供人上下的梯步,特别适用于顶棚装修工程施工。

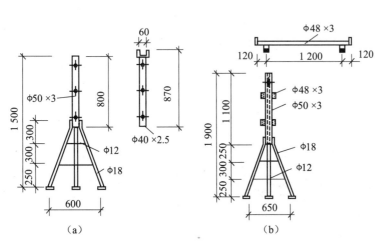

图 9.12　可调钢管支柱式里脚手架　　　　图 9.13　移动式里脚手架
(a)套管式支柱里脚手架;(b)承插式支柱里脚手架

9.1.3　脚手架安全技术

脚手架虽是临时设施,但对其安全性应予以足够重视。以往脚手架的安全事故屡有发生。

1)脚手架的不安全因素

(1)不重视脚手架施工方案设计,对超常规的脚手架仍按常规经验搭设,以致脚手架构造不合理,承载能力降低。

(2)不重视外脚手架的连墙件设置,或在结构立面凹凸多变处连墙件数量不足,或在装饰施工阶段临时拆去连墙件而又不复原。

(3)对脚手架设计的承载力了解不够,以致为抢进度多层同时作业,施工荷载过大;或把脚手架当作堆料平台,局部超载严重。

(4)对脚手架的安全防护认识不足,外侧的立网和内侧的层间网未按规定设置,减弱了对操作工人的保护作用。

2)脚手架安全技术要求

为确保脚手架在搭设、使用和拆除过程中的安全性,对脚手架的安全技术要求如下:

(1)对脚手架的基础、构架、结构、连墙件等必须进行设计,复核验算其承载力,做出完整的脚手架搭设、使用和拆除施工方案。对超高或大型复杂的脚手架必须做专项方案,并通过必要的专家论证后方可实施。

(2)脚手架按规定设置斜杆、剪刀撑、连墙件(或撑、拉件),加强整体稳固性。对通道和洞口或承受超规定荷载的部位,必须作加强处理。

(3)脚手架的连结节点应可靠,连接件的安装和紧固力应符合要求。

（4）脚手架的基础应平整，具有足够的承载力。脚手架立杆距坑、台的上边缘应不小于1 m,立杆下必须设置垫座和垫板。

（5）脚手架的连墙点、拉撑点和悬挂（吊）点必须设置在可靠的能承力的结构部位，必要时作结构验算。

（6）脚手架应有可靠的安全防护设施。作业面上的脚手板之间不留间隙，脚手板与墙面之间的间隙一般不大于200 mm;脚手板间的搭接长度不得小于300 mm。作业面的外侧面应有挡脚板（或高度小于1 m竹笆，或满挂安全网，或钢板网），加2道防护栏杆或密目式聚乙烯网加3道栏杆。对临街面要做完全封闭。

9.2 砖砌体施工

9.2.1 砌体材料准备与运输

砖砌体所用的材料有砖和砂浆。

1）砖

砖的品种有烧结普通砖和多孔砖、混凝土多孔砖和实心砖、蒸压（养）砖等，其强度等级决定着砌体的强度，特别是抗压强度。施工中，当砖的品种变动时，应征得设计人员同意，并办理材料代用手续。

砖在砌筑前应提前1～2 d浇水湿润，以使砂浆和砖能很好地黏结。严禁砌筑前临时浇水，以免因砖表面存有水膜而影响砌体质量。烧结类块体的相对含水率宜为60%～70%;其他非烧结类块体相对含水率为40%～50%。检查含水率的最简易方法是现场断砖，砖截面周围融水深度15～20 mm视为符合要求。

2）砂浆

砂浆是使单块砖按一定要求铺砌成砖砌体的必不可少的胶凝材料。砂浆既与砖产生一定的黏结强度，共同参与工作，使砌体受力均匀，又减少砌体的透气性，增加密实性。砂浆由水泥、砂、石灰膏、黏土等拌合而成。按组成材料的不同砂浆分为:仅有水泥和砂拌合成的水泥砂浆;在水泥砂浆中掺入一定数量的石灰膏或黏土膏的水泥混合砂浆;石灰、石膏、黏土砂浆。最常用的砂浆的强度等级为M2.5、M5、M7.5和M10。

砌筑砂浆应通过试配确定配合比。当砌筑砂浆的组成材料有变更时，其配合比应重新确定。水泥砂浆的最小水泥用量不宜小于200 kg/m³,砂浆用砂宜采用中砂。砂中的含泥量，对于水泥砂浆和强度等级不小于M5的水泥混合砂浆，不应超过5%;对于强度等级小于M5的水泥混合砂浆，不应超过10%。用块状生石灰熟化成石灰膏时，其熟化时间不得少于7 d。用黏土或亚黏土制备黏土膏，应过筛，并用搅拌机加水搅拌。为了改善砂浆的和易性，可在水泥砂浆和水泥石灰砂浆中掺用微沫剂等有机塑化剂，并应有砌体强度的试验报告。

砂浆应采用机械拌合，自投料完算起，水泥砂浆和水泥混合砂浆的拌合时间不得少于2 min;水泥粉煤灰砂浆和掺用外加剂的砂浆不得少于3 min;掺用有机塑化剂的砂浆，应为3～5 min。砂浆的稠度控制在70～90 mm。砂浆应随拌随用，拌制的砂浆应在拌成后3 h内使用完毕;如施工期间最高气温超过30 ℃时，应在拌成后2 h使用完毕。

砂浆的强度等级以标准养护，龄期为28天的试块抗压试验结果为准。砌筑砂浆试块强度验收时其强度合格标准必须符合以下规定：

同一验收批砂浆试块强度平均值必须大于或等于设计强度等级值的 1.10 倍;同一验收批砂浆试块强度的最小一组平均值必须大于或等于设计强度等级值的 85%。

3) 砖和砂浆的运输

砖和砂浆的水平运输多采用手推车或机动翻斗车,垂直运输多采用人货两用施工电梯,或塔式起重机。对多高层建筑,还可以用灰浆泵输送砂浆。近几年,很多大城市积极推进由专业化厂家出产的预拌砂浆,逐步禁止现场搅拌砂浆,有利减少扬尘,稳定质量。

9.2.2 砌筑工艺与质量要求

1) 砌筑工艺

砌筑砖墙通常有抄平、放线、摆砖(脚)、立皮数杆挂线、砌筑和勾缝等工序。

(1)抄平。砌筑砖墙前,先在基础防潮层或楼面上定出各层标高,并用水泥砂浆或 C10 细石混凝土抄平。

(2)放线。底层墙身可按龙门板上轴线定位钉为准拉麻线,沿麻线挂线锤,将墙身轴线引测到基础面上,据此定出纵横墙边线,定出门窗洞口位置。在楼层,可用经纬仪或线锤将各轴线向上引测,在复核无误后,弹出各墙边线及门窗洞口位置。

(3)摆砖(又称摆脚)。在弹好线的基面上由经验丰富的瓦工按选定的组砌方式进行摆砖。摆砖主要是核对所弹出的墨线在门洞、窗口、附墙垛等处是否符合砖的模数,以减少打砖。

(4)立皮数杆挂线。使用皮数杆对保证灰缝一致,避免砌体发生错缝、错皮的作用较大。在皮数杆上必须按设计规定的层高、施工规定的灰缝大小及施工现场砖的规格,计算出灰缝厚度,标明砖的皮数,以及门窗洞、过梁、楼板等标高。皮数杆立于墙的转角处,其标高用水准仪校正。挂线时,根据皮数杆找准墙体两端砖的层数,将准线挂在墙身上。每砌一皮砖,准线向上移动一次。沿挂线砌筑,墙体才能平直。

(5)砌筑。砌砖的操作方法与各地区操作习惯、使用工具等有关。实心砖砌体多采用一顺一丁、梅花丁或三顺一丁的砌筑形式。使用大铲砌筑宜采用一铲灰、一块砖、一挤揉的"三一"砌砖法;使用瓦刀铺浆砌筑时,铺浆长度不得超过 750 mm,施工期间气温超过 30 ℃时,铺浆长度不得超过 500 mm。

(6)勾缝。勾缝使清水砖墙面美观、牢固。墙面勾缝宜采用细砂拌制的 1:1.5 的水泥砂浆;内墙也可采用原浆勾缝,但必须随砌随勾,并使灰缝光滑密实。

2) 质量要求

(1)砌筑质量应符合《砌体工程施工质量验收规范》(GB 50203)的要求。砌筑应横平竖直,砂浆饱满,组砌方法正确,上下错缝,内外搭砌。

(2)砂浆层的厚度和饱满度对砖砌体的抗压强度影响较大。砂浆层的厚度太薄会因砖块间砂浆过少使砖块间凹凸不平而传力不匀,降低抗压强度;太厚则会使砂浆层变形过大,也降低强度。因此,砖砌体的水平灰缝和竖向灰缝厚度控制在 8～12 mm 以内,以 10 mm 为宜。砌体水平灰缝的砂浆饱满度按净面积计算不得低于 80%;砖柱水平灰缝和竖向灰缝饱满度不得低于 90%。

(3)对于砖砌体的内墙和外墙,受施工条件的限制,不可能同时砌筑,需要分段流水施工,这就要求砌筑时给以后接砌部分留下槎子(留槎)。留槎和接槎的好坏直接影响砖砌体的整体性。施工留槎应砌成斜槎(图 9.14a),斜槎长度不应小于高度的 2/3。特殊施工留槎,除抗震设防地区建筑物以及转角处外,可留直槎,但直槎必须做成凸槎,并加设拉结钢筋(图 9.14b)。

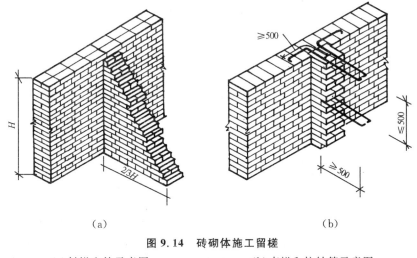

图 9.14　砖砌体施工留槎

(a)斜槎砌筑示意图　　　　　　　　　(b)直槎和拉结筋示意图

(4)当室外日平均气温连续 5 d 稳定低于 5 ℃时,砌筑工程应采取冬期施工措施。砂浆宜采用普通硅酸盐水泥拌制,必要时在水泥砂浆或水泥混合砂浆中掺入氯盐(氯化钠)。气温在 −15 ℃以下时,可掺双盐(氯化钠和氯化钙),砂浆强度应较常温施工提高一级。氯盐掺入砂浆,能降低砂浆冰点,在负温条件下有抗冻作用。冬期施工的砖砌体应按"三一"砌砖法施工,并采用一顺一丁或梅花丁的排砖方法。砂浆使用时的温度不应低于 5 ℃。在负温条件下,砖可不浇水,但必须适当增大砂浆的稠度。砌体的每日砌筑高度宜控制在 1.5 m 或一步脚手架高度内。

9.3　小型砌块施工

9.3.1　砌块排列

用砌块代替烧结普通砖做墙体材料,是墙体材料改革的重要措施。常用的砌块有普通混凝土空心砌块、浮石及火山渣混凝土空心砌块、超轻陶粒混凝土空心砌块、煤矸石混凝土空心砌块、炉渣混凝土空心砌块、加气混凝土砌块以及粉煤灰砌块等。砌块按规格尺寸不同,分为中型砌块和小型砌块。由于中型砌块单块自重达 40 kg 以上,砌筑时需辅以轻型起重机,所以主规格的高度大于 115 mm 而又小于 380 mm 的小型砌块在我国发展较快,应用较多。常用小型砌块主规格为 190 mm×190 mm×390 mm,辅助规格为 190 mm×190 mm×290 mm、190 mm×190 mm×190 mm、190 mm×190 mm×90 mm、砌块的单块重量控制在 15 kg 以内。

小型砌块的单块体积比普通砖大得多,且砌筑时必须使用整块,不像普通砖可随意砍凿。因此,小型砌块在砌筑施工前,须根据工程平面图、立面图及门窗洞口的大小,楼层标高、构造要求等条件,绘制各墙的砌块排列图。绘制方法是在立面图上用 1∶50 或 1∶30 的比例在每片墙面上先绘出纵横墙,然后将过梁、平板、大梁、楼梯等在墙面上标出。由纵墙和横墙高度计算皮数,画出水平灰缝线,并保证砌体平面尺寸和高度是块体加缝尺寸的倍数。对砌块进行排列时,注意尽量以主规格为主,辅助规格为辅,并要求错缝搭接。当使用多排孔小型砌块时,搭接长度不小于 90 mm,墙体个别部位不能满足错缝搭接要求时,应在灰缝中设置拉结钢筋或钢筋网片,但竖向通缝不得超过两皮小砌块。

9.3.2 砌块施工工艺

砌块施工工艺流程如下:

普通混凝土小砌块吸水率很小,吸水速度慢,砌筑前可不浇水。小砌块的收缩率高于普通砖,砌筑墙体时,其生产龄期不应小于 28 天。

小砌块砌体的水平灰缝厚度和竖向灰缝厚度一般为 10 mm,正负误差不宜超过 2 mm。砌筑时,一次铺灰长度不宜超过 2 块主规格块体的长度。水平缝采用双手搬动砌块挤浆砌筑,垂直缝采用两侧临时夹板加浆灌缝砌筑,保证水平灰缝和竖向灰缝的砂浆饱满度不低于 90%。

砌筑小砌块,必须遵守"反砌"规则,即小砌块底面朝上反砌于墙体上。在墙体转角处和纵横墙交接处应同时砌筑。墙体临时间断处应砌成斜槎,斜槎水平投影长度不应小于斜槎高度。除抗震设防区及外墙转角外,墙体临时间断处可从墙面伸出 200 mm 砌成直槎,并沿墙高每隔 600 mm 设 2φ6 拉结筋或钢筋网片,其埋入长度从留槎处算起每边不小于 600 mm。在常温条件下,小砌块墙体的日砌筑高度宜控制在 1.5 m 或一步脚手架高度内。

9.4 石砌体施工

石砌体的组砌要求为:内外搭砌,上下错缝,拉结石、丁砌石交错设置。石砌体的灰缝高度为:外露毛石砌体不宜大于 40 mm,毛料石和粗料石砌体不宜大于 20 mm,细料石砌体不宜大于 5 mm。砌体每日砌筑高度不宜超过 1.2 m。

砌筑毛石基础的第一皮石块应坐浆,并将大面积向下;砌筑料石基础的第一皮石块应用丁砌层坐浆砌筑。砌筑毛石挡土墙应每砌 3~4 皮找平一次。挡土墙的泄水孔当设计无规定时,应均匀设置,每米高度上每隔 2 m 左右设置一个泄水孔。泄水孔与土体内铺设长宽各为 300 mm,厚 200 mm 的卵石或碎石作疏水层。

脚手架工程

10 防水工程

防水工程施工在土木工程施工中占有重要地位。工程实践表明,防水工程施工质量的好坏,不仅关系到结构物的使用寿命,而且直接影响到人们生产环境、生活环境和卫生条件。因此,防水工程的施工必须严格遵守有关操作规程,切实保证工程质量。

防水工程按其构造做法可分为两大类,即结构构件自防水和采用各种防水层防水。其中防水层又可分为刚性防水层(如防水砂浆等)和柔性防水层(如各种防水卷材)。结构构件自防水和刚性防水层防水均属刚性防水,柔性防水层属柔性防水。

近些年来,我国在传统防水技术的基础上,已研究、开发和应用了很多新型防水材料,并推广了其施工新技术。

10.1 屋面防水施工

根据建筑物的类别、重要程度、使用功能要求确定防水等级,并应按相应等级进行防水设防。屋面防水等级和设防要求应符合表 10.1 的规定。

表 10.1 屋面防水等级和设防要求

防水等级	建筑类别	设防要求
Ⅰ级	重要建筑和高层建筑	两道防水设防
Ⅱ级	一般建筑	一道防水设防

10.1.1 屋面找平层

屋面卷材、涂膜防水层在保温层上基层应设找平层,找平层按所用材料不同,可分为水泥砂浆找平层、细石混凝土找平层和混凝土随浇随抹找平层,其厚度和技术要求应符合表 10.2 规定。

找平层表面应压实平整,排水坡度应符合设计要求。找平层宜留 5~20 mm 宽的分格缝并嵌填密封材料,其纵横缝间距不宜大于 6 m。

水泥砂浆和细石混凝土找平层的施工工艺如下:

基层清理验收 → 管根封堵 → 拉坡度线 → 做标准灰饼 → 嵌分格条 →
铺填砂浆或细石混凝土 → 刮平抹压 → 养护

表 10.2 找平层厚度和技术要求

找平层分类	基层种类	厚度(mm)	技术要求
水泥砂浆	整体现浇混凝土	15~20	1:2.5 水泥砂浆
	整体材料保温层	20~25	

找平层分类	基层种类	厚度（mm）	技术要求
细石混凝土	装配式混凝土板	30～35	C20 混凝土,宜加钢筋网片
	板状材料保温层		C20 混凝土
混凝土随浇随抹	整体现浇混凝土	—	原浆表面抹平、压光,坡度不小于 3%

找平层施工前应对基层洒水湿润,并在铺浆前 1 h 刷素水泥浆一度。找平层铺设按由远到近、由高到低的程序进行。在铺设时、初凝时和终凝前,均应抹平、压实,并检查平整度。

10.1.2 保温和隔热层

保温和隔热屋面适用于具有保温和隔热要求的屋面工程。保温层可采用纤维材料保温层、板状保温层和整体现浇(喷)保温层;隔热层可采用蓄水隔热层、架空隔热层、种植隔热层等。

1) 保温层施工

保温层设在防水层上面时应做保护层,设在防水层下面时应做找平层;屋面坡度较大时,保温层应采取防滑措施。保温层的基层应平整、干燥和干净。

在铺设保温时,应根据标准铺筑,准确控制保温层的设计厚度。纤维材料做保温层时,应采取防止压缩的措施。干铺的板状保温层应铺平垫稳,分层铺设的板块上下层接缝应相互错开,板间缝隙应采用同类材料嵌填密实。采用与防水层材性相容的胶黏剂黏贴时,板状保温材料应贴严、黏牢。整体现喷硬聚氨酯泡沫塑料保温层施工时,基层应平整,配比应准确计量,发泡厚度应一致,施工气温宜为 15℃～30℃,风速不宜大于三级,湿度宜小于 85%。整体现浇泡沫混凝土保温层时,应注意泡沫加入水泥、集料、掺合料、外加剂和水泥配比应准确计量,施工气温宜为 5℃～35℃,终凝后养护不少于 7 d。

2) 倒置式保温屋面施工

保温层设在防水层上面时称倒置式保温屋面,构造见图 10.1。其基层应采用结构找坡(≥3%),必须使用憎水性且长期浸水不腐烂的保温材料,保温层可干铺,亦可黏贴。

保温层上面应做保护层,保护层分整体、板块和洁净卵石等几种,前两种均应分格。整体保护层为厚 35～40 mm,C20 以上的细石混凝土或 25～35 mm 厚的 1:2 水泥砂浆,板块保护层可采用 C20 细石混凝土预制块;卵石保护层与保温层之间应铺一层无纺聚酯纤维布做隔离层,卵石应覆盖均匀,不留空隙。

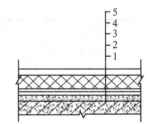

图 10.1 倒置式保温屋面构造
1—结构基层;2—找平层;
3—防水层;4—保温层;5—保护层

3) 隔热层施工

(1) 架空隔热层施工

架空隔热层高度按屋面宽度和坡度大小确定,一般以 180～300 mm 左右为宜,当屋面坡长大于 10 m 时,应设置通风屋脊。施工时先将屋面清扫干净,弹出支座中线,再砌筑支座,在架空隔热制品支座底面,应对卷材、涂膜防水层采取加强措施。架空板应坐浆刮平、垫稳,板缝整齐一致,随时清除落地灰,保证架空隔热层气流畅通。架空板与山墙及女儿墙间距离应大于等于 250 mm。

（2）蓄水屋面与种植屋面施工

蓄水屋面应划分为若干边长不大于 10 m 的蓄水区,蓄水深度宜为 150～200 mm,蓄水池溢水口距分仓墙顶面高度不得小于 100 mm,蓄水区的分仓墙宜用 M10 砂浆砌筑,墙顶应设钢筋混凝土压顶或钢筋砖(2φ6 或 2φ8)压顶。蓄水屋面的所有孔洞均应预留,不得后凿,每个蓄水区的防水混凝土应一次浇筑完不留施工缝,浇水养护不得少于 14 d,蓄水后不得断水。立面与平面的防水层应同时做好,所有给、排水管和溢水管等,应在防水层施工前安装完毕。蓄水屋面应设置人行通道。

种植屋面四周应设围护墙及泄水管、排水管,当屋面为柔性防水层时,上部应设刚性保护层。种植覆盖层施工时不得损坏防水层并不得堵塞泄水孔。

10.1.3 卷材防水屋面

卷材防水屋面适用于防水等级为Ⅰ、Ⅱ级的屋面防水。卷材的防水屋面是用胶结材料黏贴卷材进行防水的屋面,其构造见图 10.2。这种屋面具有重量轻、防水性能好的优点,其防水层(卷材)的柔韧性好,能适应一定程度的结构震动和胀缩变形。卷材防水层可按合成高分子防水卷材和高聚物改性沥青防水卷材选用。

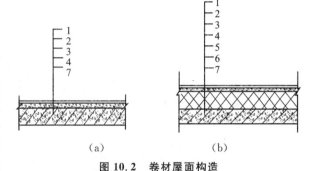

（a）　　　　　　　　（b）

图 10.2　卷材屋面构造

（a）不保温屋面；（b）保温屋面

1—保护层；2—防水层(卷材＋胶黏剂)；3—基层处理剂；
4—找平层；5—保温层；6—隔气层；7—结构层

1）材料要求

（1）基层处理剂

基层处理剂的选择应与所用卷材的材性相容,尽量选择防水卷材生产厂家配套的基层处理剂。施工前应查明产品的使用要求,合理选用。

（2）胶黏剂

高聚物改性沥青卷材可选用改性沥青胶黏剂,其剥离强度应大于 8 N/10 mm;合成高分子防水卷材可选用高分子胶黏剂,其剥离强度不应小于 15 N/10 mm。施工前亦应查明产品的使用要求,与相应的卷材配套使用。

（3）卷材

主要防水卷材的分类参见表 10.3。

表 10.3　主要防水卷材分类表

类别		防水卷材名称
高聚物改性沥青防水卷材		弹性体改性沥青防水卷材 SBS、塑性体改性沥青防水卷材 APP、改性沥青聚乙烯防水卷材 PEE
合成高分子防水卷材	硫化型橡胶类	三元乙丙橡胶卷材、氯磺化聚乙烯卷材、丁基橡胶卷材、氯丁橡胶卷材、氯化聚乙烯－橡胶共混卷材等
	非硫化型橡胶类	丁基橡胶卷材、氯丁橡胶卷材、氯化聚乙烯－橡胶共混卷材等
	树脂类	氯化聚乙烯卷材、PVC 卷材等

各种防水材料及制品均应符合设计要求,具有质量合格证明,进场前应按规范要求进行抽样复检,严禁使用不合格产品。

2) 卷材防水层施工的一般要求

基层处理剂可采用喷涂法或涂刷法施工。待前一遍喷、涂干燥后方可进行后一遍喷、涂或铺贴卷材。喷、涂基层处理剂前,应用毛刷对屋面节点、周边、拐角等处先行涂刷。

在坡度大于25%的屋面上采用卷材做防水层时,应采取固定措施。卷材铺设方向应符合下列规定,当屋面坡度小于3%时,卷材宜平行于屋脊铺贴;屋面坡度在3%~15%时,卷材可平行或垂直屋脊铺贴;当屋面坡度大于15%或屋面受震动时,沥青防水卷材应垂直屋脊铺贴,高聚物改性沥青防水卷材和合成高分子防水卷材可平行或垂直屋脊铺贴。上下层卷材不得相互垂直铺贴。

屋面防水层施工时,应先做好节点、附加层和屋面排水比较集中部位的处理,然后由屋面最低标高处向上施工。

铺贴卷材采用搭接法时,同一层相邻两幅卷材短边搭接缝错开不应小于500 mm;上下层及相邻两幅卷材搭接缝应错开,且不应小于幅度的1/3。平行于屋脊的搭接缝应顺水流方向搭接,搭接宽度应符合表10.4的要求。垂直于屋脊的搭接缝应顺最大频率风向搭接。

表10.4　卷材搭接宽度(mm)

卷材类别		搭接宽度
合成高分子防水卷材	胶黏剂	80
	胶粘带	50
	单焊缝	60,有效焊接宽度不小于25
	双焊缝	80,有效焊接宽度10×2+空腔宽
高聚物改性沥青防水卷材	胶黏剂	100
	自粘	80

3) 卷材防水屋面不同铺贴法施工

卷材防水屋面防水层施工基本工艺流程:

检查验收基层 → 涂刷基层处理剂 → 测量放线 → 铺贴卷材防水层 → 淋(蓄)试验 → 铺设保护层

(1) 冷粘法铺贴卷材施工

采用冷粘法铺贴防水卷材,空铺、点粘、条粘时应按规定的位置及面积涂刷胶粘剂,并应注意涂刷均匀,不得露底、堆积。根据现场施工的环境和气温等条件,应控制胶粘剂涂刷与卷材铺贴的间隔时间。

铺贴的卷材应平整顺直,搭接尺寸应准确,搭接部位的接缝应满涂胶粘剂,并应排除卷材下的空气,用辊压粘贴牢固。

合成高分子卷材搭接部位采用胶粘带粘结时,黏合面应清理干净,必要式可涂刷与卷材及胶粘带相容的基层胶粘剂,并辊压粘贴牢靠。低温施工时,宜采用热风机加热。

(2) 热粘法铺贴卷材施工

采用热粘法铺贴防水卷材,熔化热熔型改性沥青胶结料时,宜采用专用导热油炉加热,加热温度不应高于200℃,使用温度不宜低于180℃;胶结料厚度宜为1.0～1.5 mm。铺贴卷材时,应随刮随滚铺,并应展平压实。

（3）热熔法铺贴卷材施工

采用热熔法铺贴防水卷材,火焰加热器的喷嘴距卷材面的距离应适中,幅宽内加热应均匀,以加热至表面光亮黑色为度,并立即滚铺卷材,滚铺时应排除卷材下面的空气。铺贴卷材时应平整顺直,搭接尺寸准确,搭接缝部位宜溢出热熔的改性沥青胶结料为度,溢出胶结料宽度宜为8 mm。厚度小于3 mm的高聚物改性沥青防水卷材,严禁采用热熔法施工。

（4）焊接法铺贴卷材施工

采用焊接法铺贴防水卷材,焊接前卷材应铺放平整、顺直,搭接尺寸应准确,焊接缝的结合面应清理干净。焊接时,应控制加热温度和时间,并应先焊长边搭接缝,后焊短边搭接缝,不得漏焊、跳焊或焊接不牢。对热塑性卷材,搭接缝可采用单缝焊或双缝焊。

（5）机械固定法铺贴卷材施工

采用机械铺贴法防水卷材,固定件应与结构层连接牢固,其间距应根据抗风揭试验和当地的使用环境与条件确定,并不大于600 mm。卷材防水层周边800 mm范围内应满粘,卷材收头应采用金属压条钉压固定和密封处理。

10.1.4 涂膜防水屋面

涂膜防水屋面适用于防水等级为Ⅰ级、Ⅱ级的屋面防水,也可作为屋面多道防水设防中的一道防水层。防水涂料应采用聚合物水泥防水涂料和高聚物改性沥青防水涂料、合成高分子防水涂料。

1）屋面密封防水施工

当屋面结构层为装配式钢筋混凝土板时,板缝内应浇灌细石混凝土(≥C20),并应掺微膨胀剂。板缝常用构造形式如图10.3,上口留有20～30 mm深凹槽,嵌填密封材料,表面增设250～350 mm宽的带胎体增强材料的加固保护层。

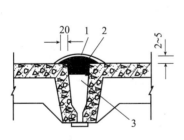

图10.3　密封防水示意图

1—保护层;2—油膏;3—背衬材料

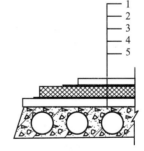

图10.4　涂膜防水层构造

1—保护层;2—防水上涂层;3—加筋涂层;
4—防水下涂层;5—基层处理剂

2）涂膜防水层施工

工艺流程如下:

清理、验收基层 → 涂刷基层处理剂 → 铺设有胎体增强材料附加层 → 施工涂膜防水层 → 淋(蓄)水试验 → 施工屋面保护层 → 检查验收

防水层构造见图10.4。

基层处理剂常用涂膜防水材料稀释后使用,其配合比应根据不同防水材料按要求配置。

防水涂料应多遍均匀涂布,其总厚度应符合设计要求。每道涂膜防水层最小厚度要求见表10.5。在满足厚度的前提下,涂刷遍数越多对成膜的密实度越好,因此,不论是厚质涂料还是薄质涂料均不得一次成膜。

表 10.5　每道涂膜防水层最小厚度(mm)

防水等级	合成高分子防水涂膜	高聚物改性沥青防水涂膜	聚合物水泥防水涂料
Ⅰ级	1.5	2.0	1.5
Ⅱ级	2.0	3.0	2.0

涂料的涂布顺序为:先高跨后低跨,先远后近,先立面后平面。涂层应厚薄均匀,表面平整,待前遍涂层干燥后,再涂刷后遍。

涂膜防水屋面应设置保护层,上人屋面保护层可采用块体材料、细石混凝土材料,不上人屋面保护层可采用浅色涂料、铝箔、矿物粒料、水泥砂浆等材料。

10.2　地下结构防水施工

10.2.1　地下结构的防水方案与施工排水

1) 地下结构的防水方案

地下工程防水等级分为4级,各级标准见表10.6。

表 10.6　地下工程防水等级标准

防水等级	标　准
1级	不允许渗水,结构表面无湿渍
2级	不允许渗水,结构表面可有少量湿渍; 工业与民用建筑:湿渍总面积不大于总防水面积的1‰,单个湿渍面积不大于0.1 m²,任意100 m² 防水面积不超过2处; 其他地下工程:湿渍总面积不大于防水总面积的2‰,单个湿渍面积不大于0.2 m²,任意100 m² 防水面积不超过3处
3级	有少量漏水点,不得有线流和漏泥砂; 单个湿渍面积不大于0.3 m²,单个漏水点的最大漏水量不大于2.5 L/d,任意100 m² 防水面积不超过7处
4级	有渗漏点,不得有线流和漏泥砂; 整个工程平均漏水量不大于2 L/(m²·d),任意100 m² 防水面积的平均漏水量不大于4 L/(m²·d)

当建造的地下结构超过地下正常水位时,必须选择合理的防水方案,采取有效措施以确保地下结构的正常使用,其原则为"防排结合,防为基础;多道防线,刚柔并举;因地制宜,综合治理"。目前,常用的有以下几种方案:

(1)混凝土结构自防水,它是以地下结构本身的密实性(即防水混凝土)实现防水功能,使结构承重和防水合为一体。

(2)防水层防水,它是在地下结构外表面加设防水层防水,常用的有砂浆防水层、卷材防水层、涂膜防水层等。

（3）"防排结合"防水。即采用防水加排水措施,排水方案可采用盲沟排水、渗排水、内排法排水等。

2）地下防水工程施工期间的排水与降水

地下防水工程施工期间,应保护基坑内土体干燥,严禁带水或带泥浆进行防水施工,因此,地下水位应降至防水工程底部最低标高以下至少 300 mm,并防止地表水流入基坑内。基坑内的地面水应及时排出,不得破坏基底受力范围内的土层构造,防止基土流失。

10.2.2 防水混凝土结构施工

1）防水混凝土的特点及应用

防水混凝土结构具有材料来源丰富、施工简便、工期短、造价低、耐久性好等优点,是我国地下结构防水的一种主要形式,适用于防水等级为 1～4 级的地下整体式混凝土结构。常用的防水混凝土有普通防水混凝土、外加剂防水混凝土（如掺三乙醇胺、氯化铁、引气剂或减水剂的防水混凝土）和膨胀（或减缩）水泥防水混凝土。

普通防水混凝土配合比设计选定时,试配混凝土的抗渗等级应比设计要求提高 0.2 MPa,其水胶比不得大于 0.50,泵送时混凝土坍落度宜为 120～160 mm,坍落度每小时损失值不应大于 20 mm,坍落度总损失值不应大于 40 mm,水泥用量不得少于 320 kg/m³,含砂率宜为 35％～40％,泵送时可增至 45％,灰砂比为 1:1.5～1:2.5。普通防水混凝土适用于一般房屋结构及公共建筑的地下防水工程。掺膨胀或减缩外加剂的防水混凝土因密实性和抗裂性均较好而适用于地下工程防水和地上防水构筑物的后浇缝。

外加剂防水混凝土应按地下防水结构的要求及具体条件选用。

防水混凝土工程质量的好坏不仅取决于设计与材质等因素的影响,施工质量亦有重大影响,工程实践证明,施工质量低下是地下结构渗漏水的主要原因之一。因此施工时应特别强调质量问题,防水混凝土的抗压强度和抗渗压力必须符合设计要求。

2）地下防水混凝土结构的施工要点

（1）关于模板。模板应表面平整,拼缝严密不漏浆,吸水性小,有足够的承载力和刚度。一般情况下模板固定仍采用对拉螺栓,为防止在混凝土内造成引水通路,应在对拉螺栓或套管中部加焊（满焊）直径 70～80 mm 的止水环或方形止水片,见图 10.5。如模板上钉有预埋小方木,则拆模后将螺栓贴底割去,再抹膨胀水泥砂浆封堵,效果更好。

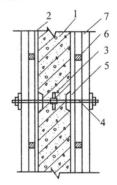

图 10.5　预埋螺栓加焊止水环
1—防水混凝土;2—模板;3—止水环;
4—螺栓;5—预埋方木;6—横楞;7—竖楞

（2）关于混凝土浇筑。混凝土应严格按配料单进行配料,为了增强均匀性,应采用机械搅拌,搅拌时间至少 2 min,运输时防止漏浆和离析。混凝土浇筑时应分层连续浇筑,分层厚度不得大于 500 mm,其自由倾落高度应控制,必要时采用溜槽或串筒浇筑,并采用机械振捣,不得漏振、欠振。

（3）关于养护。防水混凝土的养护条件对其抗渗性影响很大,终凝后 4～6 h 即应覆盖草袋,12 h 后浇水养护,3 d 内浇水 4～6 次/d,3 d 后浇水 2～3 次/d,养护时间不少于 14 d。

（4）关于拆模。防水混凝土不能过早拆模，一般在混凝土浇筑 3 d 后，将侧模板松开，在其上口浇水养护 14 d 后方可拆除。拆模时混凝土必须达到 70% 的设计强度，应控制混凝土表面温度与环境温度之差不应超过 15℃～20℃。

（5）施工缝处理。施工缝是防水混凝土的薄弱环节，施工时应尽量不留或少留，底板混凝土必须连续浇筑，不得留施工缝；墙体一般不应留垂直施工缝，如必须留应留在变形缝处，水平施工缝应留在距底板面不小于 300 mm 的墙身上。施工缝常用防水构造形式见图 10.6，其中外贴止水带和钢板止水带 L≥150。在继续浇筑混凝土前，应将施工缝外松散的混凝土凿去，清理浮浆和杂物，用水冲净并保持湿润，先铺一层 30～50 mm 厚 1∶1 水泥砂浆或涂刷混凝土界面处理剂、水泥基结晶型防水涂料等材料后再浇混凝土。

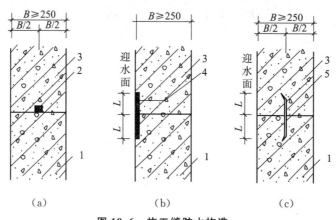

图 10.6　施工缝防水构造
（a）设置膨胀止水条；（b）外贴止水带；（c）预埋钢板止水带
1—先浇混凝土；2—遇水膨胀止水带；3—后浇混凝土；4—外贴止水带；5—钢板止水带

10.2.3　水泥砂浆防水层施工

水泥砂浆防水层是一种刚性防水层，主要依靠特定的施工工艺要求或掺加防水剂来提高水泥砂浆的密实性或改善其抗裂性，从而达到防水抗渗的目的。

1）分类及适用范围

（1）刚性多层抹面的水泥砂浆防水层。它是利用不同配合比的水泥浆（素灰）和水泥砂浆分层交叉抹压密实而成的具有多层防线的整体防水层，本身具有较高的抗渗能力。

（2）掺外加剂、掺合料的水泥砂浆防水层。其抗渗性≥0.8 MPa。

（3）聚合物水泥砂浆防水层。掺入各种树脂乳液（如有机硅、氯丁胶乳、丙烯酸酯乳液等）的防水砂浆，其抗渗性≥1.5 MPa，可单独用于防水工程。

水泥砂浆防水层适用于埋深不大，环境不受侵蚀，不会因结构沉降，温度和湿度变化及持续受振动等产生有害裂缝的地下工程主体结构的迎水面或背水面。

2）刚性多层抹面水泥砂浆防水层施工

五层抹面做法（图 10.7）主要用于防水工程的迎水面，背水面用四层抹面做法（少一道水泥浆）。

施工应连续进行，尽可能不留施工缝。一般顺序为先平面后立面。分层做法如下：第一层,在浇水湿润的基层上先抹 1 mm 厚素灰(用铁板用力刮抹 5～6 遍),再抹 1 mm 找平;第二层,在素灰层初凝后终凝前进行,使砂浆压入素灰层 0.5 mm 并扫出横纹;第三层,在第二层凝固后进行,做法同第一层;第四层,同第二层做法,抹平后在表面用铁板抹压 5～6 遍,最后压光;第五层,在第四层抹压二遍后刷水泥浆一遍,随第四层压光。

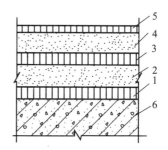

图 10.7　五层抹面做法构造
1、3—素灰层 2 mm;2、4—砂浆层 4～5 mm;
5—水泥浆层 1 mm;6—结构层

养护可防止防水层开裂并提高不透水性,一般在终凝后约 8～12 h 盖湿草包浇水养护,养护温度不宜低于 5 ℃,并保持湿润,养护 14 d。

10.2.4　卷材防水层施工

卷材防水层属柔性防水层,具有较好的韧性和延伸性,防水效果较好。其基本要求与屋面卷材防水层相同。

将卷材防水层铺贴在地下结构的外侧(迎水面)称为外防水,外防水卷材防水层的铺贴方法,按其与地下结构施工的先后顺序分为外防外贴法(简称外贴法)和外防内贴法(简称内贴法)两种。

1) 外贴法

外贴法是在地下构筑物墙体做好以后,把卷材防水层直接铺贴在墙面上,然后砌筑保护墙(图 10.8),其施工顺序如下:

待底板垫层上的水泥砂浆找平层干燥后,铺贴底板卷材防水层并伸出与立面卷材搭接的接头。在此之前,为避免伸出的卷材接头受损,先在垫层周围砌保护墙,其下部为永久性的(高度≥B+(200～500) mm,B 为底板厚),上部为临时性的(高度为 360 mm),在墙上抹石灰砂浆或细石混凝土,在侧面卷材上抹 1:2.5 水泥砂浆保护层。然后进行底板和墙身施工,在做墙身防水层前,拆临时保护墙,在墙面上抹找平层、刷基层处理剂,将接头清理干净后逐层铺贴墙面防水层,最后砌永久性保护墙。

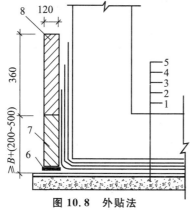

图 10.8　外贴法
1—垫层;2—找平层;3—卷材防水层;4—保护层;
5—构筑物;6—卷材;7—永久性保护墙;8—临时性保护墙

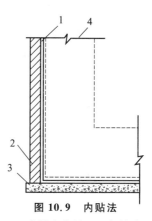

图 10.9　内贴法
1—卷材防水层;2—保护墙;
3—垫层;4—构筑物(未施工)

293

外贴法的优点是构筑物与保护墙有不均匀沉陷时,对防水层影响较小,防水层做好后即可进行漏水试验,修补亦方便。缺点是工期较长,占地面积大;底板与墙身接头处卷材易受损。在施工现场条件允许时一般均采用此法施工。

2)内贴法

内贴法是墙体未做前,先砌筑保护墙,然后将卷材防水层铺贴在保护墙上,再进行墙体施工(图 10.9)。施工顺序如下:

(1)先做底板垫层,砌永久性保护墙,然后在垫层和保护墙上抹厚度为 20 mm 的 1∶3 水泥砂浆找平层,干燥后涂刷基层处理剂,再铺贴卷材防水层。

(2)先贴立面,后贴水平面;先贴转角,后贴大面,铺贴完毕后做保护层(砂或散麻丝加 10~20 mm 厚 1∶3 水泥砂浆),最后进行构筑物底板和墙体施工。

内贴法的优点是防水层的施工比较方便,不必留接头;施工占地面积小。缺点是构筑物与保护墙发生不均匀沉降时,对防水层影响较大;保护墙稳定性差;竣工后如发现漏水较难修补。这种方法只有当施工场地受限制,无法采用外贴法时才不得不用之。

10.2.5 涂料防水层施工

涂料防水层包括无机防水涂料和有机防水涂料。无机防水涂料通常采用掺外加剂、掺合料的水泥基防水涂料和水泥基渗透结晶型防水涂料,有机防水涂料通常选用反应型、水乳型、聚合物水泥防水涂料。当采用有机防水涂料时,应在阴阳角及底板增加胎体增强材料并增涂防水涂料。

地下工程涂料防水层适用于混凝土结构或砌体结构迎水面或背水面涂刷。防水涂料宜选用外防外涂或外防内涂。

掺外加剂、掺合料的水泥基防水涂料厚度不得小于 3.0 mm;水泥基渗透结晶型防水涂料的用量不应小于 1.5 kg/m²,且厚度不应小于 1.0 mm;有机防水涂料的厚度不得小于 1.2 mm。

涂料防水层的施工顺序与前述卷材防水层施工顺序相似,其涂料涂刷作法应注意以下几点:

(1)基层表面应洁净、平整,基层阴阳角应做成圆弧形;

(2)涂料涂刷前应先在基层表面涂刷一层与涂料相容的基层处理剂;

(3)涂膜应多遍完成,涂刷或喷涂应待前遍涂层干燥成膜后进行,每遍涂刷时应交替改变涂层的涂刷方向,同层涂膜的先后搭压宽度宜为 30~50 mm。

(4)涂料防水层的施工缝(甩槎)应注意保护。搭接缝宽度应大于 100 mm,接涂前应将其甩在表面处理干净。

(5)防水涂料施工完后应及时做好保护层。底板、顶板应采用 20 mm 厚 1∶2.5 水泥砂浆层和 40~50 mm 厚的细石混凝土保护层,且防水层与保护层之间宜设置隔离层。侧墙背水面保护层应采用 20 mm 厚 1∶2.5 水泥砂浆,侧墙迎水面宜采用软质保护材料或 20 mm 厚 1∶2.5 水泥砂浆保护层。

11 装饰工程

装饰工程包括抹灰、饰面、玻璃、涂料、裱糊、刷浆和花饰等工程。装饰工程是房屋建筑施工的最后一道工序,因其工程量大,施工工期长,耗用人工多,所以占工程总造价高,有的甚至超过主体结构施工费用。在桥梁工程中,装饰工程仅与桥的防护设施相关,只占工程造价的很少部分。随着人们对生活环境和居住条件要求的提高,装饰材料发展迅速,对装饰工程的施工技术和质量也提出了更高的要求。本章介绍基本的抹灰工程、饰面板(砖)工程、涂料工程、裱糊工程和玻璃幕墙工程施工。

11.1 抹灰工程

抹灰工程按使用材料和装饰效果分为一般抹灰和装饰抹灰。一般抹灰适用于石灰砂浆、水泥砂浆、水泥混合砂浆、聚合物水泥砂浆、膨胀珍珠岩水泥砂浆和麻刀石灰、纸筋石灰、石膏灰等抹灰工程施工。装饰抹灰适用于面层为水刷石、水磨石、斩假石、干粘石、假面砖、拉灰条、拉毛条、洒毛灰、喷砂、喷涂、滚涂、弹涂、仿石和彩色抹灰等的施工。

11.1.1 一般抹灰施工

抹灰层通常由基层、底层、中层和面层组成(图 11.1)。其中底层的作用是使抹灰与基体粘结并初步找平;中层的作用主要是找平;面层是使表面光滑细致,起装饰作用。

1)质量要求

一般抹灰按质量要求分为普通抹灰、中级抹灰和高级抹灰三种。普通抹灰做法是一底层、一面层,二遍成活。施工时要求分层赶平、修整和表面压光。中级抹灰做法是一底层、一中层、一面层,三遍成活。施工时要求阳角找方,设置标筋,分层赶平、修整,表面压光。高级抹灰做法是一底层、几遍中层、一面层,多遍成活。施工时要求阴阳角找方,设置标筋,分层赶平、修整,表面压光。

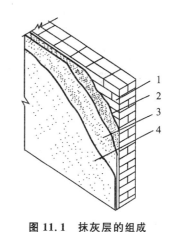

图 11.1 抹灰层的组成
1—基层;2—底层;3—中层;4—面层

2)材料准备

抹灰前准备材料时,石灰膏应用块状生石灰淋制,淋制时必须用孔径不大于 3 mm × 3 mm 的筛过滤,其熟化时间在常温下一般不少于 15 天;用于罩面时,不应少于 30 天。抹灰用的砂子应用不大于 5 mm 孔径的筛子过筛,不得含有杂物。抹灰用的纸筋应浸透、捣烂、洁净;罩面纸筋宜机碾磨细。稻草、麦秸、麻刀应坚韧、干燥,不含杂质,其长度不得大于 30 mm。稻草、麦秸应经石灰浆浸泡处理。玻璃纤维丝应切成 10 mm 长左右。

3)基层表面处理

(1)抹灰前应对砖石、混凝土等基体表面作处理,清除灰尘、污垢和油渍等,并洒水湿润。

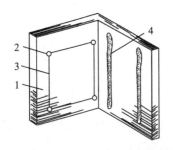

图 11.2 抹灰操作中的标志点和标筋

1—基层;2—灰饼;3—引线;4—标筋

对于平整光滑的混凝土表面,可在拆模时随即作凿毛处理,或用掺 10% 的 108 胶的 1:1 水泥浆薄抹一层,或用混凝土界面处理剂处理。

(2)抹灰前还应检查钢、木门窗框位置是否正确,与墙连接是否牢固。连接处的缝隙应用水泥砂浆或水泥混合砂浆(加少量麻刀)分层嵌塞密实。凡室内管道穿越的墙洞和楼板洞,外墙上的施工孔洞等均应填嵌密实。

(3)为控制抹灰层的厚度和墙面的平整度,在抹灰前应先检查基体表面的平整度,并用与抹灰层相同砂浆设置 50 mm×50 mm 的标志(灰饼)或宽约 50 mm 的标筋(图 11.2)。

(4)抹灰工程施工前,对室内墙面、柱面和门洞口的阳角,宜用 1:2 水泥砂浆做护角,其高度不应低于 2 m,每侧宽度不应小于 50 mm。对外墙窗台、窗楣、雨篷、阳台、压顶等,上面应做流水坡度,下面应做滴水线或滴水槽,滴水槽的深度和宽度均不应小于 10 mm,并且整齐一致。

4)施工要点

抹灰时,要求分层涂抹。涂抹水泥砂浆每遍厚度宜为 5～7 mm。涂抹石灰砂浆和水泥混合砂浆每遍厚度宜为 7～9 mm。抹灰层的平均总厚度:对于内墙,普通抹灰为 20 mm,高级抹灰为 25 mm;对于外墙,一般为 20 mm,勒脚及突出墙面部分为 25 mm;对于顶棚、板条、空心砖和现浇混凝土为 15 mm,预制混凝土为 18 mm,金属网为 20 mm。分层涂抹时,水泥砂浆和水泥混合砂浆的抹灰层,应待前一层抹灰层凝结后,方可涂抹后一层;石灰砂浆的抹灰层,应待前一层七八成干后,方可涂抹后一层。在中层的砂浆凝固之前,也可在层面上每隔一定距离划出交叉斜痕,以增强面层与中层的黏结。

为提高抹灰效率和降低劳动强度,对于基体上的底层和中层抹灰也可采用机械喷涂。把搅拌好的砂浆经振动筛进入灰浆输送泵,通过管道由压缩空气将灰浆连续而均匀地喷涂在基体面上,最后找平槎实。机械喷涂抹灰,必须严格控制砂浆的稠度。用于混凝土面,砂浆稠度为 90～100 mm;用于砖墙面,砂浆稠度为 100～200 mm。喷枪的喷嘴离开墙面约 150～300 mm,喷射角度保持 65°～90°,喷射压力为 0.2～0.25 MPa。

11.1.2 装饰抹灰施工

装饰抹灰面层做在已硬化、粗糙而平整的中层砂浆上,其面层的厚度、颜色、图案等应符合设计要求。面层有分格要求时,分格条应宽窄厚薄一致,黏贴在中层砂浆面上应横平竖直,交接严密,完工后应适时全部取出。

1)水刷石面层施工

水刷石面层施工主要有中层面处理、面层抹灰和喷水冲刷三道工序。中层面处理方法是在已浇水湿润的砂浆面上刮水泥浆(水灰比为 0.37～0.40)一遍,以使面层与中层结合牢固。面层抹灰时,必须分遍拍平压实,石子应分布均匀、紧密。水泥石子浆的配合比常为 1:1.5,面层厚 8～12 mm。待面层凝结前,先用毛刷蘸清水自上而下洗刷,使彩色石粒面外露,紧接着用喷水器自上而下喷水冲洗。洗刷时应采取措施,防止沾污墙面,水刷石抹灰层的外观质量要求是石粒清晰,分布均匀,紧缩密实平整,色泽一致,不得有掉粒和接槎痕迹。

2) 水磨石面层施工

水磨石面层施工主要有中层面处理、镶嵌分格条、面层抹灰、分遍磨光、酸洗打蜡五道工序。中层面处理方法同水刷石。分格嵌条(铜条、铝条或玻璃条)按设计要求应在基层上镶嵌牢固(图 11.3),横平竖直,圆弧均匀,角度准确。面层用水泥彩色石子浆(水泥∶石子=1∶1~1∶1.25)填入分格网中,抹平压实,厚度比嵌条高 1~2 mm。面层抹灰后 1~2 天进行试磨,以石子不松动为准。采用磨石机正式洒水分遍磨光,一般由粗至细分三遍进行。每次磨光后,用同色水泥浆填补砂眼,隔 3~5 天再磨。最后,表面用草酸水溶液擦洗,使石子表面残存的水泥浆分解,石子清晰显露,晾干后进行打蜡,使其光亮如镜。水磨石面层外观质量要求表面平整光滑,石子显露均匀,无砂眼、无磨纹和漏磨处,分格条位置准确且全部露出。

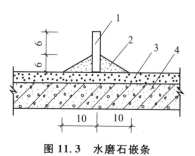

图 11.3　水磨石嵌条
1—嵌条;2—素水泥浆;
3—水泥砂浆底层;4—混凝土基层

3) 干粘石面层施工

干粘石面层施工主要有中层面处理、抹粘结层、甩粘石子三道工序。中层面处理为浇水湿润,并刷水泥浆(水灰比为 0.40~0.50)一遍。粘结层为水泥砂浆或聚合物水泥砂浆,厚度为 4~6 mm,砂浆的稠度不大于 80 mm。用手工甩石子(粒径 4~6 mm)时,先甩四周易干部分,后甩中部,边甩边接,用盛料盘接住未粘上的石子。甩完后随即用辊子或抹子压平压实,使石粒嵌入砂浆层中不小于粒径 1/2。干粘后面层外观质量要求是石粒粘结牢固,分布均匀,颜色一致,不露浆,不漏粘,阳角处不得有明显黑边。

4) 斩假石面层施工

斩假石面层施工主要有中层面处理、面层抹灰和剁石三道工序。中层面处理同水刷石。面层抹灰采用 1∶1.5 水泥白石屑浆,厚度为 10 mm。罩面层应采用防晒措施,养护一段时间,待面层强度达 60%~70% 时进行试剁,以石子不脱落为准。剁石时一般自上而下,先剁转角和四周边缘,后剁中间墙面,在墙角、柱子等边棱处,宜横剁出边条或留出窄小边条不剁。斩假石面层外观质量要求剁纹均匀顺直,深浅一致,不得有漏剁处。阳角处横剁和留出不剁的边条,应宽窄一致,棱角不得有损坏。

5) 喷涂、滚涂、弹涂面层施工

建筑物墙面采用建筑涂料或聚合物砂浆装饰,具有简便、经济且维修更新方便等特点。建筑涂料工业的迅速发展,改进了涂料的质量,用建筑涂料装饰外墙面逐渐增多。

(1) 喷涂

喷涂是利用压缩空气通过喷枪,将聚合物水泥砂浆均匀地喷涂到墙面基层上。根据砂浆的稠度和喷射压力的大小,可喷出砂浆饱满、呈波纹状的"波面喷涂",也可喷出表面布满点状颗粒的"粒状喷涂"等。喷涂施工时,先在 10~13 mm 厚的 1∶3 水泥砂浆打底的中层砂浆面上,喷或刷 1∶3(胶∶水)108 胶水溶液一遍,使基层吸水率趋近一致及保证涂层黏结牢固。喷涂饰面层厚 3~4 mm,连续分三遍喷涂而成,每遍不宜太厚且不得流坠。饰面层收水后,清理分格缝,缝内刷聚合物水泥砂浆,聚合物水泥砂浆喷涂常用配合比见表 11.1。

表 11.1　喷涂砂浆配合比(重量比)

饰面做法	水泥	颜料	细骨料	木质素磺酸钙	聚乙烯醇缩甲醛胶	石灰膏	砂浆稠度(cm)
波　面	100	适量	200	0.3	10～15	—	13～14
波　面	100	适量	400	0.3	20	100	13～14
粒　状	100	适量	200	0.3	10	—	10～11
粒　状	100	适量	400	0.3	20	100	10～11

(2) 滚涂

滚涂是利用橡胶或泡沫塑料滚子在已涂抹的聚合物水泥砂浆面层上滚出花纹,然后喷罩甲基硅醇钠溶液形成饰面。滚涂施工时,对基层浇水湿润后,将聚合物水泥砂浆抹到墙体基层上,厚度按花纹大小确定,一般为 2～3 mm,然后用滚子在面层上滚涂出花纹。滚涂分干滚和湿滚两种:干滚时,滚子不蘸水,一次成活,滚出的花纹较大;湿滚时,滚子反复蘸水,亦一次成活,滚出的花纹较小。滚涂为手工操作,工效比喷涂低。滚涂用的砂浆配合比:水泥∶砂＝1∶(0.5～1),另掺入水泥量 20％的 108 胶。

(3) 弹涂

弹涂是利用手动弹涂器将不同色彩的聚合物水泥浆弹涂到色浆面层上,形成有类似于干粘石效果的装饰面。弹涂施工时,先对中层砂浆面浇水湿润,刷(喷)色浆一道,然后用手摇动弹涂器,由弹棒将色浆弹打到墙面上,形成 1～3 mm 大小的圆形花点,弹涂面层厚为 2～3 mm。弹涂聚合物水泥砂浆常用配合比见表 11.2。

表 11.2　弹涂砂浆配合比(重量比)

项目	水泥种类	水泥用量	颜料	水	聚乙烯醇缩甲醛胶
刷底色浆	普通硅酸盐水泥	100	适量	90	20
刷底色浆	白水泥	100	适量	80	13
弹花点	普通硅酸盐水泥	100	适量	55	14
弹花点	白水泥	100	适量	45	10

11.2　饰面工程

饰面工程包括天然石饰面板、人造石饰面板、饰面砖镶贴的室外饰面工程、装饰混凝土板和金属饰面板工程,以下介绍常用的大理石和花岗岩饰面板施工以及饰面砖施工。

11.2.1　大理石和花岗岩饰面板安装

大理石饰面板质感细腻,平整光滑,多用于室内墙面、柱面及地面等装饰。花岗岩饰面板质感粗犷,质硬强度高,耐久性好,多用于室内外墙面、柱面、墙裙、地面、踏步等装饰。

1) 小规格饰面板安装

对于边长小于 400 mm 的小规格饰面板可采用镶贴施工方法。先用厚 12 mm 的 1∶3 水泥砂浆打底、刮平、找规矩、表面划毛。待底子灰凝固后,在已湿润的饰面板块背面抹上厚 2～3 mm 的加适量 108 胶的水泥素浆,随即将饰面板块镶贴于基层表面上,并用木锤轻敲,使水泥浆挤满整个背面,黏贴牢固,同时用靠尺找平找直。

2）大规格饰面板安装

对于边长大于 400 mm 的大规格饰面板可采用湿挂安装法和干挂安装法施工。

（1）湿挂安装法

采用湿挂安装法施工时,先剔凿出预埋在墙面或柱面内的钢筋,绑扎或焊接直径为 6mm 或 8mm、间距为 300～500 mm 的钢筋网,将选好的饰面板按设计要求在上下两侧钻孔,每侧边不得少于两个,孔内穿入铜丝。按预排的饰面板位置,由下往上,每层从中间或一端开始,依次将饰面板用铜丝与钢筋骨架绑扎固定。图 11.4 为湿挂安装构造详图。饰面板块间接缝宽度可垫木楔调整。灌注砂浆前,应先在竖缝内填塞 15～20 mm 深的麻丝或泡沫塑料条以防漏浆,并浇水将饰面板背面和基体表面湿润。用 1:2.5 的水泥砂浆分层灌注,每层灌注高度为 150～200 mm,插捣密实,待其初凝后,检查板面位置无移动,方可灌注上层砂浆。待砂浆硬化后,清除填缝材料,用水泥色浆擦缝,使缝隙密实,颜色一致。湿挂安装法施工易使饰面产生"泛碱""花脸"现象,采用干挂法安装新工艺可避免这一现象。

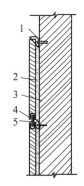

图 11.4　饰面板湿挂法安装
1—预埋钢筋；2—填缝砂浆；
3—基层；4—销钉；5—铜丝

（2）干挂安装法

采用干挂法安装花岗石、大理石、水磨石等大规格饰面板时,先在板块侧面用电钻钻出孔径 5 mm、孔深 12～15 mm 的圆孔,插入直径为 5 mm 的销钉待用。对被挂的结构面作基层面处理,要求在固定于墙面上的一次挂件位置处,表面凹凸误差控制在 10 mm 以内。将不锈钢一次挂件用胀锚螺栓固定到墙面上,所有螺栓均用扭力扳手检查。饰面板安装由下而上,自一端向另一端进行。每块板先进行试安装,认为符合要求后取下饰面板,销钉孔内填满 975 结构胶,进行正式安装。如不符合要求,可利用一次挂件及二次挂件上的槽型孔眼作微调。安装完毕,背部挂件点焊固定。当全部板块安装完毕后,自上而下进行嵌缝。先在板缝两侧黏贴防护胶条,再清理板缝中的污物。填入 14 mm×16 mm 泡沫胶条,最后用 793 耐候胶嵌缝,剥去防护胶条,清洗板面。干挂安装同样用于石材幕墙的安装施工(参见 11.4.3 节)。

11.2.2　饰面砖镶贴

饰面砖镶贴一般指外墙釉面砖和无釉面砖、陶瓷锦砖以及玻璃锦砖的镶贴。

镶贴釉面砖和外墙面砖的施工工艺如下：

$\boxed{\text{基体处理}}$ → $\boxed{\text{湿润基体表面,水泥砂浆打底}}$ → $\boxed{\text{选砖预排}}$ → $\boxed{\text{浸砖}}$ → $\boxed{\text{镶贴面砖}}$ → $\boxed{\text{勾缝}}$ → $\boxed{\text{清洁面层}}$

饰面砖应镶贴在湿润、干净的基层上。对砖墙基体,先用水浇湿透后,用 1:3 水泥砂浆打底,木抹子搓平,隔天浇水养护。对混凝土基体,可将混凝土表面凿毛(或用界面处理剂处理)后,刷一道聚合物水泥砂浆,抹 1:3 水泥砂浆打底,木抹子搓平,隔天浇水养护。饰面砖镶贴前应选砖预排,以使拼缝均匀。釉面砖和外墙面砖在镶贴前应浸水 2 h 以上,冬期施工宜在掺入 2% 盐的温水中浸 2 h,待表面晾干后方可使用。饰面砖镶贴时,分段自下而上进行,立皮数杆,用水平拉通线作为镶贴面砖的基准线,用木分格条控制面砖间水平缝的宽度,面砖采用 1:2 水泥砂浆镶贴,砂浆厚度为 6～10 mm。勾缝采用 1:1 水泥砂浆,先勾横缝,后勾竖缝,缝深宜凹进面砖

2~3 mm。勾缝完成后,用棉丝蘸 10%稀盐酸擦洗表面,并随即用清水冲洗干净。

镶贴陶瓷锦砖(马赛克)和玻璃锦砖的施工工艺如下:

基体处理 → 湿润基体表面,水泥砂浆打底 → 弹线 → 镶贴陶瓷(玻璃)锦砖 → 揭纸调缝
→ 嵌缝、清洗面层

与镶贴面砖不同,陶瓷(玻璃)锦砖采用水泥浆或聚合水泥浆镶贴。镶贴自上而下进行,每段施工自下而上进行。镶贴时应位置正确,仔细拍实,使其表面平整,待稳固后,用软毛刷蘸水刷纸面,将纸面湿润、揭净。揭纸后检查小块锦砖间的缝隙,在水泥浆初凝前调整缝隙宽度,适当拨正。嵌缝采用橡皮刮板将水泥浆在锦砖上刮一遍,接着用干水泥擦缝,并清洗面层残存的水泥浆。

饰面砖镶贴质量要求饰面板(砖)镶贴牢固,无歪斜、缺棱角和裂缝等缺陷;表面应平整、洁净、色泽协调;接缝应填嵌密实、平直,宽窄均匀,颜色一致。阴阳角的板(砖)搭接方向正确,非整砖使用部位适宜。

11.3 涂料和裱糊工程

11.3.1 涂料工程

涂料涂敷于物体表面,能与基层材料黏结,形成完整而坚韧的保护膜。传统的涂料有以油料为原料制备的涂料(亦称油漆);也有以有机高分子合成树脂为主要成膜物质,有机溶剂为稀释剂,加入适当颜料及辅助材料,经研磨而成的溶剂型涂料。随着合成高分子化学工业的发展,现在有了以水溶性合成树脂为主要成膜物质,以水为稀释剂并加入适当颜料及辅助材料,经研磨而成的水溶性涂料;也有将合成树脂的极细微粒加适量乳化剂分散于水中构成乳液,以乳液为主要成膜物质并加入适量颜料及辅助材料,经研磨而成的乳液型涂料(亦称乳胶漆)。

涂料工程施工主要有基层处理、刮腻子、施涂三道主要工序。为了保证涂层与基层黏结牢固,基层的含水率不宜过大。对混凝土和抹灰表面施涂溶剂型涂料时,基层含水率不得大于 8%;施涂水性和乳液涂料时,基层含水率不得大于 10%;木料制品的含水率不得大于 12%。

1) 基层处理和刮腻子

当基层为混凝土表面和抹灰表面时,应先清除表面的灰尘、残浆和油污等。对基层上缺棱掉角处,用 1:3 的水泥砂浆(或聚合物水泥砂浆)修补;对表面麻面及缝隙用腻子填补齐平。对厨房、厕所、浴室等墙面基层,为防止涂层脱落,应使用具有耐水性能的腻子。

当基层为木料表面时,应将木料表面上的灰尘、污垢等清除干净,并将表面的缝隙、毛刺、掀岔和脂囊修整后,用腻子填补,用砂纸磨光。较大的脂囊应用木纹相同的材料用胶镶嵌。

当基层为金属表面时,应将金属表面的灰尘、油渍、鳞皮、锈斑、焊渣、毛刺等清除干净。对薄钢板制作的屋脊、檐沟和天沟等咬口处,应用防锈腻子填补密实。

2) 施涂

涂料的施涂方法主要有刷涂、滚涂和喷涂三种。

对聚乙烯醇类水溶性内墙涂料,采用排笔或毛刷涂刷。施工温度宜在 5 ℃以上,使用时必须充分搅拌均匀。刷第一遍要用稠一些,待第一遍干后用砂纸打磨,再涂刷第二遍。对乳液型内墙涂料可采用喷涂或刷涂。喷涂时,空气压缩机的压力应控制在 0.5~0.8 MPa,喷斗的出料口与墙面垂直,喷斗距墙面 500 mm 左右。顶棚和墙面一般喷两遍成活,两遍时间相隔约

2 h。刷涂时可采用排笔,横向、竖向涂刷两遍,其间隔时间亦为 2 h。

外墙涂料工程分段进行时,应以分格缝、墙的阴角处或水落管等为分界线。同一墙面应采用同一批号的涂料。对于无机高分子外墙涂料可采用刷涂或喷涂。刷涂采用排笔,从左至右,从上而下施涂。普通等级可两遍成活。如装饰效果不理想时,可增加 1～2 遍。涂层应均匀一致,每遍不宜施涂过厚,外墙喷涂前,应将外门窗和不涂部位遮挡严密,以免污染。空气压缩机的压力控制在 0.5～0.7 MPa,喷嘴垂直墙面,距墙面 500 mm 左右。喷一遍后,待涂膜稍干,用砂纸轻轻打磨后,紧接着喷第二遍。对于丙烯酸酯外墙涂料,类型有以丙烯酸酯共聚乳液为胶黏剂,配彩色石英砂及添加剂等而成的彩砂涂料;也有以丙烯酸酯乳液和无机高分子材料为主要胶黏剂的喷塑涂料。这类涂料施涂采用喷涂,作业要求与前述基本相同。

近几年来,复层建筑涂料得到迅速推广应用。复层建筑涂料又称复层凹凸花纹涂料或浮雕涂料,它是由封底涂料、主层涂料和罩面涂料组成,各层分别起着不同的作用。封底涂料的作用是降低基层的吸水性,使基层吸收均匀,增加基层与主层涂料的黏结力;主层涂料的作用是产生立体花纹质感和图案;罩面涂料的作用是赋予装饰面以色彩、光泽,保护主层涂料,提高饰面层的耐久性和耐污染性能。封底涂料主要采用合成树脂乳液及无机高分子材料的混合物;主层涂料主要采用合成树脂乳液、无机硅溶胶、环氧树脂等为基料的厚质涂料以及普通硅酸盐水泥等;罩面涂料主要采用丙烯酸系乳液涂料。复层涂料施涂时,先应喷涂或刷涂封底涂料,待其干燥后再喷涂主层涂料,干燥后再施涂两遍罩面涂料。喷涂主层涂料时,内墙一般将点状的大小控制在 5～15 mm,外墙一般控制在 5～25 mm,同时点状的疏密程度应均匀一致。

油漆的施涂多采用刷涂。施涂时,后一遍油漆必须在前一遍油漆干燥后进行。每遍油漆都应涂刷均匀。油漆施涂时的环境温度不宜低于 10 ℃,相对湿度不宜大于 60%。

涂料工程待涂层完全干燥后可进行验收。检查时,室外工程每 100 m² 应至少检查一处,每处不得小于 10 m²;室内选有代表性的自然间抽查 10%,但不少于 3 间。施涂的表面质量总的要求颜色一致,刷涂的应刷纹通顺,喷涂的应喷点疏密均匀。

11.3.2 裱糊工程

室内墙面可用聚氯乙烯(简称 PVC)塑料壁纸、复合壁纸、墙布等装饰材料装饰。裱糊工程就是把壁纸或墙布用胶黏剂裱糊到内墙基层表面上。

壁纸和墙布的裱糊工艺过程如下:

基层处理 → 裁切壁纸或墙布、墙面划准线 → 壁纸背面或基层涂刷胶黏剂 → 上墙、裱糊 → 赶压胶黏剂、气泡

1)基层处理

裱糊工程基体或基层要求干燥,混凝土和抹灰层的含水率不大于 8%,木材制品含水率不大于 12%。

裱糊前,应将基体或基层表面的污垢、尘土清除干净。泛碱部位,用 9% 的稀醋酸中和、清洗。对突出基层表面的设备或附件卸下,钉帽应进入基层表面,并涂防锈涂料,钉眼用油性腻子填平。对局部麻点和缝隙等部位先用腻子刮平,并满刮腻子,砂纸磨平。为防止基层吸水过快,裱糊前用 1:2 的 108 胶水溶液等作底胶涂刷基层,以封闭墙面,为黏贴壁纸提供一个粗糙面。底胶干后,在墙面上弹出裱糊第一幅壁纸或墙面的准线。

2）壁纸或墙布裁切

为保证整幅墙面对花一致，取得整体装饰效果，裱糊前，应按壁纸、墙布的品种、图案、颜色、规格等进行选配分类，拼花裁切，编号后平放待用。裱糊时按编号顺序黏贴。

3）胶黏剂涂刷

裱糊 PVC 壁纸，应先将壁纸用水湿润数分钟。裱糊时在基层表面还应涂刷胶黏剂。裱糊顶棚时，为增加黏结强度，基层和壁纸背面均应涂刷胶黏剂。

裱糊上下两层均为纸质的复合壁纸，严禁浸水，应先将壁纸背面涂刷胶黏剂，放置数分钟，裱糊时，基层表面也应涂刷胶黏剂。

裱糊墙布，应先将墙布背面清理干净，裱糊时应在基层表面涂胶黏剂。

裱糊带背胶的壁纸，应先在水中浸泡数分钟后裱糊。裱糊顶棚时，带背胶的壁纸应涂刷一层稀释的胶黏剂。

4）裱糊

壁纸和墙布上墙裱糊时，对需要重叠对花的，应先裱糊对花，后用钢尺对齐裁下余边；对直接对花的，直接裱糊。裱糊中赶压气泡时，对于压延壁纸可用钢板刮刀刮平；对于发泡及复合壁纸只可用毛巾、海绵或毛刷赶平。裱糊好的壁纸或墙布经压实后，及时擦去挤出的胶黏剂，表面不得有气泡、斑污等。

裱糊工程完工并干燥后，即可验收。检查数量为选择有代表性的自然间，抽查 10％，但不得少于 3 间。质量要求黏贴牢固，表面平整，无气泡空鼓，各幅拼接横平竖直，拼接处花纹图案吻合，距墙面 1.5 m 处正视，不显拼缝。

11.4　幕墙工程

由金属构件与各种板材组成的悬挂在主体结构上，不承担主体结构荷载与作用的建筑物外围护结构，称为建筑幕墙。按建筑幕墙的面板可将其分为玻璃幕墙、金属幕墙、石材幕墙、混凝土幕墙及组合幕墙等。按建筑幕墙的安装形式又可将其分为散装建筑幕墙、半单元建筑幕墙、单元建筑幕墙、小单元建筑幕墙。

11.4.1　玻璃幕墙

1）玻璃幕墙的分类

面板材料为玻璃的建筑幕墙称为玻璃幕墙。

玻璃幕墙采用大面积的玻璃装饰于建筑物的外立面，利用玻璃本身的一些特殊性能，使建筑物显得别具一格，光亮、洁净、明快、挺拔，较之其他装饰材料，在色泽与光彩方面，都给人一种全新的概念。

按照所需玻璃幕墙的建筑效果，可采用不同结构形式的玻璃幕墙。目前玻璃幕墙的主要形式有框支承玻璃幕墙、点支承玻璃幕墙及全玻幕墙。框支承玻璃幕墙由金属框架作为玻璃幕墙结构的支承，而玻璃则作为装饰的面板，玻璃与金属框架周边连接；点支承玻璃幕墙由玻璃面板、点支承装置及支承结构构成，玻璃与支承结构间通过点支承装置相连，相对于框支承玻璃幕墙来说，玻璃与支承结构呈点状连接；全玻幕墙由玻璃肋和玻璃面板构成，玻璃本身就是承受自重及风荷载的承重构件。对于框支承玻璃幕墙，按照金属框架是否外露，分为明框玻璃幕墙、隐框玻璃幕墙、半隐框玻璃幕墙。金属框架的构件显露于面板外表面的框支承玻璃幕墙称为明框玻璃幕墙;金属框架的构件完全不显露于面板外表面的框支承玻璃幕墙称为隐框玻璃幕墙;金属框架的竖向或横向构件显露于面板外表面的框支承玻璃幕墙称为半隐框玻璃幕墙。

2) 玻璃幕墙的构造

明框玻璃幕墙是用铝合金压板和螺栓将玻璃固定在骨架的立柱和横梁上,压板的表面再扣插铝合金装饰板(图 11.5)。隐框玻璃幕墙常用的构造形式主要有两种:一种是用结构胶将玻璃黏贴在铝合金框架上,再用连接件将铝合金框固定在铝合金骨架上(图 11.6);另一种是在玻璃上打孔,再用专用连接件(如接驳器)穿过玻璃孔将玻璃与钢骨架相连(图 11.7),这种玻璃幕墙又称点支式玻璃幕墙。点支式幕墙在我国正处于蓬勃的发展阶段,从传统的玻璃肋点支式玻璃幕墙(图 11.8)、单梁点支式玻璃幕墙(图 11.9)、桁架点支式玻璃幕墙(图 11.10),到张拉索杆结构点支式玻璃幕墙(图 11.11)和张拉自平衡索杆点支式玻璃幕墙(图 11.12)。点支式玻璃结构与张拉膜结构相组合创造出了崭新的建筑形式。

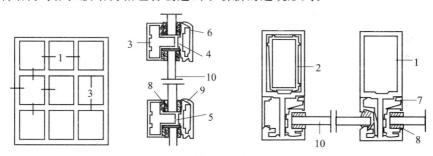

图 11.5 明框玻璃幕墙构造示意图

1—立柱;2—套管;3—横梁;4—压板;5—螺栓;
6—装饰扣板;7—附件;8—橡胶压条;9—定位垫块;10—玻璃

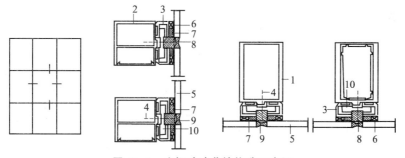

图 11.6 隐框玻璃幕墙构造示意图

1—立柱;2—横梁;3—铝合金框;4—紧固螺栓;5—玻璃;
6—垫条;7—结构胶;8—泡沫棒;9—耐候胶;10—固定件

玻璃幕墙应按围护结构设计,应具有足够的承载能力、刚度、稳定性和相对于主体结构的位移能力。采用螺栓连接的幕墙构件,应有可靠的防松、防滑措施;采用挂接或插接的幕墙构件应有可靠的防脱、防滑措施。

3) 玻璃幕墙的材料

玻璃幕墙用材料应符合国家现行标准的有关规定及设计。尚无相应标准的材料应符合设计要求,并应有出厂合格证。玻璃幕墙应选用耐候性的材料。金属材料和金属零配件除不锈钢及耐候钢外,钢材应进行表面热浸镀锌处理、无机富锌涂料处理或采取其他有效的防腐措施,铝合

图 11.7　点支式玻璃幕墙的接驳器

金材料应进行表面阳极氧化、电泳涂漆、粉末喷涂或氟碳漆喷涂处理。玻璃幕墙材料宜采用不燃性材料或难燃性材料,防火密封构造应采用防火密封材料。隐框和半隐框玻璃幕墙,其玻璃与铝型材的黏结必须采用中性结构密封胶;全玻幕墙和点支承幕墙采用镀膜玻璃时,不应采用酸性硅酮结构密封胶黏结。硅酮结构密封胶和硅酮建筑密封胶必须在有效期内使用。隐框或半隐框玻璃幕墙所采用的中性硅酮结构密封胶是保证隐框或半隐框玻璃幕墙安全的关键材料。中性硅酮结构密封胶有单组分与双组分之分,单组分硅酮结构密封胶是靠吸收空气中的水分而固化,单组分硅酮结构密封胶的固化时间较长,一般为 14～21 天,双组分固化时间较短,一般为 7～10 天,硅酮结构密封胶在固化前,其黏结拉伸强度是很弱的,因此玻璃幕墙构件在打注结构胶后,应在温度 20°、湿度 50% 以上的干净室内养护,待固化后才能进行下道工序。幕墙工程所使用的结构密封胶,应选用法定检测机构检测的合格产品,在使用前对幕墙工程选用的铝合金型材、玻璃、双面胶带、硅酮耐候密封胶、塑料泡沫棒等与硅酮结构密封胶接触的材料做相容性试验和黏结剥离性试验,试验合格后方可进行打胶。

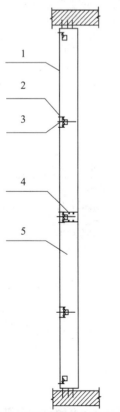

图 11.8　玻璃肋点支式玻璃幕墙
1—钢化玻璃;2—连接件;3—钢爪;
4—不锈钢夹板;5—玻璃肋

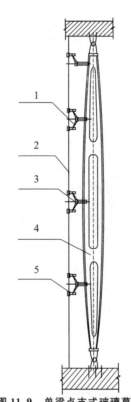

图 11.9　单梁点支式玻璃幕墙
1—钢爪;2—钢化玻璃;3—转接件;
4—钢梁;5—连接件

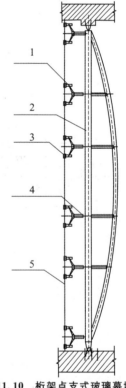

图 11.10　桁架点支式玻璃幕墙
1—连接件;2—钢桁架;3—钢爪;
4—转接件;5—钢化玻璃

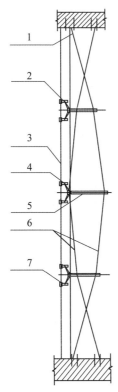

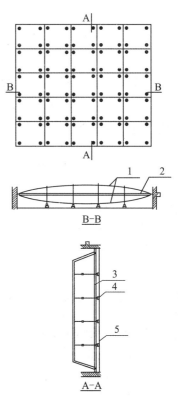

图 11.11　张拉索杆结构点支式玻璃幕墙
1—拉索固定端；2—连接件；3—钢化玻璃；4—钢爪；
5—拉索支撑杆；6—不锈钢拉索；7—拉索调节端

图 11.12　张拉自平衡索杆结构点支式玻璃幕墙
1—不锈钢拉索；2—自平衡钢管；
3—钢桁架；4—钢爪；5—钢化夹胶玻璃

4）玻璃幕墙的制作与安装

玻璃幕墙在加工制作前应与土建设计施工图进行核对，对已建主体结构进行复测，并应按实测结果对幕墙设计进行必要调整。加工幕墙构件所采用的设备、机具应满足幕墙构件加工精度要求，其量具应定期进行计量认证。采用硅酮结构密封胶黏结固定隐框玻璃幕墙构件时，应在洁净、通风的室内进行注胶，且环境温度，湿度条件应符合结构胶产品的规定。注胶宽度和厚度应符合设计要求。除全玻幕墙外，不应在现场打注硅酮结构密封胶。单元式幕墙的单元组件、隐框幕墙的装配组件均应在工厂加工组装。低辐射镀膜玻璃应根据其镀膜材料的黏结性能和其他技术要求，确定加工制作工艺；镀膜与硅酮结构密封胶不相容时，应除去镀膜层。硅酮结构密封胶不宜作为硅酮建筑密封胶使用。

安装玻璃幕墙的主体结构，应符合有关结构施工质量验收规范的要求。进场安装的玻璃幕墙构件及附件的材料品种、规格、色泽和性能，应符合设计要求。玻璃幕墙的安装施工应单独编制施工组织设计，并应包括：① 工程进度计划；② 与主体结构施工、设备安装、装饰装修的协调配合方案；③ 搬运、吊装方法；④ 测量方法；⑤ 安装方法；⑥ 安装顺序；⑦ 构件、组件和成品的现场保护方法；⑧ 检查验收；⑨ 安全措施。单元式玻璃幕墙的安装施工组织设计尚应包括：① 吊具的类型和吊具的移动方法，单元组件起吊地点、垂直运输与楼层上水平运输方法和机具；② 收口单元位置、收口闭合工艺及操作方法；③ 单元组件吊装顺序以及吊装、调整、定位固定等方法和措施；④ 幕墙施工组织设计应与主体工程施工组织设计衔接，单元幕墙收口部位应与总施工平面图中施工机具的布置协调,如果采用吊车直接吊装单元组件时,应使吊车臂覆盖全部安装位置。点支承玻璃幕墙的安装施工组织设计尚应包括:① 支承钢结构的运输、现场拼装和吊装方案;② 拉杆、拉索体系预拉力的施加、测量、调整方案以及索杆的定位、固定方法;③ 玻璃的运输、就位、调整和固定方法;④ 胶缝的充填及质量保证措施。

玻璃幕墙安装施工应符合现行行业标准《建筑施工高处作业安全技术规范》(JGJ 80)、《建筑机械使用安全技术规程》(JGJ 33)、《施工现场临时用电安全技术规范》(JGJ 46)的有关规定。安装施工机具在使用前,应进行严格检查。电动工具应进行绝缘电压试验;手持玻璃吸盘及玻璃吸盘机应进行吸附重量和吸附持续时间试验。采用外脚手架施工时,脚手架应经过设计,并应与主体结构可靠连接。采用落地式钢管脚手架时,应双排布置。当高层建筑的玻璃幕墙安装与主体结构施工交叉作业时,在主体结构的施工层下方应设置防护网;在距离地面约3 m 高度处,应设置挑出宽度不小于 6 m 的水平防护网。采用吊篮施工时,对吊篮应进行设计,使用前应进行安全检查;吊篮不应作为竖向运输工具,并不得超载;不应在空中进行吊篮检修;吊篮上的施工人员必须配系安全带。现场焊接作业时,应采取防火措施。

11.4.2 金属幕墙

面板材料为金属板的建筑幕墙称为金属幕墙。金属幕墙主要由金属饰面板、固定支座、骨架结构、各种连接件及固定件、密封材料等构成,金属饰面板悬挂或固定在承重骨架或墙面上(图 11.13、图 11.14)。与玻璃幕墙和石材幕墙相比,金属幕墙的强度高、重量轻,防火性能好、施工周期短,可用于各类建筑物上。

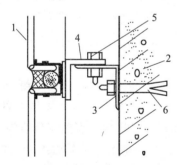

图 11.13　铝合金板或塑铝板幕墙构造示意图
1—铝合金板或塑铝板;2—建筑结构;
3—角钢连接件;4—直角形铝型材横梁;
5—调节螺栓;6—锚固膨胀螺栓

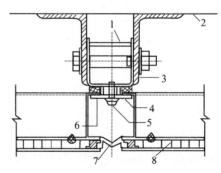

图 11.14　铝合金蜂窝板幕墙构造示意图
1—焊接钢板;2—结构边线;3—L75×50×5 角钢长 50;
4—Φ15×3 铝管;5—螺丝带垫圈;6—45×45×5 铝板;
7—橡胶带;8—蜂窝铝合金外墙板

1) 金属幕墙的构成

(1)骨架材料。金属幕墙通常采用型钢骨架或铝合金骨架。型钢骨架结构强度高,造价低,锚固间距大,一般用于低层建筑或者对安装精度要求不高的金属幕墙中。由于型钢骨架易生锈,在施工前必须进行相应的防腐处理,而且型钢骨架对使用维护的要求较高,所以金属幕墙的骨架多采用铝型材骨架。

(2)饰面材料。金属幕墙饰面板的常用材料有彩色涂层复合钢板、铝合金板、蜂窝铝合金复合板和塑铝板等。彩色涂层复合钢板是以彩色涂层钢板为面层,以轻质保温材料为芯板,经过复合后而形成的一种板材。金属幕墙采用的铝合金板一般是 LF21 铝合金板,其厚度为

2.5 mm。为了提高较大规格的铝合金板的板面刚度,通常在铝合金板的背面用与板面相同质地的铝合金带或角铝进行加强。铝合金板的表面则采用粉末喷涂或氟碳喷涂工艺进行处理,协调铝合金板面色调的同时也可提高板材的使用寿命。蜂窝铝合金复合板是在两块铝板中间加上用各种材料制成的蜂窝状夹层,蜂窝铝合金板的夹层材料以铝箔为主。塑铝板是以铝合金板为面层材料、聚乙烯或聚氯乙烯等热塑性塑料为芯板材料,经复合而成的装饰板。

(3)连接件。金属幕墙的骨架结构需通过连接件与建筑的主体结构相连。连接件需进行防锈、防腐处理。

(4)辅助材料。辅助材料主要指填充材料、保温隔热材料、防火防潮材料、密封材料和黏结材料等。填充材料主要是聚乙烯发泡材料。保温隔热材料主要用岩棉、矿棉及玻璃棉等。密封材料及黏结材料有中性的耐候硅酮胶、双面胶及结构胶。密封胶的性能应满足设计要求,且宜采用中性耐候硅酮胶,不得将过期的密封胶用于幕墙工程中。双面胶在选用时应考虑到金属幕墙所承受的风荷载的大小。当风荷载大于 1.8 kN/m^2 时,则选用中等硬度的聚氨基乙酯低发泡间隔双面胶带;当风荷载小于或等于 1.8 kN/m^2 时,宜选用聚乙烯低发泡间隔双面胶带。结构胶采用高模数中性胶,并不得使用过期的结构胶,结构胶的性能应满足国家规范的有关规定。

2)金属幕墙的安装

金属幕墙在施工前应按照施工图纸,对照现场尺寸的实际情况进行详细的核查。发现有图纸与施工现场情况不相符合时,应会同有关人员进行现场会审。

金属幕墙的施工流程如下:

安装预埋件 → 测量放样 → 骨架的安装 → 保温隔热和防火材料的安装 → 防雷处理 →

饰面板的安装 → 节点的处理 → 清理

(1)安装预埋件。金属幕墙的预埋件主要是指与建筑结构相连接的预埋钢板和幕墙骨架的固定支座等。预埋铁件用厚钢板制成,其表面应做防腐防锈处理。预埋铁件在结构混凝土浇筑前进行,也可用高强膨胀螺栓直接将其固定在已施工完成的建筑结构上。预埋铁件的表面沿垂直方向的倾斜误差较大时,应采用厚度适中的钢板垫平后焊牢,严禁用钢筋头等不规则金属件进行垫焊或搭接焊。预埋铁件固定后,再用高强螺栓或焊接的方法将幕墙支座固定在预埋铁件上,固定支座可用不锈钢板或经过镀锌处理过的角钢制成。

(2)测量放样。将预埋件和建筑物轴线的位置复测后,再将竖向骨架和横向骨架的位置定出,并用经纬仪定出幕墙的转角位置。测量时应控制好测量误差,测量时的风力不超过四级。放样后应及时校核相关尺寸,确保幕墙的垂直度和立柱位置的正确性。

(3)骨架的安装。骨架在安装前应检查铝合金骨架的规格尺寸、连接件加工处理的情况等是否符合图纸和规范的要求。将经过热浸镀锌处理过的连接角钢焊接在预埋铁件上,焊接时应采用对称焊接,以防止产生焊接变形。预埋铁件上的连接铁件焊接后需对焊缝进行防锈处理。用不锈钢螺栓将立柱固定在连接角钢上,在立柱与连接铁件的接触处固定厚度为 1 mm 左右的橡胶绝缘片,以防不同的金属之间产生电化学腐蚀。立柱的尺寸经过校准后拧紧螺栓。再用 L 形铝角件将铝合金横梁安装在立柱上,立柱与横梁之间用弹性橡胶垫片隔开,横梁与立柱的接缝用密封胶密封处理。

(4)幕墙的防火、隔热和防雷处理。在金属幕墙与楼板结构之间的缝隙处,用厚度不小于

1.5 mm 经过防腐处理的耐热钢板和岩棉或矿棉进行防火密封处理,形成防火隔离带,隔离带中间不得有空隙。幕墙有保温隔热要求时,在铝合金骨架的空当内用阻燃型聚苯乙烯泡沫板等材料进行填充,泡沫板的尺寸可根据现场尺寸裁切。将泡沫板固定在铝合金框架内,再用彩色涂层钢板或不锈钢板等材料进行封闭。金属幕墙的饰面板如果用铝合金蜂窝板时,由于蜂窝板本身具有较好的保温隔热性能,则在板的背面可以不做上述的保温隔热处理。幕墙的防雷体系应与建筑结构的防雷体系有可靠的连接,以确保整片幕墙框架具有连续而有效的导电性,保证防雷系统的接地装置安全可靠。防雷系统与供电系统不得共用接地装置。

(5)饰面板的安装。饰面板在安装时应做好保护工作,避免板面被硬物撞击或划伤。

按照幕墙上饰面板的分格布置要求将饰面板固定在铝合金骨架上,固定时应注意分格缝的水平度和垂直度应满足有关要求。饰面板固定后,在板的接缝内安装泡沫棒。板的接缝四周须用保护胶纸黏贴,以防密封胶污染板面。注胶的宽度与深度的比例一般为 2:1。密封胶固化后再将保护胶纸撕去。

(6)节点的处理。金属幕墙的节点主要是指幕墙的转角处、不同材料的交接处、女儿墙的压顶、墙面边缘的收口、墙面下端部位和幕墙的变形缝等部位。这类节点的处理,既要满足建筑结构的功能要求,又要与建筑装饰相协调,起到烘托饰面美观的作用。在铝合金板墙中,一般采用特制的铝合金成型板进行构造处理。幕墙的变形缝处用异形金属板和氯丁橡胶带进行处理。

(7)清理。清理工作主要是指对幕墙板面的清洗。有保护胶纸的板面应将保护胶纸及时撕去,撕胶纸时应按从上至下的方向进行。板面清洗时所用的清洗剂应是中性清洗剂,不得用碱性或酸性清洗剂,以免板面被污损。

11.4.3 石材幕墙

面板材料为石板材的建筑幕墙称为石材幕墙。它利用金属挂件将石板材钩挂在钢骨架或结构上。石材幕墙主要由石材面板、固定支座、骨架结构、各种连接件及固定件、密封材料等组成。石材幕墙不仅能够承受自重荷载、风荷载、地震荷载和温度应力的作用,还应满足保温隔热、防火、防水和隔声等方面的要求,因此石材幕墙应进行承载力和刚度方面的计算。

由于花岗岩的强度高、耐久性好,因而一般用花岗岩作为石材幕墙的面板材料。为保证板材的安全性,防止板材与连接件处产生裂缝,板材的厚度一般在 30 mm 以上。花岗岩板材的色泽应基本一致,板体上不应有影响安全要求的明显缝隙,毛面板的正反面和镜面板的背面应刷涂透明隔离剂,以防雨水的侵蚀作用,板材的规格公差不能超过规定的范围。石材的吸水率应小于 0.8%,弯曲强度不应小于 8.0 MPa。石材的放射性应符合《天然石材产品放射性防护分类控制标准》(JC 518)的规定。

骨架结构材料有铝合金型材和碳素钢型材。铝合金型材的质量应符合石材幕墙规范的规定,碳素钢型材的质量应满足《钢结构设计规范》的要求。碳素钢构件应采用热镀锌防腐处理,焊接部位处必须刷富锌防锈漆。

石材幕墙的连接件和固定件有挂件和螺栓。挂件一般用不锈钢和铝合金。不锈钢挂件用于无骨架体系和钢骨架体系,铝合金挂件与铝合金骨架配套使用。螺栓有热镀锌钢螺栓或不锈钢螺栓。固定支座用螺栓固定时须做现场拉拔实验,以确定螺栓的承载力。

石材幕墙的构造有直接式(图 11.15)、骨架式(图 11.16)、背栓式、黏结式和组合式等。直接式石材幕墙就是用挂件将石材直接固定在主体结构上的一种构造形式;骨架式是在主体结构上安装相应的骨架体系,然后在骨架上安装金属挂件,通过金属挂件将石材固定在骨架上;背栓式是在石材的背面用柱锥式钻头钻出专用孔,将专用锚栓固定在孔洞内,通过锚栓和金属挂件将板材固定在骨架上;黏结式是在板材背面的某些位置上用干挂石材胶将石材直接黏贴在主体结构上的一种施工工艺;组合式则是将石材、保温材料等在工厂内加工后形成组合框架,再将组合框架固定在钢骨架上。

石材幕墙的施工工艺如下:

安装预埋件 → 测量放样 → 安装骨架 → 石材面板的安装 → 接缝处理 → 清洗扫尾

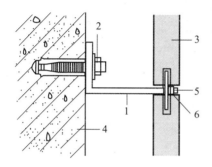
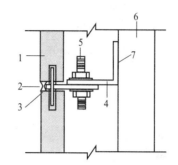

图 11.15　直接式石材幕墙构造示意图

1—挂件;2—膨胀螺栓;3—石材;

4—基体;5—耐候胶;6—泡沫棒

图 11.16　骨架式石材幕墙构造示意图

1—石材;2—耐候胶;3—泡沫棒;

4—挂件;5—螺栓;6—骨架;7—焊缝

11.4.4　幕墙工程的质量验收

幕墙工程的质量验收按《建筑装饰装修工程质量验收规范》(GB 50210)进行。

相同设计、材料、工艺和施工条件的幕墙工程每 $500\sim1\,000$ m² 应划分为一个检验批,不足 500 m² 也应划分为一个检验批。同一单位工程的不连续的幕墙工程应单独划分检验批。对于异型或有特殊要求的幕墙,检验批的划分应根据幕墙的结构、工艺特点,由监理单位(或建设单位)和施工单位协商确定。

每个检验批每 100 m²,应至少抽查一处,每处不得小于 10 m²。对于异型或有特殊要求的幕墙,应根据幕墙的结构和工艺特点及幕墙工程的规模,由监理单位(或建设单位)和施工单位协商确定。

验收主要从幕墙结构的安全与安装偏差及装饰效果等方面着手进行验收。验收时必须检查相关的资料,并对幕墙的外观质量及安装允许偏差进行检验。

12 施工组织概论

施工组织是以一定的生产关系为前提,以施工技术为基础,着重研究一个或几个建设产品(建设项目或单位工程)生产过程中各种生产要素之间合理的组织问题。

进行土木工程施工应具备各种建筑材料、施工机具和具有一定生产经验和劳动技能的劳动者;遵照土木工程的施工规律,按照设计文件的要求,遵守生产技术规范以及质量验收规范的规定,在空间上按照一定的位置,时间上按照一定的先后顺序,数量上按照一定的比例将这些材料、机具和劳动者合理地组织起来,使生产者在统一的指挥下进行生产活动。施工组织是指在施工前有计划地安排生产诸要素、选择施工方案,在施工过程中进行指挥和协调劳动资源等一系列工作。

12.1 基本建设与土木工程施工

12.1.1 基本建设

1) 基本建设及基本建设内容

基本建设是国民经济各部门、各单位新增固定资产的一项综合性的经济活动。它通过新建、扩建、改建和重建(恢复)等形式来完成,其中新建和扩建是最主要的形式。

固定资产包括了各种性质和用途的建筑物、构筑物,以及各种管线、矿山、通讯、道路、隧道、机场、水利、畜牧场等工程建设,还包括了各种机械、设备、车辆、飞机、牲畜等生产资料的购置和安装工作。

与基本建设有关的工作包括基本建设的管理、科学试验、勘察设计、土地征购、拆迁补偿、生产准备、职工培训、道路绿化等工作,同时还包括相应的生产、流通和分配过程在内的各种经济活动。

基本建设为促进国民经济的发展,提高人民物质文化生活水平建立了物质基础,是扩大再生产的重要手段。

2) 基本建设程序

基本建设程序是指一个建设项目在整个建设过程中各项活动必须遵循的先后顺序。它总结了我国多年来基本建设工作的实践经验,正确反映了生产规律和经济规律。基本建设程序一般分为计划、设计和实施三个阶段。

(1) 计划。根据国民经济的中长期规划目标,确定基本建设项目。其中包括建设项目的可行性研究、确定建设地点和规模、编制计划任务书、筹集建设资金等,并且进行大量的调查、研究、分析,论证建设项目的经济效益和社会效益。

(2) 设计。根据批准的计划任务书,进行建设项目的勘察设计,编制设计概算;经批准后做好建设准备,落实年度计划安排;选定生产工艺,做好设备订货等工作。

(3) 实施。建设项目的实施,包括土木工程施工、设备安装、生产准备、联动试车、竣工验收及投产使用等。

3）建设项目的组成

（1）建设项目。凡具有独立计划（设计）和总体设计，并按总体设计要求对该项目组织施工；在完成以后能独立形成生产能力或使用功能的项目称为建设项目。执行该项目投资的企业、事业单位或投资人（亦称建设单位或业主）在经济上实行独立核算，在行政上具有独立的组织形式。例如：一个工厂、一座电站、一条高速公路等。

（2）工程项目。工程项目亦称单项工程。凡具有独立设计文件，独立组织施工，完成后可独立发挥生产能力或工程效益的项目称为一个工程项目。工程项目是建设项目的组成部分，一项或若干项工程项目组成一个建设项目。例如：一个车间、一座办公楼、一座收费站等。

（3）单位工程。凡具有独立设计，独立组织施工，但完成后不能独立发挥生产能力或工程效益的工程称为单位工程。单位工程是工程项目的组成部分，例如，一个生产车间的土建工程、设备安装工程、水暖卫生工程等，都称为单位工程（本教材中凡不做说明者均指土建工程）。

（4）分部工程。单位工程按其所属部位可划分成为基础工程、主体结构工程、屋面工程、装饰工程（亦称施工阶段）等；按工种工程可划分为土方工程、桩基础工程、路面工程、混凝土结构工程、钢结构工程、结构安装工程等，这些都称为分部工程。分部工程是单位工程的组成部分。

（5）分项工程。一个分部工程可由若干分项工程所组成。例如基础工程由基槽（坑）挖土、混凝土垫层、砖基础、防潮层和回填土等项目组成。分项工程可按不同的工作内容或施工方法来划分，以便安排劳动力、组织材料供应，进行施工和操作以及成本核算等，这是组织施工时最基本的组成单元。

12.1.2　土木工程施工

在工程基本建设实施过程中，当设计工作完成以后，土木施工就成为决定性阶段。土木工程施工是由土木施工企业（亦称承包商）按照设计图纸及有关技术要求，将建设产品建造起来的全部生产活动。它包括从施工准备到工程验收、交付使用的全部过程。

1）土木工程施工的特点

建设产品是土木工程施工的最终成果，它在竣工验收、交付使用以后形成新的固定资产，具有使用价值。

建设产品多种多样，但归纳起来，建设产品具有体形庞大、复杂多变、整体难分、不能移动（即固定性）等特点。这些特点决定了土木工程施工要比一般工业产品的生产更复杂、困难。土木工程施工最基本的特点是生产的流动性、生产的单件性、生产周期长、受自然条件影响大等。

（1）生产的流动性

土木工程施工的流动性是由建设产品的固定性和整体难分的特点所决定的。

生产的流动性主要表现在两个方面：一是生产机构随着生产地点的变动而整体流动；二是在一个建设产品的生产过程中，劳动资源（劳动力、建筑材料和机具）要随着生产工作面的逐步形成而不断转移生产地点。

在生产过程中，机械设备的选择和使用必须考虑场地条件的影响；材料的供应需根据当地环境和交通条件分别组织；现场布置也因施工条件的变化而因地制宜安排。劳动力和施工机械的流动,操作条件和工作环境的经常变化,都会直接影响生产的组织和生产的效率。此外,由于建设产品整体性的要求,生产的流动性又必须与生产的顺序性密切配合,即劳动资源的流动必须结合施工顺序的要求进行,这必然会增加流动施工的密度和难度。因此,土木工程施工的流动性对生产的组织有极大的影响,也是施工组织中首先应解决的问题之一。

(2) 生产的单件性

土木工程施工的单件性与建设产品的固定性和多样性有关。

由于每个建设产品的用途、功能、要求以及所处地区自然条件和技术经济条件不同,几乎每个建设产品都有它独特的形式和结构,设计上各有特色。由于建设产品的多样性,建设产品生产就具有突出的单件性。因此,每一个建设产品都应根据不同的特点,采用不同的施工方法,选择不同的施工机械,安排不同的施工顺序和劳动资源来进行生产。不可能用一个统一的模式去组织所有建设产品的施工,而必须对每一个建设产品分别编制施工组织设计用以指导施工。

(3) 生产周期长

建设产品的生产周期长是由建设产品体形庞大、复杂多样和整体难分的特点所决定的。

土木工程施工所需的人员和工种众多,所用物资和机械设备种类繁杂,所需的准备工作时间长。另外,因建设产品的整体性和工艺顺序的要求,也限制了工作面的全面展开。为了克服这些缺点,在组织施工的过程中,应充分利用建设产品庞大体形所能提供的工作面,组织流水施工。流水施工对劳动资源在空间和时间上的配合有特别严格的要求,同时也要求采取有效的措施以保证施工质量和施工安全。

(4) 受自然条件的影响大

建设产品的固定性和体形庞大决定了土木工程施工大部分都为露天生产。即使随着建筑工业化水平的不断提高,构件逐步转入工厂化生产,也不可能从根本上改变这一状况,因此,土木工程施工不可避免地要受到自然条件的影响。例如,在冬雨季需采用特殊的施工方法和技术措施(防冻防雨),工人的劳动效率也会有所下降,这些都有可能会影响施工进度和施工工期,也可能会增加一定的生产成本。另外,在土木工程施工中有大量的高空或水下作业,城市立交桥受交通的限制等,施工条件差、劳动强度大、交叉作业多,因此,在土木工程施工组织中对生产工人的劳动保护和安全生产,以及环境保护、文明施工应有足够的重视。

2) 施工程序

施工程序是拟建工程项目在整个施工阶段必须遵循的先后顺序,它是土木工程施工最基本的客观规律。坚持按施工程序组织施工是加快施工速度、保证工程质量和降低施工成本的重要手段。土木工程施工按以下程序进行。

(1) 接受任务

施工企业承接施工任务的方式,应由具有相应施工资质的企业参加建设工程的投标,中标后承接施工任务。这种方法,有利于施工企业之间开展竞争,鼓励先进和压制落后。实行招标投标,可以使建设单位择优选择施工承包单位,必然促进施工企业改善经营作风,加强经济核算,努力提高企业自身的素质和信誉,在竞争中求得生存和发展。

施工企业接受任务后必须同建设单位签订工程承包合同,明确各自在施工期内应承担的责任和义务。

施工合同的内容主要应包括:承包工程的内容、施工期限、合同总价、结算方法和付款条件、质量标准和奖惩制度等。合同的详细内容可参照《中华人民共和国合同法》和《建设工程施工合同示范文本》。

施工合同中双方的权利和义务应是平等互利的,文字表达应准确、具体,措辞不能含糊。

施工合同一经签订、鉴证后即具有法律效力,双方都必须遵守。

(2) 施工准备

土木工程施工是一个综合性很强的生产过程,需要有多单位、多部门、多工种的配合。工程中一个生产环节受到影响,往往会影响到其他许多生产环节,容易造成生产的混乱。另外,土木工程施工材料需要量大,材料和机械品种、规格繁多,结构形式和施工条件多种多样。施工准备是保证建设项目在生产的全过程中能顺利进行的必要条件,是施工组织工作中的一个重要内容。

每项工程开工前都必须安排合理的施工准备期。施工准备工作的基本任务是掌握建设工程的特点、施工进度和工程质量要求;了解施工的客观条件,合理布置施工力量。从技术、物资、劳动力和组织安排等多方面为土木工程施工的顺利进行创造一切必要的条件。认真细致地做好施工准备工作,对充分发挥劳动资源的潜力、合理安排施工进度、提高工程质量和降低施工成本都起着十分重要的作用。

施工准备工作不仅在工程开始前是必要的,更重要的是应贯穿于整个施工的全过程。随着工程的逐步展开,在每一施工阶段,每一分部工程施工期间都要为后续施工阶段、后续分部工程的施工做好切实可行的施工准备工作,以保证施工能连续地、顺利地进行。

施工准备工作的内容很多,常可归纳成以下几个方面:

① 技术准备。根据建设单位和设计单位提供的设计文件,在工程承包合同签订以后,施工单位就应进行技术规划准备,其内容主要包括:熟悉和审查施工图;收集有关技术资料;编制施工预算;编制施工组织设计等。

② 现场施工准备。现场施工准备工作主要是为拟建工程创造必要的生产条件,常有以下几项工作:施工现场工程测量、定位放线和设置永久性的监测坐标;进行"四通一平"工作;搭设临时性设施;做好季节性的施工准备等。

③ 物资准备。施工所需的物资有各种建筑材料、各种构配件、施工机械和施工机具等,种类繁多,规格、型号复杂,做好物资准备是一项复杂而细致的工作。常有以下几项主要内容:根据物资需要量计划组织货源,落实材料运输,检查材料的质量、型号、规格和数量,预制构配件的加工和运输,施工机械的进场、安装和试运转等。

④ 施工队伍的准备。针对工程规模的大小、技术和结构的复杂程度等组织和部署施工力量。对于一般单位工程,主要是合理分配劳动力,建立适应于工程任务的劳动组织形式。

(3) 组织施工

组织施工是指在土木工程施工过程中把施工现场的众多参与者统一组织起来进行有计划、有节奏、均衡的生产,以达到预计的最佳效果。组织施工主要应解决好以下两个问题:

① 科学合理地组织施工。根据施工组织设计所确定的施工方案、施工方法和施工进度要求,使不同专业工种、不同机械设备,在不同的工作面上按预定的施工顺序和时间协调从事生产。为此应做好以下几项工作:提高计划(进度和物资供应计划等)的正确性,合理地组织和指挥,建立和健全岗位责任制等。

项目建造师(经理)是现场施工的直接组织者,他们要把施工现场所有的劳动资源协调和组织好,这与他们的理论知识、组织才能和应变能力关系极大,所以选拔有才能、有魄力的项目建造师是组织施工的关键。

② 施工过程的全面控制。土木工程施工活动是一个复杂的动态过程,无论施工进度计划事先考虑得多么周到、细致,都不可能事事与实际施工情况相一致,仍然需要随时进行检查和调整,随时发现差距和问题,提出改进措施以保证计划的实施。施工过程的全面控制应具体落实到施工过程中的各个方面,如安全、质量、进度和成本等。

（4）竣工验收

工程的竣工验收是土木工程施工组织和施工管理的最后阶段。施工企业对工程项目完成后,应与土木工程施工活动的建设单位项目负责人、勘察单位项目负责人、设计单位项目负责人、施工单位项目经理、监理单位总监理工程师的五方责任主体共同对检验批、分部分项工程、单位工程的质量进行抽样复核。验收应严格按照国家相关专业的质量验收规范评定工程质量,以书面形式对工程质量合格与否做出确认。

① 检验批及分项工程验收。检验批的验收是工程验收的基本单元。检验批是由所用材料基本一致、施工时间基本相近、生产工艺基本相同,并具有一定验收数量(样本)组成的检验体。检验批及分项工程应由监理工程师和建设单位项目技术负责人组织施工企业项目专业质量(技术)负责人等进行验收。

检验批质量合格的标准:主控项目和一般项目的质量经抽样检验合格,并具有完整的施工操作依据、质量检查记录;分项工程质量合格的标准:所含的检验批均应合格,所含的检验批的质量验收记录应完整。

② 分部工程验收。单位工程的基础工程、主体工程或其他重要的、特殊的分部工程完成后,应由现场总监理工程师和建设单位项目负责人组织施工企业项目负责人和技术、质量负责人等共同进行验收,地基与基础、主体结构勘察、设计单位项目负责人和施工企业技术、质量部门负责人也应参加相关分部工程验收。

③ 单位工程验收。施工企业完成设计图纸和合同规定的所有内容后,应自行组织有关人员进行检查评定,并向建设单位提交工程验收报告。建设单位收到工程验收报告后,应由建设单位项目负责人组织施工(包括分包单位)、设计、监理等企业项目负责人进行单位工程验收。对在施工期间已验收合格的工作内容可不再验收。

④ 隐蔽工程验收。隐蔽工程是指那些在施工过程中某些工作成果会被下一施工过程施工时所掩盖而无法再进行复查的分项工程或工作内容。例如,混凝土结构工程中的钢筋工程、基础工程和打桩工程等,这些分项工程应在下一分项工程施工之前由施工单位通知有关参与单位一起进行隐蔽工程验收。验收合格后办理隐蔽工程验收的各项手续,形成验收文件作为竣工验收的一部分。

单位工程验收后,建设单位应在规定时间内整理好全套验收资料和有关文件并装订成册,报建设行政管理部门备案。技术资料包括竣工图,施工、试验记录,材料的合格证明,隐蔽工程验收单,建筑物沉降观测记录等。

土木工程竣工验收后,建设单位与施工企业应按合同规定办理工程结算手续,至此,除注明保修的工作外,双方的合同关系即可解除。

12.2 原始资料的调查研究

为了获得最佳的施工方案,在进行施工准备时应有目的地进行技术经济调查,以获得土木工程施工所需的自然条件和技术经济条件等有关资料。特别是对于新开拓的施工区域和海外建设市场,更具重要意义。

原始资料的调查研究并不仅仅是对资料简单地进行收集,重要的是对收集的资料进行细致的分析和研究,找出它们之间的规律和与施工的关系,作为确定施工方案的参考依据。同时为了保证资料正确,在施工开始以后还应根据施工的实际情况进行补充调查,以适应施工的需要。对所收集的资料应及时进行整理、归纳和存档,以利保存和利用。

原始资料的调查研究应因地区而宜,因工程而宜,各地区、各单位调查研究的方法和内容也不尽相同,为保证调查研究工作有目的、有计划地进行,一般都应事先拟定详细的调查提纲。

12.2.1 自然条件资料

1) 地形资料

对地形资料的调查,可以获得建设地区和建设地点的地形情况,以便正确选择施工机械、材料运输、布置施工平面图以及对环境的保护等。此外,在确定基础工程、道路和管道工程时,地形资料也是重要的依据之一。

地形资料包括建设地区、建设地点及相邻地区的地形平面图。调查范围应是与建设工程有直接的或间接联系的区域。在地形图上应尽量表明:各种交通干线、上下水道及附近的供水、供电等设施的位置;建筑材料的供应地点,必要时还应标明地形等高线及具有代表性的各点标高;施工现场或建设区域内现有的全部建筑物、构筑物和古墓的占地轮廓和坐标,以及绿化地带、附近的居民区等,以便考虑减少施工对周围环境的影响及文物保护。

如果建设地点位于城市或工矿企业内的人口密集、交通拥挤的地区,地形资料的调查就显得更为重要。否则,施工时地下管网往往会遭到损坏而影响城市居民的正常生活,影响现有企业的正常生产,影响周围环境和交通秩序等,势必也会影响工程的施工进度。

2) 工程地质资料

调查工程地质资料其目的在于确认建设地区的地质构造、地表人为破坏情况、土壤的特征和承载能力等。其主要内容有:

(1) 建设地区钻孔布置图,工程地质剖面图,土层特征及其厚度;

(2) 土壤的物理特性,如天然含水率、天然孔隙比等;

(3) 土壤承载能力的报告文件。

根据以上这些资料可拟定特殊地基的施工方法和技术措施,复核设计规定的地基基础与当地地质情况是否相符,并决定土方开挖深度和基坑支护措施等。

3) 水文地质资料

水文地质资料的调查包括地下水和地表水两部分。地下水调查的目的在于确认建设地区的地下水在不同时期内的变化规律,作为地下工程施工时的主要依据。调查的主要内容有:

(1) 地下水位的高度以及在不同时期内的变化规律;

（2）地下水的流向、流速、流量和水质情况；

（3）地下水对建筑物下部或附近土壤的冲刷情况等。

地表水调查的目的在于了解建设地区河流、湖泊的水文情况，用以确定对建设地点可能产生的影响并决定所采取的措施。当施工用水是依靠地面（或地下）水作水源时，还必须参照上述这些资料来确定提水、储水、净水和送水设备。在施工期间也可考虑利用地表水作水路运输的可能。

4）气象资料

调查建设地区气象资料的目的在于了解建设地区的气象条件对土木工程施工可能产生的影响，以便采取相应的技术措施。其主要内容有：

（1）气温资料。当地各个时期的最高气温、最低气温和平均气温，用以制订冬期、暑期的施工技术措施；

（2）雨雪量资料。包括每月平均和最大降雨降雪量，用以确定雨雪期施工措施；

（3）风速、风向资料。分析常年各时期的风向、风速用以确定临时设施的位置以及高大起重机械的稳定措施等。

12.2.2 技术经济资料

技术经济调查资料的目的在于查明建设地区的地方工业产品、自然资源、交通运输等地方区域性经济因素，以确定合理的施工部署和施工期间可利用的条件。其主要内容包括以下几方面。

1）地方建材工业资料

地方建材工业的情况可向当地管理机关、城市建设主管部门或施工企业的上级领导部门获得。该部分应了解的内容：

（1）当地建筑材料和构配件的生产企业以及能为施工企业生产服务的其他工矿企业，如商品混凝土搅拌企业等；

（2）当地建筑材料、产品的生产和供应能力能否满足今后土木工程施工的需要，如不能满足，可采取哪些方法、哪些途径来解决；

（3）当地的土木工程施工力量、技术水平等能否为本工程的施工提供服务。

2）地方资源情况

地方资源的调查因施工对象而异，对土建部分，其主要对象是直接可供土木工程施工使用的原材料，包括：

（1）地方黏性材料，如石灰、石膏、黏土等在质量和数量上能否满足施工要求；

（2）地方砂石材料，如块石、卵石、砂、石子等制备混凝土、砂浆之用的材料；

（3）工业废料及其副产品，如冶金部门排出的矿渣、热电厂排出的粉煤灰等，在土木工程施工中都有很大的用途，应予以充分利用。

3）供水、供电、交通运输情况

（1）在技术经济调查中，对供电、供水、通信情况都应有详细的了解，以确保今后土木工程施工的顺利进行；

（2）在供电方面应了解当地电网对本工程可提供的供电能力、电源地点和使用情况，如在现有建设单位内施工，则应了解原电网线路的分布和使用情况；

（3）在供水方面应了解建设地点已有的供水管网、水源的位置，当地的用水情况、供水能力以及消防供水系统等；

（4）在交通运输方面应详细了解建设地区的铁路、公路、水路的分布，运输条件、运输力量以及运输费用情况，同时需了解当地主管部门对交通管制规定和有关环境保护规定等；

（5）在其他方面还应综合了解建设地区可供施工利用的通信设施，为土木工程施工服务的生活、文化设施，如商场、医院、剧场、中小学、幼儿园等。

施工单位在当地进行施工，地方资源的情况大部分都有现成资料可供利用，一般不必再重复进行，但建设地区的其他一些基本情况，仍必须进行详细的调查。

12.3　组织施工的基本原则

我国自第一个五年计划期间实行用施工组织设计指导现场施工的制度以来，取得了很好的效果。根据几十年来的生产实践，逐步总结出适用于我国情况的组织施工的一些基本原则。

1）集中力量加快施工速度

土木工程施工需要消耗大量的人力、物力，而任何一个施工单位在一定时间内的资源拥有量总是有限的。把有限的施工力量集中起来，优先投入最急需完成的工程中去，加快其施工速度，使工程尽快完成投入生产，这是组织施工的最基本的原则之一，也是提高经济效益的最有效措施。特别是对于那些投产后年创利税很大的大型工矿企业，即使提前完成几天，所得效益也是很可观的。

对于施工企业而言，加快施工速度也是减少施工间接费，降低施工成本，提高施工企业信誉，提高企业竞争能力的有效途径。因此，施工企业在组织施工时，应根据生产能力、工程施工条件的落实情况，以及工程的重要程度，分期分批地安排施工任务，以避免资源分散，战线拉长而延长工期。

由于建设产品的特点而决定了土木工程施工的工作面是随生产的进展而逐步形成的，不可能安排很多的劳动力同时进行工作。因此，在安排施工力量时既要考虑集中，同时又要合理地安排各施工过程之间的施工顺序，考虑各专业工种之间的相互协调，合理处理好劳动力、时间和空间的相互关系。在同一生产地点（同一工地），应使主要工程项目与相应的辅助工程项目之间相互配套施工，以起到调节施工力量安排的作用。否则，同一时间在同一工作范围内劳动力安排得过多，既会降低劳动生产率，易发生安全事故，又影响工期。再者，应重视工程收尾时的施工组织工作。

必须指出：加快施工速度与保证工程质量、保证施工安全、降低施工成本应是密切联系，相辅相成的，否则再短的工期也毫无意义。

2）采用先进的施工技术，发展建筑工业化

在组织施工时采用先进的施工技术是提高劳动生产率、加快施工速度、提高工程质量和降低工程成本的重要手段。近年来，我国对施工技术的科研、应用和推广有了很大的发展，新技术不断涌现。在组织施工时必须结合当时、当地的技术经济条件以及施工机械装备力量，加以应用和推广。

建筑工业化和智能建造不仅应使施工技术逐步适应大生产的需要，而且对施工全过程的各项管理工作也必须逐步采用现代化的方法和手段。

3）用科学的方法组织施工

施工计划的科学性、合理性是工程施工能否顺利进行的关键。施工计划的科学性在于对工程施工的总体做出综合判断。采用现代化和数字化的分析手段、计算方法，使生产的一系列活动在时间和空间方面、生产能力和劳动资源方面得到最优的统筹安排，从而保证生产过程的连续性和均衡性。现代的科学管理方法和管理技术正在逐步渗透到土木工程施工管理中，如常用的流水法施工、网络计划技术、运筹学等。计算机技术在施工管理中的应用，为土木工程施工管理现代化开创了广阔的前景，同时也要求广大施工技术人员既要有丰富的施工实践经验，又必须掌握和应用现代化科学管理的方法和基本技能，提高管理水平。

安排施工计划，必须合理地组织各施工过程、各专业班组之间的平行流水和立体交叉作业，从而使劳动力、施工机械能够不间断地、有节奏地施工，尽快地从一个工作面转移到另一个工作面上去工作，以实现施工全过程的连续性和均衡性。否则，一方面会使施工断断续续，导致劳动力和施工机械的利用率降低，另一方面又会出现突击赶工，增加资源供应负荷，造成劳动力、材料供应过分紧张，从而导致工程质量下降、安全事故增多、材料浪费和施工成本增大等不良后果。

4）确保工程质量和施工安全

建设产品质量的好坏，直接影响到建筑物的使用安全和人民生命财产的安全。每一个施工人员应以对建设事业极端负责的态度，严肃认真地按设计要求、规范要求组织施工。确保工程安全施工，这不仅是顺利施工的保障，而且也体现了社会主义制度对每一个劳动者的关怀。一旦施工中产生质量或安全事故，不仅直接影响了工期，造成巨大浪费，有时会造成无法弥补的损失。

5）实行经济核算，降低工程成本

施工企业应健全经济核算制度，制订各种消耗和费用定额，编制成本计划，拟定和执行有关降低成本的各项措施，进行成本测算和控制，提高企业的经营管理水平，力求以最小的劳动投入取得最佳的经济效果。

在编制每一项工程施工方案时，都应有降低工程成本的技术组织措施（或计划），作为计划方案择优选取的主要依据之一；对于工程所需的临时设施应尽量利用原有建筑和拟建建筑物以及当地的服务能力，减少临时设施数量和施工用地；材料、构配件应合理规划进场时间和堆放位置，尽量减少二次搬运，减少一切非生产性支出。

上述组织施工的基本原则，既是经济规律的客观反映，又是实践经验的总结，应坚定不移地予以执行。

13　流水施工原理

　　土木工程施工的流水作业法,是在长期的生产实践中不断总结、发展而形成的一种有效的组织施工的方式。它的产生是由于土木工程施工与管理技术的不断进步,工种专业不断地分工,以及劳动工具向机械化发展的必然结果。流水作业法的应用,对于改善劳动生产组织,提高劳动生产率,实现文明施工起到了很好的促进作用。实践表明流水作业法是土木工程施工的最优组织形式。

13.1　流水施工的基本概念

13.1.1　组织施工的基本方式

　　在组织施工时,常采用顺序施工、平行施工和流水施工三种组织方式。

　　1)顺序施工

　　顺序施工是按照建设产品生产的施工工艺和先后顺序或施工过程中各分部(分项)工程的先后顺序,由相同作业班组依次进行生产的一种组织生产方式。这是一种最简单,也是最基本的组织方式。任何组织方式都包含了顺序施工的基本方式,它是由土木工程施工的生产规律所决定的。

　　顺序施工的特点是同时投入的劳动资源较少,组织简单,材料供应单一;但劳动生产率低,工期较长,难以在短期内提供较多的产品,不能适应大型工程的施工。

　　例如,有三幢同类型建筑的基础工程施工,每一幢的施工过程和工作时间如表13.1所示。按顺序施工的组织原理有如图13.1、图13.2所示两种组织形式。

　　图13.1是以建设产品为单元依次按顺序组织施工;图13.2是以施工过程为单元依次按顺序组织施工,两者工期均为30天。

　　图13.1中同一施工过程的工作都是间断的,若欲组织专业班组生产就显得不合理,但能较早地提供完整的产品。图13.2所示情况正好相反。

表13.1　某基础工程施工过程和工作时间

序　号	施工过程	工作时间(天)
1	开挖基槽	3
2	混凝土垫层	2
3	砌砖基础	3
4	回填土	2

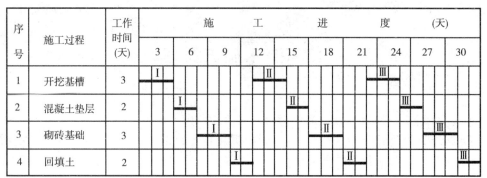

注：Ⅰ、Ⅱ、Ⅲ为幢数。

图 13.1　顺序施工进度之一

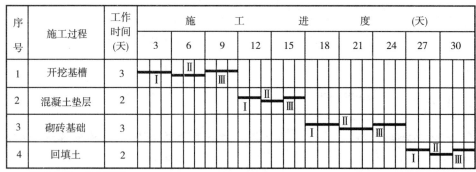

注：Ⅰ、Ⅱ、Ⅲ为幢数。

图 13.2　顺序施工进度之二

2) 平行施工

平行施工是将一个工作范围内的相同施工过程同时组织施工，完成以后再同时进行下一个施工过程的施工方式。如上例三幢建筑的基础施工，每一施工过程必须同时组织三个（与幢数相同）同工作内容的作业班组进行施工。平行施工的特点是最大限度地利用了工作面，工期最短；但在同一时间内需提供的相同劳动资源成倍增加，这给实际施工带来一定的难度，因此，只有在工程规模较大或工期较紧的情况下采用才是合理的。

平行施工的施工进度如图 13.3 所示，其工期为 10 天。

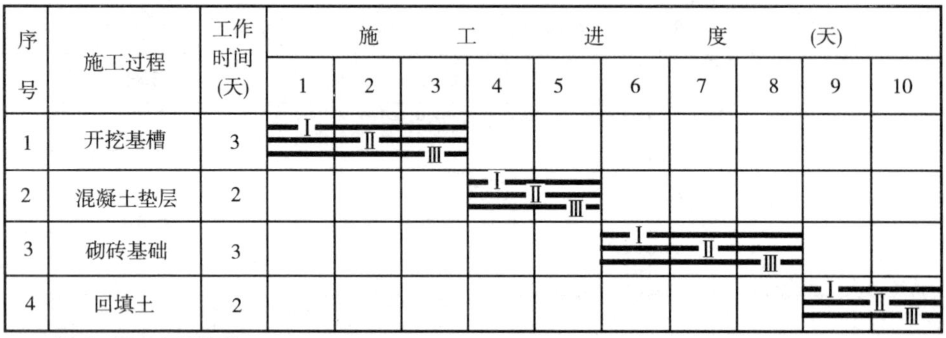

序号	施工过程	工作时间（天）	施　工　进　度　（天）									
			1	2	3	4	5	6	7	8	9	10
1	开挖基槽	3	Ⅰ Ⅱ Ⅲ									
2	混凝土垫层	2				Ⅰ Ⅱ Ⅲ						
3	砌砖基础	3						Ⅰ Ⅱ Ⅲ				
4	回填土	2									Ⅰ Ⅱ Ⅲ	

注：Ⅰ、Ⅱ、Ⅲ为幢数。

图 13.3　平行施工进度

3）流水施工

流水施工是把若干个同类型建筑或一幢建筑在平面上划分成若干个施工区段（施工段），组织若干个在施工工艺上有密切联系的专业班组相继进行施工，依次在各施工区段上重复完成相同的工作内容。如上例三幢建筑的基础施工，把每一幢建筑作为一个施工区段，每一施工过程组织一个专业班组，按流水施工的组织原理组织施工，其施工进度如图13.4所示，工期为18天。

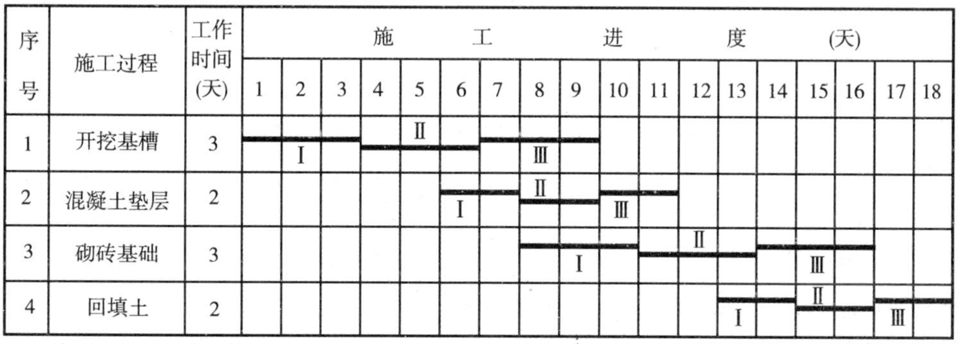

序号	施工过程	工作时间（天）	施工进度（天）																
			1	2	3	4	5	6	7	8	9	10	11	12	13	14	15	16	17	18
1	开挖基槽	3	I			II			III											
2	混凝土垫层	2						I		II		III								
3	砌砖基础	3								I			II			III				
4	回填土	2													I		II		III	

注：Ⅰ、Ⅱ、Ⅲ为幢数。

图13.4 流水施工进度

从图13.4中可知，各专业班组之间能合理地利用工作面进行平行搭接施工。在没有增加任何劳动资源的情况下优化了施工过程间的衔接关系，从而达到了缩短工期的目的。流水施工综合了顺序施工和平行施工的优点，是土木工程施工中最合理、最科学的一种组织方式。

13.1.2 流水施工的特点

在土木工程施工中，由于建设产品和土木工程施工的特点决定了生产过程中各施工过程（工序）在同一施工段上进行顺序施工；同时工作面又划分了施工段，又为不同施工过程之间组织平行施工创造了条件。土木工程流水施工的实质是：由生产工人并配备一定的机械设备，沿着建筑物的水平方向或垂直方向，用一定数量的材料在各施工段上进行生产，使最后完成的成果成为建筑物的一部分；然后再转移到另一个施工段上去进行同样的工作；所空出的工作面，由下一施工过程的生产工人采用相同形式继续进行生产。如此不断进行确保了各施工过程生产的连续性、均衡性和节奏性。

土木工程的流水施工有如下主要特点：

（1）生产工人和生产设备从一个施工段转移到另一施工段，代替了建设产品的流动；

（2）土木工程的流水施工既在建筑物的水平方向流动（平面流水），又沿建筑物的垂直方向流动（层间流水）；

（3）在同一施工段上，各施工过程保持了顺序施工的特点，不同施工过程在不同的施工段上又最大限度地保持了平行施工的特点；

（4）同一施工过程保持了连续施工的特点，不同施工过程在同一施工段上尽可能保持连续施工；

（5）单位时间内生产资源的供应和消耗基本保持一致。

13.1.3 流水施工的经济性

流水施工的连续性和均衡性便于各种生产资源的组织,使施工企业的生产能力可以得到充分的发挥;使劳动力、机械设备得到合理的安排和使用,提高了生产的经济效果。

(1) 由于流水施工的均衡性,因而避免了施工期间劳动力和建筑材料的使用过分集中,给劳动资源的组织、供应和运输等都带来了方便。

(2) 由于实现了生产班组的专业化生产,为操作工人提高劳动技能,改进操作方法以及革新生产工具创造了有利条件。因而可以提高劳动生产率,改善工人的劳动条件,同时可保证工程的施工质量。

(3) 采用流水施工,由于消除了不必要的时间损失,生产得以连续进行,提高了劳动资源的利用率。同时,由于流水施工合理地利用了工作面,使不同性质的后续工作可以提前在不同的工作面上同时进行施工而缩短了工期。实践表明一般可缩短工期约 30%。

(4) 流水施工使不同的施工过程尽可能组织平行施工,充分发挥了施工机械的生产能力,减少各种不必要的损失,降低了施工的直接费用。

值得指出的是,流水施工仅是用科学的方法改善了组织形式,是在不增加任何劳动资源的情况下取得的经济效益,具有显著的现实意义。

13.2 流水施工的基本参数

组织流水施工首先是在研究生产对象特点和施工条件的基础上,通过确定一系列流水参数来实现的。流水参数表明了各施工过程在时间和空间上的相互关系,按其性质的不同,可分为工艺参数、空间参数和时间参数三大类。

13.2.1 工艺参数

工艺参数是指一组流水过程中所包含的施工过程(工序)数。任何一个建设工程均由多个施工过程所组成,每一个施工过程的完成,必须消耗一定量的劳动力、建筑材料,需有建筑设备、机具相配合,并且需消耗一定的时间和占有一定范围的工作面。因此,施工过程是流水施工中最主要的参数,其数量和工程量的多少是确定其他流水参数的依据。

一个建设工程往往会包含上百个(甚至更多)施工过程。参与流水施工的施工过程数目(用 n 表示)应适当,数量过多会给流水施工的组织带来困难,过少又会使计划过于笼统,失去指导施工的意义。合适的数量应根据工程的复杂程度、施工方法和计划的性质等因素进行必要的综合分析后确定。一般情况下以劳动量消耗较多、施工时间较长的主导施工过程为主体组织流水施工。

必须注意,在一个建设工程中并不需要把所有的施工过程都组织到流水过程中去。通常只需把在施工对象上直接占有工作面,对流水施工有直接影响的施工过程组织到流水过程中去才是合理的。

由于施工工艺上的要求,某些施工过程之间必须留有一定的时间间歇(如混凝土的养护)。存在时间间歇就相当于增加了施工过程,可以把它当作不需安排劳动资源,但需消耗时间、占有工作面的一个施工过程来对待。

13.2.2 空间参数

空间参数是指根据流水施工的要求,把施工对象在平面上划分成若干个施工区段,主要有工作面和施工段两个参数。

1) 工作面

工作面的大小决定了施工过程在施工时可能安置的操作工人和施工机械的数量,同时也决定了每一施工过程的工程量。工作面应随工作内容的不同采用不同的计量单位。

大部分施工过程的工作面是随着施工的进展而逐步形成的。工作面的形成方式、形成时间直接影响流水施工的组织形式和流水工期。

2) 施工段

在组织流水施工时,通常把施工对象在平面上按施工工艺和施工组织的要求划分成若干个施工区段,这些施工区段就称为施工段(用 N 表示)。每一施工段在某一时间内一般只供一个施工过程的作业班组使用。

划分施工段是为组织流水施工提供必要的空间条件。其作用在于使某一施工过程能集中施工力量,迅速完成一个施工段上的工作内容,及早空出工作面为下一施工过程提前施工创造条件,从而保证了不同的施工过程能同时在不同的工作面上进行施工。

组织流水施工时施工段可以是固定的,也可以是不固定的。在施工段固定的情况下,所有的施工过程都采用相同界限的施工段。在施工段不固定的情况下,对不同的施工阶段、不同的施工过程可分别确定不同界限、不同数量的施工段。固定的施工段便于组织流水施工,故采用较多。

施工段可以是施工对象的一部分,如把一幢建筑划分成若干个施工段;也可以把一幢或几幢建筑作为一个施工段,这在同类型建筑较多的住宅小区建设中应用较多。

划分施工段是为各施工班组提供一个有明确界限的施工空间,以便使不同的施工过程(作业班组)能在不同的施工空间内组织连续的、均衡的、有节奏的施工。因此,施工段划分的大小与施工段的数量应适当,过多或过少都会给流水施工的组织带来困难。划分施工段时应考虑划分的必要性、可能性和经济性,一般应考虑以下几点:

(1) 有利于结构的整体性

施工段的划分应与施工对象的结构界限(温度缝、沉降缝和抗震缝等)相一致,同时也必须满足施工技术规范的要求。结构的对称中心也往往是划分施工段的界限。

(2) 各施工段的劳动量基本相等

建设产品的多样性决定了所划分的各施工段上的工程量不可能都相等。因此,各施工段上的工程量允许有少许差异(10%～15%),组织施工时应采取适当的措施,使同一施工过程在各施工段上的工作时间保持一致(节奏性),从而使流水施工协调,同时也使劳动组织保持相对稳定。

(3) 保证有足够的工作面且符合劳动组合的要求

施工段划分得多,在不减少劳动人数的情况下可以缩短工期。但施工段过多,每施工段上安排的工人数就会增加,从而使每一操作工人的有效工作范围减少,一旦超过最小工作面的要求就容易发生安全事故,降低劳动效率,反而不能缩短工期。若为保证最小工作面则必须减少劳动工人数量,同样也会延长工期,甚至会破坏合理的劳动组合。

施工段划分过少,既会延长工期,还可能会使一些作业班组无法组织连续施工。

最小工作面是指生产工人能充分发挥劳动效率,保证施工安全时所需的最小工作范围。如砖基础施工:8 m/人;内粉刷:20 m²/人等。

最小劳动组合是指能充分发挥作业班组劳动效率时的最少工人数及其合理的组合。

最小劳动组合应根据施工经验确定,如安装预制墙板至少有 3 人才能操作;砌墙应规定技工和普工的比例。

(4) 当施工对象有层间关系且分层又分段时,所划分的施工段数必须满足下式要求:

$$A \cdot N \geqslant n \tag{13.1}$$

式中 A——参加流水施工的同类型建筑的数量;

N——每一建筑平面上所划分的施工段数;

n——参加流水施工的施工过程数或作业班组总数。

当 $A \cdot N = n$ 时,此时每一施工过程或作业班组既能保证连续施工,又能使所划分的施工段不至空闲,是最理想的情况,有条件时应尽量采用。

当 $A \cdot N > n$ 时,此时每一施工过程或作业班组仍能保持连续施工,但所划分的施工段会出现空闲,这种情况也是允许的。实际施工时有时为满足某些施工过程技术间歇的要求,有意让工作面空闲一段时间反而更趋合理。

当 $A \cdot N < n$ 时,此时虽然施工段在任何时候都不空闲,但施工过程或作业班组不能连续施工而出现窝工现象,一般情况下应力求避免。但有时当施工对象规模较小,确实不可能划分成较多的施工段时,可与同工地或同一部门内的其他相似的工程组织成大流水。

综上所述,组织流水施工(一幢或多幢)时应尽量避免施工过程或作业班组的非连续施工,特别是对于主导施工过程更应保证连续施工。为此,在组织流水施工时要求所划分的施工段数至少与施工过程数或作业班组数相同。

必须说明:当组织无层间施工时,施工段数与施工过程(作业组)数之间一般可不受此约束,但仍以施工段数等于施工过程(作业班组)数为最优。

13.2.3 时间参数

时间参数是反映一个流水过程中各施工过程在每一施工段上完成工作的速度和相互间在时间上的制约关系。

1) 流水节拍

流水节拍是指一个施工过程在一个施工段上的工作时间,常用 t_i 表示。流水节拍的大小受到投入该施工过程的劳动力、施工机械以及材料供应量的影响;也受到施工段大小、流水形式的影响;同时也决定了施工的速度和施工的节奏性。因此要善于结合施工的各种具体条件,抓住主要矛盾,进行全面权衡和综合比较,才能得到较合理的结果。

确定流水节拍通常有两种方法:

(1) 根据资源的实际投入量计算

$$t_i = \frac{Q_i}{S_i \cdot R_i} = \frac{Q_i \cdot Z_i}{R_i} = \frac{P_i}{R_i} \tag{13.2}$$

式中 t_i——流水节拍;

Q_i——施工过程在一个施工段上的工程量,$Q_i = Q/N$;

Q——施工过程总工程量；

S_i——完成该施工过程的产量定额；

Z_i——完成该施工过程的时间定额；

R_i——参与该施工过程的工人数或施工机械台数；

P_i——该施工过程在一个施工段上的劳动量。

（2）根据施工工期确定流水节拍

流水节拍的大小对工期有直接影响，通常在施工段数不变的情况下，流水节拍越小，工期越短。当施工工期受到限制时，就可从工期要求反求流水节拍，然后用公式（13.2）求得所需的人数或主导施工机械数，同时检查最小工作面是否满足，以及劳动人员、施工机械和材料供应的可行性等。

当求得的流水节拍不为整数时应尽量取整数，不得已时可取半天或半天的倍数，同时尽量使实际安排的劳动量与计算需要的劳动量相接近。

2）流水步距

流水步距是指相邻两施工过程（或作业组）先后投入流水施工的时间间隔，用 K_{ij} 表示。

流水步距应根据施工工艺、流水形式和施工条件来确定。其数量取决于参加流水的施工过程数或作业班组总数。

确定流水步距时必须满足下列要求：

（1）始终保持两施工过程间的顺序施工，即在一个施工段上，前一施工过程完成后，下一施工过程方能开始；

（2）任何作业班组在各施工段上必须保持连续施工；

（3）前后两施工过程应能最大限度地组织平行施工。

3）工艺间歇时间

在流水施工的组织中，除了需考虑两相邻施工过程间的正常流水步距外，有时还需根据工艺要求考虑施工过程间合理的工艺间歇时间 t_g。如混凝土浇筑后的养护时间；墙面粉刷后的干燥时间等。

4）组织间歇和组织搭接时间

组织间歇时间 t_z 是指施工中由于考虑施工组织的要求，两相邻的施工过程在规定的流水步距以外增加必要的时间间隔，以便施工人员对前一施工过程进行检查验收，并为后续施工过程做出必要的技术准备工作。如基础混凝土浇筑并养护后，施工人员必须进行主体结构轴线位置的弹线等。

组织搭接时间 t_d 是指施工中由于考虑组织措施等原因，在可能的情况下，后续施工过程在规定的流水步距以内提前进入该施工段进行施工，工期可进一步缩短，施工更趋合理。

5）流水工期

流水工期 T_l 是指一个流水过程中，从第一个施工过程（或作业班组）开始进入流水施工，到最后一个施工过程（或作业班组）施工结束所需的全部时间。

13.3 有节奏流水施工

在流水施工过程中,施工过程流水节拍的大小决定了该施工过程施工的速度。同一流水过程中,各施工过程流水节拍相互间的关系决定了流水施工的节奏。根据其节奏规律的不同,流水施工又分为有节奏流水和无节奏流水。

有节奏流水是指同一施工过程在各施工段上的流水节拍彼此都相等的流水形式。根据各施工过程流水节拍间的关系,有节奏流水又可分为等节拍流水和不等节拍流水。

13.3.1 等节拍流水

等节拍流水是指参加流水施工的施工过程流水节拍都相等的流水形式。其特点是同一施工过程在不同施工段上的流水节拍相等;不同施工过程在同一施工段上的流水节拍也相等;流水步距等于流水节拍,并且在整个流水过程中保持不变。即

$$K_{ij} = t_i = 常数 \qquad (13.3)$$

式中 K_{ij}——施工过程 i 和 j 之间的流水步距;

t_i——施工过程的流水节拍。

等节拍流水是一种最基本、最有规律的流水施工的组织形式,应尽量采用。图 13.5a 是等节拍流水的基本形式,从其垂直图表(图 13.5b)中可知,各施工过程的进度线是一组斜率(即施工速度)相同的平行直线。

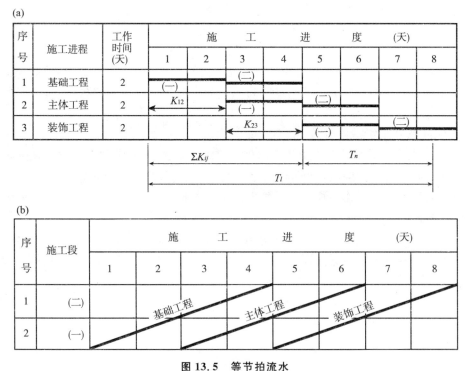

图 13.5 等节拍流水

(a) 水平图表;(b) 垂直图表

1）等节拍流水的工期

如图 13.5a 所示，等节拍流水的工期可按下式计算

$$T_l = \sum K_{ij} + T_n \tag{13.4}$$

式中　$\sum K_{ij}$——参加流水的各施工过程（或作业班组）间的流水步距之和；

　　　T_n——最后一个施工过程（或作业班组）开始工作直至结束所需的工作时间。

上式是计算流水工期的基本公式，适用于各种形式的流水施工，根据等节拍流水施工的特点，其流水工期计算式可简化为

$$T_l = (N + n - 1) \cdot t_i \tag{13.5a}$$

或

$$T_l = (N + n - 1) \cdot K \tag{13.5b}$$

当施工对象为多幢多层的同类型建筑，且施工过程间尚有间歇和搭接施工时，其流水工期可按下式计算

$$T_l = (A \cdot B \cdot N + n - 1)t_i - \sum t_d + \sum t_g \tag{13.6}$$

式中　A——参加流水施工的同类型建筑的幢数；

　　　B——每幢建筑的施工层数；

　　　N——每幢建筑每一层划分的施工段数；

　　　n——参加流水的施工过程（或作业班组）数；

　　　t_i——流水节拍，等节拍流水中 $t_i = K_{ij}$；

　　　K_{ij}——流水步距；

　　　$\sum t_d$——流水过程中各施工过程搭接施工时间的总和；

　　　$\sum t_g$——流水过程中各施工过程间歇时间的总和。

2）等节拍流水施工示例

某一基础施工的有关参数如表 13.2 所示，现划分成四个施工段组织等节拍流水施工。

表 13.2　某基础工程有关参数

序　号	施工过程	总工程量	劳动定额	说　　明
1	挖土及垫层	460 m³	0.51　工日/m³	（1）基础总长度为 370 m 左右；
2	绑扎钢筋	10.5t	7.8　工日/t	（2）砌砖的技工与普工的比例
3	浇基础混凝土	150 m³	0.83　工日/m³	为 2:1，技工所需的最小
4	砖基础及回填土	180 m³	1.45　工日/m³	工作面为 7.6 m/人

（1）计算各施工过程的劳动量

劳动量按下式计算：

$$P_i = \frac{Q_i}{S_i} = Q_i \cdot Z_i \tag{13.7}$$

式中各参数的意义同式(13.2)。

挖土及垫层施工过程在一个施工段上的劳动量为

$$P_1 = \frac{Q_1}{N} \cdot Z_1 = \frac{460}{4} \times 0.51 = 59 \quad （工日）$$

其他各施工过程在一个施工段上的劳动量见图 13.6。

序号	施工过程	劳动量（工日）	工人数（人）	流水节拍（天）	施工 进度 （天） 4	8	12	16	20	24	28
1	挖土及垫层	59	15	4	(一)	(二)	(三)	(四)			
2	绑扎钢筋	20	5	4		(一)	(二)	(三)	(四)		
3	浇基础混凝土	31	8	4			(一)	(二)	(三)	(四)	
4	砖基础及回填土	65	16	4				(一)	(二)	(三)	(四)

图 13.6 某基础工程等节拍流水施工

（2）确定主要施工过程的工人数和流水节拍

从计算可知，施工过程"砖基础及回填土"的劳动量最大，应首先确定该施工过程的流水节拍。由于基础的总长度决定了所能安排技术工人的最多人数，根据已知条件可求出该施工过程可安排的最多工人数

$$R_4 = \frac{370}{4 \times 7.6} \div 2 \times (2+1) = 18 \quad （人）$$

由此即可求得该施工过程的流水节拍

$$t_4 = \frac{P_4}{R_4} = \frac{65}{18} = 3.6 \quad （天）$$

流水节拍应尽量取整数，为使实际安排的劳动量与计算所得劳动量误差最小，最后应根据实际安排的流水节拍4天来求得相应的工人数为

$$R_4 = \frac{P_4}{t_4} = \frac{65}{4} = 16 < 18 \quad （人）$$

（3）确定其他施工过程的工人数

根据等节拍流水的特点可知其他施工过程的流水节拍也应等于4天，由此可得其他施工过程所需的工人数为

$$R_1 = \frac{P_1}{t_1} = \frac{59}{4} = 15 \quad （人）$$

其他施工过程的工人数见图 13.6。

（4）绘出流水施工进度表

检查各施工过程的最小劳动组合或最小工作面要求（略），并绘出流水施工进度表（图 13.6）。

13.3.2 不等节拍流水

不等节拍流水是指同一施工过程在各施工段上的流水节拍相等；不同施工过程在同一施工段上的流水节拍不完全相等的流水形式，如图 13.7 所示。

从图中可知，不等节拍流水的工期仍可按式（13.4）计算，但不等节拍流水过程中各施工过程间的流水步距不都相等，计算流水工期实际上应先确定流水步距。计算流水步距分下列两种情况。

1）前施工过程的流水节拍小于后续施工过程的流水节拍

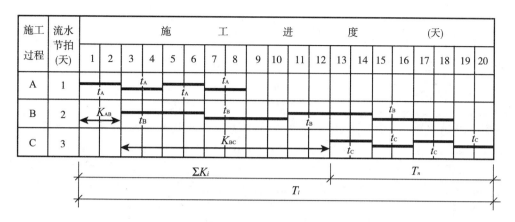

图 13.7 不等节拍流水施工

即 $t_i < t_{i+1}$。此时,前施工过程的施工速度比后续施工过程的施工速度快。因此只需在第一施工段上相邻两施工过程能保持正常的流水步距(即施工过程 i 的流水节拍),那么后面所有施工段上都能满足要求,如图 13.8 中施工过程 A 和 B。但其他施工段可能会出现空闲,这也是容许的。其流水步距按下式计算

$$K_{i,i+1} = t_i \qquad (当\ t_i < t_{i+1}\ 时) \qquad (13.8)$$

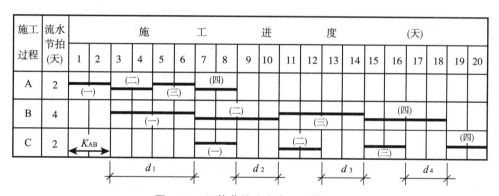

图 13.8 不等节拍流水步距计算分析

2) 前施工过程的流水节拍大于后续施工过程的流水节拍

即 $t_i > t_{i+1}$。此时,前施工过程的施工速度比后续施工过程的施工速度慢,若仍按上述方法确定流水步距,那么在第二个施工段上就会出现两相邻的施工过程在一个施工段上同时工作;后一施工段上就可能出现施工顺序倒置的现象,这显然是不容许的。若要满足施工工艺的要求,则应从第二施工段开始,后续的施工过程都必须推迟一段时间施工,如图 13.8 中施工过程 B 和 C,每一施工段上应推迟的时间为 $d_s = t_B - t_C$。此时虽然满足了施工工艺的要求,但施工过程不能保持连续施工,这也是不容许的。为同时满足上述要求,后续施工过程开始工作的时间必须继续推迟,每一施工段上应推迟施工的时间应是流水步距的组成部分(图 13.7)。这时的流水步距应按下式计算:

$$K_{i,i+1}=t_i+(t_i-t_{i+1})(N-1) \qquad (13.9)$$

因时间不能出现负值,所以当$(t_i-t_{i+1})<0$时规定取零,则不等节拍流水的流水步距统一可按式(13.9)进行计算。

13.3.3 成倍节拍流水

不等节拍流水施工中施工段有可能有空闲,即具备了工作面条件,这就为后续施工过程提前进行施工创造了空间条件。如果有可能另行再组织后续施工过程所需的劳动资源进入该施工段上工作,那么整个流水组织就显得更合理、更有规律、工期也更短。这样的流水施工就称为成倍节拍流水。组织成倍节拍流水时,同一施工过程有时需组织多个专业班组参加流水施工,按下式计算:

$$b_i=\frac{t_i}{K} \qquad (13.10)$$

式中　b_i——第i施工过程所需的作业班组数;

　　　t_i——第i施工过程的流水节拍;

　　　K——流水步距,取参加流水的各施工过程流水节拍的最大公约数,且在整个流水过程中为一常数。

成倍节拍流水是不等节拍流水的一个特例,能组织成倍节拍流水的不等节拍流水必须满足:任何一个施工过程的作业班组数必须小于或等于施工段数,即

$$b_{i\max}\leqslant A \cdot N \qquad (13.11)$$

组织成倍节拍流水,既要满足上述各项要求,同时更要考虑实际施工时同施工过程组织多个作业班组的可能性,否则也会由于劳动资源不易保证而延误施工。

现将图13.7的不等节拍流水组织为成倍节拍流水。

1)确定流水步距

流水节拍的最大公约数为2,所以流水步距$K=2$(天)。

2)确定各施工过程所需的作业班组数

$$b_A=\frac{t_A}{K}=\frac{2}{2}=1(组)=b_C$$

$$b_B=\frac{t_B}{K}=\frac{4}{2}=2(组)$$

$$\sum b_i=4(组)$$

因$b_{i\max}=b_B=2<A \cdot N=1\times4=4$,满足式(13.11)的要求,可组织成倍节拍流水。

3)安排施工进度(图13.9)

4)流水工期

成倍节拍流水施工的工期可按下式计算:

$$T_l=(A \cdot B \cdot N+\sum b_i-1)K-\sum t_d+\sum t_g \qquad (13.12)$$

式中　$\sum b_i$——参加流水施工的各作业班组的总数;

　　　其他同式(13.6)。

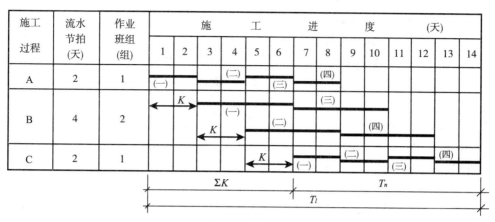

图 13.9　成倍节拍流水施工

13.4　无节奏流水施工

无节奏流水施工是指参加流水的施工过程在各施工段上的流水节拍不全相等的流水施工,如图 13.10 所示。有节奏流水是无节奏流水的一个特例。

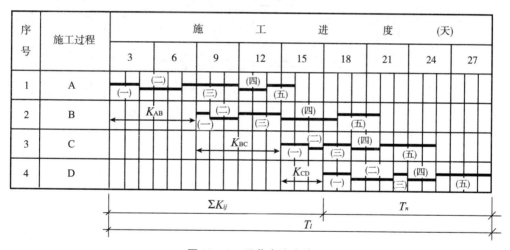

图 13.10　无节奏流水施工

13.4.1　流水步距的计算

1)流水步距的分析

由前述可知,计算流水工期或安排施工进度都必须先求得流水步距。在无节奏流水施工中相邻两施工过程在各施工段上的流水节拍时大时小,即施工速度时快时慢,不能按有节奏流水施工的流水步距一样的方法来计算。现分析图 13.10 中 A 和 B 两施工过程流水步距的组成,找出无节奏流水的流水步距的一般变化规律和计算方法。

与分析不等节拍流水施工的流水步距一样,从第一施工段开始,依次逐段分析后续各施工段上相邻两施工过程的合理关系,使两者都能满足工作面、劳动力和连续施工三者间的基本要求。

331

第一施工段(即 $s=1$),A 施工过程应工作 $t_A^s=t_A^1=2$ d 后,相邻后续施工过程 B 方可进入该施工段工,这是工作面和连续施工两个基本要素所决定的。因此,B 施工过程应比 A 施工过程推迟 $d_s=d_1=t_A^1$(即 A 施工过程在第一施工段上的流水节拍)方可开始工作,该推迟施工的时间即为两相邻施工过程在第一施工段上的流水步距,其值 $K_{AB}^1=d_1=t_A^1=2$(天)(图13.11 中序号 2)。

第二施工段($s=2$),应推迟施工的时间 $d_s=d_2=(t_A^2-t_B^1)$,这时的流水步距应同时满足第一、第二两个施工段的要求,即 $K_{AB}^2=d_1+d_2=t_A^1+(t_A^2-t_B^1)=2+(3-1)=4$(天)(图 13.11 中序号 3)。

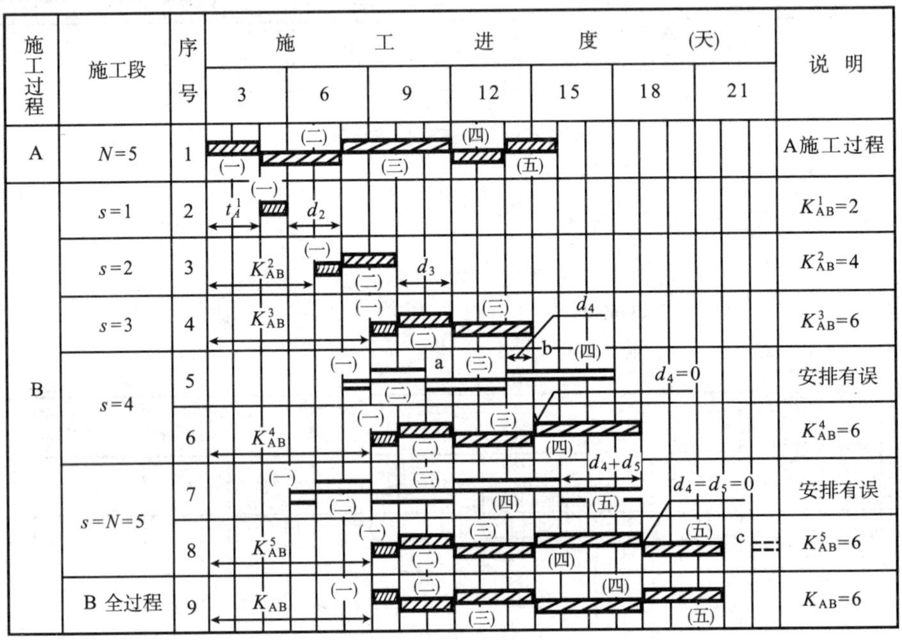

图 13.11 无节奏流水的流水步距分析

同理第 i 施工段,应推迟的施工时间 $d_s=t_A^i-t_B^{i-1}$,这时的流水步距也应同时满足第 i 施工段前各个施工段上的要求,即 $K_{AB}^i=\sum_{s=1}^{i}d_s=t_A^1+\sum_{s=2}^{i}(t_A^s-t_B^{s-1})$。

例如第三施工段($s=i=3$),应推迟施工的时间 $d_3=(t_A^3-t_B^2)=4-2=2$(天),这时的流水步距为

$$K_{AB}^3=\sum_{s=1}^{3}d_s=d_1+d_2+d_3=t_A^1+(t_A^2-t_B^1)+(t_A^3-t_B^2)=2+2+2=6\text{(天)(图 13.11 中序号 4)}$$

又如第四施工段($s=i=4$),应推迟施工的时间 $d_4=(t_A^4-t_B^3)=1-2=-1$(天),由此求得的流水步距 $K_{AB}^4=\sum_{s=1}^{4}d_s=5$(天)(图 13.11 中序号 5)。这时须注意到应推迟施工的时间第一次出现负值($d_s<0$),这种情况说明了 A 施工过程在第四施工段上的施工速度比 B 施工过程在第三施工段上的施工速度快,能为 B 施工过程在第四施工段上提前(d_4)施工提供工作面,但 B 施工过程在此能否提前施工是由综合因素决定的。

从图 13.11 序号 5 中可见,如果 B 施工过程在第四施工段上提前 d_4(即 1 天)工作,其前各施工段上都必须相应提前 d_4 工作。这时就出现了两处错误:其一,A 施工过程在第三施工段上没有为 B 施工过程的正常施工提供工作面,相差 d_4(图中 a 点处);其二,B 施工过程在第

三施工段上的工作尚未全部完成就要求进入第四施工段上工作，相差也是 d_4，劳动力无法保证（图中 b 点处）。

这些错误都说明了 B 施工过程在第四施工段上是不允许提前施工的。由此可知，当应推迟施工的时间（d_s）第一次出现负值时，其值不能与其他施工段已求得的应推迟施工的时间代数相加，只能取零值；已经确定的流水步距也不允许随后续施工段情况的变化而减小（图 13.11 中序号 6）。因此，只要保证逐段求得的流水步距都为最大值，则求得最后一个施工段时的流水步距就是所求的值。可用下式进行计算：

$$K_{ij} = t_i^1 + \max \sum_{s=2}^{N} d_s = t_i^1 + \max \sum_{s=2}^{N} (t_i^s - t_j^{s-1}) \qquad (13.13)$$

式中　K_{ij}——相邻两施工过程的流水步距；

　　　i,j——分别为相邻前、后施工过程；

　　　N——施工段数；

　　　s——依次为 $2 \sim N$ 间的各个施工段；

　　　d_s——第 s 施工段上 j 施工过程应推迟施工的时间。

从以上分析可知，计算无节奏流水的流水步距可简化为计算两相邻施工过程在每一施工段上应推迟施工的时间之和的最大值。如何保证每段求得的流水步距为最大，关键是对那些应推迟施工时间为负值（$d_s < 0$）时的合理取舍。

2）计算步骤和有关规则

（1）前施工过程 i 在第一施工段上的流水节拍 t_i^1 应是流水步距的组成部分。

（2）从第二施工段开始依次错位计算相邻两施工过程应推迟施工时间 $d_s = t_i^s - t_j^{s-1}$。

（3）当应推迟施工的时间为正值（$d_s > 0$）时，应保留作为流水步距的组成部分。

（4）当应推迟施工的时间出现负值（$d_s < 0$）时，应根据以下情况分别处理：

① 当 $d_s < 0$ 连续出现直到最后一个施工段时，则所有 $d_s < 0$ 的值均可舍去，不再作为流水步距的组成部分。

这种情况表明了从该施工段开始，前施工过程在以后各施工段上的施工速度都比后续施工过程的施工速度快，不可能出现施工顺序倒置的现象。

② 当 $d_s < 0$ 在中间施工段上出现，并且后续施工段上又相继出现 $d_s > 0$ 时，则该负值应暂时保留并与后续施工段上应推迟施工的时间相加。相加后若为正值则应保留作为流水步距的组成部分，否则可继续与后续施工段上的 d_s 相加，直到相加后出现正值或加至最后一个施工段为止。

该情况表明了相邻两施工过程的施工速度时快时慢，前施工过程施工速度快为后续施工过程提前施工所提供的有利条件，虽然不能在该施工段上马上实现，但它仍可以在后续施工段上弥补由于施工速度慢时应推迟施工的时间（图中 c 点处），两者可部分抵消，从而减小流水步距。

13.4.2　流水步距计算示例

计算表 13.3 所示无节奏流水的流水步距。

1）计算 A、B 两施工过程间的流水步距

$$K_{AB} = t_A^1 + \sum_{s=2}^{N} d_s = t_A^1 + d_2 + d_3 + d_4 + d_5 = t_A^1 + \sum_{s=2}^{N} (t_A^s - t_B^{s-1})$$

$$=t_A^1+(t_A^2-t_B^1)+(t_A^3-t_B^2)+(t_A^4-t_B^3)+(t_A^5-t_B^4)$$
$$=2+(3-1)+(4-2)+(2-3)+(2-4)=2+2+2+(-1)+(-2)$$

因从第四施工段开始,d_s连续为负值并直到最后,故所有$d_s<0$的值均可舍去。所以流水步距:$K_{AB}=2+2+2=6$(天)。

2)计算其他施工过程间的流水步距

同理可求出其他各施工过程间的流水步距,为直观地表示计算过程,可按表中方框和斜箭线(即错位)所示进行计算。

① $K_{BC}=1+(2-2)+(3-1)+(4-2)+(3-2)=1+0+2+2+1$

因所有d_s都为正值,则全部相加即为流水步距,所以流水步距:$K_{BC}=6$天。

② $K_{CD}=2+(1-2)+(2-3)+(2-1)+(4-2)=2+(-1)+(-1)+1+2$

因d_s出现负值后又出现正值,则应逐段相加后判别其取舍,所以流水步距:$K_{CD}=2+(-2)+3=2+1=3$(天)。

其流水工期仍用式(13.4)进行计算,工期为27天,其流水施工进度如图13.10所示。

必须说明:无节奏流水的流水步距的计算方法,同样适用于有节奏流水施工。

表 13.3　无节奏流水示例

n＼t_i＼N	(一)	(二)	(三)	(四)	(五)
A	2	3	4	2	2
B	1	2	3	4	3
C	2	1	2	2	4
D	2	3	1	2	4

13.5　流水施工的组织

13.5.1　流水施工的组织程序

在土木工程施工中组织一个施工对象(单幢或多幢)的流水施工,应按以下程序进行。

1)把施工对象划分成若干个施工阶段

每一施工对象都可以根据其工程特点及施工工艺要求划分成若干个施工阶段(或分部工程),如划分成基础工程、主体工程、围护结构工程和装饰工程等施工阶段。然后分别组织各施工阶段的流水施工。

2)确定各施工阶段的主导施工过程并组织专业班组

组织一个施工阶段的流水施工时,往往可按施工顺序划分成许多个分项工程。例如基础工程施工阶段可划分成挖土、钢筋混凝土基础、砌砖基础、防潮层和回填土等分项工程。其中有些分项工程仍是由多工种所组成的,如钢筋混凝土分项工程有模板、钢筋和混凝土工程三部分组成,这些分项工程仍有一定的综合性,由此组织的流水施工具有一定的控制作用。

组织某些多工种组成的分项工程流水施工时,往往按专业工种划分成若干个由专业工种(专业班组)进行施工的施工过程,例如安装模板、绑扎钢筋、浇筑混凝土等,然后组织这些专业班组的流水施工。此时,施工活动的划分比较彻底,每个施工过程都具有相对的独立性(各工种不同),彼此之间又具有依附和制约性(施工顺序和施工工艺),这样组织的流水施工具有一定的实用意义。

由前述可知,参加流水的施工过程的多少对流水施工的组织影响很大,组织流水施工时不可能也没有必要将所有分项工程都组织进去。每一个施工阶段总有几个对工程施工有直接影响的主导施工过程,首先将这些主导施工过程确定下来组织成流水施工,其他施工过程则可根据实际情况与主导施工过程合并。所谓主导施工过程,是指那些对工期有直接影响,能为后续施工过程提供工作面的施工过程,如混合结构主体施工阶段,砌墙和吊装楼板就是主导施工过程。在实际施工中,还应根据施工进度计划作用的不同,分部分项工程施工工艺的不同来确定主导施工过程。

3)划分施工段

划分施工段可根据流水施工的原理和施工对象的特点来划分。

对于无层间施工的流水施工,施工段数与主导施工过程(或作业班组)数之间一般无约束关系,但组织成倍节拍流水施工时,必须满足式(13.11)的要求。

对于多层建筑和有层间施工的流水施工,应考虑工作面的形成和保持专业班组的连续施工,所划分的施工段数必须满足式(13.1)的要求。当组织成倍节拍流水时,由于同一施工过程可能有多个作业班组,公式中的施工过程数 n 的含意应转换成作业班组总数 $\sum b_i$。

组织多层等节拍或成倍节拍流水施工时,如需考虑工艺间歇或组织间歇,所需的最少施工段数可按下式计算并取整数。

$$A \cdot N \geqslant \sum b_i + \frac{\sum t_g}{K} \tag{13.14}$$

式中 $\sum t_g$——工艺间歇或组织间歇时间的总和(其他符号同前)。

特别应指出的是,"有层间"的含意并不单纯指多层建筑结构层之间的层间关系,即使在单层建筑中,某些施工过程也可能有层间关系。如单层工业厂房预制构件叠浇施工时,下层构件施工完毕后才能为上层构件施工提供工作面,组织预制构件的流水施工应按有层间关系的制约来考虑,施工段主要以预制构件的多少来划分。

4)确定施工过程的流水节拍

确定施工过程的流水节拍可按式(13.2)进行计算。流水节拍的大小对工期影响较大,从式(13.2)中可知,减小流水节拍最有效的方法是提高劳动效率(即增大产量定额 S_i 或减小时间定额 Z_i)。增加工人数(R_i)也是一种方法,但劳动人数增加到一定程度必然会趋向最小工作面,此时的流水节拍即为最小的流水节拍,正常情况下不可能再缩短。同样,根据最小劳动组合可确定最大的流水节拍。据此就可确定出完成该施工过程最多可安排和至少应安排的工人数。然后根据现有条件和施工要求确定合适的人数求得流水节拍,该流水节拍总是在最大和最小流水节拍之间。

5)确定施工过程间的流水步距

流水步距可根据流水形式来确定。流水步距的大小对工期影响也较大,在可能的情况下组织搭接施工也是缩短流水步距的一种方法。在某些流水施工过程中(不等节拍流水)增大那些流水节拍较小的一般施工过程的流水节拍,或将次要施工过程组织成间断施工,也能缩短流水步距,有时还能使施工更合理。

例如,某工程的基础施工,有五个施工过程,组织成三个施工段的等节拍流水,其施工进度如图 13.12 所示。

图中"垫层"施工过程的流水节拍较小,为保持该施工过程施工的连续性而增大了与前施

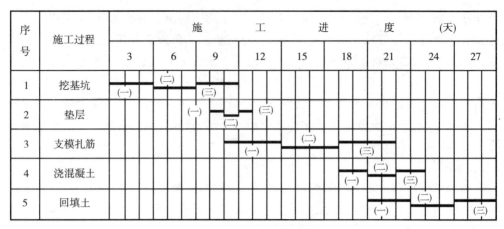

图 13.12　某基础流水施工进度之一

工过程间的流水步距，实际上也推迟了后续施工过程的开始时间，工期相对要延长。如把该施工过程的流水节拍增大（不超过前施工过程的流水节拍）或组织成间断施工（工艺上也是合理的），则两施工过程间的流水步距必然减小，从而缩短工期（图 13.13）。虽然劳动力不连续工作，但可在施工企业内部采取相应的措施予以解决。

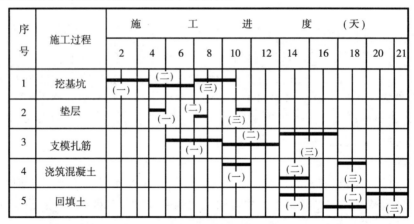

图 13.13　某基础流水施工进度之二

6）组织整个工程的流水施工

各施工阶段（分部工程）的流水施工都组织好后，根据流水施工原理和各施工阶段之间的工艺关系，经综合考虑后，把它们综合组织起来就形成整个工程完整的流水施工，最后绘出流水施工进度计划表。

13.5.2　单幢多层建筑流水施工的组织

某幢四层住宅建筑，其主要施工过程及所需时间如表 13.4 所示。

根据本工程特点可分成三个施工阶段。基础工程由基槽挖土、垫层等施工过程组成不等节拍流水施工；主体工程由砌墙和吊装两施工过程组织成等节拍流水施工。为了缩短工期，要求在第三层楼面（即第二层顶面）吊装完成后即进行内部墙面抹灰。因此，可将安装门窗、墙面抹灰和地面抹灰等施工过程组织流水施工；次要施工过程在必要时也可组织间断施工；其他施工过程可服从主导施工过程穿插进行。

施工段的划分主要以主体施工阶段来确定,可考虑两个主导施工过程参加流水且不考虑施工间歇,划分成两个施工段已满足。基础和装饰施工阶段也按两个施工段来考虑,这样组织施工比较方便。

抹灰施工过程按其施工工艺的要求一般分成三层进行抹灰,每层需有一定的干燥时间,实际上也属有层间的施工,组织流水时应予以考虑。但这施工阶段的基本工作面(即墙体)早已形成,这与主体施工阶段工作面的形成有所不同,给组织流水施工带来了便利。其流水施工进度计划表参见图 13.14。

表 13.4　某幢四层住宅建筑主要施工过程及所需时间

序号	施工过程及所包括的主要工作内容	持续时间(天)	序号	施工过程及所包括的主要工作内容	持续时间(天)
1	场地平整	4	10	楼板底、内墙面抹灰	32
2	基槽挖土	4	11	搭设外脚手	6
3	垫层及混凝土基础	8	12	屋面找平、防水层	12
4	砖基础及回填土	6	13	内墙面刷白	4
5	砌砖墙	32	14	外墙粉刷	16
6	混凝土圈梁及吊装楼板	32	15	楼梯、过道粉刷	2
7	安装井架	4	16	安装落水管	2
8	安装钢门窗、水电管	16	17	钢门窗油漆、安装玻璃	10
9	地面、楼面抹灰	16	18	其他工程	6

13.5.3　同类型多幢多层建筑流水施工的组织

同类型建筑群(如城市住宅小区)应用流水施工往往可获得很好的效果。它的特点是幢数多,工作面大,施工段划分灵活。在一般情况下,一幢建筑不必划分过多施工段,可以把一幢甚至几幢作为一个施工段,尽量按等节拍流水来组织施工。

例:有四幢六层同类型建筑,每幢主体结构施工时的主导施工过程有:砌墙 A、安装现浇梁板模板 B、绑扎梁板钢筋 C、浇梁板混凝土 D 和吊装楼板 E。施工工艺要求,浇筑混凝土后至少应养护三天才能吊装楼板。经计算每幢建筑各施工过程持续时间之比为:T_A : T_B : T_C : T_D : T_E = 2 : 2 : 1 : 1 : 1。若规定完成该主体结构施工的工期为 11 个月(每月按 25 个工作日计),试合理组织该四幢建筑主体结构施工时的流水施工。

1) 确定流水形式

根据各施工过程持续时间的比例关系,只能组织不等节拍流水,如安排得当完全可以组织成倍节拍流水。

2) 确定各施工过程的作业班组数

各施工过程的作业班组数可按公式(13.10)确定。其中各施工过程的流水节拍 t_i 和流水节拍间的最大公约数 K 均为未知,虽然施工段划分的数量尚未确定,但可以肯定能组织有节奏流

序号	施工过程	持续时间(天)	流水节拍(天)	施工段(段)
1	场地平整	4	/	/
2	基槽挖土	4	2	2
3	垫层及混凝土基础	8	4	2
4	砖基础及回填土	6	3	2
5	砌砖墙	32	4	2
6	混凝土圈梁及吊装楼板	32	4	2
7	安装井架	4	/	/
8	安装钢门窗、水电管	16	2	2
9	地面、楼面抹灰	16	2	2
10	楼板底、内墙面抹灰	32	4	2
11	搭设外脚手	6	/	/
12	屋面找平、防水	12	/	/
13	内墙面刷白	4	/	/
14	外墙粉刷	16	/	/
15	楼梯、过道粉刷	2	/	/
16	安装落水管	2	/	/
17	门窗油漆、安装玻璃	10	/	/
18	其他工程	6	/	/

施工进度（天）：4 8 12 16 20 24 28 32 36 40 44 48 52 56 60 64 68 72 76 80 84 88 92 96

图13.14 某四层住宅建筑流水施工进度计划表

水,施工段数不变。因此,各施工过程的流水节拍与持续时间为 $t_i=\dfrac{T_i}{N}$ 的关系。现各施工过程的持续时间也为未知数,仅知它们之间的比例关系,但可以此推定各施工过程持续时间必定是某一数(设为 K')的比例倍数。该数即为持续时间的最大公约数,它与各施工过程流水节拍的最大公约数必定相差为施工段数的倍数。所以,各施工过程的作业班组数可按下式计算:

$$b_i=\frac{t_i}{K}=\frac{T_i/N}{K}=\frac{T_i}{N\cdot K}=\frac{T_i}{K'}=\alpha_i \qquad (13.15)$$

式中　α_i——第 i 施工过程持续时间的比例数;

　　　K'——持续时间的最大公约数,$K'=N\cdot K$;

其他符号的意义同前。

所以,A 施工过程的作业班组数为 $b_A=\alpha_A=2$(组),同理 $b_B=2$,$b_C=b_D=b_E=1$(组)。作业班组的总数 $\sum b_i=7$(组)。

3) 确定施工段数

多幢多层并有施工间歇时间的成倍节拍流水的施工段数可按公式(13.14)确定。

$$A\cdot N\geqslant\sum b_i+\frac{\sum t_g}{K}$$

设 $K=\sum t_g=3$(天),若最后求得 K 小于 3 天,则施工段数应重新确定,所以

$$N=\frac{1}{A}\left(\sum b_i+\frac{\sum t_g}{K}\right)=\frac{1}{4}\times(7+1)=2(段)$$

即每幢每层划分成两个施工段。

4) 确定各施工过程的流水节拍

成倍节拍流水中,各施工过程的流水节拍是流水步距的比例倍数。为此应先按公式(13.12)求出该流水施工的流水步距 K。

因为　$T_i=(A\cdot B\cdot N+\sum b_i-1)\cdot K-\sum t_d+\sum t_g$

所以　$K=\dfrac{T_i+\sum t_d-\sum t_g}{A\cdot B\cdot N+\sum b_i-1}=\dfrac{11\times25+0-3}{4\times6\times2+7-1}=5.04$(天)

流水步距取整数 $K=5$(天),该值大于 3 天满足上述假设,因此,工艺间歇时间可按一个流水步距计,即 $\sum t_g=5$(天)。

已知该成倍节拍流水的流水步距就很容易求得各施工过程的流水节拍,即

$$t_A=b_A\cdot K=2\times5=10(天)=t_B$$
$$t_C=b_C\cdot K=1\times5=5(天)=t_D=t_E$$

5) 验算流水工期,绘出流水施工进度

验算流水工期

$$T_i=(A\times B\times N+\sum b_i-1)\cdot K-\sum t_d+\sum t_g$$
$$=(4\times6\times2+7-1)\times5-0+5=275(天)=11(月)$$

工期满足要求,流水施工进度由读者自行完成。

如果小区建筑中住宅数更多,则可根据总幢数和工艺要求,以若干幢为一组的流水组(本例即为一个流水组)组织等节拍流水施工或平行施工。

14 网络计划技术

网络计划技术是随着现代科学技术和工业生产的发展而产生的,20 世纪 50 年代中期出现于美国,目前在工业发达国家已广泛应用,成为比较盛行的一种现代生产管理的科学方法。我国从 20 世纪 60 年代初在华罗庚教授的倡导下,开始在生产管理中推行网络计划技术。1992 年以来国家技术监督局与住房和城乡建设部先后颁布及修订了中华人民共和国国家标准《网络计划技术》和行业标准《工程网络计划技术规程》,使工程网络计划技术在计划编制与控制管理的实际应用中,有了一个可以遵循的、统一的技术标准。

14.1 网络图的绘制

网络图是由箭线和节点组成,用来表示一项工程或任务流程的有向、有序的网状图形。在网络图上加注工作的时间参数,就形成了网络形式的进度计划。一般网络计划技术的网络图,有单代号网络图和双代号网络图两种。

14.1.1 双代号网络图

双代号网络图由若干表示工作的箭线和节点所组成,其中每一道工作都用一根箭线和箭线两端的两个节点来表示,每个节点都编以号码,箭线两端两节点的号码即代表该箭线所表示的工作,"双代号"的名称即由此而来。图 14.1 所示的就是双代号网络图。

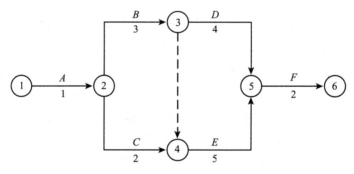

图 14.1 双代号网络图

14.1.1.1 双代号网络图的构成与基本符号

1) 工作(工序、活动)

工作就是计划任务按需要的详略程度划分而成的一个消耗时间或同时也消耗资源,并占有一定工作面的子项目或子任务,是双代号网络图最基本的要素,用一根箭线和两个节点表示。箭线的箭尾表示该工作的开始,箭头表示其结束,通常将工作的名称写在箭线的上方,完成该工作所需要的时间写在箭线的下方,如图 14.2 所示。

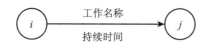

图 14.2　双代号网络图工作的表示方法

工作通常可分为以下三种:一是需要消耗时间和资源的工作,是土木施工中大量存在的工作,如框架施工中的浇筑混凝土梁或柱等;二是主要消耗时间而消耗资源甚少以至可以忽略不计的工作,如路面混凝土的养护;三是既不消耗时间,也不消耗资源的工作。前两种是实际存在的工作,而后一种是人为虚设的工作,只表示相邻前后工作之间的逻辑关系,通常称其为"虚工作"。虚工作常采用虚箭线表示,如图 14.3 所示。

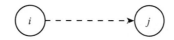

图 14.3　虚工作的表示方法

网络计划中的工作数量应根据一项工程的规模大小、计划的性质(即划分的粗细程度)等因素确定。如对于一个规模较大的建设项目来讲,一项工作可能代表一个单位工程或高速公路一个标段等;对于一个单位工程,一项工作可能只代表一个分部分项工作(如土石方工程),甚至只代表一个操作过程(如挖土)。

在无时标的网络图中,箭线的长短并不反映该工作占用时间的长短。原则上讲,箭线的形状怎么画都行,可以是水平直线,也可以画成折线、曲线和斜线,但不得中断。在同一张网络图上,箭线的画法要求统一,图面要求醒目整齐,最好都画成水平直线或带水平直线的折线。

两道工作前后连续施工时,代表两工作的箭线应前后连续画下去。工程施工时还经常出现平行工作,其箭线也应平行绘制,如图 14.4 所示。就某工作而言,紧靠其前面的工作叫"紧前工作",紧靠其后面的工作叫"紧后工作",该工作本身则称为"本工作"。

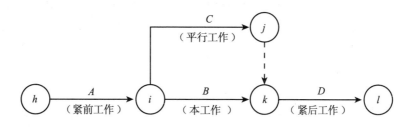

图 14.4　工作之间的关系

在网络图中,自起点节点至本工作之间各条线路上的所有工作称为本工作的先行工作,本工作之后至终点节点各条线路上的所有工作称为本工作的后续工作。没有紧前工作的工作称为起始工作,没有紧后工作的工作称为结束工作,既有紧前工作又有紧后工作的工作均称为中间工作。

2)事件(节点)

事件就是网络图中工作之间的交接之点,用圆圈表示。双代号网络中的事件一般是表示该节点前面一项或若干项工作的结束,同时也表示该节点后面一项或若干项工作的开始。

在网络图中,事件与工作不同,事件只标志着工作的开始或完成的瞬间,具有承上启下的衔接作用,它既不消耗时间也不消耗资源。如图 14.1 中的节点 5,它既表示 D、E 两项工作的结束时刻,也表示 F 工作的开始时刻。节点的另一作用如前所述,在网络图中一项工作可用其前后两节点的编号表示,如图 14.1 中,F 工作可用"5—6"表示。

箭线尾部的节点称"箭尾节点"又称"开始节点",箭线头部的节点称"箭头节点",又称"完成节点"。网络图中第一个节点叫"起点节点",它意味着一项工程或任务的开始;网络图中的最后一个节点叫"终点节点",它意味着一项工程或任务的完成。除网络计划的起点节点和终点节点以外,其余任何一个节点都有双重含义,既是前道工作的完成节点,又是后道工作的开始节点。这类节点称之为"中间节点",如图 14.5 所示。

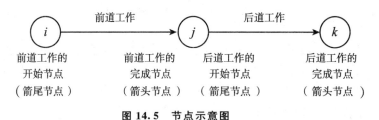

图 14.5　节点示意图

在网络图中,对一个节点来讲,可能有许多箭线通向该节点,这些箭线就称为内向箭线或内向工作;同样也可能有许多箭线由该节点出发,这些箭线就称为外向箭线或外向工作。

3)线路

网络图中从起点节点开始,沿箭线方向连续通过一系列箭线与节点,最后到达终点节点所经过的通路称为线路。一条线路上所有工作持续时间的总和称为该线路的长度。一个网络图中有多条线路,其中最长的线路称为关键线路,位于关键线路上的工作称为关键工作。关键工作完成的快慢直接影响整个网络计划的工期。关键线路宜用粗线、双线或彩色线标注。

网络图中关键线路可能不止一条,但这几条线路上的计算工期都相等。

网络图中除了关键线路之外的线路都称为非关键线路。

关键线路、关键工作和非关键工作都不是一成不变的,在一定条件下,关键线路和非关键线路,关键工作和非关键工作可以相互转化。当采用了一定的技术组织措施,缩短了关键线路上有关工作的持续时间,就有可能使关键线路发生转移,使原来的关键线路变成非关键线路,而原来的非关键线路却变成关键线路。

14.1.1.2　双代号网络图的绘制

网络图必须正确地表达整个工程或任务的工艺流程和各工作开展的先后顺序,以及它们之间在时间、空间和资源上相互制约、相互依赖的逻辑关系。所绘制的网络图应遵守网络图的基本规则,力求使网络图的图面布置合理、条理清楚、重点突出,尽量减少箭线交叉和减少不必要的虚工作,并按一定格式来布置。

1)网络图各种逻辑关系的正确表示方法

逻辑关系是指工作进行时客观上存在的一种先后顺序关系。在表示土木施工项目进度计划的网络图中,根据施工工艺和施工组织的要求,应正确反映各工作之间的相互依赖和相互制约的关系。

要正确绘制出一个能反映工作之间逻辑关系的网络图,首先要明确各工作之间的逻辑关系,即对每个工作要确定以下三个内容:

（1）该工作必须在哪些工作之后进行？

（2）该工作必须在哪些工作之前进行？

（3）该工作可以与哪些工作平行进行？

图 14.6 中,就工作 B 而言,它必须在工作 A 之后进行,是工作 A 的紧后工作；工作 B 必须在工作 E 之前进行,是工作 E 的紧前工作；工作 B 可以与工作 C 和 D 平行进行,是工作 C 和 D 的平行工作。这种严格的逻辑关系应根据工程施工工艺和施工组织的要求加以确定,只有这样才能逐步按工作的先后次序把代表各工作的箭线连接起来,绘制成一张正确的网络图。

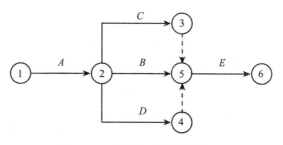

图 14.6 工作之间的逻辑关系

在网络中,各工作之间的逻辑关系是变化多样的。表 14.1 所列的是网络图中常见的一些逻辑关系及其表示方法。

表 14.1 单代号双代号网络图逻辑关系表示方法及比较

序号	逻辑关系	双代号网络图	单代号网络图
1	A 完成后进行 B 完成后进行 C		
2	A 完成后进行 B,C		
3	A 和 B 都完成后进行 C		
4	A 完成后进行 C B 完成后进 D A 和 B 同时开始		
5	A 完成后进行 C A 和 B 完成后进行 D		
6	A 完成后进行 B,C B 和 C 都完成后进行 D		
7	A 和 B 都完成后进行 C,D		

序号	逻辑关系	双代号网络图	单代号网络图
8	A 和 B 都完成后进行 D B 和 C 都完成后进行 E		
9	A 完成后进行 C B 完成后进行 E A 和 B 都完成后进行 D		
10	A、B 两项先后进行的工作各分为三个施工段进行 A_1 完成后进行 A_2，B_1 A_2 完成后进行 A_3，B_2 A_2，B_1 完成后进行 B_2 A_3，B_2 完成后进行 B_3		

2）双代号网络图的绘图规则

绘制双代号网络图时,除要正确地表达工作间的逻辑关系外还必须遵循有关的绘图规则。绘制双代号网络图一般必须遵循以下规则:

（1）网络图应正确表达工作之间已定的逻辑关系。绘制网络图之前,要正确确定施工顺序,明确各工作之间的衔接关系(参见第 13 章),根据施工的先后次序逐步把代表各工作的箭线连接起来,绘制成网络图。

（2）网络图中不得出现回路。在网络图中如果从一个节点出发顺箭线方向又回到原出发点,这种线路就称作回路。例如图 14.7 中的 2→3→5→2 和 2→4→5→2 就是回路,它表示的逻辑关系是错误的,在工艺顺序上是相互矛盾的。

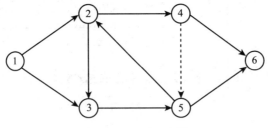

图 14.7　回路示意图

（3）网络图中不得在节点之间出现双向箭头或无箭头的连线。用于表示工程施工进度计划的网络图是一种有向图,是沿着箭头指引的方向前进的。因此,一条箭线只能有一个箭头,不允许出现双向箭头的线段,如图 14.8a 所示;同样也不允许出现无箭头的线段,如图 14.8b 所示。

图 14.8　错误的箭线画法

(a)双向箭头;(b)无箭头线段

(4) 网络图中不得出现编号相同的箭线。网络图中每一条箭线都各有一个开始节点和结束节点的数字编码,号码不能重复,一项工作只能有唯一的代号。例如图 14.9a 中的两条箭线在网络图中表示两项工作,但其代号均为 1—2,这就无法分清 1—2 究竟代表哪项工作。正确的表示方法应该增加一个节点和一条虚箭线,如图 14.9b 所示。

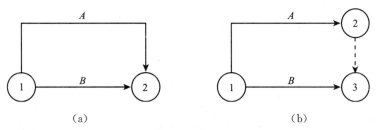

图 14.9　节点编号示意图

(a)错误;(b)正确

(5) 网络图中不得出现没有箭尾节点的箭线(图 14.10a)和没有箭头节点的箭线(图 14.10b)。

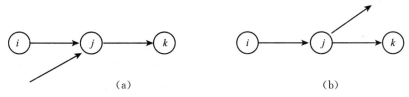

图 14.10　没有箭尾和箭头节点的箭线

(6) 网络图中只应有一个起点节点和一个终点节点,不应出现其他没有内向箭线或外向箭线的节点。

如图 14.11a 所示的网络图中出现了三个没有紧前工作的节点 1、2 和 3,这三个节点的同时存在造成了逻辑关系混乱。如果遇到这种情况,应根据实际的施工工艺流程增加虚箭线(图 14.11b)。同样,在图 14.11a 中也出现三个没有箭线向外引出的节点 6、8 和 9,它们亦造成了网络逻辑关系的混乱,同样应增加虚箭线作相应处理(图 14.11b)。

在进行上述处理时,应注意不改变原工作间的相互关系,并符合绘制网络图的规则,使箭线尽可能少。

3) 绘制网络图应注意的问题

(1) 网络图的布局条理清楚、重点突出

虽然网络图主要用以反映各工作之间的逻辑关系,但是为了便于运用,还应排列整齐、条理清楚、重点突出。尽量把关键工作和关键线路布置在中心位置,尽可能把密切相连的工作安

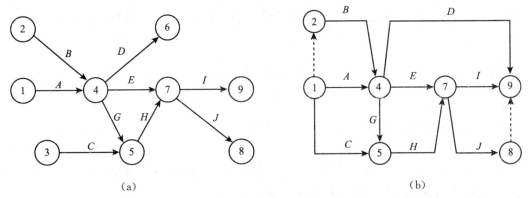

(a)　　　　　　　　　　　　　　(b)

图 14.11　一个网络图只允许有一个起点节点和一个终点节点

排在一起,尽量减少斜箭线而采用带有水平线段的折线,尽可能避免交叉箭线出现。

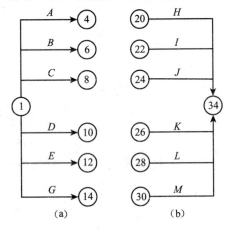

(a)　　　　(b)

图 14.12　母线法绘图

对比图 14.11a 和图 14.11b,前者的布置条理不清楚,重点不突出,而后者则相反。

(2)母线法的使用

当网络图的起点节点有多条外向箭线或终点节点有多条内向箭线时,为使图形简洁,可使用母线法绘图。使多条箭线经一条共用的母线段从起点节点引出,如图 14.12a,或使多条箭线经一条共用的母线段引入终点节点,如图 14.12b。

当箭线的线型不同(粗线、细线、虚线或其他线)易导致误解时,不得用母线法绘图。

(3)交叉箭线的画法

当网络图中不可避免地出现箭线交叉时,不能直接相交画出,应采用图 14.13 中的两种方法来处理。

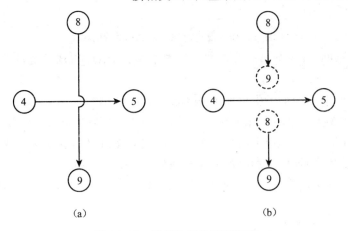

(a)　　　　　　　　　　(b)

图 14.13　箭线交叉的处理方法

(a)过桥法;(b)指向法

(4)网络图中的"断路法"

绘制网络图时必须符合施工顺序的关系,符合流水施工的要求和符合网络逻辑连接关系。一般来说,对施工顺序和施工组织上必须衔接的工作,绘图时不易产生错误,但是对于不发生逻辑关系的工作绘图时就容易发生错误。遇到这种情况时,采用增加节点和虚箭线加以处理。用虚箭线在线路上隔断无逻辑关系的各项工作,这种方法称为"断路法",断路法的应用是双代号网络计划技术的关键所在,必须熟练掌握。

图 14.14 所示的网络图,从施工工艺和流水施工原理分析,挖基槽→砌基础→回填土,符合顺序和工作面施工的要求;同工种的工作队在第一施工段完成后转入第二施工段再转入第三施工段,符合劳动力的要求。但在网络逻辑关系上有不符合之处:第一施工段的回填土与第二施工段的挖土没有逻辑上的关系;同样,第二施工段回填土与第三施工段的挖土也无逻辑上的关系,但在图中却相连起来了,这是网络图中原则性的错误。产生错误的原因是把前后具有不同工作性质、不同关系的工作用一个节点连接起来所致,这在流水施工网络图中最容易发生。用断路法可以纠正此类错误,具体操作如下:

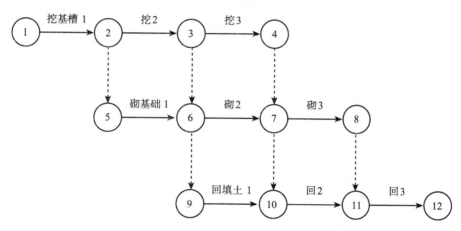

图 14.14　某双代号网络图(错误画法)

① 在有逻辑关系的线路上,把该节点的紧前工作切断,并增加一个新节点。如图 14.15 中,把工作 5—6 切断后增加一个新节点 4。

② 把新节点与原节点用虚箭线连接起来,虚箭线的方向与原箭线的方向相同,如图 14.15 中的虚箭线 4—5。

③ 把与切断工作有逻辑关系的紧后工作同新增加的节点相连,并把它们之间的位置适当调整,使图形比较整齐,如图 14.15 所示工作 4—8。

(5)避免使用反向箭线

在一个网络图中,应尽量避免使用反向箭线。因为反向箭线容易发生错误,可能会造成回路。在时标网络计划中更是绝对不允许的。

4)网络图的编号

按照每项工作的逻辑顺序将网络图绘成之后,即可进行节点编号。编号的目的是赋予每项工作一个代号,以便于识别,且便于对网络图进行时间参数的计算。当采用计算机进行计算时,工作编号是绝对必要的。节点的编号可以采用任何数字,一般用正整数为好,编号应遵循

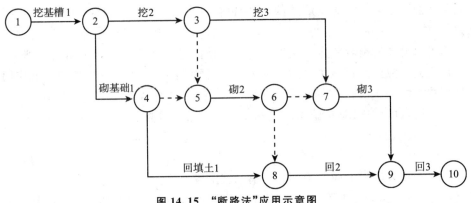

图 14.15 "断路法"应用示意图

以下两条规则：

（1）每一个工作的箭头节点编号必须大于箭尾节点编号，即 $i<j$。编号时号码应从小到大，箭头节点编号必须在其前面的所有箭尾节点都已编号之后进行。如图 14.16a 中，为要给节点 3 编号，就必须先给节点 1 和节点 2 编号，图 14.16b 是错误的。值得指出的是，正确的编号可以避免回路。

（2）在一个网络计划中，所有的节点不能出现重复编号。有时考虑到可能在网络图中会增添或改动某些工作，可在节点编号时，预先留出备用节点号，即采用不连续编号的方法，以便于调整，避免以后由于中间增加一项或几项工作时而改动整个网络图的节点编号。

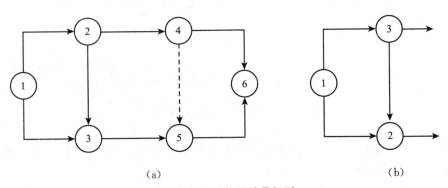

（a）　　　　　　　　　　　　　　　　　（b）

图 14.16　网络图编号规则
（a）正确；（b）错误

14.1.1.3　双代号网络图绘制示例

为使绘制的网络图不出现反向箭线和竖直向实箭线，在绘制网络图之前，宜先确定出网络图中各节点的位置号，再按节点位置号绘制网络图。

1）确定网络图中各节点的位置

网络图中各节点的位置按下列规则确定：

（1）无紧前工作的工作，其开始节点位置号为零；

（2）有紧前工作的工作，其开始节点位置号等于其紧前工作的开始节点位置号的最大值加 1；

（3）有紧后工作的工作，其完成节点位置等于其紧后工作的开始节点位置号的最小值；

（4）无紧后工作的工作，其完成节点位置号等于网络图中各个工作的完成节点位置号的最大值加1。

2）编制双代号网络图

已知一网络图中各工作之间的逻辑关系如表14.2所示，试画出其双代号网络图。

表14.2 某网络图中各工作之间的逻辑关系

工作名称	A	B	C	D	E	F	G	H
紧前工作	—	A	B	B	B	D,E	C,E	F,G

绘制双代号网络图的步骤如下。

（1）根据已知的紧前工作确定出紧后工作

对于逻辑关系比较复杂的网络图，可绘出关系矩阵图，以确定紧后工作，如图14.17所示。图中横向标注"＊"者为紧前工作，竖向标注"＊"者即为紧后工作。

	A	B	C	D	E	F	G	H
A								
B	＊							
C		＊						
D		＊						
E		＊						
F				＊	＊			
G			＊		＊			
H						＊	＊	

图14.17 工作逻辑关系矩阵图

（2）确定出各工作的开始节点位置号和完成节点位置号，如表14.3所示。

表14.3 某网络图的节点号

工作	A	B	C	D	E	F	G	H
紧前工作	—	A	B	B	B	D,E	C,E	F,G
紧后工作	B	C,D,E	G	F	F,G	H	H	—
开始节点位置号	0	1	2	2	2	3	3	4
完成节点位置号	1	2	3	3	3	4	4	5

无紧前工作的工作 A 其开始节点位置号为零；工作 B 的开始节点位置号等于其紧前工作 A 的开始节点位置号加1，即 $0+1=1$；工作 C、D、E 的紧前工作 B 的开始节点位置号为2，则其开始节点位置号为 $2+1=3$；同理可得工作 G，H 的开始节点位置号分别为3和4。

工作 A 的完成节点位置号等于其紧后工作 B 的开始节点位置号，即工作 A 的完成节点的位置号为1；工作 B 的紧后工作 C、D、E 的开始节点位置号均为2，则其完成节点位置号为2；同理可得工作 C、D、E、F、G 的完成节点的位置号分别为3、3、3、4、4。工作 H 的完成节点位置号等于各工作中完成节点位置号的最大值加1，即 $4+1=5$。

349

（3）根据节点位置号和逻辑关系绘出网络图，如图 14.18 所示。

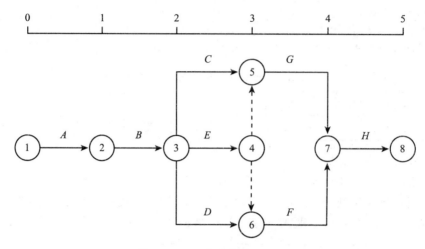

图 14.18　双代号网络图示例

14.1.2　单代号网络图

1）单代号网络图的构成与基本符号

单代号网络图也是由许多节点和箭线组成，但构成单代号网络图的基本符号的含义却与双代号不相同。单代号网络图的节点代表工作，而箭线仅表示各项工作之间的逻辑关系。由于用节点表示工作，因此，单代号网络图又称节点式网络图。

单代号网络图与双代号网络图相比，具有如下优点：工作之间的逻辑关系容易表达，且不用虚箭线。网络图便于检查、修改，所以单代号网络图也应用广泛。图 14.19 中（a）、（b）两个网络图都是由四项工作组成，逻辑关系也一样，但（a）图是用双代号表示的，而（b）图则是用单代号表示的。

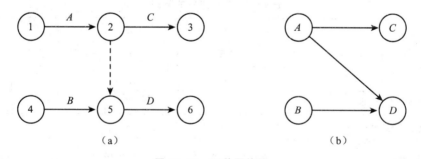

图 14.19　两种网络图
（a）双代号网络图；（b）单代号网络图

（1）节点

节点是单代号网络图的主要符号，它可以用圆圈或方框表示。一个节点代表一项工作。节点所表示的工作名称、持续时间和节点编号一般都标注在圆圈或方框内，有的甚至将时间参数也标注在节点内，如图 14.20 所示。

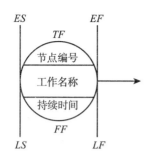

节点编号	工作名称	持续时间
ES	EF	TF
LS	LF	FF

图 14.20　单代号网络图节点标注方法

（2）箭线

在单代号网络图中,箭线仅用以表示工作间的逻辑关系,既不占用时间,也不消耗资源。单代号网络图不用虚箭线,箭线的箭头表示工作的前进方向,箭尾节点表示的工作为箭头节点的紧前工作。有关箭线前后节点的关系如图 14.21 所示。

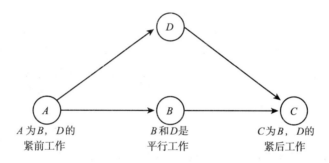

图 14.21　节点所表示的工作关系

2）单代号网络图的绘制规则

同双代号网络图一样,绘制单代号网络图也必须遵循一定的规则,这些绘图规则有:

（1）网络图应正确表达工作之间已定的逻辑关系;

（2）网络图不得出现回路;

（3）网络图中不得出现双向箭头或无箭头的线段;

（4）网络图中不得出现没有箭尾节点的箭线和没有箭头节点的箭线;

（5）网络图中不得出现重复编号的工作,一个编号只能代表一项工作;

（6）当有多项开始工作或多项结束工作时,应在网络图两端分别设置一项虚工作,作为网络图的起点节点和终点节点,并不得出现没有内向箭线或外向箭线的中间节点。

3）单代号网络图基本逻辑关系的表示

单代号网络图基本逻辑关系表示方法如表 14.1 所示。

14.2　网络计划时间参数计算

在网络图上加注工作的时间参数等而编制成的进度计划叫网络计划。用网络计划对任务的工作进度进行安排和控制,以保证实现预定目标的计划管理技术叫网络计划技术。网络计划技术的种类很多,有关键线路法、计划评审技术、搭接网络计划法、图示评审技术、决策网络计划法、风险评审技术、仿真网络计划法、流水网络计划法等。

网络计划时间参数计算的目的在于确定网络计划中各项工作和各个节点的时间参数,为网络计划的优化、调整和执行提供明确的时间概念。网络计划的时间参数计算有许多方法,一般常用的有分析计算法、图上计算法、表上计算法、矩阵计算法和电算法等,但其计算原理完全相同,只是表达形式不同而已。

本节只叙述网络计划中在工作持续时间、工作之间的逻辑关系都确定的情况下,网络计划时间参数的计算。

14.2.1 双代号网络计划时间参数计算

双代号网络计划时间参数包括各个节点的最早时间和最迟时间;各项工作的最早开始时间、最早完成时间、最迟开始时间、最迟完成时间;各项工作的有关时差及计算工期。网络计划的时间参数既可以按工作为计算对象,也可以按节点计算。

14.2.1.1 工作时间参数计算

工作时间参数以工作为计算对象,包括最早开始时间和最早完成时间、最迟开始时间和最迟完成时间(实际工作中一般只计算最早时间和最迟时间),以及工作的总时差和自由时差。为了简化计算,网络计划时间参数中的开始时间和完成时间都以时间单位的终了时刻为准。如第 3 天开始即指第 3 天终了(下班)时刻开始,实际上是第 4 天才开始;第 2 周完成即指第 2 周终了时完成。

1) 图上计算法

网络计划的时间参数计算应在确定各项工作持续时间以后进行,时间参数的基本内容和标注形式应符合图 14.22 中的规定。

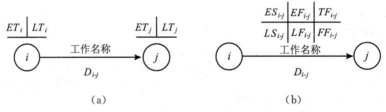

图 14.22 双代号网络计划时间参数标注形式
(a) 按节点计算法 (b) 按工作计算法

现以图 14.23 所示的网络计划为例说明图上计算法。

(1)工作的最早开始时间——ES_{i-j}

工作的最早开始时间是指在紧前工作和有关时限约束下,工作有可能开始的最早时刻。

计算工作的最早开始时间应从网络图的起点节点开始(即顺向计算),顺着箭线方向自左至右依次逐项计算,直到终点节点为止。必须先计算其紧前工作,然后才能计算本工作。整个计算是一个加法过程。

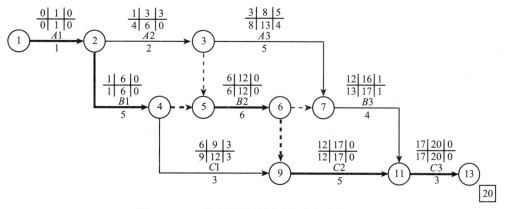

图 14.23　双代号网络计划时间参数计算示例

①与起点节点相连工作的最早开始时间

凡与起点节点相连的工作,都是首先进行的工作,所以它们的最早开始时间都设为零(相对时间)。本例中,工作 1—2 的最早开始时间等于零,即

$$ES_{1-2}=0$$

②其他工作的最早开始时间

确定其他任一工作的最早开始时间时,首先将其所有紧前工作的最早开始时间与工作的持续时间相加,然后从这些和数中选取一个最大的数,即为该工作的最早开始时间。用公式表示(图 14.24)为

$$ES_{i-j}=\max\{ES_{h-i}+D_{h-i}\} \tag{14.1}$$

式中　ES_{i-j}——工作 $i-j$ 的最早开始时间;

　　　ES_{h-i}——工作 $i-j$ 的紧前工作 $h-i$ 的最早开始时间;

　　　D_{h-i}——工作 $h-i$ 的持续时间。

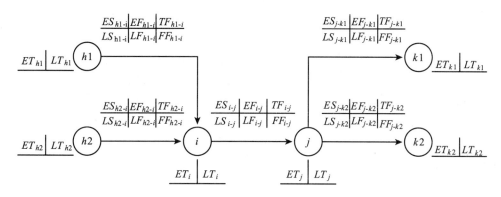

图 14.24　双代号网络计划时间参数计算

在本例中,工作 2—3 和工作 2—4 只有一个紧前工作 1—2,故它们的最早开始时间都是 0+1=1。同理工作 3—7 的最早开始时间为 1+2=3。需要注意的是,网络图中的虚工作也可按相同的方法进行参数计算。

最早开始时间算完以后就可以计算网络计划的计算工期了,方法是将所有与终点节点相连的工作分别求出其最早开始时间与持续时间之和,其最大值即为本网络计划的计算工期(T_c)。本例与终点节点 13 相连的工作只有 $11-13$ 一项,则本网络计划的计算工期为 $T_c = 17 + 3 = 20$(天),可将其填入节点 13 旁的方框中,如图 14.23 所示。

(2)工作的最早完成时间——EF_{i-j}

工作的最早完成时间就是其最早开始时间与持续时间之和,计算公式为

$$EF_{i-j} = ES_{i-j} + D_{i-j} \tag{14.2}$$

由式(14.2),式(14.1)可改写成

$$ES_{i-j} = \max\{ES_{h-i} + D_{h-i}\} = \max\{EF_{h-i}\} \tag{14.3}$$

式中　EF_{h-i}——工作 $i-j$ 的紧前工作 $h-i$ 的最早完成时间。

(3)工作的最迟完成时间——LF_{i-j}

工作的最迟完成时间是指在不影响任务按期完成和有关时限约束的条件下,工作最迟必须完成的时刻。

计算工作的最迟完成时间应从终点节点逆箭线方向向起点节点逐项进行计算。必须先计算紧后工作,然后才能计算本工作,整个计算是一个减法过程。

①与终点节点相连工作的最迟完成时间

与终点节点($j=n$)相连的各项工作最迟完成时间,如果有规定工期(任务委托人所要求的工期),就按规定工期(T_r)计算,否则就按所求出的计算工期(T_c)计算

$$LF_{i-n} = T_r \text{ 或 } T_c$$

假如本例没有规定工期,则计算工期 20 就是工作 $11-13$ 的最迟完成时间,即 $LF_{11-13} = 20$ 天。

②其他工作的最迟完成时间

其他工作 $i-j$ 的最迟完成时间是其紧后工作最迟完成时间与该紧后工作的持续时间之差的最小值,按下列公式计算(图 14.24)

$$LF_{i-j} = \min\{LF_{j-k} - D_{j-k}\} \tag{14.4}$$

式中　LF_{i-j}——工作 $i-j$ 的最迟完成时间;

　　　LF_{j-k}——工作 $i-j$ 的紧后工作 $j-k$ 的最迟完成时间;

　　　D_{j-k}——工作 $i-j$ 的紧后工作 $j-k$ 的持续时间。

本例中,工作 $7-11$ 和工作 $9-11$ 只有一个紧后工作 $11-13$,则工作 $7-11$ 和工作 $9-11$ 的最迟完成时间为 $LF_{7-11} = LF_{9-11} = LF_{11-13} - D_{11-13} = 20 - 3 = 17$(天)。同理,工作 $3-7$ 的最迟完成时间为 13 天。工作 $5-6$ 有两个紧后工作 $7-11$ 和 $9-11$,则其最迟完成时间 $LF_{5-6} = \min\{LF_{7-11} - D_{7-11}, LF_{9-11} - D_{9-11}\} = \min\{17 - 4, 17 - 5\} = 12$(天)。其他工作的最迟完成时间都可仿此计算,计算结果如图 14.23 所示。

(4)工作的最迟开始时间——LS_{i-j}

工作的最迟开始时间是指在不影响任务按期完成和有关时限约束的条件下,工作最迟必须开始的时刻。

工作的最迟开始时间可按下式计算

$$LS_{i-j} = \min\{LS_{j-R} - D_{i-j}\} = LF_{i-j} - D_{i-j} \tag{14.5}$$

式中　LS_{i-j}——工作 $i-j$ 的最迟开始时间;

LF_{i-j}——工作 $i-j$ 的最迟完成时间；

LS_{j-k}——工作 $j-k$ 的最迟开始时间；

D_{i-j}——工作 $i-j$ 的持续时间。

本例中，工作 11—13 的最迟开始时间为

$$LS_{11-13}=LF_{11-13}-D_{11-13}=20-3=17（天）$$

其余工作都可以仿此计算，不再赘述。所有工作的最迟开始时间均已列在图 14.23 的网络图中。

（5）工作的总时差——TF_{i-j}

工作的总时差是指在不影响工期和有关时限的前提下，一项工作可以利用的机动时间。一项工作的活动范围要受其紧前、紧后工作的约束。它的极限活动范围是从其最早开始时间到最迟完成时间，在扣除工作本身作业必须占用的时间之后，其余时间才可以机动使用。它可以在总时差范围内，推迟开工或提前完成，如可能，它也可以断续施工或延长其作业时间。

根据上述含义，工作的总时差应按式(14.6)或式(14.7)计算

$$TF_{i-j}=LF_{i-j}-EF_{i-j} \tag{14.6}$$

$$TF_{i-j}=LS_{i-j}-ES_{i-j} \tag{14.7}$$

式中　TF_{i-j}——工作 $i-j$ 的总时差；

其余符号含义同前。

图 14.23 所示网络图中有关工作的总时差计算如下：

工作 1—2　　　　　$TF_{1-2}=LS_{1-2}-ES_{1-2}=0-0=0$

工作 2—3　　　　　$TF_{2-3}=LS_{2-3}-ES_{2-3}=4-1=3$

其余工作的总时差见图 14.23 中有关数值。

（6）工作的自由差——FF_{i-j}

工作的自由时差是总时差的一部分，指一项工作在不影响其紧后工作最早开始时间的前提下可以利用机动时间。这时工作的活动范围被限制在本工作最早开始时间与其紧后工作的最早开始时间之间，从这段时间中扣除本身的作业时间之后，剩余的时间即为自由时差。

根据上述含义，工作的自由时差应按式(14.8)或式(14.9)计算

$$FF_{i-j}=\min\{ES_{j-k}-ES_{i-j}-D_{i-j}\} \tag{14.8}$$

$$FF_{i-j}=\min\{ES_{j-k}-EF_{i-j}\} \tag{14.9}$$

式中　FF_{i-j}——工作 $i-j$ 的自由时差；

ES_{j-k}——工作 $i-j$ 的紧后工作 $j-k$ 的最早开始时间；

ES_{i-j}——工作 $i-j$ 的最早开始时间；

EF_{i-j}——工作 $i-j$ 的最早完成时间。

在图 14.23 所示的网络计划中，有关工作的自由时差计算如下：

工作 1—2　$FF_{1-2}=ES_{2-3}（或 ES_{2-4}）-ES_{1-2}-D_{1-2}=1-0-1=0$

工作 2—3　$FF_{2-3}=ES_{3-7}-EF_{2-3}=3-3=0$

其他工作的自由时差都可以仿此计算，计算结果见图 14.23。

自由时差是总时差的构成部分，数值上总是小于或等于总时差。因此，总时差为零的工作，其自由时差也必为零，可不必专门计算。一般情况下，自由时差也只可能存在于有多条内向箭线的节点之前的工作之中。

2)表上计算法

表上计算法的计算原理与图上计算法相同,懂得了图上计算法就不难掌握表上计算法,它们的区别只是形式不同而已。进行表上计算法应先绘制如表14.4形式的计算表。

仍以图14.23所示的网络为例,表14.4的(2)、(3)栏是由网络计划转录,按工作编号由小到大依次排列。(1)栏只要由上至下顺序编号即可。其他栏则需要计算。

表 14.4　工作时间参数计算表

序号	工作编号	持续时间 D_{i-j}	最早开始 ES_{i-j}	最早完成 EF_{i-j}	最迟开始 LS_{i-j}	最迟完成 LF_{i-j}	总时差 TF_{i-j}	自由时差 FF_{i-j}	关键工作 $TF_{i-j}=0$
(1)	(2)	(3)	(4)	(5)	(6)	(7)	(8)	(9)	(10)
1	1-2	1	0	1	0	1	0	0	√
2	2-3	2	1	3	4	6	3	0	
3	2-4	5	1	6	1	6	0	0	√
4	3-5	0	3	3	6	6	3	3	
5	3-7	5	3	8	8	13	5	4	
6	4-5	0	6	6	6	6	0	0	√
7	4-9	3	6	9	9	12	3	3	
8	5-6	6	6	12	6	12	0	0	√
9	6-7	0	12	12	13	13	1	0	
10	6-9	0	12	12	12	12	0	0	√
11	7-11	4	12	16	13	17	1	1	
12	9-11	5	12	17	12	17	0	0	√
13	11-13	3	17	20*	17	20	0	0	√

凡箭尾节点为起点节点的工作,其最早开始时间为零,填入相应工作(4)栏,将(3)栏和(4)栏相加即可得到相应行的(5)栏。如表14.4中,工作1-2的最早开始时间为零,其最早完成时间就是0+1=1。

计算后续各工作的最早开始时间的方法,仍然按公式(14.1)进行,即选取其紧前工作最早完成时间的最大值。计算应从上至下按顺序号依次进行。

最早完成时间的最大值就是网络计划的计算工期,可在其旁加"＊"标明。

工作最迟时间、总时差、自由时差的计算原理与方法亦与图上计算法相似,计算结果见表14.4。最后把总时差为零的工作用符号标出,然后检查由这些工作所连成的线路是否连续。

14.2.1.2　节点时间参数计算

节点时间参数以节点为计算对象。节点时间参数只有两个,即节点最早时间和节点最迟时间。

1)节点最早时间的计算

(1)节点最早时间 ET_i 应从网络计划的起点节点开始,顺箭线方向依次逐项计算。

(2)起点节点的最早时间如无规定时,其值等于零,即

$$ET_1 = 0 \qquad (14.10)$$

(3)其他节点的最早时间 ET_i(图14.24)应为

$$ET_j = \max\{ET_i + D_{i-j}\} \qquad (14.11)$$

式中 ET_i——工作的箭尾节点 i 的最早时间。

在双代号网络计划中,节点最早时间也就是该节点后各工作的最早开始时间,所以,节点最早时间与工作时间参数之间的关系可用下式表示:

$$ET_j = ES_{j-k} = \max\{ES_{i-j} + D_{i-j}\} = \max\{ET_i + D_{i-j}\} \qquad (14.12)$$

式中 ES_{j-k}——以节点 j 为开始节点的工作 $j-k$ 的最早开始时间;

ES_{i-j}——以节点 j 为结束节点的工作 $i-j$ 的最早开始时间。

网络计划终点节点的最早时间就是该网络计划的计算工期,即

$$T_c = ET_n \qquad (14.13)$$

式中 T_c——网络计划的计算工期;

ET_n——终点节点的最早时间。

2)节点最迟时间的计算

(1)节点 i 的最迟时间 LT_i 应从网络计划的终点节点开始,逆着箭线的方向依次逐项计算。当部分工作分期完成时,有关节点的最迟时间必须从分期完成节点开始逆向逐点计算。

(2)终点节点的最迟时间按网络计划的计算工期 T_c 或规定工期 T_r 确定,即:

$$LT_n = T_r(或 T_c) \qquad (14.14)$$

式中 LT_n——网络计划终点节点的最迟时间。

(3)其他节点的最迟时间 LT_i 应为

$$LT_i = \min\{LT_j - D_{i-j}\} \qquad (14.15)$$

式中 LT_i——节点 i 的最迟时间;

LT_j——工作 $i-j$ 的箭头节点 j 的最迟时间。

节点最迟时间在双代号网络计划中就是该节点前各工作的最迟完成时间,两者间的关系可用下式表达:

$$LT_i = LF_{h-i} = \min\{LF_{i-j} - D_{i-j}\} = \min\{LT_j - D_{i-j}\} \qquad (14.16)$$

式中 LF_{h-i}——以节点 i 为箭头节点的工作 $h-i$ 的最迟完成时间。

3)工作总时差的计算

工作总时差等于该工作的完成节点的最迟时间减该工作的开始节点的最早时间,再减该工作的持续时间,即

$$TF_{i-j} = LT_j - ET_i - D_{i-j} \qquad (14.17)$$

式中 TF_{i-j}——工作 $i-j$ 的总时差;

LT_j——工作 $i-j$ 的完成节点的最迟时间;

ET_i——工作 $i-j$ 的开始节点的最早时间。

4)工作自由时差的计算

工作自由时差等于该工作的完成节点的最早时间减工作的开始节点的最早时间,再减该

工作的持续时间,即

$$FF_{i-j}=ET_j-ET_i-D_{i-j} \tag{14.18}$$

式中　FF_{i-j}——工作 $i-j$ 的自由时差;

　　　ET_j——工作 $i-j$ 的完成节点的最早时间;

　　　ET_i——工作 $i-j$ 的开始节点的最早时间。

节点时间参数计算也可采用图上计算法和表上计算法。

仍以图 14.23 的网络计划为例用图上计算法进行时间参数计算,其结果见图 14.25。

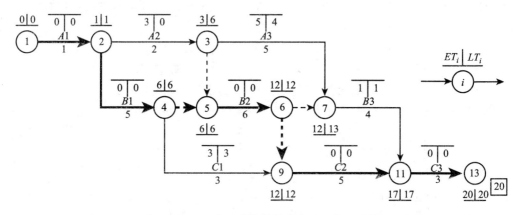

图 14.25　双代号网络计划节点时间参数计算

其中:

节点最早时间

$ET_1=0$

$ET_5=\max(ET_3+D_{3-5},ET_4+D_{4-5})=\max(3+0,6+0)=6$

网络计划的计算工期　　$T_c=ET_{13}=20$(天)

节点最迟时间

$LT_{13}=T_c=20$

$LT_4=\min(LT_5-D_{4-5},LT_9-D_{4-9})=\min(6-0,12-3)=6$

工作的总时差

工作 $1-2$　　$TF_{1-2}=LT_2-ET_1-D_{1-2}=1-0-1=0$

工作 $4-9$　　$TF_{4-9}=LT_9-ET_4-D_{4-9}=12-6-3=3$

工作自由时差

工作 $1-2$　　　$FF_{1-2}=ET_2-ET_1-D_{1-2}=1-0-1=0$

工作 $4-9$　　　$FF_{4-9}=ET_9-ET_4-D_{4-9}=12-6-3=3$

为了进一步说明网络计划中各工作的最早开始时间和最早完成时间,最迟开始时间和最迟完成时间,总时差和自由差以及节点最早时间和最迟时间之间的相互关系,取出网络图中的一部分做分析,如图 14.26 所示。

图 14.26 中每个节点都标出最早时间和最迟时间。工作 $i-j$ 可动用的时间范围应该从这一工作箭尾节点的最早时间 ET_i 一直到该工作箭头节点的最迟时间 LT_j,如图中的 AD 时间段。在这段时间内,扣除工作的持续时间 D_{i-j},余下的时间就是该工作的总时差 TF_{i-j},图

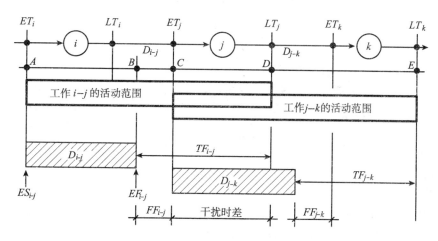

图 14.26　总时差与自由时差关系图

中 BD 时间段就是 $i-j$ 的总时差。如果动用了工作 $i-j$ 的全部总时差，紧后工作 $j-k$ 就不可能在最早时间 ES_{j-k} 进行了，因而影响紧后工作的最早开始时间。但是紧后工作 $j-k$ 的总时差的计算方法与工作 $i-j$ 的相同，即从时间段 CE 中扣除工作 $j-k$ 的持续时间 D_{j-k}，这样会有一时间段是重复的，如图 14.26 中的 CD 时间段。这一时间段称为"松弛时间"或"干扰时差"。这一时间段既可作为紧前工作的总时差，也可作为紧后工作的总时差。如果紧前工作动用了总时差，紧后工作的总时差必须重新分配。另外，紧前工作的总时差可传给其后续工作利用。

自由时差是箭头节点的最早时间（即紧后工作的最早开始时间）与该工作最早完成时间之差，如图 14.26 中的 BC 时间段。因而不会出现重复的时间段，也就不会影响紧后工作的最早开始时间，也不会影响总工期。一项工作的自由时差只能由本工作利用，不能传给后续工作利用。

14.2.1.3　网络计划的关键线路

计算网络计划时间参数的目的之一是找出网络计划中的关键线路。找出了关键线路也就抓住了工程进度计划的主要矛盾。这样就可使工程管理人员在生产的组织和管理工作中做到心中有数，以便于合理地调配人力和资源，避免盲目赶工，保证工程有条不紊地进行。

在一个网络计划中，一般都有多条线路，如图 14.23 所示的网络计划，从起点到终点，就有六条线路。每条线路都包含着若干项工作，这些工作的持续时间之和即为这条线路的总持续时间。任何一个网络计划中至少有一条总持续时间最长的线路，这条线路的总持续时间决定了这个网络计划的计算工期，在这条线路中没有任何机动的余地，线路上的任何工作持续时间拖延了都会使总工期相应延长，缩短了也可能同时会缩短总工期。这种线路是按期完成计划任务的关键所在，所以称为关键线路。为了醒目，在网络图中通常都用双线或粗线、红线等标出关键线路。凡在关键线路上的各工作称为关键工作；凡在关键线路上的节点则称为关键节点。在计划工期等于计算工期的情况下，关键工作的最早开始时间和最迟开始时间是相同的，不存在任何时差（总时差＝0），关键节点的最早时间和最迟时间也是相同的。

网络计划中关键线路以外的其他线路都称为非关键线路，在这种线路上总是或多或少地存在总时差，其中存在总时差的工作就是非关键工作。非关键工作总有一定的机动时间供调剂使用。需要注意的是非关键线路并非全由非关键工作组成。在任何线路中，只要有一个非关键工作存在,它的总持续时间之和就会小于关键线路,它就是非关键线路。凡不在关键线路上的节点都是非关键节点。图 14.23 中线路 1—2—4—9—11—13,它的总持续时间是 17,比关键线路的时间 20 短,所以是非关键线路,在这条线路中只有工作 4—9 是非关键工作。只有全部由关键工作组成的线路才能成为关键线路。还有一点值得注意的是,在所举的这条非关键线路上的节点全部由关键节点组成,这说明,用关键工作可以确定关键线路,但用关键节点却不一定能确定一条关键线路。

确定关键线路的方法很多,如前所述的线路时间长度比较法,还有破圈法、流网与线性规划法等,下面仅介绍两种适于手算而又简单易行的方法。

1) 利用关键工作的方法

当网络计划的时间参数以工作为计算对象时,网络计划的关键工作是该计划中总时差最小的工作。如果计划工期等于计算工期,则总时差为零的工作就是关键工作。只要把所有关键工作标示出来,关键线路也就随之确定。

当采用图上计算法时,每个工作的最早、最迟开始时间都已标列在箭线之上,只要直接把总时差和自由时差都为零的工作的箭线用特殊线型标示即可。对关键工作时差可不计算、不标出,以减少图面上的数字,使图看起来更加简明清晰,也不会因此发生任何误解。

当采用表上计算法时,在算出总时差后,只要在(10)栏相应位置把总时差为零的关键工作钩出就行。把这些工作的编号依次连接起来就是要找的关键线路。

2) 利用关键节点的方法

如果网络计划的时间参数是按节点计算的,那么在所求的时间参数中就有了各节点的最早和最迟时间,凡是这两个时间相同的节点就是关键节点,这样就可以利用关键节点直接找出关键线路。因为这时若要通过时差计算再找关键线路是比较麻烦的,而且必须计算所有工作的时差。

由前述,单凭关键节点不一定确定一条关键线路,然而关键线路必须要通过这些节点。当一个关键节点与多个关键节点相邻而可能出现多条关键线路时,必须加以辨别。方法是确定这些相邻节点之间的工作是否为关键工作。如果是关键工作则相邻两关键节点可以连成关键线路,否则就不可以。辨别两关键节点间的工作是否为关键工作,可用下列判别式:

$$箭尾节点时间 + 工作持续时间 \geqslant 箭头节点时间 \qquad (14.19)$$

如果以上不等式成立,那么这个工作就是关键工作,否则就是非关键工作。例如图 14.25 中节点 9 是关键节点,与之相邻的关键节点有 4 和 6,那么按式(14.19)判别

工作 4—9　　6+3=9(天)

工作 6—9　　12+0=12(天)

工作 6—9 符合判别式,是关键工作,应在关键线路上。工作 4—9 不符合判别式,是非关键工作,不在关键线路上。

14.2.2 单代号网络计划时间参数计算

单代号与双代号网络计划只是表现形式不同,其所表达的内容则完全相同。在对单代号网络计划作时间参数计算时,双代号网络计划时间参数的计算公式也完全适用于单代号,只要把双代号表示方式改为单代号表示即可。

单代号网络计划时间参数计算的步骤如下:

1）计算工作最早开始时间和最早完成时间

工作 i 的最早开始时间 ES_i 应从网络图的起点节点开始顺箭线方向依次逐项计算。

网络计划的起点节点的最早开始时间 ES_1 如无规定时，其值为零，即

$$ES_1 = 0 \qquad (14.20)$$

工作的最早完成时间等于工作的最早开始时间加该工作的持续时间，即

$$EF_i = ES_i + D_i \qquad (14.21)$$

式中　EF_i——工作 i 的最早完成时间；

　　　ES_i——工作 i 的最早开始时间；

　　　D_i——工作 i 的持续时间。

工作的最早开始时间等于该工作的紧前工作的最早完成时间的最大值，即

$$ES_i = \max\{ES_h + D_h\} \qquad (14.22)$$

式中　ES_h——工作 i 的紧前工作 h 的最早开始时间；

　　　D_h——工作 i 的紧前工作 h 的持续时间。

网络计划的计算工期 T_c 应按下式计算

$$T_c = EF_n \qquad (14.23)$$

式中　EF_n——终点节点 n 的最早完成时间。

2）计算相邻两项工作之间的间隔时间

间隔时间是工作最早完成时间与其紧后工作最早开始时间的差值。工作 i 与其紧后工作 j 之间的间隔时间 $LAG_{i,j}$ 按下式计算

$$LAG_{i,j} = ES_j - EF_i \qquad (14.24)$$

3）计算工作最迟开始时间和最迟完成时间

工作的最迟完成时间应从网络的终点节点开始，逆箭线方向依次逐项计算。

终点节点所代表的工作 n 的最迟完成时间 LF_n，应按网络计划的规定工期 T_r 或计算工期 T_c 确定，即

$$LF_n = T_r \text{ 或 } T_c \qquad (14.25)$$

工作的最迟开始时间等于该工作的最迟完成时间减工作的持续时间，即

$$LS_i = LF_i - D_i \qquad (14.26)$$

工作的最迟完成时间等于该工作的紧后工作的最迟开始时间的最小值，即

$$LF_i = \min\{LS_j\} = \min\{LF_j - D_j\} \qquad (14.27)$$

式中　LS_j——工作 i 的紧后工作 j 的最迟开始时间；

　　　LF_j——工作 i 的紧后工作 j 的最迟完成时间；

　　　D_i——工作 i 的紧后工作 j 的持续时间。

4）计算工作的总时差

工作总时差 TF_i 应从网络图的终点节点开始，逆箭线方向依次逐项计算。

终点节点所代表的工作 n 的总时差 TF_n 值为零，即

$$TF_n = 0 \qquad (14.28)$$

其他工作总时差等于该工作与其紧后工作之间的间隔时间加该紧后工作的总时差所得之和的最小值，即

$$TF_i = \min\{LAG_{i,j} + TF_j\} \qquad (14.29)$$

式中　TF_j——工作 i 的紧后工作 j 的总时差。

当已知各项工作的最迟完成时间或最迟开始时间时,工作的总时差也可按下式计算

$$TF_i = LS_i - ES_i = LF_i - EF_i \qquad (14.30)$$

5）计算工作的自由时差

工作的自由时差等于该工作与其紧后工作之间的间隔时间最小值,或等于其紧后工作最早开始时间的最小值减本工作的最早完成时间,即

$$FF_i = \min\{LAG_{i,j}\} \qquad (14.31)$$

$$FF_i = \min\{ES_j - EF_i\} = \min\{ES_j - ES_i - D_i\} \qquad (14.32)$$

6）单代号网络计划时间参数计算实例（图 14.27）

（1）工作最早时间和最早完成时间的计算

工作 $A1$：$ES_1 = 0$（网络计划的起点节点）

$$EF_1 = ES_1 + D_1 = 0 + 3 = 3（天）$$

工作 $B2$：$ES_5 = \max(EF_2, EF_4) = \max(6,5) = 6（天）$

$$EF_5 = ES_5 + D_5 = 6 + 2 = 8（天）$$

其余工作的最早时间均可按此计算,其结果如图 14.27 所示。

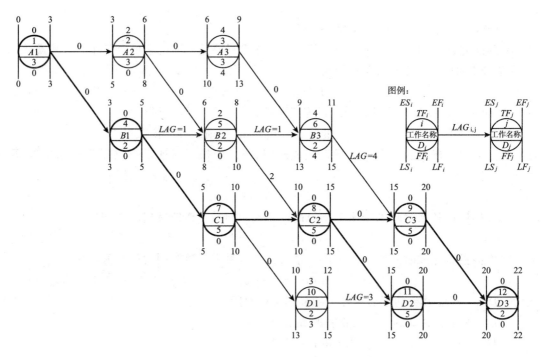

图 14.27　单代号网络计划时间参数计算

（2）工作之间间隔时间的计算

$$LAG_{1,2} = ES_2 - EF_1 = 3 - 3 = 0$$

$$LAG_{6,9} = ES_9 - EF_6 = 15 - 11 = 4$$

同样可计算其余工作时间的间隔时间,结果如图 14.27 所示。

（3）工作最迟完成和最迟开始时间的计算

工作 $D3$：$LF_{12}=T_c=22$；$LS_{12}=LF_{12}-D_{12}=22-2=20$（天）

工作$C2$：$LF_8=\min(LS_9,LS_{11})=\min(15,15)=15$（天）

$$LS_8=LF_8-D_8=15-5=10（天）$$

其余工作的最迟开始和最迟完成时间见图 14.27。

工作的总时差、自由时差的计算过程在此不一一介绍了，其最终结果亦如图 14.27 所示。

14.3 土木工程施工网络计划

在土木工程中，网络计划是表示时间进度计划的一种较好的形式，用网络计划可以编制建筑设计、结构设计与施工组织设计的进度计划，可以编制建筑群、路桥和构筑物的设计、施工的进度计划，它能明确表示出各工作之间的逻辑关系，把计划变成一个有机整体，成为整个组织与管理工作的中心之一。

14.3.1 网络计划的分类

为适应不同用途的需要，土木工程施工网络计划的内容和形式可按多种形式分类。

1）按应用范围分

网络计划按应用范围的大小，可分为局部网络计划、单位工程网络计划和总网络计划。

（1）局部网络计划是按建筑物或构筑物的一部分或某一施工阶段编制的分部工程（或分项工程）网络计划。例如可以按基础、结构、路基等不同的施工阶段编制，也可以按土建、设备安装等不同的工程分别编制。

（2）单位工程网络计划是按单位工程编制的网络计划，例如，某办公楼施工网络计划图。

（3）总网络计划是对新建一个企业或民用建筑群编制的施工网络计划。

以上三种网络计划是具体指导施工的文件。对于复杂的，节点总数在 200 以下的工程对象或者对应用大量标准设计的工作对象，通常可以编制一张较详细的单位工程网络计划，对于复杂的，协作单位较多的群体工程，则可根据需要分别编制三种不同的网络计划。

2）按详细程度分

网络计划按内容的详细程度可分为详图和简图。

（1）详图是按工作划分详细并把所有工程详细反映到网络计划中而形成的，这种计划相当于实施进度，多在基层施工部门使用，以便直接指导施工。

（2）简图是用于讨论方案或供高层管理者使用的计划（相当于控制进度），它把某些工作综合成较大的项目，从而把工艺上复杂的、工程量较大的工作项目及主要工种之间的逻辑关系简明表示出来。

3）按时间表示方法分

按网络计划的时间表示方法可分为无时标的一般网络计划和时标网络计划。

（1）无时标的网络计划，其工作的持续时间用数字注明，与箭线的长短无关。

（2）时标网络计划用箭线在时间横坐标上的投影长度表示工作的持续时间，因而可以将网络图上各工作的持续时间直观地反映到时间坐标轴上。

14.3.2 土木工程施工网络计划的排列方法

为了使网络计划更条理化和形象化，在绘网络图时应根据不同的工程情况，不同的施工组织方法及使用要求等,灵活选用排列方法,以便简化层次,使各项工作之间在工艺上及组织上的逻辑关系表示得更准确、更清晰,便于施工组织者和施工人员掌握,也便于计算和调整。

1) 混合排列

这种排列方法可以使网络图形看起来对称美观,但在同一水平方向既有不同工种的工作,又有不同施工段的作业,如图 14.28 所示,一般用于画较简单的网络图。

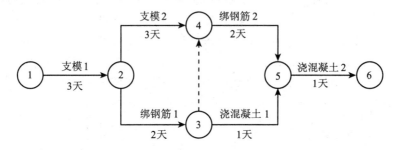

图 14.28 网络计划的混合排列

2) 按施工段排列

这种排列方法是把同一施工段的作业排在同一水平线上,能够反映出土木工程分段施工的特点,突出表示工作面的利用情况,如图 14.29 所示,这是土木工程习惯使用的一种表达方式。

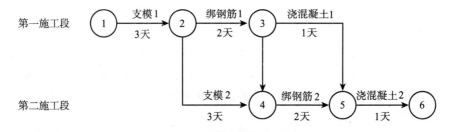

图 14.29 按施工段排列的网络计划

3) 按工种排列

这种排列方法是把相同工种安排在同一条水平线上,能够突出不同工种的工作情况,如图 14.30 所示,也是土木工程常用的一种表达方式。

4) 按楼层排列

图 14.31 是一般内装修工程的三项工作按楼层由上到下进行的施工网络计划。在分段施工中,当若干项工作沿着建筑物的楼层展开时,其网络计划一般都可以按楼层排列,如图 14.31 所示。

5) 按施工专业或单位排列

有多个施工单位共同参与完成一项单位工程的施工任务时,为了便于各作业队对自己负责的部分有更直观的了解,而将网络计划按作业队排列,如图 14.32 所示。

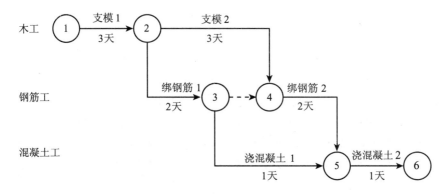

图 14.30　按工种排列的网络计划

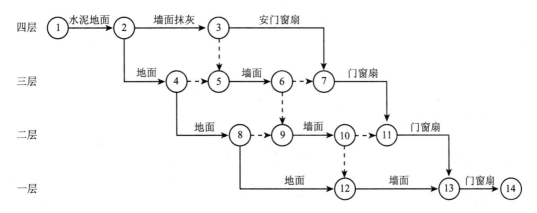

图 14.31　按楼层排列的网络计划

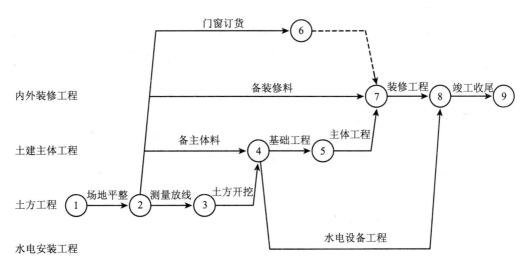

图 14.32　按施工专业或单位排列的网络计划

14.3.3 双代号时标网络计划

前面所述的网络计划都是不带时标的,工作的持续时间由箭线下方标注的数字说明,而与箭线本身长短无关,这种非时标网络计划与时标网络计划相比,虽修改方便,但因没有时标,看起来不太直观,不能一目了然地在图上直接看出各工作的开工和完工时间。

为了克服这种非时标网络计划的不足,就产生了时标网络计划。双代号时标网络计划(以下简称时标网络计划)是以时间坐标为尺度绘制的网络计划。时标的时间单位应根据实际工作的需要在编制网络计划之前确定,可分为时、天、周、旬或季等。

1) 时标网络计划的应用范围

时标网络计划汲取了横道图计划直观的优点,所以在土木工程施工时是比较受欢迎的。目前,时标网络计划多用于以下几种情况:

① 编制工作项较少且工艺过程较简单的土木工程施工计划,能迅速地边绘、边算、边调整。

② 对于复杂大型的工程,特别是不使用计算机时,可先用时标网络图的形式绘制各分部分项工程的网络计划,然后再综合起来绘制较简明的总网络计划。也可先编制一个总的施工网络计划,以后每隔一段时间,对下一时间段内应施工的部分绘制详细的时标网络计划。

③ 有时为了便于在图上直接表示每项工作的进程,可将已编制并计算好的网络计划再绘制成时标网络计划。

时标网络计划可以按最早时间或最迟时间绘制。

2) 按最早时间绘制的双代号时标网络计划

(1) 绘制时标网络计划的步骤

绘制时标网络计划,一般要先计算网络计划的时间参数,具体步骤如下:

① 计算网络计划的时间参数,作为画图的依据;

② 在有横向时间刻度的表格上确定各项工作最早开始的节点位置;

③ 按各工作的持续时间长短来绘制相应工作的实线部分,工作箭线一般沿水平方向画,箭线在时间刻度上的水平投影长度,即为该工作的持续时间;

④ 用水平波形线把实线部分与其紧后工作的最早开始节点连接起来,两线连接处要加一圆点标明,波形线部分的水平投影长度就是工作的自由时差;

⑤ 两工作之间的关系,如需要加虚箭线连接时,不占用时间的用垂直虚线表示,占用时间的部分可用波形线来表示;

⑥ 把时差为零的工作连成由起点节点至终点节点的线路就是关键线路,终点节点所在时间就是网络计划的计算工期。

(2) 示例

现以图 14.33 所示的网络计划为例,将其按最早开始时间画成时标网络计划,如图 14.34 所示。

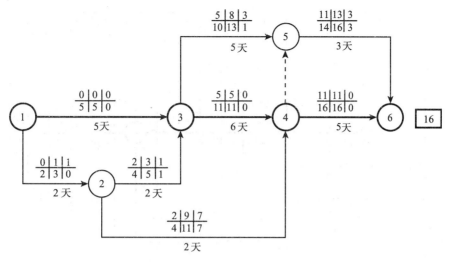

图 14.33 非时标网络计划

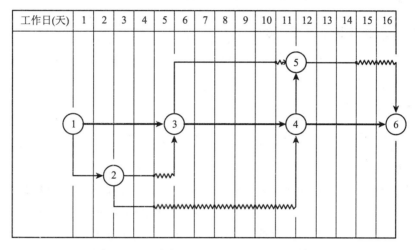

图 14.34 按最早时间绘制的时标网络计划

对于较简单的网络计划,也可以不计算时间参数就直接绘时标网络图,在绘制时要注意以下几点。

① 在定各节点位置时,一定要在所有内向箭线全画出以后才能最后确定该节点的位置;

② 每项工作的实箭线长度,必须严格按其持续时间来画,如与紧后工作的开始节点还有距离就补上波形线,波形线长度就是该工作的自由时差;

③ 在绘制时标网络时宜与原来网络图的形状相似,以便检查和核对。

3)按最迟开始时间绘制的时标网络计划

将图 14.33 按最迟开始时间画成时标网络图,如图 14.35 所示。

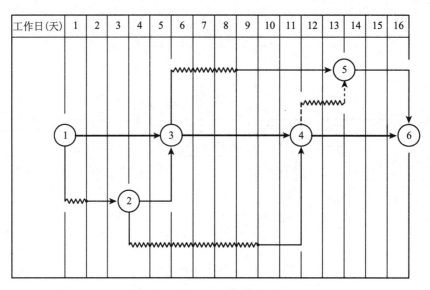

图 14.35　按最迟时间绘制的时标网络计划

14.3.4　单位工程施工网络进度计划示例

某四层住宅建筑,其主要施工过程和所需时间参数如表 13.4 所示,施工方法和流水施工的组织详见第 13 章的有关内容。

施工网络进度计划如图 14.36 所示。

14.4　网络计划优化

在土木工程施工中,初始网络计划虽然以工作顺序关系确定了施工组织的合理关系和各时间参数,但这仅是网络计划的一个最初方案,一般还需要使网络计划中的各项参数能符合工期要求、资源供应和工程成本最低等约束条件。这不仅取决于各工作在时间上的协调,而且还取决于劳动力、资源能否合理分配。要做到这些,必须对初始网络计划进行优化。

网络计划的优化,是在满足既定约束条件下,按某一目标,通过不断改进网络计划寻求满意方案。网络计划的优化目标,按计划任务的需要和条件选定,有工期目标、资源目标和费用目标等。

网络计划优化的原理,一是利用时差,即可以适当改变具有总时差工作的最早开始时间,从而达到资源参数的调整;二是利用关键线路,对关键工作适当增加资源来缩短该关键工作的持续时间,从而达到缩短工期的目的。

14.4.1　工期优化

网络计划的工期优化,就是缩短计划的计算工期,满足工期要求,或在一定的约束条件下使工期最短。网络计划的工期优化一般通过压缩关键工作的持续时间来实现,但在优化过程中不能将关键工作压缩成非关键工作。当优化过程中出现多条关键线路时,必须同时压缩各条关键线路的持续时间,否则不能有效地缩短工期。

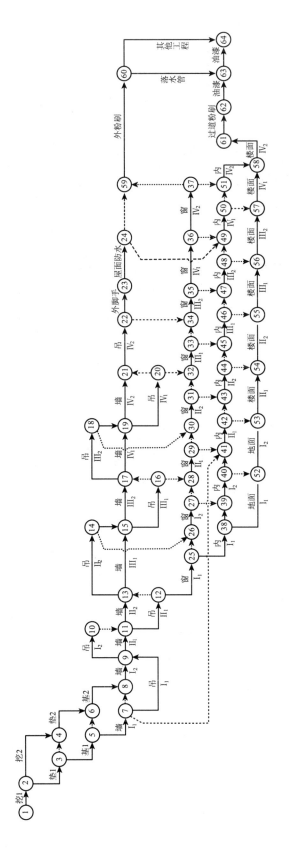

图14.36 某四层住宅建筑施工网络进度计划

1）工期优化步骤

网络计划工期优化的步骤如下：

（1）进行网络计划时间参数计算，确定计算工期并找出关键线路。

（2）按要求工期计算应缩短时间

$$\Delta T = T_c - T_r \qquad\qquad (14.33)$$

式中　T_c——网络计划的计算工期；

　　　T_r——网络计划的要求工期。

（3）按下列因素选择应优先缩短工作持续时间的关键工作：

① 缩短持续时间费用增加最少的工作；

② 缩短持续时间对工程质量和安全影响不大的工作；

③ 有充足资源供应的工作。

（4）将所选择的关键工作压缩至最短持续时间，重新计算网络计划的时间参数，并找出关键线路。若被压缩的原关键工作变成了非关键工作，则应将其持续时间适当延长，使其仍为关键工作。

（5）若计算工期仍超过要求工期，则重复以上步骤，直到满足工期要求或工期已不能压缩为止。

（6）如果所有关键工作的持续时间都已压缩至最短持续时间而工期仍不满足要求时，应对原计划的技术、组织方案进行调整，或对要求工期重新审定。

2）工期优化例题

已知网络计划如图 14.37 所示。箭线下括号外的数字为工作的正常持续时间，括号内为最短持续时间，假定要求工期为 40 天，根据实际情况及各种因素，决定缩短顺序为 G,B,C,H,E,D,A,F。试对网络计划进行优化。

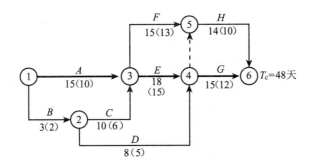

图 14.37　初始网络计划

优化过程如下：

（1）在各工作的正常持续时间下计算网络计划的时间参数及计算工期，如图 14.37 所示。

（2）计算该网络计划应缩短的时间为

$$\Delta T = T_c - T_r = 48 - 40 = 8（天）$$

（3）根据已知条件，先将工作 G 缩至最短持续时间（即 12 天），重新计算时间参数，并找出关键线路。

（4）因工作 G 已成非关键工作，则应增加工作 G 的持续时间至 14 天，使之仍为关键工作，如图 14.38 所示。

（5）重复以上过程直到满足要求,如图 14.39 所示。

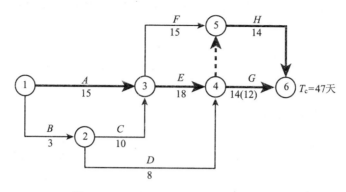

图 14.38　将 G 缩至 12 天后的网络计划

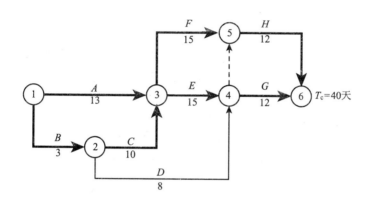

图 14.39　将 A 缩至 13 天而达到目标工期的网络计划

14.4.2　资源优化

资源是指为完成一项计划任务所需投入的人力、材料、机械设备和资金等。完成一项工程任务所需要的资源量基本上是不变的,不可能通过资源优化将其减少。资源优化的目的是通过改变工作的开始时间和完成时间,使资源按照时间的分布符合优化目标。

在通常情况下,网络计划的资源优化分为两种:"资源有限,工期最短"的优化和"工期固定,资源均衡"的优化。

14.4.2.1　"资源有限,工期最短"的优化

"资源有限,工期最短"的优化一般可按下列步骤进行:

（1）根据初始网络计划,绘制最早时标网络计划,并计算出网络计划每个时间单位的资源需用量。

（2）从计划开始日期起,逐个检查每个时段(资源需用量相同的时间段)资源需用量是否超过所供应的资源限量,如果在整个工期范围内每个时段的资源需用量均能满足资源限量的要求,则就可得到可行方案;否则,必须转入下一步进行网络计划的调整。

（3）分析超过资源限量的时段,如果在该时段内有几项工作平行作业,则采取将一项工作

371

安排在与平行的另一项工作之后进行的方法，以降低该时段的资源需用量。

对于两项平行作业的工作 m 和工作 n 来说，为了降低相应的资源需用量，现将工作 n 安排在工作 m 之后进行，如图 14.40 所示。此时，网络计划的工期延长值为

$$\Delta T_{m,n}=EF_m+D_n-LF_n=EF_m-(LF_n-D_n)=EF_m-LS_n \qquad (14.34)$$

式中 $\Delta T_{m,n}$——将工作 n 安排在工作 m 之后进行网络计划的工期延长值；

$\qquad EF_m$——工作 m 的最早完成时间；

$\qquad LF_n$——工作 n 的最迟完成时间；

$\qquad LS_n$——工作 n 的最迟开始时间。

这样，在有资源冲突的时段中，对平行作业的工作进行两两排序，即可得出若干个 $\Delta T_{m,n}$，选择其中最小的 $\Delta T_{m,n}$，将相应的工作 n 安排在工作 m 之后进行，既可降低该时段的资源需用量，又使网络计划的工期延长时间最短。

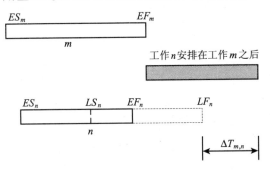

图 14.40　m,n 两项工作的排序

（4）对调整后的网络计划重新计算每个时间单位的资源需用量。

（5）重复上述（2）～（4），直至网络计划整个工期范围内每个时间单位的资源需用量均满足资源限量为止。

14.4.2.2 "工期固定，资源均衡"的优化

工期固定，资源均衡的优化是在工期不变的情况下，使资源分布尽量均衡，即在资源需用量的动态曲线上，尽可能不出现短时期的高峰和低谷，力求每个时段的资源需用量接近于平均值。

衡量资源的均衡程度，可以用不均衡系数、方差或极差衡量。这里只介绍方差值最小的优化方法。

1）方差值最小的优化原理

设已知某工程网络计划及相应的资源需用量，则其方差为

$$\sigma^2=\frac{1}{T}\sum_{t=1}^{T}(R_t-R_m)^2 \qquad (14.35)$$

式中 σ^2——资源需用量方差；

$\qquad T$——网络计划的计算工期；

$\qquad R_t$——第 t 个时间单位的资源需用量；

$\qquad R_m$——资源需用量的平均值。

上式可简化为

$$\sigma^2=\frac{1}{T}\sum_{t=1}^{T}R_t^2-2R_m\cdot\frac{1}{T}\sum_{t=1}^{T}R_t+\frac{1}{T}\sum_{t=1}^{T}R_m^2=\frac{1}{T}\sum_{t=1}^{T}R_t^2-2R_m\cdot R_m+\frac{1}{T}\cdot T\cdot R_m^2$$

$$=\frac{1}{T}\sum_{t=1}^{T}R_t^2-R_m^2 \qquad (14.36)$$

由于工期 T 和资源需用量平均值 R_m 均为常数，为使 σ^2 方差最小，必须使资源需用量的平方和最小。

对于网络计划中某项工作 k 而言,其资源强度为 r_k。在调整计划前,工作 k 从第 i 个时间单位开始,到第 j 个时间单位完成,则此时网络计划资源需用量的平均和为

$$\sum_{t=1}^{T} R_t^2 = R_1^2 + R_2^2 + \cdots + R_i^2 + R_{i+1}^2 + R_j^2 + R_{j+1}^2 + \cdots + R_T^2 \qquad (14.37)$$

若将工作 k 的开始时间右移一个时间单位,即工作从第 $(i+1)$ 个时间单位开始,到第 $(j+1)$ 个时间单位完成,则此时网络计划资源需用量的平方和为

$$\sum_{t=1}^{T} R_t^2 = R_1^2 + R_2^2 + \cdots + (R_i - r_k)^2 + R_{i+1}^2 + \cdots + R_j^2 + (R_{j+1} + r_k)^2 + \cdots + R_T^2$$

$$(14.38)$$

比较公式(14.37)和公式(14.38)可以得到,当工作 k 的开始时间右移一个时间单位时,网络计划资源需用量平方和的增量 Δ 为

$$\Delta = (R_1 - r_k)^2 - R_i^2 + (R_{j+1} + r_k)^2 - R_{j+1}^2$$

即

$$\Delta = 2r_k(R_{j+1} + r_k - R_i) \qquad (14.39)$$

如果资源需用量平方和的增量 Δ 为负值,说明工作 k 的开始时间右移一个时间单位能使资源需用量的平方和减少,也就使资源需用量的方差减少,从而使资源需用量更均衡。因此,工作 k 的开始时间能够右移的判别式为

$$\Delta = 2r_k(R_{j+1} + r_k - R_i) \leqslant 0 \qquad (14.40)$$

由于工作 k 的资源强度 r_k 不可能为负值,故判别式(14.40)可以简化为

$$R_{j+1} + r_k - R_i \leqslant 0$$

即

$$R_{j+1} + r_k \leqslant R_i \qquad (14.41)$$

判别式(14.41)表明,当网络计划中工作 k 完成时间之后的一个时间单位所对应的资源需用量 R_{j+1} 与工作 k 的资源强度 r_k 之和不超过该工作开始时所对应的资源强度 R_i 时,将工作 k 右移一个时间单位能使资源需用量更加均衡(14.41)。当工作 k 右移一个时间单位不能使资源需用量更加均衡时,可以考虑在其总时差允许的范围内,将工作 k 右移数个时间单位,其判别式为

$$[(R_{j+1} + r_k) + (R_{j+2} + r_k) + (R_{j+3} + r_k) + \cdots] \leqslant [R_i + R_{i+1} + R_{i+2} + \cdots]$$

$$(14.42)$$

2)"工期固定,资源均衡"的优化步骤

(1) 按照各项工作的最早开始时间安排进度计划,并计算网络计划每个时间单位的资源需用量。

(2) 从网络计划的终点节点开始,按工作完成节点编号值从大到小的顺序依次进行调整。当某一节点同时作为多项工作的完成节点时,应先调整开始时间较迟的工作。

在调整工作时,一项工作能够右移的条件是:工作具有机动时间,在不影响工期的前提下能够右移;工作满足判别式(14.41),或者满足判别式(14.42)。

只要同时满足以上两个条件,才能调整该工作,将其右移至相应位置。

(3) 当所有工作均按上述顺序自右向左调整了一次之后,为使资源需用量更加均衡,再按上述顺序自右向左进行多次调整,直到所有工作都不能右移为止。

14.4.3　费用优化

在网络计划优化过程中,如果只考虑工期缩短,而不考虑经济问题是不合理的。如前所述的工期优化,可以在关键线路上缩短任何一个关键工作的持续时间,都能满足工期优化的要求,但缩短工期必须采取一定的措施(如增加劳动力、机具设备和增加工作班次),而这样往往会引起费用的增加,即使是缩短同样的时间,由于施工方法、所用设备及质量要求等情况不同,各工作所增加的费用也不一样。因此,希望在缩短工期的同时使增加的费用最少。

费用优化又称工期成本优化,是指寻求工程总成本最低时的工期安排,或按要求寻求最低成本的计划安排的过程。

14.4.3.1　费用和时间的关系

1)工程费用与工期的关系

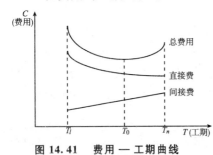

图 14.41　费用—工期曲线

T_l— 最短工期;T_0— 最优工期;T_n— 最长工期

工程总费用由直接费和间接费组成。直接费由人工费、材料费、机械使用费、其他直接费及现场经费等组成。施工方案不同,直接费也就不同。如果施工方案相同,而工期不同,直接费也不同。直接费会随着工期的缩短而增加。间接费包括企业经营管理的全部费用,它一般随着工期的缩短而减少。工程费用与工期的关系如图 14.41 所示。

2)工作直接费与持续时间的关系

由于网络计划的工期取决于关键工作的持续时间,为了进行工期成本优化,必须分析网络计划中各项工作的直接费与持续时间之间的关系,它是网络计划工期优化的基础。

工作的直接费与持续时间之间的关系类似于工程直接费与工期之间的关系,工作的直接费随着持续时间的缩短而增加,如图 14.42 所示。为简化起见,工作的直接费与持续时间之间的关系近似地认为是一条直线。

工作的持续时间每缩短单位时间而增加的直接费称为直接费用率。直接费用率可用下式

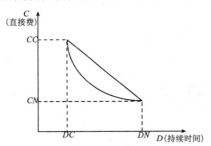

图 14.42　直接费—持续时间曲线

DN— 工作的正常持续时间;
CN— 按正常持续时间完成工作所需直接费;
DC— 工作的最短持续时间;
CC— 按最短持续时间完成工作所需直接费。

计算

$$\Delta C_{i-j} = \frac{CC_{i-j} - CN_{i-j}}{DN_{i-j} - DC_{i-j}}$$

(14.43)

式中　ΔC_{i-j}——工作 $i-j$ 的直接费用率;

CC_{i-j}——按最短持续时间完成工作 $i-j$ 时所需的直接费;

CN_{i-j}——按正常持续时间完成工作 $i-j$ 时所需的直接费;

DN_{i-j}——工作 $i-j$ 的正常持续时间;

DC_{i-j}——工作 $i-j$ 的最短持续时间。

从公式(14.43)可以看出,工作的直接费用率越大,说明该工作的持续时间缩短一个时间

单位所需增加的直接费就越多;反之,将该工作的持续时间缩短一个时间单位,所需增加的直接费就越小。因此,在压缩关键工作的持续时间以达到缩短工期目的的同时,应将直接费用率最小的关键工作作为压缩对象。当有多条关键线路出现而需要同时压缩多个关键工作的持续时间时,应将它们的直接费用率之和(组合直接费用率)最小者作为压缩对象。

14.4.3.2 费用优化方法

费用优化的基本思路:不断地在网络计划中找出直接费用率(或组合直接费用率)最小的关键工作,缩短其持续时间,同时考虑间接费随工期缩短而减少的数值,最后求得工程总成本最低时的最优工期安排或按要求工期求得最低成本的计划安排。根据上述思路,费用优化的步骤如下:

(1) 按工作的正常持续时间确定网络计划的计算工期和关键线路。

(2) 计算各项工作的直接费用率。直接费用率的计算按公式(14.43)进行。

(3) 当只有一条关键线路时,应找出直接费用率最小的一项关键工作,作为缩短持续时间的对象;当有多条关键线路时,应找出组合直接费用率最小的一组关键工作,作为缩短持续时间的对象。

(4) 对选定的压缩对象(一项关键工作或一组关键工作),首先比较其直接费用率或组合直接费用率与工程间接费用率的大小:

① 如果被压缩对象的直接费用率或组合直接费用率大于工程间接费用率,说明压缩关键工作的持续时间会使工程总费用增加,此时应停止缩短关键工作的持续时间,在此之前的方案即为优化方案;

② 如果被压缩对象的直接费用率或组合直接费用率等于工程间接费用率,说明压缩关键工作的持续时间不会使工程总费用增加,故应缩短关键工作的持续时间;

③ 如果被压缩对象的直接费用率或组合直接费用率小于工程间接费用率,说明压缩关键工作的持续时间会使工程总费用减少,故应缩短关键工作的持续时间。

(5) 当需要缩短关键工作的持续时间,其缩短值的确定必须符合下列两条原则:

① 缩短后工作的持续时间不能小于其最短持续时间;

② 缩短持续时间的关键工作不能变成非关键工作。

(6) 计算关键工作持续时间缩短后相应增加的总费用。

(7) 重复(3)~(6),直到计算工期满足要求工期或被压缩对象的直接费用率或组合直接费用率大于工程间接费用率为止。

(8) 计算优化后的工程总费用。

15 施工组织设计

15.1 施工组织设计概论

15.1.1 施工组织设计的任务、作用和分类

15.1.1.1 施工组织设计的任务

创造一定的生产条件是一切生产活动得以顺利进行的基础。建设产品因受其生产特点的影响,应根据不同施工对象的具体条件和要求,在每一个工程施工前编制施工组织设计以指导施工顺利进行。

施工组织设计是为完成施工任务创造必要的生产条件、制定先进合理的施工工艺所做的规划设计,是指导一个拟建工程进行施工准备和组织现场施工的技术经济文件,是现场施工的法规。它的基本任务是根据国家对建设项目的要求,确定经济合理的规划方案,对拟建工程在人力和物力、时间和空间、技术和经济、计划和组织等各方面做出全面合理的安排,以保证按照预定目标,优质、安全、高速和低耗地完成施工任务。

15.1.1.2 施工组织设计的作用

施工组织设计是对施工活动实行科学管理的重要手段之一。其主要作用体现在以下几方面:

(1) 体现基本建设计划和设计的要求,衡量和评价设计方案进行施工的可行性和经济合理性;

(2) 把施工过程中各单位、各部门、各阶段以及各施工对象相互之间的关系更好、更密切、更具体地协调起来;

(3) 根据施工的各种具体条件,制订拟建工程的施工方案,确定施工顺序、施工方法、劳动组织和技术组织措施;

(4) 确定施工进度,保证拟建工程按照预定工期完成,并在开工前了解所需材料、机具和人力的数量及需要的先后顺序;

(5) 合理安排和布置临时设施、材料堆放及各种施工机械在现场的具体位置;

(6) 事先预计到施工过程中可能会产生的各种情况,从而做好准备工作和拟定采取的相应防范措施。

我国从第一个五年计划开始就在土木工程施工中应用了施工组织设计。实践证明,一项工程如果施工组织设计编制的质量高,能反映客观实际情况,符合国家验收规范和施工合同的要求,并能正确地得到贯彻执行,那么,工程施工就可以有条不紊地进行,从而做到人尽其力、物尽其用,取得最好的经济效益和社会效益。

15.1.1.3 施工组织设计的分类

施工组织设计应根据工程规模、结构特点、技术繁简程度和施工条件的差异,在编制的广

度和深度上都有所不同。施工组织设计还应根据阶段性的设计文件分阶段来进行编制。因此,在实际工作中一般可分为施工组织总设计、单位工程施工组织设计和分部(分项)工程施工方案。

1)施工组织总设计

施工组织总设计是以若干单位工程组成的群体工程或特大型项目为主要对象编制的施工组织设计。目的是对整个工程的施工过程起到统筹规划、重点控制作用,用以指导施工单位进行全局性的施工准备工作和有计划地应用施工力量开展施工活动。

施工组织总设计一般由总承包单位组织编制,建设单位、设计单位和分包单位协助参加。

2)单位工程施工组织设计

单位工程施工组织设计是在全套施工图设计完成并通过多方会审后,以单位工程为对象编制的。其目的在于为单位工程的施工做出具体部署,用以直接组织单位工程的施工。单位工程施工组织设计应在施工组织总设计和施工单位总体施工部署的指导下,具体地安排人力、物力,组织项目的实施,使之成为施工单位编制作业计划和制定季度(年度)施工计划的重要依据。

单位工程施工组织设计一般由施工单位(分公司)组织编制。

单位工程施工组织设计编制内容的广度和深度应因工程而异,一般分为两种:

① 单位工程施工组织设计。对于重要的、规模较大的、技术复杂或采用新技术、新结构的单位工程,编制单位工程施工组织设计,其内容应详细、全面。

② 单位工程施工方案。对于较简单、规模不大的单位工程,或采用通用图纸,或经常施工有较成熟经验的单位工程,通常只编制施工方案并附有施工进度计划表和施工平面布置简图。编制内容宜简单、精练和实用。

3)分部(分项)工程施工方案

分部(分项)工程施工方案用于单位工程中某些结构特别重要或特别复杂,施工难度大或缺乏施工经验的那些分部(分项)工程。例如,较深的基础工程、预应力钢结构、模板工程及支撑体系等,采用新技术、新结构、新工艺、新材料的项目,或在特殊气候下施工的、危险性较大的项目均为编制分部(分项)工程施工方案的对象,它是针对性特别强的施工组织设计文件,必要时应组织专家进行方案评审。

分部(分项)施工方案一般由施工企业的基层单位编制。它是直接指导该分部(分项)工程施工和编制月、旬施工作业计划的依据。

上述各种施工组织设计是就一般情况而言的。对于建设规模特别大、投资特别多的大型建设项目,在初步设计时还必须做施工纲要设计,作用在于阐明拟建项目在规定期限内,在实际条件下,从施工角度说明工程设计的技术可行性与经济合理性,同时做出轮廓性的施工规划。提出在各施工阶段首先应进行的工作和必须解决的问题。而对于较小型的建设工程,则可直接编制单位工程施工组织设计,将那些本应在施工组织总设计中所考虑的问题并入其中,一起考虑解决。

在编制施工组织设计时,可能有某些尚未预见或可变性很大的因素和条件,而这些因素和条件的变化对施工的正常进行影响很大。所以在编制了局部的施工组织设计(单位工程施工组织设计或分部分项施工方案)之后,有时也应对全局性的施工组织设计(施工组织总设计或单位施工组织设计)再作必要的修正和调整。在实际贯彻执行施工组织设计的过程中,也应随着工程的进展及时检查,并作出适当的调整。

15.1.2 编制施工组织设计的基本原则

施工组织设计的编制是在掌握主客观全面情况后,应用系统工程的观点进行科学的分析而逐步调整完善的。编制施工组织设计应贯彻以下原则:

(1) 严格遵守国家政策和施工合同规定的工程竣工和交付使用期限。总工期较长的大型建设项目应根据生产的需要,分期分批安排建设,配套投产或交付使用,从而缩短工期,尽早发挥建设投资的经济效益。

在确定分期分批施工的项目时,必须注意使每期竣工的项目可以独立或配套地发挥使用效益,使主要项目同有关的附属辅助项目同时完工。

(2) 严格执行施工程序,合理安排施工顺序。土木工程施工有其自身的客观规律,按照施工程序和施工顺序组织施工,才能保证各项施工活动相互促进,紧密衔接,避免不必要的重复工作,保证施工质量,加快施工速度,降低施工成本。

(3) 用流水施工原理和网络计划技术统筹安排施工进度。采用流水施工原理组织施工,以保证施工能连续、均衡、有节奏地进行,合理地安排各种劳动资源。运用网络计划技术安排施工进度可真实地把施工过程间的逻辑关系和工作的重点反映出来,便于计划的贯彻执行和优化。

(4) 组织好季节性施工项目。对于那些由于工程进度必须安排在冬季、雨季或暑期施工的项目,应落实各项季节性施工措施,以提高施工质量,保证施工的连续性和均衡性。

(5) 因地制宜地促进技术创新和发展建筑工业化。促进技术创新和发展建筑工业化要结合工程特点和现场条件,使技术的先进性、适用性和经济合理性相结合。

(6) 贯彻勤俭节约的方针,从实际出发做好人力、物力的综合平衡,组织均衡生产。

(7) 尽量利用正式工程、原有待拆的设施作为工程施工时的临时设施。尽量利用当地资源合理安排运输、装卸和储运作业,减少物资的运输量,避免二次搬运。精心规划布置施工现场,注意环境保护,节约施工用地,降低施工成本,并做到建筑节能和绿色施工。

(8) 土建施工与设备安装应密切配合。有些工业和公共建筑,设备的安装工作量很大,所需工期长,与土建施工配合密切。为使项目能提早投入使用,土建施工应为设备提前安装创造条件,提前提供设备安装的工作面。

(9) 施工方案应作技术经济比较。对主要项目和主要分部分项工程的施工方法和主导施工机械的选择应进行多方案的技术经济比较,选择经济上合理,技术上先进,而且符合施工现场实际情况的施工方案。

(10) 确保施工质量和施工安全。任何一个施工组织设计都必须针对本工程的实际情况,明确制定行之有效的保证施工质量、环境和职业健康安全三个管理体系有效结合。尤其是对于采用新技术、新结构、新工艺、新材料的工程项目更为重要。

15.1.3 施工组织设计的实施

建设工程施工组织的全过程包括:施工组织设计文件的编制、施工组织设计的贯彻执行和实施过程中的检查、分析、调整等几个重要环节(图 15.1)。施工组织设计文件的编制,为指导施工部署、组织施工活动提供了计划依据。为了实现计划的预定目标,还必须依照施工组织设计文件所规定的各项内容认真实施,并随施工过程中主客观条件的不断变化,及时收集施工

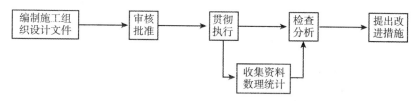

图 15.1　施工组织设计编制过程的框图

的实绩,经常检查分析实际情况与计划目标间的差异,找出原因,不断完善和调整计划方案,保证工程施工始终保持良好进展的状态。

贯彻执行施工组织设计,必须做好以下几方面的工作。

1) 加强编制工作的领导,严格执行审批程序

(1) 大型建设项目的施工组织总设计,应由建设项目的主管部门召集设计总负责单位的总(主任)工程师、施工总包单位的总(主任)工程师、建设单位工程负责人进行审查,取得一致意见后由主管部门批准。

(2) 其他施工组织总设计,应由总包单位的总(主任)工程师召集设计部门、总分包单位、专业施工机构的总(主任)工程师会审后,由总承包单位总(主任)工程师批准。

(3) 单位工程施工组织设计可根据工程复杂程度,由承担该单位工程的施工机构技术负责人或上一级机构的总(主任)工程师审批。

2) 做好施工组织设计的交底工作

经过批准的施工组织设计文件,应由负责编制的主要人员向参与施工的各有关部门和人员进行技术交底。阐明该施工组织设计编制的基本指导方针、意图和分析决策过程、实施要点等,讲清达到计划总目标的关键性技术问题和组织问题,并做好技术交底记录。

技术交底工作非常重要,交底工作一定要全面、细致,让每一个参与者都能了解实施计划的关键所在,使施工过程能顺利地进展。

3) 协调施工组织设计与企业各类计划间的关系

每一个施工企业,都可能同时承担多个工程项目的施工,通常是以年度或季、月作业计划来安排企业的生产活动。在安排这些计划时,应以各有关工程项目的施工组织计划为依据,按照施工组织设计文件所规定的施工顺序、进度要求、技术物资的需求量等,对企业生产能力进行调配,分配劳动力和物资资源。通过综合平衡,确定企业年度、季度施工技术计划安排以及月、旬作业计划的内容和各项技术经济指标,从而把施工组织设计所规定的目标纳入企业生产计划的轨道。

4) 健全组织管理系统,保证施工管理信息畅通

施工组织设计贯彻执行重点是对施工进度、工程质量和安全、施工成本进行目标控制。只有健全组织管理系统,才能保证信息畅通。从施工开始阶段就要随时收集工程实施的有关信息,并正确反馈到负责施工方案设计、成本管理、安全管理、质量管理和计划管理等各个部门。定期进行分析比较,根据变化了的情况,及时对工程的施工管理提出新的符合实际情况的对策。

15.2 单位工程施工组织设计

施工企业的一切生产活动都必须落实到每一项建设产品的生产过程中去,任何一项工程施工都必须编制单位工程施工组织设计。其编制的目的在于对一个具体的拟建单位工程,从施工准备工作以及整个施工的全过程进行规划,实行科学管理和文明施工,节约使用人力、物力和财力,优质、快速地完成施工任务。

单位工程施工组织设计是沟通设计与施工的桥梁,它既要体现国家有关法规和施工图的要求,又要符合施工活动的客观规律。它起着指导单位工程施工活动全过程的作用,是单位工程施工中必不可少的指导性文件。

15.2.1 单位工程施工组织设计的编制程序和依据

15.2.1.1 单位工程施工组织设计的编制程序

单位工程施工组织设计的编制程序如图15.2所示。由于单位工程施工组织设计是基层施工单位控制和指导施工的文件,编制必须切合实际。在编制前应会同各有关部门和人员,共同讨论和研究其主要的技术措施和组织措施。

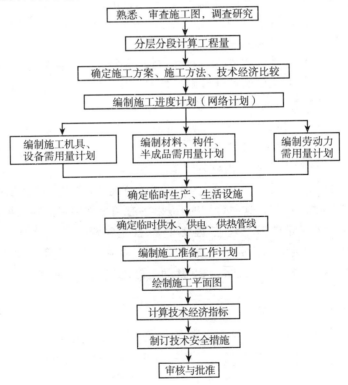

图 15.2 单位工程施工组织设计的编制程序

15.2.1.2 单位工程施工组织设计的编制依据

根据建设工程的类型和性质,建设地区的各种自然条件和经济条件,工程项目的施工条件,以及本施工单位的施工力量,向各有关部门调查和搜集设计资料,不足之处可通过实地勘

察或调查取得,作为编制单位工程施工组织设计的依据。主要包括以下几项:

(1) 施工组织总设计。当单位工程为建筑群的一个组成部分时,则该建筑物的单位施工组织设计必须按照施工组织总设计的各项指标和任务要求进行编制。

(2) 地质与气象资料。本工程的地质勘探资料包括地下水及暴雨后场地积水情况和排水方向;气象资料包括施工期间最低、最高气温,延续时间,雨季时间和雨量等。

(3) 材料、预制构件及半成品的供应情况。包括主要建筑材料、构配件、半成品的供货来源、供应方式、运距及运输条件等。

(4) 水电供应条件。包括水源、电源及其供应量,水压、电压以及供水、供电情况是否正常,是否需单独设置储水、配电设备。

(5) 劳动力配备情况。施工期间能提供的劳动总量和各专业工种的劳动人数。

(6) 各主要施工机械的配备情况。

(7) 本项目的施工资料。包括施工图、国家相关法律法规、规范、标准、图集,地区定额手册和操作规程等。

(8) 建设单位的要求。包括对开工、竣工日期、特殊建筑材料、设备,对采用新技术以及其他有关的特殊要求等。

(9) 各阶段设备进场安装的时间。

(10) 建设单位可提供的条件。

15.2.2 工程概况及施工条件

单位工程施工组织设计的主要内容包括:① 编制依据;② 工程概况及特点;③ 施工部署;④ 施工准备;⑤ 主要施工方法;⑥ 主要管理措施;⑦ 施工进展计划;⑧ 施工平面布置,其中关键的内容有施工方案、施工进度计划(表)和施工平面图,简称"一图一表一案"。

单位工程施工组织设计应首先对拟建工程概况和施工条件作简要而又重点突出的文字介绍,阐明拟建工程的基本情况。同时应附有拟建工程的平面、剖面简图,它既可补充文字说明的不足,又可起到一目了然的作用。编制者应针对工程的特点,正确合理地研究和选择施工方案并提出相应的措施;对审批者和执行者来说,通过工程概况介绍和简图说明,也能对本工程有一个基本的了解,以便更好地审查或贯彻编制者对工程施工的基本意图。工程概况一般包括以下内容。

1) 工程概况

说明拟建工程的建设单位、工程性质、用途和规模;投资额、工期要求;施工单位、设计单位名称;上级有关要求;施工图纸情况、施工合同(协议)签订等内容。

2) 建筑设计

说明拟建工程平面形状、平面尺寸、层数、建筑面积、层高、总高或住宅单元平面组合。装饰工程内、外粉饰材料及做法;楼地面材料、种类、做法及分布;门窗材料、油漆要求;屋面保温隔热及防水材料和做法;消防、排水和空调、环保等各方面的技术要求。

3) 结构设计

简述建筑物基础构造、埋置深度和地质情况;承重结构体系和类型;墙体、柱、梁、板主要构件的材料,结构类型;单件最大最重的构件及平面、高度位置等。其中对采用新结构、新材料、新工艺、新技术的工作内容以及施工的难度、有关要求等,应有重点说明。

4）施工条件

针对工程特点、施工现场、施工单位的具体情况加以表述,其内容包括工程地质、地层结构、土壤类别、地下水位、水质、地貌等情况;施工期间当地气温、风力、风向、雨量和霜冻等情况;当地交通条件、工地"四通一平"情况;当地地产资源、材料供应和各种预制构件加工供应条件;施工单位机械、机具供应,运输条件和运输能力;劳动力特别是主要工程项目的技术工种、数量、技术水平等;企业管理条件和内部组织形式,现场临时设施的解决方法等。

通过以上几点简明扼要的说明,目的是明确施工任务的大小、繁简和难易程度,以便正确地拟定施工方案、施工措施、施工进度和施工现场平面布置。

15.2.3　施工方案

选择施工方案是单位工程施工组织设计中最重要的环节之一。它必须从单位工程施工的全局出发慎重研究确定。方案选择合理与否,将直接影响到单位工程的施工效果。

施工方案的选择一般应包括:确定主要分部分项工程的施工方法,安排施工顺序,选择施工机械和各项劳动资源的组织等。确定施工方案是一个综合的、全面的分析过程,也是一个对比和决策的过程。其中既要考虑施工的技术措施,同时又必须考虑相应的施工组织措施,确保技术措施的落实。两者相互影响,相互制约。

在拟定施工方案之前,应先初步确定的主要问题是:划分多少个施工阶段,各施工阶段应配备主导施工机械的型号和数量;哪些构件在现场预制,哪些构件在加工厂预制;哪些分部分项工程应分包,有哪些协作单位;施工过程中能配备的劳动力;施工总工期和各施工阶段的控制工期等。这些意见仅作为编制施工方案时的初始依据,然后在方案的编制过程中逐步调整、明确和完善。

15.2.3.1　确定施工流向

在单位工程施工组织设计中,应根据先地下、后地上,先主体、后围护,先结构、后装饰的一般原则,结合具体工程的建筑结构特征、施工条件和建设要求,合理确定该建筑物的施工开展顺序,包括确定各建筑物、各标段、各楼层、各单元(跨)的施工顺序,施工段的划分,各主要施工过程的施工流向。例如,对于单层建筑应分区分段地确定平面方向的施工流向;多层建筑物除了要确定每层在平面上的施工流向外,还必须确定垂直方向的施工流向。

确定单位工程的施工流向一般应考虑下列几个主要问题:

（1）平面上各分部分项工程施工的繁简程度,对技术复杂、工期较长的分部分项工程应优先施工,如地下工程等;

（2）当有高低层或高低跨并列时,应从并列处开始吊装;

（3）保证施工现场内施工和运输通道的畅通。如单层工业厂房预制构件,宜从离混凝土搅拌站较远处开始施工,吊装时应考虑起重机械的退场等。

在确定施工流向时除了要考虑上述因素外,有时还需考虑施工工期、施工段的划分,组织施工的方式等。

15.2.3.2　确定施工顺序

施工顺序是指分项工程或施工过程之间施工的先后次序。确定施工顺序既是为了按照施工的客观规律来组织施工,也是为了解决工种之间在时间和空间上的衔接。在保证质量和施工安全的前提下,达到充分利用空间,争取时间,实现缩短工期的目的。

1）安排施工顺序的基本要求

（1）必须满足施工工艺的要求

各施工过程之间存在着一定的工艺顺序关系,这种顺序关系随施工对象结构和构造的不同、使用功能的不同而变化。在确定施工顺序时,应注意分析该施工对象各施工过程的工艺关系,施工顺序决不能违反这种关系。所谓工艺关系,就是施工过程与施工过程之间相互依赖和相互制约的关系。最简单的例子如:现浇圈梁必须依赖于墙体的完成;圈梁完成后其混凝土必须达到一定强度后才允许吊装楼板。即圈梁这一施工过程既依赖于墙体的完成,同时又制约了吊装楼板的开始。这种前期施工过程为后续施工过程提供工作条件是确定施工顺序的主要依据之一。因此,各施工过程在操作和安装过程中的先后,是确定施工顺序时所必须考虑的。

（2）施工顺序应与所采用的施工方法和施工机械相一致

确定施工顺序时,要注意与该工程的施工方法和所选择的施工机械相协调一致。例如:路基开挖对地下水的处理可采用明排水,其施工顺序应是在挖土过程中排水;而当可能出现流砂时,常采用轻型井点降低地下水,其施工顺序则应是在挖土之前先降低地下水位。两种不同的施工方法,所采用的抽水设备不同,其施工顺序也就不同。又如多层预应力混凝土框架施工,采用"逐层浇筑、逐层张拉"的施工方法时,上层梁板的混凝土必须待下层梁板的预应力筋张拉完成后方能浇筑。而采用"逐层浇筑、逆向张拉"的施工方法时,预应力筋张拉应待最上一层梁板混凝土（一般为二至三层）达到规定强度后,自上而下进行张拉。

（3）应考虑施工组织的要求

有些施工过程的施工顺序,在满足施工工艺的条件下有可能会有多种施工方案,此时就应考虑施工组织上的要求进行分析、对比,选择最经济合理的施工顺序。在相同的条件下,优先选用能为后续施工过程创造较优越施工条件的施工顺序。例如,室内回填土与第一层砌墙,哪个施工过程先施工,从施工工艺上没有什么问题,但先进行回填土能为后续施工过程施工提供较宽敞的工作面,更好的施工条件,能提高劳动生产率和加快施工速度,节约施工成本。

（4）应考虑施工质量的要求

在安排施工顺序时,要以能确保工程质量为前提条件。如果有可能出现影响工程质量的情况,则应重新安排施工顺序或采取必要的技术措施。例如,顶层天棚的粉刷应安排在屋面防水层完成后进行,以防屋面板缝渗水而损坏天棚粉刷层。同时,在屋面防水层施工之前,必须把屋面层以上的结构物（如水箱、天窗）全部完成方可进行,以确保屋面防水层不致受到损坏。

（5）应考虑当地的气候条件

在安排施工顺序时,必须考虑施工地区的气候条件。例如南方地区应注意多雨和热带风暴多的特点,而北方地区应多考虑冻寒对施工的影响。受气候影响大的分部工程,如土方工程、基础、主体及外装饰和屋面防水等项目,要尽量安排在雨季和冬季之前完成,而一些室内项目因受气候影响较小,则可尽量给以上这些项目让路,以确保均衡施工。

（6）应考虑施工安全的要求

在确定施工顺序时,必须力求各施工过程的搭接不致产生不安全因素,以避免安全事故的发生。例如,不能为了加快施工进度而在同一施工段上一面吊装楼板一面又进行其他工作。对于不可避免的垂直交叉作业,必须采取可靠的安全措施才允许进行施工。

2）多层混合结构民用建筑的施工顺序

多层民用建筑的施工,一般可划分为三个施工阶段,即基础、主体结构、屋面及装饰工程。

其施工顺序示意如图 15.3 所示。

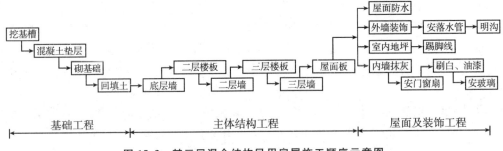

图 15.3　某三层混合结构民用房屋施工顺序示意图

（1）基础工程施工阶段

基础工程一般以房屋底层地面±0.00 标高为界。

一般多层民用混合结构建筑,如办公楼、住宅等,其基础工程的施工内容有:基槽挖土、垫层、砖基础、地圈梁、回填土等。如有地下室,则应包括地下室结构、防水、装饰等内容。如设计有桩基础,则可单独划分"桩基础工程"施工阶段。以底层地面为界,则回填土后还应进行地面垫层和面层施工。

基础工程施工阶段的施工顺序比较容易安排,基本上是按顺序进行施工。一般是先挖基础地槽,然后浇筑混凝土垫层,砌筑砖基础和防潮层施工,最后回填土。各施工过程在时间安排上应紧凑,不宜间隔太长。

基础工程施工阶段还应包括地面以下各种上下水管道、暖气管沟、煤气管道等施工。这些管、沟工程应与基础工程施工紧密配合,合理安排施工顺序,尽可能避免二次开挖管沟、穿孔凿洞,造成人力和时间的浪费。

（2）主体结构施工阶段

主体结构施工阶段的工作内容包括:搭设脚手架,砌墙,安装门窗框,安装门窗过梁,浇筑钢筋混凝土圈梁和楼面工程等。其中砌墙和楼面工程是主导施工过程,两者在各楼层之间交替施工。在组织混合结构主体施工时应使砌墙和楼面工程连续施工,特别是只有一幢建筑时,宜将一个工程划分成两个或三个施工段组织流水施工。

主体结构施工阶段应重视楼梯间、厨房、厕所、盥洗间的施工;各层楼梯应在砌墙时及时完成,以便形成施工通道。

（3）屋面及装饰施工阶段

装饰工程施工阶段的主要工作内容有:内、外墙和天棚的粉刷、门窗扇安装、油漆及玻璃安装等。装饰工程施工工序繁多、工程量大、工种集中、所占工期长。

本施工阶段的主导施工过程是抹灰工作。安排好装饰工程的施工顺序和组织好立体交叉施工及平行流水施工,关键在于安排好抹灰工作的施工顺序。抹灰工程的施工顺序一般有以下几种形式。

① 室内抹灰工程

室内抹灰工程整体上常采用自上而下、自下而上和自中而下再自上而中三种施工方案。

a. 自上而下的施工顺序。该施工顺序通常是指主体结构工程封顶后做好屋面防水层,由顶层开始逐层向下进行。其优点是主体结构完成后大部分永久荷载已作用到基础上,结构沉降基本稳定,且屋面防水层施工完毕,可防止雨水渗透,能保证室内抹灰的施工质量。此外,自上而下的流水施工,各施工过程间交叉作业少、相互影响小,便于组织施工,保证施工安全,便于成品保护和现场清理。其缺点是不能与主体结构组织搭接施工,因而工期较长。该施工顺序适用于结构层数不多或施工工期较富余的工程。

b. 自下而上的施工顺序。该施工顺序是指主体结构完成二至三层后,抹灰工程自底层开始逐层向上进行。该方案的优点是可以和主体结构工程进行搭接施工,所占工期较短。其缺点是工序之间交叉作业多,需妥善安排并采取相应的安全措施。当采用预制楼板时,楼面上的积水往往会因板缝填灌不密实而向下渗漏,为此应先完成上层楼面抹灰,然后再进行下层天棚抹灰,以保证施工质量。采用该施工顺序进行抹灰时必须加强对成品的保护工作,一般情况下抹灰的面层总是留在工程竣工前统一进行。该施工方案宜用于层数较多、工期较紧的建筑工程中。

c. 自中而下再自上而中的施工顺序。该施工顺序综合了上述两种施工顺序的优缺点,适用于多高层抹灰工程中。

② 室外装饰

室外装饰工程往往采用自上而下的施工顺序。当由上而下每层室外的所有施工过程均完成后即可拆除该层的外脚手。散水及台阶等在外脚手拆除后进行施工。

③ 内外装饰

室内装饰与室外装饰的施工相互间干扰较小,哪个先施工或两者同时施工,可以根据具体施工条件确定,但室外装饰应尽量避开冬季和雨季。当室内有水磨石地面时,为避免水从墙面渗透对外墙影响装饰,在同一平面上应先做好水磨石地面。

④ 室内抹灰在同楼层内的施工顺序

室内抹灰在同一层内的施工顺序一般是:地面→天棚→墙面、踢脚线。这样室内清理简便,地面施工质量易于保证,且便于收集墙面和天棚的落地灰而节约材料。但地面施工需要有一定的技术间歇时间,如组织欠妥可能会影响部分工期。采用这种施工顺序时,由于地面抹灰已经完成,在进行墙面和天棚抹灰时所搭设的内脚手应注意对地面的保护,否则会因返工修补而浪费劳动力和材料。

另一种施工顺序是天棚→墙面→地面。这时在进行地面施工时必须把楼面上的落地灰和渣屑扫清洗净后方可进行,否则会影响地面抹灰层与楼板的黏结,引起地面起壳。底层地面一般都是在各层墙面、楼面完成后进行。

楼梯间和走道等主要的施工交通要道,因在施工期间容易受到损坏,通常在整个抹灰工程临近结束前最后自上而下进行施工,并采取有效的措施进行保护。木门窗扇的安装一般应在抹灰工作完成后进行,以避免门窗框变形而使门窗扇开启困难。

屋面防水层在主体结构完成后尽快完成,这样能为室内其他装饰工程顺利进行创造条件。

(4) 其他工程施工阶段

水暖卫生等工程不同于土建工程,可以划分成若干个有明显界限的施工阶段,但是它们与土建各分部工程施工之间应配合密切,否则既会影响施工质量,影响工期,又会引起资源的浪费。

3) 装配式钢筋混凝土单层工业厂房的施工顺序

单层工业厂房虽无层间关系,但在确定其空间的施工顺序方面却要比多层混合结构建筑要复杂。它不但要考虑土建施工的要求,而且还必须考虑生产工艺的要求以及与结构、设备安装的配合。

单层工业厂房一般可分为基础工程、预制与养护工程、结构安装工程和围护、装饰工程四个施工阶段。各施工阶段的工作内容与施工顺序如图 15.4 所示。

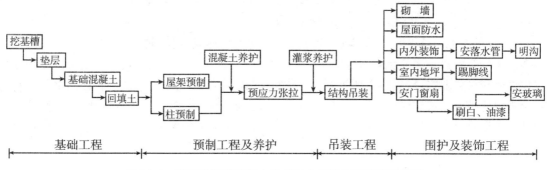

图 15.4　装配式钢筋混凝土单层工业厂房施工顺序示意图

（1）基础工程施工阶段

单层工业厂房的柱基常为钢筋混凝土杯型基础，其施工顺序一般为：基坑挖土、铺垫层、绑扎钢筋、安装基础模板、浇筑混凝土、养护、回填土等分项工程。

杯型基础的施工应按一定的流向分段进行流水施工，并与后续的预制工程、结构安装工程的施工流向一致。在安排各分项工程之间的搭接施工时，应根据当时的气温条件适当考虑基础垫层和杯口基础混凝土养护时间。拆模后应尽早进行回填土，为后续构件预制创造工作条件。

单层工业厂房附属生活用房的基础施工以及其他分项工程的施工，与多层混合结构施工基本相同，其基础一般在主体结构吊装后进行。大多数单层工业厂房都有设备基础，特别是重型机械厂房设备基础既大又深，其施工的难度大，技术要求高，工期也较长。设备基础的施工顺序如何安排，常会影响到主体结构的安装方法和设备安装的进度。因此，在单层工业厂房基础施工阶段，关键在于安排好设备基础的施工顺序。一般有两种施工方案。

① 封闭式施工

封闭式施工是指先完成厂房结构主体，然后再进行设备基础的施工。封闭式施工适用于厂房柱基的埋置深度大于设备基础的埋置深度。

② 开敞式施工

开敞式施工是指厂房柱基与设备基础同时施工，然后再进行上部结构的施工。开敞式施工适用于厂房柱基的埋置深度小于设备基础的埋置深度。

采用封闭式施工方案时，基础施工和构件预制时的工作面较大，便于构件布置和吊装机械开行，可加快主体结构的施工速度。设备基础在室内施工不受气候影响，并有可能利用厂房内的桥式吊车为设备基础施工服务。

采用开敞式施工方案时，则设备基础的大量土方可采用机械化施工，工作面大施工方便，并可为设备提前安装创造条件；但是对主体结构构件的现场预制和吊装机械的开行带来不便。因此，在确定施工方案时，应根据具体情况进行分析比较。

根据施工经验，体积较大、埋置较深的设备基础，封闭式施工对主体结构有一定的影响，故往往采用开敞式施工。若设备基础较浅，或基底标高不低于柱基且离柱基有一定距离时，一般均采用封闭式施工。对某些较大较深的设备基础，如能采用一些特殊的施工方法（如沉井法），则仍可以采用封闭式施工。总之,两种施工方法各有特点,应根据实际情况而定。

柱基施工,从基坑开挖到柱基回填土应分段组织流水施工,并与现场预制构件工程、结构安装工程的分段相结合。

(2)预制构件工程施工阶段

哪些构件在现场预制,哪些构件在加工厂预制,应根据具体情况作技术经济比较后决定。一般来说,柱、屋架等大型构件运输不便,通常安排在现场预制;中小型构件,如大型屋面板、基础梁等标准构件运输方便,可以在加工厂预制。在确定方案时,应结合工程的建筑结构特征、当地加工厂的生产能力、工期要求、现场施工及运输条件等因素,灵活安排。

预制构件的施工顺序依次为:预制构件的支模(包括底模)、绑扎钢筋、安装预埋件、浇筑混凝土、养护、预应力筋张拉、灌浆等。

预制构件开始制作的日期、制作位置、施工流向和顺序,在很大程度上取决于工作面形成情况和后续工作的要求(如结构安装的顺序)。通常只要基础回填、场地平整工作完成,结构安装方案确定,构件平面布置图确定之后就可进行。构件预制的流向宜与基础施工的流向一致,这样既能使构件制作早日开始,又能尽早地提供工作面为构件提早安装创造条件。这些应与选择吊装机械、确定吊装方案同时考虑。

采用分件安装法时,若场地窄小而工期又较紧,构件制作可分批进行。即首先制作柱和吊车梁,待柱和吊车梁吊装完毕,留出工作面后再制作屋架。若场地条件允许,则构件全部预制完毕后再进行结构安装。由于分件安装时首先吊装柱子,为使其混凝土强度早日达到吊装要求,应尽早安排柱子预制。预应力屋架、吊车梁、托架等经张拉后才能吊装,这些预应力构件也应及早预制。在实际施工中,应根据现场生产能力和模板的配置情况进行统筹安排。

(3)结构安装工程施工阶段

结构安装工程是单层工业厂房施工中的主导施工阶段。其工作顺序为:吊装柱、吊车梁、连系梁、基础梁、托架、屋架、天窗架、大型屋面板等构件的吊装、校正和固定。

结构安装的开始时间主要取决于构件混凝土的强度,同时又取决于吊装前的各项准备工作的完成情况。为能早日进行吊装,对最后制作的这批混凝土构件,应采取一定的技术措施,使其早日达到吊装所需的强度要求。在构件混凝土养护期间,应做好构件吊装前的各项准备工作,如基底找平、构件编号、弹线、吊装机械的进场等。

吊装的流向通常与构件预制的流向一致。但如果厂房为多跨且又有高低跨时,安装流向应从高低跨处开始,以适应安装工艺的要求。

现场预制构件一般都要进行翻身、就位和清理底模等工作,这些工作可以与吊装工作穿插进行,务必使起重机械连续施工并使机械的开行路线最短,以加快安装速度。

工厂预制构件必须在结构安装开始前按吊装的顺序,分批分型号进场,并按规定位置堆放。

(4)围护及装饰工程施工阶段

围护工程的工作内容包括墙体砌筑、安装门窗框等施工过程。墙体工程又包括搭设脚手架、内外墙砌筑等各项工作。在主体结构安装结束之后或安装一部分区段后即可分段进行施工,此时工作面已大部分形成,各分项工程尽量组织平行交叉的流水施工。屋面防水工程、墙体工程和地面工程,应紧密配合以确保施工质量和施工速度。

屋面防水工程的施工顺序一般是铺设保护层、找平层、刷冷底子油、铺设卷材等。此时应特别注意先完成天窗架部分的屋面防水、天窗围护等工作,以确保屋面防水层的施工质量。

装饰工程的施工又分为室内装饰和室外装饰。室内装饰包括地面、门窗扇和玻璃安装,以及油漆、刷白等分项工程。室外装饰工程包括勾缝、抹灰、勒脚、窗台、散水和明沟等分项工作。一般单层工业厂房的装饰工程相对都较简单,所占工期也较少,安排时可与其他施工过程穿插进行。

脚手架的搭设应配合墙体砌筑、屋面防水和室内外装饰工程进行,在室外立面装饰完成后,散水、明沟施工前拆除。

15.2.3.3 确定施工方法

任何施工过程一般都可以采用几种不同的施工方法,选用不同的施工机械来完成,每一施工方法都有其优缺点。在确定施工方法时,应力求从多个可行的施工方案中进行分析比较,从而选择一个既适合本施工对象又先进合理的施工方案。

1)确定施工方法应遵循的基本原则

施工方法的选择已在施工技术中叙述,现从施工组织的角度提出几点基本原则。

(1)施工方法的技术先进性与经济合理性相统一;

(2)兼顾施工机械的适用性和多用性,尽可能充分发挥施工机械的使用效率;

(3)充分考虑施工单位的技术特点、技术水平、劳动组织形式、施工习惯以及可利用的现有条件等。

例如,选择土方工程的施工方法和机械时,就必须考虑土壤的特性、工程量大小、挖土机械、运输设备和现场的运输条件等。所选择的施工方法既要能满足现有的施工条件,又要能达到施工速度快、生产效率高、成本低的最佳效果。

2)拟定施工方法的重点

拟定施工方法应着重考虑影响整个单位工程施工的分部分项工程的施工方法。对于那些按常规做法和生产人员比较熟悉的分项工程可适当简单些,只要提出应该注意的特殊要点和解决措施即可。对于下列项目,在拟定施工方法时则应详细、具体,必要时还应编制单项作业设计:

(1)工程量大,在单位工程中占重要地位的,对工程质量起关键作用的分部分项工程。如基础工程、钢筋混凝土等隐蔽工程;

(2)施工技术比较复杂,施工难度比较大或采用新技术、新工艺、新结构、新材料的分部分项工程。如采用钢结构预应力、不设缝结构施工、软土地基等;

(3)施工人员不太熟悉的特殊结构或专业性很强的特殊专业工程。例如仿古建筑、灯塔及大型钢结构整体提升等。

3)拟定施工方法的要求

(1)拟定主要的操作过程和方法,包括施工机械的选择;

(2)提出质量要求和达到质量要求的技术措施,指出可能产生的问题和防治措施;

(3)提出季节性施工和降低成本的措施;

(4)提出切实可行的安全施工措施和环境保护措施。

4)选择施工方法的要点

(1)土石方工程

选择所采用的施工机械、开挖方法、施工流向、放坡或护坡方法、地面水和地下水的处理方法及有关配套设备,平衡调配土方。如有石方时还需确定爆破方法和爆破所需的机械设备、材料,还要确定施工过程中的安全措施等。

(2)混凝土结构工程

选择模板类型和支模方法。高层建筑中应确定需配置的最少模板数量、每层的施工时间、拆模时间和有关要求。钢筋加工、运输和安装方法,对梁柱结点等钢筋密集处的处理方法。混凝土搅拌和运输(包括垂直运输),混凝土浇筑顺序,施工缝留设的位置和处理方法,混凝土的振捣方法、养护制度和混凝土的质量评定。

在选择施工方法时,应特别注意大体积混凝土、高性能混凝土和混凝土冬期施工问题。同时也应加强模板工具化、早拆模、钢筋、混凝土施工机械化的新技术推广应用工作。

预应力钢材、锚夹具、张拉设备的选用和验收,成孔材料及成孔方法(包括灌浆孔、泌水孔),端部和梁柱节点处的处理方法,预应力筋的位置,张拉力、张拉程序、张拉顺序以及灌浆方法、灌浆要求等。对于现浇预应力结构还应确定模板和支架安装与拆除的顺序和有关要求,必要时应通过计算确定并绘出有关施工方案图。

(3)结构安装工程

选择吊装机械,确定安装方法,安排吊装顺序、机械开行路线和停机位置,绘出构件平面布置图,工厂预制构件的运输、装卸、堆放场地和堆放方法。现场预制构件的就位、排放,固定支撑件的制作、安装。吊装前的各项准备工作,吊装主要工程量和吊装进度等。

(4)现场垂直和水平运输

确定垂直运输量,选择垂直运输方式,脚手架的搭设方式,水平运输方式和运输设备的型号和数量,配套使用的专用器具设备(如混凝土输送泵车等)。确定地面和楼面水平运输的行驶线路,确定垂直运输机械的停机位置。综合安排各种垂直运输设施的工作任务和服务范围。现场混凝土原材料的运输和上料方法等。

(5)装饰工程

围绕室内装饰、室外装饰、门窗安装、木装修、油漆、玻璃等确定所采用的施工方法,提出所需的各种设备型号和数量,确定工艺流程和劳动组织进行流水施工,确定装饰材料逐层配套进场的数量和堆放位置。

(6)特殊项目

对于采用新结构、新技术、新材料、新工艺的工程,以及高耸、大跨、深基础、软弱地基、水下结构等项目,应单独专项选择和确定施工方法。详细阐明该项目的技术关键所在,绘出主要的平面、剖面图,以及有关施工工艺流程和施工构造图。制订施工方法、劳动组织、技术要求、质量安全措施、施工进度,以及材料、构件和机械设备的需要量计划等。

15.2.3.4 选择施工机械

施工工艺、施工方法是和所用施工机械密切相关的,特别是发展和推广机械化施工,已成为实现建筑工业化的一个重要指标,也是作为衡量一个施工企业生产能力的措施之一。因此,施工机械的选择也就成为确定施工方案的一个重要环节。

1)选择主导施工机械

选择施工机械应根据工程的特点确定适用的主要施工机械的类型。例如,选择单层工业厂房结构安装用的起重机械类型时,当吊装工程量大而集中,工期也较紧时,可选用生产效率较高的塔式起重机;但当工程量不大或工程量虽大,但构件布置又相当分散时,则选择机动性较好的自行杆式起重机较为经济;当工程量不大但布置集中,在工期允许的前提下选用桅杆式起重机也是合理的。选择打桩机械时则应根据土质、桩的类型、长度、承载能力、工期要求、动力供应条件等因素综合进行考虑。

一般多层民用建筑和现浇多高层混凝土结构的主导机械为垂直运输机械,常采用塔式起重机,多层民用建筑也可采用井架。塔式起重机的生产效率高,但其使用费用也较大,因此,必须合理选择适用的类型和型号,同时应优化施工组织使塔式起重机的利用效率达到最高。在住宅小区建设中同时施工多幢建筑时,采用塔式起重机进行主体结构施工仍是较合理的方案;在偏远地区幢数较少时用井架带悬臂把杆也是解决垂直运输常用的施工方案。

2) 施工机械之间的生产能力应协调

为了充分发挥主导机械的生产效率,选择与主导机械直接配套使用的其他各种机械时,必须考虑各种机械之间的生产能力相互协调一致,避免出现"瓶颈"现象而影响主导机械的利用率。同时应根据最大生产能力来配备足够的生产人员和供应足够的生产材料。例如,当选用塔式起重机承担混凝土的垂直运输时,则应根据塔式起重机的生产能力,配备与之相应的混凝土搅拌机、混凝土水平运输机械的数量,配备足够的黄砂、石子和水泥,并根据所完成的工程量来配备各工作岗位上的生产人员。在实际工作中,各时期的工程量不可能是均衡的,这时可根据流水施工的组织原理组织其他施工过程进行平行施工,以完成其他施工项目的工程量来满足主导机械的生产能力。如组织浇筑混凝土、安装模板和绑扎钢筋三个施工过程同时在不同的工作面上进行流水施工,协调起重机械同时完成三个施工过程所需的垂直运输工作,以充分发挥主导机械的生产能力。

15.2.3.5 施工方案的技术经济比较

施工方案应在对几个不同而又可行方案作对比分析后确定,因为任何一个施工方案在技术经济上各有其优缺点。为了选择一个理想的施工方案,必须要研究施工方案所能达到的基本功能,而这些基本功能又最能满足实际施工的基本要求。通过长期的工程实践,归纳为以下几点:

(1) 要符合施工工期的要求,即能满足国家规定工期、建设单位或承包合同的工期、贷款期限等;

(2) 要能满足经济效益的要求,力求效率高、成本低;

(3) 要符合施工实际,能真正发挥指导施工的作用,为此,施工方案中提出的要求、条件和措施应是可行的,操作性要强,力求与实际的物资供应条件和现场施工相适应;

(4) 要能体现一定的技术水平,包括施工方案本身的先进性,同时又要考虑现有的技术水平和专业特点;

(5) 要有利于保证工程质量和施工安全。

在评价一个施工方案时,显然上述各项功能所占的比重不可能是等同的,特别是当两种方案比较接近时,选用哪个较为合理,还需结合具体情况做进一步的调查、分析方能最后确定。例如,施工中情况发生变化的可能性,情况一旦变化计划调整的余地,为后续工程施工提供有利条件的可能性,受冬、雨季气候的影响程度,利用现有设备、器具和增添设备的情况,施工中管理的难易程度和环境保护等都应加以考虑。经过充分、周密的考虑和分析比较,必然能确定一个合理的施工方案。

施工方案的技术经济比较一般采用定性分析和定量分析两种。定性分析是结合实际的施工经验对方案的优缺点进行分析比较。定量分析一般是计算出不同方案的劳动力、资源消耗量、工期长短和成本范围等技术经济指标来进行分析比较。

例如,某工程采用电渣压力焊、帮条焊和绑扎三种钢筋接头方案,每种每个接头的经济指标定量分析,如表 15.1 所示。

从每个接头所消耗的钢材和费用来看,电渣压力焊方案最佳,该工程实际共有 3 000 个接头,需耗钢材 570 kg,耗资 16 380 元。比帮条焊方案节约钢材 11.55 t,节约费用 7.66 万元;与绑扎方案相比,节约钢材 20.73 t,节约费用 5.36 万元。经技术经济比较后,该工程接头采用电渣压力焊方案,而且能满足施工单位的技术力量及该工程的工期要求。

表 15.1　某工程对三种钢筋接头方案的经济指标定量分析

项　目	单位	电渣压力焊		帮条焊		绑　扎	
		用　量	费用(元)	用　量	费用(元)	用　量	费用(元)
钢　材	kg	0.19	0.6	4.04	12.93	7.10	22.72
焊接材料	kg	0.50	2.09	1.09	8.55	0.02	0.12
人　工	工日	0.14	2.24	0.20	3.2	0.03	0.48
电能消耗	kW·h	2.10	0.53	25.20	6.30	—	—
费用合计	元	—	5.46	—	30.98	—	23.32

15.2.4　单位工程施工进度计划

15.2.4.1　施工进度计划的作用与分类

1) 施工进度计划的任务和作用

单位工程施工进度计划是施工方案在时间上的具体反映,是指导单位工程施工的基本文件之一。它的主要任务是以施工方案为依据,安排单位工程中各施工过程的施工顺序和施工时间,使单位工程在规定的时间内,有条不紊地完成施工任务。

施工进度计划的主要作用是为编制企业季度、月度生产计划提供依据,也为平衡劳动力、调配各种施工机械和供应各种物资资源提供依据,同时也为确定施工现场的临时设施数量和动力配备等提供依据。至于施工进度计划与其他各方面,如施工方法是否合理,工期是否满足要求等更是有着直接的关系,而这些因素往往又是相互影响和相互制约的。因此,编制施工进度计划应细致地、周密地考虑这些因素。

单位工程施工进度计划编制的理论依据是流水施工原理,其表达形式一般采用网络图或横道图。

2) 施工进度计划的种类

单位工程施工进度计划应根据工种规模的大小,结构复杂程度,施工工期的长短等情况来确定类型,一般分为两类。

(1) 控制性施工进度计划

控制性施工进度计划一般在工程的施工工期较长、结构比较复杂、资源供应暂时无法全部落实时采用;或者工程的工作内容可能发生变化和某些构件(结构)的施工方法暂时还不能全部确定的情况下采用。这时不可能也没有必要编制较详细的施工进度计划,往往就编制以分部工程项目为划分对象的施工进度计划，以便控制各分部工程的施工进度(图 15.5)。在进行分部工程施工前则应按分部工程编制详细的施工进度计划，以便具体指导分部工程的现场施工。

(2) 实施性施工进度计划

实施性施工进度计划是控制性施工进度计划的补充，是各分部工程施工时施工顺序和施工时间的具体依据。该类施工进度计划的项目划分必须详细，各分项工程彼此间的衔接关系必须明确(图 15.6)。它的编制可与编制控制性进度计划同时进行，有的可缓些时候，待条件成熟时再编制。对于比较简单的单位工程，一般可以直接编制出单位工程施工进度计划。

单位工程中上述两种施工进度计划是相互联系、互为依据的，编制方法和编制原理也基本相同，在实际编制过程中需要相互补充和修正。

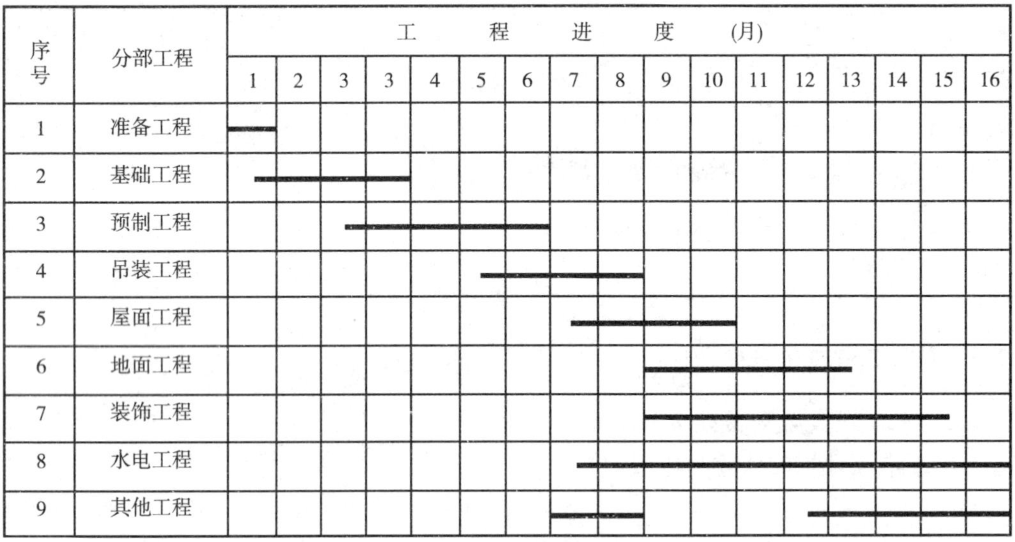

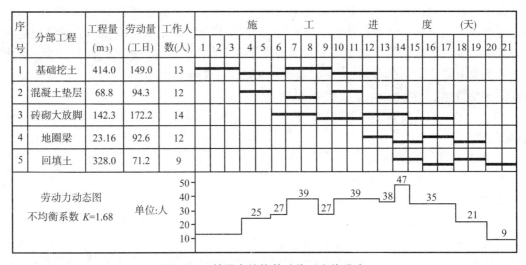

序号
分部工程
工 程 进 度 (月)
1 2 3 3 4 5 6 7 8 9 10 11 12 13 14 15 16
1 准备工程
2 基础工程
3 预制工程
4 吊装工程
5 屋面工程
6 地面工程
7 装饰工程
8 水电工程
9 其他工程

图 15.5 某单层工业厂房控制性施工进度

序号
分部工程
工程量 (m3)
劳动量 (工日)
工作人数(人)
施 工 进 度 (天)
1 2 3 4 5 6 7 8 9 10 11 12 13 14 15 16 17 18 19 20 21
1 基础挖土 414.0 149.0 13
2 混凝土垫层 68.8 94.3 12
3 砖砌大放脚 142.3 172.2 14
4 地圈梁 23.16 92.6 12
5 回填土 328.0 71.2 9
劳动力动态图
不均衡系数 K=1.68
单位:人
50
40
30
20
10
25
27
39
27
39
38
47
35
21
9

图 15.6 某混合结构基础施工实施进度

15.2.4.2 施工进度计划的组成

单位工程施工进度计划通常按照一定的格式编制,也称为横道图。一般应包括下列内容:各分部分项工程名称、工程量、劳动量,每天安排的人数和施工时间等。表 15.2 是常用的施工进度计划表的形式。表格有两部分组成,左边是工程项目和有关施工参数,右边是时间图表部分。有时需要绘制资源消耗动态图,可将其绘在图表的下方(如图 15.6),并可附以简单的说明。

15.2.4.3 施工进度计划的编制

单位工程施工进度计划是根据已确定的施工方案进行编制的,编制出初稿后再进行检查和调整。若在某些方面还不能满足实际要求,则有必要重新调整施工方案。有时为达到最佳的效果,进行多次反复也是正常的。

1) 确定施工过程

编制施工进度计划时,应按施工方案所确定的施工顺序把拟建工程的各个分部分项工程按先后顺序列出,填在施工进度计划表的有关栏目内。

表 15.2 施工进度计划

序号	分部分项工程名称	工程量		劳动量	机械		每天工作人数	工作日	施工进度												
		单位	数量		名称	台班数			×月						×月						
									5	10	15	20	25	30	35	40	45	50	55	60	

单位工程施工进度计划的工程项目不宜列得过多(小于 40 项为宜)。工程项目应包括从准备工作在内的全部土建工程,也包括有关的配合工程(如水电安装等),切忌漏项或重复。

工程项目划分的粗细程度主要取决于实际需要,一般情况下编制控制性进度计划时项目可以划分得粗些,列出各分部工程中的主导施工过程就可以了。例如,在一般多层混合结构工程中只需列出挖土、砖基础、砌墙、吊装等各主要项目。编制实施进度时,工程项目划分应详细、具体,其中主导施工过程和主要工作通常是要组织流水施工的,施工进度计划则必须把每一施工过程在时间和空间上的关系表达清楚,这样便于指导施工。例如,在装配式单层工业厂房施工的实施进度中,除了要列出各分部分项工程项目外,还需把各分部工程所包括的各分项工程列出。如预制工程阶段应列出预制柱子、预制梁、预制屋架等;而各种预制构件的施工又可分为安装模板、绑扎钢筋、浇筑混凝土、养护和拆模等,需要时也可分别列出。

在确定施工过程时,尚需注意适当简化进度表的内容,避免划分过细而重点不明,一般可将某些分项工程合并到主要的分项工程中去。项目的合并比较灵活,应根据具体情况进行,一般在合并项目时考虑施工过程在施工工艺上是否接近,施工组织上是否有联系等。

对于次要的、零星的分项工程可合并成一项,以"其他工程"单独列出,在计算劳动量时统一进行考虑。

2) 计算工程量

工程量计算应严格按照施工图纸和工程量计算规则进行。当编制施工进度计划时如已经有了预算文件,则可直接利用预算文件中有关的工程量。若某些项目的工程量有出入但相差不大时,可结合工程项目的实际情况做一些调整或补充。计算工程量时应注意以下几个问题:

(1)各分部分项工程的计算单位必须与现行施工定额的计量单位一致,以便计算劳动量、材料、机械台班消耗量时直接套用。

(2)结合分部分项工程的施工方法和技术安全的要求计算工程量。例如,土方开挖应考虑土的类别、挖土的方法、边坡护坡处理和地下水的情况。

(3)结合施工组织的要求分层、分段地计算工程量。

3)计算劳动量和机械台班量

(1)计算方法

计算施工过程的劳动量,应根据现行的施工定额按下式计算,即

$$P_i = \frac{Q_i}{S_i} = Q_i \cdot Z_i \tag{15.1a}$$

计算施工过程的机械台班量,可根据下式计算,即

$$P_G = \frac{Q_G}{S_G} = Q_G \cdot Z_G \tag{15.1b}$$

式中　Q_i, Q_G——分别为劳动工人和施工机械完成的工程量;

　　　S_i——产量定额(m^3/工日、t/工日……);

　　　Z_i——时间定额(工日/m^3、工日/t……);

　　　S_G——机械的产量定额(m^3/台班,t/台班……);

　　　Z_G——机械的时间定额(台班/m^3,台班/t……)。

注意,公式中的劳动定额 S_i 和 Z_i 或 S_G 和 Z_G,一般可参照施工定额标准,结合本单位、本工程的实际情况做一些适当的调整,这样更能接近实际水平。

对于"其他工程"项目的劳动量或机械台班量,可根据合并项目的实际情况进行计算,实践中常根据工程特点,结合工地和施工单位的具体情况,以总劳动量的一定比例估算,一般约占总劳动量的 10%~20%。

(2)综合劳动定额

当某一分项工程是由若干项具有同一性质而不同类型的分项工程合并而成时,应根据各个不同分项工程的劳动定额和工程量,按合并前后总劳动量不变的原则计算合并后的综合劳动定额。计算公式为

$$\bar{S} = \frac{\sum\limits_{i=1}^{n} Q_i}{\dfrac{Q_1}{S_1} + \dfrac{Q_2}{S_2} + \cdots + \dfrac{Q_n}{S_n}} \tag{15.2}$$

式中　$\bar{S}$——综合产量定额;

　　　$Q_1, Q_2, \cdots, Q_n$——合并前各分项工程的工程量;

　　　$S_1, S_2, \cdots, S_n$——合并前各分项工程的产量定额。

实际应用时应特别注意合并前各分项工程工作内容和工程量的单位。当合并前各分项工程的工作内容和工程量单位完全一致时,公式中 $\sum\limits_{i=1}^{n} Q_i$ 应等于各分项工程工程量之和,反之应取与综合劳动定额单位一致且工作内容也基本一致的各分项工程的工程量之和。综合劳动定

额单位总是与合并前各分项工程其中之一的劳动定额单位一致,最终取哪一单位为好,应视今后使用方便而定。

例如,某一预制钢筋混凝土构件工程,其施工参数如表 15.3 所示。求各分项工程合并后的综合劳动定额。

表 15.3　某钢筋混凝土预制构件施工参数

施 工 过 程		工　程　量		劳　动　定　额	
		数　量	单　位	数　量	单　位
A	安装模板	165	10 m²	2.67	工日/10 m²
B	绑扎钢筋	19.5	t	15.5	工日/t
C	浇混凝土	150	m³	1.9	工日/m³

因合并前各分项工程的工作内容和定额单位不同,所以其工程量不能相加。由于是钢筋混凝土工程,合并后的综合定额以混凝土工程的单位应用方便。

表中劳动定额为时间定额,与公式(15.2)不一致,计算时可把公式变换后(不变换也能计算)再计算综合劳动定额为

$$\bar{S} = \frac{\sum\limits_{i=1}^{n} Q_i}{\dfrac{Q_1}{S_1} + \dfrac{Q_2}{S_2} + \cdots + \dfrac{Q_n}{S_n}} = \frac{\sum Q_i}{Q_1 \cdot Z_1 + Q_2 \cdot Z_2 + \cdots + Q_n \cdot Z_n} = \frac{150}{165 \times 2.67 + 19.5 \times 15.5 + 150 \times 1.90}$$

$$= 0.146(\text{m}^3 / \text{工日})$$

该综合劳动定额所表示的意义为:每工日完成 0.146 m³ 混凝土的浇筑,并包括该部分混凝土的模板安装和绑扎钢筋的工作。如要用其他单位(如 t/工日)作为综合定额的单位当然也是可以的,但应用不便。

4)确定各分部分项工程的工作时间

确定施工过程的工作时间(持续时间)与计算流水节拍一样,有两种方法。

按劳动资源的配备计算

$$T = \frac{P}{R \cdot b} \tag{15.3}$$

式中　T——完成该分部分项工程的工作时间,尽量取整数或半天的倍数;

　　　P——劳动量或机械台班数量;

　　　R——劳动班组的工作人数或机械台数;

　　　b——每天安排的工作班组数。

根据工期要求计算

$$R = \frac{P}{T \cdot b} \tag{15.4}$$

根据上式可求出在要求工期内完成该分部分项工程所需的工作人数和机械台数。每天出勤的工人数最好是劳动班组的整倍数,这样便于工作的安排。

确定劳动人数可根据工作面所能容纳的最多人数(即最小工作面)和现有的劳动组织来确定每天的工人数。对于有机械参加施工的施工过程,可先设定主导机械的数量,一般取一台或

两台,不可能安排很多。然后根据机械的生产能力求出该施工过程所需的工作时间。再考虑主导机械、辅助机械的生产能力和劳动工人的生产能力应相协调,就很容易地确定出每天应安排的工人数。

5) 安排施工进度

编制施工进度计划时,应先安排主导施工过程的施工进度,其余施工过程应予以配合,服从主导施工过程的进度要求,主导施工过程尽可能组织连续施工。例如,多层混合结构工程主体结构施工是该工程的主导分部工程,应先安排该分部工程中的主导分项工程,即墙体和楼面工程的施工进度。而基础工程和装饰等分部工程应服从主体工程的施工进度。当在安排基础和装饰分部工程进度时,挖土和抹灰又分别是该两分部工程中的主导施工过程,也应优先考虑,然后再安排其他分项工程的施工进度。由此逐步组织成单位工程施工进度计划(图 13.14)的初步方案。

由于土木工程施工本身的复杂性,使施工活动受到许多客观条件的影响,如劳动力、材料和机械的供应、调配以及气候条件的影响等,容易使已制定的计划难以全面贯彻执行。考虑到这一点,在编制施工进度计划时要仔细了解和分析工程施工的客观条件,尽可能事先预见到可能出现的困难和问题,使所定计划既符合客观情况又留有适当余地,以免安排过死,情况稍有变动就引起计划的混乱而造成被动。

尽管如此,进度计划从开工到竣工很难保证始终不变,通常总是需要随施工的进展、情况的变化及时进行修正。实际施工时,对于工程规模较大、工期较长的单位工程,先编制总控制进度和前期施工的分部工程实施进度,随工程施工的进展,分阶段编制出其他分部工程的实施进度。

6) 检查和调整施工进度

编制施工进度时,需考虑的因素很多,初步编制时往往会顾此失彼,难以统筹全局。因此,初步进度仅起框架作用,编制后还应进行检查、平衡和调整。一般应检查以下几项:

(1) 各分部分项工程的施工时间和施工顺序安排得是否合理;

(2) 安排的工期是否满足规定要求;

(3) 所安排的劳动力、施工机械和各种材料供应是否能满足,资源使用是否均衡等。

经过检查,对不合理的部分进行调整,调整某一分项工程时要注意它对其他分项工程的影响。通过调整可使劳动力、材料的需要量更为均衡,主要施工机械的利用更为合理,这样可避免或减少短期内人力、物力的过分集中。

无论是整个单位工程还是各个分部工程,其资源消耗都应力求均衡。否则,在供应高峰期内势必会造成劳动力紧张,材料供应和运输困难,同时也增加了各种临时设施的需要量,加大成本开支,而且容易影响施工工期。当为群体工程施工时,某一个单位工程的资源消耗是否均衡并不一定重要,重要的是保证全工程的资源均衡,局部应服从全局。

资源消耗的均衡程度常用资源不均衡系数 K 和资源动态图来表示(图 15.6)。

资源动态图是把单位时间内各施工过程消耗某一种资源(如劳动力、砂石等)的数量进行累计,然后把单位时间内所消耗的总量按统一的比例绘制而成的图形。

资源不均衡系数可按下式计算

$$K = \frac{R_{max}}{\overline{R}} \qquad (15.5)$$

式中　R_{max}——单位时间内资源消耗的最大值;

$\overline{R}$——该施工期内资源消耗的平均值。

资源不均衡系数一般控制在 1.5 左右为最佳,当有几个单位工程统一调配资源时该值可适当放宽。

图 15.6 中劳动力不均衡系数为

$$K = \frac{R_{\max}}{\overline{R}} = \frac{R_{\max}}{\dfrac{\sum P_i}{T}} = \frac{47 \times 21}{588} = 1.68$$

15.2.4.4 施工进度计划执行中的管理

1) 影响工程施工进度的因素

要有效地进行进度计划执行过程中的管理,必须对影响进度的因素进行分析,事先采取措施,尽量减少实际进度与计划进度的偏差,实现对施工的主动控制。影响工程施工进度的因素很多,如人为因素、技术因素、材料和设备因素、机具因素、地质因素、资金因素、气候因素、环境因素等,其中,人的因素是最主要的干扰因素。国内外专家分析了上述干扰因素,认为主要的影响因素有以下几点:

(1) 相关单位的影响,包括建设单位、设计单位、材料物资供应单位、银行信贷单位以及与建设有关的运输、供水、供电部门和政府的有关主管部门;

(2) 设计变更因素的影响,这是进度执行中的最大干扰因素;

(3) 材料物资供应进度的影响;

(4) 资金原因;

(5) 不利的施工条件;

(6) 技术原因;

(7) 施工组织管理不当;

(8) 不可预见事件的发生。

正因为有上述因素的影响,施工进度控制就显得非常重要。在施工过程中,一旦掌握了进度实施状况以及产生问题的原因后,其影响是可以得到控制的。当然,上面的某些因素,例如恶劣的气候条件或自然灾害等是无法避免的,但在大多数情况下,可以通过有效的进度管理而得到弥补。

2) 施工进度监测与调整的系统过程

(1) 进度计划的实施过程

进度计划的实施过程就是项目建设的逐步完成过程。为了保证进度计划的实施,并尽量按编制的计划时间逐步进行,保证各进度目标的实现,应做好以下工作。

① 施工进度计划的贯彻

a. 检查各层次的计划,形成严密的计划保证系统;

b. 层层签订承包合同或下达施工任务书;

c. 计划全面交底,发动群众实施计划。

② 施工进度计划的实施

a. 编制月(旬)作业计划;

b. 签发任务书;

c. 做好施工进度记录;

d. 做好施工中的调度工作。

（2）施工进度计划的检查

在施工的实施过程中，进度控制人员必须经常地、定期地对进度计划的执行情况进行跟踪检查，其主要应包括以下一些工作：

① 进度执行中的跟踪检查

跟踪检查施工实际进度是进度控制的关键措施，其目的是收集实际施工进度的有关数据。跟踪检查的时间间隔与施工项目的类型、规模、施工条件和对进度执行要求程度有关，通常可以确定每月、半月、旬或周进行一次，若遇到灾害天气、资源供应不上等不利因素的影响，检查的时间间隔可临时缩短，甚至可以每日进行检查或派人员驻现场督阵。收集资料的方式一般采用进度报表方式或进行现场实地检查或定期召开进度工作汇报会。

② 对收集的数据进行整理、统计和分析

收集到有关的数据资料后，要进行必要的整理、统计和分析，形成与计划具有可比性的数据资料。一般可以按实物工程量、工作量、劳动消耗量以及累计百分比整理和统计实际检查数据，以便与相应的计划完成量相比。

③ 实际进度与计划进度的对比

实际进度与计划进度对比主要是将实际的数据与计划的数据进行比较。通常所用的方法有横道图比较法、S形曲线比较法、"香蕉"曲线比较法、时标网络计划的前锋线比较法和列表比较法等。

（3）施工进度调整过程

在施工进度监测过程中，一旦发现实际进度与计划进度不符，即出现进度偏差时，进度控制人员必须认真寻找产生进度偏差的原因，分析进度偏差对后续工作产生的影响，并采取必要的进度调整措施，以确保进度总目标的实现。具体的过程如下：

① 分析产生进度偏差的原因

通常根据所收集的实际数据与计划数据进行比较来发现进度偏差，了解实际进度比计划进度提前还是拖后，不过从中并不能发现产生这种偏差的原因。为了真正了解现实状况，进度控制人员应深入现场进行调整，以查明原因。

② 分析偏差对后续工作的影响

当实际进度与计划进度出现偏差时，在做必要的调整之前，需要分析由此产生的影响，如对哪些后续工作会产生影响，对总工期有何影响以及影响的程度，从而确定进度可以调整的范围（这里主要指关键控制点以及总工期允许变化的范围）。

③ 采取进度控制措施，实施调整后的进度计划

以关键控制点以及总工期允许变化的范围作为限制条件，对原进度计划进行调整。在实施调整后的进度计划过程中，应采取相应的合同措施、组织措施、技术措施和经济措施，协调各作业班组间的进度，以保证最终进度目标的实施。

3）施工进度比较方法

施工项目实际进度与计划进度的分析比较是进度计划调整的基础，是施工进度控制的主要环节。常用的比较方法有以下几种：

（1）横道图比较法

横道图比较法是把在施工中检查实际进度时收集的信息，经整理后直接用横道线并列标于原计划的横道线处，进行直观比较的方法。图15.7为某基础工程的施工进度安排，图中每一横道线上

半部分表示原进度计划安排(涂黑部分),下半部分表示实际进度(打斜线部分)。从图中可知,在第7周末进行检查时,挖土1和浇混凝土1两项工作均已完成,即完成100%,挖土2工作只完成4/6,即67%,而按原计划应完成5/6,即83%,这意味着在第8周末该项工作可能完不成。

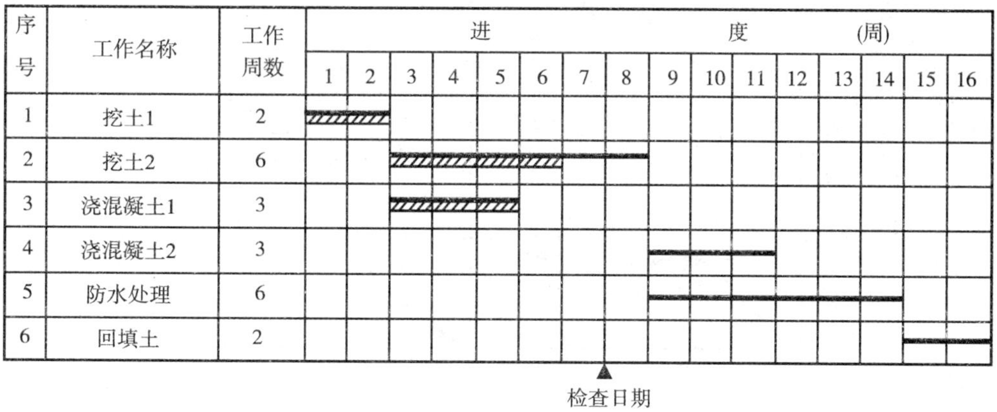

序号
工作名称
工作周数
进 度 (周)
1 2 3 4 5 6 7 8 9 10 11 12 13 14 15 16
1 挖土1 2
2 挖土2 6
3 浇混凝土1 3
4 浇混凝土2 3
5 防水处理 6
6 回填土 2
检查日期

图 15.7 某基础工程施工实际进度与计划进度的比较

通过上述记录和比较,为进度控制者提供了实际进度与计划进度之间的偏差值,为采取调整措施提供了明确的方向。这是在施工中进行进度控制时经常用的一种既简单又直观的方法。

根据施工中各项工作完成速度的不同,进度控制要求和提供的进度信息不同,横道图比较法可采用匀速施工横道图、双比例单侧横道图、双比例双侧横道图比较法。以下简单介绍匀速施工横道图比较法。

匀速施工是指工程项目的各项工作均按匀速开展,即在单位时间内完成的任务量相同,累计完成的任务量与时间成直线变化,如图15.8所示。完成任务量可以用实物工程量、劳动消耗量和工作量等物理量表示。为了比较方便,一般用完成任务量的累计百分比与计划的应完成量的百分比进行比较。

比较分析实际进度与计划进度,斜线段的右端与检查日期相重合,表明实际进度与施工进度计划相一致,斜线右端在检查日期左侧,表明实际进度超前(图15-7);斜线右端在检查日期的右侧,表明实际进度拖后。

必须指出,该方法只适用于工作从开始到完成的整个过程中其施工速度是不变的情况,否则,这种形式不能作为工作的实际进度与计划进度之间的比较。

累计完成任务量百分比曲线
100%
80%
60%
40%
20%
完成任务量百分比(%)
单位时间完成任务量百分比曲线
1 2 3 4 5 6 7

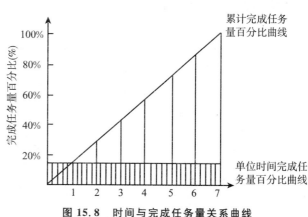

图 15.8 时间与完成任务量关系曲线

(2) S形曲线比较法

S形曲线是一个以横坐标表示时间,纵坐标表示任务量完成情况的曲线图。S形曲线比较法是将施工项目各检查点实际完成的任务量与S形曲线进行实际进度与计划进度相比较的一种方法。

对于大多数工程项目来说,单位时间投入的资源量,从工程的开工到竣工阶段,通常是中间多而两头少,即资源的消耗前期较少,随着时间的推移而逐渐增多,在某一时间到达高峰,然后又逐渐减少直至项目完成,形状如图 15.9a 所示。由于这一原因,随时间进展累计完成的任务量,则应该呈 S 形变化,如图 15.9b 所示。

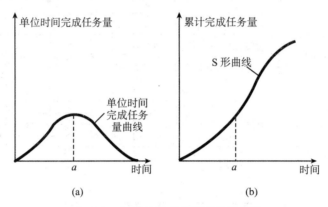

(a)　　　　　　　　(b)

图 15.9　时间与完成任务量关系曲线

S 形曲线比较法,同横道图比较法一样,是在图上直观地进行实际进度与计划进相比较。一般情况下,计划进度控制人员事先做出计划的 S 形曲线。在施工过程中每隔一定时间将实际进展情况绘制在原计划的 S 形曲线图上进行直观比较,如图 15.10 所示。通过比较可获得如下信息。

① 工程实际进度情况。当工程实际进度点落在计划 S 形曲线左侧,则表示此刻实际进度比计划进度超前;若落在其右侧,则表示拖后;若刚好落在其曲线上,则表示两者一致。

② 进度超前或拖后的时间。如图 15.10 所示,Δt_a 表示 t_a 时刻实际进度超前的时间;Δt_b 表示 t_b 时刻实际进度拖后的时间。

③ 任务量完成超额或拖欠。如图 15.10 所示,Δy_a 表示 t_a 时刻超额完成的任务量;Δy_b 表示 t_b 时刻拖欠的任务量。

④ 预测工程进度。图 15.10 中虚线表示若后期工程按原计划进度进行,则工期拖延的预测值为 Δt_c。

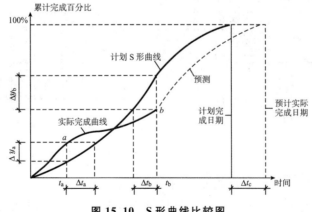

图 15.10　S 形曲线比较图

（3）"香蕉"曲线比较法

"香蕉"曲线是由两条S形曲线组合而成的,如图15.11所示。从图中可以看出,该曲线是由两条具有同一开始时间和同一结束时间的曲线组成的。其中一条是以各工作均按最早开始时间安排进度所绘制的S形曲线,简称ES曲线;而另一条则是以各工作按最迟开始时间安排进度所绘制的S形曲线,简称LS曲线。香蕉曲线除开始和结束点外,ES曲线上其余各点均落在LS曲线的左侧。某时刻两条曲线各对应完成的任务量是不同的。通常,在项目实施过程中,理想的状况是任一时刻按实际进度描出的点应落在两条曲线所包的区域内,如图15.11中曲线R。

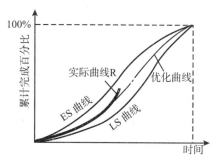

图 15.11 香蕉曲线比较图

利用香蕉曲线除可以进行进度计划的合理安排、实际进度与计划进度的比较外,还可以对后期工程进行预测。即确定在现实状态下,后期工程若按最早和最迟开始时间实施,ES曲线与LS曲线的发展趋势。例如图15.12中的细实线表示计划的香蕉曲线,粗实线表示实际进度。从图中可知,第8天累计完成的任务量为40%,比计划超前,这表明在已经进行的工作中,某些工作的实际使用时间比计划的要短,项目的总工期可能提前;第8天后按最早和最迟开始时间安排的进度计划如图15.12中虚线所示。

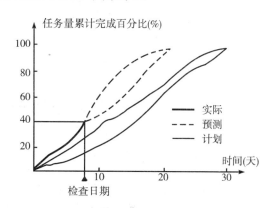

图 15.12 进度趋势预测图

香蕉曲线的作图方法与S形曲线的作图方法基本一致,所不同之处在于它是以工作的最早开始时间和最迟开始时间分别绘制的两条S形曲线的结合,通常用来表示某项目的总体进展情况。

4）进度计划实施中的调整方法

（1）对后续工作及总工期影响的分析

当出现进度偏差时,需要分析此种偏差对后续工作产生的影响。偏差的大小、偏差所处的位置,对后续工作和对总工期的影响程度是不相同的。分析的方法主要是利用网络计划中总时差和自由时差来进行判断、分析,便可了解到某种进度偏差对进度计划局部和总体的影响。具体分析步骤如下:

① 判断此进度偏差是否处于关键线路上,即确定出现进度偏差的这项工作的总时差是否等于零。如果总时差等于零,说明此项工作处在关键线路上,因此无论偏差大小,都必将对后续工作及总工期产生影响,必须采取相应的调整措施;如果总时差不等于零,说明此工作处在非关键线路上,这个偏差的大小决定着对后续工作和总工期是否产生影响以及影响的程度,此时需要进行下一个判断。

② 判断此进度偏差是否大于总时差。如果某工作的进度偏差大于该工作的总时差,说明此偏差必将影响后续工作和项目的工期,如果该偏差小于或等于该工作的总时差,说明此偏差不影响项目的工期,但它是否对后续工作产生影响,还需进一步与自由时差进行比较,因此需

要继续进行下一个判断。

③ 判断进度偏差是否大于自由时差。如果某工作的进度偏差大于该工作的自由时差,说明此偏差必将对后续工作产生影响,需做相应调整。反之,如果此偏差小于或等于该工作的自由时差,说明此偏差不会对后续工作产生影响,在此情况下,原进度计划可以不做调整。

经过上述分析,进度控制人员便可根据对后续工作的不同影响程度采取相应的进度调整措施,以便获得新的进度计划并指导项目的实施。

(2) 进度计划实施中的调整方法

为了实现进度目标,当项目的实现进度出现偏差并产生不利影响时,必须对实施进度进行调整。归纳起来,进度调整的方式主要有以下两种:

① 改变工作间的逻辑关系

此种方式主要是通过改变关键线路上各工作间的先后顺序及逻辑关系来实现缩短工期的目的。用这种方法调整的效果是很显著的。例如,可以把依次进行的有关工作改变成平行或相互搭接施工,或分成几个施工段进行流水施工等,都可以达到缩短工期的目的。

② 缩短某些工作的持续时间

这种方法是不改变工作之间的逻辑关系,而是缩短某些工作的持续时间,而使施工进度加快,并保证实现计划工期的方法。这种方法实际上就是网络计划优化中的工期优化方法和工期与成本优化的方法。

15.2.5 资源需要量计划

资源需要量计划是根据单位工程施工进度计划编制的劳动力、材料、构配件、施工机械、器具等需要量计划,用于确定建筑工地的临时设施,并按照施工的先后顺序,组织材料的采购、运输、现场的堆放、调配劳动力和大型设备的进场,以确保施工按计划顺利进行。

1) 劳动力需要量计划

劳动力需要量计划主要是调配劳动力,安排生活和福利设施。其编制方法是将单位工程施工进度计划表内所列各施工过程中每单位时间(天、旬、月)所需工人人数,按工种汇总列成表格(表 15.4),送交劳动人事部门统一调配。

表 15.4 劳动力需要量计划

项次	工程名称	人数	月份										
			1	2	3	4	5	6	7	8	9	10	11	···

2) 主要建筑材料、构配件需要量计划

该需要量计划主要为组织备料,掌握备料情况,确定现场仓库、堆场面积,组织运输之用。其编制方法是将施工预算中或进度计划表中的工程量,按材料名称、规格、使用时间并考虑材料、构配件的贮存和损耗情况进行统计并汇总成表(表 15.5),送交材料供应部门和有关部门组织采购和运输。

表 15.5　主要建筑材料、构配件需要量计划

项次	材料及构配件名称	单位	数量	规格	月份									
					1	2	3	4	5	6	7	8	9	…

　　3）机械、设备需要量计划

　　根据所采用的施工方案和施工进度计划,确定施工机械和设备的型号、规格、数量、进场时间和在现场所用的时间(即退场时间)等,汇总成表(表 15.6)。在安排施工机械进场日期时,有些大型机械应考虑铺设轨道及安装时间,如塔式起重机、打桩机等。

　　资源需要量计划表的形式多样,施工单位一般都有现成表格可供使用。

表 15.6　机械设备需要量计划

项次	机械名称	数量	型号	月份										备注
				1	2	3	4	5	6	7	8	9	…	

15.2.6　单位工程施工平面图

　　单位工程施工平面图是用以指导单位工程施工的现场平面布置图,它涉及与单位工程有关的空间问题,是施工总平面图的组成部分。单位工程施工平面图设计的主要依据是单位工程的施工方案和施工进度计划,一般按 1∶200～1∶500 的比例绘制。图 15.13 是某教学楼施工平面图。

15.2.6.1　施工平面图的内容

　　单位工程施工平面图应表明以下内容:

　　(1)施工现场内已建和拟建的地上和地面以下的一切建筑物、构筑物以及其他设施。

　　(2)移动式起重机的开行路线、其他垂直运输机械以及其他施工机械的位置,如井架、混凝土搅拌机等。

　　(3)地形等高线、测量放线标志桩位置和有关取舍土的位置。

　　(4)为施工服务的一切临时设施的位置和要求的面积。主要有:

　　①工地内外的运输道路;

　　②各种材料、半成品、构配件以及工艺设备堆放的仓库和场地;

　　③装配式结构构件制作和拼装的地点;

　　④生产、行政管理和生活用的临时建筑,如办公室、工作车间、食堂等;

　　⑤临时供水、供电,排水的各种管线;

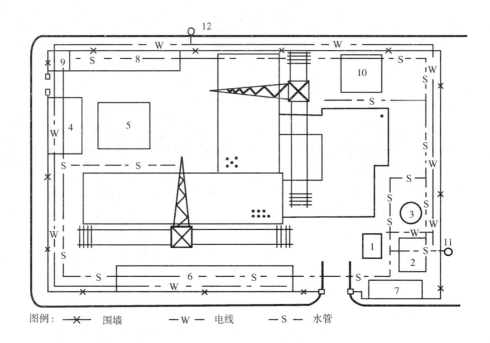

图例：—×— 围墙　—W— 电线　—S— 水管

图 15.13　某教学楼施工平面图

1—混凝土、砂浆搅拌机；2—砂石堆场；3—水泥罐；4—钢筋车间；5—钢筋堆场；6—木工车间；
7—工具房；8—办公室；9—警卫室；10—红砖堆场；11—水源；12—电源

⑥ 一切安全和消防设施的位置，如高压线、消防栓的布置位置等。

施工平面图的这些有关内容，可根据工程规模、施工条件和生产需要适当增减。例如，当现场采用商品混凝土时，混凝土的制备往往在场外进行，这样施工现场的临时堆场就简单多了，但现场的临时道路要求相对高一些。当工程规模较大，各施工阶段或分部工程施工也较复杂时，其施工平面图应根据情况分阶段地进行设计。

15.2.6.2　施工平面图的设计原则

设计单位工程施工平面图应考虑以下主要原则：

（1）在保证施工顺利进行的前提下尽量少占施工用地

少占施工用地除了在解决城市场地拥挤和少占农田方面有重要意义外，对于土木工程施工而言也减少了场内运输工作量和临时水电管网，既便于管理又减少了施工成本。为了减少占用施工场地，常可采取一些技术措施予以解决。例如，合理地计算各种材料现场的储备量，以减少仓库、堆场面积；对于预制构件可采用叠浇方式；尽量采用商品混凝土；采用多层装配式活动房屋作临时建筑等。

（2）在保证工程顺利进行的前提下尽量减少临时设施的用量

为了降低临时工程的施工费用，最有效的办法是尽量利用已有或拟建的房屋和各种管线为施工服务。另外，对必须建造的临时设施，应尽量采用装拆式或临时固定式，布置时不要影响正常施工。临时道路的选择方案应使土方量最小，临时水电系统的选择应使管网线路的长度为最短等。

（3）最大限度地缩短在场内的运输距离，特别是尽可能减少场内二次搬运。

为了缩短运距，各种材料必须按计划分期分批地进场，以充分利用场地。合理安排生产流程、施工机械的位置,材料、半成品等的堆场应尽量布置在使用地点附近。合理地选择运输方式和工地运输道路的铺设,以保证各种建筑材料和其他资源的运距及转运次数为最少,在同等条件下,应优先减少楼面上的水平运输工作。

(4)要符合劳动保护、技术安全、环境保护、消防和文明施工的要求

为了保证施工的顺利进行,要求场内道路畅通,机械设备所用的缆绳、电线,以及排水沟、供水管等不得妨碍场内交通。易燃设施(如木工房、油漆材料仓库等)和有碍人体健康的设施(如熬柏油、化石灰等)应满足消防、安全要求,并布置在空旷和下风处。主要的消防设施(如灭火器等)应布置在易燃场所的显眼处并设有必要的标志。

设计施工平面图必须考虑上述基本原则外,还必须结合施工现场的具体情况,考虑施工总平面图的要求和所采用的施工方法、施工进度,设计多种方案从中择优。进行比较时,一般应考虑施工用地面积、场地利用系数、场内运输量、临时设施面积、临时设施成本、各种管线用量等技术经济指标。

15.2.6.3 施工机械的布置

起重机械布置的位置直接影响搅拌机械、材料堆场、现场道路、水电管线的布置,因此应优先考虑。

1)固定式起重机械

布置固定式垂直运输机械(如井架、桅杆式和定点式塔式起重机等),主要应根据机械的运输能力、建筑物的平面形状、施工段划分情况、最大起升载荷和运输道路等情况来确定。其目的是充分发挥起重机械的工作能力,并使地面和楼面的运输量最小且施工方便。通常,当建筑物各部位高度相同时,布置在施工段界线附近;当建筑物高度不同或平面较复杂时,布置在高低跨分界处或拐角处;当建筑物为点式高层时,采用内爬式塔式起重机布置在建筑物中间(图15.14a)或转角处,这些布置的特点是使各施工段上的楼面水平运输互不干扰且服务范围广。若有可能,可将井架布置在窗间墙处,以避免墙体留槎,减少井架拆除后的修补工作,井架的卷扬机位置不应离井架太近,以便使操作员的视线能综观整个升降过程。

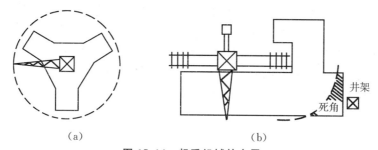

（a）　　　　　　　　　　　（b）

图 15.14　起重机械的布置

（a）固定式起重机械；（b）轨道式起重机械

2)轨道式起重机械

轨道式塔式起重机械,布置时主要取决于建筑物的平面形状、大小和周围场地的具体情况。应尽量使起重机在工作幅度内能将建筑材料和构件直接运到建筑物的任何施工地点,避免出现运输死角。但有时难免会出现局部死角,则可采取其他措施予以解决(图15.14b)。

某些工程为了加快施工进度和充分发挥主要机械的利用率,降低施工成本,在建筑物主要施工阶段(如主体施工阶段)采用塔式起重机,进入装饰施工阶段时则拆除塔式起重机,另再搭

设多台井架来解决此时的垂直运输。

3）其他施工机械的布置

除了垂直运输机械外,主要是布置好混凝土和砂浆搅拌机械的位置。在一般混合结构施工中砂浆的用量较多,连续使用的可能性比混凝土大,因此应首先考虑砂浆搅拌机的布置位置,最好能布置在建筑物中间,出料口在垂直运输机械的工作幅度内。另外还应着重考虑形大、体重及用量较多的材料和构配件,如预制构件和标准砖,这些也应布置在起重机械附近。若两者布置有困难时,因砂浆运输较方便,必要时砂浆搅拌机的布置位置可适当让位。

对于现浇多高层钢筋混凝土结构和单层工业厂房等建筑物施工,由于混凝土用量多而集中,应优先考虑混凝土搅拌机的布置位置。浇筑混凝土基础时,混凝土搅拌机尽可能直接布置在基坑附近,待混凝土浇筑完毕再转移到指定地点进行上部主体施工,以减少混凝土的运输工作量。

搅拌机布置时,应考虑下列因素:

（1）根据施工任务大小,工程特点,选择适用的搅拌机,然后根据总体要求,将搅拌机布置在距使用地点或垂直运输机械较近处;

（2）与垂直运输机械的工作能力相协调,以提高机械的利用率;

（3）搅拌机的位置尽可能布置在场地运输线附近,且与场外运输道路相连,以保证大量的混凝土材料顺利进场。

其他施工机械(如打桩机),则可根据分部工程的要求合理布置。小型施工机械(如钢筋对焊机)布置方便灵活,在此不再赘述。

15.2.6.4 仓库和堆场的布置

1）仓库、堆场的布置要求和方法

仓库和堆场布置总的要求是:尽量要方便施工,运输距离较短;避免二次搬运以求提高生产效率和节约成本。为此,应根据施工阶段、施工位置的标高和使用时间的先后确定布置位置。一般有以下几种布置:

（1）建筑物基础和第一层施工时所用的材料应尽量布置在建筑物的附近,并根据基槽(坑)的深度、宽度和放坡坡度确定堆放地点,与基槽(坑)边缘保持一定的安全距离,以免造成土壁塌方事故。

（2）第二层以上施工用材料、构件等应布置在垂直运输机械附近。

（3）砂、石等大宗材料应布置在搅拌机附近且靠近道路。

（4）当多种材料同时布置时,对大宗的、重量较大的和先期使用的材料,应尽量靠近使用地点或垂直运输机械;少量的、较轻的和后期使用的则可布置在稍远处;对于易受潮、易燃和易损材料则应布置在仓库内。

（5）在同一位置上按不同施工阶段先后可堆放不同的材料。例如,混合结构基础施工阶段,建筑物周围可堆放毛石,而在主体结构施工阶段时可在建筑物四周堆放标准砖。

2）仓库、堆场面积的确定

当材料和构配件仓库、堆场位置初步确定以后,则应根据材料储备量按下式来确定所需面积

$$A = \frac{Q \cdot T_n \cdot K}{T_Q \cdot q \cdot K_1} \qquad (15.6)$$

式中 A——仓库、堆场所需的面积(m^2);

Q——计算时间内材料的总需用量,可根据施工进度计划求得;

T_n——材料在现场的储备天数,应根据该材料的供应、运输和工期需要确定,也可查
表 15.7 作为参考;

K——材料使用不均衡系数,可根据计算或查表 15.7;

T_Q——计算进度内的时间,即该材料的使用时间;

q——该材料单位面积的平均储备量,可查表 15.7 和表 15.8;

K_1——仓库、堆场的面积有效利用系数,可查表 15.7 和表 15.8。

表 15.7 计算仓库面积的有关参考系数

序号	材料及半成品	单位	储备天数 T_n	不均衡系数 K	每 m² 面积储存定额 q	利用系数 K_1	仓库类别	备 注
1	水泥	t	30～60	1.5	1.5～1.9	0.65	封闭式	堆高 10～12 袋
2	砂、石	m³	30	1.4	1.2～2.49	0.70	露天	堆高 2 m
3	块石	m³	15～30	1.5	1.0	0.70	露天	堆高 1.2 m
4	钢筋(直筋)	t	30～50	1.4	2.0～2.4	0.60	露天	堆高 0.5 m
5	钢筋(盘圆)	t	30～50	1.4	0.8～1.2	0.60	库或棚	堆高 1 m
6	型钢	t	30～50	1.4	0.8～1.8	0.60	露天	堆高 0.5 m
7	木材	m³	30～45	1.4	0.7～0.8	0.50	露天	堆高 1 m
8	门窗扇框	m³	30	1.2	2.0～2.8	0.60	露天	堆高 2 m
9	木模板	m³	3～7	1.4	4～5	0.70	露天	堆高 2 m
10	钢模板	m³	3～7	1.4	1.2～2.0	0.70	露天	堆高 1.8 m
11	标准砖	千块	15～30	1.2	0.7～0.8	0.60	露天	堆高 1～2 m

15.2.6.5 现场作业车间和行政生活用房的布置

1)现场作业车间

单位工程现场作业车间主要包括钢筋加工车间、木工车间等,有时还需考虑金属结构加工车间和现场小型预制混凝土构件的场地。这些车间和场地的布置应结合施工对象和施工条件合理进行。车间面积可按下式进行计算

$$A = \frac{Q \cdot K}{T \cdot R \cdot K_1}$$ (15.7)

式中 A——作业车间的面积(m²);

Q——车间加工总量;

K——生产不均衡系数,可查表 15.9;

R——产量指标,可查表 15.9;

T——生产时间,由进度确定;

K_1——场地利用系数,可查表 15.9。

表 15.8 钢筋和钢筋混凝土预制件堆存参数

序　号	构件名称	堆置高度（层）	面积利用系数 K_1	每 m^2 面积堆置定额 q
1	梁类钢筋骨架	3	0.67～0.70	0.05 t
2	板类钢筋骨架	3	0.5	0.04 t
3	屋面板构件	5	0.6	0.23 m^3
4	空心板构件	6	0.6	0.40 m^3
5	大型梁类构件	1～2	0.60～0.70	0.28 m^3
6	小型梁类构件	6	0.60～0.70	0.80 m^3
7	其他类构件	5	0.60～0.70	0.80 m^3

表 15.9 现场作业车间面积参考指标

名称	单位	不均衡系数 K		R	K_1	说明
		年度	季度			
钢筋车间	t	1.5	1.5	0.53～0.37（t/(m^2·月))	0.6～0.7	棚占20%
混凝土预制构件场	m^2	1.3	1.3	屋架、屋面板为0.2,其他为0.5（m^3/(m^2·月))	0.6	露天预制自然养护
粗木车间	m^3	1.5～1.6	1.2～1.3	5～2.0（m^3/(m^2·月))	0.6～0.7	棚占20%（模板）
金属焊接场	t	1.5～1.6	1.2～1.3	0.6～0.7（t/(m^2·月))	0.6～0.7	露天

2）行政管理和生活用房

为了减少临时设施的费用,首先应尽量利用已有的建筑,其次是先建造部分永久性拟建建筑暂供施工时用,如还不够则再考虑建造临时设施。

临时设施的形式与规模,应根据施工现场的实际情况以及施工任务的需要而定,有关参考资料见表 15.10。

表 15.10 行政、生活福利建筑面积参考指标(m^2/人)

项次	临时房屋名称	指标使用方法	参考指标
1	办公室	按使用人数	3～4
2	宿舍(单层床)	按使用人数	3.5～4
3	食　堂	按高峰季平均人数	0.5～0.8
4	医务室	按高峰季平均人数	0.05～0.07
5	浴室、理发	按高峰季平均人数	0.08～0.1

15.2.6.6 工地临时供水

建造一个单位工程,需要考虑施工现场的生产用水和生活用水。对于一些城市建筑如离原有消防供水系统较近,则可不考虑消防用水,否则也应考虑。

工程施工临时用水应尽量利用拟建工程的永久性供水系统,在进行施工准备时,应先修筑该供水系统,至少将干线水管修筑到施工现场的入口处。对于改建、扩建工程则应利用原供水系统。

工程施工用水应注意水源的水质情况,一般可饮用的水都能满足要求,其他水源应检查水质后方能应用。直接利用自来水时要注意干线水管的直径和水压,要确保工程用水量。如建筑物高大时,还需设增压设备,必要时还应考虑吸水和储水设备。

1)用水量的计算

(1)生产用水

$$q_1 = \frac{1.1 \sum Q_1 \cdot N_1 \cdot K_1}{8 \times 3\,600 T_1 \cdot b} \tag{15.8}$$

式中　q_1——生产用水量(L/s);

　　　Q_1——计算期间(年、季、月)内的实物工程量,可由施工进度计划和主要工种的工程量求得;

　　　N_1——各工种工程的施工用水定额,可查表 15.11;

　　　K_1——每班用水不均衡系数,一般取 1.5 或由计算所得;

　　　T_1——与 Q_1 相对应的工作时间(年、季、月);

　　　b——每天的工作班数;

　　　1.1——未考虑到的用水量的修正系数。

表 15.11　施工用水参考定额 N_1

项次	用 水 对 象	单位	耗水量(L)
1	浇筑混凝土全部用水	m³	1 700~2 400
2	砌筑工程全部用水	m³	150~250
3	粉刷工程全部用水	m²	30
4	搅拌砂浆	m³	300
5	人工洗砂、石	m³	1 000
6	浇砖	千块	200~250
7	自然养护混凝土	m³	200~400

(2)施工机械用水

$$q_2 = \frac{1.1 \sum Q_2 \cdot N_2 \cdot K_2}{8 \times 3\,600} \tag{15.9}$$

式中　q_2——施工机械用水量(L/s);

　　　Q_2——同种机械台数,多种机械时应分别计算(台);

　　　N_2——机械的台班用水定额,可查表 15.12;

　　　K_2——机械用水不均衡系数,运输机械 $K_2=2$,动力设备 $K_2=1.05 \sim 1.10$。

（3）施工现场生活用水

$$q_3 = \frac{1.1R \cdot N_3 \cdot K_3}{8 \times 3\,600} \qquad (15.10)$$

式中　q_3——施工现场生活用水量（L/s）；

　　　R——施工现场的高峰人数；

　　　N_3——施工现场每人每天的各种用水定额，应视当地气候来定，或查表 15.13；

　　　K_3——现场生活用水不均衡系数，常取 $K_3 = 1.3 \sim 1.5$。

表 15.12　机械用水参考定额 N_2

项次	机　械　名　称	单　位	耗水量（L）	说　明
1	内燃挖土机	$m^3 \cdot$ 台班	$200 \sim 300$	以斗容量 m^3 计
2	内燃起重机	$t \cdot$ 台班	$15 \sim 18$	以起重量 t 计
3	空气压缩机	$(m^3/min) \cdot$ 台班	$40 \sim 80$	以压缩空气（m^3/min）计
4	蒸汽打桩机	$t \cdot$ 台班	$1\,000 \sim 1\,200$	以锤重 t 计
5	内燃压路机	$t \cdot$ 台班	$12 \sim 15$	以压路机 t 计
6	汽车	台 $\cdot$ 昼夜	$400 \sim 700$	

表 15.13　生活用水参考定额 N_3

序　号	用　水　名　称	耗水量（L/人·日）
1	全部生活用水	$100 \sim 120$
2	盥洗、饮用	$25 \sim 30$
3	淋　浴	50（按出勤人数的 30% 计）
4	食　堂	$15 \sim 20$

（4）总用水量

当不考虑消防用水时

$$Q = q_1 + q_2 + q_3 \qquad (15.11)$$

式中　Q——单位工程施工总用水量（L/s）。

当考虑消防用水时

$$Q = \max\{q_1 + q_2 + q_3 ; q_4\} \qquad (15.12)$$

式中　q_4——消防用水量（L/s），常取 $q_4 = 10 \sim 15$ L/s。

2）配水管网的布置

布置临时供水管网时要满足各施工地点的最大用水量并满足消防安全规定，同时设法使供水管的长度最短，各段管网应具有移动供水的可能性。

管网布置一般有下列三种形式：

（1）环状布置

环状布置的管网呈环形封闭形式。其优点是供水的保证率高,当管网某处发生故障时仍可由其他支线供水。缺点是管线较长,管材消耗大(图 15.15a)。

（2）枝状布置

枝状布置是由干线和支线两部分组成(图 15.15b),其优缺点正好与环状布置相反,即管线短,造价低,但供水可靠性较差。

（3）混合布置

混合布置是在主要用水点(混凝土搅拌处)采用环状布置,其他用水点采用枝状布置。是环形和枝状的混合布置,故兼有这两种布置的优点,在较大的施工现场常采用这种布置形式(图 15.15c)。

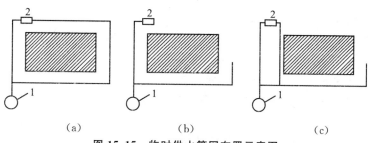

图 15.15　临时供水管网布置示意图
1—水源;2—混凝土搅拌站
(a) 环状布置;(b) 枝状布置;(c) 混合布置

供水管网如考虑消防时,应按消防要求布置室外消防栓。根据规定消防栓应沿道路布置,间距不应超过 120 m,距房屋外墙一般不小于 5 m,距道路不应大于 4 m。工地消防栓均需设有明显标志,消防栓 2 m 以内不准堆放他物。室外消防栓管道的直径不得小于 100 mm。

临时供水管的铺设最好采用暗管法,即埋置在地表以下,防止机械行走时压坏水管。明管部分应考虑防寒保温措施以防冻裂。临时管线不要布置在拟建的永久性建筑或室外管沟处,以免这些项目开工时切断水源而影响施工。

施工用的水龙头位置是根据用水地点来考虑的,一般混合结构和单层工业厂房用水点可按混凝土或砂浆制备处、浇砖处以及室内装饰用水来进行布置。除专用水龙头外,其他水龙头应布置在靠近建筑物四周,既可供室外施工用水,又可用橡皮管引入室内使用和混凝土构件养护浇水用。

3）供水管径计算

供水管径按下式计算

$$D = \sqrt{\frac{4\ 000\ Q}{\pi v}} \tag{15.13}$$

式中　D——供水管直径(m);

　　　Q——用水量(L/s);

　　　v——管网内的水流速度(m/s),可查表 15.14。

表 15.14　临时管网水流速度 v

序　号	管　径(m)	流速　(m/s)	
		正常时间	消防时间
1	支管 D<0.3	2	—
2	生产、消防管道 D=0.1~0.3	1.2	>3.0
3	生产、消防管道 D>0.3	1.5~1.7	2.5
4	生产用水管道	1.5~2.5	3.0

15.2.6.7　工地临时供电

在土木工程施工中随着机械化程度的不断提高,用电量将不断增多。因此必须正确地确定电能的需要量,合理地选择电源和电网供电系统。

工地临时供电的准备工作主要有:确定用电地点和用电量,选择电源,确定供电系统的形式和变电站的功率、数量,决定导线截面和线路布置等。

1) 计算用电量

工地用电应保证施工中动力设备和照明用电的需要。计算用电量时应考虑全工地所使用的起重设备、电焊机、其他电气工具和照明设备的数量,整个施工过程中同时用电设备和最多数量,内外照明的用电情况。总用电量按下式计算:

$$P=1.05\sim1.10(K_1\frac{\sum P_1}{\cos\varphi}+K_2\sum P_2+K_3\sum P_3+K_4\sum P_4) \qquad (15.14)$$

式中　P——供电设备总需要容量(kVA);

　　　P_1——电动机额定功率(kW);

　　　P_2——电焊机额定容量(kVA);

　　　P_3——室内照明容量(kW);

　　　P_4——室外照明容量(kW);

　　　$\cos\varphi$——电动机的平均功率因数(在施工现场最高为 0.75~0.78,一般为 0.65~

　　　　　　　0.75);

　　　K_1,K_2,K_3,K_4——需要系数,查表 15.15。

2) 电源选择

工地临时用电电源通常有以下几种情况:

(1) 完全由工地附近的供电系统供给;

(2) 工地附近的供电系统只能提供一部分,工地需另设临时发电设备以补不足;

(3) 工地位于新开辟的地区,还未建立永久性的供电系统,电力完全由临时电站供给。

表 15.15　需要系数

用电名称	数　量	需要系数				备　注
		K_1	K_2	K_3	K_4	
电动机	3～10 台 11～30 台 11～30 台	0.7 0.6 0.5				如施工需要电热时,将其用电量计算进去。式中各动力照明用电应根据不同工作性质分类计算
加工厂动力设备		0.5				
电焊机	3～10 台 10 台以上		0.6 0.5			
室内照明				0.8		
主要道路照明 警卫照明 场地照明					1.0 1.0 1.0	

至于采用哪种方案,应根据当时当地的实际情况,以及建筑工程、设备安装的进度等因素综合比较后确定。将附近的高压电通过设在工地的临时变电站引入工地是最经济的方案,但事先应向当地供电部门申请批准。

变压器的功率按下式进行计算

$$P = K \frac{\sum P_{\max}}{\cos \varphi} \tag{15.15}$$

式中　P——变压器的功率(kVA);

　　　K——功率损失系数,常取 1.05;

　　　$\sum P_{\max}$——工地最大计算负荷(kW);

　　　$\cos\varphi$——功率因数,同式(15.14)。

3)布置配电线路和确定导线截面

配电线路的布置可分环状、枝状和混合式三种,应根据工程量大小和工地实际使用情况选择确定。一般 3～10 kV 的高压线采用环状布置;380 V 及 220 V 的低压线路采用枝状布置。

导线截面的选择应考虑以下三方面要求:

(1)机械强度

导线必须保证不致因一般机械损伤而折断。在各种敷设方式下,导线必须满足机械强度要求的最小截面。如室外架空导线,当电杆距离为 25～40 m 时,在低压供电线路上其允许的最小导线截面积:裸铜线为 6 mm²;绝缘铜线为 4 mm²;裸铝线为 16 mm²;绝缘铝线为 10 mm²,其他可参考有关手册。

(2)允许电流

导线必须能承受负载电流长时间通过所引起的升温。

三相四线制线路上的电流可按下式计算:

$$I = \frac{K \cdot P}{\sqrt{3}V \cdot \cos\varphi} \qquad (15.16)$$

二线制线路上的电流可按下式计算：

$$I = \frac{P}{V \cdot \cos\varphi} \qquad (15.17)$$

式中　I——线路上的电流值(A)；

P——功率(W)；

V——线路上的电压(V)；

K, $\cos\varphi$——符号意义同前。

制造厂根据导线的容许温升制定了各类导线在不同敷设条件下的持续容许电流值,选择导线时,导线中通过的电流不允许超过该值。

（3）容许电压降

导线上引起的电压降必须限制在一定的限度之内。配电导线截面可用下式计算：

$$S = \frac{\sum P \cdot L}{C \cdot \varepsilon}\% \qquad (15.18)$$

式中　S——配电导线截面积(mm^2)；

P——负载的电功率或线路输送的电功率(kW)；

L——送电线路的输送距离(m)；

C——系数,视导线材料、送电电压及配电方式而定,在三相四线制额定电压为 380/220V 输电线路上,铜线为 77,铝线为 46.3;三相三线制时铜线为 34,铝线为 20.5,其他可参考有关手册；

ε——容许的相对电压降(即线路的电压损失,%),照明线路中允许电压降为 2.5%～ 5.0%;电动机电压降不得超过±5%;临时供电可降低到 8%。

按以上三项要求择其截面最大者为准。通常当供电线路较长(如道路)时往往以导线允许电压降为主选择导线截面;当线路负荷较大(结构安装工程)、线路较短,则往往以允许电流为主选择导线截面;在最小负荷的架空线路上往往以机械强度为主确定。无论以哪种要求为主选择导线截面后,都应对另两个要求进行复核。

15.3　施工组织总设计

15.3.1　施工组织总设计的编制依据和内容

15.3.1.1　施工组织总设计的编制依据

编制施工组织总设计一般需要以下主要依据。

（1）计划文件

计划文件一般有国家批准的基本建设计划的文件,工程项目一览表,分期分批投产期限的要求,投资指标和工程所需设备材料的订货指标;建设地点所在地区主管部门的批件,施工单位主管上级下达的施工任务书等。

（2）设计文件

设计文件包括批准的初步设计（或扩大初步设计），设计说明，总概算和已批准的计划任务书等。

（3）施工条件

施工中可能配备的主要施工机械和机具装备，劳动力队伍，主要建筑材料的供应概况，有关建设地区的自然条件和技术经济条件等资料。如有关气候、地质、水文、地理环境、地方资源供应和有关运输能力等。

（4）上级有关部门的要求

上级部门一般有对建设工程施工工期的要求，资金使用要求，环境保护，对推广应用新结构、新材料、新技术、新工艺的要求及有关的技术经济指标。

（5）国家及有关部门的规定

该部分主要包括国家现行的施工验收规范和标准，概算指标，扩大结构定额，万元指标，工期定额，合同协议及施工企业积累的同类型建筑的统计资料和数据。当为引进工程时，还需收集设计规定的有关资料和验收规范等。

15.3.1.2 施工组织总设计的编制内容

1）建设工程概况

工程概况是对建设项目所做的总说明、总分析，一般包括以下内容：

（1）工程特点。简要说明工程项目名称和用途，建设地点，建设规模，总期限，分期分批投入使用的工程项目和施工期，工程占地面积，建筑面积，主要项目工程量，设备安装量，总投资，资金来源和投资使用要求，工厂区和生活区的工作量，建筑结构类型，施工技术的复杂程度和有关的新技术、新结构等。

（2）建设地区的自然条件和技术经济条件。

（3）有关部门对施工企业的要求，企业的施工资质要求、技术和管理水平，机械设备的装备水平等。

2）施工部署及主要工程项目的施工方案

施工部署和施工方案分别是施工组织总设计和单位工程施工组织设计的核心。

（1）施工部署是用简洁的文字，完整地阐述完成整个建设项目的总体设想，针对关系施工全局的关键问题做出决策，拟定指导组织全局施工的战略规划，目的是用具体的技术方案说明施工决策的可行性。其重点是根据有关要求确定分期分批施工项目的开工顺序和竣工期限，规划各项施工准备工作，组织施工力量，明确参加施工的各单位的任务和要求，规划为全工地服务的临时设施等。

（2）施工方案是针对单个建设工程的战略安排，对主要的建设项目，仅需对关键工程提出施工技术和特殊要求，以及对全局施工有影响的有关问题，并做出原则考虑，提出指导性的防治和解决措施，并为此提供技术上和组织上的保障措施。详细、具体的施工方案，则应待编制单位工程施工组织设计时再进一步具体落实。

3）施工总进度计划

施工总进度计划是根据施工部署中所决定的各工程项目的开工顺序、施工时间和施工方案等，确定各主要项目的施工期限和相互间平行搭接施工的时间，用进度表的形式来表达并用以控制施工的实际进度。

4）各项资源需要量计划

按照施工准备工作计划、施工总进度的要求和主要分部分项工程进度套用概算指标或施工经验等有关资料，编制出下列资源需要量计划：

（1）劳动力需要量计划表；

（2）主要材料和预制加工件需要量计划；

（3）主要施工机械和器具设备的需要量计划。

5）施工总平面图

施工总平面图是按照施工部署和施工总进度计划的要求，将各项永久的和临时的生产、生活设施进行周密规划而设计绘制的平面图，作为指导施工、进行现场管理的依据。

对于大型建设项目，由于施工周期较长则应按施工现场的变化，规划出不同施工时期的施工平面图。

6）技术经济指标

技术经济指标通常用以评价上述各项设计的技术经济效果，并作为今后进行考核的依据。一般有施工周期，全员和工人劳动生产率，非生产人员比例，劳动力不均衡系数，场地利用率，临时设施费用比和机械化程度等。

15.3.2 拟定施工部署

施工部署需根据拟建项目的规模、性质和实际条件等分别拟定，一般宜对下列问题应进行详细的研究、分析和落实。

15.3.2.1 确定项目的开展顺序

1）主体工程系统施工顺序

对于新建的大型工业企业来说，根据项目生产工艺的流程，分为主体生产、辅助生产和附属生产等系统。在拟定施工部署时，应合理确定每期工程施工项目的组成，保证主要产品能提早投产而建设费用最小，时间最短。根据此要求，在确定分期分批施工的工程项目时，应考虑以下几个问题：

（1）各期施工项目必须满足生产流程要求，在工艺上应是配套的、完整的、合理的。

（2）必须使有关生产流程的生产规模相互协调，在建设进度上也基本一致。

（3）在确定分期分批建设的工程项目时，应避免投产后生产与施工间的相互干扰。即避免前期项目的生产给后续工程的施工造成不便，或者后续工程的施工给前期项目的生产带来困难。

（4）应使每个工程竣工投产后有一个运转调试和试生产的时间，有为下一工序生产配料的时间，此外还需考虑设备到货及安装的时间。因此，在安排建设工程施工顺序时，在时间上应留有适当的余地。

2）辅助和附属工程系统的施工顺序

一个大型工程项目除主体工程系统外，还有许多为整个企业服务的机修、电修系统，动力供应系统，运输系统，控制系统等辅助工程系统。还有为生产过程中综合利用余热、废料等附属产品的附属工程系统。因此，在安排这些项目的施工顺序时，应优先安排那些能为施工服务的房屋、生产车间工程，以及其他水、电、动力设施和道路工程，这对于节约临时设施的投资具有积极的意义。

辅助和附属工程系统施工顺序的安排应与主体生产系统相适应，保证各生产系统按计划投入生产。

15.3.2.2 施工任务的划分和组织安排

建设顺序的规划，必须明确划分参与此建设项目的各施工单位和各职能部门的任务，确定总承包与分包的相互配合，划分施工阶段，明确各单位分期分批的主要施工项目和配套工程项目，并作出具体明确的决定。

15.3.2.3 现场施工准备工作计划

在建设工程的范围内做好“四通一平”，这是现场施工准备工作中的重要内容之一，也是搞好施工所必须具备的基本条件。此外，尚须按照总平面图做好现场测量控制网。在充分掌握地区基本情况和施工单位实际情况的基础上，尽可能利用本系统、本地区的永久性工厂、基地、道路等为施工服务，然后按施工需要做出临时设施项目、数量的规划。

15.3.2.4 主要项目施工方案的拟订

拟订主要项目的施工方案和一些重要的、特殊工程的施工方案，其目的是为了组织和调集施工力量，进行技术和资源上的准备，同时也为了施工的顺序开展和现场的合理布置。其内容应包括工程量清单，施工工艺流程，施工组织和专业工种的配合要求，施工机械设备的选择等。其中较为重要的是做好机械化施工的组织和机械的选型，使主导施工机械能发挥最大的效率。

15.3.3 施工总进度计划

施工总进度计划是施工组织总设计的核心内容之一，以后均以此来协调各项目的施工时间，组织协调各种生产资源进场时间和数量等。编制时可根据施工部署中分期分批的施工顺序，将每一个工程项目按施工时间分别列出，必要时还需作适当的调整。如果建设项目规模不大也可直接列出。

15.3.3.1 施工总进度计划的编制

施工总进度计划是以表格的形式表示，目前表格形式并不统一，一般可根据各单位的实际需要而定。图 15.16 是常用的表格形式。

施 工 总 进 度 计 划 表

项次	工程名称	建筑面积(m^2)	结构形式	总劳动量(工日)	工作日	施工进度(季)														
						××年				××年				××年						
						1	2	3	4	1	2	3	4	1	2	3	4			
1	炼钢车间																			
2	连铸车间																			
⋮	⋮																			
4	公共建筑																			
5	民用建筑																			
⋮	⋮																			

图 15.16 施工总进度计划

1）列出工程项目

总进度计划主要起控制工期的作用,其项目不宜列得过细。列项应根据施工部署中分期分批开工的顺序进行,突出每一个系统的主要工程项目,分别列入工程名称栏内,一些附属建筑可与其合并。

2）计算拟建工程项目及全工地性工程的工程量

根据批准的建设项目一览表,按工程分类计算各单位工程的主要工种工程的工程量,目的是为选择施工方案,选择施工和运输机械提供依据,同时也为确定主要施工过程的劳动力、技术物资和施工时间提供依据。

工程量只需粗略计算,一般可根据初步设计(或扩大初步设计)图纸并套用万元定额、概算指标或扩大结构定额,也可按标准设计或已建房屋、构筑物资料来估算出工程量及各项物资的消耗。按上述方法算出的工程量填入汇总表内,计算出相应的劳动量并将其进行综合,分别填入总进度计划表中相应的栏目内。

除建筑物外,还必须计算主要的全工地性临时工程的工程量,例如铁路与道路、水电管线等,其长度可以在建筑总平面图上量得。

3）确定各单位工程(构筑物)的施工期限

各单位工程的工期应根据工程量及现场具体条件进行综合考虑后予以确定。也可参考有关工期定额来确定。

4）确定各单位工程(构筑物)开竣工时间的相互搭接的关系

在施工部署中已确定总的施工顺序和控制期限,但对每一工程项目何时开始,何时竣工及各工程项目工期之间的搭接关系还未予以考虑,这也需要在施工总进度计划中进一步明确。通常应考虑下列几方面因素:

(1) 同一时期开工的项目不宜太多,以免人力、物力的分散;

(2) 在确定每个施工项目的开、竣工的时间上,应充分估计设计图纸,以及材料、构件、设备的到货情况;

(3) 尽量使劳动力和技术物资在全工程施工过程中均衡消耗,避免资源负荷出现高峰,减轻劳动力调度的困难;

(4) 确定一些调剂工程,用以调节主要项目施工进度,既保证重点又能实现均衡施工。

通过以上考虑,用网络图或横道图的形式将施工进度表达出来。

15.3.3.2　施工准备工作计划的编制

按照施工部署中的施工准备工作规划的项目、施工方案的要求和进度计划的安排,编制全工地性的施工准备工作计划,将施工准备期内的工作进行具体安排和逐一落实。施工准备工作计划常以表格形式表示。

15.3.4　劳动力和主要技术物资需要量计划的编制

劳动力和主要技术物资需要量计划是按工程量汇总表所列各工程项目分工种的工程量,套用万元定额或概算指标等有关资料算出劳动力、主要材料、预制加工件的需要量,然后再根据总进度计划,大致估算出劳动力、主要材料等在某段时间(月、季)内的需要量,填入相应的各种表格中。各种需要量计划可作为材料供应、规划临时设施、组织劳动力进场和调集施工机具的依据。

15.3.5 施工总平面图

15.3.5.1 设计施工总平面图的依据

（1）建筑总平面图。它是作为正确决定临时建筑和临时道路位置，以及解决工地排水问题的依据。

（2）与建设有关的一切已建和拟建的地下管道、构筑物的位置。

（3）总进度计划及主要工程项目的施工方案。

（4）各种建筑材料、半成品的供应情况及运输方式。

（5）构件、半成品及主要建筑材料的需要量计划。

（6）各加工厂的规模。

（7）水源、电源及建设区域的设计资料等。

15.3.5.2 设计施工总平面图应遵循的原则

（1）在保证施工顺利进行的前提下尽量少占施工用地并应保护自然环境。

（2）一切临时性建筑设施尽量不占用拟建工程项目和设施的位置，以避免拆迁。

（3）在满足运输要求的条件下，现场运输成本应最少。

（4）在满足施工需要的条件下，临时工程的费用应最少。

（5）施工现场各项设施应有利于生产，方便生活，使施工人员路途往返损失时间最少。

（6）遵循劳动保护、环境保护、技术安全以及防火规划，文明施工，各临时设施之间应保持一定的距离。

15.3.5.3 设计施工总平面图应考虑的内容

施工总平面图需考虑的内容很多，但总的来说是将施工部署进一步具体化，并用图的形式表达出来。施工总平面图一般应考虑下列主要内容：

（1）运输线路的位置，包括铁路、公路，当利用水路时还需考虑码头和转运线路。

（2）确定仓库及加工厂的面积和位置，如木材加工厂，钢筋加工厂，混凝土预制厂等。

（3）临时房屋的布置，包括行政管理用房、辅助生产用房、居住用房、生活福利用房等。其房屋的大小取决于施工现场的人数。

（4）规划施工用水，包括生产用水量、施工机械用水量、生活用水量和消防用水量。根据用水总量和现场具体条件选择水源，确定水管和布置管网。

（5）规划施工用电，包括选择供电方式，布置供电线路，必要时应设置自发电设备。

（6）确定取土、弃土和临时堆土的位置。

图 15.17 为某群体工程施工总平面图。

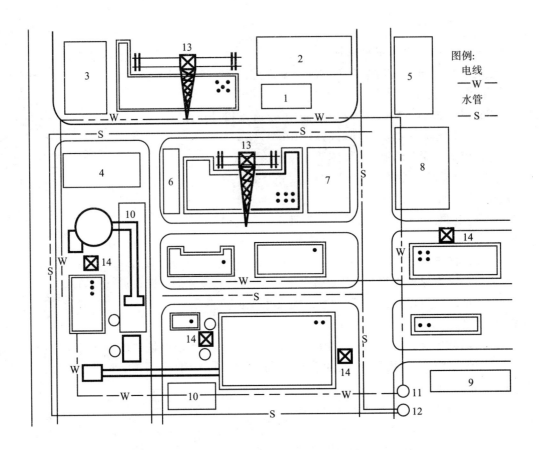

图 15.17　某群体工程施工总平面图

1—混凝土、砂浆搅拌站；2—砂石堆场；3—钢筋车间；4—钢筋堆场；5—构件堆场；6—脚手料堆场；
7—木工车间及模板堆场；8—工地办公室；9—食堂；10—标准砖堆场；11—电源；12—水源；13—塔吊；14—井架

附录　习题与思考题

2　土方工程

[2.1]　简述土方工程施工特点和土方工程施工工艺流程。

[2.2]　什么是土的可松性？如何表示土的可松性程度？土的可松性对土方施工有何影响？

[2.3]　试述按挖、填土方量平衡法确定场地设计标高的步骤。确定场地设计标高时应考虑哪些因素？场地设计标高为什么要进行调整？如何调整？

[2.4]　简述用"方格网法"计算场地平整土方量的步骤与方法。

[2.5]　土方调配的基本原则有哪些？简述土方调配的一般方法。

[2.6]　什么是土的渗透性及渗透系数？渗透系数与降水方法的选择有何关系？各种降水方法的适用范围？

[2.7]　简述集水坑降水法的施工要点及水泵的选择。

[2.8]　什么是流砂现象？流砂产生的原因是什么？何种地基易发生流砂现象？如何防治流砂？

[2.9]　如何进行轻型井点的平面布置和高程布置？轻型井点系统的涌水量、井点管数量如何确定？

[2.10]　水井有哪几种类型？如何确定？

[2.11]　简述管井井点、喷射井点和轻型井点的安装方法和使用要点。

[2.12]　简述基坑开挖与降水对邻近建筑物的危害及应采取的措施。

[2.13]　什么是土方边坡系数 m？影响其大小的因素有哪些？土方边坡失稳(塌方)的原因有哪些？

[2.14]　常用的土壁支护结构有哪几种？简述各种土壁支护结构的适用范围、特点及其构造要点。

[2.15]　单锚板桩事故原因主要有哪几种？何谓单锚板桩涉及的三要素？

[2.16]　简述深层搅拌桩的施工工艺,如何保证施工质量？

[2.17]　简述土层锚杆的类型、构造及施工要点。

[2.18]　常用土方机械的类型、工作特点、适用范围？

[2.19]　土方回填时对土料的选择有何要求？填土压实方法有哪几种？各有什么要求？

[2.20]　什么叫土的最优含水量？影响填土压实质量的主要因素有哪些？如何检查填土压实的质量？

[2.21]　某场地平整,方格网的方格边长为 20 m×20 m,泄水坡度 $i_x=i_y=0.2\%$,不考虑土的可松性和边坡的影响。

试求(计算结果保留两位小数):

(1) 确定各方格顶点的设计标高;

(2) 计算各方格顶点的施工高度,并标出零线;

(3) 计算各方格的土方量。

[2.22]　某建筑场地方格网的方格边长为 20 m×20 m,泄水坡度 $i_x=i_y=0.3\%$,不考虑土的可松性和边坡的影响。试按挖填平衡的原则计算挖、填土方量(保留两位小数)。

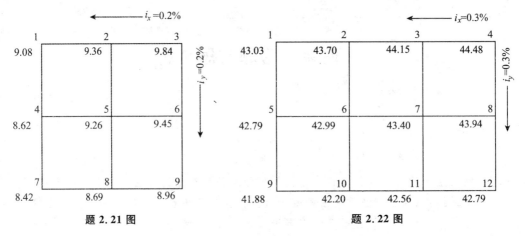

题 2.21 图　　　　　　　　　题 2.22 图

[2.23] 某工程地下室的平面尺寸为 54 m×18 m,基础底面标高为-5.20 m,天然地面标高为-0.3 m,地面至-3.00 m 为杂填土,-3.00~-9.50 m 为粉砂层(渗透系数 K=4 m/d),-9.50 m 以下为黏土层(不透水),地下水位离地表面 1.70 m,场地条件为北侧、东侧靠近道路,路边有下水道,西侧有原有房屋,南侧设有混凝土搅拌站。

　　　地下室开挖施工方案为:采用轻型井点降水,液压反铲挖土机挖土,自卸汽车运土。坑底尺寸因支模需要,每边宜放出 1.0 m,基坑边坡坡度由于采用轻型井点,可适当陡些,采用 1:0.5。

　　　工地现有井点设备:滤管直径 50 mm,长度 1.20 m;井点管直径 50 mm,长度 6.0 m;总管直径 100 mm,每段长度 4.0 m(每 0.8 m 有一接口);W_5 真空泵机组,每套配备二台 3BA—9 离心泵(水泵流量 30 m³/h)。

试求:(1)轻型井点的平面布置与高程布置;

　　　(2)轻型井点计算(涌水量、井点管数量与间距、水泵流量)。

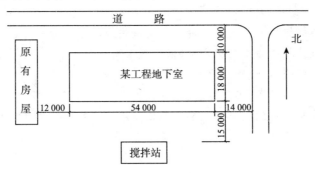

题 2.23 图

[2.24] 某水厂新建一座大型双层叠合式矩形预应力混凝土水池,其底面尺寸为 36 m×133 m,开挖深度为地表下 4.0 m,基坑边坡坡度为 1:1。工程水文地质资料为:地表下 1.5 m 内为填土层,向下为细砂土(厚 13~15 m),施工期间地下水位在地表下 1.0 m,土的渗透系数 K=5 m/d。四周较为空旷,现有井点设备同 2.23 题。

试求:(1)拟定轻型井点降水方案;

　　　(2)计算涌水量及所需井点管数量和间距,绘制布置图;

　　　(3)抽水设备的选择与计算。

3 桩基础工程

[3.1] 混凝土桩叠层预制时应注意哪些问题？最多可以叠制几层？

[3.2] 预制桩的混凝土强度达多少时可以起吊？达多少时可以运输和打桩？

[3.3] 如何确定预制桩的吊点位置？常见的吊点设置位置如何？

[3.4] 打桩为什么要有一定的顺序？哪几种打桩顺序较合理？

[3.5] 打桩过程中应注意检查哪些主要问题？为什么打桩宜采用"重锤低击"？

[3.6] 对打桩质量有哪些要求？何谓最后贯入度？如何判断打下的桩是否符合设计要求？

[3.7] 试述振动锤沉桩的工作原理。

[3.8] 简述静力压桩的特点、施工工艺程序及注意事项。

[3.9] 简述预制桩接长的方式及施工要点。

[3.10] 灌注桩有哪几种成桩方式？在确定灌注桩成孔顺序时应注意哪些问题？

[3.11] 泥浆护壁成孔灌注桩施工中,有哪些成孔机械？泥浆有何作用？不同土质对护壁泥浆有何不同要求？

[3.12] 简述泥浆护壁成孔灌注桩施工中,常遇问题的原因和处理方法。

[3.13] 试述人工挖孔桩的工艺流程？简述人工挖孔桩施工的质量要求。

[3.14] 如何进行沉管灌注桩的复打法施工？反插法施工主要解决桩的什么事故？

[3.15] 试述沉管灌注桩施工中常遇到哪些问题？应如何进行处理和预防？

[3.16] 简述爆扩灌注桩的成孔方法？试述施工工艺过程。

4 模板工程

[4.1] 模板工程由哪些部分组成？各部分的作用是什么？木模板、钢模板、铝合金模板、胶合板模板各有何特点？模板必须符合哪些基本要求？

[4.2] 简述竖向构件如柱和墙,水平构件如梁和板的基本构件的模板构造,试画出柱和墙,梁和板的模板安装图。

[4.3] 模板工程设计时,应考虑哪些荷载？其取值为多少？荷载如何进行组合？设计荷载如何取值？

[4.4] 影响新浇混凝土侧压力的主要因素是什么？试写出新浇混凝土侧压力的计算公式,简述如何绘出侧压力分布图。

[4.5] 混凝土浇筑后,何时才能拆除混凝土构件的模板？

[4.6] 简述施工竖向构件的大模板、滑升模板和爬升模板,施工水平构件的台模和早拆模板等模板体系的构造、工艺原理及流程、应用特点,并对模板体系与普通散拼模板作优缺点比较。

[4.7] 简述梁、板、墙、柱的模板工程设计计算要点。

[4.8] 某多层现浇板柱结构的柱网尺寸为 5.4 m×5.4 m,每一楼层高度为 3.5 m,柱子的截面尺寸为 500 mm×500 mm,楼板厚度为 150 mm。

(1) 柱子采用厚度为 18 mm 的木胶合板模板,浇筑速度为 1.5 m/h,混凝土温度为 10 ℃,用插入式振动器捣实,混凝土坍落度 150 mm。
试求混凝土侧压力与柱箍间距,并绘制侧压力分布与柱箍布置图。

(2) 楼板模板采用厚度为 18 mm 的木胶合板，支架为盘扣式钢管脚手架搭设的排架；
胶合板面板下小木楞（搁栅）的尺寸为 40 mm×90 mm，间距为 200 mm；小木楞
下面大木楞（纵梁）由排架立杆上的可调托座支承，排架立杆的宽度为 900 mm，间
距为 1 500 mm。

试验算小木楞的承载力及挠度是否满足要求（$\frac{1}{250}$）；并求大木楞的横截面尺寸。

（东北落叶松的木材抗弯设计强度 f_w＝18 MPa，顺纹抗剪设计强度 f_v＝
1.6 MPa，弹性模量 E＝10 000 MPa，木材重度 6～8 kN/m³）。

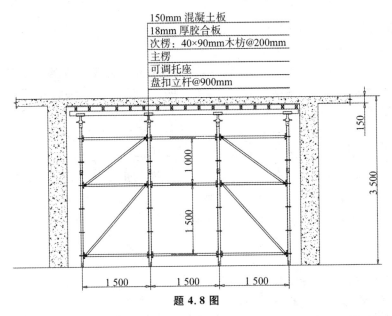

题 4.8 图

[4.9] 某现浇混凝土框架大梁，梁截面尺寸为 400 mm×1 000 mm，模板采用组合钢模板，支
撑系统采用扣件式钢管支架，大梁的截面尺寸及支模方法见题 4.9 图。
试作模板支架的有关验算。

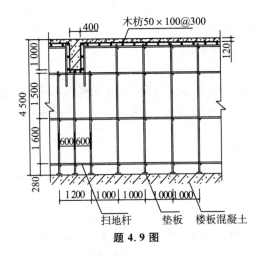

题 4.9 图

5 钢筋工程

[5.1] 钢筋进场如何做检验？准备钢筋时,如何进行翻样和配料计算？

[5.2] 钢筋强度代换有哪些原则和方法？

[5.3] 钢筋的连接方法有哪些？各自的适用对象如何？

[5.5] 什么叫钢筋的可焊性？

[5.6] 钢筋闪光对焊的原理是什么？有哪些基本方法？其适用对象是什么？闪光对焊有哪些参数？各表示什么意义？

[5.7] 钢筋电弧焊有哪些方法？各适用对象如何？

[5.8] 钢筋电渣压力焊和气压焊的原理是什么？其工艺过程如何？各适用对象如何？

[5.9] 钢筋套筒冷压连接和直螺纹套筒连接的原理是什么？与焊接连接相比有何优缺点？各自的适用对象如何？

[5.10] 装配式混凝土结构中,钢筋浆锚连接形式有哪些,其连接原理是什么？各自适用对象如何？

[5.11] 钢筋连接的各种接头应如何进行质量验收评定？

[5.12] 题 5.12 为一钢筋混凝土梁配筋图。试编制 5 根梁的钢筋配料单,混凝土保护层厚度为 25 mm,其中 3 号钢筋的弯起角度为 45°,各钢筋的线重量:$\phi 10(0.617 \text{ kg/m})$；$\Phi 12(0.888 \text{ kg/m})$；$\Phi 25(3.853 \text{ kg/m})$。

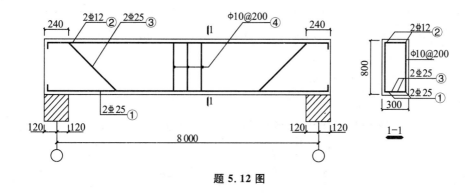

题 5.12 图

6 混凝土工程

[6.1] 混凝土制备时,如何确定施工配置强度？对施工配料的计量有何要求？

[6.2] 试述两种混凝土搅拌机的搅拌原理、适用范围。

[6.3] 为什么混凝土搅拌时间太长或太短都不好？混凝土的最短搅拌时间与哪些因素有关？

[6.4] 混凝土经现场运输后,应满足哪些基本要求？如何保证现浇混凝土的整体性？

[6.5] 什么是施工缝？留设施工缝的原则是什么？对于各种构件(梁、板、柱等)的施工缝应留在何处？施工缝如何处理？

[6.6] 混凝土振实的原理是什么？振捣时间为什么不能太短或太长？什么情况下被认为已捣实？插入式振动器的振动棒移动间距一般为多少(棒径 50 mm)？

[6.7] 简述混凝土工程施工方案的编制方法。

[6.8] 简述混凝土质量评定的基本方法。

[6.9] 什么是混凝土的冬期施工？低温对混凝土浇筑后强度增长有何影响？什么是"临界强度"？防止新浇混凝土受冻有哪些措施？

[6.10] 冬期施工混凝土养护措施有哪些？

[6.11] 已知实验室配制混凝土配合比为 $1:2.08:3.65$，水灰比为 0.5，每立方米混凝土水泥用量 $c=330$ kg。现场测得砂的含水率 3.5%，石子的含水率 1.5%，试求施工配合比及每立方米混凝土各种原材料的用量。

[6.12] 某施工现场大型混凝土工程，其设计强度等级为 C30。在施工过程中共抽样 12 组试块。试块尺寸为边长 150 mm 的立方体，实际强度数据（N/mm²）为

  26.0,30.5,33.3; 30.0,34.0,37.5; 25.0,33.0,36.0;
  27.0,28.5,30.5; 29.0,33.5,40.0; 32.5,37.5,37.8;
  25.0,28.0,29.5; 34.0,35.5,37.0; 32.0,36.5,37.0;
  31.5,32.5,36.5; 34.5,38.0,39.0; 28.0,32.0,32.5。

  试用数理统计方法评定该工程混凝土强度质量是否符合施工规范要求。

[6.13] 某三层现浇框架结构平面尺寸为 14 m×36 m，层高为 4.0 m。柱截面尺寸为 400 mm×700 mm，主梁截面为 250 mm×750 mm，次梁截面为 250 mm×500 mm。

施工机械配备有：JW250 型混凝土搅拌机一台，每一循环时间需 4 min；场内混凝土水平运输，斗容量 0.3 m³ 的机动翻斗车 2 台；QT1—6 型塔式起重机一台，其起重机的工作幅度 $R=8.5\sim20$ m，起升载荷为 20～60 kN，起升速度平均为 23 m/min，下降时间最长需 0.5 min，挂钩时间为 0.5 min，卸料时间平均为 2 min，用 0.3 m³ 混凝土料斗两只。每层楼面（包括梁）的混凝土量为 100 m³，分两个施工段进行施工，时间利用系数为 0.80。

试求：(1) 柱、楼板的施工缝各留在何处？用简图表示；

   (2) 浇筑每施工段的混凝土应需多少时间（单位：h）。

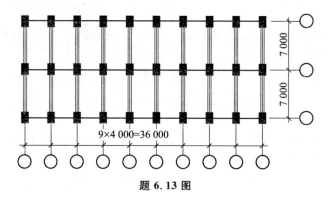

题 6.13 图

7 预应力工程

[7.1] 预应力混凝土按施加预应力方法、黏结状态和施工方法分为哪几种类型？简述其施工过程。

[7.2] 常用的预应力钢材有哪些？主要技术性能指标有何要求？预应力钢材进场时应如何进行验收检查？

[7.3] 锚(夹)具应满足哪些基本要求？什么是支承式锚具和楔紧式锚具？简述各种锚具的特点和适用范围。

[7.4] 什么是锚具的自锁和自锚？自锚条件与哪些因素有关？简述锚具的工作原理。

[7.5] 为什么楔紧式锚具不宜事先预埋入混凝土体内作固定端？

[7.6] 有哪些常用的千斤顶？各有何特点？简述其适用范围。

[7.7] 千斤顶与油压表为什么要配套校验？有哪些常用校验方法？

[7.8] 预应力筋孔道有哪些成孔方法？留设时有哪些要求？

[7.9] 预应力筋张拉顺序应遵循哪些基本原则？试确定预应力混凝土框架中主梁、次梁、楼板和柱的预应力筋张拉顺序。

[7.10] 预应力筋张拉常采用哪几种张拉程序？

[7.11] 列举已学过的几种超张拉方法,分别说明超张拉的原因？

[7.12] 如何确定预应力筋的张拉控制应力？为什么要限定张拉控制应力的最大值？

[7.13] 先张法的台座有哪些类型？

[7.14] 有人认为"一端张拉改用两端张拉后可以提高单跨曲线预应力筋的张拉端应力或固定端应力或跨中应力",试说明其可行性和适用条件。

[7.15] 预应力筋张拉时,为什么要校核其伸长值？如何量测？理论伸长值如何计算？如何控制伸长值范围？

[7.16] 简述后张法预应力筋张拉及锚固阶段的应力分布规律。在什么情况下应采用一端或两端张拉？

[7.17] 孔道灌浆有何作用？对灌浆材料有何要求？

[7.18] 为什么要设置泌水孔？如何设置灌浆孔？简述孔道灌浆工艺。

[7.19] 预应力孔道真空辅助压浆工艺如何？适用对象如何？

[7.20] 简述预应力筋张拉端及固定端构造。

[7.21] 某桥采用箱形梁如 7.21 题图,长度为 30 m,混凝土设计强度等级为 C40,预应力筋采用 8 束 $7-\phi^s15.2$ 钢绞线。单根钢绞线面积 $A_p=140$ mm^2;抗拉强度标准值 $f_{ptk}=1\,860$ N/mm^2,控制应力 $\sigma_{con}=0.7f_{ptk}$。弹性模量 $E_s=1.95\times10^5$ MPa。两端均采用夹片式锚具锚固(锚具内缩值 $a=6$ mm)。

孔道采用波纹管留孔($\kappa=0.001\,5,\mu=0.25$),采用 YCW-150B 型千斤顶进行张拉,张拉程序为 $0\rightarrow1.03\sigma_{con}$(锚固)。千斤顶校验记录见题 7.20 表。

试求:(1)计算预应力筋的下料长度并分析张拉方法;

注:张拉端预应力筋工作长度为 800 mm;曲线段近似按抛物线计算。

(2)计算③束预应力筋的张拉力及压力表读数。

(3)计算③束预应力筋张拉伸长值及控制范围。

题 7.21 表　YCW-150B 型千斤顶标定记录(单位:MPa)

试验机压力(kN)	200	400	600	800	1 000	1 200	1 400	1 500
01#顶,11#表	7.0	14.0	20.5	27.0	33.0	40.0	46.5	53.0
02#顶,12#表	6.4	13.5	20.0	26.5	33.0	39.5	47.0	51.0

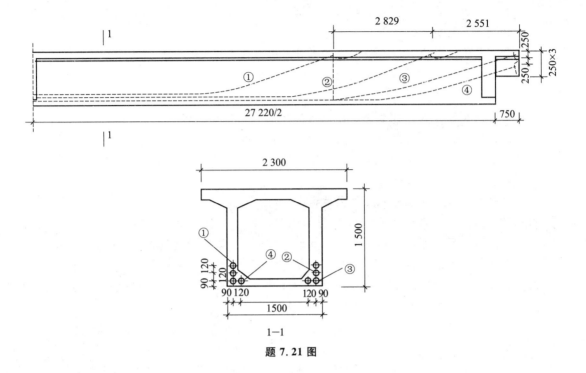

题 7.21 图

[7.22] 某车间采用 18 m 预应力混凝土折线型屋架,其屋架下弦杆长为 17.8 m,截面见题 7.21 图;预应力筋采用高强预应力钢丝束,配 1 束 24 ϕ^s5,$A_p = 470.4$ mm;张拉力为 470 kN(钢丝的抗拉强度标准值 $f_{ptk} = 1\,570$ MPa,弹性模量 $E_s = 2.05 \times 10^5$ MPa)。 张拉端采用镦头锚具 DM5A-24,固定端采用镦头锚板 DM5A-24。预应力孔道内 直径为 53 mm。张拉时从 $0.1 \to 1.0\sigma_{con}$,量测预应力筋伸长值为 85 mm,下弦混凝土 的弹性压缩值为 5 mm。

试求:

(1)计算钢丝下料长度($H = 70$ mm,$h = 35$ mm,$H_1 = 30$ mm);

(2)确定张拉程序和各层超张拉值(四层叠浇);

(3)确定各层钢丝束的张拉力;

(4)计算钢丝束张拉伸长值;

(5)判别实际张拉伸长值是否符合施工验收规范要求。

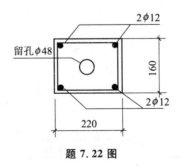

题 7.22 图

[7.23] 某工程单跨预应力混凝土屋面梁如题 7.23 图,长度为 15.3 m,混凝土设计强度等级为 C40,预应力筋配置 1 束 7—ϕ^s15.2 钢绞线,采用一端张拉;金属波纹管留孔($\kappa=0.001\,5$,$\mu=0.25$);张拉程序为 $0\rightarrow1.0\sigma_{con}$(锚固)。单根钢绞线面积 $A_p=140$ mm²;抗拉强度标准值 $f_{ptk}=1\,860$ N/mm²,控制应力 $\sigma_{con}=0.75f_{ptk}$。弹性模量 $E_s=1.95\times10^5$ MPa。

试求:(1) 计算预应力筋的下料长度;

(2) 计算说明预应力筋分别在 A 端张拉或在 E 端张拉,两者张拉伸长值是否相同,为什么?

注:张拉端预应力筋工作长度为 700 mm;固定端为 200 mm;曲线段近似按抛物线计算。

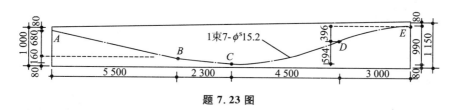

题 7.23 图

8 结构安装工程

[8.1] 桅杆起重机分哪几类? 由哪些基本部分组成?

[8.2] 常用的钢丝绳有哪几种规格? 其允许拉力如何计算?

[8.3] 卷扬机应进行哪些主要参数的计算? 卷扬机在使用时应注意哪些事项?

[8.4] 履带式起重机技术性能主要有哪几个参数? 它们之间存在何种相互关系?

[8.5] 在什么情况下需对起重机进行稳定性验算? 如何进行稳定性验算?

[8.6] 塔式起重机有哪几种类型? 试述爬升式和附着式塔式起重机的爬升和自升原理?

[8.7] 浮吊有哪些类型? 各有何主要特点?

[8.8] 结构吊装前要做好哪些准备工作? 构件的质量检查主要包括哪些内容?

[8.9] 为什么要对杯形基础进行杯口弹线和杯底抄平工作? 对柱子和屋架要弹哪些部位的线?

[8.10] 什么是单机吊柱时的滑行法和旋转法? 采用这两种方法进行吊装时对柱的预制平面布置各有何要求?

[8.11] 混凝土柱吊装时的吊点位置如何确定? 屋架吊装时绑扎点位置如何选定?

[8.12] 试述柱的对位和临时固定方法,柱的校正和最后固定方法。

[8.13] 什么是屋架的"正向扶直"和"反向扶直"? 有什么异同点?

[8.14] 如何计算吊装屋面板时的最小起重臂长度?

[8.15] 结构吊装方案包括哪些主要内容? 结构安装选用起重机时应考虑哪些问题?

[8.16] 什么是分件吊装法和综合吊装法? 各在何种情况下适用?

[8.17] 构件平面布置及起重机开行路线如何确定? 二者间存在何种相互关系?

[8.18] 试述柱的平面布置方法、屋架的扶直及摆放方式?

[8.19] 屋架为什么要分"预制阶段"和"吊装阶段"平面布置? 如何确定屋架的扶直摆放范围?

[8.20] 如何根据起重机的开行路线来确定吊柱时的停机点？如何用"三点共弧法"作图来确定柱的预制位置？

[8.21] 试述多层装配式混凝土框架结构的柱、梁接头形式主要有哪些？施工验算有哪些内容？

[8.22] 试述装配式混凝土剪力墙结构的强制构件布置以及构件间连接方式有哪些？施工时质量控制哪些内容？

[8.23] 钢构件工厂制作的流程如何？放样和号料有何要求？

[8.24] 钢构件钢板间的焊接接头形式有哪几种？常用的焊接方法有哪些？对焊缝应如何进行焊接质量检查？

[8.25] 端部高强螺栓连接摩擦面如何处理？怎样保证有足够的摩擦系数？

[8.26] 钢结构表面除锈方法有哪些？涂装高性能涂料时应采用何种方法除锈？

[8.27] 钢框架的吊装方法有哪几种？钢柱脚的支承面如何处理？

[8.28] 钢构件如何安装校正？如何进行连接和固定？

[8.29] 钢构件的连接接头处如何进行焊接固定？

[8.30] 某双跨单层工业厂房为装配式混凝土排架结构，厂房平面图、剖面图及平面位置见题 8.30 图，厂房各构件规格见题 8.30 表所列。施工条件为：厂房基础土方已回填平整至 -0.3 m；柱子和 18 m 跨度预应力混凝土屋架及 12 m 跨度两铰拱屋架为现场预制，其余构件均在工厂制作。

试求：(1) 计算工作参数及选择起重机；

(2) 确定起重机开行路线及构件吊装顺序；

(3) 绘制预制阶段构件(柱及屋架)平面布置图。

题 8.30 表　某双跨单层工业厂房构件规格一览表

轴　线 或跨间	构件名称 及编号	构件重量 (kN)	构件形状及主要尺寸(mm)	备注
Ⓐ	柱 Z_A	61	3 200　800　7 800 / 11 800	上柱：400×400 下柱：400×800 （工字形）
Ⓓ	柱 Z_D	69	3 200　800　7 800 / 2 300 1 800 800 6 900	上柱：400×400 下柱：400×800 （工字形）
Ⓕ	柱 Z_F	36	1 800　800　6 900 / 9 500	上柱：400×400 下柱：400×800 （工字形）
Ⓑ,Ⓒ	抗风柱 Z_1	58	2 450　11 600 / 14 050	上柱：400×300 下柱：400×600 （工字形）

Ⓔ	抗风柱 Z_2	39		上柱:400×400 下柱:400×800 (工字形)
Ⓐ,Ⓓ跨	吊车梁 DL—1	16		长度:6 000
Ⓓ,Ⓕ跨	吊车梁 DL—2	14		
	连系梁	11	240×300×5 950	
Ⓐ,Ⓓ跨	屋 架 YWJ—18	45		
Ⓓ,Ⓕ跨	屋 架 WJ—12	22		
Ⓐ,Ⓓ跨	天窗架 TCG—1	43		
	屋面板 YWB—1	12	1 500×6 000×240	

431

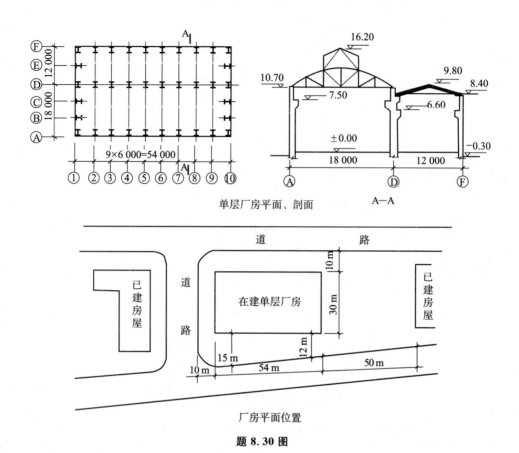

单层厂房平面、剖面

A—A

厂房平面位置

题 8.30 图

[8.31] 某工业厂房为四层(楼梯间部分为五层)装配式混凝土框架结构。厂房各构件规格见题 8.31 表所列。厂房四周 20 m 范围内的空地,可供施工使用。

试求:(1) 选择塔式起重机型号(确定工作幅度及起升高度);

(2) 绘出塔式起重机的平面布置图(图中应注出有关尺寸);

(3) 确定构件吊装方法(在平面图中标出各构件的吊装顺序)。

题 8.31 表　多层厂房构件规格一览表

构件名称	构件重量(kN)	构件数量(件)	构件最大高度(m)
边柱	21	16	5.55
中柱	24	44	5.55
横(主)梁	38	92	0.95
纵(次)梁	11	124	0.60
楼(屋面)板	13	370	0.18

[8.32] 结构的特殊安装方法主要有哪些? 它们各自有何主要特点?

9 砌体与脚手架工程

[9.1] 外脚手架有哪几种基本形式？各自的特点和应用范围？

[9.2] 钢管脚手架有哪几种基本形式？各自的构配件组成如何？应用特点如何？

[9.3] 钢管外脚手架搭设时，对基础、连墙件、三向基本尺寸以及剪刀撑设置等要求如何？

[9.4] 简述扣件式钢管脚手架、门式钢管脚手架、碗扣式钢管脚手架和盘扣式钢管脚手架立柱的承载力计算与复核的步骤和方法。

[9.5] 对脚手架安全技术有哪些要求？

[9.6] 砖砌体施工时对砂浆有何要求？

[9.7] 砖砌体的砌筑工艺如何？各道工艺过程的关键技术要求如何？

[9.8] 砖墙临时间断处的接槎方式有哪几种？有何要求？

10 防水工程

[10.1] 简述屋面防水层的构造及其作用。

[10.2] 屋面防水如何分级？简述其设防要求。

[10.3] 常用基层处理剂有哪几种？一般采用什么方法施工？

[10.4] 防水卷材的种类有哪些？当用于屋面防水层时，卷材铺设方向应符合哪些规定？各种卷材所需的搭接宽度如何？

[10.5] 简述涂膜防水屋面的适用范围及各类防水涂膜的施工要点。

[10.6] 刚性防水屋面的适用范围是什么？普通细石混凝土防水屋面施工要点是什么？

[10.7] 简述地下结构有哪几种防水方案？施工时为何要注意排水？

[10.8] 常用的防水混凝土有哪些？防水混凝土配制与施工时应注意哪些问题？防水混凝土施工缝有哪几种？

[10.9] 简述地下结构水泥砂浆防水层的种类及适用范围。简述刚性多层抹面水泥砂浆防水层施工要点。

[10.10] 何谓卷材防水层的内贴法和外贴法？各自的施工工艺与优点是什么？各自的适用范围如何？

[10.11] 涂料防水层施工应注意哪些问题？

11 装饰工程

[11.1] 一般抹灰分几种？各施工要求如何？

[11.2] 装饰抹灰中水磨石、水刷石、干粘石和斩假石如何施工？对质量有哪些要求？

[11.3] 大理石和花岗石面板的湿贴法和干挂法如何施工？各有何优缺点？

[11.4] 常用的饰面砖有哪几种？镶贴施工工艺如何？

[11.5] 喷涂、滚涂和弹涂各有何特点？如何施工？

[11.6] 简述裱糊的工艺及质量要求。

[11.7] 常用的玻璃幕墙构造形式有哪些？如何进行玻璃幕墙的安装？

12 施工组织概论

[12.1] 建筑产品的特点对建筑生产有何影响？

[12.2] 影响建筑生产的主要因素有哪些？生产过程中如何加以考虑？

[12.3] 建设项目如何进行划分？项目划分对施工组织有何现实意义？

[12.4] 什么是施工程序？包括哪些主要内容？

[12.5] 为什么要安排施工准备工作？施工准备工作包括哪些主要内容？

[12.6] 工程验收有哪几种形式？工程验收应包括哪些内容？

[12.7] 施工组织应遵循哪些基本原则？

13 流水施工基本原理

[13.1] 组织施工有哪些基本方式？各有何特点？

[13.2] 什么是流水施工？如何组织流水施工？

[13.3] 流水施工的节奏性、连续性和均衡性体现在何处？

[13.4] 流水施工有哪几种基本形式？各有何特点？

[13.5] 流水施工是如何有效地利用时间和空间的？

[13.6] 划分施工段应考虑哪些因素？如何确定单位工程流水施工所需的施工段？

[13.7] 什么是流水节拍？影响流水节拍的因素有哪些？如何确定流水节拍？

[13.8] 什么是流水步距？确定流水步距时应考虑哪些因素？应满足哪些基本要求？

[13.9] 流水工期如何确定？各流水参数对流水工期有何影响？

[13.10] 组织成倍节拍流水的条件是什么？如何确定其流水步距？

[13.11] 成倍节拍流水的流水步距为什么要取各施工过程流水节拍的最大公约数？

[13.12] 无节奏流水施工的流水步距有何特点？如何确定？

[13.13] 什么是最小工作面？什么是最小劳动组合？它们对流水施工的组织有何影响？

[13.14] 简述组织有层间关系和无层间关系，单幢和多幢建筑流水施工的过程和要点。

[13.15] 有两幢同类型建筑的基础施工，每幢均有三个主导施工过程，即挖土 $T_1=6$ 天，砖基础 $T_2=12$ 天，回填土 $T_3=6$ 天。

试求：(1) 组织两幢建筑基础施工阶段的流水施工，确定每幢建筑应划分的最少施工段数，并说明原因；

(2) 计算流水工期，绘出流水施工进度。

注：T_i 为施工过程的持续时间。

[13.16] 某现浇混凝土框架的平面尺寸为 $24\,m\times180\,m$，共三层。沿长度方向每隔 $60\,m$ 设伸缩缝一道。已知各施工过程的流水节拍为安装模板 $t_1=4$ 天，绑扎钢筋 $t_2=2$ 天，浇筑混凝土 $t_3=12$ 天，混凝土需养护 2 天后方能在上面继续作业。

请合理划分施工段，组织流水施工，并计算流水工期，绘出流水施工进度。

[13.17] 试证明成倍节拍流水的流水工期为 $T_l=(n+\sum b_i)\cdot K$。

[13.18] 根据题 13.18 表所列流水参数（N 为施工段，t_i 为流水节拍，n 为施工过程），计算无节奏流水的流水步距，并绘出施工进度表。

$\diagdown\ \ ^N_{\ \ t_i}$ $n\diagdown$	(一)	(二)	(三)	(四)	(五)	(六)
A	7	3	4	6	4	5
B	2	5	3	3	3	3
C	2	5	3	4	3	4
D	3	5	3	4	3	4
E	5	3	4	3	4	3

14 网络计划技术

[14.1] 网络图由哪些基本符号构成?

[14.2] 双代号网络图与单代号网络图在表达上有什么不同?

[14.3] 双代号网络图中虚箭线的主要作用是什么?

[14.4] 网络计划有哪些时间参数? 参数的含义是什么?

[14.5] 计算网络计划时间参数有哪些方法? 各有什么特点?

[14.6] 什么是总时差? 什么是自由时差? 总时差在什么情况下要进行重分配? 自由时差是否需要重新分配?

[14.7] 关键工作和关键线路各有何特征?

[14.8] 一条线路上总时差、自由时差和工作持续时间之间有何关系?

[14.9] 什么是工作间的逻辑关系?

[14.10] 绘制网络图应遵循哪些绘图规则?

[14.11] 已知工作间的逻辑关系如题 14.11 表所示,试画出双代号网络图。

题 14.11 表

工作	A	B	C	D	E	F	G	H	I
紧前工作	—	H,A	J,G	H,I,A	—	—	H,A	—	E

[14.12] 已知工作间的逻辑关系如题 14.12 表所示,试画出双代号网络图,并计算该网络计划的时间参数。

题 14.12 表

工作	A	B	C	D	E	F	G	H	I	J	K
持续时间	22	10	13	8	15	17	15	6	11	12	20
紧前工作	—	—	B,E	A,C,H	—	B,E	E	F,G	F,G	A,C,I,H	F,C

[14.13] 某两层建筑,每层都有三个主导工作:砌墙 $t_1=6$ 天,现浇混凝土 $t_2=4$ 天,吊装楼板 $t_3=2$ 天,分成三个施工段进行流水作业。

试求:(1) 按水平方向为工作排列绘制双代号网络图,并计算各时间参数,找出关键线路;

(2) 按水平方向为施工段排列绘制双代号网络图,并计算各时间参数,找出关键线路;

(3) 若划分成两个施工段,请按(2)的要求绘制双代号网络图。

[14.14] 试画出题14.12的单代号网络图,并进行时间参数计算,找出关键线路。

15 施工组织设计

[15.1] 什么是施工组织设计? 施工组织设计的任务和作用是什么?

[15.2] 施工组织设计分为哪几类? 各类施工组织设计的编制对象和编制依据是什么?

[15.3] 施工组织设计应包括哪些主要内容?

[15.4] 选择施工方案时应考虑哪些主要因素?

[15.5] 确定施工方法的重点和要求是什么?

[15.6] 举例说明施工顺序和施工方法之间的相互关系。

[15.7] 施工方案为什么要进行技术经济比较?

[15.8] 多层民用混合结构和装配式单层工业厂房一般分为哪几个施工阶段? 各施工阶段的施工顺序如何安排?

[15.9] 什么是"开敞式"施工? 什么是"封闭式"施工? 各有何特点?

[15.10] 施工进度计划有哪几种形式? 各有何作用和要求?

[15.11] 简述编制施工进度计划的过程和应考虑的因素。

[15.12] 施工进度计划和网络计划有何异同?

[15.13] 综合劳动定额的计算原则是什么? 应用时应注意哪些问题?

[15.14] 安排单位工程施工进度时,如何对劳动资源(劳动力、施工机械和建筑材料)和作业时间进行定量分析?

[15.15] 安排施工进度时,为什么要使生产工人和施工机械的生产能力及材料供应能力相互协调? 如何使它们相互协调?

[15.16] 如何计算资源消耗不均衡系数? 如何绘制资源消耗动态图?

[15.17] 设计施工平面图应遵循哪些主要原则?

[15.18] 设计施工平面图的主要依据有哪些? 施工平面图应包括哪些内容?

[15.19] 如何进行施工临时用房、施工用水和施工用电的需用量计算? 施工用房、用水和用电管网应如何进行布置?

[15.20] 施工平面图中主要应考虑哪些施工机械的布置? 如何进行布置?

[15.21] 某现浇钢筋混凝土楼面,每层混凝土总量为120 m^3,分两个施工段施工。已知生产工人的劳动定额为1.2 m^3/工日,由施工方案确定采用一台塔式起重机,已知其时间定额为0.05台班/m^3。

试求:每天应安排多少工人较合理? 完成一个施工段需多少天?

[15.22] 某单层工业厂房有预制钢筋混凝土屋架共48榀,每榀屋架的混凝土量为3.2 m^3,现场采用四层叠浇预制,根据施工进度要求在40~45天内全部预制完毕。

试求:组织等节拍流水,并按题15.22表所示参数,确定各施工过程每天的工人数。

题 15.22 表

	施工过程	每 m³ 混凝土的含材量	劳动定额
A	安装模板	18 m³	0.2 工日/m³
B	绑扎钢筋	160 kg	9.0 工日/t
C	浇筑混凝土	1.0 m³	1.6 工日/m³

[15.23] 根据题 15.23 表中的有关参数,

试求:(1)材料(黄砂)不均衡系数并绘出材料需要量动态图;

(2)计算材料堆场面积。

注:材料贮存天数为工期的 1/7;材料贮存定额为 2.9/m²;场地利用系数为 0.7。

题 15.23 表

	施工过程	黄砂总用量(t)	持续时间(天)	流水步距(天)
A	挖基槽	0	4	—
B	素混凝土垫层	32.5	4	2
C	钢筋混凝土基础	100.0	8	2
D	回填土	0	4	2
E	1~4 层砌砖墙	356	24	2
F	1~4 层梁板混凝土	185	24	2

[15.24] 拟建一幢两层楼的学生宿舍,砖木混合结构,预制楼板,结构剖面见题 15.24 图所示,建筑面积为 70 m× 11.6 m×2=1 624 m²,工期为 65 天,其主要施工过程所需的劳动量见题 15.24 表。

试求:(1)确定施工段,组织流水施工;

(2)安排并绘出施工进度;

(3)计算劳动力不均衡系数 (R_{max}≤30 人)。

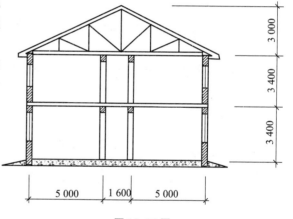

题 15.24 图

注:①砖砌体必须待砂浆强度达 75% 后方能安装预制板,其技术间歇时间不少于 1 天

②墙面抹灰分三层(底层、中层和面层),每层间歇至少 2 天。

题 15.24 表

序号	施工过程	劳动量(工日)	备注	序号	施工过程	劳动量(工日)	备注
1	准备工作	40		8	安装屋面板	72	
2	开挖基础	72		9	吊平顶	48	
3	砖砌基础	72		10	抹灰	360	②
4	回填土	36		11	安装门窗扇	24	
5	砌砖墙	264	①	12	楼地面	96	
6	安装楼板	36		13	油漆	96	
7	安装屋架、桁条	96		14	拆脚手及零星工程	36	

主要参考文献

［1］郭正兴,李金根.建筑施工.南京:东南大学出版社,1996

［2］刘佩衡.塔式起重机使用手册.北京:机械工业出版社,2005

［3］上海建工集团总公司.上海建筑施工新技术.北京:中国建筑工业出版社,2002

［4］［日］日本钢结构协会.钢结构技术总览.陈以一,傅功义,译.北京:中国建筑工业出版社,2003

［5］中国钢结构协会.建筑钢结构施工手册.北京:中国计划出版社,2005

［6］《建筑施工手册》(第五版编委会,建筑施工手册,第五版),北京,中国建筑工业出版社,2013

［7］何平,卜龙章.装饰施工.南京:东南大学出版社,2005

［8］混凝结构工程施工规范(GB 50666—2011).北京:中国建筑工业出版社,2012

［9］建筑施工扣件式钢管脚手架安全技术规范(JGJ130—2011).北京:中国建筑工业出版社,2011

［10］建筑施工碗扣式钢管脚手架安全技术规范(JGJ166—2016).北京:中国建筑工业出版社,2009

［11］建筑施工门式钢管脚手架安全技术规范(JGJ128—2010).北京:中国建筑工业出版社,2010

［12］建筑施工承插型盘扣式钢管支架安全技术规程(JGJ231—2010).北京:中国建筑工业出版社,2010

［13］郭正兴,朱张峰,管东芝.装配式整体式混凝土结构研究与应用,南京:东南大学出版社,2018